D1749116

Grundlagen der Elektrotechnik
Band 2

Herausgegeben vom Institut für Fachschulwesen
der Deutschen Demokratischen Republik

Autoren:

Dr.-Ing. Edgar Balcke, Mittweida
(Abschnitt 6.)

Dipl.-Ing. Hermann Grafe, Mittweida
(Abschnitte 1.7., 2., 3., 7.1. bis 7.4.)

Dr.-Ing. Joachim Heisterberg, Mittweida
(Abschnitt 10.)

Dipl.-Gwl. Gerhard Lehmann, Schönwalde
(Abschnitt 11.)

Dipl.-Ing. Johannes Loose, Dresden
(Abschnitt 5.)

Ing. Günter Matthes, Karl-Marx-Stadt
(Abschnitte 1.1. bis 1.6.)

Dipl.-Ing. Rudolf Winkler, Zittau
(Abschnitte 4., 7.5., 9.)

Dipl.-Ing. Erich Zimmermann, Leipzig
(Abschnitt 8.)

Wissenschaftliche Beratung und Begutachtung:

Dipl.-Ing. Peter Menz, Berlin
(Abschnitte 1. bis 8., 10., 11.)

Dipl.-Ing. Herbert Prausner, Magdeburg

Dipl.-Ing. Gerold Reichenbach, Berlin
(Abschnitt 9.)

Federführung und Bearbeitung:

Dipl.-Ing. Jürgen Friedrich, Karl-Marx-Stadt

Grundlagen der Elektrotechnik

Band 2 Wechselspannungstechnik

Lehrbuch
für Fachschulen der Elektrotechnik

9., bearbeitete Auflage

Dr. Alfred Hüthig Verlag Heidelberg

CIP-Kurztitelaufnahme der Deutschen Bibliothek

Grafe, Hermann:
Grundlagen der Elektrotechnik : Lehrbuch für Fachsch.
d. Elektrotechnik / Hermann Grafe ; Johannes Loose ;
Hellmut Kühn. – Heidelberg : Hüthig
   Bis 1984 u.d.T.: Grundlagen der Elektrotechnik
NE: Loose, Johannes: ; Kühn, Hellmut:
  Bd. 2. → Grafe, Hermann: Wechselspannungstechnik

Grafe, Hermann:
Wechselspannungstechnik / Hermann Grafe ; Johannes
Loose ; Hellmut Kühn. – 9., bearb. Aufl. –
Heidelberg : Hüthig, 1984
  (Grundlagen der Elektrotechnik / Hermann Grafe ;
  Johannes Loose ; Hellmut Kühn ; Bd. 2)
  Bis 8. Aufl. u.d.T.: Wechselspannungstechnik
ISBN 3-7785-1018-5
NE: Loose, Johannes: ; Kühn, Hellmut:

Ausgabe des Dr. Alfred Hüthig Verlag, Heidelberg, 1985
Copyright by VEB Verlag Technik, Berlin, 1967
Bearbeitete Auflage: © VEB Verlag Technik, Berlin, 1983
Printed in the German Democratic Republic
Gesamtherstellung: Offizin Andersen Nexö, Graphischer Großbetrieb, Leipzig

Vorwort

An die Ausbildung der zukünftigen Ingenieure der Elektrotechnik/Elektronik und der Automatisierungstechnik werden immer höhere Anforderungen gestellt. Für das Verständnis der komplizierten Vorgänge in elektronischen Geräten und elektrotechnischen Anlagen ist ein umfangreiches theoretisches Fachwissen notwendig, das besonders gründliche Kenntnisse in den elektrotechnischen Grundlagen erfordert. Diese Grundlagen sind die Voraussetzung für weiterführende Studien der verschiedensten Spezialgebiete und für den erfolgreichen Abschluß des Studiums.

Diese Zielsetzung wurde in der 8., stark bearbeiteten Auflage erfaßt und entsprechend didaktisch gestaltet, so daß dieses Werk im Direkt-, Fern- und Abendstudium mit Erfolg eingesetzt werden kann. Eine große Anzahl von Beispielen, Aufgaben und Übungen unterstützt die selbständige Stoffaneignung. Während die Beispiele den jeweiligen Stoff erläutern, dienen die Aufgaben mit den gegebenen Anleitungen der selbständigen Erarbeitung der dargebotenen theoretischen Grundlagen. Die jedem Abschnitt angegliederten Übungen wiederum geben dem Leser die Möglichkeit, seinen Wissensstand selbst zu überprüfen.

In dem vorliegenden Band 2 werden die Wechselspannungstechnik einschließlich ihrer Berechnungsverfahren, Ortskurven, technische Schaltelemente, Einführung in die Vierpoltheorie, Dreiphasensysteme, nichtsinusförmige Vorgänge sowie Schaltvorgänge erläutert. Dank sei hiermit all jenen ausgesprochen, die an der Schaffung und Gestaltung dieses Bandes mitwirkten. Dies gilt insbesondere den Autoren, den wissenschaftlichen Beratern, den für die Herausgabe Verantwortlichen sowie dem VEB Verlag Technik für die gute und konstruktive Zusammenarbeit.

Der Verlag

Inhaltsverzeichnis

1.	**Einführung in die Wechselspannungstechnik**	13
1.1.	Beziehungen zur Gleichspannungstechnik	13
1.2.	Definition der Wechselgrößen	13
1.3.	Arten der Wechselgrößen	14
1.4.	Möglichkeiten zur Erzeugung von sinusförmigen Wechselspannungen	16
	1.4.1. Wechselstromgenerator	16
	1.4.2. Rückkopplungsschaltung	17
1.5.	Darstellung von Wechselspannungen	17
	1.5.1. Schleifenoszillograf	17
	1.5.2. Katodenstrahloszilloskop	18
1.6.	Kennwerte der Wechselspannung	18
	1.6.1. Allgemeine Kennwerte	18
	1.6.2. Spezielle Kennwerte	21
	1.6.2.1. Gleichwert	22
	1.6.2.2. Gleichrichtwert	22
	1.6.2.3. Effektivwert	23
	1.6.2.4. Scheitelfaktor, Formfaktor, Welligkeit	25
1.7.	Darstellung von sinusförmigen Wechselgrößen gleicher Frequenz	27
	1.7.1. Resultierende Spannung im Liniendiagramm	27
	1.7.2. Zeigerbild	30
Zusammenfassung zu 1.		34
Übungen zu 1.		34
2.	**Verhalten der Schaltelemente bei sinusförmiger Wechselspannung**	35
2.1.	Ohmsches Schaltelement	35
2.2.	Kapazitives Schaltelement	36
2.3.	Induktives Schaltelement	39
2.4.	Widerstandskennlinien und Frequenzabhängigkeit	41
3.	**Schaltelemente im Wechselstromkreis**	43
3.1.	Reihenschaltungen	43
	3.1.1. Reihenschaltung von ohmschem Widerstand und Kapazität	43
	3.1.2. Reihenschaltung von ohmschem Widerstand und Induktivität	45
	3.1.3. Reihenschaltung von ohmschem Widerstand, Kapazität und Induktivität	48
3.2.	Parallelschaltungen	51
	3.2.1. Parallelschaltung von ohmschem Widerstand und Kapazität	51
	3.2.2. Parallelschaltung von ohmschem Widerstand und Induktivität	53
	3.2.3. Parallelschaltung von ohmschem Widerstand, Kapazität und Induktivität	55

3.3.	Dualitätsprinzip Reihen-Parallel-Resonanz	59
3.4.	Kenngrößen der Resonanzkreise	61

Zusammenfassung zu 2. und 3. 62

Übungen zu 2. und 3. 63

4. Symbolische Berechnung von Wechselstromkreisen 65

4.1. Darstellung des Zeigers als komplexe Größe 65
    4.1.1. Ruhender Zeiger 65
    4.1.2. Umlaufender Zeiger 66
    4.1.3. Rechenregeln für komplexe Zahlen 67

4.2. Symbolische Darstellung von Wechselgrößen in der komplexen Ebene 70
    4.2.1. Hin- und Rücktransformation 70
    4.2.2. Einführung des Widerstands- und Leitwertoperators 72
    4.2.3. Widerstands- und Leitwertoperatoren der Schaltelemente 75
    4.2.3.1. Ohmscher Widerstand 75
    4.2.3.2. Kapazität 76
    4.2.3.3. Induktivität 76

4.3. Komplexe Berechnung von Wechselstromkreisen 78
    4.3.1. Reihenschaltung von Schaltelementen 78
    4.3.1.1. Allgemeiner Fall 78
    4.3.1.2. Reihenschaltung von ohmschem Widerstand und Kapazität 79
    4.3.1.3. Reihenschaltung von ohmschem Widerstand und Induktivität ... 79
    4.3.1.4. Reihenschaltung von ohmschem Widerstand, Kapazität und Induktivität ... 80
    4.3.2. Parallelschaltung von Schaltelementen 82
    4.3.2.1. Allgemeiner Fall 82
    4.3.2.2. Parallelschaltung von ohmschem Widerstand und Kapazität 82
    4.3.2.3. Parallelschaltung von ohmschem Widerstand und Induktivität .. 83
    4.3.2.4. Parallelschaltung von ohmschem Widerstand, Kapazität und Induktivität ... 83
    4.3.3. Gemischte Schaltungen 86
    4.3.3.1. Komplexer Spannungsteiler 86
    4.3.3.2. Komplexer Stromteiler 87
    4.3.3.3. Allgemeine Wechselstrombrücke 88
    4.3.4. Netzwerkberechnung 91
    4.3.4.1. Umwandlung einer Parallelschaltung in eine gleichwertige Reihenschaltung und umgekehrt ... 91
    4.3.4.2. Umwandlung einer Dreieckschaltung komplexer Widerstände in eine gleichwertige Sternschaltung und umgekehrt ... 93
    4.3.4.3. Netzwerkberechnung durch direkte Anwendung der Kirchhoffschen Sätze ... 94
    4.3.4.4. Maschenstromverfahren 95
    4.3.4.5. Knotenspannungsverfahren 95
    4.3.4.6. Zweipoltheorie 97

Zusammenfassung zu 4. 99

Übungen zu 4. 99

5. Energie und Leistung im Wechselstromkreis 102

5.1. Augenblickswert der Leistung 102
5.2. Mittelwerte der Leistung 106
    5.2.1. Wirkleistung 106

	5.2.2.	Blindleistung	107
	5.2.3.	Scheinleistung	109
5.3.		Leistungsfaktor und seine Verbesserung	112
5.4.		Komplexe Darstellung der Leistung	119

Zusammenfassung zu 5. 120

Übungen zu 5. 121

6. Ortskurven 123

6.1. Zweck und Bedeutung der Ortskurven 123

6.2. Inversion 124

    6.2.1. Inversion eines Punktes 124
    6.2.2. Inversion von Kurven 128
    6.2.2.1. Inversion einer Geraden, die durch den Ursprung geht 128
    6.2.2.2. Inversion einer Geraden, die nicht durch den Ursprung geht 128
    6.2.2.3. Inversion eines Kreises, der durch den Ursprung geht 129
    6.2.2.4. Inversion eines Kreises, der nicht durch den Ursprung geht 129
    6.2.2.5. Inversion einer beliebigen Kurve 130

6.3. Widerstands- und Leitwertsortskurven 130

    6.3.1. Ortskurven einfacher RC- und RL-Reihenschaltungen und RC- und RL-Parallelschaltungen 130
    6.3.2. Ortskurven von RLC-Reihen- und Parallelschaltungen 135
    6.3.3. Ortskurven zusammengesetzter Schaltungen 136

6.4. Widerstands- und Leitwertskreisdiagramm 139

    6.4.1. Entstehung des Widerstands- und Leitwertskreisdiagramms 139
    6.4.2. Umwandlung von Widerständen in Leitwerte und umgekehrt 140
    6.4.3. Umwandlung von Reihenschaltungen in Parallelschaltungen 141
    6.4.4. Reihen- und Parallelschaltung von Widerständen 142

6.5. Spannungs- und Stromortskurven 144

Zusammenfassung zu 6. 153

Übungen zu 6. 154

7. Technische Schaltelemente 155

7.1. Eigenschaften technischer Schaltelemente 155

7.2. Technisches ohmsches Schaltelement 155

7.3. Technischer Kondensator 159

7.4. Technische Spule 161

    7.4.1. Luftspule 161
    7.4.2. Spule mit ferromagnetischem Kern 162
    7.4.3. Verlustfaktor und Spulengüte 164
    7.4.4. Selbstinduktivitätskonstante von Spulen mit ferromagnetischem Kern .. 166
    7.4.5. Drosselspule mit Vormagnetisierung 168

7.5. Transformator 170

    7.5.1. Funktion als technisches Schaltelement und Ausführungsformen 170
    7.5.2. Wirkprinzipien 171
    7.5.2.1. Leerlaufender Transformator 171

	7.5.2.2. Belasteter Transformator	172
	7.5.3. Ersatzschaltbilder des Transformators	174
	7.5.3.1. Ersatzschaltung in der Leistungselektrik	174
	7.5.3.2. Ersatzschaltung in der Informationselektrik	180

Zusammenfassung zu 7. 184

Übungen zu 7. 184

8. Einführung in die Vierpoltheorie 186

8.1. Vierpolgleichungen 186
    8.1.1. Vierpolgleichungen in Widerstandsform 186
    8.1.2. Vierpolgleichungen in Leitwertform 188
    8.1.3. Vierpolgleichungen in Kettenform 188
    8.1.4. Vierpolgleichungen in Hybridform 189

8.2. Vierpolgleichungen in Matrizenschreibweise 190

8.3. Umgekehrt betriebener Vierpol 192

8.4. Umgepolter Vierpol 194

8.5. Zusammenschalten von Vierpolen 196
    8.5.1. Reihenschaltung von Vierpolen 196
    8.5.2. Parallelschaltung von Vierpolen 198
    8.5.3. Kettenschaltung von Vierpolen 199
    8.5.4. Reihen-Parallel-Schaltung von Vierpolen 201

8.6. Bedeutung der Elemente der Vierpolmatrizen 201

8.7. Matrizen von Grundvierpolen 205
    8.7.1. Längswiderstand 206
    8.7.2. Querwiderstand 206
    8.7.3. Kreuzverbindung 207
    8.7.4. T-Halbglied 207
    8.7.5. π-Halbglied 208
    8.7.6. Entartete Vierpole 208
    8.7.7. Symmetrische T-Schaltung 209
    8.7.8. Unsymmetrische T-Schaltung 209
    8.7.9. Symmetrische π-Schaltung 209
    8.7.10. Unsymmetrische π-Schaltung 210
    8.7.11. X-Schaltung 210
    8.7.12. Brücken-T-Schaltung 211
    8.7.13. Übertrager 211

8.8. Anwendungsbeispiele 213

Zusammenfassung zu 8. 215

Übungen zu 8. 216

9. Dreiphasensystem 217

9.1. Symmetrisches Dreiphasensystem 217
    9.1.1. Entstehung des Dreiphasensystems 217
    9.1.2. Verkettetes Dreiphasensystem 218
    9.1.2.1. Sternschaltung 218
    9.1.2.2. Dreieckschaltung 220

9.2. Anwendungen 221
    9.2.1. Entstehung magnetischer Felder in elektrischen Maschinen 221
    9.2.2. Drehfeldmaschinen 223

9.3. Leistung im Dreiphasensystem 226

9.4. Unsymmetrisches Dreiphasensystem 227
    9.4.1. Einführung eines komplexen Operators 227
    9.4.2. Unsymmetrie 1. Ordnung 228
    9.4.3. Unsymmetrie 2. Ordnung 230

9.5. Berechnung unsymmetrischer Dreiphasensysteme 233

9.6. Auswirkungen auftretender Unsymmetrien im praktischen Betrieb 237

Zusammenfassung zu 9. 239

Übungen zu 9. 239

10. Stromkreise mit nichtsinusförmigen Spannungen und Strömen 241

10.1. Einleitung 241

10.2. Bedeutung und Entstehung nichtsinusförmiger Spannungen und Ströme 241

10.3. Mathematische Behandlung von Stromkreisen mit nichtsinusförmigen Spannungen und Strömen 243
    10.3.1. Berechnung mit der Fourier-Reihe 243
    10.3.2. Berechnung mit der Taylor-Reihe 248
    10.3.3. Weitere Berechnungsverfahren 252

10.4. Darstellung nichtsinusförmiger Spannungen und Ströme 253

10.5. Kenngrößen nichtsinusförmiger Spannungen und Ströme 254
    10.5.1. Effektivwert 254
    10.5.2. Verzerrung 254

10.6. Leistung nichtsinusförmiger Spannungen und Ströme 256

10.7. Verhalten linearer Schaltelemente bei nichtsinusförmiger Erregung 259

10.8. Verhalten nichtlinearer Schaltelemente bei sinusförmiger Erregung 263

Zusammenfassung zu 10. 265

Übungen zu 10. 266

11. Schaltvorgänge bei Gleich- und Wechselstrom 267

11.1. Strom- und Spannungsverhalten der Schaltelemente R, C und L bei Schaltsprüngen ... 268
    11.1.1. Ohmscher Widerstand R 268
    11.1.2. Kapazität C 268
    11.1.3. Induktivität L 269

11.2. Lösungsverfahren zur Ermittlung der Sprungantwort bzw. Übergangsfunktion bei Netzwerken mit Gleich- und Wechselspannung 270
    11.2.1. Lösung homogener linearer Differentialgleichungen 270
    11.2.2. Lösung inhomogener linearer Differentialgleichungen 275
    11.2.3. Lösung gewöhnlicher Differentialgleichungen mittels Laplace-Transformation 278
    11.2.4. Grafische Ermittlung der Abklingzeit τ (Zeitkonstante) 282

11.3. Berechnung typischer Schaltvorgänge 285
    11.3.1. Netzwerke mit einem Energiespeicher (C oder L) 286
        11.3.1.1. Ein- und Ausschalten einer Gleichspannung an einem RC-Glied 286
        11.3.1.2. Einschalten einer sinusförmigen Wechselspannung an einem RC-Glied 288
        11.3.1.3. Ein- und Ausschalten einer Gleichspannung an einem RL-Glied 291
        11.3.1.4. Einschalten einer sinusförmigen Wechselspannung an einem RL-Glied 293
    11.3.2. Netzwerke mit zwei Energiespeichern (C und L) 296
        11.3.2.1. Einschalten einer Gleichspannung 296
        11.3.2.2. Einschalten einer sinusförmigen Wechselspannung 298

Zusammenfassung zu 11. 299

Übungen zu 11. 301

12. Lösungen zu den Aufgaben und Übungen 302

12.1. Lösungen zu den Aufgaben 302

12.2. Lösungen zu den Übungen 309

Symbolverzeichnis 327

Verzeichnis der verwendeten Standards 329

Literaturverzeichnis 329

Sachwörterverzeichnis 330

1. Einführung in die Wechselspannungstechnik

1.1. Beziehungen zur Gleichspannungstechnik

Im Band 1 des vorliegenden Buches sind die Gleichspannungserscheinungen im Leiter und im Nichtleiter (elektrische Felder) sowie die elektromagnetischen Erscheinungen dargestellt worden. Damit ist das Wesen elektrischer Erscheinungen grundlegend beschrieben.

Die Wechselspannungserscheinungen sind gleicher Natur. Sie weisen jedoch das charakteristische Merkmal auf, daß sie nach Zeitfunktionen ablaufen, wobei Vorgänge eigener Prägung auftreten. Damit ist es gerechtfertigt, die Wechselspannungserscheinungen gesondert zu behandeln, wobei im Prinzip nur die zeitliche Abhängigkeit ergänzt werden muß. Diese „Ergänzung" äußert sich hauptsächlich in anderen mathematischen Verfahren bei der Beschreibung der elektrotechnischen Vorgänge.

1.2. Definition der Wechselgrößen

Nach TGL 22112 Bl. 2 werden folgende Größen definiert:

Gleichbleibende Größe, Gleichgröße: eine Größe, deren Augenblickswert $x(t)$ zeitlich konstant ist: $x(t) = x_- =$ konst.

Hierzu gehören Gleichspannung, Gleichstrom, gleichbleibender magnetischer Fluß (s. Bild 1.1).

Pulsierende Gleichgröße: eine Größe, deren Augenblickswert $x(t)$ zeitlichen Änderungen unterliegt, aber sein Vorzeichen nicht ändert.

Hierzu gehört die pulsierende Gleichspannung (-strom); s. auch Bild 1.2.

Mischgröße (allgemeine Wechselgröße): eine Größe, deren Augenblickswert $x(t)$ zeitlichen Änderungen nach Betrag und Vorzeichen unterliegt.

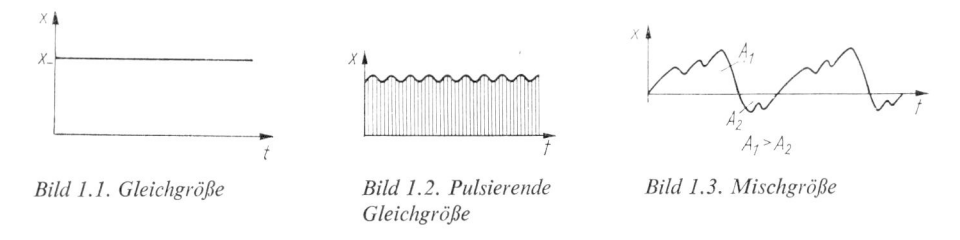

Bild 1.1. Gleichgröße

Bild 1.2. Pulsierende Gleichgröße

Bild 1.3. Mischgröße

Als Beispiel hierzu das Bild 1.3: Es ist eine Wechselgröße dargestellt, deren positive Flächenanteile A_1 größer als die negativen Flächenanteile A_2 sind. Sie ist das Ergebnis einer Überlagerung einer Gleich- und einer Wechselgröße.

Periodische Größe: eine Größe, deren Augenblickswert einen periodischen Zeitverlauf hat: $x(t + nT) = x(t)$; n beliebige ganze Zahl; T Periodendauer.

Die periodische Größe ist eine Mischgröße mit periodischem Zeitverlauf. Sie läßt sich darstellen als Summe einer Gleichgröße x_- und einer Wechselgröße $x_\sim$.
Eine Behandlung der periodischen Größe erfolgt innerhalb dieses Abschnitts nicht.

Wechselgröße: eine schwankende Größe, deren über einen längeren Zeitraum gebildeter linearer Mittelwert (Gleichkomponente) Null ist.

Beispiele sind alle Wechselspannungen bzw. -ströme. Es sollen hierzu als Auswahl die Dreieck- und Trapezform und eine Wechselspannung nichtlinearer Funktion genannt werden (s. Bild 1.4).

Sinusgröße, sinusförmige Größe: eine Wechselgröße, deren Augenblickswert sinusförmig mit der Zeit verläuft (s. Bild 1.5).

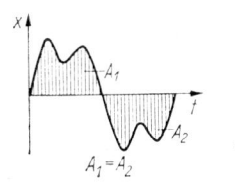

Bild 1.4
Wechselgröße
$A_1 = A_2$

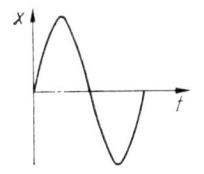

Bild 1.5
Sinusförmige Wechselgröße

Die Sinusgröße ist damit eine speziell definierte Wechselgröße. Sie resultiert daraus, daß der größte Anteil der Wechselgrößen (Spannung, Strom) in Wissenschaft und Technik sinusförmigen Verlauf hat. Die Gründe dafür werden im Abschn. 1.3. gezeigt.

Im technischen Sprachgebrauch ist es oft üblich, die Begriffe Wechselspannung und Wechselstrom gleichzusetzen mit sinusförmigen Wechselspannungen bzw. -strömen, eine mitunter nicht immer eindeutige Verallgemeinerung.

1.3. Arten der Wechselgrößen

Nach Abschn. 1.2. ist die Wechselgröße eine zeitliche Größe, deren über einen längeren Zeitraum gebildeter Mittelwert gleich Null ist. Nach dieser Definition sind also die vielfältigsten Funktionsverläufe möglich, sofern sie die Mittelwertbedingung erfüllen. Technisch gesehen interessieren nur wenige Kurvenverläufe; einige der wichtigsten sollen hier als Beispiel genannt werden.

Die *Dreieckwechselgröße* hat einen Funktionsverlauf nach Bild 1.6. Die Mittelwertbedingung ist erfüllt. Ihr Anwendungsgebiet ist speziell die Impulstechnik.

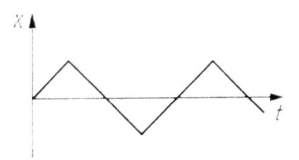

Bild 1.6. Dreieckförmige Wechselgröße

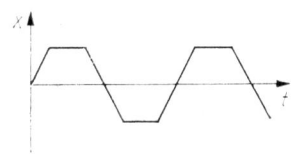

Bild 1.7. Trapezförmige Wechselgröße

Die *trapezförmige Wechselgröße* ist im Bild 1.7 dargestellt. Ihre Anwendung ist oft nur mittelbar, z. B. bei der Erzeugung von Wechselspannung mit Generatoren. Durch Überlagerung mehrerer trapezförmiger Wechselspannungen eines solchen Generators läßt sich eine sinusförmige Wechselspannung erzeugen – s. Bild 1.8 –, ein technisch komplizierter Vorgang, der hier nicht näher erläutert werden kann.

Die in ihrer Bedeutung und Anwendung wichtigste Wechselgröße ist die *sinusförmige Wechselgröße*, die deshalb nach TGL 22112 besonders definiert wurde (s. Abschn. 1.2.). Ihr Verlauf gehorcht der Sinusfunktion.

Worin liegt die große Bedeutung dieser Wechselgröße? Sie ergibt sich besonders aus der relativ einfachen Sinus-Zeit-Funktion und ihrer mathematischen Behandlung. Wird die Sinusfunktion integriert oder differenziert, so erhält man wiederum Sinusgrößen. Technisch bedeutet das, daß beim Anlegen einer Sinusspannung an ein kompliziertes Netzwerk linearer Schaltelemente an allen Klemmstellen wiederum nur sinusförmige Wechselspannungen und -ströme zu verzeichnen sind. Es treten lediglich zeitliche Verschiebungen zwischen den verschiedenen Sinusverläufen auf. Nichtsinusförmige Wechselspannungen erzeugen an Spulen und Kondensatoren Wechselstromverläufe, die vom ursprünglichen Wechselspannungsverlauf nichts mehr erkennen lassen.

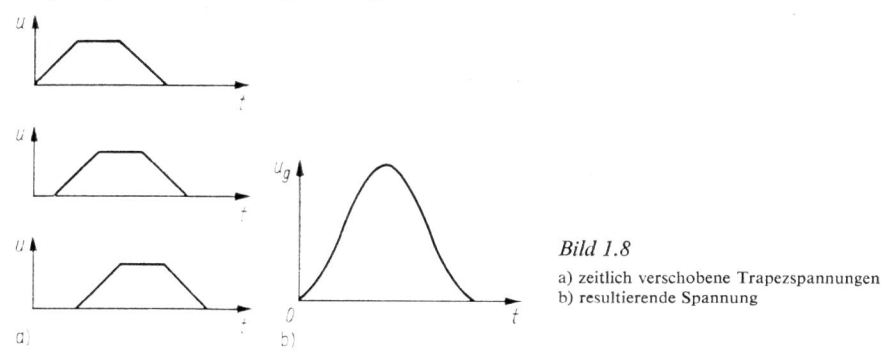

Bild 1.8
a) zeitlich verschobene Trapezspannungen
b) resultierende Spannung

Aufgabe 1.1

An einen ohmschen Widerstand, eine Spule und einen Kondensator wird je eine Dreieckwechselspannung gelegt. Welchen Verlauf haben die Ströme durch die Schaltelemente?

Lösungshinweis

Die Strom-Spannungs-Beziehungen sind nach den im Band 1 hergeleiteten Gesetzmäßigkeiten zu bestimmen. Die Ergebnisse sowie Stromverläufe sind in Tafel 1.1 einzutragen. Zweckmäßig ist es, zuvor die Spannungsverläufe in das Diagramm einzutragen.

Tafel 1.1
Schaltelemente-Stromverlauf bei Dreieckwechselspannung

Schaltelement	Strom/Spannungs-beziehung	Spannungsverlauf
R		
C		
L		

Ein weiterer Vorteil ergibt sich beim Verlauf der Leistung. Es sei hier soweit vorausgegriffen, daß die Leistung bei sinusförmigen Wechselspannungen und -strömen ebenfalls einen sinusförmigen Verlauf hat und gegenüber anderen Wechselspannungen eine bestimmte Leistung mit geringsten Verlusten übertragen wird.

Es sei noch vermerkt, daß durch geeignete mathematische Verfahren (z.B. Fourier-Analyse) nichtsinusförmige Wechselgrößen auf sinusförmige Wechselgrößen zurückgeführt werden können – siehe Abschnitt 10.

1.4. Möglichkeiten zur Erzeugung von sinusförmigen Wechselspannungen

Die Möglichkeiten, sinusförmige Wechselspannungen zu erzeugen, sind vielfältiger Art. Man ist bestrebt, sinusförmige Spannungen zu erzeugen, wegen ihrer Vorteile und nicht etwa, weil sinusförmige Spannungen leichter zu erzeugen wären als nichtsinusförmige. Zur Erzeugung von sinusförmigen Spannungen sind besondere konstruktive oder schaltungstechnische Maßnahmen erforderlich.

Von den Möglichkeiten zur Erzeugung von sinusförmigen Spannungen seien zwei Beispiele im Prinzip dargestellt.

1.4.1. Wechselstromgenerator

Eine Leiterschleife aus gut leitendem Material (z.B. Kupfer) wird in einem homogenen Magnetfeld mit konstanter Winkelfrequenz gedreht. Die Drehachse der Leiterschleife steht senkrecht zur Richtung des Magnetfeldes (s. Bild 1.9a und b). Der Spulenstab der Leiterschleife (s. Bild 1.9c) ist fest mit einem Schleifring verbunden, so daß stets der

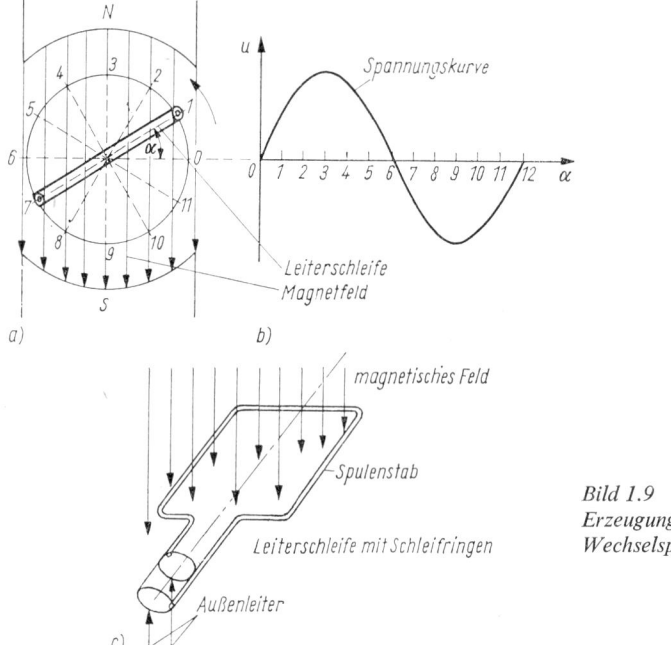

Bild 1.9
Erzeugung einer sinusförmigen Wechselspannung im Magnetfeld

gleiche Spulenstab mit dem gleichen Außenleiter verbunden ist. In der Leiterschleife wird eine sinusförmige Spannung erzeugt. Die Frequenz der erzeugten Wechselspannung ist gleich der Umdrehungszahl der Schleife. Werden N Schleifen an die Schleifringe angeschlossen, erhält man die N-fache Spannung.

1.4.2. Rückkopplungsschaltung

In der Informationselektrik hat die Schwingungserzeugung durch Rückkopplungsschaltungen eine überragende Bedeutung erlangt. Das Prinzip einer Rückkopplungsschaltung besteht darin, daß eine verstärkende Baugruppe eine Ausgangsgröße liefert, von der ein Teil auf den Eingang des Verstärkers zurückgeführt und zu dessen Aussteuerung benutzt wird. Schwingungsverlauf und Frequenz der erzeugten Schwingung sind durch einen Schwingkreis gegeben.

1.5. Darstellung von Wechselspannungen

Zur Anzeige und Messung elektrischer Schwingungen kann man die bekannten Strom- bzw. Spannungsmesser benutzen, jedoch zeigen diese nur mittlere Werte oder Scheitelwerte an. Die Eigenart des Schwingungsablaufs, die Schwingungskurve, wird nicht dargestellt. Das ist aber gerade oft von besonderer Wichtigkeit. Man möchte den Ablauf des Schwingungsvorganges im einzelnen festhalten. Zur optischen Darstellung von Schwingungsabläufen gibt es verschiedene technische Einrichtungen.

1.5.1. Schleifenoszillograf

Das Prinzip ist im Bild 1.10 wiedergegeben. Danach besteht der Schleifenoszillograf aus einem hufeisenförmigen Permanentmagneten, zwischen dessen Schenkeln sich eine Stromschleife befindet, auf die ein Spiegel aufgekittet ist. Wird die Schleife von einem Strom durchflossen, entsteht ein Drehmoment, das der Stromstärke proportional ist.

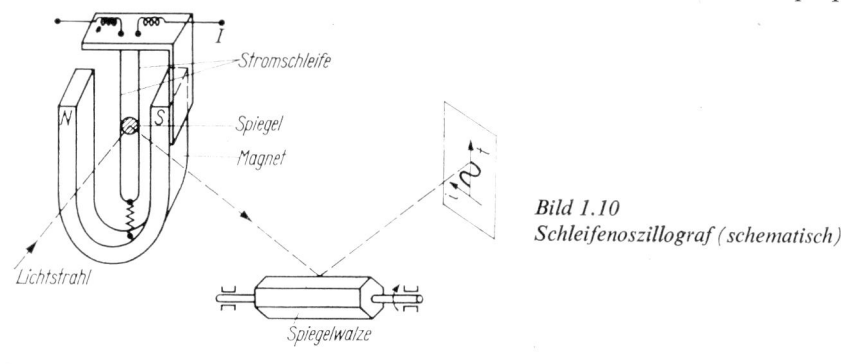

Bild 1.10
Schleifenoszillograf (schematisch)

Der Spiegel wird mit der Stromschleife mehr oder weniger gedreht. Er reflektiert einen Lichtstrahl auf einen prismatischen Drehspiegel, so daß der zeitliche Verlauf auf einer Mattscheibe abgebildet wird. Die Stromschleife muß eine geeignete mechanische Dämpfung besitzen, damit sie nach jeder Auslenkung rasch wieder zur Ruhe kommt. Die Anzahl der Schwingungen in der Zeiteinheit darf beim Schleifenoszillografen wegen der mechanischen Trägheit der Stromschleife nicht zu groß sein. Praktisch eignet sich das Gerät nur für einen Schwingungsbereich von 0 bis 10^3 Schwingungen in der Sekunde.

1.5.2. Katodenstrahloszilloskop

Das Katodenstrahloszilloskop stellt eine weitere Möglichkeit dar, eine Wechselspannung sichtbar zu machen. Bild 1.11 zeigt die prinzipielle Anordnung des wesentlichen Bauteils eines Katodenstrahloszilloskops, der *Katodenstrahlröhre*. Eine Glühkatode K emittiert Elektronen, die durch die Anode A beschleunigt und durch ein elektrisches Linsensystem zu einem Strahl gebündelt werden. Dieser Elektronenstrahl geht durch das Ablenksystem für senkrechte und waagerechte Ablenkung. Wird an das Plattenpaar P_1 eine Wechselspannung angelegt, dann pendelt der Strahl zwischen den Platten hin und her. Auf dem Bildschirm wird ein senkrechter Strich geschrieben. Legt man gleichzeitig an das andere Plattenpaar P_2 eine zeitlineare „Kippspannung" an, schreibt der Strahl auf dem Bildschirm das Liniendiagramm der Wechselspannung.

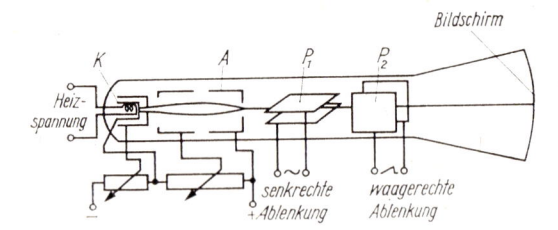

Bild 1.11
Katodenstrahloszilloskop

1.6. Kennwerte der Wechselspannung

1.6.1. Allgemeine Kennwerte

Die Erläuterung der Kennwerte erfolgt zweckmäßig anhand des Liniendiagramms (Bild 1.12).

Die Bilder 1.1 bis 1.8 und auch Bild 1.12 sind Liniendiagramme von Wechselspannungen. Ein Liniendiagramm in der Wechselspannungslehre ist dasselbe wie in der Schwingungslehre das Zeit-Weg-Diagramm. Als Gedankenhilfe kann man das Bild der Sinusschwingung als die Projektion der Spitze eines rotierenden Zeigers auf die Ordinatenachse auffassen. Ordnet man nämlich die Projektionspunkte den auf der Abszissenachse aufgetragenen Zeiten zu, erhält man den zeitlichen Verlauf der Schwingung. Die Augenblickswerte der Schwingung sind in Abhängigkeit von der Zeit abgebildet worden.

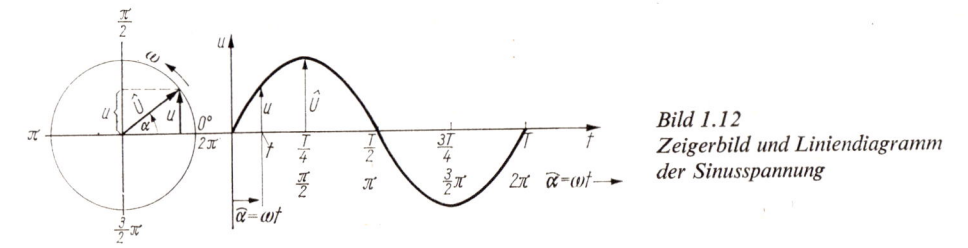

Bild 1.12
Zeigerbild und Liniendiagramm der Sinusspannung

Man kann also den Augenblickswert einer harmonischen Schwingung (sinusförmigen Wechselgröße) durch einen umlaufenden Zeiger abbilden. Der Drehsinn des Zeigers ist im mathematisch positiven Sinn (entgegen dem Uhrzeiger) als positiv festgelegt. Der Umlauf des Zeigers mit konstanter *Winkelfrequenz* ω (Winkelgeschwindigkeit) bedeutet, daß der Winkel $\hat{\alpha} = \omega t$ von der Zeit $t = 0$ proportional mit der Zeit wächst. Hat der Zeiger zur Zeit $t = 0$ schon einen Winkel φ_0 durchlaufen, dann ergibt sich der Winkel zur Zeit t zu $\omega t + \varphi_0$. φ_0 wird als *Anfangsphasenwinkel* oder *Nullphasenwinkel* bezeichnet.

1.6. Kennwerte der Wechselspannung

Der umlaufende Zeiger ist also gekennzeichnet durch seine Länge (Scheitelwert der Wechselgröße), die Winkelfrequenz und den Anfangsphasenwinkel.

Neben dem umlaufenden Zeiger unterscheidet man noch den *ruhenden Zeiger*. Häufig interessieren die zeitlich abhängigen Augenblickswerte einer Spannung oder eines Stromes nicht, wohl aber z.B. die Phasenlage zwischen Strom und Spannung. Der umlaufende Zeiger wird in einer beliebigen Stellung festgehalten; er wird zum ruhenden Zeiger bzw. zu einer *gerichteten Größe*. Diese ist nur noch gekennzeichnet durch die Länge des Zeigers und den Winkel zur gewählten Bezugsrichtung. Bedingung ist die gleiche Frequenz aller betrachteten Sinusgrößen. Weitere Hinweise zu Zeigern und Zeigerbildern sowie zu ihrer Konstruktion werden in den Abschnitten 2 bis 4. gegeben..

Die Zeit, die ein rotierender Zeiger zum Durchlaufen einer Periode benötigt, bezeichnet man als *Periodendauer T*. Ihr reziproker Wert gibt die Anzahl der Perioden an, die in der Zeiteinheit durchlaufen werden. Es ist die *Frequenz f*.

$$f = \frac{1}{T} \tag{1.1}$$

Die Maßeinheit der Frequenz ist das Hertz (Hz). Somit gilt

$$[f] = \text{Hz} = \text{s}^{-1}.$$

Bei Sinuskurven entspricht eine Periode genau dem Umlauf eines rotierenden Zeigers im Zeigerbild um den Winkel 2π oder $360°$. Das Verhältnis zwischen dem Winkel 2π und der Periodendauer T ist die *Winkelfrequenz ω*:

$$\omega = \frac{2\pi}{T} = 2\pi f. \tag{1.2}$$

Für die *Winkelfrequenz* benutzt man die Maßeinheit s^{-1}.

$$[\omega] = \text{s}^{-1}.$$

Eine Wechselspannung hat zu jedem betrachteten Zeitpunkt t einen bestimmten *Augenblickswert u*. Ganz allgemein gilt für die Zeitabhängigkeit der Spannung

$$u = f(t).$$

Das Zeitgesetz für die Sinusspannung lautet

$$u = \hat{U} \sin(\omega t). \tag{1.3a}$$

Hierin sind $\hat{U}$ der Scheitelwert der Spannung und das Produkt ωt ein Winkel. Bild 1.12 veranschaulicht die Zusammenhänge: Der Zeiger mit der Länge $\hat{U}$ dreht sich mit der Winkelfrequenz ω in der mathematisch positiven Richtung. Er durchläuft in der Zeit t den Winkel ωt, wobei durch die Projektion des Zeigers auf die senkrechte Achse der Augenblickswert u gegeben ist.

Aus dem Kurvenverlauf ergeben sich also zu bestimmten Zeiten bzw. bei bestimmten Winkeln zugeordnete Augenblickswerte der Spannung. Zu den Zeitpunkten $t = 0$, $t = T/2$ und $t = T$ bzw. bei den Winkeln $\hat{\alpha} = 0$, $\hat{\alpha} = \pi$, $\hat{\alpha} = 2\pi$ ist der Spannungswert jeweils gleich Null. Man spricht von Nulldurchgängen der Spannung. Für $t = T/4$ bzw. $\hat{\alpha} = \pi/2$ (und für $t = 3T/4$ bzw. $\hat{\alpha} = 3\pi/2$) erreicht die Spannung ihr Maximum. Der Scheitelwert $\hat{U}$ wird bei sinusförmigen Wechselgrößen Amplitude genannt. Die gleiche Betrachtung, wie sie für die Sinusspannung angestellt wurde, gilt sinngemäß für den sinusförmigen Strom. Das Zeitgesetz für den Sinusstrom lautet analog Gl.(1.3a)

$$i = \hat{I} \sin(\omega t). \tag{1.3b}$$

1. Einführung in die Wechselspannungstechnik

Beispiel 1.1

Wie groß sind die Augenblickswerte einer Sinusspannung zu den Zeiten 0,35 ms; 1,15 ms und 1,875 ms nach Beginn der Periode (entsprechend Bild 1.12)? Die Amplitude der Spannung beträgt 311 V, die Frequenz $f = 400$ Hz.

Lösung

$$u = \hat{U} \sin(\omega t); \quad \omega = 2\pi \cdot 400 \text{ s}^{-1} = 2512 \text{ s}^{-1};$$

$u_1 = 311 \text{ V} \sin(2512 \text{ s}^{-1} \cdot 0{,}35 \cdot 10^{-3} \text{ s}) = 311 \text{ V} \sin 0{,}88 = 311 \text{ V} \cdot 0{,}77 = 239 \text{ V},$

$u_2 = 311 \text{ V} \sin(2512 \text{ s}^{-1} \cdot 1{,}15 \cdot 10^{-3} \text{ s}) = 311 \text{ V} \sin 2{,}84 = 311 \text{ V} \cdot 0{,}25 = 77{,}7 \text{ V},$

$u_3 = 311 \text{ V} \sin(2512 \text{ s}^{-1} \cdot 1{,}875 \cdot 10^{-3} \text{ s}) = 311 \text{ V} \sin 4{,}715 = 311 \text{ V} \cdot (-1) = -311 \text{ V}.$

Damit u_3 die Amplitude der zweiten Halbperiode zum Zeitpunkt $t = 3T/4$.

Eine weitere Kennzeichnung einer Wechselgröße ist ihre *Phasenlage*. Nach Gl.(1.3a) ergibt sich für die Sinusspannung zum Zeitpunkt $t = 0$ auch der Spannungswert Null. Das muß aber nicht immer so sein. Der Beginn einer Zeitzählung muß nicht mit dem Nulldurchgang der Spannung bzw. des Stromes zusammentreffen (Bild 1.13).

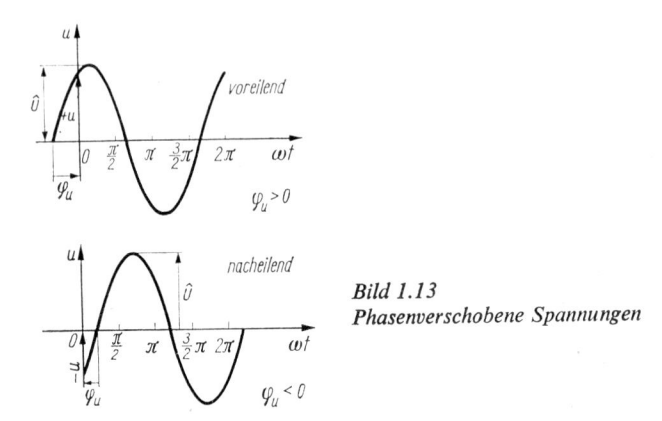

Bild 1.13
Phasenverschobene Spannungen

Es kann vorkommen, daß bei $t = 0$ die Spannung bereits einen positiven oder negativen Wert hat (vgl. Bild 1.13). Die Sinuskurve ist dann gegenüber der im Bild 1.12 angegebenen zeitlich *voreilend* oder *nacheilend* verschoben. Man nennt diese Veränderung der Phasenlage die *Phasenverschiebung* und drückt dies durch den der Verschiebungszeit entsprechenden *Anfangsphasen-* oder *Nullphasenwinkel* φ_0 aus.

Zur Bestimmung des Augenblickswertes ist in einem solchen Fall zum Winkel ωt noch der Anfangsphasenwinkel φ_0 zu addieren. Die Gln.(1.3a) und (1.3b) erhalten dann folgende Form:

$$u = \hat{U} \sin(\omega t + \varphi_u). \tag{1.4a}$$

Für den Strom gilt sinngemäß

$$i = \hat{I} \sin(\omega t + \varphi_i). \tag{1.4b}$$

Es bedeuten hierbei $\varphi > 0$ Voreilung, $\varphi < 0$ Nacheilung.

Auch die zeitliche Verschiebung zweier Wechselgrößen gleicher Frequenz wird durch einen Phasenwinkel angegeben. Dieser Fall ist im Bild 1.14 dargestellt. Die Spannung u_1 eilt der Spannung u_2 um den Winkel φ_{u1} voraus bzw. eilt u_2 gegen u_1 nach. Ist φ_{u1} der Winkel, um den der Nulldurchgang von u_1 gegen den Nullpunkt verschoben ist, und φ_{u2}

der analoge Winkel von u_2, dann gilt

$$\varphi_u = \varphi_{u1} - \varphi_{u2}.$$

Im Zeigerbild (Bild 1.14, links) ist φ_u dann der Winkel zwischen den beiden mit gleicher Winkelfrequenz umlaufenden Zeigern $\hat{U}_1$ und $\hat{U}_2$.

Ein sehr häufiger Fall ist die Angabe der Phasenverschiebung zwischen einer Wechselspannung und einem Wechselstrom gleicher Frequenz. Haben die beiden zueinander phasenverschobenen Wechselgrößen gleiche Frequenz, dann ist der Phasenwinkel konstant. Haben die beiden Wechselgrößen jedoch verschiedene Frequenz, dann ist der Phasenwinkel nicht konstant. Er hat zu verschiedenen Zeiten unterschiedliche Größe.

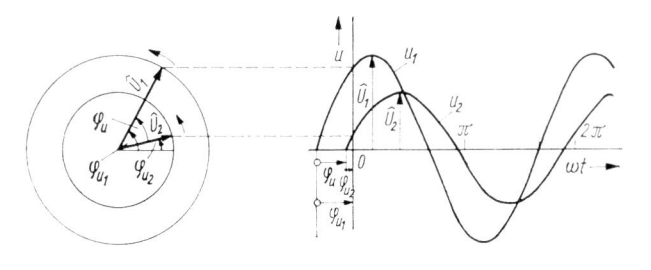

Bild 1.14
Zwei gegeneinander phasenverschobene Spannungen

Beispiel 1.2

Eine Spannung u_2 ist gegen eine andere Spannung u_1, deren Amplitude $\hat{U}_1 = 4$ V beträgt, um 42° nacheilend verschoben. $\hat{U}_2$ ist 1,6mal größer als $\hat{U}_1$. Welche Augenblickswerte hat u_2 zu den Zeiten, da $u_1(t_1) = 3{,}76$ V und $u_1(t_2) = -1{,}5$ V groß ist? Beide Spannungen haben eine Frequenz von $f = 50$ Hz.

Lösung

$$u_1 = \hat{U}_1 \cdot \sin(\omega t), \quad u_2 = \hat{U}_2 \cdot \sin(\omega t + \varphi_{u2})$$

$$\varphi_{u2} = -42°,$$

$$\omega = 2\pi f = 2\pi \cdot 50\,\text{s}^{-1} = 314\,\text{s}^{-1},$$

$$\sin \omega t = \frac{u_1}{\hat{U}_1} = \frac{3{,}76\,\text{V}}{4\,\text{V}} = 0{,}94.$$

Für diesen Funktionswert erhält man für die Argumente $\omega t_1 = 1{,}22$ und $\omega t_2 = 1{,}92$ (entsprechend den Winkeln im 1. und 2. Quadranten). Desgleichen ist

$$\sin(\omega t) = \frac{-1{,}5\,\text{V}}{4\,\text{V}} = -0{,}375$$

und

$$\omega t_3 = 3{,}53, \quad \omega t_4 = 5{,}91.$$

Die Werte für u_2 ergeben sich für $\varphi_{u2} = -42° = -0{,}733$ rad zu

$$u_{21} = 4\,\text{V} \cdot 1{,}6 \sin(1{,}22 - 0{,}733) = 6{,}4\,\text{V} \cdot 0{,}468 = 2{,}99\,\text{V},$$

$$u_{22} = 6{,}4\,\text{V} \cdot \sin(1{,}92 - 0{,}733) = 6{,}4\,\text{V} \cdot 0{,}927 = 5{,}93\,\text{V},$$

$$u_{23} = 6{,}4\,\text{V} \cdot \sin(3{,}53 - 0{,}733) = 6{,}4\,\text{V} \cdot 0{,}335 = 2{,}141\,\text{V},$$

$$u_{24} = 6{,}4\,\text{V} \cdot \sin(5{,}91 - 0{,}733) = 6{,}4\,\text{V} \cdot (-0{,}893) = -5{,}71\,\text{V}.$$

1.6.2. Spezielle Kennwerte

Für meßtechnische Belange ist es notwendig, weitere Kennwerte einzuführen. Praktisch interessiert die Frage, welche Werte die üblichen Meßinstrumente bei Wechselspannung anzeigen, um eine richtige Auslegung und Dimensionierung der Schaltelemente, -geräte und Leitungen zu ermöglichen.

Man kann zwei Gruppen von Meßgeräten unterscheiden: die eine Gruppe, die lineare Mittelwerte bei Wechselspannung anzeigt, und eine andere Gruppe, die quadratische Mittelwerte anzeigt. Weiteren Einfluß auf die Messungen haben die Zeitfunktionen, so daß folgende spezielle Kennwerte definiert werden müssen.

1.6.2.1. Gleichwert

Der *Gleichwert, lineare* oder *arithmetische Mittelwert* $\bar{x}$ einer periodischen Größe $x(t)$ ist der lineare Mittelwert in einer Periodendauer:

$$\bar{x} = \frac{1}{T} \int_{t}^{t+T} x(t) \, dt. \tag{1.5}$$

Damit ist bestimmt, daß bei *allen* Wechselgrößen die Gleichgröße gleich Null ist. Um einen Vergleich über die Wirksamkeit einer Wechselgröße, z. B. Wechselstrom, und einer Gleichgröße, z. B. Gleichstrom, zu erhalten (z. B. Anzeige eines Drehspulinstrumentes), ist der Betrag des Gleichwertes zu bilden. Dieser Kennwert wird als Gleichrichtwert bezeichnet.

1.6.2.2. Gleichrichtwert

Der *Gleichrichtwert* $|\bar{x}|$ ist der lineare Mittelwert des Betrages einer periodischen Größe $x(t)$ in einer Periodendauer:

$$|\bar{x}| = \frac{1}{T} \int_{t}^{t+T} |x(t)| \, dt. \tag{1.6}$$

Für Sinusspannungen bzw. -ströme gilt mit

$$u = \hat{U} \sin \omega t,$$

$$i = \hat{I} \sin \omega t:$$

$$|\bar{u}| = \frac{1}{T} \int_{t}^{t+T} \hat{U} \sin |\omega t| \, dt \quad \text{oder} \quad |\bar{u}| = \frac{2}{T} \hat{U} \int_{t=0}^{T/2} \sin \omega t \, dt,$$

$$|\bar{u}| = \frac{1}{\pi} \hat{U} \left[-\cos \omega t \right]_{\omega t = 0}^{\omega t = \pi},$$

$$|\bar{u}| = \frac{2}{\pi} \hat{U} = 0{,}637 \, \hat{U}; \tag{1.7a}$$

analog hierzu

$$|\bar{i}| = \frac{2}{\pi} \hat{I} = 0{,}637 \, \hat{I}. \tag{1.7b}$$

Siehe auch Bild 1.15.

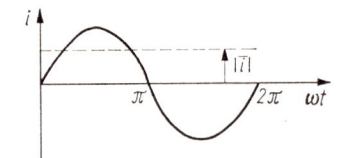

Bild 1.15
Gleichrichtwert bei sinusförmiger Wechselspannung

1.6.2.3. Effektivwert

Der *Effektivwert X* ist der *quadratische Mittelwert* einer periodischen Größe $x(t)$ in einer Periodendauer. Der Erklärung dieses Mittelwertes wird die Umwandlung elektrischer Energie in Wärme zugrunde gelegt. Diese Umwandlung tritt in einem ohmschen Widerstand bei Wechselstrom ebenso auf wie bei Gleichstrom. Es gilt: Der quadratische Mittelwert eines Wechselstromes ist derjenige Wert, bei dem in einem Widerstand die gleiche elektrische Energie in Wärme umgesetzt wird wie bei einem ebenso großen Gleichstrom. Es wird also durch den Wechselstrom der gleiche Effekt hervorgerufen wie von einem Gleichstrom derselben Stärke. Die in einem Widerstand umgesetzte elektrische Energie ist dem Quadrat der Stromstärke proportional. Ein Wechselstrom mit der Periodendauer T setzt in einer Periode in einem Widerstand R folgende Energie um:

$$W = R \int_t^{t+T} i^2(t)\, dt.$$

Die Energie eines Gleichstromes ist in der gleichen Zeit T

$$W = I^2 R T.$$

Bei Gleichheit beider Energiewerte ergibt sich für den Effektivwert I

$$I^2 R T = R \int_t^{t+T} i^2(t)\, dt,$$

$$\boxed{I = \sqrt{\frac{1}{T} \int_t^{t+T} i^2(t)\, dt}} \qquad (1.8)$$

bzw. allgemein

$$X = \sqrt{\frac{1}{T} \int_t^{t+T} x^2(t)\, dt}. \qquad (1.9)$$

Diese Gleichung gilt für beliebige Kurvenformen des Wechselstromes. Für Sinusgrößen ist für x der Ausdruck $\hat{X} \sin(\omega t)$ einzusetzen.

$$X = \sqrt{\frac{1}{T} \int_t^{t+T} \hat{X}^2 \sin^2(\omega t)\, dt} = \hat{X} \sqrt{\frac{1}{T} \int_t^{t+T} \sin^2(\omega t)\, dt}.$$

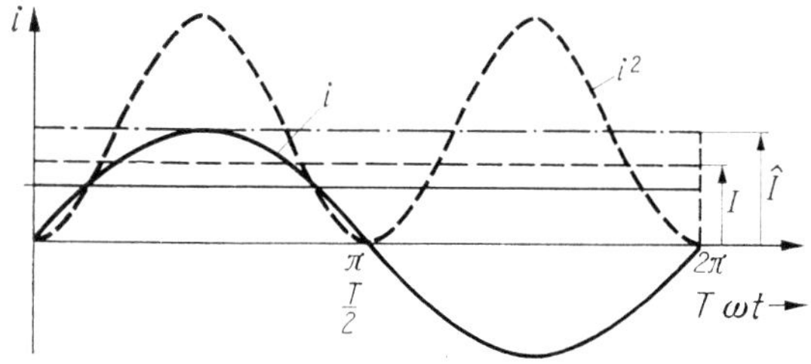

Bild 1.16
Effektivwert bei sinusförmigem Wechselstrom

Zur Lösung der Gleichung ersetzt man t durch α (vgl. Bild 1.16):

$$X^2 = \frac{\hat{X}^2}{2\pi} \int_0^{2\pi} \sin^2 \alpha\, d\alpha, \qquad \sin^2 \alpha = \frac{1}{2} - \frac{1}{2} \cos(2\alpha),$$

$$\hat{X}^2 = \frac{\hat{X}^2}{4\pi} \int_0^{2\pi} d\alpha - \frac{\hat{X}^2}{4\pi} \int_0^{2\pi} \cos(2\alpha)\, d\alpha.$$

1. Einführung in die Wechselspannungstechnik

Für den zweiten Term erhält man

$$-\frac{\hat{X}^2}{8\pi}[\sin(2\alpha)]_0^{2\pi} = 0.$$

Somit ist

$$X^2 = \frac{\hat{X}^2}{4\pi}[\alpha]_0^{2\pi} = \frac{\hat{X}^2}{4\pi}2\pi,$$

$$\boxed{X = \frac{\hat{X}}{\sqrt{2}} = 0{,}707\,\hat{X}}. \tag{1.10}$$

Die Effektivwerte von sinusförmigem Strom bzw. Spannung ergeben sich damit zu

$$U = \frac{\hat{U}}{\sqrt{2}} = 0{,}707\,\hat{U}, \tag{1.10a}$$

$$I = \frac{\hat{I}}{\sqrt{2}} = 0{,}707\,\hat{I}. \tag{1.10b}$$

Beispiel 1.3

Es ist der Effektivwert eines Dreieckstromes nach Bild 1.17 zu bestimmen!

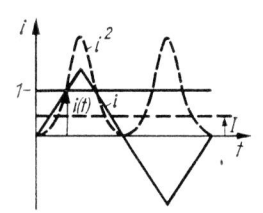

Bild 1.17
Effektivwert eines Dreieckstromes

Lösung

$$i(t) = \frac{\hat{I}}{T/4}t \quad \text{für} \quad 0 \leq t \leq \frac{T}{4},$$

$$I^2 = 4\frac{1}{T}\int_{t=0}^{t=T/4} i^2(t)\,dt,$$

$$I^2 = \left(\frac{4}{T}\right)^3 \hat{I}^2 \frac{1}{3}\left(\frac{T}{4}\right)^3,$$

$$I^2 = \frac{\hat{I}^2}{3},$$

$$I = \frac{\hat{I}}{\sqrt{3}}.$$

Der Effektivwert eines Wechselstromes oder einer Wechselspannung ist stets kleiner als der Scheitelwert. Für die Bemessung von elektrischen Bauelementen hinsichtlich ihrer Erwärmung (z. B. Drahtquerschnitte von Maschinen und Transformatoren) ist stets der Effektivwert des Stromes zugrunde zu legen. Für den Fall der Durchschlagsfestigkeit einer Isolation oder des Dielektrikums eines Kondensators ist immer der Scheitelwert der Spannung maßgebend.

Ist der Kurvenverlauf einer Wechselspannung nicht durch eine einfache mathematische Funktion gegeben, dann können arithmetischer Mittelwert und Effektivwert durch ein Näherungsverfahren ermittelt werden. Im Liniendiagramm der Spannungs- bzw. Stromkurve wählt man auf der *t*-Achse, wie es im Bild 1.18 gezeigt wird, eine gleichmäßige Unterteilung für die halbe Periode. Man erhält *n* Abschnitte (im Bild 1.18 ist *n* = 14). Die zu diesen Abschnitten gehörenden Ordinatenwerte sind Augenblickswerte der Spannung bzw. des Stromes. Summiert man diese Werte und teilt die erhaltene Summe durch die Anzahl der Summanden, dann ergibt sich näherungsweise der arithmetische Mittelwert

$$\bar{x} = \frac{1}{n} \sum_{\nu=1}^{n} x_\nu \quad \nu = 1, 2, 3, ..., n. \tag{1.11}$$

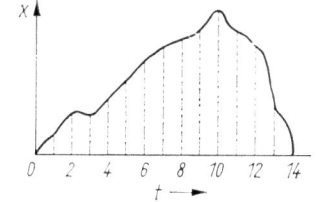

Bild 1.18
Näherungsverfahren zur Ermittlung des arithmetischen Mittelwertes und des Effektivwertes

In gleicher Weise kann der Effektivwert ermittelt werden. Die der Kurve entnommenen Augenblickswerte werden quadriert. Der Effektivwert ergibt sich zu

$$X = \sqrt{\frac{1}{n} \sum_{1}^{n} x_\nu^2}. \tag{1.12}$$

Wie schon gesagt, handelt es sich um ein Näherungsverfahren. Je feiner die Unterteilung gewählt wird, um so genauer stimmt der ermittelte Wert mit dem tatsächlichen überein. Für die Praxis kann das beschriebene Verfahren in der Mehrzahl der Fälle als ausreichend angesehen werden.

Es sei noch erwähnt, daß die Unterteilungspunkte auf der Abszisse *n* Zeitabschnitten entsprechen, wobei sich die einzelnen Zeiten aus $(T/2)/n$ ergeben.

1.6.2.4. Scheitelfaktor, Formfaktor, Welligkeit

Der *Scheitelfaktor* k_s ist der Quotient aus dem Scheitelwert X_{mm} und dem Effektivwert X:

$$k_s = \frac{X_{mm}}{X}. \tag{1.13}$$

Für Sinusgrößen ergibt sich demnach das Verhältnis

$$k_s = \frac{\hat{U}}{U} = \frac{\hat{U}}{\frac{\hat{U}}{\sqrt{2}}} = \frac{\hat{I}}{\frac{\hat{I}}{\sqrt{2}}} = \sqrt{2} = 1{,}414.$$

Bei der Rechteckspannung beträgt der Scheitelfaktor $k_s = 1{,}0$ und bei der Dreieckspannung $k_s = \sqrt{3} = 1{,}732$.

Der *Formfaktor* k_f ist der Quotient aus dem Effektivwert X und dem Gleichrichtwert $|\bar{x}|$:

$$k_f = \frac{X}{|\bar{x}|}. \tag{1.14}$$

Für Sinusgrößen ergibt sich demnach das Verhältnis des Effektivwertes zum Gleichrichtwert

$$k_f = \frac{X}{|\bar{x}|} = \frac{U}{|\bar{u}|} = \frac{I}{|\bar{i}|},$$

$$k_f = \frac{\frac{\hat{U}}{\sqrt{2}}}{\frac{2\hat{U}}{\pi}} = \frac{\frac{\hat{I}}{\sqrt{2}}}{\frac{2\hat{I}}{\pi}} = \frac{\pi}{2\sqrt{2}} = 1,11.$$

Der Formfaktor ist ein Maß für den Kurvenverlauf. Je stumpfer eine Kurve ist, um so mehr nähert sich der Formfaktor dem Wert 1. Für eine Rechteckkurve ist also $k_f = 1$. Bei spitz verlaufenden Kurven ist der Formfaktor größer als 1, z. B. ist für eine Dreieckkurve $k_f = 1,155$.

Die *Welligkeit* k_w ist der Quotient aus dem Effektivwert der Wechselkomponenten einer allgemeinen Wechselgröße (Mischgröße) und dem Gleichwert:

$$k_w = \frac{X_\sim}{\bar{x}}. \tag{1.15}$$

Beispiel 1.4

Eine Sinusspannung hat eine Frequenz von 500 Hz. Sie wird gleichgerichtet. Zur Zeit $t = 0,1$ ms beträgt der Augenblickswert $u = 0,5$ V. Es sind zunächst der Gleichrichtwert und der Effektivwert zu bestimmen. Aus diesen Werten sind dann der Scheitelfaktor und der Formfaktor nachzurechnen!

Lösung

$$u = \hat{U} \sin(\omega t),$$

$$\hat{U} = \frac{u}{\sin \omega t} = \frac{0,5 \text{ V}}{\sin 18°} = 1,62 \text{ V},$$

$$\omega t = 2\pi \, 500 \text{ s}^{-1} \cdot 0,1 \cdot 10^{-3} \text{ s rad} = 18°,$$

$$|\bar{u}| = \frac{2\hat{U}}{\pi} = 0,637 \cdot 1,62 \text{ V} = 1,03 \text{ V};$$

$$U = \frac{\hat{U}}{\sqrt{2}} = 0,707 \cdot 1,62 \text{ V} = 1,145 \text{ V},$$

$$k_s = \frac{\hat{U}}{U} = \frac{1,62 \text{ V}}{1,145 \text{ V}} = 1,414,$$

$$k_f = \frac{U}{|\bar{u}|} = \frac{1,145 \text{ V}}{1,03 \text{ V}} = 1,11.$$

Die Werte von k_s und k_f stimmen mit den anhand der Gln. (1.13) und (1.14) für Sinusgrößen abgeleiteten Werten überein.

Beispiel 1.5

Am Beispiel der im Bild 1.18 vorgegebenen Spannungskurve sind nach dem Näherungsverfahren Gleichrichtwert, Effektivwert, Scheitelfaktor und Formfaktor zu berechnen!

Lösung

Die dem Diagramm entnommenen Augenblickswerte und deren Quadrate sind

$u_1 = 0{,}5$ V $\quad u_1^2 = 0{,}25$ V^2
$u_2 = 1{,}0$ V $\quad u_2^2 = 1{,}0$ V^2
$u_3 = 1{,}0$ V $\quad u_3^2 = 1{,}0$ V^2
$u_4 = 1{,}5$ V $\quad u_4^2 = 2{,}25$ V^2
$u_5 = 2{,}0$ V $\quad u_5^2 = 4{,}0$ V^2
$u_6 = 2{,}4$ V $\quad u_6^2 = 5{,}76$ V^2
$u_7 = 2{,}8$ V $\quad u_7^2 = 7{,}84$ V^2
$u_8 = 3{,}1$ V $\quad u_8^2 = 9{,}61$ V^2
$u_9 = 3{,}4$ V $\quad u_9^2 = 11{,}26$ V^2
$u_{10} = 4{,}0$ V $\quad u_{10}^2 = 16{,}0$ V^2
$u_{11} = 3{,}3$ V $\quad u_{11}^2 = 10{,}89$ V^2
$u_{12} = 3{,}0$ V $\quad u_{12}^2 = 9{,}0$ V^2
$u_{13} = 1{,}4$ V $\quad u_{13}^2 = 1{,}96$ V^2

$\sum_1^n u_n = 29{,}4$ V; $\quad \sum_1^n u_n^2 = 72{,}82$ V^2; $\quad n = 14$ Abschnitte,

$|\bar{u}| = \dfrac{1}{13} \cdot 29{,}4$ V $\approx 2{,}262$ V;

$U = \sqrt{\dfrac{1}{13} \cdot 72{,}82 \text{ V}^2} \approx 2{,}37$ V,

$k_\text{s} = \dfrac{\hat{U}}{U} = \dfrac{4}{2{,}37} \approx 1{,}69$,

$k_\text{f} = \dfrac{U}{|\bar{u}|} = \dfrac{2{,}37}{2{,}262} \approx 1{,}05$.

1.7. Darstellung von sinusförmigen Wechselgrößen gleicher Frequenz

1.7.1. Resultierende Spannung im Liniendiagramm

Bei der Zusammenschaltung von Bauelementen in Wechselstromkreisen kann es vorkommen, daß sinusförmige Wechselspannungen oder Wechselströme gleicher Frequenz, aber mit unterschiedlichem Anfangs- oder Nullphasenwinkel auftreten. Wie im Bild 1.19 dargestellt, ist die Spannung u_1 gegen den Nullpunkt der Zeitachse nicht, die Spannung u_2

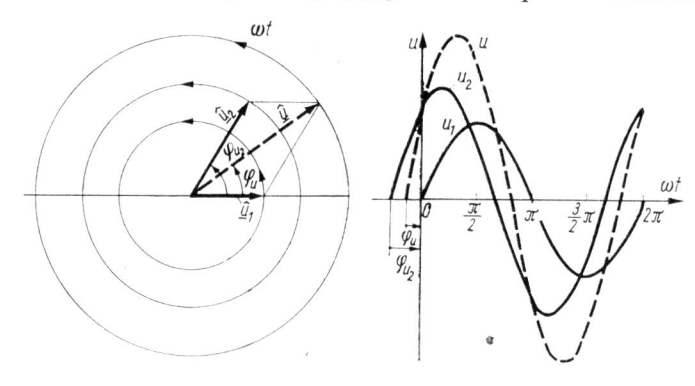

Bild 1.19
Addition zweier Sinusspannungen

dagegen um den Winkel φ_{u2} voreilend verschoben. Dieser Winkel ist damit auch der Phasenwinkel zwischen u_1 und u_2.

Die Gleichungen für die Augenblickswerte lauten demnach

$$u_1 = \hat{U}_1 \sin \omega t, \quad \varphi_{u1} = 0,$$

$$u_2 = \hat{U}_2 \sin (\omega t + \varphi_{u2}).$$

Die Augenblickswerte der resultierenden Spannung u erhält man, indem man die jeweils zum selben Zeitpunkt wirkenden Augenblickswerte von u_1 und u_2 algebraisch addiert. Im Liniendiagramm (s. Bild 1.19, rechts) läßt sich die Addition grafisch Punkt für Punkt leicht durchführen. Man bekommt den Kurvenverlauf der Resultierenden (gestrichelte Kurve im Bild 1.19). Zeichnet man die dazugehörigen Zeiger (links im Bild 1.19 als Gedankenhilfe) zum Zeitpunkt $t = 0$, so erkennt man, daß die Zeiger der Spannungen u_1 und u_2 geometrisch zum Zeiger der resultierenden Spannung u zu addieren sind. Darüber enthält Abschn. 1.7.2. näheres.

Es folgt zuerst die analytische Berechnung der resultierenden Spannung:

$$u = u_1 + u_2 = \hat{U}_1 \sin \omega t + \hat{U}_2 \sin (\omega t + \varphi_{u2}).$$

Der Ausdruck $\sin(\omega t + \varphi_{u2})$ wird nach dem Additionstheorem

$$\sin(\alpha + \beta) = \sin \alpha \cos \beta + \cos \alpha \sin \beta$$

umgeformt:

$$u = \hat{U}_1 \sin \omega t + \hat{U}_2 \sin \omega t \cos \varphi_{u2} + \hat{U}_2 \cos \omega t \sin \varphi_{u2},$$

$$u = (\hat{U}_1 + \hat{U}_2 \cos \varphi_{u2}) \sin \omega t + (\hat{U}_2 \sin \varphi_{u2}) \cos \omega t.$$

Hierin sind die in den Klammern stehenden Faktoren konstant; man setzt für sie zweckmäßig allgemeine Zahlen ein:

$$\hat{U}_1 + \hat{U}_2 \cos \varphi_{u2} = a \quad \text{und} \quad \hat{U}_2 \sin \varphi_{u2} = b,$$

$$u = a \sin \omega t + b \cos \omega t.$$

In einem rechtwinkligen Dreieck mit den Katheten a und b und der Hypotenuse c gilt

$$a = c \cos \beta \quad \text{und} \quad b = c \sin \beta,$$

wobei β der Winkel zwischen der Kathete b und der Hypotenuse c ist. Die für a und b gewonnenen Ausdrücke sind in die letzte Gleichung einzusetzen. Nach einer weiteren Umformung mittels obigen Additionstheorems erhält man

$$u = c \sin (\omega t + \beta).$$

Das ist aber das Zeitgesetz einer Sinusspannung mit der Amplitude $c = \hat{U}$ und dem Anfangsphasenwinkel $\beta = \varphi_u$:

$$u = \hat{U} \sin (\omega t + \varphi_u).$$

Man erkennt: *Die Addition zweier phasenverschobener Sinusspannungen ergibt wiederum eine Sinusspannung.*

Zur Bestimmung von $c = \hat{U}$ benutzt man die für a und b gefundenen Ausdrücke. Diese werden durch Quadrierung und Addition weiter entwickelt, bis man schließlich die Gleichung

$$\hat{U}_1^2 + 2\hat{U}_1 \hat{U}_2 \cos \varphi_{u2} + \hat{U}_2^2 = c^2 = \hat{U}^2$$

erhält, aus der sich die Beziehung

$$\hat{U} = \sqrt{\hat{U}_1^2 + \hat{U}_2^2 + 2\hat{U}_1\hat{U}_2 \cos \varphi_{u2}} \tag{1.16}$$

ergibt. Durch eine weitere Herleitung bekommt man für den Anfangsphasenwinkel $\beta = \varphi_u$ folgenden Ausdruck:

$$\tan \beta = \frac{\hat{U}_2 \sin \varphi_{u2}}{\hat{U}_1 + \hat{U}_2 \cos \varphi_{u2}}. \tag{1.17}$$

Dividiert man Gl.(1.16) durch $\sqrt{2}$ und kürzt die rechte Seite der Gl.(1.17) mit dem gleichen Faktor, dann stehen in den Ausdrücken nicht mehr Amplituden, sondern die Effektivwerte der Spannungen:

$$U = \sqrt{U_1^2 + U_2^2 + 2U_1U_2 \cos \varphi_{u2}}, \tag{1.18}$$

$$\beta = \varphi_u = \arctan \frac{U_2 \sin \varphi_{u2}}{U_1 + U_2 \cos \varphi_{u2}}. \tag{1.19}$$

Mit den Gln.(1.18) und (1.19) ist es möglich, den Effektivwert und die Phasenverschiebung der resultierenden Spannung aus den gegebenen Effektivwerten U_1 und U_2 und dem Phasenwinkel zwischen beiden zu berechnen. Eilt dabei u_2 gegen u_1 vor, dann eilt die Gesamtspannung u auch gegen u_1 vor. Eilt dagegen u_2 gegenüber u_1 nach, eilt u ebenfalls gegen u_1 nach. Für die Berechnung bei Nacheilung von u_2 gelten die oben abgeleiteten Gln.(1.18) und (1.19), jedoch mit dem Unterschied, daß β infolge der Nacheilung negativ wird, denn in Gl.(1.19) ist $\varphi_{u2} < 0$ dann mit einem Minuszeichen einzusetzen.

Ist eine Sinusspannung von einer anderen zu subtrahieren, dann erhält man den Spannungsverlauf im Liniendiagramm durch Subtraktion der Augenblickswerte der einen Spannung von denen der anderen:

$$u = u_1 - u_2 = \hat{U}_1 \sin \omega t - \hat{U}_2 \sin (\omega t + \varphi_{u2}).$$

Effektivwert und Phasenwinkel berechnen sich nach einer ähnlichen Gleichung wie für die Addition:

$$U = \sqrt{U_1^2 + U_2^2 - 2U_1U_2 \cos \varphi_{u2}}, \tag{1.20}$$

$$\beta = \arctan \frac{-U_2 \sin \varphi_{u2}}{U_1 - U_2 \cos \varphi_{u2}}. \tag{1.21}$$

Die vorstehenden Betrachtungen gelten sinngemäß auch für die Summierung von phasenverschobenen Sinusströmen i_1 und i_2 gleicher Frequenz. Entsprechend den Gln.(1.18), (1.19), (1.20) und (1.21) gilt dann

$$i_1 + i_2: \quad I = \sqrt{I_1^2 + I_2^2 + 2I_1I_2 \cos \varphi_{i2}}, \tag{1.22}$$

$$\varphi_i = \arctan \frac{I_2 \sin \varphi_{i2}}{I_1 + I_2 \cos \varphi_{i2}}. \tag{1.23}$$

$$i_1 - i_2: \quad I = \sqrt{I_1^2 + I_2^2 - 2I_1I_2 \cos \varphi_{i2}}, \tag{1.24}$$

$$\beta = \arctan \frac{-I_2 \sin \varphi_{i2}}{I_1 - I_2 \cos \varphi_{i2}}. \tag{1.25}$$

30   *1. Einführung in die Wechselspannungstechnik*

Beispiel 1.6

Eine Sinusspannung, deren Effektivwert 220 V beträgt, ist gegen den Zeitnullpunkt nicht phasenverschoben. Eine zweite Sinusspannung gleicher Frequenz mit dem gleichen Effektivwert eilt dagegen um 40° nach. Beide Spannungen haben gleiche Frequenz. Die zweite Spannung ist von der ersten zu subtrahieren. Wie groß sind der Effektivwert und die Phasenverschiebung der Gesamtspannung gegen die erste Spannung?

Lösung

Die Berechnung erfolgt mit den Gln. (1.20) und (1.21), wobei infolge der Nacheilung von U_2 der Winkel $\varphi_{u2} = -40°$ einzusetzen ist:

$$U = \sqrt{2\,(220\,\text{V})^2 - 2\,(220\,\text{V})^2 \cos(-40°)}.$$

$$\cos(-40°) = \cos 40° = 0{,}766,$$

$$U = 220\,\text{V} \cdot \sqrt{2} \cdot \sqrt{1 - 0{,}766} = 150\,\text{V},$$

$$\beta = \arctan \frac{-220\,\text{V} \sin(-40°)}{220\,\text{V} - 220\,\text{V} \cos 40°},$$

$$\beta = \arctan \frac{\sin 40°}{1 - \cos 40°};$$

$$\beta = \arctan \frac{0{,}643}{1 - 0{,}766} = \arctan 2{,}73,$$

$$\beta = \varphi_u = 70°.$$

Die Gesamtspannung hat einen Nullphasenwinkel von $\varphi_u = 70°$ und eilt somit der Spannung U_1 um 70° voraus.

Aufgabe 1.2

Ein Wechselstrom mit dem Effektivwert $I_1 = 840$ mA ist gegen die Zeitachse nicht phasenverschoben. Ein anderer Wechselstrom gleicher Frequenz mit dem Effektivwert $I_2 = 1020$ mA ist gegen die Zeitachse um den Winkel $\varphi_{i2} > 0$ voreilend verschoben. Der resultierende Strom I hat gegen die Zeitachse einen Phasenwinkel $\beta = \varphi_i = 26{,}5°$. Wie groß sind φ_{i2} und der Effektivwert I?

Lösungshinweis

Verhältnismäßig übersichtlich ist die grafische Lösung dieser Aufgabe. Man zeichnet mit einem gewählten Maßstab – analog Bild 1.19 – die Zeiger I_1 (in die waagerechte Achse) und I mit dem Winkel $\beta = \varphi_i$ zur Waagerechten. Dann ergänzt man das Zeigerbild zum Parallelogramm und kann die gesuchten Größen bestimmen. Auch eine analytische Lösung ist mit Hilfe der Gln. (1.22) und (1.23) möglich.

1.7.2. Zeigerbild

Eine recht einfache Darstellung der Amplituden oder Effektivwerte von zwei oder mehr Sinusspannungen gleicher Frequenz bietet das Zeigerbild. Wie schon im Abschn. 1.6.1. anhand des Bildes 1.12 gezeigt wurde, lassen sich Sinusspannungen durch rotierende Zeiger von der Länge $\hat{U}$ darstellen. Im Bild 1.20 sind zwei um den Winkel φ_u phasenverschobene Spannungszeiger $\underline{u}_1$ und $\underline{u}_2$ gezeichnet. Die Spannung u_2 eilt der Spannung u_1 voraus. Die Zeiger befinden sich dabei in der Lage, die sie zu Beginn der Zeitzählung einnehmen. Ihre Phasenwinkel (vgl. Abschn. 1.6.1.) sind diejenigen Winkel φ_{u1} und φ_{u2}, die die Zeiger in diesem Augenblick mit der Bezugsachse bilden. Die Differenz zwischen beiden ist gleich dem Phasenverschiebungswinkel φ_u.

Wie im Abschn. 1.7.1. schon angegeben, werden die Zeiger geometrisch addiert (siehe Bild 1.20). Der Abstand des Zeigerendpunktes der Gesamtspannung $\underline{u}$ von der Bezugslinie ist gleich der Summe der Augenblickswerte u_1 und u_2 und damit gleich dem Augenblickswert u der Resultierenden. Die gesuchte Größe wurde also durch eine einfache

1.7. Darstellung von sinusförmigen Wechselgrößen gleicher Frequenz

Parallelogrammbildung gefunden. Auch im Bild 1.19 ist die geometrische Addition im Zusammenhang mit den dort im Liniendiagramm dargestellten Spannungen angegeben.

Exakt betrachtet, rotieren beide Zeiger $\underline{u}_1$ und $\underline{u}_2$ (Bild 1.21). Da sie aber mit gleicher Geschwindigkeit umlaufen, beide Spannungen haben gleiche Frequenz, ist es gleichgültig, welche Lage sie augenblicklich einnehmen. Der Phasenwinkel φ_u bleibt stets derselbe. Man kann sich somit die Zeiger für die geometrische Addition auch ruhend vorstellen.

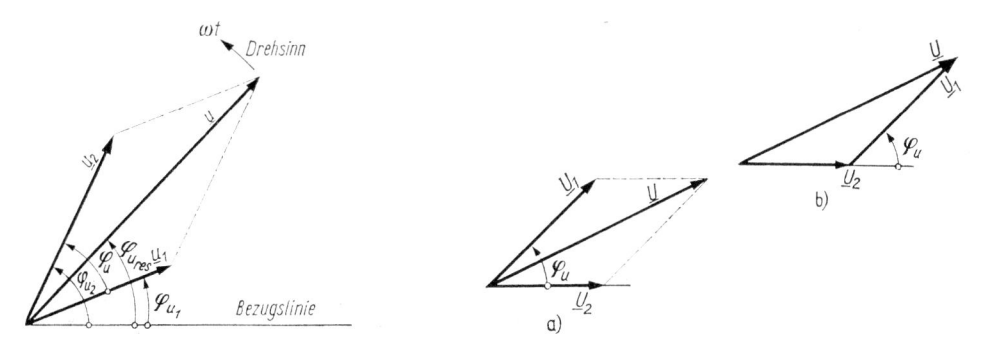

Bild 1.20. Geometrische Addition zweier Sinusspannungen

Bild 1.21. Zeigerbilder der Effektivwerte

Sie müssen nur den Winkel φ_u bilden, um den sie gegeneinander verschoben sind. Damit kommt jedoch die Größe der Frequenz der dargestellten Spannungen im Zeigerbild nicht zum Ausdruck. Voraussetzung ist, daß die im Zeigerbild angegebenen Wechselgrößen gleiche Frequenz haben. Werden die Zeigerlängen durch den Faktor $\sqrt{2}$ dividiert, dann stellen die Zeiger die Effektivwerte der Spannungen dar. Es genügt außerdem, unter Beibehaltung der jeweiligen Zeigerrichtungen ein *Zeigerdreieck* zu zeichnen. Die Bilder 1.21 a und b zeigen den Übergang. Man reiht (Bild 1.21 b) die Spannungszeiger mit entsprechender Richtung aneinander und verbindet den Anfangspunkt des ersten Zeigers mit dem Endpunkt des zweiten. Diese Verbindungsgerade ergibt den Effektivwert der Gesamtspannung. Da die Spannung U als Seite eines Dreiecks im Zeigerbild auftritt, ist ihre Berechnung mit Hilfe des Kosinussatzes der Trigonometrie möglich. Nach ihm gilt (vgl. Bild 1.21 b)

$$U^2 = \sqrt{U_1^2 + U_2^2 - 2U_1U_2 \cos(180° - \varphi_u)}.$$

Nun ist $\cos(180° - \varphi_u) = -\cos\varphi_u$; somit ergibt sich

$$U = \sqrt{U_1^2 + U_2^2 + 2U_1U_2 \cos\varphi_u}.$$

Das ist aber dieselbe Beziehung, wie sie als Gl. (1.18) im vorhergehenden Abschnitt hergeleitet wurde.

Sind mehr als zwei Spannungen zu addieren, so bildet man zuerst die geometrische Summe (z. B. $\underline{U}_1$ und $\underline{U}_2$ im Bild 1.22) der ersten beiden, dann addiert man geometrisch zur Resultierenden der ersten beiden die dritte Spannung. Im Bild 1.22 sind das die Spannungen $\underline{U}'$ und $\underline{U}_3$. Sind noch weitere Spannungen zu addieren, dann ist immer zur jeweiligen Resultierenden die nächstfolgende Spannung geometrisch zu addieren. Die Lage der einzelnen Spannungszeiger ergibt sich entweder anhand ihrer Phasenwinkel oder durch diejenigen, um die sie gegeneinander verschoben sind. Im Bild 1.22 sind die Phasenwinkel der einzelnen Spannungen mit einfachem Index und die Phasenwinkel zwischen den Spannungen mit entsprechendem Doppelindex angegeben.

Die im Bild 1.22 wiedergegebene Konstruktion des Zeigers $\underline{U}$ läßt sich noch vereinfachen. Die Zeiger werden, so wie es schon im Bild 1.21a geschehen ist, richtungsgerecht aneinandergereiht. Man erhält damit ein *Zeigerpolygon*, das am zweckmäßigsten mit Hilfe der Phasenwinkel zwischen den aufeinanderfolgenden Spannungszeigern gezeichnet wird (vgl. Bild 1.23). Aus dem Zeigerbild (Bild 1.22) bzw. dem Zeigerpolygon (Bild 1.23) ist auch die Phasenlage der Gesamtspannung zu erkennen. Der Spannungszeiger $\underline{U}$ bildet mit den übrigen Spannungszeigern bestimmte Winkel. Um diese Winkel ist die Gesamtspannung gegen die anderen jeweils verschoben. (Sie sind aus Gründen der Übersichtlichkeit in den Bildern nicht besonders benannt.) Der Winkel, den U mit der Bezugslinie einnimmt, ist der Nullphasenwinkel der Gesamtspannung.

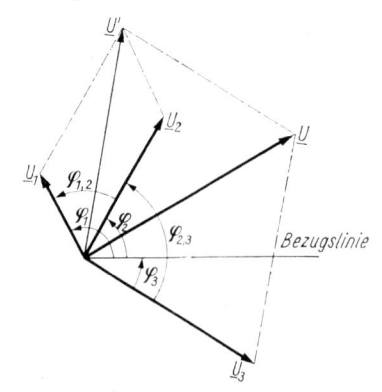

Bild 1.22. Geometrische Addition von drei Sinusspannungen

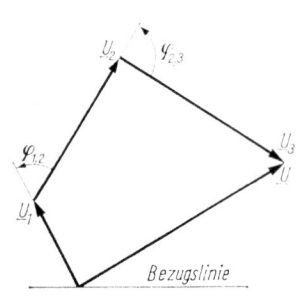

Bild 1.23. Zeigerpolygon

Wenn man nur den Effektivwert der Spannung U sucht, ohne ihre Phasenlage bei $t = 0$ kennen zu müssen, läßt sich das Zeigerbild oder das Zeigerpolygon so in der Ebene drehen, daß einer der Zeiger (z. B. Zeiger $\underline{U}_3$) mit der Bezugslinie zusammenfällt, im Bild also waagerecht liegt.

Mit Hilfe des Zeigerbildes läßt sich auch die Subtraktion von Sinusspannungen durchführen. Man braucht nur die Richtung des Spannungszeigers, der zu subtrahieren ist, umzukehren. Er ist in entgegengesetzter Richtung anzutragen. Bild 1.24 zeigt den Vorgang. Die Gesamtspannung $\underline{U}$ wird aus $+\underline{U}_1$, $-\underline{U}_2$ und $\underline{U}_3$ gebildet. Übrigens ist bei der Addition und der Subtraktion die Reihenfolge der Teiladditionen bzw. die Aneinanderreihung der Zeiger beliebig. Man kann z. B. mit dem Zeiger $\underline{U}_3$ beginnen, dann mit $\underline{U}_1$ fortsetzen und mit $-\underline{U}_2$ enden. Abschließend ist noch festzustellen, daß die geometrische Addition und Subtraktion im Zeigerbild mit *Stromzeigern* genauso möglich sind, wie sie vorstehend für die Spannungen beschrieben wurden.

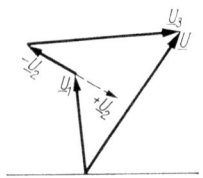

Bild 1.24
Geometrische Subtraktion

Zusammenfassend zu den bisherigen Erläuterungen über Zeigerbilder kann man nachstehende Grundsätze angeben:

– Größen, die sich sinusförmig ändern, lassen sich durch umlaufende oder ruhende Zeiger darstellen.

- Die Winkel zwischen den Zeigern geben die Phasenverschiebungen an, die zwischen den jeweiligen Größen auftreten. Diejenige Größe, die gegenüber einer anderen den größeren Winkel im mathematischen Drehsinn hat, ist voreilend. Ein kleinerer Winkel gibt Nacheilung an.
- Die Frequenz der Sinusfunktion bestimmt die Winkelfrequenz der Zeiger. Da gleiche Frequenz aller Größen Voraussetzung zum Aufstellen eines Zeigerbildes ist, kommt die Frequenz in den Bildern nicht unmittelbar zum Ausdruck.
- Umlaufende Zeiger sind mit kleinen unterstrichenen Buchstaben, z.B. $\underline{u}$, $\underline{i}$, zu kennzeichnen.
- Bedingt durch die Frequenzgleichheit und die Sinusform aller dargestellten Größen kann der Umlauf weggelassen werden. Man zeichnet „ruhende" Zeiger, die die Amplituden und die Phasenwinkel zum Ausdruck bringen. Solche ruhenden Zeiger sind mit großen unterstrichenen und überdachten Buchstaben zu bezeichnen, z.B. $\underline{\hat{U}}$, $\underline{\hat{I}}$.
- Da sich Amplituden und Effektivwerte von Sinusgrößen durch den konstanten Faktor $\sqrt{2}$ unterscheiden, kann man mit den Zeigerlängen auch Effektivwerte angeben. In diesen Fällen benennt man die Zeiger nur mit großen unterstrichenen Buchstaben, z.B. $\underline{U}$, $\underline{I}$.

Abschließend ist festzustellen, daß das Zeigerbild nicht nur für die Addition von Wechselgrößen Bedeutung hat, sondern ebenso einen Überblick über die physikalische Darstellung der Vorgänge in einem Wechselstromkreis gibt. In den Abschnitten 2. und 3. werden deshalb weitere Hinweise über die Aufstellung der Zeigerbilder gegeben.

Beispiel 1.7

Es sind zwei Sinusströme gleicher Frequenz zu addieren. Die Effektivwerte betragen $I_1 = 3{,}8$ A und $I_2 = 3{,}2$ A. Die Null- oder Anfangsphasenwinkel haben die Größen $\varphi_{i1} = \varphi_1 = 35°$ für I_1 und $\varphi_{i2} = \varphi_2 = -25°$ für I_2. Mit Hilfe des Zeigerbildes sind die Stromamplitude des Gesamtstromes sowie sein Anfangsphasenwinkel und der Phasenwinkel zwischen dem Gesamtstrom I und dem Strom I_2 zu bestimmen!

Lösung

Anhand eines gewählten Maßstabes erhält man die Längen der Effektivwertzeiger, die mit den gegebenen Winkeln in das Zeigerbild gemäß Bild 1.25 einzutragen sind.

Die geometrische Addition ergibt den Effektivwertzeiger $\underline{I} = 6{,}3$ A. Die Amplitude ist dann $\hat{I} = 6{,}3\,\text{A}\sqrt{2} = 8{,}9$ A.

Den Anfangsphasenwinkel von I und den Phasenwinkel zwischen I und I_2 entnimmt man dem Diagramm: $\varphi_{I,0} = 7{,}5°$ und $\varphi_{I,I2} = 33°$, wobei I gegen I_2 voreilt.

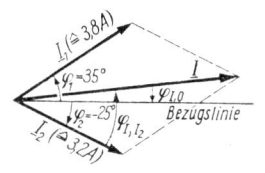

Bild 1.25
Lösungsbild zum Beispiel 1.7

Aufgabe 1.3

Ein Wechselstrom mit dem Effektivwert $I_1 = 240$ mA ist gegen die Spannung, die ihn hervorruft, um $27°$ nacheilend phasenverschoben. Ein Strom I_2, der gegen die gleiche Spannung um $35°$ voreilend verschoben ist, bildet mit I_1 zusammen den resultierenden Strom $I = 320$ mA. Wie groß sind I_2 und der Phasenwinkel von I gegen die Spannung?

Lösungshinweis

Man zeichnet ein Zeigerbild mit dem $\underline{U}$-Zeiger in der Waagerechten. I_1 ist maßstabsgerecht anzutragen. I_2 kann man nur mit dem Winkel und unbestimmter Länge antragen. Durch maßstabsgerechtes Antragen des I-Zeigers (Zirkel) bekommt man die grafische Lösung. Analytisch ist die Lösung mit Hilfe der Gln. (1.22) und (1.23) möglich.

Zusammenfassung zu 1.

Zu Beginn des Abschnitts wird die Wechselspannungstechnik der Gleichspannungstechnik gegenübergestellt und beide gegeneinander abgegrenzt. Danach erfolgt die Definition der Wechselgrößen. Es werden anschließend die Möglichkeiten zur Erzeugung von Wechselspannungen genannt und im weiteren die Möglichkeiten zur Darstellung von Wechselgrößen angegeben. Die wichtigste Spannungsform ist die sinusförmige Spannung, deren Bedeutung vor allem darin besteht, daß alle nichtsinusförmigen Spannungen auf eine Zusammensetzung von Sinusspannungen zurückgeführt werden können. Weiterhin werden in diesem Abschnitt die Kennwerte der Wechselspannung definiert, die analog auch für Wechselströme gelten. Danach wird die Darstellung von sinusförmigen Wechselgrößen durch Liniendiagramm und Zeigerbild erläutert, wobei die Addition von Spannungen gleicher Frequenz zur Veranschaulichung dient.

Übungen zu 1.

Ü 1.1. Die Periodendauer einer Sinusspannung beträgt $T = 1,923$ ms. Zur Zeit $t = 0,3846$ ms beträgt die Spannung 60 V, und zum Zeitpunkt $t = 0$ ging die Spannung durch Null, um dem positiven Amplitudenwert zuzustreben. Es sind die Frequenz, die Amplitude und der dem Zeitpunkt $t = 0,29$ ms entsprechende Winkel zu berechnen!

Ü 1.2. Eine Sinusspannung mit $U = 220$ V eilt einem Sinusstrom gleicher Frequenz mit $I = 4,6$ A um 35° voraus. Wie groß sind die Augenblickswerte von Spannung und Strom zum Zeitpunkt $t = T/8$, wenn der Nullphasenwinkel des Stromes gleich Null ist?

Ü 1.3. Eine Sinusspannung hat zur Zeit $t = 50$ μs nach ihrem Nulldurchgang zum positiven Amplitudenwert diesen erreicht. Welche Werte haben die Winkelfrequenz und die Frequenz?

Ü 1.4. Ein Sinusstrom hat einen Nullphasenwinkel von +10°. 0,3 ms nach Beginn der Zeitzählung ist der Strom 3,5 mA groß. Die Amplitude beträgt 4,9 mA. Welche Frequenz hat der Strom?

Ü 1.5. Der Augenblickswert 0,3 V einer Sinusspannung ist halb so groß wie die Amplitude. Die Frequenz beträgt 478 kHz. Es sind zu berechnen: die Zeit, nach der die Spannung den Augenblickswert erreicht hat (Nullphasenwinkel = −24°), die Amplitude, der Gleichrichtwert und der Effektivwert!

Ü 1.6. Eine Spannung $U_1 = 25$ V hat einen Nullphasenwinkel von 42°. Eine zweite Spannung $U_2 = 30$ V, die gegen U_1 um 55° nacheilend verschoben ist, wird zu U_1 addiert. Von den Resultierenden beider Spannungen wird eine Spannung U_3, die gegen U_1 um 46° voreilend verschoben ist, subtrahiert. Zur Resultierenden aus U_1, U_2 und U_3 wird schließlich noch eine Spannung $U_4 = 42$ V, die gegen U_3 um 28° voreilt, addiert. U_1 bis U_4 ergeben die Gesamtspannung $U = 30,7$ V. Wie groß sind U_3 und der Nullphasenwinkel von U? Die Spannungen sind in Effektivwerten gegeben und haben alle gleiche Frequenz.

2. Verhalten der Schaltelemente bei sinusförmiger Wechselspannung

In diesem Abschnitt wird das Verhalten elektrotechnischer Schaltelemente beim Anlegen von sinusförmigen Wechselspannungen untersucht. Dabei wird vorausgesetzt, daß es sich um „ideale" Schaltelemente handelt. Das bedeutet, daß ein ohmscher Widerstand keine kapazitiven oder induktiven Eigenschaften aufweist. Ein Kondensator gilt als verlustfrei und stellt eine reine Kapazität dar. Entsprechendes gilt für eine Spule. Der Widerstand des Wickeldrahtes und die Kapazität der Wicklung bleiben unberücksichtigt. Auch Einflüsse von Eisen- oder Ferritkernen bleiben außer Betracht. Obwohl sich in der Praxis solche idealen Schaltelemente nur angenähert verwirklichen lassen, sind die Betrachtungen wichtig für das Verständnis der Wechselstromkreise mit realen Schaltelementen.

Bei den Untersuchungen werden ermittelt:
- die Stromfunktion,
- die Phasenverschiebung $\varphi = \varphi_u - \varphi_i$,
- das Verhältnis X bzw. B von Spannungs- und Stromamplitude. Hierbei ist zu beachten, daß X bzw. B im physikalischen Sinn kein Widerstand bzw. Leitwert sondern eine Rechengröße ist (Spannungs- und Stromamplitude treten zu *verschiedenen* Zeiten auf).

2.1. Ohmsches Schaltelement

An eine Sinusspannungsquelle ist entsprechend Bild 2.1 ein ohmscher Widerstand R angeschlossen. In ihm ruft jeder Augenblickswert u der Spannung einen nach dem Ohmschen Gesetz von R abhängigen Augenblickswert i des Stromes hervor. Es gilt somit für die gleichzeitig auftretenden Augenblickswerte

$$i = \frac{u}{R}.$$

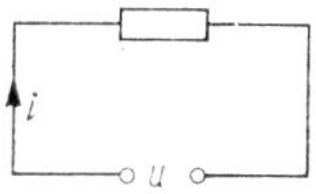

Bild 2.1
Ohmsches Schaltelement bei Wechselspannung

Tritt am Widerstand R die Spannungsamplitude $\hat{U}$ auf, dann erreicht auch der Strom seine Amplitude $\hat{I}$:

$$\hat{I} = \frac{\hat{U}}{R}.$$

Durch Einsetzen der Sinusspannung $u = \hat{U} \sin(\omega t + \varphi_u)$ in die Augenblickswertgleichung ergibt sich zusammen mit vorstehender Amplitudengleichung

$$i = \frac{\hat{U}}{R} \sin(\omega t + \varphi_u) = \hat{I} \sin(\omega t + \varphi_i), \tag{2.1}$$

d.h.,
$$\varphi_u = \varphi_i, \quad \text{damit} \quad \varphi = \varphi_u - \varphi_i = 0.$$

Diese Gleichung zeigt, daß Strom und Spannung gleichen zeitlichen Verlauf haben, so wie es im Liniendiagramm des Bildes 2.2 dargestellt ist.

Dividiert man beide Seiten der Amplitudengleichung durch den Faktor $\sqrt{2}$, so erhält man die Effektivwerte

$$I = \frac{U}{R}.$$

In dieser Form unterscheidet sich die Gleichung nicht vom Ohmschen Gesetz der Gleichstromlehre, nur daß hier U und I Effektivwerte der Wechselgrößen sind. Der Widerstand R sowie sein Leitwert G sind denen bei Gleichstrom völlig gleich. Man nennt beide auch *Wirkwiderstand* bzw. *Wirkleitwert*.

$$R = \frac{U}{I}, \quad G = \frac{I}{U}.$$

Das Zeigerbild wird aus dem Liniendiagramm (Bild 2.2) abgeleitet. Die Länge der Zeiger ist gleich den Amplituden $\hat{U}$ und $\hat{I}$. Ihre Lage wird bestimmt durch die Augenblickswerte u und i zum Periodenanfang ($\omega t = 0$). Beide sind hier gleich Null. Demzufolge ist die Entfernung der Zeigerendpunkte von der waagerechten Bezugsachse ebenfalls Null,

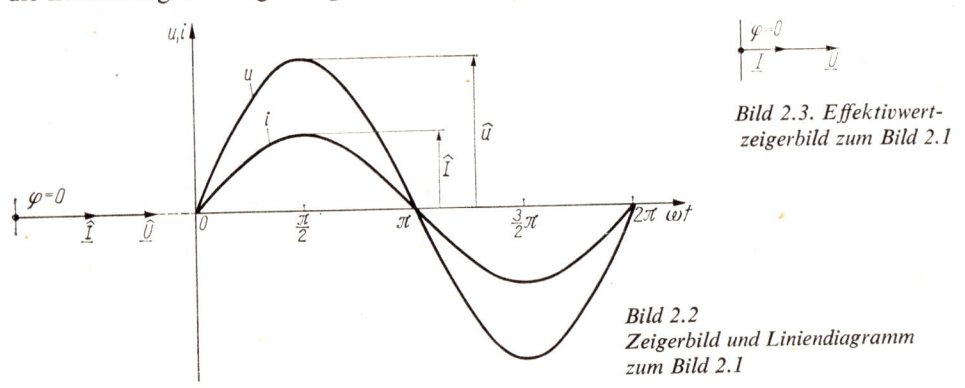

Bild 2.3. Effektivwertzeigerbild zum Bild 2.1

Bild 2.2 Zeigerbild und Liniendiagramm zum Bild 2.1

und damit liegen beide Zeiger in der Waagerechten. Der Winkel φ, den sie bilden, ist somit ebenfalls gleich Null; d.h., Strom und Spannung sind phasengleich. Da Amplituden und Effektivwerte sich nur um den Faktor $\sqrt{2}$ unterscheiden, kann man auch ein Zeigerbild mit Effektivwertzeigern zeichnen, das sich nur durch die Zeigerlänge vom Bild mit Amplitudenzeigern unterscheidet (Bild 2.3).

2.2. Kapazitives Schaltelement

Ist an die Sinusspannungsquelle ein Kondensator mit der Kapazität C entsprechend Bild 2.4 angeschlossen, dann wird das Verhalten von Spannung und Strom bestimmt durch die Gesetzmäßigkeit

$$i = C \frac{du}{dt}.$$

2.2. Kapazitives Schaltelement

Der hierin enthaltene Differentialquotient du/dt stellt die Änderungsgeschwindigkeit der Spannung am Kondensator dar. In diese Gleichung ist die Sinusspannung $u = \hat{U} \sin(\omega t + \varphi_u)$ einzusetzen:

$$i = C \frac{d}{dt} \hat{U} \sin(\omega t + \varphi_u).$$

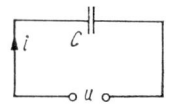

Bild 2.4
Kapazitives Schaltelement bei Wechselspannung

Nach der Differentiation erhält man als Ergebnis

$$i = \omega C \hat{U} \cos(\omega t + \varphi_u) = \omega C \hat{U} \sin\left(\omega t + \varphi_u + \frac{\pi}{2}\right). \tag{2.2}$$

Durch Vergleich erhält man die Gleichung

$$i = \hat{I} \sin(\omega t + \varphi_i).$$

Damit wird $\varphi_i = \varphi_u + \pi/2$. Mit $\varphi_u = 0$ wird $\varphi_i = \pi/2$ und $\varphi = \varphi_u - \varphi_i = -\pi/2$ (s. Bild 2.5).

Gl. (2.2) besagt, daß eine Sinusspannung am Kondensator einen Strom hervorruft, der nach einer Kosinusfunktion verläuft. Bei Nutzung der Additionstheoreme lautet die gleiche Aussage: Eine Sinusspannung am Kondensator bewirkt einen sinusförmigen Strom, der gegen die Spannung um den Phasenwinkel $\varphi_i = \pi/2$ voreilend verschoben ist (s. Bild 2.5).

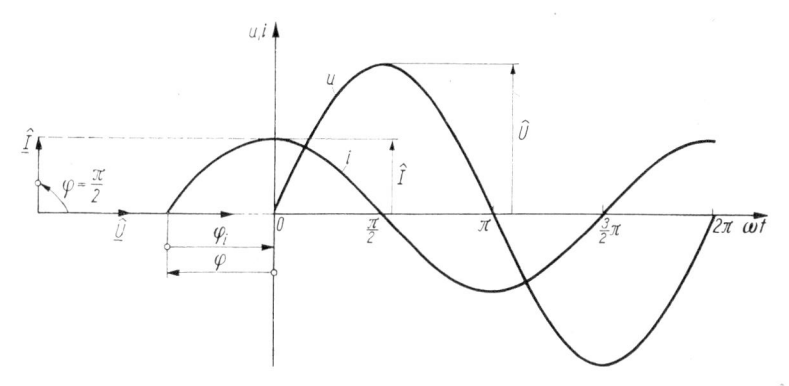

Bild 2.5. Zeigerbild und Liniendiagramm zum Bild 2.4

Die Lage der Zeiger im Zeigerbild ergibt sich aus den Augenblickswerten zu Beginn der Periode (Bild 2.5). Am Periodenanfang ist $u = 0$ und $i = \hat{I}$. Somit ist die Entfernung des Spannungszeigerendpunktes von der waagerechten Bezugsachse gleich Null. Das bedeutet, daß er selbst in der Waagerechten liegt. (Hier und in den folgenden Abschnitten sollen die Bezugsgrößen waagerecht gezeichnet werden.) Die Entfernung des Stromzeigerendpunktes von der Bezugslinie ist gleich $\hat{I}$, also gleich seiner Länge. Er steht senkrecht auf dem Spannungszeiger.

Bild 2.6
Effektivwertzeigerbild zum Bild 2.4

38   2. Verhalten der Schaltelemente bei sinusförmiger Wechselspannung

Das Zeigerbild mit Effektivwertzeigern im Bild 2.6 unterscheidet sich vom Diagramm im Bild 2.5 nur durch die Zeigerlängen.

Neben den Vorgängen im Kondensator bei Wechselgrößen interessiert das Gesamtverhalten im Wechselstromkreis – analog zum Ohmschen Gesetz der Gleichstromlehre. Betrachtet man hierzu Gl.(2.2) zur Zeit $t = 0$ (Bild 2.5), erhält man

$$\hat{I} = \omega C \hat{U}$$

bzw. als Effektivwert

$$\boxed{I = \omega C U}. \tag{2.3}$$

Hierin ist ωC eine Leitwertgröße; man bezeichnet sie als *kapazitiven Blindleitwert* B_C.

$$\boxed{B_C = \omega C = \frac{I_C}{U_C}}. \tag{2.4}$$

Die Einheit beträgt $[B_C] = [\omega]\,[C] = 1/\text{s} \cdot \text{As/V} = 1\,\text{S}$.

Der negative Kehrwert von B_C wird nach TGL 22112 als *kapazitiver Blindwiderstand* X_C definiert.

$$\boxed{X_C = -\frac{1}{\omega C}}. \tag{2.5}$$

Damit ist

$$\boxed{B_C = -\frac{1}{X_C}}. \tag{2.6}$$

Die Einheit von X_C beträgt $[X_C] = 1/[B_C] = 1/\text{S} = 1\,\Omega$.

Die Bezeichnungen Blindleitwert und Blindwiderstand deuten an, daß am Schaltelement keine elektrische Energie in Wärme umgesetzt wird. Ihre jeweilige Größe ist abhängig von der Kapazität C und der Winkelfrequenz ω. In jedem Fall rufen Blindgrößen Phasenverschiebungen zwischen Strom und Spannung hervor, die durch die inneren Vorgänge im Schaltelement bedingt sind (s. Band 1).

Beispiel 2.1

An einem Kondensator mit einer Kapazität $C = 3\,\mu\text{F}$ liegt eine Sinusspannung mit einem Effektivwert $U = 24\,\text{V}$ und einer Frequenz $f = 400\,\text{Hz}$. Die Spannung hat zu einem bestimmten Zeitpunkt t einen Augenblickswert $u = 15\,\text{V}$. Wie groß ist zum gleichen Zeitpunkt der Augenblickswert des Stromes, und wie groß ist dessen Effektivwert? Nach welchem Zeitraum treten die genannten Augenblickswerte auf, wenn die Periode der Sinusspannung entsprechend Bild 2.5 bei $t = 0$ beginnt? Den Berechnungen ist die erste Viertelperiode zugrunde zu legen.

Lösung

$$\hat{U} = U\sqrt{2} = 24\,\text{V}\sqrt{2} = 33{,}9\,\text{V}.$$

Aus $u = \hat{U}\sin\omega t$ ist

$$\sin\omega t = \frac{u}{\hat{U}} = \frac{15\,\text{V}}{33{,}9\,\text{V}} = 0{,}442.$$

Wenn sin $\omega t = 0{,}442$, dann ist cos $\omega t = 0{,}897$ und

$$i = \omega C \hat{U} \cos \omega t = 2\pi \cdot 400 \cdot \text{s}^{-1} \cdot 3 \cdot 10^{-6} \text{ s}/\Omega \cdot 33{,}9 \text{ V} \cdot 0{,}897,$$

$$i = 0{,}229 \text{ A},$$

$$I = \omega C U = 2\pi \cdot 400 \text{ s}^{-1} \cdot 3 \cdot 10^{-6} \text{ s}/\Omega \cdot 24 \text{ V} = 0{,}181 \text{ A}.$$

Für sin $\omega t = 0{,}442$ sowie für cos $\omega t = 0{,}897$ erhält man aus einer Kreisfunktionstabelle $\omega t = 0{,}458$. Somit ist

$$t = \frac{0{,}458}{2\pi \cdot 400 \text{ s}^{-1}} = 0{,}1825 \text{ ms}.$$

Aufgabe 2.1

Mit einem Wechselstrom-Wechselspannungsmesser (Effektivwertmesser) werden an einem Kondensator eine Sinusspannung von 220 V, 50 Hz und ein Wechselstrom von 11,05 mA gemessen. Wie groß muß die Spannungsfestigkeit U_{max} des Kondensators sein, wenn diesem das 1,8fache der Spannungsamplitude zur grunde liegt? Wie groß ist der kapazitive Widerstand, und wie groß ist die Kapazität?

Lösungshinweis

Die Spannungsfestigkeit erhält man aus der Multiplikation der Amplitude (nicht des Effektivwertes) mit dem gegebenen Faktor 1,8. Den kapazitiven Widerstand bestimmt man mit Hilfe der Gl. (2.5), und die Kapazität ergibt sich aus diesem Widerstand und der Frequenz.

2.3. Induktives Schaltelement

Enthält ein Wechselstromkreis eine Spule mit der Induktivität L entsprechend Bild 2.7, dann wird infolge der Wirkung des Magnetfeldes das Verhalten von Spannung und Strom bestimmt durch die Gesetzmäßigkeit

$$u = L \frac{\mathrm{d}i}{\mathrm{d}t}.$$

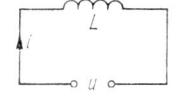

Bild 2.7
Induktives Schaltelement bei Wechselspannung

Der hierin enthaltene Differentialquotient $\mathrm{d}i/\mathrm{d}t$ stellt die Änderungsgeschwindigkeit des Stromes in der Spule dar. Durch die Spule fließt ein sinusförmig verlaufender Strom. In diese Gleichung ist der Sinusstrom $i = \hat{I} \sin(\omega t + \varphi_i)$ einzusetzen:

$$u = L \frac{\mathrm{d}}{\mathrm{d}t} \hat{I} \sin(\omega t + \varphi_i).$$

Nach der Differentiation erhält man

$$u = \omega L \hat{I} \cos(\omega t + \varphi_i) = \omega L \hat{I} \sin\left(\omega t + \varphi_i + \frac{\pi}{2}\right). \tag{2.7}$$

Durch Vergleich folgt

$$u = \hat{U} \sin(\omega t + \varphi_u).$$

Damit wird $\varphi_u = \varphi_i + \pi/2$. Mit $\varphi_i = 0$ wird $\varphi_u = \pi/2$ und $\varphi = \varphi_u - \varphi_i = \pi/2$ (siehe Bild 2.8).

Gl. (2.7) besagt, daß ein Sinusstrom an der Spule eine Spannung bedingt, die nach einer Kosinusfunktion verläuft. Bei Nutzung der Additionstheoreme lautet die gleiche Aussage: An der Spule ist die Sinusspannung gegen den Sinusstrom um den Phasenwinkel $\varphi = \pi/2$ voreilend verschoben.

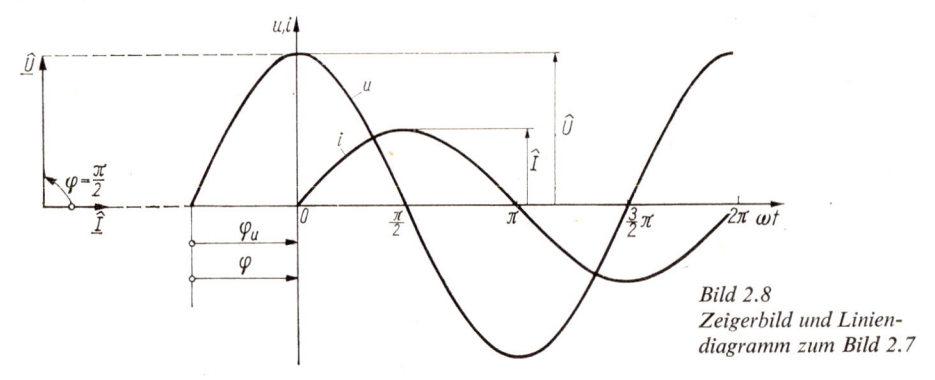

Bild 2.8
Zeigerbild und Liniendiagramm zum Bild 2.7

Die Lage der Amplitudenzeiger im Zeigerbild ergibt sich aus den Augenblickswerten zu Beginn der Periode (Bild 2.8). Am Periodenanfang ist $u = \hat{U}$ und $i = 0$. Die Entfernung des Spannungszeigerendpunktes (die auf der waagerechten Bezugsachse senkrecht stehende Verbindungslinie zum Zeigerendpunkt) ist gleich seiner Länge, und damit steht der Zeiger $\hat{U}$ senkrecht auf dem Stromzeiger $\hat{I}$, dessen Endpunkt infolge $i = 0$ auf der waagerechten Bezugsachse liegt. Zwischen ihnen tritt der Phasenwinkel $\varphi = \pi/2 = 90°$ auf. Bild 2.9 gibt die entsprechenden Effektivwertzeiger an.

Bild 2.9
Effektivwertzeigerbild zum Bild 2.7

Das Gesamtverhalten der Spule im Wechselstromkreis wird bestimmt durch Gl. (2.7). Betrachtet man diese Gleichung zum Zeitpunkt $t = 0$ (Bild 2.8), erhält man

$$\hat{U} = \omega L \hat{I}$$

bzw. als Effektivwert

$$\boxed{U = \omega L I}. \tag{2.8}$$

Hierin ist ωL eine Widerstandsgröße; man bezeichnet sie als *induktiven Blindwiderstand* X_L.

$$\boxed{X_L = \omega L = \frac{U_L}{I_L}}. \tag{2.9}$$

Die Einheit beträgt $[X_L] = [\omega][L] = 1/s \cdot Vs/A = 1\,\Omega$.

Der negative Kehrwert von X_L wird nach TGL 22112 als *induktiver Blindleitwert* B_L definiert.

$$\boxed{B_L = -\frac{1}{\omega L}}. \tag{2.10}$$

Damit ist

$$X_L = -\frac{1}{B_L}.$$ (2.11)

Die Einheit von B_L beträgt $[B_L] = 1/[X_L] = 1/\Omega = 1\,\text{S}$.

Die Blindgrößen sind abhängig von der Größe der Induktivität L und der Winkelfrequenz ω. Sie werden hervorgerufen durch die magnetischen Erscheinungen (s. Band 1) und erzeugen in jedem Fall Phasenverschiebungen zwischen Strom und Spannung.

Beispiel 2.2

An eine praktisch verlustlose Spule mit einer Induktivität $L = 10$ mH wird eine Spannung $U_1 = 1{,}5$ V mit einer Frequenz f_1 gelegt. Der Strom I_1 beträgt dabei 300 mA. Beim Anlegen einer Spannung $U_2 = 2{,}5$ V der Frequenz f_2 an die gleiche Spule beträgt der Strom $I_2 = 100$ mA. Wie groß sind die Blindwiderstände, und welche Größen haben f_1 und f_2?

Lösung

$$X_{L1} = \omega_1 L = \frac{U_1}{I_1} = \frac{1{,}5\,\text{V}}{0{,}3\,\text{A}} = 5\,\Omega,$$

$$X_{L2} = \omega_2 L = \frac{U_2}{I_2} = \frac{2{,}5\,\text{V}}{0{,}1\,\text{A}} = 25\,\Omega.$$

$$f_1 = \frac{X_{L1}}{2\pi L} = \frac{5\,\Omega}{2\pi \cdot 10 \cdot 10^{-3}\,\Omega\text{s}} = 79{,}6\,\text{Hz} \approx 80\,\text{Hz},$$

$$f_2 = \frac{X_{L2}}{2\pi L} = \frac{25\,\Omega}{2\pi \cdot 10 \cdot 10^{-3}\,\Omega\text{s}} = 398\,\text{Hz} \approx 400\,\text{Hz}.$$

Aufgabe 2.2

An einer praktisch verlustlosen Spule liegt eine Sinusspannung mit einer Periodendauer $T = 20$ ms. Nach $t = T/10$ (Periodenbeginn bei $u = 0$) beträgt der Augenblickswert der Spannung $u = 10$ V, und der Augenblickswert des Stromes beträgt $i = 0{,}5$ A. Wie groß ist die Induktivität der Spule?

Lösungshinweis

Aus T bestimmt man ω und daraus mit $0{,}1T$ den Winkel ωt. Mit Hilfe der Augenblickswerte und des Wertes ωt erhält man die Amplituden von Spannung und Strom und aus diesen dann ωL sowie L.

2.4. Widerstandskennlinien und Frequenzabhängigkeit

Wie aus den drei vorhergehenden Abschnitten ersichtlich ist, sind die Blindwiderstände von Kapazitäten und Induktivitäten frequenzabhängig, während der ohmsche Widerstand frequenzunabhängig ist. Die Verläufe der Widerstandsbeträge von R, X_C und X_L sind im Bild 2.10 dargestellt. Die Kurve $R = f(f)$ ist eine waagerechte Gerade, da R sich über den Frequenzbereich hinweg nicht ändert. Der Betrag des induktiven Blindwiderstands $X_L = \omega L = 2\pi f L$ ändert sich linear mit der Frequenz. Die Kurve $X_L = f(f)$ ist demnach eine schräg ansteigende Gerade, die im Ursprung des Koordinatensystems beginnt, denn bei $f = 0$ ist auch $X_L = 0$. Der Verlauf des Betrages des kapazitiven Blindwiderstands $X_C = -1/(\omega C) = -1/(2\pi f C)$ ist hyperbolisch (Frequenz in dieser Gleichung im Nenner). Bei $f \to 0$ strebt $X_C \to (-\infty)$, bei hohen Frequenzen nähert er sich asymptotisch der Abszissenachse f.

Betrachtet man die Leitwerte, kommt man zu prinzipiell gleich verlaufenden Kurven, die allerdings nicht den jeweiligen Blindwiderstandsarten entsprechen. Der ohmsche Leit-

42   2. Verhalten der Schaltelemente bei sinusförmiger Wechselspannung

wert $G = 1/R$ ergibt als frequenzunabhängiges Schaltelement ebenfalls eine waagerechte Gerade; s. Bild 2.11. Der Betrag des kapazitiven Blindleitwertes $B_C = \omega C = 2\pi fC$ ergibt infolge der linearen Frequenzabhängigkeit eine schräg ansteigende Gerade. Dieser Verlauf entspricht also dem eines induktiven Blindwiderstands. Der induktive Blindleitwert $B_L = -1/(\omega L) = -1/(2\pi fL)$ hat einen hyperbolisch verlaufenden Frequenzgang, der dem des kapazitiven Blindwiderstands entspricht.

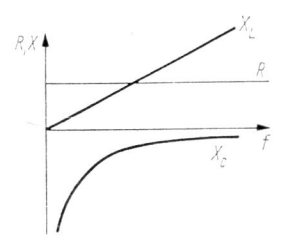

Bild 2.10. Frequenzabhängigkeit der Widerstandskennlinien

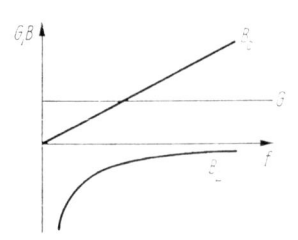

Bild 2.11. Frequenzabhängigkeit der Leitwertkennlinien

Beispiel 2.3

An eine Kapazität mit $C = 800$ nF wird eine konstante Spannung von 24 V gelegt, deren Frequenz sich ändert. Wie groß sind die Ströme bei den Frequenzen 50 Hz, 400 Hz, 1 kHz und 200 kHz?

Lösung

$$I = \frac{U}{|X_C|} = U\omega C = U \cdot 2\pi fC,$$

$$I_{50} = 24\,\text{V} \cdot 2\pi \cdot 50\,\text{s}^{-1} \cdot 800 \cdot 10^{-9}\,\text{Ss} = 6{,}025\,\text{mA}.$$

Die anderen Ströme werden auf die gleiche Weise berechnet, nur daß anstelle von $f = 50$ Hz die jeweils gegebene Frequenz einzusetzen ist. Man erhält

$$I_{400} = 48{,}2\,\text{mA}; \quad I_1 = 120{,}5\,\text{mA}; \quad I_{200} = 2{,}415\,\text{A}.$$

Aufgabe 2.3

An einer praktisch idealen Spule liegt eine Wechselspannung von 220 V. Der durch die Spule fließende Wechselstrom beträgt 840 mA. Die gleiche Spannung ruft durch einen praktisch verlustfreien Kondensator von 400 nF einen Strom von 480 mA hervor. Wie groß ist die Induktivität der Spule?

Lösungshinweis

Aus Spannung und Spulenstrom ist X_L zu bestimmen. Mit Hilfe der Gl. (2.5) bekommt man ω und aus beiden Ergebnissen die Induktivität.

3. Schaltelemente im Wechselstromkreis

3.1. Reihenschaltungen

3.1.1. Reihenschaltung von ohmschem Widerstand und Kapazität

Liegt an einer Wechselspannungsquelle eine Kapazität in Reihe mit einem ohmschen Widerstand gemäß Bild 3.1, so fließt durch beide Schaltelemente der gleiche Sinusstrom mit dem Augenblickswert i. Die Zusammenhänge zwischen Strom und Spannung ergeben sich aus den Darlegungen der Abschnitte 2.1. und 2.2. Im Liniendiagramm des Bildes 3.2 ist der Verlauf dieses Stromes über eine ganze Periode angegeben.

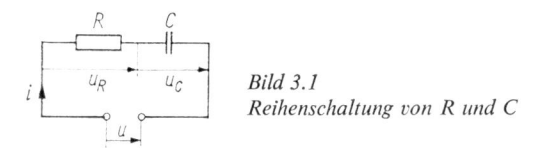

Bild 3.1
Reihenschaltung von R und C

Nach Bild 3.1 setzt sich die Gesamtspannung u aus den Teilspannungen u_R und u_C zusammen unter Beachtung der jeweiligen Phasenverschiebung. Bild 3.2 stellt diesen Vorgang dar. Die Spannung am ohmschen Widerstand mit den Augenblickswerten u_R hat den gleichen zeitlichen Verlauf wie der Strom i, da der ohmsche Widerstand keine Phasenverschiebung erzeugt. Die Spannung an der Kapazität mit den Augenblickswerten u_C hingegen ist, wie aus Abschn. 2.2. bekannt, gegenüber dem Strom um $-\pi/2 = -90°$ (nacheilend) verschoben. Sie ist daher auch gegen die Spannung u_R um $-\pi/2$ (nacheilend) verschoben. Der Verlauf der Gesamtspannung u ergibt sich aus der algebraischen Addition der Augenblickswerte, indem man vorzeichenbehaftet im Liniendiagramm über die ganze Periode von 0 bis 2π für jeden dazwischenliegenden Punkt die Augenblickswerte u_R und u_C addiert. Die Addition der beiden Sinusspannungen u_R und u_C ergibt wiederum eine sinusförmig verlaufende Spannung u, die gegenüber dem Strom i nicht mehr um $-\pi/2 = -90°$, sondern um einen kleineren Winkel φ nacheilt.

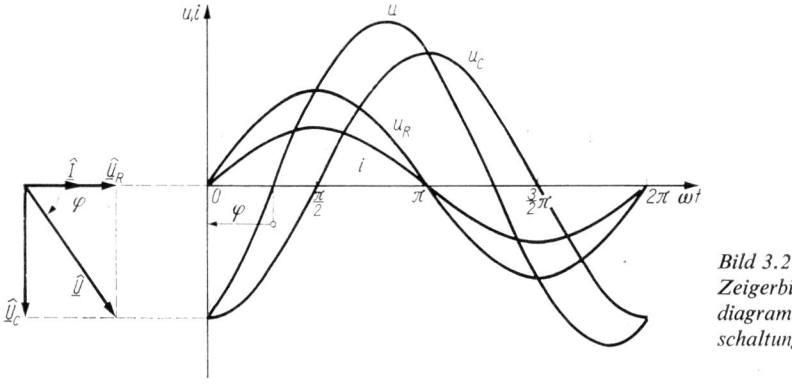

Bild 3.2
Zeigerbild und Liniendiagramm zur Reihenschaltung von R und C

Das Zeigerbild ergibt sich aus dem Liniendiagramm Bild 3.2, so wie es schon in den Abschnitten 2.2 und 2.3. beschrieben wurde. Entsprechend den Augenblickswerten $i = 0$, $u_R = 0$, $u_C = \hat{U}_C$ liegen die Zeiger $\hat{I}$ und $\hat{U}_R$ gemäß Bild 3.2 in der Bezugsachse, während der $\hat{U}_C$-Zeiger senkrecht dazu steht. Infolge der 90°-Nacheilung von u_C zeigt der Zeiger nach unten. Die Lage des $\hat{U}$-Zeigers ergibt sich aus der Addition der Zeiger $\hat{U}_R$ und $\hat{U}_C$.

Der Winkel $|\varphi| < 90°$, den die Zeiger $\hat{I}$ und $\hat{U}$ miteinander bilden, ist gleich dem Phasenwinkel zwischen der Gesamtspannung und dem Strom, der sich schon im Liniendiagramm ergab. Anhand des Bildes 3.2 ist zu erkennen, daß die Gesamtspannung u die gleiche Periodendauer hat wie der Strom i und ebenfalls dem Sinus-Zeitgesetz gehorcht. Geht man vom Strom aus, so gilt für seine Augenblickswerte

$$i = \hat{I} \sin \omega t.$$

Wie aus dem Zeigerbild des Bildes 3.2 ersichtlich, gilt für die Augenblickswerte der Spannung u, da sie gegen i um $\varphi < 0$ verschoben ist,

$$u = \hat{U} \sin (\omega t + \varphi_u).$$

Daraus ergibt sich für den Phasenwinkel φ zwischen Gesamtspannung und Strom folgendes:

$$\varphi = \varphi_u - \varphi_i;$$

nun ist hier

$$\varphi_i = 0,$$

somit gilt

$$\varphi = \varphi_u < 0.$$

Aus dem gleichen Zeigerbild erhält man mit der Division durch $\sqrt{2}$ das Zeigerbild der Effektivwerte nach Bild 3.3. Daraus kann ein sogenanntes „Spannungsdreieck" (Bild 3.4) gezeichnet werden. Aus dem rechtwinkligen Dreieck der Spannungszeiger leitet man ab

$$U = \sqrt{U_R^2 + U_C^2}. \tag{3.1}$$

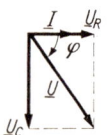

Bild 3.3. Effektivwertzeiger zum Bild 3.2

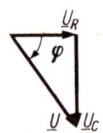

Bild 3.4. Zeigerbild der Spannungen

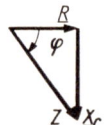

Bild 3.5. Zeigerbild der Widerstände

Setzt man für U_R und U_C die Produkte IR und IX_C ein, dann gilt

$$U = \sqrt{I^2 R^2 + I^2 X_C^2} = I \sqrt{R^2 + X_C^2},$$

$$\frac{U}{I} = \sqrt{R^2 + X_C^2}.$$

Der Quotient $U/I = Z$ ist aber eine Widerstandsgröße, die man *Scheinwiderstand* nennt.

Somit gilt

$$Z = \sqrt{R^2 + X_C^2}. \quad (3.2)$$

$[Z] = 1\,\Omega.$

Diese Beziehung ist ebenfalls durch ein Zeigerbild in Form eines rechtwinkligen Dreiecks darstellbar (Bild 3.5). Man erhält dieses Widerstandsdreieck auch aus dem Dreieck des Bildes 3.4, wenn man jede Spannung durch I dividiert. Der Scheinwiderstand Z ist demnach das Ergebnis der geometrischen Addition des ohmschen Widerstands R und des Blindwiderstands X_C. Dabei wird

$$\varphi = \varphi_u - \varphi_i = \varphi_Z.$$

Der Phasenwinkel φ_Z ist entsprechend den Gln. (1.17) und (1.19) im Abschn. 1.7.1. zu berechnen.

$$\tan\varphi_Z = \frac{U_C \sin 90°}{U_R + U_C \cos 90°} = \frac{U_C}{U_R} = \frac{X_C}{R} = -\frac{1}{R\omega C}. \quad (3.3)$$

Der Kehrwert von Z ist der *Scheinleitwert* Y:

$$Y = \frac{1}{Z} = \frac{1}{\sqrt{R^2 + X_C^2}}. \quad (3.4)$$

Beispiel 3.1

Ein Kondensator mit $C = 2\,\mu\text{F}$ ist mit einem ohmschen Widerstand $R = 1\,\text{k}\Omega$ in Reihe geschaltet. An die Reihenschaltung wird eine Sinusspannung von 220 V, 50 Hz gelegt. Wie groß ist der Strom I, und wie groß ist der Phasenwinkel zwischen Strom und Spannung?

Lösung

$$X_C = -\frac{1}{\omega C} = -\frac{1}{2\pi \cdot 50 \cdot \text{s}^{-1} \cdot 2 \cdot 10^{-6}\,\text{Ss}} = -1{,}59\,\text{k}\Omega,$$

$$Z = \sqrt{R^2 + X_C^2} = \sqrt{1^2 + 1{,}59^2} \cdot 10^3\,\Omega = 1{,}88\,\text{k}\Omega,$$

$$I = \frac{U}{Z} = \frac{220\,\text{V}}{1{,}88 \cdot 10^3\,\Omega} = 0{,}117\,\text{A},$$

$$\tan\varphi_Z = \frac{X_C}{R} = \frac{-1{,}59\,\text{k}\Omega}{1\,\text{k}\Omega} = -1{,}59,$$

$$\varphi_Z = -57{,}83°.$$

Aufgabe 3.1

An der Reihenschaltung eines Kondensators mit einem ohmschen Widerstand liegt eine Sinusspannung von 6 V, 25 kHz. Der Strom beträgt 371 µA. Die Schaltung ruft eine Phasenverschiebung zwischen Strom und Spannung von $-51{,}8°$ hervor. Wie groß sind der Widerstand R und die Kapazität C des Kondensators?

Lösungshinweis

Aus U und I gewinnt man Z. Zur Berechnung der beiden Unbekannten sind zweckmäßig die Gln. (3.2) und (3.3) zu verwenden, wobei sich R und X_C ergeben. Mit Gl. (2.5) ist C zu bestimmen!

3.1.2. Reihenschaltung von ohmschem Widerstand und Induktivität

Bei der Betrachtung der Reihenschaltung eines ohmschen Widerstands und einer Induktivität an einer Wechselspannungsquelle gemäß Bild 3.6 geht man, wie im vorigen Abschnitt, vom Strom i aus, der in beiden Schaltelementen gleich ist. Im Liniendiagramm des Bildes 3.7 ist wiederum der Verlauf des Sinusstromes über eine Periode angegeben.

Nach Bild 3.6 setzt sich die Gesamtspannung u aus den Teilspannungen u_R und u_L zusammen unter Beachtung der Phasenverschiebung. Nach Bild 3.7 ist die Spannung u_R mit i phasengleich. Die Spannung u_L an der Induktivität ist entsprechend den Darlegungen im Abschn. 2.3. gegen den Strom i und die Spannung u_R um $+\pi/2 = +90°$ (voreilend) verschoben. Der Verlauf der Gesamtspannung u ergibt sich aus der algebraischen Addition der Augenblickswerte, indem man vorzeichenbehaftet im Liniendiagramm über die ganze Periode von 0 bis 2π für jeden dazwischenliegenden Punkt die Augenblickswerte u_R und u_L addiert. Die Addition der beiden Sinusspannungen u_R und u_L ergibt wiederum eine sinusförmig verlaufende Spannung u, die gegen den Strom um einen Winkel $\varphi < \pi/2$ bzw. $< 90°$ voreilt.

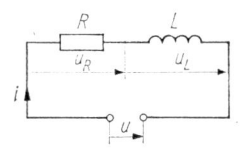

Bild 3.6
Reihenschaltung von R und L

Die Lage der Amplitudenzeiger im Zeigerbild (Bild 3.7) wird von den Augenblickswerten bei $\omega t = 0$ bestimmt. Der Strom i und die Spannung u_R haben die Augenblickswerte $i = 0$ und $u_R = 0$. Somit liegen die Zeiger in der waagerechten Bezugsachse. Die Spannung u_L hat bei $\omega t = 0$ gerade ihre positive Amplitude $\hat{U}_L$ erreicht. Der Zeiger steht daher senkrecht auf der Bezugsachse. Der Augenblickswert der Gesamtspannung ist bei $\omega t = 0$ gleich $\hat{U}_L$. Deshalb ist die auf der waagerechten Bezugsachse senkrecht stehende Verbindungslinie zum u-Zeigerendpunkt gleich der Zeigerlänge $\hat{U}_L$.

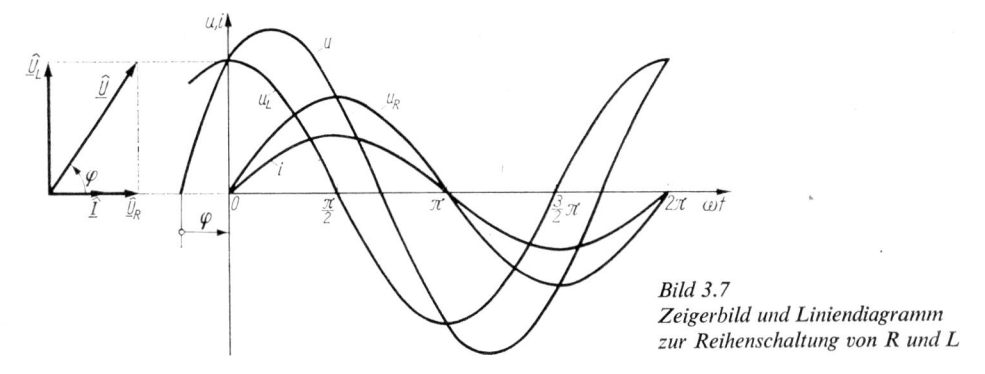

Bild 3.7
Zeigerbild und Liniendiagramm
zur Reihenschaltung von R und L

Der Winkel φ, den die Zeiger $\hat{I}$ und $\hat{U}$ miteinander bilden, ist gleich dem Phasenwinkel zwischen beiden Größen, der sich schon im Liniendiagramm ergab. Für die Augenblickswerte des Sinusstromes gilt

$$i = \hat{I} \sin \omega t.$$

Für die Augenblickswerte der Spannung u gilt, da sie gleiche Periodendauer und damit gleiche Frequenz wie i hat und nur um φ verschoben ist,

$$u = \hat{U} \sin (\omega t + \varphi_u). \tag{3.5}$$

Mit der Division der Amplituden des Zeigerbildes im Bild 3.7 durch $\sqrt{2}$ erhält man das Diagramm mit Effektivwertzeigern gemäß Bild 3.8, aus dem sich ein „Spannungsdreieck" nach Bild 3.9 ergibt. Aus dem Spannungsdreieck leitet man ab

$$U = \sqrt{U_R^2 + U_L^2}. \tag{3.6}$$

Die Gesamtspannung ist auch hier gleich der geometrischen Summe der Teilspannungen. Setzt man für U_R und U_L die Produkte IR und IX_L ein, dann gilt

$$U = \sqrt{I^2 R^2 + I^2 X_L^2} = I\sqrt{R^2 + X_L^2},$$

$$\frac{U}{I} = \sqrt{R^2 + X_L^2}.$$

Der Quotient U/I ist – wie bereits im Abschn. 3.1.1. dargelegt – gleich dem *Scheinwiderstand* Z:

$$\boxed{Z = \sqrt{R^2 + X_L^2}}. \tag{3.7}$$

$[Z] = 1\,\Omega$.

Anhand dieser Gleichung läßt sich ein Zeigerbild mit den Widerstandszeigern $\underline{Z}$, $\underline{R}$, $\underline{X}_L$ (ein Widerstandsdreieck) aufstellen (Bild 3.10). Dieses Widerstandsdreieck ist aber auch aus dem Spannungsdreieck (Bild 3.9) zu erhalten, wenn man die Spannungszeigergrößen durch I dividiert. Aus dem Widerstandsdreieck ist zu erkennen, daß R und X_L geometrisch addiert Z ergeben.

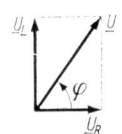

Bild 3.8. Effektivwertzeigerbild zum Bild 3.7 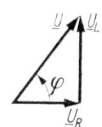   *Bild 3.9. Zeigerbild der Spannungen* 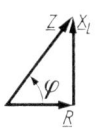   *Bild 3.10. Zeigerbild der Widerstände*

Für den Phasenwinkel $\varphi = \varphi_Z$ gilt nach den Gln. (1.17) und (1.19)

$$\tan \varphi_Z = \frac{U_L \sin 90°}{U_R + U_L \cos 90°} = \frac{U_L}{U_R} = \frac{X_L}{R} = \frac{\omega L}{R}. \tag{3.8}$$

Der Kehrwert von Z ist der *Scheinleitwert* Y:

$$Y = \frac{1}{Z} = \frac{1}{\sqrt{R^2 + X_L^2}}. \tag{3.9}$$

Beispiel 3.2

Die Reihenschaltung einer Spule mit einem ohmschen Widerstand $R = 500\,\Omega$ ergibt eine Phasenverschiebung von 40°. Der Strom ist 25 mA groß. Wie hoch ist die Spannung an der Reihenschaltung?

Lösung

$\varphi_Z = 40°; \quad \tan \varphi_Z = 0{,}839;$

$X_L = R \cdot \tan \varphi_Z = 500\,\Omega \cdot 0{,}839 = 419\,\Omega.$

$Z = \sqrt{500^2 + 419^2}\,\Omega = 653\,\Omega,$

$U = I \cdot Z = 25 \cdot 10^{-3}\,\text{A} \cdot 653\,\Omega = 16{,}35\,\text{V}.$

Aufgabe 3.2

Die Reihenschaltung einer Spule mit einem Widerstand ruft eine Phasenverschiebung von 45° hervor. Wie verhalten sich die Werte der Teilspannungen U_R und U_L zueinander, und wie groß ist der Scheinwiderstand im Verhältnis zum ohmschen Widerstand der Schaltung?

Lösungshinweis

Die Teilspannungen verhalten sich wie die Widerstände R und X_L zueinander. Der gegebene Phasenwinkel weist auf dieses Verhältnis hin. Daraus ergibt sich mit Gl. (3.7) die gesuchte Lösung für den Scheinwiderstand.

3.1.3. Reihenschaltung von ohmschem Widerstand, Kapazität und Induktivität

Enthält ein Wechselstromkreis entsprechend Bild 3.11 die Reihenschaltung von ohmschem Widerstand, Kapazität und Induktivität, so gilt für die Teilspannungen das in den vorangegangenen Abschnitten Gesagte. Die Spannung u_R ist mit i phasengleich, u_C ist um $-90°$ (nacheilend) und u_L um $90°$ (voreilend) gegen i verschoben. Am übersichtlichsten werden die Verhältnisse in der Darstellung des Zeigerbildes mit Effektivwertzeigern (Bild 3.12). Ausgehend vom Strom, der in allen drei Schaltelementen der gleiche ist, liegt der $\underline{I}$-Zeiger in der waagerechten Bezugsachse. Infolge der Phasengleichheit liegt der $\underline{U}_R$-Zeiger in der gleichen Richtung. Der $\underline{U}_L$-Zeiger wird senkrecht nach oben angetragen (Voreilung) und der $\underline{U}_C$-Zeiger senkrecht nach unten (Nacheilung). Die Spannungen $\underline{U}_L$ und $\underline{U}_C$ sind gegeneinander um $180°$ phasenverschoben. Bildet man die geometrische Summe der Spannungen $\underline{U}_R$, $\underline{U}_L$ und $\underline{U}_C$ mit Hilfe der Spannungszeiger, so erhält man den Zeiger der Gesamtspannung $\underline{U}$. Man erkennt aus dem rechtwinkligen Dreieck mit der Hypotenuse $\underline{U}$ und den Katheten $\underline{U}_R$ und $\underline{U}_L + \underline{U}_C$ folgenden Zusammenhang:

$$U = \sqrt{U_R^2 + (U_L + U_C)^2}. \tag{3.10}$$

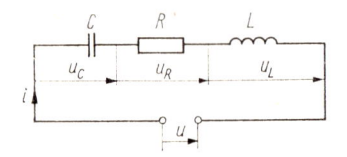

Bild 3.11. Reihenschaltung von C, R und L

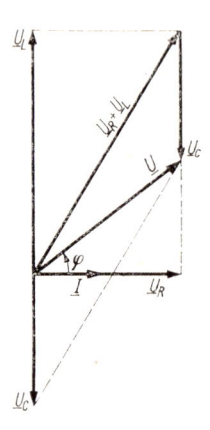

*Bild 3.12
Zeigerbild zum Bild 3.11*

Nach dem Einsetzen der Ausdrücke $U_R = IR$; $U_L = IX_L$; $U_C = IX_C$ gilt

$$U = \sqrt{I^2 R^2 + I^2 (X_L + X_C)^2} = I\sqrt{R^2 + (X_L + X_C)^2},$$

$$\frac{U}{I} = \sqrt{R^2 + (X_L + X_C)^2}.$$

Da der Quotient U/I gleich dem Scheinwiderstand Z ist, erhält man

$$Z = \sqrt{R^2 + (X_L + X_C)^2}. \tag{3.11}$$

Der Klammerausdruck unter der Wurzel ist der vollständige Blindwiderstand X der Reihenschaltung; somit gilt

$$X = X_L + X_C = \omega L - \frac{1}{\omega C},$$

$$Z = \sqrt{R^2 + X^2}.$$

Für den Scheinleitwert Y gilt

$$Y = \frac{1}{Z} = \frac{1}{\sqrt{R^2 + X^2}} = \frac{1}{\sqrt{R^2 + (X_L + X_C)^2}}. \tag{3.12}$$

Man erkennt, daß der Scheinwiderstand Z vom ohmschen Widerstand R und von den beiden frequenzabhängigen Blindwiderständen X_L und X_C abhängt. Aus dem Zeigerbild (Bild 3.12) erkennt man weiter, daß die Phasenverschiebung der Spannung U_L gegen den Strom durch die entgegengesetzte Phasenverschiebung der Spannung U_C zum Teil aufgehoben wird. Die Phasenverschiebung des Stromes gegen die Spannung U wird um so kleiner, je geringer der Unterschied zwischen den Beträgen der Blindwiderstände X_L und X_C ist.

Anhand des Zeigerbildes nach Bild 3.12 ergibt sich für den Phasenwinkel $\varphi = \varphi_Z$

$$\tan \varphi_Z = \frac{U_L + U_C}{U_R} = \frac{I(X_L + X_C)}{IR} = \frac{X_L + X_C}{R} = \frac{\omega L - \dfrac{1}{\omega C}}{R}. \tag{3.13}$$

Dividiert man die Werte der Spannungszeiger im Bild 3.12 durch den Strom, entsprechend Gl. (3.13), dann erhält man das Widerstandszeigerbild gemäß Bild 3.13. Beide bilden ähnliche Dreiecke, es tritt der gleiche Phasenwinkel φ auf. In dieser Darstellung wurde angenommen, daß X_L größer ist als X_C. Daher ist auch U_L größer als U_C. Der Phasenwinkel φ ist in diesem Fall positiv, d. h., die Spannung U eilt dem Strom voraus. Die Reihenschaltung hat eine ohmisch-induktive Wirkung. Es kann aber auch vorkommen, daß X_L kleiner ist als X_C, wie es das Zeigerbild nach Bild 3.14 zeigt. In diesem Fall ist φ negativ, die Spannung eilt dem Strom nach. Die Reihenschaltung hat eine ohmisch-kapazitive Wirkung.

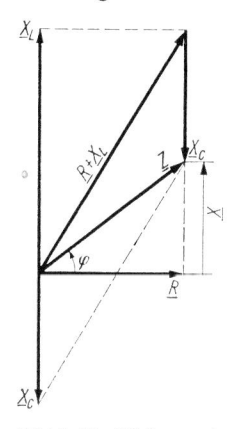

Bild 3.13. Widerstandszeigerbild zum Bild 3.12 für $X_C < X_L$

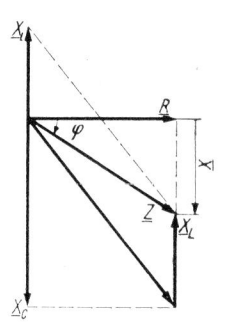

Bild 3.14. Widerstandszeigerbild zum Bild 3.12 für $X_C > X_L$

Die Beträge der Blindwiderstände sind frequenzabhängig. Wird die Frequenz größer, dann wird auch $X_L = \omega L$ größer, während $X_C = -1/\omega C$ abnimmt. Bei kleiner werdender Frequenz ist es umgekehrt. Nun ist unschwer zu erkennen, daß es eine bestimmte Frequenz gibt, bei der die beiden Blindwiderstände gleich groß werden. Es sind dann auch die Spannungen an den Blindwiderständen gleich groß:

$$U_L = |U_C|; \qquad X_L = |X_C|; \qquad X_L + X_C = 0 \Rightarrow \omega_r L = \frac{1}{\omega_r C}.$$

50   3. Schaltelemente im Wechselstromkreis

Den Fall der Blindwiderstandsgleichheit nennt man *Resonanz*, und die betreffende Frequenz heißt *Resonanzfrequenz* f_r. Aus der Gleichheit der Blindwiderstände ergibt sich

$$\omega_r = \sqrt{\frac{1}{LC}},$$

$$f_r = \frac{1}{2\pi}\sqrt{\frac{1}{LC}}. \qquad (3.14)$$

Mit $[L] = 1\,\text{H} = 1\,(\text{Vs/A})$ und $[C] = 1\,\text{F} = 1\,(\text{As/V})$ ergibt sich für $[\omega_r] = 1\,\text{s}^{-1}$ und für $[f_r] = 1\,\text{s}^{-1}$. Der Phasenwinkel φ der Schaltung ist gleich Null, da in Gl.(3.13) $X_L + X_C$ infolge des gleichen Betrages von X_L und X_C Null wird. Der Scheinwiderstand Z ist entsprechend Gl.(3.11) gleich R. Die Blindwiderstände heben sich in ihrer Wirkung auf.

Betrachtet man die Größe des Scheinwiderstands Z über einem Frequenzbereich, der sich von einer Frequenz unterhalb der Resonanzfrequenz (im extremen Fall $f = 0$) bis zu einer Frequenz oberhalb der Resonanz (gegebenenfalls bis $f \to \infty$) erstreckt, dann erhält man einen Funktionsverlauf $Z = f(f)$, wie ihn Bild 3.15 angibt. Unterhalb f_r ist $X_L < |X_C|$, die Schaltung wirkt ohmisch-kapazitiv. Der Strom eilt der Spannung voraus. Der Betrag von Z wird mit ansteigender Frequenz kleiner. Im Resonanzfall ist $X_L = |X_C|$ und damit $Z = R$ ein Minimum. Die Schaltung wirkt nur mit ihrem ohmschen Widerstand; Strom und Spannung sind phasengleich. Oberhalb f_r ist $X_L > |X_C|$, die Schaltung wirkt ohmisch-induktiv. Der Strom eilt der Spannung nach. Der Scheinwiderstandsbetrag steigt hier mit zunehmender Frequenz wieder an. Einen entsprechenden Verlauf hat der Scheinleitwertbetrag Y. Er hat bei Resonanz seinen Maximalwert (Bild 3.15).

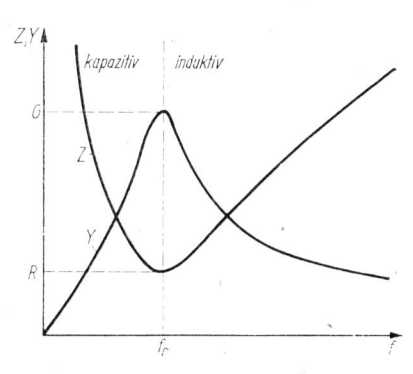

Bild 3.15
Verlauf des Scheinwiderstands und des Scheinleitwertes bei der Reihenschaltung von C, R und L

Beispiel 3.3

Durch die Reihenschaltung einer Spule, eines Kondensators und eines ohmschen Widerstands fließt ein konstanter Strom, dessen Frequenz sich so ändert, daß der Phasenwinkel nacheinander alle Werte $-80° \leq \varphi \leq +80°$ annimmt. Wie sieht der Verlauf der Spannung U an der Reihenschaltung aus? Es ist qualitativ die Kurve $U = f(f)$ zu zeichnen!

Lösung

Nach den Gln.(3.10) und (3.11) ist $U = IZ$. Da der Strom konstant ist, entspricht der Verlauf der Spannung U dem des Scheinwiderstands Z. Die Kurve $U = f(f)$ hat demzufolge einen analogen Verlauf wie die im Bild 3.15 angegebene Kurve $Z = f(f)$.

Aufgabe 3.3

Eine Spule mit $L = 0,32\,\text{H}$, ein Kondensator mit $C = 0,5\,\mu\text{F}$ und ein ohmscher Widerstand mit $R = 40\,\Omega$ sind entsprechend Bild 3.11 in Reihe geschaltet. Die angelegte Spannung U ist konstant und beträgt 12 V. Es sind für diejenigen Frequenzen, bei denen der Phasenwinkel $-80°$; $-45°$; $0°$; $+45°$ und $+80°$ groß ist, folgende Größen zu berechnen: die Blindwiderstände X_L, X_C, der Scheinwiderstand Z, die Stromstärke I, die Spannungen U_R, U_L und U_C. Weiterhin ist aus den Berechnungen die Abhängigkeit der Stromstärke von der Frequenz abzuschätzen und die Funktion $I = f(f)$ qualitativ als Kurve zu zeichnen! (Man beachte die Werte der Spannungen bei Resonanz!)

Lösungshinweis

Durch Umformung der Gl. (3.13) berechnet man die Frequenzen. Daraus sind mit den Gln. (2.5) und (2.9) die Blindwiderstände und mit Gl. (3.11) die Scheinwiderstände zu bestimmen. Die gegebene Spannung und die Scheinwiderstände ergeben die Stromstärken. Die Teilspannungen sind gleich den Produkten aus den Stromstärken, multipliziert mit den Widerstandswerten. (Es sind hierbei die Werte bei f_r zu beachten!)

Zur Abschätzung der Funktion $I = f(f)$ ist die konstant gegebene Spannung zu beachten. Eine analog verlaufende Kurve findet man dann im Bild 3.15.

3.2. Parallelschaltungen

3.2.1. Parallelschaltung von ohmschem Widerstand und Kapazität

Liegt eine Sinusspannung an der Parallelschaltung einer Kapazität mit einem ohmschen Widerstand (Bild 3.16), dann geht man bei der Betrachtung der Verhältnisse von der an beiden anliegenden Spannung u aus. Sie ist hier die Bezugsgröße. Im Liniendiagramm des

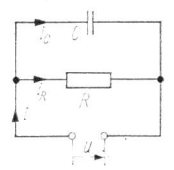

Bild 3.16
Parallelschaltung von C und R

Bildes 3.17 ist der Verlauf dieser Sinusspannung über eine Periode angegeben. Nach Bild 3.16 setzt sich der Gesamtstrom i aus den Teilströmen i_R und i_C zusammen. Der Strom i_C ist nach Abschn. 2.2. gegen u um $\pi/2 \cong 90°$ voreilend verschoben. Die Addition der Augenblickswerte i_R und i_C ergibt die Augenblickswerte i des Gesamtstromes:

$$i = i_R + i_C.$$

Man erhält damit punktweise den Verlauf von i (Bild 3.17). Die Addition der beiden Sinusströme ergibt den ebenfalls sinusförmig verlaufenden Gesamtstrom i, der gegen u um den Phasenwinkel $|\varphi| < \pi/2$ voreilt.

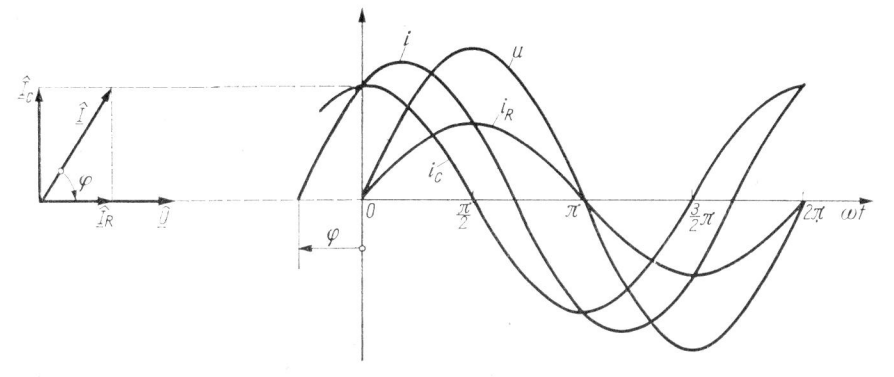

Bild 3.17. Zeigerbild und Liniendiagramm zur Parallelschaltung von C und R

Die Lage der Amplitudenzeiger im Zeigerbild (Bild 3.17) wird von den Augenblickswerten bei $\omega t = 0$ bestimmt. Die Spannung u und der Strom i_R haben die Augenblickswerte $u = 0$ und $i_R = 0$. Somit liegen die Zeiger $\hat{U}$ und $\hat{I}$ in der waagerechten Bezugsachse. Der Strom i_C erreicht bei $\omega t = 0$ gerade die positive Amplitude $\hat{I}_C$. Der Zeiger steht daher senkrecht auf der Bezugsachse. Der Augenblickswert des Gesamtstromes ist bei $\omega t = 0$ gleich $\hat{I}_C$. Deshalb ist die auf der waagerechten Bezugsachse senkrecht stehende Verbindungslinie zum i-Zeigerendpunkt gleich der Zeigerlänge $\hat{I}_C$. Der Winkel φ, den die Zeiger $\hat{I}$ und $\hat{U}$ miteinander bilden, ist gleich dem Phasenwinkel zwischen beiden Größen, der sich schon im Liniendiagramm ergab. Der Strom i eilt der Spannung u voraus. Für die Augenblickswerte der Spannung gilt, da der Nullphasenwinkel $\varphi_u = 0$ ist,

$$u = \hat{U} \sin \omega t.$$

Für die Augenblickswerte des Stromes gilt, da er gleiche Periodendauer und somit gleiche Frequenz wie u hat und nur um φ verschoben ist,

$$i = \hat{I} \sin(\omega t + \varphi_i). \tag{3.15}$$

Mit der Division der Amplitudenzeiger im Bild 3.17 durch $\sqrt{2}$ erhält man das Bild mit den Effektivwertzeigern der Ströme nach Bild 3.18, aus dem sich ein „Stromdreieck" nach Bild 3.19 ergibt. Aus diesem Stromdreieck leitet man ab

$$I = \sqrt{I_R^2 + I_C^2}. \tag{3.16}$$

Der Gesamtstrom I ist gleich der geometrischen Summe der Teilströme. Setzt man $I_R = UG$ und $I_C = UB_C$ ein, dann gilt

$$I = \sqrt{U^2 G^2 + U^2 B_C^2} = U\sqrt{G^2 + B_C^2},$$

$$\frac{I}{U} = \sqrt{G^2 + B_C^2}.$$

Der Quotient I/U ist gleich dem *Scheinleitwert* Y der Parallelschaltung:

$$\boxed{Y = \sqrt{G^2 + B_C^2}} \tag{3.17}$$

$[Y] = 1\,\text{S}$.

Anhand dieser Gleichung läßt sich ein Zeigerbild mit den Leitwertzeigern $\underline{Y}$, $\underline{G}$, $\underline{B}_C$ – ein Leitwertdreieck – aufstellen (Bild 3.20). Dieses Leitwertdreieck ist auch aus dem Stromdreieck (Bild 3.19) zu erhalten, wenn man die Stromzeigergrößen durch U dividiert.

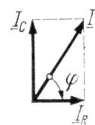

Bild 3.18. Effektivwertzeigerbild zum Bild 3.17

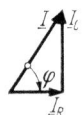

Bild 3.19. „Stromdreieck"

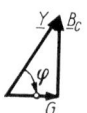

Bild 3.20. Zeigerbild der Leitwerte

Für den Phasenwinkel φ_Y gilt anhand der Zeigerbilder 3.19 und 3.20

$$\tan \varphi_Y = \frac{I_C}{I_R} = \frac{B_C}{G} = \omega C R. \tag{3.18}$$

Da $\varphi_Y = \varphi_i$, wird $\varphi = -\varphi_Y$.

Der Kehrwert von Y ist der Scheinwiderstand Z:

$$Z = \frac{1}{Y} = \frac{1}{\sqrt{G^2 + B_C^2}}. \qquad (3.19)$$

Beispiel 3.4

Ein Kondensator mit einer Kapazität $C = 8\ \mu F$ und ein ohmscher Widerstand $R = 320\ \Omega$ sind parallelgeschaltet. An der Parallelschaltung liegt eine Spannung $U = 220$ V, 50 Hz. Wie groß ist der Gesamtstrom I, und welche Phasenverschiebung besteht zwischen I und U?

Lösung

$$G = \frac{1}{R} = \frac{1}{320\ \Omega} = 3{,}13 \cdot 10^{-3}\ S,$$

$$B_C = \omega C = 2\pi \cdot 50\ s^{-1} \cdot 8 \cdot 10^{-6}\ Ss = 2{,}515 \cdot 10^{-3}\ S,$$

$$I = U\sqrt{G^2 + B_C^2} = 220\ V\sqrt{3{,}13^2 + 2{,}515^2} \cdot 10^{-3}\ S = 0{,}883\ A,$$

$$\tan \varphi_Y = \frac{2{,}515 \cdot 10^{-3}\ S}{3{,}13 \cdot 10^{-3}\ S} = 0{,}803,$$

$$\varphi = -38{,}75°.$$

Aufgabe 3.4

Die Parallelschaltung eines Kondensators mit einem ohmschen Widerstand $R = 7{,}5\ k\Omega$, durch den ein Strom von 2 mA fließt, erzeugt zwischen der Spannung U und dem Gesamtstrom I eine Phasenverschiebung von 26,6°. Die Frequenz beträgt 400 Hz ($\omega \approx 2500\ s^{-1}$). Wie groß ist der Scheinwiderstand Z der Parallelschaltung, und wie groß ist die Kapazität C des Kondensators?

Lösungshinweis

Die nicht gegebene Spannung ist aus dem Produkt von R und I_R zu ermitteln. Mit den Gln. (3.16) und (3.18) ergibt sich dann Z. Gl. (3.18) ermöglicht auch die Bestimmung von C.

3.2.2. Parallelschaltung von ohmschem Widerstand und Induktivität

Liegt an der Parallelschaltung eines ohmschen Widerstands und einer Induktivität (Bild 3.21) eine Sinusspannung, dann ist bei der Betrachtung der Stromverläufe ebenfalls die an beiden Schaltelementen liegende Spannung u die Bezugsgröße. Im Liniendiagramm des Bildes 3.22 sind die Verläufe über eine Periode angegeben. Nach Bild 3.21 setzt sich der Gesamtstrom aus den Teilströmen i_R und i_L zusammen. Der Strom i_R ist mit u phasengleich. Der Strom i_L ist nach Abschn. 2.3. gegen u um $\pi/2 = 90°$ (nacheilend) verschoben.

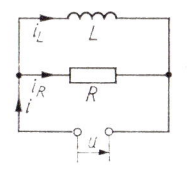

Bild 3.21
Parallelschaltung von L und R

Die Addition der Augenblickswerte i_R und i_L ergibt die Augenblickswerte i des Gesamtstromes:

$$i = i_R + i_L.$$

Man erhält damit den Verlauf des Sinusstromes i, der gegen u um den Winkel $\varphi < \pi/2$ nacheilt.

Die Lage der Amplitudenzeiger im Zeigerbild (Bild 3.22) wird von den Augenblickswerten bei $\omega t = 0$ bestimmt. Die Augenblickswerte von u und i_R sind hier gleich Null. Deshalb liegen die Zeiger $\hat{U}$ und $\hat{I}_R$ in der waagerechten Bezugsachse. Der Strom i_L erreicht bei $\omega t = 0$ gerade den negativen Amplitudenwert $-\hat{I}_L$. Der Zeiger steht daher senkrecht zur Bezugsachse nach unten gerichtet. Der Augenblickswert des Gesamtstromes ist bei $\omega t = 0$ gleich $-\hat{I}_L$. Die senkrecht zur Bezugsachse – nach unten – gerichtete Verbindungslinie zum i-Zeigerendpunkt ist somit gleich der Länge von $\hat{I}_L$. Der Winkel φ, den die Zeiger $\hat{I}$ und $\hat{U}$ miteinander bilden, ist gleich dem Phasenwinkel zwischen beiden Größen. Die Art der Phasenverschiebung (Strom eilt gegen die Spannung nach bzw. Spannung eilt dem Strom voraus) ist dieselbe wie bei der Reihenschaltung von R und L.

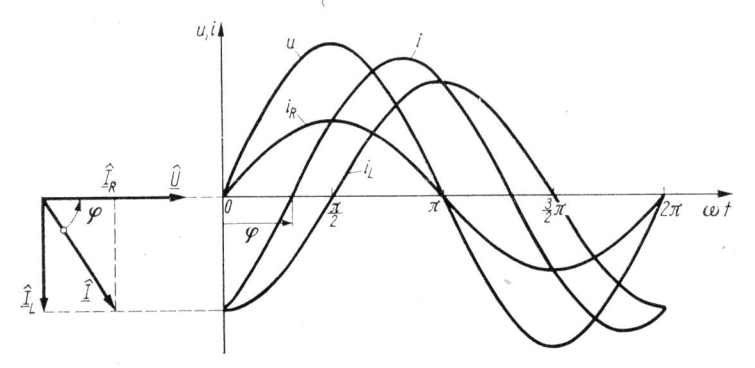

Bild 3.22. Zeigerbild und Liniendiagramm zur Parallelschaltung von L und R

Für die Augenblickswerte der Sinusspannung gilt, da der Nullphasenwinkel $\varphi_u = 0$ ist,

$$u = \hat{U} \sin \omega t.$$

Für die Augenblickswerte des Stromes gilt, da er die gleiche Frequenz wie u hat,

$$i = \hat{I} \sin(\omega t + \varphi_i). \tag{3.20}$$

Mit der Division der Amplitudenzeigerwerte im Bild 3.22 durch $\sqrt{2}$ erhält man das Bild mit den Effektivwertzeigern der Ströme nach Bild 3.23, aus dem sich ein „Stromdreieck" nach Bild 3.24 ergibt. Aus diesem Stromdreieck leitet man ab

$$I = \sqrt{I_R^2 + I_L^2}. \tag{3.21}$$

Der Gesamtstrom I ist gleich der geometrischen Summe der Teilströme. Setzt man $I_R = UG$ und $I_L = UB_L$ ein, dann gilt

$$I = \sqrt{U^2 G^2 + U^2 B_L^2} = U\sqrt{G^2 + B_L^2},$$

$$\frac{I}{U} = \sqrt{G^2 + B_L^2}.$$

Der Quotient I/U ist gleich dem *Scheinleitwert* Y der Parallelschaltung:

$$\boxed{Y = \sqrt{G^2 + B_L^2}}. \tag{3.22}$$

$[Y] = 1\text{ S}.$

Anhand dieser Gleichung läßt sich ein Zeigerbild mit den Leitwertzeigern Y, G, B_L – ein Leitwertdreieck – aufstellen (Bild 3.25). Dieses Leitwertdreieck ist auch aus dem Stromdreieck (Bild 3.24) zu erhalten, wenn man die Stromzeigergrößen durch U dividiert. Aus dem Leitwertdreieck ist zu erkennen, daß G und B_L geometrisch addiert Y ergeben. Für den Phasenwinkel φ_Y gilt anhand der Bilder 3.24 und 3.25

$$\tan \varphi_Y = \frac{I_L}{I_R} = \frac{B_L}{G} = -\frac{R}{\omega L}. \tag{3.23}$$

Der Kehrwert von Y ist der Scheinwiderstand Z:

$$Z = \frac{1}{Y} = \frac{1}{\sqrt{G^2 + B_L^2}}. \tag{3.24}$$

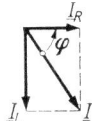

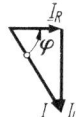

Bild 3.23. Effektivwertzeigerbild zum Bild 3.22   Bild 3.24. „Stromdreieck"   Bild 3.25. Zeigerbild der Leitwerte

Beispiel 3.5

Der Gesamtstrom I der Parallelschaltung einer Induktivität $L = 3{,}34$ H und eines ohmschen Widerstands $R = 647{,}5$ Ω beträgt 0,4 A bei $f = 50$ Hz. Wie groß sind φ_Y, Y und U?

Lösung

$$G = \frac{1}{647{,}5 \text{ Ω}} = 1{,}545 \text{ mS}; \quad B_L = \frac{-1}{2\pi \cdot 50 \text{ s}^{-1} \cdot 3{,}34 \text{ Ωs}} = -0{,}952 \text{ mS}.$$

Nach Gl. (3.24):

$$\tan \varphi_Y = \frac{B_L}{G} = -\frac{0{,}952 \text{ mS}}{1{,}545 \text{ mS}} = -0{,}616; \quad \varphi_Y = -31{,}65°.$$

Nach Gl. (3.22):

$$Y = \sqrt{G^2 + B_L^2} = \sqrt{1{,}545^2 + 0{,}952^2} \cdot 10^{-3} \text{ S} = 1{,}82 \text{ mS},$$

$$U = \frac{I}{Y} = \frac{0{,}4 \text{ A}}{1{,}82 \cdot 10^{-3} \text{ S}} = 220 \text{ V}.$$

Aufgabe 3.5

Einem Widerstand $R_1 = 1$ kΩ ist eine Induktivität parallelgeschaltet. Der Strom durch diese ist genauso groß wie der Strom durch den Widerstand R_1. Es ist noch ein zweiter ohmscher Widerstand R_2 parallelzuschalten, so daß zwischen dem Gesamtstrom I und der Spannung U die Phasenverschiebung $\varphi = 31°$ groß wird. Wie groß ist R_2?

Lösungshinweis

Aus der Angabe $I_{R1} = I_L$ läßt sich auf die Größe von φ_1 und damit auch auf die Größe von X_L im Verhältnis zu R_1 schließen. Bei der Angabe $\varphi = 31°$ wird parallel zu L der Gesamtwiderstand $R_1 \| R_2$ wirksam. Nach Gl. (3.23) ist R_2 zu berechnen!

3.2.3. Parallelschaltung von ohmschem Widerstand, Kapazität und Induktivität

Enthält ein Wechselstromkreis entsprechend Bild 3.26 die Parallelschaltung von ohmschem Widerstand, Kapazität und Induktivität, so gilt für die Teilströme das, was in den vorhergehenden Abschnitten gesagt wurde. Der Strom i_R ist mit u phasengleich, i_C ist um

90° voreilend und i_L um 90° nacheilend gegen u verschoben. Das Bild mit Effektivwertzeigern im Bild 3.27 gibt einen Überblick hierzu. Ausgehend von der an allen drei Schaltelementen gemeinsam anliegenden Spannung liegt der $\underline{U}$-Zeiger in der waagerechten Bezugsachse. Der $\underline{I}_R$-Zeiger liegt in der gleichen Richtung. Der $\underline{I}_C$-Zeiger ist senkrecht nach oben gerichtet (Voreilung) und der $\underline{I}_L$-Zeiger senkrecht nach unten (Nacheilung). Bildet man zunächst die geometrische Summe der Ströme $\underline{I}_R$ und $\underline{I}_C$, dann erhält man den Zeiger $\underline{I}_R + \underline{I}_C$. Dazu kommt nun noch der $\underline{I}_L$-Zeiger, den man zur geometrischen Addition parallel verschiebt und an den Endpunkt des Zeigers ($\underline{I}_R + \underline{I}_L$) anträgt. Der Zeiger vom Ursprung zum Endpunkt des angetragenen Zeigers $\underline{I}_L$ ist derjenige des Gesamtstromes I.

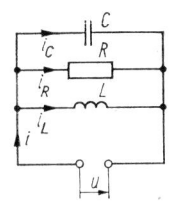

Bild 3.26. Parallelschaltung von C, L und R

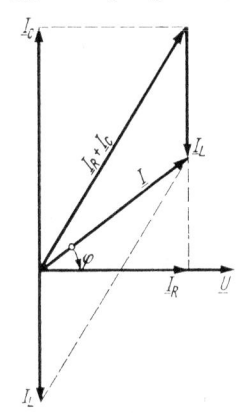

Bild 3.27 Zeigerbild zum Bild 3.26

Man erkennt aus dem rechtwinkligen Dreieck mit der Hypotenuse $\underline{I}$ und den Katheten $\underline{I}_R$ und $\underline{I}_C + \underline{I}_L$ folgenden Zusammenhang:

$$I = \sqrt{I_R^2 + (I_C + I_L)^2}. \tag{3.25}$$

Nach dem Einsetzen der Ausdrücke $I_R = UG$; $I_C = UB_C$; $I_L = UB_L$ ($G = 1/R$; $B_C = \omega C$; $B_L = -1/\omega L$) gilt

$$I = \sqrt{U^2 G^2 + U^2 (B_C + B_L)^2} = U \sqrt{G^2 + \left(\omega C - \frac{1}{\omega L}\right)^2},$$

$$\frac{I}{U} = \sqrt{G^2 + (B_C + B_L)^2}.$$

Da der Quotient I/U gleich dem Scheinleitwert Y ist, erhält man

$$Y = \sqrt{G^2 + (B_C + B_L)^2}. \tag{3.26}$$

Der Klammerausdruck unter der Wurzel ist der vollständige Blindleitwert B der Parallelschaltung; somit gilt

$$B = B_C + B_L = \omega C - \frac{1}{\omega L},$$

$$Y = \sqrt{G^2 + B^2}.$$

Für den Scheinwiderstand Z gilt

$$Z = \frac{1}{Y} = \frac{1}{\sqrt{G^2 + B^2}} = \frac{1}{\sqrt{G^2 + (B_C + B_L)^2}}. \tag{3.27}$$

Man erkennt, daß der Scheinleitwert Y vom Leitwert G des ohmschen Widerstands und von den frequenzabhängigen Blindleitwerten B_C und B_L abhängt. Aus dem Zeigerbild

(Bild 3.27) erkennt man weiter, daß die Phasenverschiebung des Stromes I_C gegen die Spannung durch die entgegengesetzte Phasenverschiebung des Stromes I_L zum Teil aufgehoben wird. Die gesamte Phasenverschiebung φ des Stromes gegen die Spannung wird um so kleiner, je geringer die Summe der Beträge der Ströme I_C und I_L bzw. der Leitwerte B_C und B_L ist.

Anhand des Zeigerbildes (Bild 3.27) ergibt sich für den Phasenwinkel

$$\tan \varphi_Y = \frac{I_C + I_L}{I_R} = \frac{U(B_C + B_L)}{UG} = \frac{B_C + B_L}{G} = \frac{\omega C - \dfrac{1}{\omega L}}{G}; \qquad (3.28)$$

$$\varphi_Y = -\varphi.$$

Dividiert man die Werte der Stromzeiger des Bildes 3.27 durch die Spannung entsprechend Gl.(3.28), dann erhält man das Leitwertzeigerbild (Bild 3.28). In der Darstellung dieser Zeiger wurde angenommen, daß B_C größer ist als B_L. Aus diesem Grund ist auch I_C größer als I_L. Der Strom I eilt der Spannung voraus. Die Parallelschaltung wirkt ohmisch-kapazitiv. Es kann aber auch vorkommen, daß B_C kleiner ist als B_L (Bild 3.29). Der Strom eilt in diesem Fall der Spannung nach. Die Schaltung wirkt dann ohmisch-induktiv.

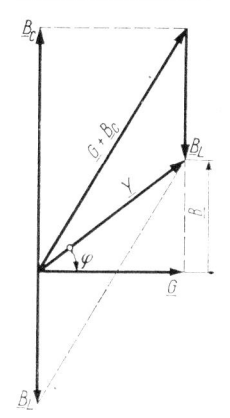

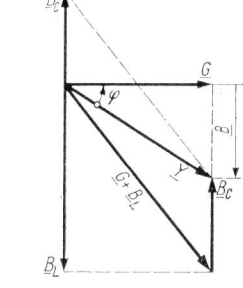

Bild 3.28. Leitwertzeigerbild zum Bild 3.26   *Bild 3.29. Zeigerbild für $B_L > B_C$*

Die Kapazität und die Induktivität ändern ihre Blindleitwerte mit der Frequenz. Wird die Frequenz größer, dann wird auch $B_C = \omega C$ größer, während $B_L = -1/(\omega L)$ abnimmt. Bei kleiner werdender Frequenz ist es umgekehrt. Bei der Frequenz, bei der die beiden Leitwerte gleich groß sind, sind auch die Teilströme I_C und I_L gleich groß:

$$I_C = I_L; \qquad B_C = |B_L|; \qquad B_C + B_L = 0 \Rightarrow \omega_r C = \frac{1}{\omega_r L}.$$

Diesen Fall nennt man Resonanz, und die betreffende Frequenz ist die Resonanzfrequenz f_r. Aus der Gleichsetzung der Blindleitwerte ergibt sich

$$\omega_r = \sqrt{\frac{1}{LC}},$$

$$\boxed{f_r = \frac{1}{2\pi}\sqrt{\frac{1}{LC}}}. \qquad (3.29)$$

Das sind die gleichen Beziehungen, wie sie sich im Abschn. 3.1.3. bei der Reihenresonanz ergaben. Der Phasenwinkel φ der Parallelschaltung ist gleich Null, da in Gl.(3.28) die Summe $B_C + B_L$ infolge Gleichheit von B_C und B_L Null wird. Der Scheinleitwert ist entsprechend Gl.(3.26) gleich G. Die Blindleitwerte heben sich in ihrer Wirkung auf.

Betrachtet man die Größe des Scheinleitwertes Y über einen größeren Frequenzbereich, bei dem die Resonanzfrequenz f_r etwa in der Mitte liegt, dann erhält man einen Funktionsverlauf $Y = f(f)$, wie ihn Bild 3.30 angibt. Unterhalb f_r wirkt die Schaltung ohmisch-induktiv. Y wird mit zunehmender Frequenz kleiner. Oberhalb von f_r wirkt die Schaltung ohmisch-kapazitiv. Y nimmt mit ansteigender Frequenz wieder zu. Bei Resonanz erreicht Y ein Minimum. Einen entsprechenden Verlauf hat der Scheinwiderstandsbetrag. Bei f_r hat er seinen Maximalwert. Die Kurven haben einen analogen Verlauf, wie ihn die Kurven $Z = f(f)$ und $Y = f(f)$ bei Reihenresonanz aufweisen (Bild 3.15), nur ist der Verlauf jeweils reziprok.

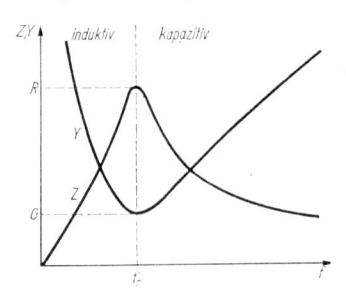

Bild 3.30
Verlauf des Scheinleitwertes und des Scheinwiderstands bei der Parallelschaltung von C, L und R

Beispiel 3.6

Eine Parallelschaltung von R, $C = 0{,}8$ μF und $L = 4{,}7$ mH erzeugt zwischen dem Gesamtstrom und der angelegten Spannung mit $f = 1{,}5$ kHz eine Phasenverschiebung von 56,4°. Wie groß ist R, welcher Art ist die Phasenverschiebung, und bei welcher Frequenz f_r würde Resonanz eintreten?

Lösung

Nach Bild 3.29 erhält man

$$G = \frac{B_C + B_L}{\tan \varphi}.$$

$$B_C = \omega C = 2\pi \cdot 1500 \text{ s}^{-1} \cdot 0{,}8 \cdot 10^{-6} \text{ Ss} = 7{,}536 \cdot 10^{-3} \text{ S},$$

$$B_L = -\frac{1}{\omega L} = \frac{-1}{2\pi \cdot 1500 \text{ s}^{-1} \cdot 4{,}7 \cdot 10^{-3} \text{ }\Omega\text{s}} = -22{,}586 \cdot 10^{-3} \text{ S},$$

$$\varphi = 56{,}4°, \quad \tan \varphi = 1{,}505.$$

$$G = \frac{7{,}536 \cdot 10^{-3} \text{ S} - 22{,}586 \cdot 10^{-3} \text{ S}}{1{,}505} = -0{,}01 \text{ S},$$

$$|G| = 0{,}01 \text{ S}, \quad |R| = 100 \text{ }\Omega.$$

Da $|B_L| > B_C$, eilt I gegen U nach.

$$\omega_r = \sqrt{\frac{1}{LC}} = \sqrt{\frac{1}{4{,}7 \cdot 10^{-3} \text{ }\Omega\text{s} \cdot 0{,}8 \cdot 10^{-6} \text{ Ss}}} = 163 \text{ s}^{-1},$$

$$f_r = 25{,}95 \text{ Hz}.$$

Beispiel 3.7

In welcher Weise ändert sich die Spannung an der Parallelschaltung einer Kapazität, einer Induktivität und eines ohmschen Widerstands, wenn der Gesamtstrom I konstant ist? Die Frequenzänderung geht von $f_r - \Delta f$ bis $f_r + \Delta f$, wobei $\Delta f = 9\%$ ist.

Lösung

$U = IZ$. Da der Strom konstant ist, entspricht der Verlauf der Spannung U dem des Scheinwiderstands Z. Die Kurve $U = f(f)$ hat einen analogen Verlauf wie die im Bild 3.30 angegebene Kurve $Z = f(f)$. Die Spannung steigt zunächst an, erreicht bei f_r ein Maximum und fällt dann wieder ab.

Aufgabe 3.6

Ein Kondensator mit $C = 47{,}7$ nF, eine Spule mit $L = 53$ μH und ein ohmscher Widerstand $R = 1$ kΩ sind parallelgeschaltet. Die Spannung U ist konstant und beträgt 4 V. Es sind für diejenigen Frequenzen, die um -9; -6; -3; $+3$; $+6$; $+9\%$ von der Resonanzfrequenz abweichen, und für die Resonanzfrequenz selbst folgende Größen zu berechnen: die Blindleitwerte B_C und B_L, der Scheinleitwert Y, der Scheinwiderstand Z, die Ströme I_C, I_L und I_R sowie der Gesamtstrom I. Der Verlauf $I = f(f)$ ist abzuschätzen und mit dem der Ströme I_C und I_L zu vergleichen!

3.3. Dualitätsprinzip Reihen-Parallel-Resonanz

Schon aus den Aufgaben 3.4 und 3.6 geht hervor, daß bei der Reihenschaltung von R, C und L die Spannungen und bei deren Parallelschaltung die Ströme im Resonanzfall oder in der unmittelbaren Nähe der Resonanzfrequenz ein Maximum durchlaufen, das besonders bei den Blindgrößen stark ausgeprägt ist. Bild 3.31 zeigt die Verläufe, die durch die Frequenzabhängigkeit der Blindwiderstände bedingt sind. (Vergleiche auch die Bilder 3.15 und 3.30!)

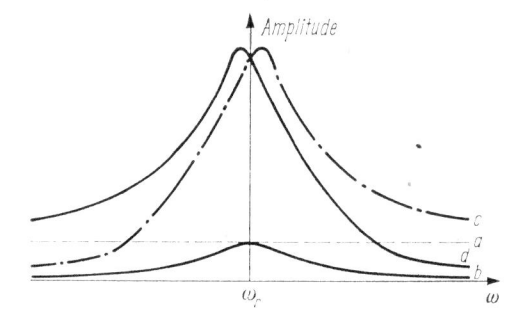

Bild 3.31
Resonanzkurven (Erläuterungen im Text)

Zur Erläuterung des Bildes 3.31 gilt folgendes: Die Kurve a kennzeichnet als Voraussetzung der anderen Kurven für eine Reihenschaltung die konstante Gesamtspannung U und für eine Parallelschaltung den konstanten Gesamtstrom I.

Die Kurve b zeigt für eine Reihenschaltung mit $U =$ konst. den Verlauf $U_R = f(\omega)$. Dieser Verlauf gleicht dem von $I_R = f(\omega)$ für eine Parallelschaltung mit $I =$ konst. Diese hat bei ω_r ein relativ geringes Maximum, das durch Änderung des Scheinwiderstands Z bzw. Scheinleitwertes Y bedingt ist. Demzufolge sind bei der Reihenschaltung der Strom I und bei der Parallelschaltung die Spannung U nicht konstant.

Die Kurve c gibt für eine Reihenschaltung den Verlauf $U_L = f(\omega)$ und für eine Parallelschaltung $I_C = f(\omega)$ an, während die Kurve d den Verlauf der noch restlichen Blindgrößen, also für die Reihenschaltung $U_C = f(\omega)$ und für die Parallelschaltung $I_L = f(\omega)$ darstellt. Die ausgeprägten Maxima beider Kurven kommen durch die Frequenzabhängigkeit der Blindwiderstände zustande. Es sei hier daran erinnert, daß sich die Wirkungen der Blindwiderstände entsprechend den Zeigerbildern (Bilder 3.13, 3.14, 3.28 und 3.29) nach außen teilweise bis völlig (= Resonanz) aufheben. Dabei liegen diese beiden Maxima nicht genau bei ω_r, sondern in unmittelbarer Nähe.

Besonders zu beachten ist der hohe Anstieg der Spannungen bzw. Ströme bei Resonanz (Bild 3.31). Er beträgt ein Vielfaches der von außen an die Reihenschaltung angelegten

Spannung. Er kann bei entsprechendem Aufbau bis zum Zwanzigfachen und darüber gehen. Das ist beim Entwurf von Schaltungen dieser Art unbedingt zu beachten. Die Schaltelemente müssen eine ausreichend bemessene Spannungsfestigkeit aufweisen, da sonst Zerstörungen auftreten können. Mitunter liegen parallel zu diesen Schaltelementen noch weitere Schaltelemente, die natürlich auch eine entsprechend hohe Spannungsfestigkeit besitzen müssen.

Gleiches gilt für die Parallelschaltung, in der in den Schaltelementen Stromerhöhungen ebenfalls bis zum Vielfachen der von außen in den Leitungen zur Schaltung vorhandenen Stromstärke auftreten. Auch hier müssen die Schaltelemente eine ausreichend hohe Belastungsfähigkeit besitzen. Mitunter wird diese Erscheinung auch bewußt ausgenutzt. Will man durch eine Magnetspule zur Erreichung eines starken Magnetfeldes einen Strom großer Stärke fließen lassen, ohne daß das Stromversorgungsgerät so hoch belastet wird, schaltet man einen entsprechend bemessenen Kondensator parallel zu Spule.

Aus Bild 3.31 geht hervor, daß die Reihenschaltung und die Parallelschaltung bei bestimmten Spannungs- und Stromverläufen völlig gleiche Kurven aufweisen. Dies ist bedingt durch die „*Dualität*", die zwischen beiden Schaltungen besteht. Ersetzt man bei der Reihenschaltung bestimmte Größen durch entsprechende der Parallelschaltung, so ergeben sich völlig gleiche Funktionen, wie aus der nachfolgenden Aufstellung ersichtlich ist:

Reihenschaltung		*Parallelschaltung*
U = konst.	ist zu ersetzen durch	I = konst.
I = konst.	ist zu ersetzen durch	U = konst.
R = konst.	ist zu ersetzen durch	G = konst.
L = konst.	ist zu ersetzen durch	C = konst.
C = konst.	ist zu ersetzen durch	L = konst.
Z = konst.	ist zu ersetzen durch	Y = konst.
U_L = konst.	ist zu ersetzen durch	I_C = konst.
U_C = konst.	ist zu ersetzen durch	I_L = konst.
$\varphi = \varphi_Z$	ist zu ersetzen durch	φ_Y

Das Dualitätsprinzip der beiden Schaltungen erkennt man auch an der Gegenüberstellung der Kurven $\varphi(\omega)$ beider Schaltungen, wenn man obigen Austausch beachtet. Bild 3.32 zeigt diese Kurven. Hierbei ist auf die in diesem Bild gegebenen Hinweise ($\omega L > 1/\omega C$, kapazitiv, induktiv usw.) zu achten. Die auf diesem Dualitätsprinzip beruhende Kurvengleichheit stellt man ebenfalls fest beim Vergleich der Bilder 3.15 und 3.30.

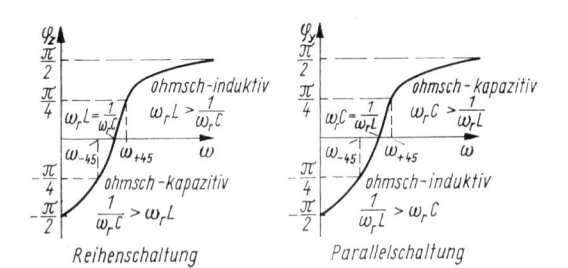

Bild 3.32
Frequenzabhängigkeit des Phasenwinkels

Das Dualitätsprinzip besagt nicht, daß z. B. der Scheinwiderstand Z eines Reihenkreises gleich dem Kehrwert des Scheinleitwertes $1/Y$ des Parallelkreises ist. Es besagt, daß bestimmte Größen der Reihenschaltung den gleichen Änderungsverlauf wie „duale" Größen der Parallelschaltung besitzen. Das geht auch ganz eindeutig aus den Beschreibungen zum Bild 3.31 hervor. Die Dualität wird außerdem deutlich, wenn man die Gln. (3.11) und (3.13) der Reihenschaltung den Gln. (3.26) und (3.28) gegenüberstellt:

Reihenkreis *Parallelkreis*

$$Z = \sqrt{R^2 + \left(\omega L - \frac{1}{\omega C}\right)^2} \qquad Y = \sqrt{G^2 + \left(\omega C - \frac{1}{\omega L}\right)^2}$$

$$\tan \varphi_Z = \frac{U_L + U_C}{U_R} = \frac{\omega L - \dfrac{1}{\omega C}}{R} \qquad \tan \varphi_Y = \frac{I_L + I_C}{I_R} = \frac{\omega C - \dfrac{1}{\omega L}}{G}$$

Bei den Kurven des Bildes 3.31 bezogen sich die Angaben für die Reihenschaltung stets auf U und bei der Parallelschaltung stets auf I. Man nennt diese Handhabung *Normierung*. Diese bewirkt zumeist eine größere Allgemeingültigkeit der Kurven.

3.4. Kenngrößen der Resonanzkreise

Für Resonanzkreise sind sogenannte Kenngrößen definiert, die es gestatten, bestimmte Eigenschaften solcher Kreise zu erkennen. Als erste sei hier die *Güte Q* (auch Resonanzschärfe, Gütefaktor) genannt. Sie ist gleich dem Verhältnis der Beträge einer Blindkomponente zur Wirkkomponente bei Resonanz. In diesem Fall sind die Beträge der Blindkomponenten einander gleich: $\omega_r L = 1/\omega_r C$ für die Reihenschaltung und $\omega_r C = 1/\omega_r L$ für die Parallelschaltung.

Es gilt demnach für die Reihenschaltung

$$Q = \frac{\omega_r L}{R} = \frac{1}{\omega_r CR} \tag{3.30}$$

und für die Parallelschaltung

$$Q = \frac{\omega_r C}{G} = \frac{1}{\omega_r LG}. \tag{3.31}$$

In der letzten Gleichung ist $R = 1/G$ der den Blindwiderständen parallelgeschaltete ohmsche Widerstand R. Die Güte gibt an, um wieviel die Spannungen über L und C der Reihenschaltung bei Resonanz größer sind als die Gesamtspannung. Bei der Parallelschaltung trifft das auf die Ströme zu. Die Güte Q hat keine Einheit einer physikalischen Größe, sie ist eine reine Zahl.

Die zweite Kenngröße ist die *Bandbreite B*. Die Bandbreite B ist allgemein die Breite eines zwischen bestimmten Grenzen durchgelassenen oder gesperrten Frequenzbandes. Sie ist für die Reihen- und die Parallelschaltung definiert mit

$$B = f_o - f_u. \tag{3.32}$$

Am Beispiel des Bildes 3.32 wurden als $f_o = f_{+45°}$ und als $f_u = f_{-45°}$ gewählt. Es sind dies die Frequenzen, bei denen der Phasenwinkel zwischen der Gesamtspannung U und dem Gesamtstrom I 45° beträgt. Diese Frequenzen sind als ω_{-45} und ω_{+45} in das Bild 3.32 eingezeichnet. Dabei gilt

$$B = \frac{1}{2\pi}(\omega_{+45} - \omega_{-45}).$$

Die relative Bandbreite ist definiert als

$$B_r = \frac{f_o - f_u}{\sqrt{f_o - f_u}} \, 100\%.$$

Sie wird also auf die Mittenfrequenz bezogen.

Für den Resonanzfall ist damit die Mittenfrequenz gleich f_r bzw. ω_r. Für die Frequenzen $f_o = f_{+45°}$ und $f_u = f_{-45°}$ ergeben sich damit folgende Gleichungen:

Reihenschaltung

$$B_r = \frac{\omega_{+45} - \omega_{-45}}{\omega_r} = \frac{R}{\omega_r L}; \qquad (3.33)$$

Parallelschaltung

$$B_r = \frac{\omega_{+45} - \omega_{-45}}{\omega_r} = \frac{G}{\omega_r C}. \qquad (3.34)$$

Durch Vergleich mit Gl.(3.30) bzw. (3.31) erhält man

$$B_r = \frac{1}{Q} = d. \qquad (3.35)$$

Mit d bezeichnet man den Verlustfaktor.

Die Bandbreite B hat als Frequenzdifferenz die Einheit Hz = s^{-1}. Die relative Bandbreite hat dagegen keine Einheit einer physikalischen Größe.

Beispiel 3.8

Von einer Parallelschaltung nach Bild 3.26 sind gegeben: $R = 50\,\Omega$; $L = 20\,\mu H$. Die Resonanzfrequenz f_r ist gleich 100 kHz. Wie groß sind die Güte Q und die Kapazität?

Lösung

Nach Gl.(3.31) ist

$$Q = \frac{1}{\omega_r L G} = \frac{1}{2\pi \cdot 10^5 \,\text{s}^{-1} \cdot 20 \cdot 10^{-6}\,\Omega\text{s} \cdot 1/50\,\text{S}} = 3{,}98.$$

Aus Gl.(3.31) erhält man durch Umformung

$$C = \frac{1}{\omega_r^2 L} = \frac{1}{4\pi^2 \cdot 10^{10} \cdot 20 \cdot 10^{-6}} = 126{,}8 \,\text{nF}.$$

Zusammenfassung zu 2. und 3.

Der Abschn. 2. zeigt das Verhalten eines ohmschen Schaltelements, einer Kapazität und einer Induktivität im Wechselstromkreis. Die Sinusform von Strom und Spannung wird nicht beeinflußt und bleibt erhalten. Ein ohmscher Widerstand allein hat auch keinerlei Einfluß auf den zeitlichen Verlauf der Wechselgrößen. Die Spannung am ohmschen Widerstand und der Strom durch ihn sind phasengleich. Eine Kapazität bewirkt eine Voreilung des Stromes gegenüber der Spannung um $\pi/2$, während durch eine Induktivität eine Nacheilung des Stromes gegen die Spannung um $\pi/2$ eintritt. Außerdem sind die Blindwiderstandsbeträge der Kapazitäten und Induktivitäten frequenzabhängig. Bei Berechnungen im Wechselstromkreis sind Beträge und zeitliche Verläufe von Strömen und Spannungen zu berücksichtigen.

3.4. Kenngrößen der Resonanzkreise

Daraus ergeben sich entsprechende Beziehungen bei der Zusammenschaltung von ohmschen und Blindschaltelementen, die der Abschn. 3. beschreibt. Die Phasenverschiebung zwischen der angelegten Spannung und dem Gesamtstrom wird bei solchen Zusammenschaltungen kleiner als $\pm\pi/2$. Enthält ein Wechselstromkreis eine Kapazität und eine Induktivität und sind die Blindwiderstände bei beiden gleich, dann heben sie sich in ihrer Wirkung auf. Die Phasenverschiebung ist dabei gleich Null. Die Frequenz, bei der die Gleichheit der Blindwiderstände eintritt, ist die Resonanzfrequenz. Je nachdem, ob eine Reihenschaltung oder eine Parallelschaltung vorliegt, spricht man von Reihenresonanz oder von Parallelresonanz. In beiden Fällen treten Resonanzüberhöhungen von Spannungen oder Strömen auf. Zur Kennzeichnung von charakteristischen Eigenschaften der Resonanzkreise sind gewisse Kenngrößen definiert.

Übungen zu 2. und 3.

Ü 3.1. An der Reihenschaltung eines Kondensators mit $C = 2\,\mu F$ und eines ohmschen Widerstands $R = 150\,\Omega$ liegt eine Spannung $U = 20$ V, 400 Hz ($\omega \approx 2500$ s^{-1}). Wie groß ist die Spannung am Kondensator?

Ü 3.2. Dem Kondensator der Reihenschaltung von R und C nach Übung 3.1 wird ein weiterer Kondensator mit einer Kapazität von $4\,\mu F$ parallelgeschaltet. Wie groß muß jetzt der ohmsche Widerstand werden, wenn die Spannung an den beiden Kondensatoren die gleiche bleiben soll wie die in Übung 3.1 berechnete?

Ü 3.3. An der Reihenschaltung einer Induktivität und eines ohmschen Widerstands liegt eine Spannung von 220 V, 50 Hz. Die Teilspannung am ohmschen Widerstand beträgt 145 V. Der Strom durch die Reihenschaltung hat eine Stärke von 8,4 A. Wie groß sind R und L?

Ü 3.4. Durch die Reihenschaltung einer Spule mit einem ohmschen Widerstand fließt beim Anlegen einer Gleichspannung von 6 V ein Strom von 80 mA. Beim Anlegen einer Wechselspannung von 20 V, 100 Hz beträgt der Effektivwert des Wechselstromes 150 mA. Wie groß ist die Induktivität?

Ü 3.5. Eine Kapazität mit $C = 800$ pF, eine Induktivität mit $L = 200$ mH und ein ohmscher Widerstand R sind in Reihe geschaltet. Wie groß muß R sein, wenn der Scheinwiderstand der Schaltung bei 10 kHz einen Wert von 10 kΩ haben soll?

Ü 3.6. An der Reihenschaltung eines Kondensators mit $C_1 = 133,3$ nF, einer Spule mit $L = 0,2$ H und eines ohmschen Widerstands R liegt eine Spannung U der Frequenz 800 Hz ($\omega \approx 5000$ s^{-1}). Der Strom I eilt der Spannung voraus. Der Kondensator C_1 wird durch einen Kondensator C_2 ersetzt. Dabei bleibt die Stromstärke I unverändert, eilt jedoch jetzt der Spannung nach. Wie groß ist die Kapazität C_2?

Ü 3.7. An der Parallelschaltung eines Kondensators mit $C = 6\,\mu F$ und eines ohmschen Widerstands $R = 1,1$ kΩ liegt eine Spannung $U = 380$ V. Der Strom $I = \sqrt{I_R^2 + I_C^2}$ beträgt 420 mA. Welche Frequenz hat die Spannung?

Ü 3.8. Einer Spule mit $L = 0,191$ H ist ein Heißleiterwiderstand mit einem negativen Temperaturkoeffizienten parallelgeschaltet, der keine induktiven und kapazitiven Wirkungen aufweist, der aber seinen Wert nach Anlegen einer Spannung in einigen Minuten um 35 % ändert. Kurz nach Anlegen einer Spannung $U = 60$ V, 250 Hz an die Parallelschaltung fließt ein Strom von 166,6 mA durch den Widerstand. Wie groß ist der Phasenwinkel φ zwischen U und dem Gesamtstrom I gleich nach Anlegen der Spannung? Wie groß muß U werden, und wie groß wird φ nach der oben angegebenen Änderung des Widerstands, wenn der Gesamtstrom I unverändert bleiben soll?

Ü 3.9. Ein Kondensator mit $C = 527,5$ nF, eine Spule mit $L = 0,2$ mH und ein ohmscher Widerstand $R = 10\,\Omega$ sind parallelgeschaltet. Welche Phasenverschiebung ruft die Schaltung bei einer Frequenz $f = 7500$ Hz zwischen dem Gesamtstrom und der Spannung hervor, und durch welche Parallelschaltung aus nur einem Blindschaltelement (Kapazität oder Induktivität) und dem ohmschen Widerstand läßt sie sich für die gegebene Frequenz ersetzen?

Ü 3.10. Die Parallelschaltung eines Kondensators mit $C = 500$ pF, einer Spule mit $L = 204\,\mu H$ und eines ohmschen Widerstands R nimmt im Resonanzfall eine Leistung von 500 μW auf. Der Gesamtstrom I ist dabei 50 μA groß. Wie groß sind die Teilströme I_C, I_L, I_R und der Gesamtstrom I bei einer Frequenz, die um 25 % von der Resonanzfrequenz nach oben abweicht? Die Spannung U ist frequenzunabhängig.

Ü 3.11. Das Leistungsschild eines Motors gibt an: 220 V, 50 Hz, 1,5 A, $\cos\varphi = 0,6$. (Letzteres bedeutet, daß der Kosinus des vom Motor verursachten Phasenverschiebungswinkels 0,6 beträgt.) Schließt man den Motor an das Netz an, so fließt laut Angabe des Leistungsschildes bei 220 V, 50 Hz in der Netzzuleitung ein Strom von 1,5 A Stärke. Man kann diese verkleinern, ohne den Motorstrom zu verringern, wenn dem Motor ein Kondensator parallelgeschaltet wird. Der Phasenwinkel der ganzen Schaltung wird dabei geringer. Wie groß muß die Kapazität des Kondensators sein, wenn der $\cos \varphi$ der Schaltung auf 0,9 verbessert werden soll? Und wie groß ist dann die Netzstromstärke?

Lösungshinweis

Der Motor ist hier als Parallelschaltung einer Induktivität mit einem ohmschen Widerstand aufzufassen.

Ü 3 12. Von einem Reihenresonanzkreis sei gegeben: $L = 580$ mH; $C = 330$ nF und $R = 240\,\Omega$. Wie groß ist die Güte bei den 45°-Frequenzen?

4. Symbolische Berechnung von Wechselstromkreisen

In diesem Abschnitt soll eine Methode vorgestellt werden, mit deren Hilfe die im Vergleich zu den Gleichstromkreisen komplizierteren Vorgänge in Wechselstromkreisen einfach und rationell berechnet werden können. Es kann damit auch auf ungenaue grafische Lösungsverfahren und langwierige Rechnungen mit Augenblickswerten verzichtet werden.

Hierbei wird von der Darstellung einer komplexen Zahl als Zeiger ausgegangen und die von der Mathematik her bekannte komplexe Rechnung benutzt. Da schließlich bei diesem Verfahren die Sinusfunktion (Originalfunktion) durch einen umlaufenden Zeiger in Form einer komplexen Gleichung (Bildfunktion) abgebildet bzw. symbolisiert wird, spricht man von der *symbolischen Methode* zur Berechnung von Wechselstromkreisen.

Es ist deshalb erforderlich, zu Beginn dieses Abschnitts auf die komplexe Zeigerdarstellung einzugehen und die wichtigsten Rechenregeln mit komplexen Zahlen kurz zu wiederholen.

4.1. Darstellung des Zeigers als komplexe Größe

4.1.1. Ruhender Zeiger

Bei den folgenden Betrachtungen wird von der Zeigerdarstellung in der Gaußschen Zahlenebene ausgegangen. Durch Angabe der reellen und der imaginären Komponente ist hier der Zeiger nach Betrag und Richtung eindeutig bestimmt. Die Summe dieser beiden Komponenten ergibt die *komplexe Zahl*. Für deren Schreibweise sind die nachfolgend noch einmal kurz betrachteten Formen gebräuchlich.

Normalform

Trägt man den Realteil auf der Abszissenachse und den Imaginärteil auf der Ordinatenachse ab, so erhält man nach Bild 4.1 die komplexe Zeigerdarstellung in der Normalform

$$\underline{A} = A_1 + jA_2. \qquad (4.1)$$

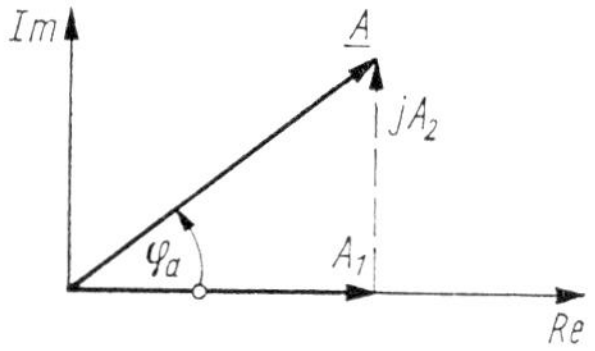

Bild 4.1
Darstellung des Zeigers in der Gaußschen Zahlenebene

Daraus ergibt sich der Betrag des Zeigers zu

$$A = \sqrt{A_1^2 + A_2^2} \qquad (4.2)$$

66   4. Symbolische Berechnung von Wechselstromkreisen

und der Winkel des Zeigers gegen die reelle Achse zu

$$\varphi_a = \arctan \frac{\text{Imaginärteil}}{\text{Realteil}} = \arctan \frac{A_2}{A_1}. \tag{4.3}$$

Trigonometrische Form

Mit dem Betrag A des Zeigers und dem Winkel φ_a ergeben sich die aus Bild 4.1 ablesbaren Beziehungen

$$A_1 = A \cos \varphi_a \quad \text{und} \quad A_2 = A \sin \varphi_a. \tag{4.4}$$

Daraus folgt für die trigonometrische Form

$$\underline{A} = A (\cos \varphi_a + j \sin \varphi_a) \tag{4.5}$$

Exponentialform

Aus der Reihenentwicklung der trigonometrischen und Exponentialfunktion ergibt sich die Eulersche Gleichung

$$e^{j\varphi_a} = \cos \varphi_a + j \sin \varphi_a. \tag{4.6}$$

Die rechte Seite dieser Gleichung stellt eine komplexe Zahl mit dem Betrag 1 dar. Multipliziert man Gl. (4.6) mit A, dann erhält man

$$A e^{j\varphi_a} = A (\cos \varphi_a + j \sin \varphi_a) \tag{4.7}$$

und daraus die Exponentialform

$$\underline{A} = A e^{j\varphi_a} . \tag{4.8}$$

Alle drei Formen können für die Zeigerdarstellung benutzt werden, und man kann zusammenfassend schreiben

$$\underline{A} = A_1 + jA_2 = A (\cos \varphi_a + j \sin \varphi_a) = A e^{j\varphi_a}.$$

Der in die Gaußsche Zahlenebene gelegte Zeiger kann somit als komplexe Größe angegeben werden.

4.1.2. Umlaufender Zeiger

Für den umlaufenden Zeiger ergibt sich für den Winkel $\psi = (\omega t + \varphi_a)$. Damit kann der zeitliche Verlauf der Sinusfunktion im Bild 4.2 durch einen umlaufenden Zeiger abgebildet werden. Umgekehrt erhält man die Sinusfunktion, wenn man den mit konstanter Winkelfrequenz ω umlaufenden Zeiger in Abhängigkeit von ωt in das Koordinaten-

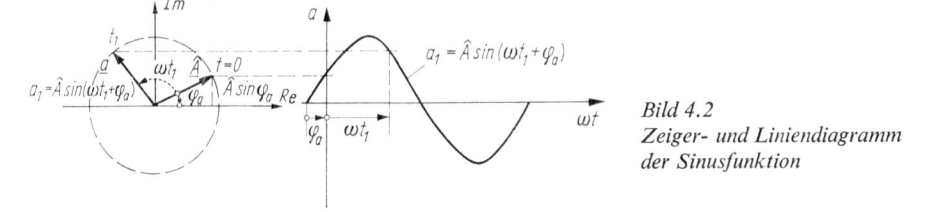

Bild 4.2
Zeiger- und Liniendiagramm der Sinusfunktion

system projiziert. Der so gewonnene umlaufende Zeiger kennzeichnet die sinusförmige Wechselgröße wie folgt:

die Länge des Zeigers die Amplitude,
die Winkelfrequenz die Frequenz und
die Stellung des Zeigers zur Zeit $t = 0$ gegenüber der waagerechten Bezugsachse den Null- oder Anfangsphasenwinkel φ_a.

Damit kann in den folgenden Betrachtungen die Sinusfunktion anstatt in einem Liniendiagramm auch in einem Zeigerbild dargestellt werden.

In die Gaußsche Zahlenebene übertragen, wie das schon für den ruhenden Zeiger getan wurde, erhält man für den *umlaufenden Zeiger* in Übereinstimmung mit TGL 22112 Bl.2 Seite 11 (Ausgabe Oktober 1977)

$$\boxed{\underline{a} = \hat{A}\, e^{j(\omega t + \varphi_a)} = \underline{\hat{A}}\, e^{j\omega t}}, \tag{4.9}$$

da $\hat{A}\, e^{j\varphi_a} = \underline{\hat{A}}$ ist.

Der ruhende Zeiger $\underline{\hat{A}}$ der Länge $\hat{A}$ wird also zum umlaufenden Zeiger $\underline{a}$ durch Multiplikation mit dem Winkelfaktor $e^{j\omega t}$.

4.1.3. Rechenregeln für komplexe Zahlen

Addition und Subtraktion

Die Addition und Subtraktion komplexer Zahlen erfolgen in der Normalform. Die Summe bzw. Differenz zweier Zeiger $\underline{A}$ und $\underline{B}$ ergibt sich zu

$$\underline{A} + \underline{B} = (A_1 + jA_2) + (B_1 + jB_2) = (A_1 + B_1) + j(A_2 + B_2), \tag{4.10}$$

$$\underline{A} - \underline{B} = (A_1 + jA_2) - (B_1 + jB_2) = (A_1 - B_1) + j(A_2 - B_2). \tag{4.11}$$

Zwei oder mehrere komplexe Zahlen werden demnach addiert bzw. subtrahiert, indem man die jeweiligen Rechenoperationen sowohl für die reellen Komponenten $(A_1 \pm B_1)$ als auch für die imaginären Komponenten $(A_2 \pm B_2)$ getrennt ausführt. Die grafische Durchführung dieser Rechenoperationen ist in den Bildern 4.3 und 4.4 dargestellt.

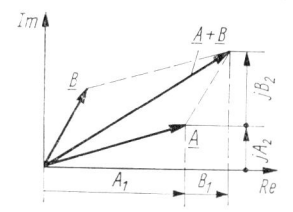

Bild 4.3. Addition komplexer Zahlen

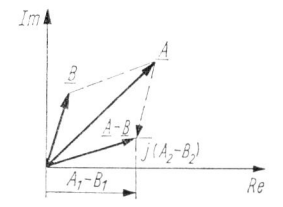

Bild 4.4. Subtraktion komplexer Zahlen

Multiplikation und Division

Multipliziert man eine komplexe Zahl $\underline{A} = A_1 + jA_2$ mit einer reellen Zahl c, dann ist

$$c\underline{A} = cA_1 + jcA_2, \tag{4.12}$$

d.h., der Betrag von $c\underline{A}$ ist das c-fache des Betrages von $\underline{A}$. Wie aus Bild 4.5 hervorgeht, hat sich nur der Betrag des Zeigers, nicht aber seine Richtung geändert. Man spricht deshalb auch von einer *Streckung* oder *Stauchung* des Zeigers.

Multipliziert man dagegen eine komplexe Zahl mit dem Faktor j, so erhält man

$$j\underline{A} = j(A_1 + jA_2) = jA_1 - A_2; \qquad (4.13)$$

dabei gilt für den Betrag

$$|j\underline{A}| = \sqrt{A_1^2 + A_2^2} = |\underline{A}| = A.$$

Daraus folgt, daß eine Multiplikation einer komplexen Zahl mit j einen um 90° im positiven Sinn *gedrehten* Zeiger von gleicher Länge ergibt.

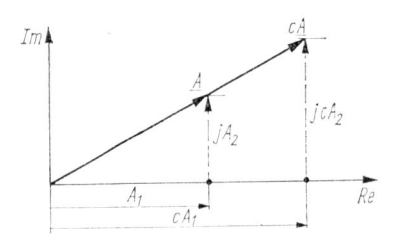

*Bild 4.5
Multiplikation einer komplexen Zahl mit einem Faktor c*

Die Multiplikation einer komplexen Zahl mit $-j$ ergibt

$$-j\underline{A} = -jA_1 + A_2. \qquad (4.14)$$

Wie aus Bild 4.6 hervorgeht, führt diese Operation zu einer Drehung des Zeigers $\underline{A}$ um 90° im negativen Sinn.

Die in Gl.(4.6) dargestellte komplexe Zahl wird auch als *Einheitszeiger* mit dem Betrag 1 und dem Winkel φ_a bezeichnet. Damit liegen auch die Endpunkte aller möglichen Einheitszeiger auf einem Kreis mit dem Radius 1. Einige ausgewählte Zeigerstellungen sind im Bild 4.6 dargestellt.

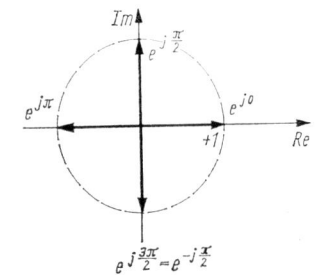

*Bild 4.6
Einheitszeiger*

Für spätere Anwendungen soll der Einheitszeiger für einige Werte von φ_a angegeben werden:

$$\varphi_a = 0: \quad e^{j0} = \cos 0 + j \sin 0 = 1 = j^0,$$

$$\varphi_a = \frac{\pi}{2}: \quad e^{j\frac{\pi}{2}} = \cos \frac{\pi}{2} + j \sin \frac{\pi}{2} = j = j^1,$$

$$\varphi_a = \pi: \quad e^{j\pi} = \cos \pi + j \sin \pi = -1 = j^2,$$

$$\varphi_a = \frac{3\pi}{2}: \quad e^{j\frac{3\pi}{2}} = \cos \frac{3\pi}{2} + j \sin \frac{3\pi}{2} = -j = j^3.$$

Die Multiplikation und Division zweier komplexer Größen erfolgen am zweckmäßigsten in der Exponentialform. Geht man auch hier wieder von den beiden Zeigern $\underline{A}$ und $\underline{B}$ aus, dann ergibt deren Multiplikation

$$\underline{A} \cdot \underline{B} = A\,\mathrm{e}^{\mathrm{j}\varphi_a}\,B\,\mathrm{e}^{\mathrm{j}\varphi_b} = AB\,\mathrm{e}^{\mathrm{j}(\varphi_a + \varphi_b)}. \qquad (4.15)$$

Zwei Zeiger werden also multipliziert, indem man ihre Beträge multipliziert und ihre Winkel addiert.

Für die Division der beiden Zeiger gilt

$$\frac{\underline{A}}{\underline{B}} = \frac{A\,\mathrm{e}^{\mathrm{j}\varphi_a}}{B\,\mathrm{e}^{\mathrm{j}\varphi_b}} = \frac{A}{B}\,\mathrm{e}^{\mathrm{j}(\varphi_a - \varphi_b)}. \qquad (4.16)$$

Zwei Zeiger werden also dividiert, indem man ihre Beträge dividiert und ihre Winkel subtrahiert.

Rechnen mit konjugiert komplexen Zahlen

Zwei komplexe Zahlen, die sich nur durch das Vorzeichen des Exponenten in der Exponentialform bzw. der imaginären Komponente in der Normalform unterscheiden, nennt man *konjugiert komplex*. Folgendes Zahlenpaar ist somit konjugiert komplex:

$$\begin{aligned}\underline{A} &= A\,\mathrm{e}^{\mathrm{j}\varphi_a} = A\,(\cos\varphi_a + \mathrm{j}\sin\varphi_a) = A_1 + \mathrm{j}A_2,\\ \underline{A}^* &= A\,\mathrm{e}^{-\mathrm{j}\varphi_a} = A\,(\cos\varphi_a - \mathrm{j}\sin\varphi_a) = A_1 - \mathrm{j}A_2.\end{aligned} \qquad (4.17)$$

Wie aus Bild 4.8 hervorgeht, liegen die beiden konjugiert komplexen Zeiger in der Gaußschen Zahlenebene spiegelbildlich mit der reellen Achse zueinander.

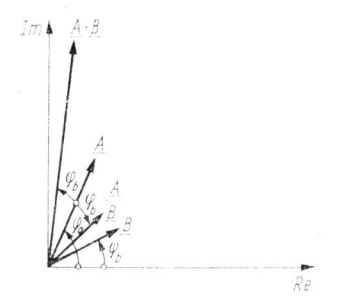

Bild 4.7. Multiplikation und Division zweier komplexer Zahlen

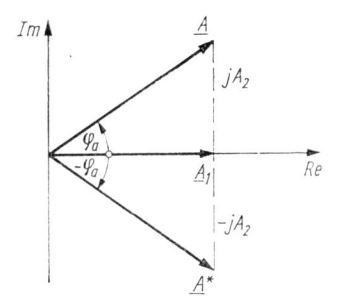

Bild 4.8. Konjugiert komplexe Zahlen

Multipliziert man zwei konjugiert komplexe Zahlen miteinander, so erhält man eine reelle Zahl:

$$\underline{A} \cdot \underline{A}^* = A\,\mathrm{e}^{\mathrm{j}\varphi_a}\,A\,\mathrm{e}^{-\mathrm{j}\varphi_a} = A^2. \qquad (4.18)$$

Davon wird bei den nachfolgenden Anwendungen häufig Gebrauch gemacht, um einen komplexen Nenner reell zu machen bzw. zwei komplexe Zahlen in der Normalform durcheinander zu dividieren.

Trotz dieser letztgenannten Möglichkeiten sei jedoch an dieser Stelle darauf hingewiesen, daß bei den folgenden Berechnungen von Wechselstromschaltungen, insbesondere beim Vorliegen von Zahlenwerten, Zähler und Nenner in die Exponentialform umgewandelt werden und dann dividiert wird. Das bringt auch den praktischen Vorteil, daß man das

70   4. Symbolische Berechnung von Wechselstromkreisen

Ergebnis sofort nach Betrag und Winkel erhält und somit meist ein Arbeitsgang eingespart wird.

Beispiel 4.1

Um in dem komplexen Ausdruck

$$\frac{A_1 + jA_2}{B_1 + jB_2}$$

den komplexen Nenner reell zu machen, ist mit der konjugiert komplexen Zahl des Nenners zu erweitern!

Lösung

$$\frac{(A_1 + jA_2)(B_1 - jB_2)}{(B_1 + jB_2)(B_1 - jB_2)} = \frac{A_1B_1 + jA_2B_1 - jA_1B_2 + A_2B_2}{B_1^2 + jB_2B_1 - jB_2B_1 + B_2^2}$$

$$= \frac{(A_1B_1 + A_2B_2) + j(A_2B_1 - A_1B_2)}{B_1^2 + B_2^2}.$$

4.2. Symbolische Darstellung von Wechselgrößen in der komplexen Ebene

4.2.1. Hin- und Rücktransformation

In der Einführung zu diesem Abschnitt wurde bereits darauf hingewiesen, daß die Möglichkeit der Darstellung des Zeigers durch eine komplexe Größe für eine symbolische Berechnung von Netzwerken in Wechselstromkreisen genutzt werden kann. Ausgehend vom Bild 4.2 kann die Sinusfunktion für Strom und Spannung, wie im Bild 4.9 dargestellt, auch als umlaufender Zeiger in der Gaußschen Zahlenebene dargestellt werden.

Der betrachtete Stromzeiger befindet sich, wie aus Bild 4.9 hervorgeht, zur Zeit $t = 0$ in einer Lage, die durch den Winkel φ_i gekennzeichnet ist.

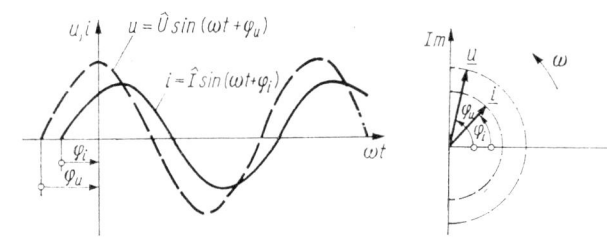

Bild 4.9
Transformationsvorgang

Nach der Zeit t wird die Lage des umlaufenden Zeigers durch folgenden komplexen Ausdruck beschrieben:

$$\underline{i} = \hat{I}[\cos(\omega t + \varphi_i) + j\sin(\omega t + \varphi_i)]. \qquad (4.19)$$

Dafür kann man auch schreiben

$$\boxed{\underline{i} = \hat{I}e^{j(\omega t + \varphi_i)}}. \qquad (4.20)$$

Für den Spannungszeiger gilt analog

$$\underline{u} = \hat{U}[\cos(\omega t + \varphi_u) + j\sin(\omega t + \varphi_u)] \qquad (4.21)$$

und

$$\boxed{\underline{u} = \hat{U}e^{j(\omega t + \varphi_u)}}. \qquad (4.22)$$

Die *Hintransformation* aus dem Originalbereich (Zeitbereich) in den Bildbereich kann durch die folgende Gegenüberstellung von Original- und Bildfunktion veranschaulicht werden:

Originalgröße: Bildgröße:

$$i = \hat{I} \sin(\omega t + \varphi_i) \; \circ\text{----}\bullet \; \underline{i} = \hat{I} e^{j(\omega t + \varphi_i)}, \tag{4.23}$$
$$\underline{i} = \hat{I} \cos(\omega t + \varphi_i) + j\hat{I} \sin(\omega t + \varphi_i).$$

Daraus geht hervor, daß die symbolische komplexe Größe, gegenüber der realen physikalischen Größe, zwei Schwingungsanteile enthält, nämlich die cos-Funktion im realen Teil und die sin-Funktion im imaginären Teil.

Die Bildfunktion enthält also die Sinusfunktion als Imaginärteil:

$$i = \hat{I} \sin(\omega t + \varphi_i) = \text{Im } \underline{i}. \tag{4.24}$$

Geht man von der cos-Funktion im Originalbereich aus, so erhält man die komplexe Größe durch Hinzufügen des Sinusanteils, und man kann schreiben

$$i = \hat{I} \cos(\omega t + \varphi_i) = \text{Re } \underline{i}. \tag{4.25}$$

Zwecks *Rücktransformation* muß schließlich der jeweils hinzugefügte Imaginär- bzw. Realteil wieder weggelassen werden.

Den Gesamtablauf der Hin- und Rücktransformation kann man aus dem im Bild 4.10 dargestellten Blockschema ersehen (s. auch [1], Abschn. 1.3.3.1.).

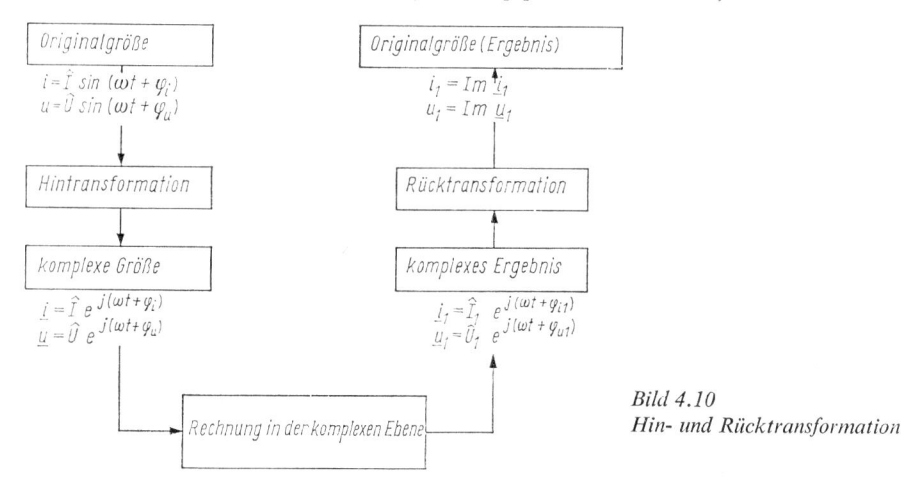

Bild 4.10
Hin- und Rücktransformation

Obwohl in der Folge hauptsächlich in der komplexen Ebene gerechnet wird, muß immer Klarheit über das symbolhafte Herangehen an die jeweilige Aufgabenstellung herrschen. Erst nach der Rücktransformation erhält man ein der physikalischen Realität entsprechendes Ergebnis.

In der Praxis wird man die Rücktransformation jedoch selten durchführen, da die am meisten interessierenden Größen, wie Effektivwert und Phasenwinkel, direkt aus der komplexen Form entnommen werden können.

Da es unter diesem Aspekt weniger auf den Umlauf des Zeigers, als vielmehr auf die Stellung zweier oder mehrerer Zeiger zueinander ankommt, kann man auf den Zeitfaktor $e^{j\omega t}$ verzichten und mit dem *ruhenden (Effektivwert-)Zeiger*

$$\boxed{\underline{I} = I e^{j\varphi_i}} \tag{4.26}$$

bzw.

$$\underline{U} = U\,e^{j\varphi_u} \tag{4.27}$$

rechnen. Dieser enthält, wie aus Bild 4.11 hervorgeht, nur noch den Effektivwert (Zeigerlänge) und den Null- oder Anfangsphasenwinkel (Zeigerlage).

Bei Überprüfung der Zulässigkeit der grundlegenden Rechenoperationen kommt man zu der Einschränkung, daß Produkte und Quotienten von transformierten bzw. symbolisierten Größen im Bildbereich eine Rücktransformation nicht zulassen. Das bedeutet praktisch, daß der Augenblickswert der Leistung nicht ohne weiteres über die komplexen Größen $\underline{u}$; $\underline{i}$ bestimmbar ist (s. i2], Abschn. 1.4.5.).

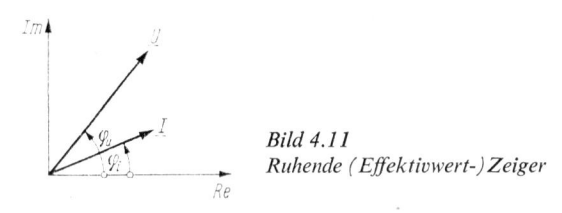

Bild 4.11
Ruhende (Effektivwert-)Zeiger

4.2.2. Einführung des Widerstands- und Leitwertoperators

Bei der Berechnung komplizierter Netzwerke, die sich aus R, L und C zusammensetzen können, wird durch Einführung eines *komplexen Widerstands* im Bildbereich eine weitere Vereinfachung des Rechenganges erreicht.

Dieser *Widerstandsoperator* ist definiert als das Verhältnis der komplexen Spannung zum komplexen Strom. Damit ergibt sich

$$\underline{Z} = \frac{\underline{u}}{\underline{i}} = \frac{\hat{U}\,e^{j(\omega t + \varphi_u)}}{\hat{I}\,e^{j(\omega t + \varphi_i)}} = \frac{U}{I}\,e^{j(\varphi_u - \varphi_i)},$$

$$\underline{Z} = Z\,e^{j\varphi_z}, \tag{4.28}$$

Aus Gl.(4.28) geht einmal hervor, daß sich der Zeitfaktor herauskürzt und $\underline{Z}$ als eine zeitunabhängige Rechengröße aufzufassen ist. Zum anderen kann dieser als Quotient sowohl der komplexen Amplituden als auch der Effektivwerte von Spannung und Strom geschrieben werden. Die im Abschn. 4.2.1. angeführte Unzulässigkeit der Quotientenbildung trifft auf diese nur im Bildbereich vorgenommene Rechenoperation nicht zu. $\underline{Z}$ ist also nur eine Operationsgröße im Bildbereich, d.h. ein Operator.

Der mit Gl.(4.28) eingeführte Widerstandsoperator kann über die trigonometrische Form

$$\underline{Z} = Z\,(\cos\varphi_z + j\sin\varphi_z) \tag{4.29}$$

in die Normalform gebracht werden

$$\underline{Z} = R + jX. \tag{4.30}$$

Damit kann man jeden beliebigen passiven Zweipol durch die Angabe seines Betrages

$$Z = \frac{U}{I} = \sqrt{R^2 + X^2} \tag{4.31}$$

4.2. Symbolische Darstellung von Wechselgrößen in der komplexen Ebene

und des Phasenwinkels zwischen Spannung und Strom

$$\varphi_z = \varphi = \varphi_u - \varphi_i = \arctan \frac{X}{R} \qquad (4.32)$$

eindeutig charakterisieren.

Diese Darstellung stimmt mit den früher eingeführten Größen überein, wonach

$R = Z \cos \varphi_z$ als Wirkwiderstand (Resistanz),

$X = Z \sin \varphi_z$ als Blindwiderstand (Reaktanz) und

$\underline{Z} = R + jX$ als komplexer Widerstand (Impedanz)

bezeichnet wird.

Man kann in Anlehnung an die Betrachtungen des Gleichstromkreises

$$\underline{Z} = \frac{\underline{U}}{\underline{I}} = \frac{U}{I} e^{j\varphi_z} \qquad (4.33)$$

als das Ohmsche Gesetz des Wechselstromkreises bezeichnen.

Multipliziert man den Stromzeiger $\underline{I}$ mit dem Widerstandsoperator $\underline{Z}$, so erfolgt neben der Drehstreckung (s. Abschn. 4.1.3.) auch noch die Überführung in einen Spannungszeiger. Wie aus Bild 4.13 hervorgeht, führt dies im Endeffekt zu der sich zwischen Strom und Spannung ergebenden Phasenverschiebung $\varphi_z = \varphi$.

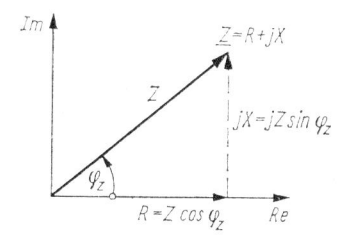

Bild 4.12. Zeigerbild des Widerstandsoperators 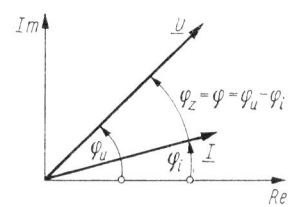   *Bild 4.13. Zeigerbild für Strom und Spannung*

Beispiel 4.2

Für einen vorliegenden Zweipol mit dem Widerstandsoperator $\underline{Z}$ ist bei angelegter Spannung

$$u = \hat{U} \cos(\omega t + \varphi_u)$$

der Augenblickswert des Stromes zu berechnen!

Lösung

Durch Hinzufügen des imaginären Anteils transformiert man in die komplexe Ebene und erhält den umlaufenden Spannungszeiger. Im Vergleich zum Bild 4.10 ist zu beachten, daß von der cos-Funktion ausgegangen wird.

$$\underline{u} = \hat{U} [\cos(\omega t + \varphi_u) + j \sin(\omega t + \varphi_u)] = \hat{U} e^{j(\omega t + \varphi_u)}.$$

In der komplexen Ebene (Bildbereich) kann nunmehr die Rechnung mit ruhenden Effektivwertzeigern erfolgen, und es wird

$$\underline{I} = \frac{\underline{U}}{\underline{Z}} = \frac{U e^{j\varphi_u}}{Z e^{j\varphi_z}} = \frac{U}{Z} e^{j(\varphi_u - \varphi_z)}.$$

Mit $\varphi_u - \varphi_z = \varphi_i$ und $U/Z = I$ ergibt sich

$$\underline{I} = I e^{j\varphi_i}.$$

74   4. Symbolische Berechnung von Wechselstromkreisen

Zur Vorbereitung der Rücktransformation wird jetzt die erhaltene Stromgleichung auf beiden Seiten mit dem Zeitfaktor und $\sqrt{2}$ multipliziert, und es wird

$$\underline{i} = \hat{I} e^{j(\omega t + \varphi_i)}.$$

Schreibt man diese Gleichung in der trigonometrischen Form

$$\underline{i} = \hat{I} [\cos(\omega t + \varphi_i) + j \sin(\omega t + \varphi_i)],$$

so ergibt sich nach der Rücktransformation der gesuchte Augenblickswert des Stromes als Realteil von $\underline{i}$, und man erhält schließlich

$$i = \hat{I} \cos(\omega t + \varphi_i).$$

Ein Vergleich des einfachen Rechenganges des Beispiels 4.2 mit der in den Abschnitten 2. und 3. kennengelernten Verfahrensweise unterstreicht nochmals deutlich die Vorteile der symbolischen Methode zur Berechnung von Wechselstromkreisen.

Der *Leitwertoperator* ist definiert als das Verhältnis des komplexen Stromes zur komplexen Spannung und stellt damit den reziproken Wert des Widerstandsoperators dar. Es gilt

$$\underline{Y} = \frac{\underline{i}}{\underline{u}} = \frac{\hat{I} e^{j(\omega t + \varphi_i)}}{\hat{U} e^{j(\omega t + \varphi_u)}} = \frac{I}{U} e^{j(\varphi_i - \varphi_u)},$$

$$\boxed{\underline{Y} = Y e^{j\varphi_y}}, \tag{4.34}$$

Auch hier ergibt sich über die trigonometrische Form

$$\underline{Y} = Y (\cos \varphi_y + j \sin \varphi_y) \tag{4.35}$$

die Normalform

$$\underline{Y} = G + jB. \tag{4.36}$$

Wie aus Bild 4.14 hervorgeht, ist der Leitwertoperator ebenfalls durch seinen Betrag

$$Y = \frac{I}{U} = \sqrt{G^2 + B^2} \tag{4.37}$$

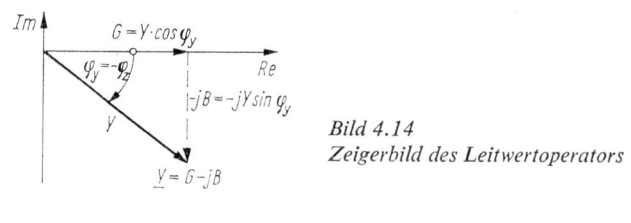

Bild 4.14
Zeigerbild des Leitwertoperators

und den Phasenwinkel zwischen Strom und Spannung

$$\varphi_y = \varphi_i - \varphi_u = \arctan \frac{B}{G} = -\varphi_z \tag{4.38}$$

eindeutig bestimmt.

Geht man bei späteren Anwendungen von der Beziehung $\underline{Y} = 1/\underline{Z}$ aus, so kann man dafür auch schreiben

$$\underline{Y} = \frac{1}{R + jX} = \frac{R}{R^2 + X^2} - j \frac{X}{R^2 + X^2}$$

oder

$$Y = \frac{R}{Z^2} - j\frac{X}{Z^2} = G + jB.$$

Wie schon im Abschn. 2. eingeführt, bezeichnet man

$$G = \frac{R}{Z^2}$$

als Wirkleitwert (Konduktanz),

$$B = -\frac{X}{Z^2}$$

als Blindleitwert (Suszeptanz) und

$$\underline{Y} = G + jB$$

als komplexer Leitwert (Admittanz).

Man achte besonders darauf, daß entsprechend der oben betrachteten Kehrwertbildung ein positiver Blindwiderstand immer einen negativen Blindleitwert und umgekehrt ergibt.

4.2.3. Widerstands- und Leitwertoperatoren der Schaltelemente

4.2.3.1. Ohmscher Widerstand

Wird in einen Wechselstromkreis ein *ohmscher Widerstand R* eingeschaltet, so kann man schreiben

$$u = Ri,$$

und entsprechend Gl. (4.28) ergibt sich für den Widerstandsoperator

$$\underline{Z} = \frac{\underline{u}}{\underline{i}} = \frac{U}{I} e^{j(\varphi_u - \varphi_i)}.$$

Bekanntlich besteht bei reiner Wirkbelastung Phasengleichheit zwischen Strom und Spannung. Damit wird

$$\varphi_u - \varphi_i = 0 \quad \text{oder} \quad e^{j0} = 1,$$

und es ergibt sich in diesem Fall für den Widerstandsoperator die Beziehung

$$\boxed{\underline{Z} = \frac{U}{I} = R}. \tag{4.39}$$

Definitionsgemäß gilt dann für den Leitwertoperator

$$\boxed{\underline{Y} = \frac{1}{\underline{Z}} = G = \frac{1}{R}}. \tag{4.40}$$

Für das Ohmsche Gesetz der Wechselstromtechnik kann man jetzt schreiben

$$\underline{U} = R\underline{I} = \frac{\underline{I}}{G}. \tag{4.41}$$

4.2.3.2. Kapazität

Bei kapazitiver Belastung im Wechselstromkreis gilt entsprechend Abschn. 2.

$$u = \frac{1}{C} \int i \, dt, \quad \text{aus} \quad i = C \frac{du}{dt}.$$

Nach der Transformation in die komplexe Ebene kann man mit

$$\int \underline{i} \, dt = \frac{1}{j\omega} \underline{i} = -j \frac{1}{\omega} \underline{i}$$

für den Widerstandsoperator schreiben

$$\boxed{\underline{Z} = \frac{\underline{u}}{\underline{i}} = jX_C = -j \frac{1}{\omega C} = \frac{1}{j\omega C}} \qquad (4.42)$$

mit

$$X_C = -\frac{1}{\omega C}.$$

Entsprechend erhält man für den Leitwertoperator

$$\boxed{\underline{Y} = \frac{1}{\underline{Z}} = jB_C = j\omega C}. \qquad (4.43)$$

Damit ergibt sich das Ohmsche Gesetz in der Form

$$\underline{U} = jX_C\underline{I} = \frac{\underline{I}}{jB_C}. \qquad (4.44)$$

Daraus erkennt man, daß die Multiplikation des Stromzeigers mit dem Widerstandsoperator bzw. seine Division durch den Leitwertoperator die Spannung im Ergebnis einer Drehstreckung ergibt, wobei sich in diesem speziellen Fall eine Nacheilung der Spannung gegenüber dem Strom um den Winkel $\pi/2 = 90°$ ergibt.

4.2.3.3. Induktivität

Befindet sich eine *Induktivität* L im Wechselstromkreis, so gilt die Beziehung

$$u = L \frac{di}{dt}.$$

Nach der Hintransformation kann man mit $d\underline{i}/dt = j\omega \underline{i}$ für den Widerstandsoperator schreiben

$$\boxed{\underline{Z} = \frac{\underline{u}}{\underline{i}} = jX_L = j\omega L}. \qquad (4.45)$$

Für den Leitwertoperator gilt dann

$$\boxed{\underline{Y} = \frac{1}{\underline{Z}} = jB_L = -j \frac{1}{\omega L} = \frac{1}{j\omega L}} \qquad (4.46)$$

4.2. Symbolische Darstellung von Wechselgrößen in der komplexen Ebene

Tafel 4.1. Darstellung der Schaltelemente

Originalbereich			Bildbereich			Darstellung der Operatoren in der komplexen Ebene		Berechnungs-	U/I-Darstellung
Belastungs-art	Berechnungs-gleichung		Belastungs-art	Operator $\underline{Z}$	$\underline{Y}$	$\underline{Z}$	$\underline{Y}$	gleichung	in der komplexen Ebene
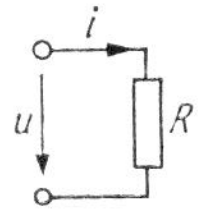 (R-Schaltung)	$u = Ri$	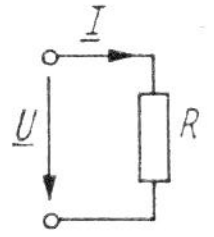	(R-Schaltung)	R	G	(Re-Achse, R)	(Re-Achse, G)	$U = RI$ $I = GU$	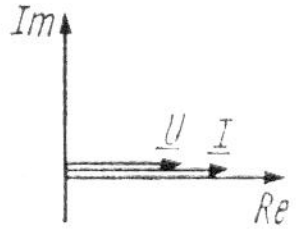 (Re-Achse, $\underline{U}, \underline{I}$)
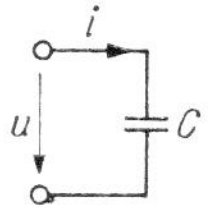 (C-Schaltung)	$u = \dfrac{1}{C}\int i\,\mathrm{d}t$		(C-Schaltung)	$-\mathrm{j}\dfrac{1}{\omega C}$ $= \mathrm{j}X_c$	$\mathrm{j}\omega C = \mathrm{j}B_c$	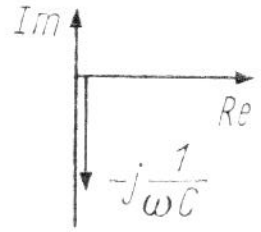 ($-\mathrm{j}\frac{1}{\omega C}$, -Im)	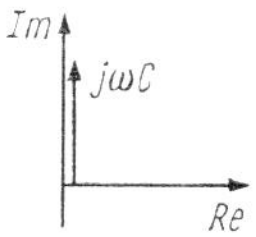 ($\mathrm{j}\omega C$, +Im)	$U = \mathrm{j}X_c I$ $I = \mathrm{j}B_c U$	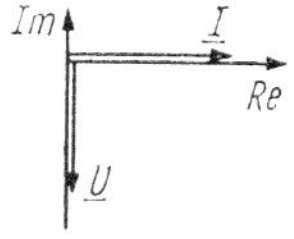 ($\underline{I}$ oben, $\underline{U}$ rechts)
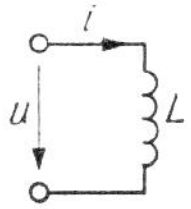 (L-Schaltung)	$u = L\dfrac{\mathrm{d}i}{\mathrm{d}t}$		(L-Schaltung)	$\mathrm{j}\omega L = \mathrm{j}X_L$	$-\mathrm{j}\dfrac{1}{\omega L}$ $= \mathrm{j}B_L$	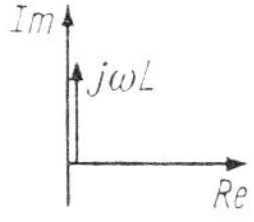 ($\mathrm{j}\omega L$, +Im)	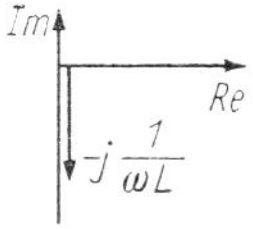 ($-\mathrm{j}\frac{1}{\omega L}$, -Im)	$U = \mathrm{j}X_L I$ $I = \mathrm{j}B_L U$	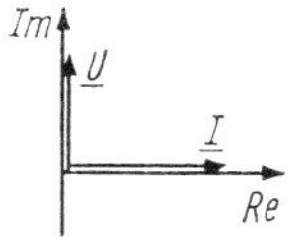 ($\underline{U}$ oben, $\underline{I}$ rechts)

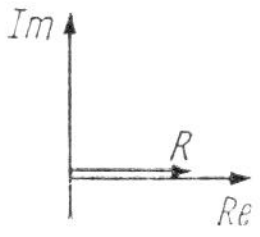

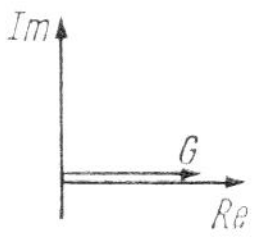

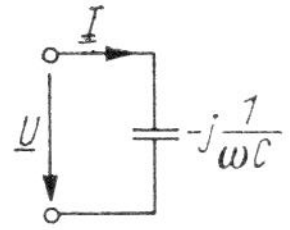

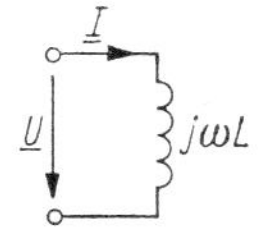

mit

$$B_L = -\frac{1}{\omega L}.$$

Somit ergibt sich das Ohmsche Gesetz in der Form

$$\underline{U} = jX_L \underline{I} = \frac{\underline{I}}{jB_L}. \tag{4.47}$$

Das läßt speziell eine Voreilung der Spannung gegenüber dem Strom um den Winkel $\pi/2 = 90°$ erkennen.

Eine zusammenfassende Übersicht der komplexen Schreibweise der einzelnen Schaltelemente und deren Wirksamkeit im Rahmen des Ohmschen Gesetzes wird in Tafel 4.1 gegeben.

4.3. Komplexe Berechnung von Wechselstromkreisen

4.3.1. Reihenschaltung von Schaltelementen

4.3.1.1. Allgemeiner Fall

Es soll zunächst in allgemeiner Form die Reihenschaltung von n Widerstandsoperatoren $\underline{Z}$ betrachtet werden, wie sie im Bild 4.15 dargestellt ist.

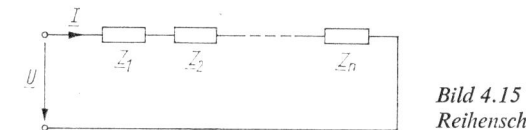

Bild 4.15
Reihenschaltung von Widerstandsoperatoren

Für das Ohmsche Gesetz der Wechselstromtechnik kann man allgemein schreiben

$$\underline{U} = \underline{I}\,\underline{Z}. \tag{4.48}$$

In komplexer Schreibweise haben die in der Gleichstromtechnik kennengelernten Grundgesetze Gültigkeit. Damit folgt für den komplexen Ersatzscheinwiderstand

$$\underline{Z} = \underline{Z}_1 + \underline{Z}_2 + \ldots + \underline{Z}_n. \tag{4.49}$$

Nach Gl. (4.10) erfolgt die Addition komplexer Größen in der Normalform, indem man jeweils deren reelle und imaginäre Komponenten getrennt addiert. Danach kann man für die Summe der n Widerstandsoperatoren auch schreiben

$$\boxed{\underline{Z} = \sum_{\nu=1}^{\nu=n} R_\nu + j \sum_{\nu=1}^{\nu=n} X_\nu}. \tag{4.50}$$

Setzt man den in Gl. (4.50) gefundenen Ausdruck in Gl. (4.48) ein, so wird schließlich

$$\underline{U} = \left(\sum_{\nu=1}^{\nu=n} R_\nu + j \sum_{\nu=1}^{\nu=n} X_\nu \right) \underline{I}. \tag{4.51}$$

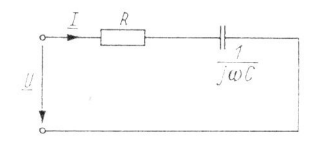

4.3.1.2. Reihenschaltung von ohmschem Widerstand und Kapazität

Für die Widerstandsoperatoren der im Bild 4.16 dargestellten Reihenschaltung gilt nach den Gln. (4.39) und (4.42) $\underline{Z}_1 = R$ und $\underline{Z}_2 = jX_C = 1/j\omega C$.

Damit ergibt sich der komplexe Ersatzscheinwiderstand zu

$$\underline{Z} = \underline{Z}_1 + \underline{Z}_2 = R + jX_C = R + \frac{1}{j\omega C} \tag{4.52}$$

oder

$$\underline{Z} = Z\, e^{j\varphi_z} \tag{4.53}$$

mit

$$Z = \sqrt{R^2 + X_C^2} = \sqrt{R^2 + \left(\frac{1}{\omega C}\right)^2}$$

und

$$\varphi_z = \arctan \frac{X_C}{R} = -\arctan \frac{1}{\omega CR}.$$

Nach dem Ohmschen Gesetz der Wechselstromtechnik erhält man die komplexe Spannung zu

$$\underline{U} = \underline{I}\underline{Z} = \underline{I}Z\, e^{j\varphi_z} = \underline{I}\sqrt{R^2 + \left(\frac{1}{\omega C}\right)^2}\, e^{-j\arctan \frac{1}{\omega CR}}. \tag{4.54}$$

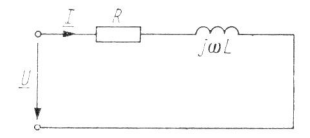

4.3.1.3. Reihenschaltung von ohmschem Widerstand und Induktivität

Bei der Reihenschaltung (Bild 4.17) gilt nach den Gln. (4.39) und (4.45) für die beiden Widerstandsoperatoren

$$\underline{Z}_1 = R \quad \text{und} \quad \underline{Z}_2 = jX_L = +j\omega L.$$

Bild 4.16. Reihenschaltung von ohmschem Widerstand und Kapazität

Bild 4.17. Reihenschaltung von ohmschem Widerstand und Induktivität

Damit ergibt sich der komplexe Ersatzscheinwiderstand zu

$$\underline{Z} = \underline{Z}_1 + \underline{Z}_2 = R + jX_L = R + j\omega L \tag{4.55}$$

oder

$$\underline{Z} = Z\, e^{j\varphi_z}$$

mit

$$Z = \sqrt{R^2 + X_L^2} = \sqrt{R^2 + (\omega L)^2}$$

und

$$\varphi_z = \arctan \frac{X_L}{R} = \arctan \frac{\omega L}{R}.$$

Die komplexe Spannung der Schaltung ist dann

$$\underline{U} = \underline{I}\underline{Z} = \underline{I}\sqrt{R^2 + (\omega L)^2}\, e^{j\arctan \frac{\omega L}{R}}. \tag{4.56}$$

4.3.1.4. Reihenschaltung von ohmschem Widerstand, Kapazität und Induktivität

Für diese dem Reihenschwingkreis entsprechende, im Bild 4.18 dargestellte Schaltung ergibt sich der komplexe Gesamtscheinwiderstand zu

$$\underline{Z} = \underline{Z}_1 + \underline{Z}_2 + \underline{Z}_3 = R + j(X_L + X_C) = R + j\omega L - j\frac{1}{\omega C} \quad (4.57)$$

oder
$$\underline{Z} = Z\, e^{j\varphi_z}$$

mit

$$Z = \sqrt{R^2 + (X_L + X_C)^2} = \sqrt{R^2 + \left(\omega L - \frac{1}{\omega C}\right)^2}$$

und

$$\varphi_z = \arctan\frac{X_L + X_C}{R} = \arctan\frac{\omega L - \dfrac{1}{\omega C}}{R}.$$

Die komplexe Spannung ist somit

$$\underline{U} = \underline{I}\underline{Z} = \underline{I}\sqrt{R^2 + \left(\omega L - \frac{1}{\omega C}\right)^2}\, e^{j\arctan\frac{\omega L - (1/\omega C)}{R}}. \quad (4.58)$$

Die zuletzt betrachteten Kombinationen der Reihenschaltung von Schaltelementen sind in Tafel 4.2 zusammengestellt.

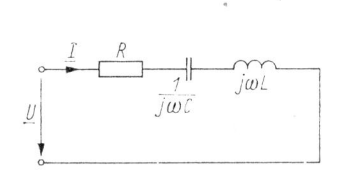

Bild 4.18. Reihenschaltung von ohmschem Widerstand, Kapazität und Induktivität

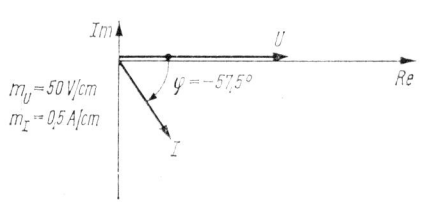

Bild 4.19. Zeigerbild zum Beispiel 4.3

Beispiel 4.3

Eine Spule stellt die Reihenschaltung von $R = 100\,\Omega$ und $L = 0,5\,H$ dar. An ihr liegt eine Spannung von 220 V, 50 Hz. Wie groß sind der komplexe Scheinwiderstand und die Stromstärke?
Der Zusammenhang zwischen Strom und Spannung ist in der komplexen Ebene in einem maßstäblichen Zeigerbild darzustellen!

Lösung

$$\underline{Z} = R + jX_L = (100 + j\,157)\,\Omega$$

oder

$$\underline{Z} = \sqrt{R^2 + X_L^2}\, e^{j\arctan\frac{X_L}{R}},$$
$$\underline{Z} = \sqrt{100^2 + 157^2}\,\Omega\, e^{j\arctan\frac{157}{100}},$$
$$\underline{Z} = 186\,\Omega\, e^{j\,57,5°}.$$

Die Stromstärke ergibt sich aus $\underline{I} = \underline{U}/\underline{Z}$. Da von der Spannung nur der Betrag gegeben ist, legt man sie im Zeigerbild als Bezugsgröße in die reelle Achse. In der nunmehr aufgestellten Berechnungsgleichung erhält sie damit den Winkel Null:

$$\underline{I} = \frac{220\,V\, e^{j\,0°}}{186\,\Omega\, e^{j\,57,5°}} = 1,183\,A\, e^{-j\,57,5°}.$$

Aus dem im Bild 4.19 dargestellten maßstäblichen Zeigerbild ist zu erkennen, daß der Strom gegenüber der Spannung um den vom Widerstandsoperator bestimmten Winkel von 57,5° nacheilt.

4.3. Komplexe Berechnung von Wechselstromkreisen

Tafel 4.2. Reihenschaltung von Schaltelementen

Belastungsart	Widerstandsoperator Gleichung	komplexe Ebene	Berechnungsgleichung	U/I-Darstellung in der komplexen Ebene
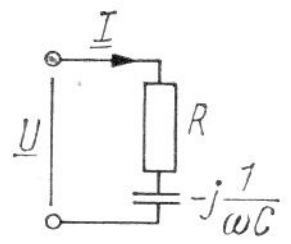 R, $-j\frac{1}{\omega C}$ in Reihe	$R - j\frac{1}{\omega C}$	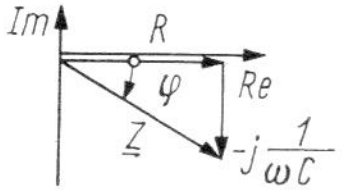	$\underline{U} = I\underline{Z}$ $\underline{U} = I\sqrt{R^2 + X_C^2} \cdot e^{j\arctan\frac{X_C}{R}}$	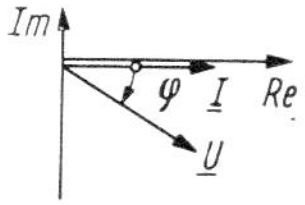
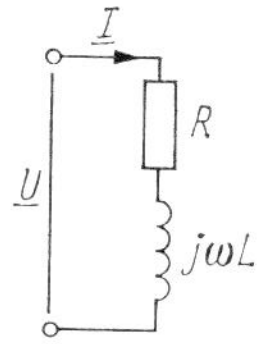 R, $j\omega L$ in Reihe	$R + j\omega L$	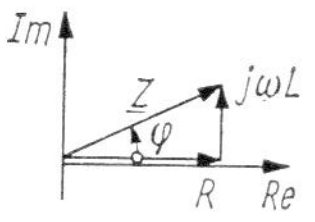	$\underline{U} = I\sqrt{R^2 + X_L^2} \cdot e^{j\arctan\frac{X_L}{R}}$	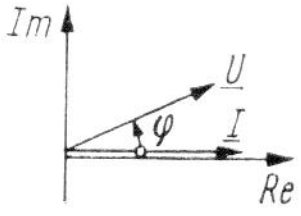
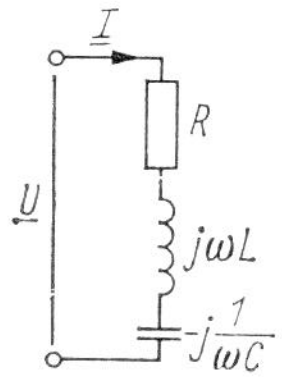 R, $j\omega L$, $-j\frac{1}{\omega C}$ in Reihe	$R + j\left(\omega L - \frac{1}{\omega C}\right)$	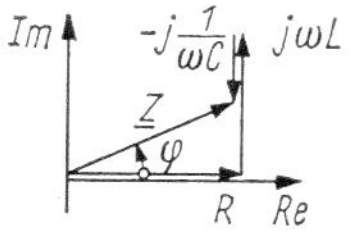	$\underline{U} = I\sqrt{R^2 + (X_L + X_C)^2}$ $\cdot e^{j\arctan\frac{X_L + X_C}{R}}$	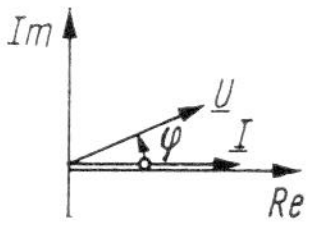
R, $j\omega L$, $-j\frac{1}{\omega C}$ in Reihe	$R + j\left(\omega L - \frac{1}{\omega C}\right)$	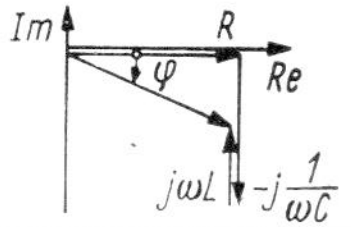	$\underline{U} = I\sqrt{R^2 + (X_C + X_L)^2}$ $\cdot e^{j\arctan\frac{X_C + X_L}{R}}$	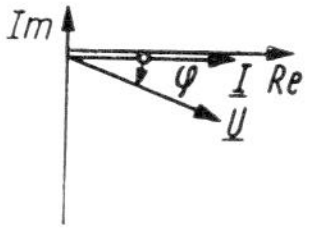

6 Grafe, Band 2

4.3.2. Parallelschaltung von Schaltelementen

4.3.2.1. Allgemeiner Fall

Für die im Bild 4.20 dargestellte Parallelschaltung von Widerstandsoperatoren soll zuerst eine allgemeine Beziehung aufgestellt werden.

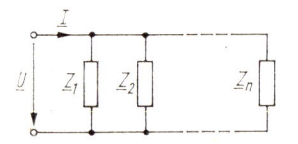

Bild 4.20
Parallelschaltung von Widerstandsoperatoren

Das Ohmsche Gesetz der Wechselstromtechnik schreibt man jetzt zweckmäßig in der Form

$$\underline{I} = \underline{Y}\underline{U}. \tag{4.59}$$

Der komplexe Ersatzscheinleitwert ergibt sich aus der Summe der Leitwerte der parallelen Zweige, und es gilt

$$\underline{Y} = \underline{Y}_1 + \underline{Y}_2 + \ldots + \underline{Y}_n. \tag{4.60}$$

Dafür kann man auch schreiben

$$\boxed{\underline{Y} = \sum_{\nu=1}^{\nu=n} G_\nu + j \sum_{\nu=1}^{\nu=n} B_\nu}. \tag{4.61}$$

Setzt man den mit Gl. (4.61) gefundenen Ausdruck in Gl. (4.59) ein, so wird

$$\underline{I} = \left(\sum_{\nu=1}^{\nu=n} G_\nu + j \sum_{\nu=1}^{\nu=n} B_\nu \right) \underline{U}. \tag{4.62}$$

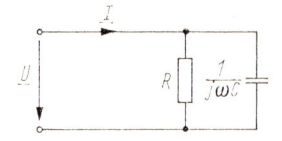

4.3.2.2. Parallelschaltung von ohmschem Widerstand und Kapazität

Im Bild 4.21 sind die Leitwertoperatoren für die einzelnen Zweige

$$Y_1 = \frac{1}{R} \quad \text{und} \quad \underline{Y}_2 = j\omega C.$$

Die komplexe Ersatzscheinleitwert ist dann

$$\underline{Y} = \underline{Y}_1 + \underline{Y}_2 = G + jB_C = \frac{1}{R} + j\omega C \tag{4.63}$$

oder

$$\underline{Y} = Y e^{j\varrho_y} \tag{4.64}$$

Bild 4.21. Parallelschaltung von ohmschem Widerstand und Kapazität

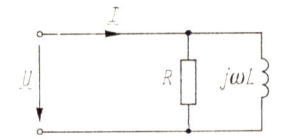

Bild 4.22. Parallelschaltung von ohmschem Widerstand und Induktivität

mit
$$Y = \sqrt{\left(\frac{1}{R}\right)^2 + (\omega C)^2} = \sqrt{G^2 + B_C^2}$$

und
$$\varphi_y = \arctan \omega CR = \arctan \frac{B_C}{G}.$$

Das Ohmsche Gesetz der Wechselstromtechnik lautet jetzt

$$\underline{I} = \underline{U}\underline{Y} = \underline{U}Y e^{j\varphi_y} = \underline{U}\sqrt{\left(\frac{1}{R}\right)^2 + (\omega C)^2}\, e^{j\arctan \omega CR}. \tag{4.65}$$

4.3.2.3. Parallelschaltung von ohmschem Widerstand und Induktivität

Als weitere mögliche Kombination wird die im Bild 4.22 dargestellte Parallelschaltung betrachtet. Mit den Leitwertoperatoren der beiden Zweige

$$\underline{Y}_1 = \frac{1}{R} \quad \text{und} \quad \underline{Y}_2 = -j\frac{1}{\omega L}$$

erhält man für den komplexen Ersatzscheinleitwert

$$\underline{Y} = \underline{Y}_1 + \underline{Y}_2 = G + jB_L = \frac{1}{R} - j\frac{1}{\omega L} \tag{4.66}$$

oder
$$\underline{Y} = Y e^{j\varphi_y}$$

mit
$$Y = \sqrt{G^2 + B_L^2} = \sqrt{\left(\frac{1}{R}\right)^2 + \left(\frac{1}{\omega L}\right)^2}$$

und
$$\varphi_y = \arctan \frac{B_L}{G} = -\arctan \frac{R}{\omega L}.$$

Für das Ohmsche Gesetz der Wechselstromtechnik ergibt sich damit

$$\underline{I} = \underline{U}\underline{Y} = \underline{U}Y e^{j\varphi_y} = \underline{U}\sqrt{\left(\frac{1}{R}\right)^2 + \left(\frac{1}{\omega L}\right)^2}\, e^{-j\arctan \frac{R}{\omega L}}. \tag{4.67}$$

4.3.2.4. Parallelschaltung von ohmschem Widerstand, Kapazität und Induktivität

Für die im Bild 4.23 dargestellte und einem Parallelschwingkreis entsprechende Schaltung ist die Summe der Leitwertoperatoren

$$\underline{Y} = \underline{Y}_1 + \underline{Y}_2 + \underline{Y}_3 = G + j(B_C + B_L) = \frac{1}{R} + j\left(\omega C - \frac{1}{\omega L}\right) \tag{4.68}$$

oder
$$\underline{Y} = Y e^{j\varphi_y}$$

mit
$$Y = \sqrt{G^2 + (B_C + B_L)^2} = \sqrt{\left(\frac{1}{R}\right)^2 + \left(\omega C - \frac{1}{\omega L}\right)^2}$$

und

$$\varphi_y = \arctan \frac{B_C + B_L}{G} = \arctan \frac{\omega C - \dfrac{1}{\omega L}}{\dfrac{1}{R}}.$$

Schließlich erhält man das Ohmsche Gesetz der Wechselstromtechnik in der Form

$$\underline{I} = \underline{U}\underline{Y} = \underline{U}Y e^{j\varphi_y} = \underline{U}\sqrt{\left(\frac{1}{R}\right)^2 + \left(\omega C - \frac{1}{\omega L}\right)^2}\, e^{j\arctan \frac{\omega C - (1/\omega L)}{1/R}}. \quad (4.69)$$

Die in den letzten drei Abschnitten betrachteten Kombinationen der Parallelschaltung von Schaltelementen wurden zusammenfassend in Tafel 4.3 dargestellt.

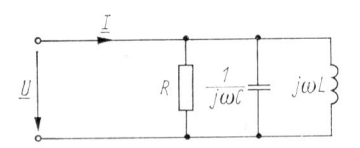

Bild 4.23. Parallelschaltung von ohmschem Widerstand, Kapazität und Induktivität

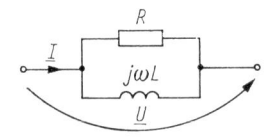

Bild 4.24. Schaltung zum Beispiel 4.4

Beispiel 4.4

An eine Parallelschaltung von $R = 115\,\Omega$ und $L = 0{,}636$ H wird eine Spannung von 100 V, 50 Hz angelegt (Bild 4.24). Wie groß sind der komplexe Scheinwiderstand der Anordnung und die Stärke des Gesamtstromes?

Lösung 1

Mit Hilfe der Leitwertoperatoren wird

$$\underline{Y} = \underline{Y}_1 + \underline{Y}_2 = \frac{1}{R} - j\frac{1}{\omega L},$$

$$\underline{Y} = (0{,}0087 - j\,0{,}005)\,\text{S} = 0{,}01\,\text{S}\, e^{-j30°},$$

und durch Kehrwertbildung erhält man

$$\underline{Z} = \frac{1}{\underline{Y}} = \frac{1}{0{,}01\,\text{S}\, e^{-j30°}} = 100\,\Omega\, e^{j30°}.$$

Somit ist

$$\underline{I} = \underline{U}\underline{Y} = 100\,\text{V}\, e^{j0°} \cdot 0{,}01\,\text{S}\, e^{-j30°} = 1\,\text{A}\, e^{-j30°}.$$

Die Spannung ist Bezugsgröße, sie erhält den Winkel Null. Der Strom eilt der Spannung um 30° nach.

Lösung 2

Mit Hilfe der Widerstandsoperatoren rechnet man

$$\underline{Z} = \frac{\underline{Z}_1 \underline{Z}_2}{\underline{Z}_1 + \underline{Z}_2} = \frac{R\,j\omega L}{R + j\omega L},$$

$$\underline{Z} = \frac{(115 \cdot j\,200)\,\Omega^2}{(115 + j\,200)\,\Omega} = (86{,}4 + j\,50)\,\Omega = 100\,\Omega\, e^{j30°}$$

und

$$\underline{I} = \frac{\underline{U}}{\underline{Z}} = \frac{100\,\text{V}}{100\,\Omega\, e^{j30°}} = 1\,\text{A}\, e^{-j30°}.$$

4.3. Komplexe Berechnung von Wechselstromkreisen   85

Tafel 4.3. *Parallelschaltung von Schaltelementen*

Belastungsart	Leitwertoperator Gleichung	komplexe Ebene	Berechnungsgleichung	$\underline{U}/\underline{I}$-Darstellung in der komplexen Ebene
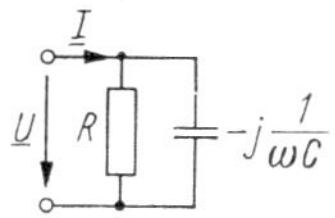 R ∥ C	$\dfrac{1}{R} + j\omega C$	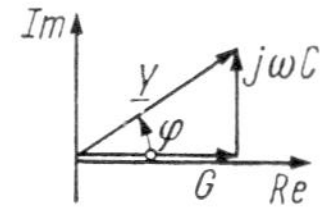	$\underline{I} = \underline{U}\,\underline{Y}$ $\underline{I} = \underline{U}\sqrt{G^2 + B_C^2}\cdot e^{\,j\arctan\frac{B_C}{G}}$	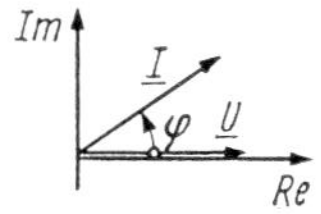
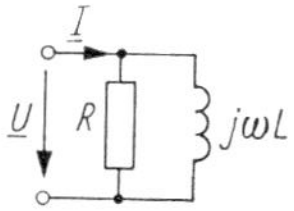 R ∥ L	$\dfrac{1}{R} - j\dfrac{1}{\omega L}$	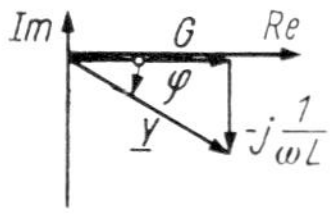	$\underline{I} = \underline{U}\sqrt{G^2 + B_L^2}\cdot e^{\,j\arctan\frac{B_L}{G}}$	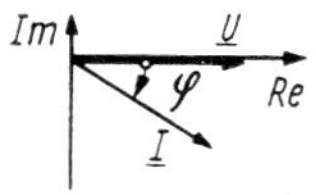
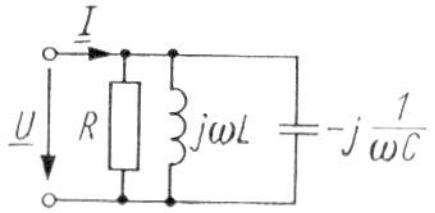 R ∥ L ∥ C	$\dfrac{1}{R} + j\left(\omega C - \dfrac{1}{\omega L}\right)$	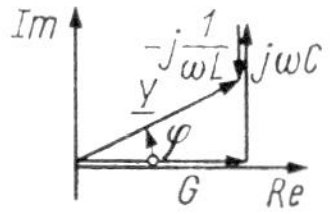	$\underline{I} = \underline{U}\sqrt{G^2 + (B_C + B_L)^2}$ $\cdot e^{\,j\arctan\frac{B_C + B_L}{G}}$	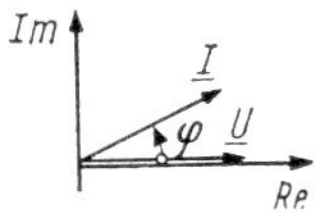
R ∥ L ∥ C	$\dfrac{1}{R} + j\left(\omega C - \dfrac{1}{\omega L}\right)$	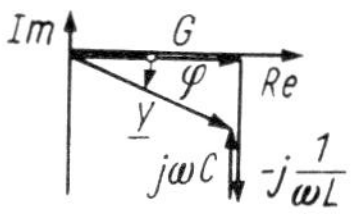	$\underline{I} = \underline{U}\sqrt{G^2 + (B_L + B_C)^2}$ $\cdot e^{\,j\arctan\frac{B_L + B_C}{G}}$	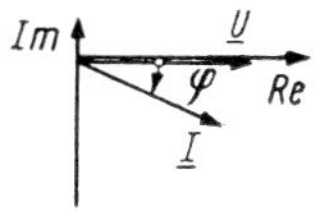

Beispiel 4.5

An einem Parallelschwingkreis mit R, C und einer Induktivität $L = 12$ mH liegt eine Spannung von 300 mV, 400 Hz. Wie groß sind R und C, wenn der Gesamtstrom 10 mA beträgt und die Spannung ihm um 41,4° vorauseilt?

Lösung

$$\underline{Y} = \frac{\underline{I}}{\underline{U}} = \frac{10\text{ mA }e^{j0°}}{0{,}3\text{ V }e^{j41{,}4°}} = 33{,}33\text{ mS }e^{-j41{,}4°} = (25 - j\,22{,}05)\text{ mS}.$$

Somit ist $G = 25$ mS und $R = 1/G = 40\ \Omega$.

$$B_C + B_L = -22{,}05\text{ mS}, \quad B_L = -\frac{1}{\omega L} = -33{,}33\text{ mS},$$

$$B_C = (33{,}33 - 22{,}05)\text{ mS} = 11{,}28\text{ mS}, \quad C = \frac{B_C}{\omega} = 4{,}5\ \mu\text{F}.$$

4.3.3. Gemischte Schaltungen

4.3.3.1. Komplexer Spannungsteiler

In komplexer Schreibweise gelten für den Spannungsteiler die in der Gleichstromtechnik kennengelernten Gesetzmäßigkeiten. Demnach verhalten sich die Spannungen über zwei vom gleichen Strom durchflossenen Widerständen wie die zugehörigen Widerstandswerte. Vom Bild 4.25 ausgehend, gilt somit

$$\boxed{\frac{\underline{U}_1}{\underline{U}_2} = \frac{\underline{Z}_1}{\underline{Z}_2}} \qquad (4.70)$$

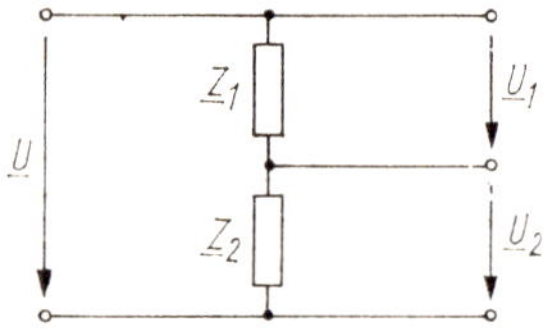

*Bild 4.25
Komplexer Spannungsteiler*

oder, auf die Gesamtspannung bezogen,

$$\boxed{\frac{\underline{U}_1}{\underline{U}} = \frac{\underline{Z}_1}{\underline{Z}_1 + \underline{Z}_2} = \frac{\underline{Z}_1}{\underline{Z}}}. \qquad (4.71)$$

Beispiel 4.6

Gegeben ist die Reihenschaltung einer Spule mit einem Kondensator. Die Spule ist als Reihenschaltung von R und X_L anzusehen und besitzt den Wirkwiderstand $R_L = 0{,}5\ \Omega$ und eine Induktivität $L = 1{,}5\ \mu$H. Der Kondensator ist praktisch verlustfrei und wirkt wie eine ideale Kapazität von $C = 4{,}43\ \mu$F. An der Spule wird ein Spannungsbetrag von 2 mV gemessen. Die Frequenz beträgt 100 kHz. Wie groß ist der Betrag der Gesamtspannung?

Lösung

Man setzt an $\underline{U}/\underline{U}_{Sp} = \underline{Z}/\underline{Z}_{Sp}$, wobei $\underline{Z}$ der Ersatzwiderstand der Reihenschaltung ist. Somit ist

$$\underline{U} = \underline{U}_{Sp}\frac{\underline{Z}}{\underline{Z}_{Sp}}.$$

Vorerst erhält man in einer Nebenrechnung für die komplexen Widerstände

$$\underline{Z}_{Sp} = (R_L + j\omega L) = (0{,}5 + j\,0{,}94)\,\Omega = 1{,}063\,\Omega\,\mathrm{e}^{j62°},$$

$$\underline{Z}_C = -j\frac{1}{\omega C} = -j\,0{,}36\,\Omega,$$

$$\underline{Z} = \underline{Z}_{Sp} + \underline{Z}_C = (0{,}5 + j\,0{,}58)\,\Omega = 0{,}765\,\Omega\,\mathrm{e}^{j49{,}25°}.$$

Setzt man diese Werte in obige Beziehung ein, so erhält man für die Gesamtspannung

$$\underline{U} = 2\,\mathrm{mV}\,\frac{0{,}765\,\Omega\,\mathrm{e}^{j49{,}25°}}{1{,}063\,\Omega\,\mathrm{e}^{j62°}} = 1{,}436\,\mathrm{mV}\,\mathrm{e}^{-j12{,}75°}.$$

Der gesuchte Spannungsbetrag ist 1,436 mV. Um den Winkel 12,75° eilt $\underline{U}$ gegenüber der als Bezugsgröße eingeführten Spannung $\underline{U}_{Sp}$ nach.

4.3.3.2. Komplexer Stromteiler

In komplexer Schreibweise gelten für den Stromteiler ebenfalls die in der Gleichstromtechnik kennengelernten Gesetzmäßigkeiten. Demnach verhalten sich die Ströme durch zwei parallelgeschaltete Widerstände, über denen also die gleiche Spannung liegt, proportional zu den Leitwerten und umgekehrt proportional zu den Widerständen.

Bild 4.26
Komplexer Stromteiler

Entsprechend der aus Bild 4.26 hervorgehenden Anordnung kann man somit schreiben

$$\boxed{\frac{\underline{I}_1}{\underline{I}_2} = \frac{\underline{Y}_1}{\underline{Y}_2} = \frac{\underline{Z}_2}{\underline{Z}_1}}.\tag{4.72}$$

oder, in Verbindung mit dem Gesamtstrom,

$$\boxed{\frac{\underline{I}_1}{\underline{I}} = \frac{\underline{Y}_1}{\underline{Y}_1 + \underline{Y}_2} = \frac{\underline{Z}_1 \| \underline{Z}_2}{\underline{Z}_1} = \frac{\underline{Z}_2}{\underline{Z}_1 + \underline{Z}_2}}.\tag{4.73}$$

Daraus kann man ablesen, daß sich der Zweigstrom zum Gesamtstrom wie der von diesem Zweigstrom nicht durchflossene Widerstand zur Summe der Zweigwiderstände verhält.

Beispiel 4.7

Mit der in der Meßtechnik angewandten *Hummelschaltung* wird erreicht, daß ein durch eine Spule fließender Strom gegenüber einer gegebenen Spannung um genau 90° nacheilt. Wie aus Bild 4.27 hervorgeht, erreicht man das dadurch, daß zu einer Spule (R_1, L_1) eine weitere Spule (R_3, L_3) und ein Widerstand R_2 zugeschaltet werden. Es ist R_2 als Funktion der gegebenen Größen ω, L_1, L_3, R_1, R_3 für den Fall zu berechnen, daß der Strom $\underline{I}_3$ gegenüber der Spannung $\underline{U}$ um 90° nacheilt. Abschließend ist das dazugehörige Zeigerbild aufzustellen!

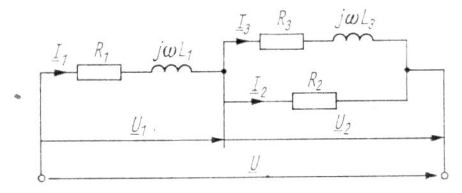

Bild 4.27
Schaltung zum Beispiel 4.7

88   4. Symbolische Berechnung von Wechselstromkreisen

Lösung

Über die Stromteilerregel stellt man eine Beziehung zwischen $\underline{U}$ und $\underline{I}_3$ her. Es wird

$$\frac{\underline{U}}{\underline{I}_3} = \frac{\underline{U}\underline{I}_1}{\underline{I}_1\underline{I}_3} = \underline{Z}\frac{\underline{I}_1}{\underline{I}_3} = \underline{Z}\frac{R_2 + R_3 + j\omega L_3}{R_2}.$$

Mit

$$\underline{Z} = R_1 + j\omega L_1 + \frac{R_2(R_3 + j\omega L_3)}{R_2 + R_3 + j\omega L_3}$$

erhält man

$$\frac{\underline{U}}{\underline{I}_3} = \left[R_1 + j\omega L_1 + \frac{R_2(R_3 + j\omega L_3)}{R_2 + R_3 + j\omega L_3}\right]\frac{R_2 + R_3 + j\omega L_3}{R_2}.$$

Man erkennt, daß sich der Ausdruck $R_2 + R_3 + j\omega L_3$ herauskürzen läßt, wenn man vorher $R_1 + j\omega L_1$ mit diesem multipliziert. Danach kann man schreiben

$$\frac{\underline{U}}{\underline{I}_3} = \frac{1}{R_2}[R_1 R_2 + R_1 R_3 + R_2 R_3 - \omega^2 L_1 L_3 + j\omega(L_1 R_2 + L_1 R_3 + L_3 R_1 + L_3 R_2)].$$

Um nun eine Drehung um 90° zu erreichen, muß der Realteil gleich Null gesetzt werden. Es wird also

$$R_2(R_1 + R_3) + R_1 R_3 - \omega^2 L_1 L_3 = 0$$

und daraus

$$R_2 = \frac{\omega^2 L_1 L_3 - R_1 R_3}{R_1 + R_3}.$$

Das dazugehörige Zeigerbild ist im Bild 4.28 dargestellt.

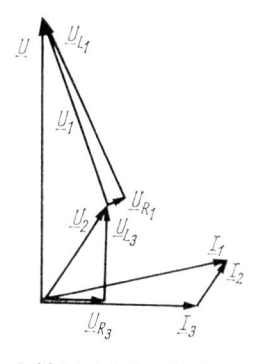

Bild 4.28. Zeigerbild zum Beispiel 4.7 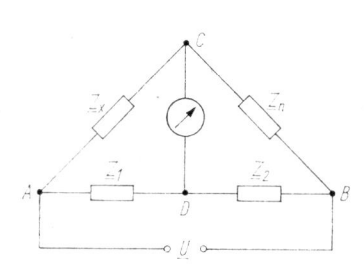   *Bild 4.29. Allgemeine Wechselstrombrücke*

4.3.3.3. Allgemeine Wechselstrombrücke

Die Wechselstrombrückenschaltungen spielen vor allem in der Meßtechnik eine sehr wichtige Rolle. Zur Ermittlung der bei Brückengleichgewicht gültigen Bedingungen geht man von den bei der Betrachtung der bekannten Wheatstoneschen Brücke gewonnenen Erkenntnissen aus.

Auf die im Bild 4.29 dargestellte allgemeine Wechselstrombrücke übertragen, bedeutet das, daß der Brückenzweig stromlos oder $\underline{U}_{CD} = 0$ ist, wenn

$$\underline{U}_{AC} = \underline{U}_{AD}$$

ist.

Dafür kann man auch schreiben

$$U_{AC}\, e^{j\varphi_{u\,AC}} = U_{AD}\, e^{j\varphi_{u\,AD}}.$$

Für die Wechselstrombrücke ergeben sich also zwei Abgleichbedingungen:

und
1. $U_{AC} = U_{AD}$

2. $\varphi_{uAC} = \varphi_{uAD}$.

Es müssen also sowohl die Beträge der Spannungen als auch deren Phasenwinkel übereinstimmen.

Über die Spannungsteilerregel erhält man die Abgleichbedingungen für die Widerstände. Es gilt

$$\frac{U_{AC}}{U} = \frac{U_{AD}}{U}$$

und dementsprechend

$$\frac{Z_x}{Z_x + Z_n} = \frac{Z_1}{Z_1 + Z_2}.$$

Nach Multiplikation mit dem Hauptnenner erhält man

$$Z_x Z_2 = Z_1 Z_n$$

und daraus schließlich

$$\boxed{\frac{Z_x}{Z_n} = \frac{Z_1}{Z_2}}. \tag{4.74}$$

Dafür kann man auch schreiben

$$\frac{Z_x\, e^{j\varphi_{zx}}}{Z_n\, e^{j\varphi_{zn}}} = \frac{Z_1\, e^{j\varphi_{z1}}}{Z_2\, e^{j\varphi_{z2}}}$$

und erhält daraus die Abgleichbedingungen

1. $\dfrac{Z_x}{Z_n} = \dfrac{Z_1}{Z_2}$

und
2. $\varphi_{zx} - \varphi_{zn} = \varphi_{z1} - \varphi_{z2}$.

Wie schon eingangs festgestellt, müssen also bei Brückengleichgewicht die Beträge und die Winkel abgeglichen werden. Setzt man in Gl.(4.74) für die komplexen Widerstände die Normalform ein, so wird

$$\frac{R_x + jX_x}{R_n + jX_n} = \frac{R_1 + jX_1}{R_2 + jX_2}.$$

Mit dem Hauptnenner multipliziert, erhält man

$$R_x R_2 + j(R_x X_2 + R_2 X_x) - X_x X_2 = R_1 R_n + j(R_1 X_n + X_1 R_n) - X_1 X_n.$$

Darin müssen Real- und Imaginärteil gleich sein. Es wird also

$$R_x R_2 - X_x X_2 = R_1 R_n - X_1 X_n$$

und

$$R_x X_2 + R_2 X_x = R_1 X_n + X_1 R_n.$$

Ist nun praktisch

$$\underline{Z}_1 = R_1 \quad \text{und} \quad \underline{Z}_2 = R_2$$

und damit

$$X_1 = X_2 = 0,$$

dann vereinfachen sich die Abgleichbedingungen, und es gilt

$$R_x R_2 = R_1 R_n$$

und

$$R_2 X_x = R_1 X_n.$$

Schließlich kann man dafür auch schreiben

$$\frac{R_x}{R_n} = \frac{R_1}{R_2} \quad \text{und} \quad \frac{X_x}{X_n} = \frac{R_1}{R_2}.$$

Die Brücke ist dann abgeglichen, wenn der Real- und der Imaginärteil jeweils für sich gleich sind.

Beispiel 4.8

Es ist die Beziehung für die Ausgangsspannung $\underline{U}_2$ der im Bild 4.30 dargestellten *Phasendrehbrücke* nach *Hausrath* anzugeben!

Lösung

Mit dieser Brücke kann die Phasenlage der Ausgangsspannung $\underline{U}_2$ gegenüber der Eingangsspannung $\underline{U}_1$ gestellt werden. Wie aus dem im Bild 4.31 dargestellten Zeigerbild hervorgeht, gilt hierbei

$$\underline{U}_1 = \underline{U}_{R1} + \underline{U}_C.$$

Wenn der Strom $\underline{I}_{CD} = 0$ ist, wandert der Punkt C auf einem Thaleskreis, da die Spannungen $\underline{U}_{R1}$ und $\underline{U}_C$ senkrecht aufeinander stehen.

Außerdem ist $\underline{U}_{AD} = \underline{U}_{DB} = \underline{U}_1/2$ infolge der gleichgroßen Widerstände R.

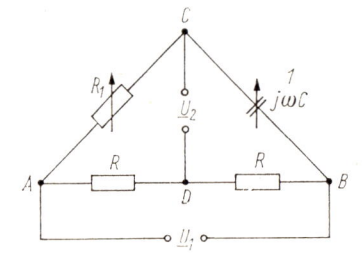

Bild 4.30. Phasendrehbrücke

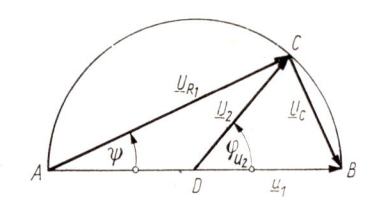

Bild 4.31. Zeigerbild zur Phasendrehbrücke

Zwischen den Potentialpunkten C und D ergibt sich die Spannung $\underline{U}_2$, deren Phasenwinkel φ_{u_2} gegenüber $\underline{U}_1$ durch Änderung von R_1 oder C eingestellt werden kann, deren Betrag jedoch unabhängig davon immer

$$U_2 = \frac{U_1}{2}$$

ist.

Um eine Beziehung für den Phasenwinkel zu ermitteln, macht man den Ansatz

$$\tan \psi = \frac{U_C}{U_{R1}} = \frac{1}{\omega C R_1}.$$

Da im Kreis über gleichem Bogen der Peripheriewinkel gleich dem halben Zentriwinkel ist, gilt auch

$$\psi = \frac{\varphi_{u_2}}{2}$$

und damit
$$\varphi_{u_2} = 2\arctan\frac{1}{\omega CR_1}.$$

So ändert sich beispielsweise durch Änderung von R_1 der Phasenwinkel von $\underline{U}_2$ gegenüber $\underline{U}_1$.

Für $R_1 = 0$ ergibt sich nach obiger Phasenbeziehung und in Übereinstimmung mit Bild 4.31 Gegenphasigkeit und für $R_1 \to \infty$ Gleichphasigkeit. Ist $R_1 = 1/\omega C$, so wird $\varphi_{u_2} = 90°$.

Zusammengefaßt ergibt sich schließlich für die Ausgangsspannung die Beziehung

$$\underline{U}_2 = \frac{U_1}{2}\,\mathrm{e}^{j\,2\arctan\frac{1}{\omega CR_1}}. \tag{4.75}$$

Allerdings gilt diese Beziehung nur dann genau, wenn ausgangsseitig Leerlauf angenommen wird. Die Phasendrehbrücke findet u. a. zur Einstellung des Zündwinkels von steuerbaren Ventilen in Stromrichterschaltungen Anwendung.

4.3.4. Netzwerkberechnung

Im folgenden Teilabschnitt wird davon ausgegangen, daß – wie im Abschn. 4.2.3. gezeigt – jedem Schaltelement ein Widerstands- bzw. Leitwertoperator zugeordnet werden kann. Damit kann man bei vorgegebener Spannung den Strom oder umgekehrt bei gegebenem Strom die auftretende Spannung in dem betreffenden Netzwerk berechnen. Dabei ergibt sich praktisch der große Vorteil, daß sofort im Bildbereich gearbeitet werden kann, ohne zuvor eine Gleichung im Originalbereich aufstellen und diese transformieren zu müssen. Es erweist sich zudem als vorteilhaft, mit den komplexen Effektivwerten zu arbeiten, die gegebenenfalls durch Erweiterung mit $\sqrt{2}\,\mathrm{e}^{j\omega t}$ in den komplexen umlaufenden Amplitudenzeiger überführt werden können.

Wie die in den Abschn. 4.3.2. und 4.3.3. geübte Verfahrensweise zeigt, kann man bei der Berechnung von Wechselstromkreisen im Bildbereich die gleichen Berechnungsmethoden anwenden wie bei Gleichstromkreisen im Originalbereich. Damit ist es möglich, *alle Netzwerkberechnungsverfahren*, wie sie im Band 1 dieses Lehrbuchs angegeben sind, *auf die Wechselstromkreise zu übertragen*. Der Unterschied besteht nur in der Anwendung von Widerstands- bzw. Leitwertoperatoren statt der dort angewandten Schaltelemente.

In den nachfolgenden Abschnitten werden an ausgewählten Beispielen derartige Netzwerkberechnungen durchgeführt.

4.3.4.1. Umwandlung einer Parallelschaltung in eine gleichwertige Reihenschaltung und umgekehrt

Die Forderung, eine Parallelschaltung in eine gleichwertige Reihenschaltung umzuwandeln, heißt, daß sich beide Schaltungen an den Klemmen elektrisch gleichwertig verhalten, oder mit anderen Worten: Der von außen zufließende Strom soll bei gleicher anliegender Spannung nach Betrag und Phasenwinkel unverändert bleiben. Die Notwendigkeit einer solchen Umwandlung kann beispielsweise gegeben sein, wenn vorhandene Schaltelemente eingesetzt werden sollen oder eine Vereinfachung im Rahmen der Netzberechnung angestrebt wird.

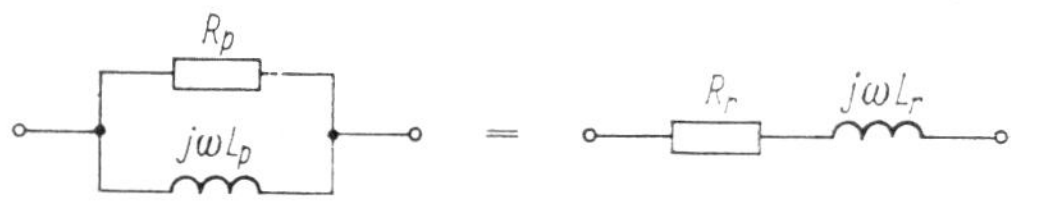

Bild 4.32
Umwandlung einer Parallelschaltung in eine gleichwertige Reihenschaltung

92   4. Symbolische Berechnung von Wechselstromkreisen

Zu diesem Zweck setzt man die Gleichungen für die komplexen Widerstände der beiden aus Bild 4.32 zu ersehenden Schaltungen gleich und berechnet die Wirk- und Blindkomponente der Ersatzschaltung.

Man setzt also an

$$Z = R_r + jX_r = \frac{1}{G_p + jB_p}$$

oder, nach konjugiert komplexer Erweiterung,

$$R_r + jX_r = \frac{G_p - jB_p}{G_p^2 + B_p^2} = \frac{G_p}{G_p^2 + B_p^2} - j\frac{B_p}{G_p^2 + B_p^2}$$

und daraus

$$R_r = \frac{G_p}{Y_p^2} \quad \text{bzw.} \quad X_r = -\frac{B_p}{Y_p^2}. \tag{4.76}$$

Für die Umwandlung im entgegengesetzten Sinn, also einer Reihenschaltung in eine gleichwertige Parallelschaltung, wird

$$Y = G_p + jB_p = \frac{1}{R_r + jX_r}$$

oder

$$G_p + jB_p = \frac{R_r - jX_r}{R_r^2 + X_r^2}$$

und daraus

$$G_p = \frac{R_r}{Z_r^2} \quad \text{bzw.} \quad B_p = -\frac{X_r}{Z_r^2}. \tag{4.77}$$

Bei der Umwandlung ändern sich gewöhnlich alle Werte. Ist jedoch der ohmsche Widerstand einer Spule vernachlässigbar klein, also $R_r \ll X_r$, so gilt angenähert

$$X_p \approx X_r \quad \text{oder} \quad L_p \approx L_r \quad \text{und} \quad R_p \approx \frac{X_r^2}{R_r}.$$

Beispiel 4.9

Für die im Bild 4.33 dargestellte Schaltung ist der komplexe Ersatzwiderstand zu berechnen. Die Ersatzreihenschaltung ist dann in eine gleichwertige Ersatzparallelschaltung umzurechnen!

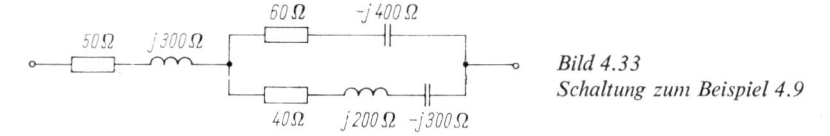

Bild 4.33
Schaltung zum Beispiel 4.9

Lösung

Für den komplexen Ersatzscheinwiderstand gilt

$$Z = Z_1 + \frac{Z_2 Z_3}{Z_2 + Z_3}.$$

Hierbei gilt für die einzelnen Zweigwiderstände

$$Z_1 = (50 + j\,300)\,\Omega,$$
$$Z_2 = (60 - j\,400)\,\Omega = 20\,(3 - j\,20)\,\Omega,$$
$$Z_3 = (40 - j\,100)\,\Omega = 20\,(2 - j\,5)\,\Omega.$$

In obige Beziehung eingesetzt, wird

$$Z_r = (50 + j\,300)\,\Omega + \frac{20\,(3 - j\,20)\,\Omega \cdot 20\,(2 - j\,5)\,\Omega}{20\,(3 - j\,20)\,\Omega + 20\,(2 - j\,5)\,\Omega}$$

$$= (50 + j\,300)\,\Omega + (28 - j\,81)\,\Omega$$

$$= (78 + j\,219)\,\Omega.$$

Daraus kann man die Werte für die Ersatzreihenschaltung sofort ablesen. Es ist

$R_r = 78\,\Omega$ und $X_r = 219\,\Omega$ (ind.).

Nach Gl. (4.77) lassen sich die Werte für die gleichwertige Ersatzparallelschaltung berechnen. Es wird

$$R_p = \frac{Z_r^2}{R_r} = \frac{(78^2 + 219^2)\,\Omega^2}{78\,\Omega} = 693\,\Omega,$$

$$X_p = \frac{Z_r^2}{X_r} = \frac{(78^2 + 219^2)\,\Omega^2}{219\,\Omega} = 247\,\Omega.$$

4.3.4.2. Umwandlung einer Dreieckschaltung komplexer Widerstände in eine gleichwertige Sternschaltung und umgekehrt

Zur Vereinfachung stark vermaschter Netzwerke muß man häufig die Dreieck- in die Sternschaltung umwandeln (Bild 4.34). Auch hier gilt wie bereits bei der früher durchgeführten Umwandlung mit rein ohmschen Widerständen die Bedingung, daß die Stromverteilung in den angrenzenden Netzteilen unverändert bleiben muß (s. Band 1, Abschnitt 2.4.4.).

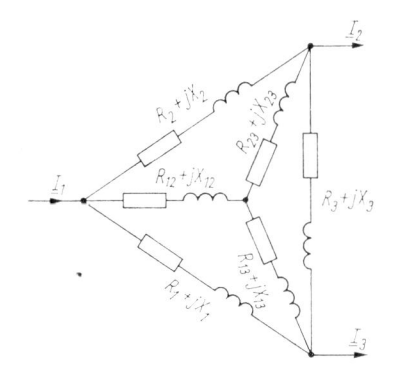

*Bild 4.34
Umwandlung einer Dreieck- in eine Sternschaltung*

Im Ergebnis der angestellten Betrachtungen ergab sich die Gesetzmäßigkeit, daß sich der jeweilige Sternwiderstand aus dem Produkt der beiden anliegenden Dreieckwiderstände, dividiert durch die Summe der Dreieckwiderstände, errechnen ließ. An dieser Feststellung ändert sich auch dann nichts, wenn komplexe Widerstände vorliegen. Man erhält mit den Werten der gegebenen Dreieckschaltung die Werte der äquivalenten Sternschaltung wie folgt:

$$R_{12} + jX_{12} = \frac{(R_1 + jX_1)(R_2 + jX_2)}{(R_1 + jX_1) + (R_2 + jX_2) + (R_3 + jX_3)},$$

$$R_{13} + jX_{13} = \frac{(R_1 + jX_1)(R_3 + jX_3)}{(R_1 + jX_1) + (R_2 + jX_2) + (R_3 + jX_3)}, \quad (4.78)$$

$$R_{23} + jX_{23} = \frac{(R_2 + jX_2)(R_3 + jX_3)}{(R_1 + jX_1) + (R_2 + jX_2) + (R_3 + jX_3)}.$$

94   *4. Symbolische Berechnung von Wechselstromkreisen*

Will man Real- und Imaginärteil eines Stromzweiges getrennt ermitteln, so muß man davon ausgehen, daß bei Gleichheit zweier komplexer Zahlen Real- und Imaginärteil je für sich gleich sein müssen. So findet man beispielsweise die einzelnen Schaltelemente wie folgt:

$$R_{12} + jX_{12} = \frac{(R_1R_2 - X_1X_2) + j(R_1X_2 + R_2X_1)}{(R_1 + R_2 + R_3) + j(X_1 + X_2 + X_3)}$$

und über die konjugiert komplexe Erweiterung

$$R_{12} = \frac{(R_1R_2 - X_1X_2)(R_1 + R_2 + R_3) + (R_1X_2 + R_2X_1)(X_1 + X_2 + X_3)}{(R_1 + R_2 + R_3)^2 + (X_1 + X_2 + X_3)^2},$$

$$X_{12} = \frac{(R_1X_2 + R_2X_1)(R_1 + R_2 + R_3) - (R_1R_2 - X_1X_2)(X_1 + X_2 + X_3)}{(R_1 + R_2 + R_3)^2 + (X_1 + X_2 + X_3)^2}.$$

Für die seltener vorkommende Umwandlung einer Sternschaltung in eine gleichwertige Dreieckschaltung gilt

$$Z_1 = \frac{Z_{12}Z_{23} + Z_{23}Z_{13} + Z_{13}Z_{12}}{Z_{23}},$$

$$Z_2 = \frac{Z_{12}Z_{23} + Z_{23}Z_{13} + Z_{13}Z_{12}}{Z_{13}}, \qquad (4.79)$$

$$Z_3 = \frac{Z_{12}Z_{23} + Z_{23}Z_{13} + Z_{13}Z_{12}}{Z_{12}}.$$

4.3.4.3. Netzwerkberechnung durch direkte Anwendung der Kirchhoffschen Sätze

Die Grundlagen dieses Berechnungsverfahrens sind im Band 1, Abschn. 2.5.1., ausführlich dargestellt; auf eine Wiederholung wird hier verzichtet.

Bild 4.35. Schaltung zur Netzwerkberechnung

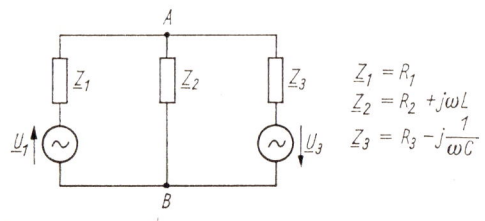

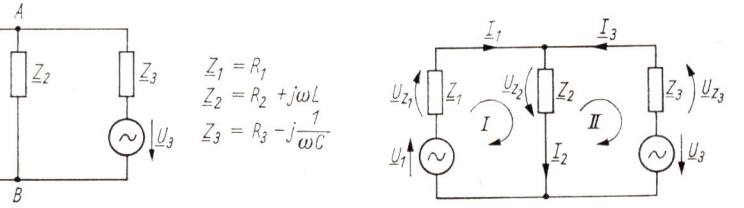

Bild 4.36. Netzwerk mit Zählpfeil- und Maschendarstellung

Für das im Bild 4.35 dargestellte Netzwerk soll der Strom durch Z_2 bestimmt werden. Zur Berechnung nutzt man den Lösungsalgorithmus: Die notwendigen Zählpfeile und der gewählte Maschenumlauf wurden im Bild 4.36 eingetragen. Es sind $z = 3$ Zweige, $k = 2$ Knoten vorhanden. Demzufolge werden $k - 1 = 1$ Knotenpunktgleichung und $z - (k - 1) = 2$ Maschengleichungen benötigt. Es ergibt sich folgendes Gleichungssystem:

Knotenpunkt A: $\underline{I}_1 + \underline{I}_3 = \underline{I}_2$,

Masche I: $\underline{U}_1 + \underline{U}_{Z1} + \underline{U}_{Z2} = 0$,

Masche II: $+\underline{U}_3 - \underline{U}_{Z2} - \underline{U}_{Z3} = 0$.

Durch Einsetzen erhält man

Masche I: $\underline{U}_1 + \underline{I}_1 R_1 + \underline{I}_2 (R_2 + j\omega L) = 0$,

Masche II: $\underline{U}_3 - \underline{I}_2 (R_2 + j\omega L) - \underline{I}_3 \left(R_3 - j\dfrac{1}{\omega C} \right) = 0$.

Dieses Gleichungssystem ist nach einem mathematischen Verfahren zu berechnen und nach $\underline{I}_2$ aufzulösen.

4.3.4.4. Maschenstromverfahren

Nach den im Band 1, Abschn. 2.5.3., angegebenen Grundsätzen soll der Strom $\underline{I}_2$ der Schaltung nach Bild 4.35 nach dem Maschenstromverfahren berechnet werden.

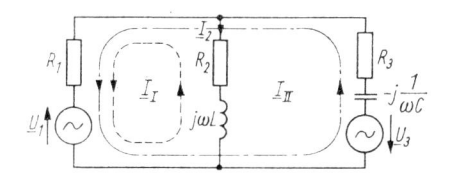

Bild 4.37
Netzwerk mit Zählpfeil- und Maschendarstellung

Im Bild 4.37 sind die Maschenströme sowie die weiteren Zählpfeile eingetragen. Für das vorliegende Netzwerk werden 2 Gleichungen benötigt

I: $0 = -\underline{U}_1 + \underline{I}_\mathrm{I} (R_1 + R_2 + j\omega L) + \underline{I}_\mathrm{II} R_1$,

II: $0 = -\underline{U}_1 - \underline{U}_3 + \underline{I}_\mathrm{I} R_1 + \underline{I}_\mathrm{II} \left(R_1 + R_3 - j\dfrac{1}{\omega C} \right)$.

Aus II: $\underline{I}_\mathrm{II} = \dfrac{\underline{U}_1 + \underline{U}_3 - \underline{I}_\mathrm{I} R_1}{R_1 + R_3 - j\dfrac{1}{\omega C}}$

in I: $\underline{U}_1 = \underline{I}_\mathrm{I} (R_1 + R_2 + j\omega L) + \dfrac{\underline{U}_1 + \underline{U}_3 - \underline{I}_\mathrm{I} R_1}{R_1 + R_3 - j\dfrac{1}{\omega C}} R_1$

und daraus

$$\underline{I}_\mathrm{I} = -\underline{I}_2 = \dfrac{\underline{U}_1 \left(R_3 - j\dfrac{1}{\omega C} \right) - \underline{U}_3 R_1}{R_1 \left(R_3 - j\dfrac{1}{\omega C} \right) + (R_2 + j\omega L) \left(R_1 + R_3 - j\dfrac{1}{\omega C} \right)}.$$

4.3.4.5. Knotenspannungsverfahren

Die Grundsätze dieses Berechnungsverfahrens sind im Band 1, Abschn. 2.5.4., angegeben. Hier soll nun der Strom $\underline{I}_2$ der Schaltung nach Bild 4.35 nach diesem Verfahren bestimmt werden.

Im Bild 4.38 sind die notwendigen Ergänzungen für die Berechnung eingetragen. Es ergibt sich folgender Gleichungsansatz:

Knotenspannungsgleichung

$$\underline{U}_{AB} = \varphi_A - \varphi_B = \varphi_A, \quad \varphi_B = 0.$$

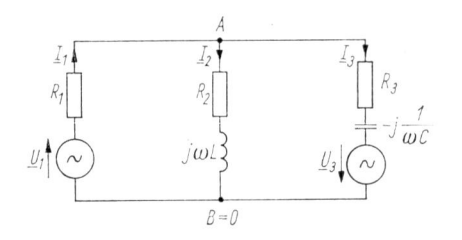

Bild 4.38
Netzwerk mit Zählpfeildarstellung

Zweigstromgleichungen

$$\underline{I}_1 = G_1(\varphi_B - \varphi_A - \underline{U}_1) = G_1(-\varphi_A - \underline{U}_1),$$

$$\underline{I}_2 = \underline{Y}_2(\varphi_A - \varphi_B) \quad\quad = \underline{Y}_2\varphi_A = (G_2 + jB_L)\varphi_A,$$

$$\underline{I}_3 = \underline{Y}_3(\varphi_A - \varphi_B - \underline{U}_3) = \underline{Y}_3(\varphi_A - \underline{U}_3) = (G_3 + jB_C)(\varphi_A - \underline{U}_3).$$

Knotenstromgleichung A

$$\underline{I}_1 - \underline{I}_2 - \underline{I}_3 = 0.$$

Nach Abschn. 4.3.4.1. gilt

$$G_p = \frac{R_r}{Z_r^2} \quad \text{bzw.} \quad B_p = -\frac{X_r}{Z_r^2}$$

und damit

$$G_2 = \frac{R_2}{Z_2^2}; \quad B_L = -\frac{X_L}{Z_2^2} = -\frac{\omega L}{Z_2^2},$$

$$G_3 = \frac{R_3}{Z_3^2}; \quad B_C = -\frac{X_C}{Z_3^2} = \frac{1}{\omega C Z_3^2}.$$

Setzt man die Zweigstromgleichungen in die Knotenpunktgleichung A ein, erhält man

$$-G_1\varphi_A - G_1\underline{U}_1 + \underline{U}_3 G_3 + \underline{U}_3 jB_C - \varphi_A G_3 - \varphi_A jB_C - \varphi_A G_2 - \varphi_A jB_L = 0.$$

Daraus erhält man

$$\varphi_A[G_1 + G_2 + G_3 + j(B_L + B_C)] = -G_1\underline{U}_1 + \underline{U}_3(G_3 + jB_C),$$

$$\varphi_A = \frac{\underline{U}_3(G_3 + jB_C) - G_1\underline{U}_1}{G_1 + G_2 + G_3 + j(B_C + B_L)}$$

und

$$\underline{I}_2 = \frac{\varphi_A}{\underline{Z}_2} = \frac{\varphi_A}{R_2 + jX_L}.$$

4.3.4.6. Zweipoltheorie

Nach Band 1, Abschn. 2.5.5., erhält man in komplexer Schreibweise für die *Spannungsquellenersatzschaltung*

$$\underline{I} = \frac{\underline{U}_1}{\underline{Z}_{i\,ers} + \underline{Z}_a} \tag{4.80}$$

und für die *Stromquellenersatzschaltung*

$$\underline{I} = \underline{I}_K \frac{\underline{Z}_{i\,ers}}{\underline{Z}_{i\,ers} + \underline{Z}_a} \tag{4.81}$$

(s. Bild 4.39).
Über die Beziehung

$$\underline{Z}_i = \frac{\underline{U}_1}{\underline{I}_K} \tag{4.82}$$

kann die Verbindung zwischen diesen beiden gleichwertigen Schaltungen hergestellt werden. Man erkennt aus Gl. (4.82), daß die betreffende Schaltung jeweils durch zwei der Größen $\underline{Z}_i$, $\underline{U}_1$ und $\underline{I}_K$ bestimmt ist.

Bild 4.39
Ersatzschaltung für
a) Spannungsquellenersatzschaltung;
b) Stromquellenersatzschaltung

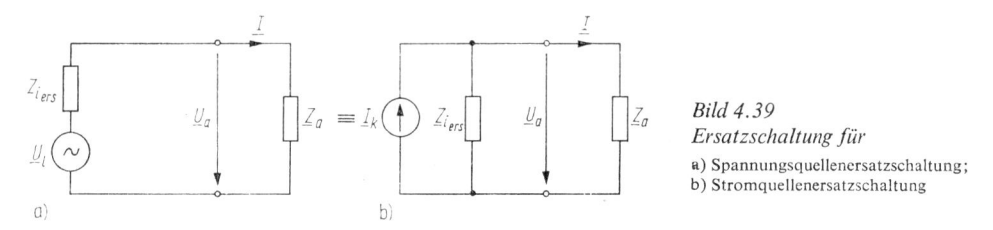

Beispiel 4.10

In dem im Bild 4.35 dargestellten Netzwerk soll der Strom durch $\underline{Z}_2$ mit Hilfe der Zweipoltheorie ermittelt werden!

Lösung

Die Schaltung wird in einen von $\underline{Z}_2$ gebildeten passiven Zweipol und einen von der übrigen Schaltung gebildeten aktiven Zweipol nach Bild 4.40 zerlegt.
Über die Spannungsquellenersatzschaltung läßt sich der Strom $\underline{I}_2$ wie folgt berechnen:

$$\underline{I}_2 = \frac{\underline{U}_1}{\underline{Z}_{i\,ers} + \underline{Z}_a}.$$

Bild 4.40
Schaltung zum Beispiel 4.10

U_1 erhält man durch Berechnung nach den Kirchhoffschen Sätzen. Nach Bild 4.40 wird

$$\text{Masche I:} \quad +U_1 - I_3\left(R_3 - j\frac{1}{\omega C}\right) - U_3 = 0,$$

$$\text{Masche II:} \quad U_3 + U_1 + I_3\left(R_1 + R_3 - j\frac{1}{\omega C}\right) = 0.$$

Die Gleichung M II wird nach I_3 aufgelöst und in Gl. M I eingesetzt:

$$I_3 = -\frac{U_1 + U_3}{R_1 + R_3 - j\frac{1}{\omega C}},$$

$$U_1 = I_3\left(R_3 - j\frac{1}{\omega C}\right) + U_3,$$

$$U_1 = -\frac{U_1 + U_3}{R_1 + R_3 - j\frac{1}{\omega C}}\left(R_3 - j\frac{1}{\omega C}\right) + U_3,$$

$$U_1 = \frac{-U_1\left(R_3 - j\frac{1}{\omega C}\right) - U_3 R_3 + U_3 j\frac{1}{\omega C} + U_3 R_3 + U_3 R_1 - U_3 j\omega C}{R_1 + R_3 - j\frac{1}{\omega C}},$$

$$U_1 = \frac{-U_1\left(R_3 - j\frac{1}{\omega C}\right) + U_3 R_1}{R_1 + R_3 - j\frac{1}{\omega C}}.$$

Weiter ist

$$Z_{i\,\text{ers}} = \frac{R_1\left(R_3 - j\frac{1}{\omega C}\right)}{R_1 + R_3 - j\frac{1}{\omega C}}$$

und

$$Z_a = R_2 + j\omega L.$$

Damit wird

$$I_2 = \frac{U_1}{Z_{i\,\text{ers}} + Z_a},$$

$$I_2 = \frac{\dfrac{-U_1\left(R_3 - j\frac{1}{\omega C}\right) + U_3 R_1}{R_1 + R_3 - j\frac{1}{\omega C}}}{\dfrac{R_1\left(R_3 - j\frac{1}{\omega C}\right)}{R_1 + R_3 - j\frac{1}{\omega C}} + R_2 + j\omega L},$$

$$I_2 = \frac{-U_1\left(R_3 - j\frac{1}{\omega C}\right) + U_3 R_1}{R_1\left(R_3 - j\frac{1}{\omega C}\right) + (R_2 + j\omega L)\left(R_1 + R_3 - j\frac{1}{\omega C}\right)}.$$

Es ist zu überlegen wie man über die Stromquellenersatzschaltung zu dem gleichen Ergebnis kommt. Weitere Ausführungen zur Netzwerkberechnung s. [3].

Zusammenfassung zu 4.

Die Untersuchung von Wechselstromkreisen mit Hilfe der komplexen Rechnung hat eine große Bedeutung erlangt. In diesem Verfahren vereinigen sich die Einfachheit des grafischen mit der Genauigkeit des rechnerischen Lösungsweges. Es erweist sich zudem als Vorteil, daß die bekannten Gesetzmäßigkeiten zur Berechnung von Gleichstromkreisen auch in der Wechselstromtechnik angewendet werden können. Hierbei werden die zeitabhängigen Größen komplex, meist als ruhende Effektivwertzeiger, und für die Elemente R, L und C deren Operatoren geschrieben. Die Überführung einer realen physikalischen Größe in die symbolische Größe und umgekehrt geschieht durch die Hin- und Rücktransformation (s. Bild 4.10). Bei der Berechnung von elektrischen Netzwerken in Wechselstromkreisen hat sich in der Praxis weitgehend durchgesetzt, sofort im Bildbereich zu arbeiten, ohne zuvor eine Gleichung im Originalbereich aufstellen und diese transformieren zu müssen.

Bei allen auf diese Weise durchgeführten Berechnungen ist die Festlegung der Bezugsgröße besonders wichtig. Auf diese beziehen sich die im Ergebnis des Rechenganges erhaltenen Winkel der komplexen Größen, während bei grafischen Darstellungen des Zeigerbildes diese Bezugsgröße grundsätzlich in die reelle Achse der komplexen Zahlenebene gelegt wird.

Im Abschn. 4.3.4. wird auf die Anwendung der symbolischen Methode zur Berechnung von Wechselstromkreisen in Verbindung mit elektrischen Netzwerken eingegangen.

Übungen zu 4.

Ü 4.1. Die beiden komplexen Zahlen
$\underline{A} = 5\,e^{j60°}$ und $\underline{B} = 8\,e^{j30°}$
sind zu addieren!
Die Lösung soll grafisch in Anlehnung an Bild 4.3 und rechnerisch erfolgen.

Ü 4.2. Der Zeiger, der durch die komplexe Zahl
$4 + j\,7$
gegeben ist, soll um $-60°$ gedreht und in der Länge halbiert werden.
Durch welche komplexe Zahl wird der erhaltene Zeiger dargestellt?

Ü 4.3. Für die nachfolgend aufgeführten komplexen Zahlen sind der Betrag und der Winkel zu berechnen. Die sich ergebenden Zeiger sind maßstäblich in der Gaußschen Zahlenebene darzustellen und so das gefundene Ergebnis zu kontrollieren:

$0{,}5 + j\sqrt{2}$; $\quad 2 - j\,2$; $\quad -3 - j\,1{,}5$; $\quad -4 + j\,3$.

Lösungshinweis:

Die erhaltenen Winkelangaben beziehen sich auf die reelle Achse.

Ü 4.4. Es sind der Real- und der Imaginärteil für folgende komplexe Ausdrücke zu berechnen:

$\dfrac{2 + j\,4}{1 - j\,2}$; $\quad \dfrac{1 - j\,3}{-4 + j\,2}$.

Lösungshinweis:

Gleichung konjugiert komplex erweitern.

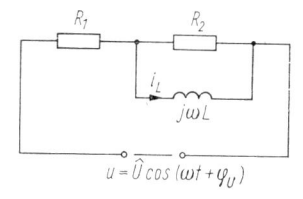

Bild 4.41. Schaltung zur Übung 4.5

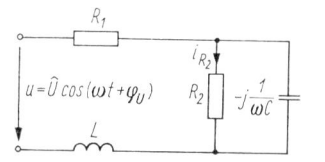

Bild 4.42. Schaltung zur Übung 4.6

4. Symbolische Berechnung von Wechselstromkreisen

Ü 4.5. Es ist i_L in der Schaltung nach Bild 4.41 zu berechnen; dabei ist wie folgt vorzugehen:
- Aufstellung der Differentialgleichung,
- Hintransformation und
- Rücktransformation.

Ü 4.6. Für die im Bild 4.42 angegebene Schaltung sind über die Hin- und Rücktransformation unter Anwendung der komplexen Rechnung der Strom i_{R2} sowie die Frequenz, bei der der komplexe Ersatzwiderstand der Schaltung reell wird, zu bestimmen. Es ist außerdem ein qualitatives Zeigerbild der Spannungen und Ströme zu zeichnen!

Ü 4.7. Gegeben ist der im Bild 4.43 dargestellte passive Zweipol.
Zu berechnen sind C, L_1 und L_2 ($f = 50$ Hz)!

Ü 4.8. Die im Bild 4.44 skizzierte Reihenschaltung von
$R = 20\,\Omega;\quad L = 0{,}1\,\text{H}\quad\text{und}\quad C = 30\,\mu\text{F}$
liegt an einer Wechselspannung von 220 V und 50 Hz. Wie groß sind der komplexe Scheinwiderstand und die komplexe Stromstärke, bezogen auf die Spannung?

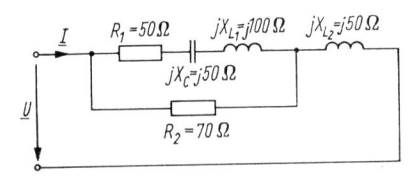

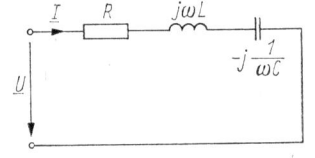

Bild 4.43. Schaltung zur Übung 4.7   Bild 4.44. Schaltung zur Übung 4.8

Ü 4.9. In die Reihenschaltung nach Bild 4.44 wird ein Strom $I = 1$ A, $f = 50$ Hz eingespeist. Es ist
$R = 100\,\Omega;\quad L = 1\,\text{H}\quad\text{und}\quad C = 20\,\mu\text{F}.$
Es ist maßstäblich das Zeigerbild des Widerstandsoperators sowie der Spannungen und des Stromes zu zeichnen. Außerdem ist $\underline{Z}$ in der Normal- und in der Exponentialform zu bestimmen!

Ü 4.10. Wie groß ist der komplexe Scheinwiderstand in der im Bild 4.45 skizzierten Parallelschaltung, und welche Ströme ergeben sich bei einer angelegten Spannung von 220 V und 50 Hz?
Es ist maßstäblich das dazugehörige Zeigerbild der Ströme und der Spannung zu zeichnen!

Ü 4.11. Für die im Bild 4.46 angegebene Schaltung, die an einer Spannung von 6 V und 796 Hz liegt, sind zu berechnen
- der komplexe Ersatzscheinwiderstand,
- die komplexe Gesamtstromstärke und
- die komplexen Teilspannungen $\underline{U}_1$ und $\underline{U}_2$.

Abschließend ist ein maßstäbliches Zeigerbild der berechneten Größen, bezogen auf die Klemmenspannung, zu zeichnen!

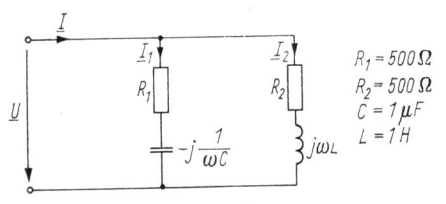

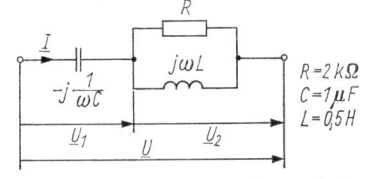

Bild 4.45. Schaltung zur Übung 4.10   Bild 4.46. Schaltung zur Übung 4.11

Ü 4.12. Wie groß muß in der im Bild 4.47 angegebenen Schaltung die Kapazität C sein, wenn bei nacheilendem Strom die Phasenverschiebung zwischen $\underline{U}$ und $\underline{I}$ 51° betragen soll?
Die Winkelfrequenz der angelegten Spannung ist $\omega = 2000\,\text{s}^{-1}$.

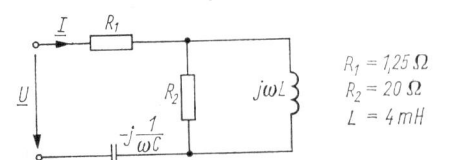

$R_1 = 1{,}25\,\Omega$
$R_2 = 20\,\Omega$
$L = 4\,\text{mH}$

Bild 4.47
Schaltung zur Übung 4.12

Ü 4.13. Für die im Bild 4.48 angegebene Schaltung sind alle Ströme zu berechnen!
Es ist zu untersuchen, unter welchen Bedingungen Z_{AB} reell wird!

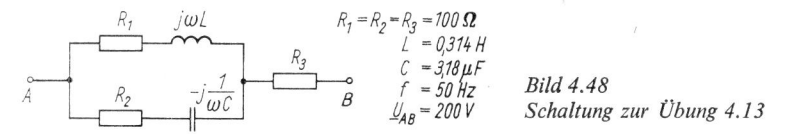

$R_1 = R_2 = R_3 = 100\,\Omega$
$L = 0{,}314\,H$
$C = 3{,}18\,\mu F$
$f = 50\,Hz$
$U_{AB} = 200\,V$

Bild 4.48
Schaltung zur Übung 4.13

Ü 4.14. Für die im Bild 4.49 angegebene Schaltung sind R_r und C_r der äquivalenten Reihenschaltung zu ermitteln!

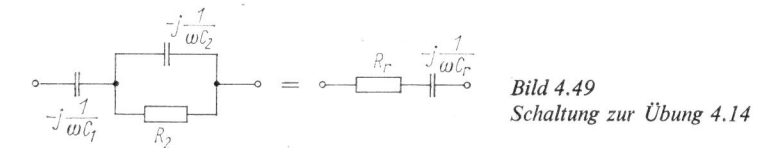

Bild 4.49
Schaltung zur Übung 4.14

Ü 4.15. Für die im Bild 4.50 dargestellte Schaltung ist der Strom i_{R2} mit Hilfe der Zweipoltheorie zu berechnen!

Ü 4.16. In der im Bild 4.51 angegebenen Schaltung ist mit Hilfe der Zweipoltheorie der Strom durch R zu bestimmen. Dabei ist $L_1 = 2L_2$ und $Z_G \ll X_{L2}$.

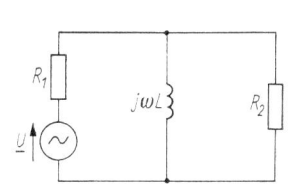

Bild 4.50. Schaltung zur Übung 4.15

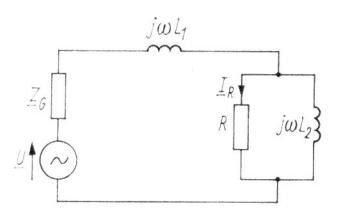

Bild 4.51. Schaltung zur Übung 4.16

5. Energie und Leistung im Wechselstromkreis

5.1. Augenblickswert der Leistung

Hervorgehend aus dem *Jouleschen Gesetz* gilt für die Berechnung der Gleichstromleistung die Beziehung

$$P = UI \quad \text{(vgl. Gl.(3.12), Band 1).}$$

Dabei ist jedoch zu beachten, daß Spannung und Strom für den interessierenden Zeitraum zeitlich unveränderliche Größen sein müssen. Bei veränderlichen Größen ergibt sich der Augenblickswert p der Leistung aus der Multiplikation der Augenblickswerte von Wechselspannung u und Wechselstrom i zu einem bestimmten Zeitpunkt:

$$\boxed{p = ui} \quad . \tag{5.1}$$

Bei Anwendung der Gl.(5.1) ist zu berücksichtigen, daß nur zeitlich zusammenfallende Augenblickswerte miteinander multipliziert werden dürfen! Die Leistung p ist bei veränderlichen Größen u und i von der Zeit t abhängig, wie im folgenden noch anschaulich gezeigt wird.

Gl.(5.1) für den Augenblickswert der Leistung hat Allgemeingültigkeit, d.h., sie gilt für alle Kurvenformen von Wechselgrößen sowie für die Ermittlung der Leistung an Wirk- und Blindschaltelementen. Das Ergebnis einer Berechnung nach Gl.(5.1) läßt sich im Vergleich zur Gleichstromleistung aufgrund der zeitlichen Veränderlichkeit der Faktoren u und i nicht so ohne weiteres voraussagen. Es sollen deshalb die Zusammenhänge anhand einer grafischen Darstellung in Liniendiagrammen für Sinusgrößen dargestellt werden. Es werden die Verhältnisse für drei verschiedene Nullphasenwinkel φ_i unter-

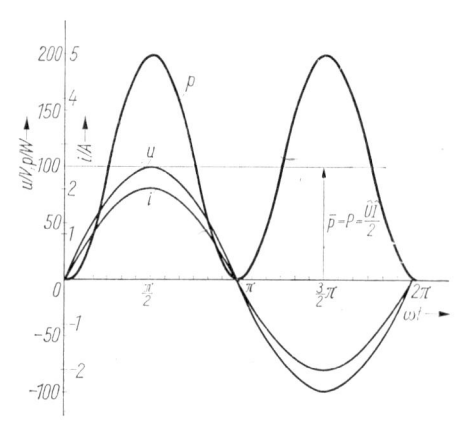

Bild 5.1. Liniendiagramm der Augenblickswerte der Leistung bei Phasenverschiebung $\varphi = 0°$

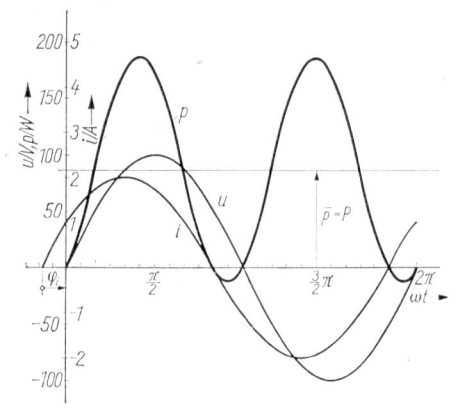

Bild 5.2. Liniendiagramm der Augenblickswerte der Leistung bei $\varphi = -30°$ kapazitiv

sucht. In den Beispielen werden für die Amplitude der Spannung 100 V und für die Amplitude des Stromes 2 A angenommen. Die Berechnung des Verlaufs erfolgt nach den bekannten Beziehungen $u = \hat{U} \sin \omega t$, $i = \hat{I} \sin(\omega t + \varphi_i)$ und $p = ui$; die Darstellung erfolgt für die Phasenwinkel $\varphi_i = 0°$, $\varphi_i = 30°$ und $\varphi_i = 90°$ ($\varphi = \varphi_u - \varphi_i$ mit $\varphi_u = 0°$).

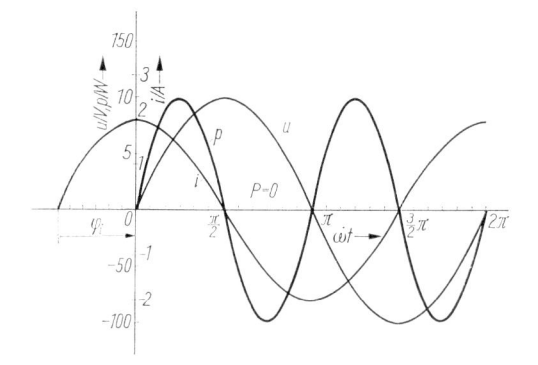

Bild 5.3
Liniendiagramm der Augenblickswerte der Leistung bei $\varphi = -90°$ kapazitiv

Die Liniendiagramme (Bilder 5.1 und 5.2) lassen folgende wichtige allgemeine Aussagen zu:

1. Sind Spannung und Strom Sinusgrößen, so ist der Augenblickswert der Leistung p auch eine periodische Größe.
2. Der Verlauf der Augenblickswerte der Leistung hat gegenüber Spannung und Strom die doppelte Frequenz.
3. Im untersuchten Fall $\varphi = 0°$ (vgl. Bild 5.1) sind die Augenblickswerte der Leistung nur positiv, d.h., es erfolgt zwischen den Energiewandlungsstellen *keine* Energierichtungsumkehr, obwohl Spannung und Strom ihre Vorzeichen ändern. Das Vorliegen einer *Wechselstromleistung* wird allgemein dadurch charakterisiert, daß die Leistungsabgabe des Erzeugers an den Nutzer pulsiert.
4. Kommt es jedoch durch das Vorhandensein von Blindschaltelementen im Stromkreis zu einer Phasenverschiebung zwischen u und i (vgl. Bilder 5.2 und 5.3), dann gibt es für die Augenblickswerte der Leistung neben positiven auch negative Werte. Im Wechselstromkreis kehrt sich die Energierichtung (Vorzeichenwechsel von p) für die Zeitdauer, die der Phasenverschiebung entspricht, um. Ursache ist eine Leistungsabgabe des Nutzers an den Erzeuger (!) von zuvor in der Phase der Leistungsaufnahme in Kondensatoren (oder Spulen) gespeicherter elektrischer Energie. Die physikalischen Zusammenhänge werden im Abschn. 5.2.2. näher erläutert. Während bei $\varphi = -30°$ ($\varphi_i = 30°$) die Zeitdauer der positiven Augenblicksleistung (Leistungsabgabe an den Nutzer) noch überwiegt, sind bei $\varphi = -90°$ ($\varphi_i = 90°$) die Zeiten für die positive und negative Augenblicksleistung gleich! Das muß natürlich praktische Auswirkungen haben. Dieser Sonderfall wird noch genauer untersucht.
5. Die positiven und negativen Flächenteile, die vom Verlauf der Augenblickswerte eingeschlossen werden, sind mit der übertragenen elektrischen Energie identisch ($\mathrm{d}W_{\text{el}} = p\,\mathrm{d}t \rightarrow$ Flächenintegral: $W_{\text{el}} = \int_{t=0}^{t} p\,\mathrm{d}t$; vgl. Abschn. 3.2.5.1., Band 1). Positives Vorzeichen der Fläche bedeutet Energiefluß vom Erzeuger zum Nutzer. Der negative Flächenanteil entspricht dem Energiefluß vom Nutzer zum Erzeuger entsprechend Punkt 4: Die Phasenverschiebung zwischen Strom und Spannung beeinflußt den Energietransport!

6. Wenn Energie vom Nutzer wieder zum Erzeuger zurückströmt (negativer Verlauf der Augenblickswerte der Leistung), interessiert für die Praxis, wieviel der elektrischen Energie im Mittel in andere Energieformen im Nutzer umgesetzt wird!

Betrachtet man zunächst Bild 5.1 ($\varphi = 0°$), so ist augenscheinlich, daß aufgrund der Symmetrie der Sinusform die Flächenteile über der eingezeichneten Mittellinie die fehlenden Teile unter dieser ausfüllen können, so daß ein Rechteck entsteht. Die Höhe des Rechtecks – also der Mittellinie – entspricht dem arithmetischen oder linearen Mittelwert der Augenblickswerte der Leistung. Die Höhe der Mittellinie ist jedoch identisch mit $\hat{P}/2$, also $\hat{U}\hat{I}/2$ oder, auf die einzelnen Faktoren als Effektivwerte aufgegliedert, $(\hat{U}/\sqrt{2})(\hat{I}/\sqrt{2}) = UI$. Man stellt damit – ein Wirkschaltelement ($\varphi = 0°$) vorausgesetzt – zwischen Gleichstrom- und Wechselstromleistung als linearen Mittelwert $\bar{p}$ der Augenblickswerte der Leistung keinen Unterschied fest! Die umwandelbare Leistung, die als *Wirkleistung* $P = \bar{p}$ definiert ist, ermittelt sich nach der bereits bekannten Beziehung $P = UI$. Das erfordert aber, daß die Augenblickswerte der Leistung im Gesamtverlauf dem Nutzer zur Verfügung stehen, d.h. nur positive Werte für p auftreten.

Im Bild 5.3 beträgt $\varphi_i = 90°$, $\varphi = -90°$. Der lineare Mittelwert der Augenblickswerte der Leistung ist Null. Die in einer Periode zweimal zum Nutzer übertragene Energie wird ebensooft zurückgeführt. Es wird keine wandelbare Energie im Mittel in eine andere Energieform im Nutzer umgesetzt.

Die bisherigen Betrachtungen gaben einen anschaulichen Überblick über die qualitativen Verhältnisse. Die Spezialfälle ($\varphi = 0°$ und $\varphi = -90°$) ließen sogar eine einfache quantitative Einschätzung zu. Für den viel häufigeren allgemeinen Fall ($-90° < \varphi < +90°$) ist eine quantitativ exakte Aussage jedoch schwierig. Hier soll eine mathematische Untersuchung weiterhelfen. Dazu werden in Gl.(5.1) der Augenblickswerte der Leistung $p = ui$ die Augenblickswerte der Spannung $u = \hat{U} \sin \omega t$ und für den Strom unter Berücksichtigung einer Phasenverschiebung die Augenblickswerte $i = \hat{I} \sin(\omega t + \varphi_i)$ eingesetzt:

$$p = \hat{U} \sin \omega t \cdot \hat{I} \sin(\omega t + \varphi_i). \tag{5.2}$$

Dieser Ausdruck muß noch in eine Form gebracht werden, die eine Diskussion der Gleichung im Hinblick auf die eingangs unter Punkt 6 gestellte Frage zuläßt. Dazu ist es notwendig, obiges Produkt mit Hilfe der goniometrischen Beziehung

$$\sin a \sin b = \tfrac{1}{2}[\cos(a-b) - \cos(a+b)] \tag{5.3}$$

in eine Summe (Differenz) umzuformen.

Aufgabe 5.1

Aus den Beziehungen Gl.(5.2) und Gl.(5.3) ist die Gültigkeit der Gl.(5.4) nachzuweisen! Der Zusammenhang $\varphi = \varphi_u - \varphi_i$ mit $\varphi_u = 0°$ ist zu berücksichtigen.

$$p = \underbrace{UI \cos \varphi}_{\text{zeitunabhängiger Term}} - \underbrace{UI \cos(2\omega t - \varphi)}_{\text{mit doppelter Frequenz schwankender Term}}. \tag{5.4}$$

Die grafische Darstellung der Gl.(5.4) ergibt bei Einsetzen der verschiedenen Phasenwinkel und Verändern von t die Leistungskurven der Bilder 5.1 bis 5.3. Dabei ist der erste Term $UI \cos \varphi$ zeitunabhängig und eine Konstante. Er entspricht der Höhe der Mittellinie, also der mittleren Leistung. Der zweite Term stellt den Kurvenverlauf um die Mittellinie dar und läßt – wegen $2\omega t$ – die doppelte Frequenz des Verlaufs der Augenblickswerte der Leistung gegenüber der Spannungs- und Stromkurve erkennen. Dieser Term trägt zur mittleren Leistung nichts bei. Um das exakt nachzuweisen, ist eine Integration erforderlich. Wie man jedoch jetzt schon erkennt, ist für den allgemeinen Fall die Gleichung der Gleichstromleistung nicht mehr anwendbar. Der entscheidende erste Term der Wechselstromleistung enthält den Faktor $\cos \varphi$, der die Phasenverschiebung berücksichtigt. Mit $\varphi = 0°$ und damit $\cos 0° = 1$ ist der Spezialfall UI mit enthalten. Mit $\varphi = 90°$ und $\cos 90° = 0$ ist der Mittelwert der Augenblickswerte der Leistung ebenfalls Null, während sich am Verlauf der Leistungskurve (zweiter Term) lediglich eine Phasenverschiebung von $90°$ ergibt, ohne daß sich die Amplitude ändert.

Einen noch umfassenderen Einblick in die Zusammenhänge erhält man, wenn der zweite Term der Gl.(5.4) mittels der goniometrischen Beziehung

$$\cos (a - b) = \cos a \cos b + \sin a \sin b \tag{5.5}$$

weiter zerlegt wird und man die entstandenen Terme in geeigneter Weise zusammenfaßt

Aufgabe 5.2
Durch Anwendung der Beziehung Gl.(5.5) auf Gl.(5.4) ist die Gültigkeit der Gl.(5.6) zu beweisen!

$$p = \underbrace{UI \cos \varphi \, [1 - \cos (2\omega t)]}_{\substack{\textit{Wirkleistung,} \\ \text{verläuft nur im positiven} \\ \text{Bereich}}} - \underbrace{UI \sin \varphi \sin (2\omega t)}_{\substack{\textit{Blindleistung,} \\ \text{schwankt um die} \\ \text{Zeitachse}}} . \tag{5.6}$$

Die grafische Darstellung des Ergebnisses der Zerlegung der Augenblickswerte der Wechselstromleistung in ihre beiden bestimmenden Komponenten nach Gl.(5.6) zeigt das Liniendiagramm im Bild 5.4. Danach wird ersichtlich, daß der Anteil der wandelbaren Leistung, die Wirkleistung, nur im positiven Bereich um den Mittelwert $UI \cos \varphi$ schwankt, während der Anteil der nichtwandelbaren Leistung, die Blindleistung, mit der Amplitude $UI \sin \varphi$ um die Zeitachse schwankt und damit den Mittelwert Null hat. Die Verläufe der Augenblickswerte von Wirk- und Blindleistung sind gegeneinander um $90°$ phasenverschoben. Dabei ist (bezogen auf die Darstellung im Bild 5.4) zu beachten, daß sich die Augenblicksleistung p aus der linearen (und nicht geometrischen) Addition der Anteile der Augenblickswerte von Wirk- und Blindkomponente ergibt. Durch diese Darstellung wird der zuvor in den Punkten 1 bis 6 erläuterte Sachverhalt nochmals bestätigt.

Die bisherigen Betrachtungen bezogen sich insbesondere auf die Augenblickswerte.

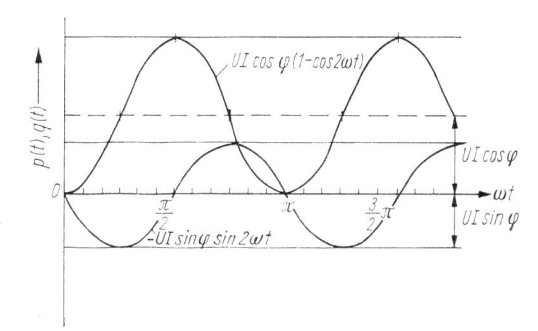

Bild 5.4
Liniendiagramm der Zerlegung von $p(t)$ in seine beiden schwankenden Anteile

Von praktischer Bedeutung ist aber weniger der Augenblickswert der Leistung, als vielmehr ihr Mittelwert, die Wirkleistung! Im folgenden sollen deshalb die Mittelwerte gebildet und untersucht werden.

5.2. Mittelwerte der Leistung

5.2.1. Wirkleistung

Mittelwerte werden durch Integration gebildet. Der lineare Mittelwert P einer über die Zeitdauer T veränderlichen Größe p ist definiert als

$$P = \frac{1}{T} \int_t^{t+T} p \, dt. \tag{5.7}$$

Setzt man Gl. (5.4) in Gl. (5.7) ein, dann erhält man den Ausdruck

$$\frac{1}{T} \int_t^{t+T} p \, dt = \frac{1}{T} \int_t^{t+T} UI \cos \varphi \, dt - \frac{1}{T} \int_t^{t+T} UI \cos (2\omega t - \varphi) \, dt. \tag{5.8}$$

Für die Lösung dieses Integrals folgt bei $t = 0$

$$\frac{1}{T} [UIt \cos \varphi]_0^T - \frac{1}{2\omega T} [UI \sin (2\omega t - \varphi)]_0^T. \tag{5.9}$$

Nach Einsetzen der oberen und unteren Grenze, Differenzbildung unter Verwendung der Beziehung $2\omega T = 4\pi$ und $\sin (4\pi - \varphi) = -\sin \varphi$ erhält man

$$P = UI \cos \varphi - \frac{UI}{2\omega T} \underbrace{(\sin \varphi - \sin \varphi)}_{0}. \tag{5.10}$$

Da das zweite Glied durch die Integration Null wird, ergibt sich für die Wirkleistung als mittlere Leistung die Gleichung

$$\boxed{P = UI \cos \varphi}. \tag{5.11}$$

Diese Gleichung ist allgemeingültig, d.h., sie schließt die weiter oben aufgrund von Überlegungen an den grafischen Darstellungen (Bilder 5.1 bis 5.4) gewonnenen Erkenntnisse ein. Danach ist bei einem Wirkschaltelement mit $\varphi = 0°$ und $\cos 0° = 1$ die Leistung $P = UI$. Im Fall eines reinen Blindschaltelements mit $\varphi = 90°$ und $\cos 90° = 0$ gilt $P = 0$! Bei Phasenverschiebungen zwischen 0 und 90° wird die Wirkleistung entsprechend der Größe des $\cos \varphi$ vermindert. Betrachtet man dieses Ergebnis im Zusammenhang mit den Bildern 5.1 bis 5.4, so ist ersichtlich, daß die Wirkleistung $P = UI \cos \varphi$ dem Abstand der Mittellinie der Augenblickswerte der Leistung von der Nullinie entspricht. Sie ist ein Mittelwert. Da im Bereich $-90° < \varphi < +90°$ der $\cos \varphi > 0$ ist, ergeben sich unabhängig davon, ob die Belastung vorwiegend ohmisch-kapazitiv oder ohmisch-induktiv ist, stets positive Wirkleistungen.

Für längeren stationären Betrieb geht aus der Gl. (5.11) für die Wirkleistung die Gleichung für die *Wirkarbeit* hervor:

$$\boxed{W_{el} = UIt \cos \varphi}. \tag{5.12}$$

Die *Einheiten* von Wirkleistung und Wirkarbeit entsprechen denen der Leistung und Arbeit im Gleichstromkreis (vgl. Abschnitte 3.1.2. und 3.1.3., Band 1), da von der Wirkleistung bzw. Wirkarbeit die gleiche Wirkung wie von den entsprechenden Größen des Gleichstromkreises hervorgerufen wird:

$$[P] = \text{W}; \quad [W_{el}] = \text{W} \cdot \text{s}.$$

Insbesondere aus historischen Gründen ist außerdem als nichtkohärente Einheit für die Wirkarbeit die kW · h zugelassen.

Die Wirkleistung ist diejenige Leistung, die sich im Nutzer in andere Energieformen wandeln läßt. Sie ruft Wärme hervor, treibt Motoren an, bedingt elektrolytische Abscheidungen, erzeugt akustische oder elektromagnetische Wellen (z.B. Licht) u.a. Wenn jedoch ein Blindschaltelement (Spule, Kondensator) an die Wechselspannungsquelle angeschlossen wird und die Phasenverschiebung $\varphi = \pm 90°$ (reine Blindschaltelemente vorausgesetzt) beträgt, dann kann durchaus wie bei den vorangegangenen Beispielen bei einer Spannung von 100 V ein Strom von 2 A fließen; die Wirkleistung bzw. Wirkarbeit wird jedoch Null sein. Welche physikalischen Vorgänge dem zugrunde liegen, soll anschließend untersucht werden.

5.2.2. Blindleistung

Aus der grafischen Darstellung Bild 5.3 ist ersichtlich, daß der Mittelwert der Augenblickswerte der Leistung und damit die Wirkleistung Null ist. Dieses Verhalten spiegelt sich auch in der rein mathematischen Betrachtungsweise $P = UI \cos\varphi = UI \cos 90° = 0$ wider. Wenn auch der Mittelwert der Augenblickswerte der Leistung Null ist, so ist doch eine elektrische Leistung vorhanden. Betrachtet man z.B. nur eine Viertelperiode, dann ist der Mittelwert durchaus nicht Null! Wie läßt sich aber dieser Umstand deuten?

• 1. Das Verhalten läßt den eindeutigen Schluß zu, daß hier Energie vom Erzeuger zum Nutzer (positive Halbschwingung der Augenblickswerte der Leistung) und zurück (negative Halbschwingung) – und das mit doppelter Frequenz gegenüber Spannung und Strom – pendelt! Das heißt, was der Erzeuger liefert, bekommt er noch innerhalb einer Periode ohne Verlust zurück (idealisiert). Diese Energie wird lediglich hin und zurück übertragen, ohne im Nutzer wirkliche Arbeit zu verrichten. Man bezeichnet diese Leistung daher mit *Blindleistung* bzw. die Arbeit als *Blindarbeit*.

Wird z.B. ein Generator mit einem reinen Blindwiderstand belastet (kapazitiv annähernd realisierbar), dann wird trotz hoher Spannung und großen Stromes im Stromkreis zum Antrieb des Generators nur eine geringe mechanische Leistung zur Deckung der Verluste, wie Reibung usw., benötigt. Der Blindstrom belastet im wesentlichen nur zusätzlich zum Wirkstrom im allgemeinen Fall die Übertragungsleitung, ohne zu nützen (größerer Querschnitt erforderlich; vgl. Beispiel 5.5). Man wird daher bestrebt sein, die Blindleistung gegenüber der Wirkleistung klein zu halten.

• 2. Was ist nun die Ursache für ein solches Verhalten? Im Fall einer rein *kapazitiven Blindleistung* (vgl. Bild 5.3) wird in der ersten Viertelperiode infolge des Spannungsanstiegs der Kondensator geladen; es fließt ein Ladestrom, der mit dem Aufbau des elektrischen Feldes zurückgeht. In diesem Zeitraum (erste Viertelperiode) wird Wirkarbeit verrichtet. Spannung und Strom sind positiv. Die Energierichtung ist vom Erzeuger zum Nutzer gerichtet. Beim Überschreiten des Spannungsmaximums (zweite Viertelperiode) entlädt sich der Kondensator, der Strom kehrt sich um und wird zum Entladestrom. Das Produkt der Augenblickswerte von Strom und Spannung ist negativ,

d. h., es findet eine Energierücklieferung statt (Wirkarbeit). Jetzt ist der Kondensator der Erzeuger und der Generator der Nutzer! In der dritten Viertelperiode beginnt infolge der jetzt negativen Augenblickswerte der Spannung die Umladung des Kondensators auf negatives Potential, das sich schließlich in der vierten Viertelperiode wieder abbaut. Bei den beschriebenen Vorgängen kommt es also insgesamt lediglich zu einer Speicherung elektrischer Energie in dem Kondensator, ohne daß eine Umwandlung in eine andere Energieform erfolgt.

Handelt es sich um eine induktive Blindleistung, so spielen sich die Vorgänge analog mit dem Auf- und Abbau des magnetischen Feldes ab. Jedoch muß beachtet werden, daß der Strom nicht mehr vor-, sondern um 90° nacheilt.

Aus all diesen Überlegungen ergibt sich die Schlußfolgerung, daß zwar Wirkarbeit verrichtet wird, deren Mittelwert aber für Erzeuger und Nutzer innerhalb einer Periode Null ist!

Da es keine idealen Kondensatoren und Spulen gibt und auch jede Zuleitung in einem Stromkreis aus Wirkwiderständen besteht, sind reine Blindleistungen nie anzutreffen. Es werden immer gemischte Belastungsfälle auftreten.

Wollte man aus dem Liniendiagramm bzw. durch Integration – wie es bei der Ermittlung der Wirkleistung geschah – eine Gleichung der Blindleistung herleiten, so stößt man auf Schwierigkeiten, da die Blindleistung als quantitativer Mittelwert eine Rechengröße ist. Sie kann nur definiert werden! Ähnlich wie man Spannungen und Ströme rein rechnerisch in einen Wirk- und einen Blindanteil zerlegen kann, ist solches bei der Wechselstromleistung und -arbeit auch möglich. So gilt für den Wirkstrom $I_w = I \cos \varphi$ und für den Blindstrom $I_b = I \sin \varphi$. Wird noch die Spannung U als Bezugsgröße in das Produkt multiplikativ einbezogen, erhält man für die Wirkleistung die schon bekannte Beziehung

$$P = UI \cos \varphi \quad \text{(vgl. Gl.(5.11))}$$

und definiert als Blindleistung

$$\boxed{Q = UI \sin \varphi}. \tag{5.13}$$

Unter Nutzung der Widerstandsgrößen lauten die Leistungsgleichungen (analog zu Band 1, Gl. (3.14))

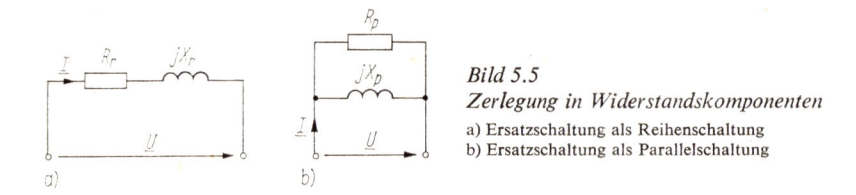

Bild 5.5
Zerlegung in Widerstandskomponenten
a) Ersatzschaltung als Reihenschaltung
b) Ersatzschaltung als Parallelschaltung

für die Reihenschaltung nach Bild 5.5a:

$$\boxed{P = I^2 R_r}, \tag{5.14}$$

$$\boxed{Q = I^2 X_r}; \tag{5.15}$$

für die Parallelschaltung nach Bild 5.5b:

$$P = \frac{U^2}{R_p},\qquad(5.16)$$

$$Q = \frac{U^2}{X_p}.\qquad(5.17)$$

Eine Berechnung der Blindarbeit kann u.a. nach der Beziehung

$$W_b = UIt\sin\varphi \qquad(5.18)$$

erfolgen.

Da Blindleistung und Blindarbeit im Mittelwert keine nutzbare Leistung bzw. Arbeit darstellen, berücksichtigt man diesen Umstand in der Einheit. Für die Blindleistung gilt als Einheit das *Volt · Ampere-reaktiv* mit der Kurzbezeichnung var. *Reaktiv* heißt soviel wie *rückwirkend*. Der Zusatz weist damit auf die Energiependelung hin. Analog zur Blindleistung bildet man die Einheit der Blindarbeit zu var · s:

$$[Q] = \text{var}; \qquad [W_b] = \text{var}\cdot\text{s}.$$

Faßt man das Wesentliche der bis dahin gebildeten Leistungsbegriffe zusammen, so versteht man unter Wirkleistung diejenige elektrische Leistung, die in andere Leistung (mechanische, chemische, Wärmeleistung usw.) umgewandelt werden kann. Elektrische Blindleistung dagegen läßt sich nicht in andere Leistung überführen. Sie baut elektrische und magnetische Felder auf, und sie wird zurückgeliefert, wenn die Felder verschwinden. Dieser Vorgang entspricht einer sich in jeder Periode wiederholenden Speicherung elektrischer Energie, ohne daß dabei zwischenzeitlich eine Umwandlung in andere Energieformen erfolgt.

5.2.3. Scheinleistung

Bei Phasenverschiebungen $\varphi \neq 0$ treten immer Wirkleistungs- und Blindleistungsanteile gleichzeitig auf. Bezogen auf den Stromkreis (z.B. bei der Energieübertragung) gibt es keine getrennten Komponenten, sondern Wirk- und Blindleistung bilden eine Resultierende. Diese wird definitionsgemäß *Scheinleistung S* genannt. Die Scheinleistung wird als Produkt aus den Effektivwerten von Spannung und Strom definiert:

$$S = UI.\qquad(5.19)$$

Sie stimmt im Fall der rein ohmschen Belastung ($\cos\varphi = 1$) mit der Wirkleistung (und auch der Gleichstromleistung) überein. Die Bezeichnung „Schein" deutet dabei an, daß das Produkt $U \cdot I$ – wie man es bei reiner Wirk- bzw. Gleichstromleistung gebildet hätte – nur *scheinbar* wirkt und mit der Wirkleistung, bei der die Phasenverschiebung berücksichtigt werden muß, nicht identisch ist.

Da der Verlauf der Augenblickswerte der Leistung gegenüber Spannung und Strom die doppelte Frequenz hat, läßt sich die Leistung nicht als Zeiger in einem Zeigerbild von

110   5. *Energie und Leistung im Wechselstromkreis*

Strömen und Spannungen darstellen, wohl aber in einem Zeigerbild der Leistungen. Dabei ist es üblich, die Wirkkomponente als Bezugsgröße zu wählen. Da der Phasenwinkel $\varphi = \varphi_u - \varphi_i$ bei einer induktiven Belastung $>0°$ ist, ergibt sich eine positive Blindleistung; dagegen ist bei kapazitiver Belastung wegen $\varphi = \varphi_u - \varphi_i < 0°$ die Blindleistung negativ. Diese Verhältnisse sind in den Zeigerbildern (Bild 5.6) dargestellt. Aus den Zeigerbildern lassen sich die Beziehungen ableiten:

$$\boxed{P = S \cos \varphi}, \tag{5.20}$$

$$\boxed{Q = S \sin \varphi}. \tag{5.21}$$

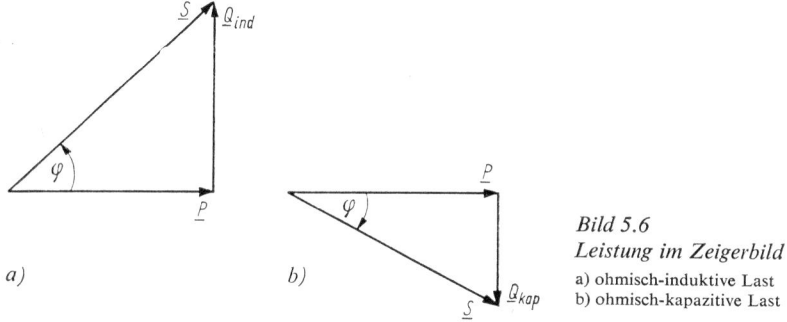

Bild 5.6
Leistung im Zeigerbild
a) ohmisch-induktive Last
b) ohmisch-kapazitive Last

Nach Quadrieren und Addieren der beiden Gleichungen findet man

$$P^2 + Q^2 = S^2 (\cos^2 \varphi + \sin^2 \varphi).$$

Da $\cos^2 \varphi + \sin^2 \varphi = 1$ ist, folgt daraus

$$\boxed{S = \sqrt{P^2 + Q^2}}. \tag{5.22}$$

Wirk- und Blindkomponente sind also geometrisch zu addieren.

Ebenso, wie bezüglich der Einheiten zwischen Wirk- und Blindleistung unterschieden werden mußte, ist eine besondere Kennzeichnung der Scheinleistung erforderlich. Hierfür wurde zur Unterscheidung vom Watt das Produkt aus Spannungs- und Stromeinheit, das *Volt · Ampere* (Kurzzeichen V · A), festgelegt:

$$[S] = \text{V} \cdot \text{A}.$$

Wechselstromgeneratoren und Transformatoren werden im allgemeinen mit gemischten Schaltungen belastet, d.h., sie müssen Wirk- und Blindleistung abgeben. Generatoren und Transformatoren müssen demzufolge hinsichtlich ihrer elektrischen und magnetischen Bemessung für die Resultierende, also für die Scheinleistung ausgelegt sein. Dagegen ist es z.B. bei Motoren üblich, auf dem Typenschild nicht die Scheinleistung des Nutzers, sondern die aus der Wirkleistung umgewandelte, an der Welle des Motors abgebbare mechanische Leistung anzugeben, da das eine für die Verwendung des Motors interessierende Größe ist. Der elektrische Teil ist jedoch auch hier für die Scheinleistung zu bemessen.

Darüber hinaus hat die Scheinleistung für die Übertragung von Wechselstrom Bedeutung. Nach ihr sind die Querschnitte der Übertragungsleitungen auszulegen. Der Anteil der wandelbaren Energie wird von der Wirkkomponente übertragen, während die zum

Aufbau elektrischer und magnetischer Felder erforderliche, zwischen Generator und Nutzer pendelnde Blindkomponente lediglich zusätzlich die Leitung belastet, so daß je nach Anteil ein größerer Querschnitt notwendig wird. Diese Verhältnisse werden im Abschn. 5.3., Beispiel 5.5, untersucht.

Beispiel 5.1

Es sind die Leistungsverhältnisse zu untersuchen, wenn eine Lichtbogenlampe mit 35 V/10 A an ein 220-V-Netz

1. über einen Vorschaltwiderstand und
2. über eine Vorschaltdrossel

angeschlossen wird! Im einzelnen sind folgende Größen zu bestimmen:

1.1. die Größe des Vorschaltwiderstands R_V,
1.2. die Lampenleistung und die Verlustleistung in dem R_V,
1.3. der Wirkungsgrad η,
2.1. die Größe der Induktivität L der Vorschaltdrossel mit $R_L = 3\ \Omega$,
2.2. die Größe der einzelnen Leistungen P_L, Q und S,
2.3. der Wirkungsgrad und Leistungsfaktor.

Lösung

1.1. Damit die Bogenlampe die richtige Betriebsspannung erhält, muß der Vorschaltwiderstand die Spannung des Netzes vermindern:

$$U_V = U_N - U_{Bo} = 220\ \text{V} - 35\ \text{V} = 185\ \text{V}.$$

Daraus errechnet sich der Vorschaltwiderstand zu

$$R_V = \frac{U_V}{I} = \frac{185\ \text{V}}{10\ \text{A}} = 18{,}5\ \Omega.$$

1.2. Die Leistung der Lampe und die des Vorschaltwiderstands sind reine Wirkleistungen. Für die Gesamtleistung (Lampe mit Vorschaltwiderstand) gilt daher

$$S = P = U_N I = 220\ \text{V} \cdot 10\ \text{A} = 2200\ \text{W}.$$

Die Leistungsaufnahme der Lampe ermittelt sich aus Lampenspannung und Lampenstrom:

$$P_{Bo} = U_{Bo} I = 35\ \text{V} \cdot 10\ \text{A} = 350\ \text{W}.$$

Die Verlustleistung im Vorwiderstand beträgt

$$P_V = I^2 R_V = U_V^2/R_V = U_V I = 185\ \text{V} \cdot 10\ \text{A} = 1850\ \text{W}.$$

1.3. Die Verlustleistung ist gegenüber der Nutzleistung beträchtlich hoch. Der Wirkungsgrad der Schaltungsanordnung ist daher äußerst ungünstig:

$$\eta = \frac{P_{Nutz}}{P_{ges}} = \frac{P_{Bo}}{P} = \frac{350\ \text{W}}{2200\ \text{W}} = 0{,}159 = 15{,}9\ \%.$$

Man kann die Verhältnisse wesentlich verbessern, wenn man anstelle eines Vorschaltwiderstands eine Vorschaltdrossel einsetzt.

2. Während im obigen Beispiel nur Wirkleistungen auftraten, sind jetzt auch Blindleistungen zu berücksichtigen. Für die Lösung einer solchen Aufgabe empfiehlt es sich (auf ein Schaltbild kann wegen der Einfachheit verzichtet werden), zunächst ein Zeigerbild zu entwerfen, das die Verhältnisse übersichtlich darstellt.

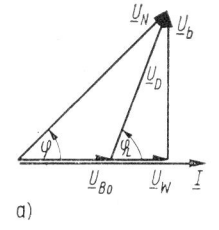

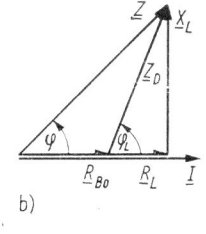

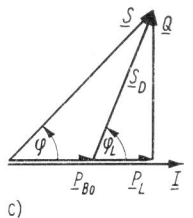

Bild 5.7
Zeigerbild der Lampe mit Vorschaltdrossel
a) Spannungen; b) Widerstände; c) Leistungen

112   5. Energie und Leistung im Wechselstromkreis

2.1. Die Bogenlampe kann als induktionsfreier Widerstand aufgefaßt werden:

$$R_{Bo} = \frac{U_{Bo}}{I} = \frac{35\text{ V}}{10\text{ A}} = 3{,}5\ \Omega.$$

Die Wirkspannungen bzw. Wirkwiderstände sind im Bild 5.7 phasengleich mit dem Strom als Bezugszeiger dargestellt. Zusammen mit dem Wirkwiderstand der Vorschaltdrossel ergibt sich eine gesamte Wirkkomponente für das Widerstandsdiagramm von

$$R = R_{Bo} + R_L = 3{,}5\ \Omega + 3\ \Omega = 6{,}5\ \Omega.$$

Damit sich bei einer Netzspannung von 220 V der Betriebsstrom auf 10 A begrenzt, muß der Scheinwiderstand folgenden Wert haben:

$$Z = \frac{U_N}{I} = \frac{220\text{ V}}{10\text{ A}} = 22\ \Omega.$$

Der erforderliche Blindwiderstand der Vorschaltdrossel ermittelt sich dann zu

$$X_L = \sqrt{Z^2 - R^2} = \sqrt{(22\ \Omega)^2 - (6{,}5\ \Omega)^2} = 21\ \Omega.$$

Daraus läßt sich die erforderliche Induktivität der Vorschaltdrossel berechnen:

$$L = \frac{X_L}{\omega} = \frac{21\ \Omega}{314\text{ s}^{-1}} = 66{,}9\text{ mH}.$$

2.2. Laut Aufgabenstellung sollen die Leistungsverhältnisse untersucht werden. Die Wirkleistung der Vorschaltdrossel beträgt

$$P_L = I^2 R_L = (10\text{ A})^2 \cdot 3\ \Omega = 300\text{ W}.$$

Neben der Wirkleistung tritt jetzt jedoch noch eine Blindleistung auf:

$$Q = I^2 X_L = (10\text{ A})^2 \cdot 21\ \Omega = 2100\text{ var}.$$

Die gesamte Scheinleistung hat den gleichen Wert wie im 1. Beispiel:

$$S = U_N I = 220\text{ V} \cdot 10\text{ A} = 2200\text{ V} \cdot \text{A}.$$

2.3. Der Wirkungsgrad darf nur aus Wirkleistungen (wandelbaren Leistungen) gebildet werden:

$$\eta = \frac{P_{Nutz}}{P_{ges}} = \frac{P_{Bo}}{P_L + P_{Bo}} = \frac{350\text{ W}}{300\text{ W} + 350\text{ W}} = 0{,}538 = 53{,}8\ \%.$$

Das Verhältnis zwischen Wirk- und Scheinleistung – der $\cos \varphi$ – beträgt nach Gl. (5.20)

$$\cos \varphi = \frac{P}{S} = \frac{P_L + P_{Bo}}{S} = \frac{300\text{ W} + 350\text{ W}}{2200\text{ V} \cdot \text{A}} = 0{,}296 \ll 1.$$

Dieses Verhältnis ist ungünstig. Es wurde bereits darauf hingewiesen, daß bei einem schlechten $\cos \varphi$, d. h. bei einem großen Blindanteil, die Energieübertragung unwirtschaftlich wird; denn im vorstehenden Beispiel wird trotz des stark verminderten Wirkleistungsbedarfs der gleiche Leiterquerschnitt gebraucht, weil unverändert ein Strom von 10 A fließt. Dem besseren Wirkungsgrad bei Verwendung einer Vorschaltdrossel steht also eine ungünstige Ausnutzung des Leiterquerschnitts gegenüber.

Die Bedeutung des Leistungsfaktors für die Praxis der Leistungselektrik soll im nächsten Abschnitt näher untersucht werden.

5.3. Leistungsfaktor und seine Verbesserung

In vorangegangenen Herleitungen und Berechnungen bezüglich des Zusammenhangs zwischen Wirk- und Scheinleistung trat der Faktor $\cos \varphi$ auf. Da er das Verhältnis der Wirkleistung zur Scheinleistung angibt, wird er auch *Leistungsfaktor* genannt. Je mehr

5.3. Leistungsfaktor und seine Verbesserung

dieser Leistungsfaktor gegen 1 geht, um so größer ist die Wirkkomponente; je mehr er gegen Null geht, um so größer ist die in der Scheinleistung enthaltene Blindkomponente.

Die durch die Blindkomponente herbeigeführte Phasenverschiebung kann dabei ohmisch-induktiv oder ohmisch-kapazitiv sein. Da in der Praxis vorwiegend Maschinen und Geräte eingesetzt werden, die auf magnetischen Wirkungen beruhen (Motoren, Transformatoren, Drosseln für Gasentladungslampen usw.), wird in einem Großnetz der ohmisch-induktive Belastungsfall überwiegen. Hinzu kommen Nutzer, wie Heizkörper (Tauchsieder, Lötkolben, Glühöfen usw.) und Glühlampen, die eine meist reine Wirklast darstellen. Die einzelnen Nutzer können einen stark unterschiedlichen Leistungsfaktor haben. Im Netz wird sich ein resultierender Leistungsfaktor einstellen. Dabei ist zu beachten, daß die Scheinleistungen von Nutzern mit unterschiedlichem $\cos \varphi$ nicht einfach zusammengezählt werden dürfen. Nach einer getrennten Summation aller Wirk- und Blindleistungen ist nur eine *geometrische Addition* statthaft.

Beispiel 5.2

In einer Werkhalle sind an einem 220-V-Netz folgende Nutzer angeschlossen:
1. 10 Quecksilberdampf-Hochdrucklampen (HQL) mit einer Leistungsaufnahme einschließlich Vorschaltdrossel von 475 W bei einem $\cos \varphi = 0{,}5$,
2. 30 Leuchtstofflampen mit einer Leistungsaufnahme je Lampe einschließlich Vorschaltdrossel von 49 W bei einem $\cos \varphi = 0{,}5$,
3. 5 Motoren zu je 2,5 kW bei einem mittleren $\cos \varphi = 0{,}75$,
4. 10 Motoren zu je 1 kW bei einem mittleren $\cos \varphi = 0{,}7$,
5. Heizgeräte (Lötkolben) zu insgesamt 4 kW.

Welcher mittlere Leistungsfaktor ergibt sich für alle in der Werkhalle installierten Beleuchtungskörper, Motoren und angeschlossenen Geräte?

Lösung

Es werden zunächst alle Wirkleistungen summiert:

$$P_{\text{ges}} = P_{\text{HQL}} + P_{\text{L}} + P_{\text{Mot2,5}} + P_{\text{Mot1}} + P_{\text{Heiz}},$$

$$P_{\text{ges}} = 10 \cdot 475 \text{ W} + 30 \cdot 49 \text{ W} + 5 \cdot 2{,}5 \text{ kW} + 10 \cdot 1 \text{ kW} + 4 \text{ kW},$$

$$P_{\text{ges}} = 32{,}72 \text{ kW}.$$

Bei der Ermittlung von P_{ges} wurde angenommen, daß für alle Maschinen der Motorwirkungsgrad $\eta_{\text{Mot}} = 1$ gilt. Außerdem wurde der Belastungsfaktor der Motoren mit $B = 1$ angesetzt. Wie sich die elektrische Wirkleistung aus den Angaben des Typenschildes eines Motors ohne Kenntnis des Wirkungsgrades errechnet und sich der Belastungsfaktor auswirkt, zeigt Beispiel 5.3. Die zusätzliche Berücksichtigung des Gleichzeitigkeitsfaktors G, bezogen auf alle Nutzer, wurde ausführlich im Beispiel 3.4, Abschnitt 3.2.4, Band 1, behandelt.

Zur weiteren Lösung der vorstehenden Aufgabe sind alle Blindleistungen zu addieren. Hierzu müssen zunächst die Blindleistungen ermittelt werden. Da in der Aufgabenstellung nur Wirk- und keine Scheinleistungen (beachte Einheiten!) genannt sind, muß noch eine Beziehung zwischen Wirk- und Blindleistung hergeleitet werden. Setzt man die Gln. (5.20) und (5.21) zueinander ins Verhältnis, dann folgt

$$\frac{Q}{P} = \frac{S \sin \varphi}{S \cos \varphi} = \tan \varphi. \qquad (5.23)$$

Die verschiedenen Blindleistungen sind durch die Gleichung $Q = P \tan \varphi$ leicht zu ermitteln. Zuvor sind jedoch noch die Werte für den $\cos \varphi$ über die Ermittlung von φ in den $\tan \varphi$ zu überführen:

$$\cos \varphi = 0{,}5 \Rightarrow \varphi = 60° \Rightarrow \tan \varphi = 1{,}73,$$

$$\cos \varphi = 0{,}75 \Rightarrow \varphi = 41{,}4° \Rightarrow \tan \varphi = 0{,}88,$$

$$\cos \varphi = 0{,}7 \Rightarrow \varphi = 45{,}6° \Rightarrow \tan \varphi = 1{,}02;$$

$$Q_{\text{ges}} = Q_{\text{HQL}} + Q_{\text{L}} + Q_{\text{Mot2,5}} + Q_{\text{Mot1}},$$

$$Q_{\text{ges}} = 10 \cdot 475 \cdot 1{,}73 \text{ var} + 30 \cdot 49 \cdot 1{,}73 \text{ var} + 5 \cdot 2{,}5 \cdot 0{,}88 \text{ kvar} + 10 \cdot 1 \cdot 1{,}02 \text{ kvar},$$

$$Q_{\text{ges}} = 8{,}22 \text{ kvar} + 2{,}54 \text{ kvar} + 11 \text{ kvar} + 10{,}2 \text{ kvar}$$

$$= 31{,}96 \text{ kvar}.$$

Die Scheinleistungsaufnahme aller Maschinen und Geräte der Werkhalle beträgt damit

$$S_{ges} = \sqrt{P_{ges}^2 + Q_{ges}^2},$$
$$S_{ges} = \sqrt{(32{,}72 \text{ kW})^2 + (31{,}96 \text{ kvar})^2} = 45{,}74 \text{ kV} \cdot \text{A}.$$

Der mittlere Leistungsfaktor ist dann das Verhältnis von

$$\cos\varphi = \frac{P_{ges}}{S_{ges}} = \frac{32{,}72 \text{ kW}}{45{,}74 \text{ kV} \cdot \text{A}} = 0{,}715.$$

Der in diesem Beispiel ermittelte Leistungsfaktor ist schlecht.

Um die Leitungen besser auszunutzen, wird ein *Mindestleistungsfaktor* von 0,85 gesetzlich vorgeschrieben. Betriebe mit vielen ohmisch-induktiven Nutzern müssen ihren Leistungsfaktor entsprechend verbessern. Dazu gibt es drei Möglichkeiten, die technisch jeweils bestimmte Vor- und Nachteile haben:

• 1. Es kann hinsichtlich der Nutzer eine Auswahl getroffen werden. Man müßte das Verhältnis von Wirk- und Blindleistung verbessern. Eine solche Maßnahme läßt sich aus technischen Gründen nicht immer durchführen.

• 2. Einen großen Anteil an einem schlechten Leistungsfaktor haben leerlaufende Transformatoren und Motoren. Der Blindanteil ist unabhängig von der Belastung und wird zum Aufbau der Magnetfelder (Magnetisierungsstrom I_μ) ständig gebraucht:

$$Q = UI_\mu = \frac{U_N^2}{\omega L}. \tag{5.24}$$

Wenn die Netzspannung konstant ist, ändert sich wegen $\omega L = $ konst. der Blindleistungsbedarf nicht. Der Leistungsfaktor leerlaufender Aggregate liegt im Mittel bei 0,2! Eine Verbesserung des Leistungsfaktors tritt nur ein, wenn eine Belastung der Transformatoren mit elektrischer Wirkleistung bzw. der Motoren mit mechanischer Leistung (aus Wirkleistung umgewandelt) erfolgt (vgl. Beispiel 5.3). Ausgelastete Transformatoren und Motoren haben einen $\cos\varphi = 0{,}75$ bis 0,95. Die besseren Werte gelten für Aggregate höherer Leistung. Man muß daher vermeiden, daß Motoren längere Zeit leerlaufen. Bei Transformatoren werden zu lastschwachen Zeiten parallelgeschaltete Transformatoren nacheinander abgeschaltet, so daß immer eine hinreichende Auslastung vorliegt. Das Ab- und wieder Zuschalten erfolgt selbsttätig.

• 3. Wenn zuwenig rein ohmsche Nutzer angeschlossen sind, dann wird, wie das Beispiel 5.2 zeigte, trotz vollausgelasteter Motoren der resultierende Leistungsfaktor den gesetzlichen Forderungen noch nicht entsprechen. In einem solchen Fall hilft nur eine *Kompensation* der induktiven Blindleistung. Unter Kompensation versteht man das Zuschalten von kapazitiven Schaltelementen in einer Größenordnung, daß der induktive Anteil nach außen hin aufgehoben wird. Man kompensiert induktive Blindleistung durch kapazitive auf einen Wert um $\cos\varphi = 0{,}9$ induktiv. Damit hat man der gesetzlichen Forderung Genüge getan; zum anderen wäre eine Kompensation auf $\cos\varphi = 1$ unwirtschaftlich, da der Aufwand an Kondensatoren dann in einem ungünstigen Verhältnis zum eingesparten Leitermaterial steht (vgl. hierzu Beispiel 5.4). Eine Überkompensation ist nicht ratsam, weil kapazitiver Blindstrom den Leiterquerschnitt ebenso belastet wie induktiver. Eine kapazitive Belastung von Generatoren und Transformatoren führt durch *Resonanzerscheinungen* außerdem zu Überspannungen.

Welcher physikalische Vorgang liegt einer Kompensation zugrunde? Wenn sich das magnetische Feld abbaut und die Blindenergie „zurückflutet", dann wird sie beim Vorhandensein von Kapazitäten bei vollständiger Kompensation ($\cos\varphi = 1$) nicht mehr zwischen Nutzer und Generator pendeln, sondern zwischen ohmisch-induktivem Nutzer und Kondensator! Die Übertragungsleitung zum Generator wird hierdurch entlastet. Ist die Kompensation nicht vollständig, dann pendelt nur der Restbetrag der Blindenergie zwischen Generator und Nutzer.

Aufgabe 5.3

Welche Schlußfolgerungen ergeben sich aus den bisherigen Darlegungen für den günstigsten Aufstellungsort der Kondensatoren für eine Kompensation der Blindenergie?

Aufgabe 5.4

Zwischen welchen Maschinen bzw. Geräten pendelt die Blindenergie bei Überkompensation?

Kompensationen werden *zentral* und *dezentral* vorgenommen. Bei *zentraler Kompensation* hat der Abnehmer oder eine Umspannstation Kondensatoren zentral stationiert, die zwecks Anpassung an die Blindleistungsverhältnisse automatisch in Stufen zu- und abgeschaltet werden. Die zentrale Kompensation entlastet die Leitungen zum Generator, nicht aber die Stromversorgungsleitungen im Betrieb selbst. Dieser Nachteil wird durch eine dezentrale Kompensation als Einzel- oder Gruppenkompensation aufgehoben. Bei der *Einzelkompensation* werden Motoren oder Leuchtstofflampen einzeln kompensiert. Die Einzelkompensation ist teuer! Die *Gruppenkompensation* ist ein Kompromiß zwischen Einzel- und zentraler Kompensation. Man faßt hier z. B. die Kompensation der Beleuchtungsanlage eines Raumes zusammen.

Die Möglichkeit, Blindleistung zu kompensieren, besteht auch mit einem Synchronmotor, der im Leerlauf oder belastet am Netz liegt. Eine Übererregung des Feldes läßt die induzierte Spannung im Anker größer als die Netzspannung werden, und es fließt ein Ausgleichsstrom. Aus dem Zeigerbild der Synchronmaschine folgt, daß eine übererregte Synchronmaschine (gleichgültig, ob Motor oder Generator) blindleistungsmäßig wie ein Kondensator wirkt. Die Blindenergie zum Aufbau der Magnetfelder kann ein übererregter Synchronmotor liefern. Der Synchronmotor übernimmt also als Erzeuger von Blindenergie eine Teilaufgabe des Generators!

Jede neugeschaffene Kompensationsanlage amortisiert sich durch Einsparung von Energiekosten in kurzer Zeit.

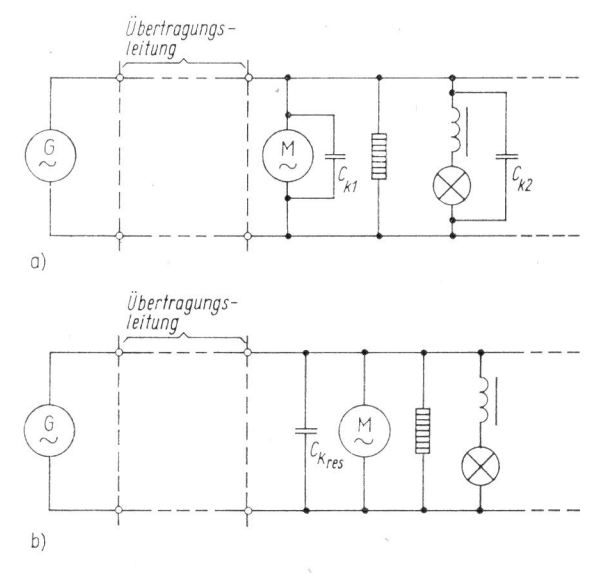

Bild 5.8
Stromlaufplan einer Blindleistungskompensation
a) Einzelkompensation
b) Gruppenkompensation

5. Energie und Leistung im Wechselstromkreis

Beispiel 5.3

Ein Motor hat die Nenndaten 220 V/32 A/5 kW/1420 min^{-1}/cos $\varphi = 0{,}78$. Wie groß ist der Leistungsfaktor, wenn der Motor mit einem Belastungsfaktor $B = 0{,}5$ arbeitet, d.h. nur mit der halben Nennleistung betrieben wird?

Lösung

Die vom Motor bei Nennlast aufgenommene Wirkleistung berechnet sich nach Gl.(5.11):

$$P_{el} = UI \cos \varphi = 220 \text{ V} \cdot 32 \text{ A} \cdot 0{,}78 = 5{,}5 \text{ kW}.$$

Die aufgenommene Wirkleistung ist um die elektrischen und mechanischen Verluste (hier 500 W) größer als die an der Welle abgegebene mechanische Leistung von 5 kW. Der Wirkungsgrad des Motors beträgt damit

$$\eta_{Mot} = \frac{P_{mech}}{P_{el}} = \frac{5 \text{ kW}}{5{,}5 \text{ kW}} = 0{,}91 = 91\%.$$

Wenn der Motor nur mit der halben Nennlast belastet wird, dann sind auch die Verluste in erster Näherung nur halb so groß. Man kann deshalb auch die aufgenommene elektrische Wirkleistung halbieren:

$$\frac{P_{el}}{2} = \frac{5{,}5 \text{ kW}}{2} = 2{,}75 \text{ kW}.$$

Die Blindleistung dagegen wird den gleichen Betrag behalten (vgl. Gl.(5.24)):

$$\cos \varphi = 0{,}78 \Rightarrow \varphi = 38{,}7° \Rightarrow \sin \varphi = 0{,}626,$$

$$Q = UI \sin \varphi = 220 \text{ V} \cdot 32 \text{ A} \cdot 0{,}626 = 4{,}4 \text{ kvar}.$$

Die Scheinleistung beträgt dann bei halber Last

$$S = \sqrt{\left(\frac{P_{el}}{2}\right)^2 + Q^2} = \sqrt{(2{,}75 \text{ kW})^2 + (4{,}4 \text{ kvar})^2}$$

$$= 5{,}19 \text{ kV} \cdot \text{A}.$$

schließlich ergibt sich der Leistungsfaktor bei halber Last zu

$$\cos \varphi = \frac{P_{el}/2}{S} = \frac{2{,}75 \text{ kW}}{5{,}19 \text{ kV} \cdot \text{A}} = 0{,}53 < 0{,}78.$$

Damit ist die erwartete Verschlechterung eingetreten! Unabhängig von der Belastung wird das Verhalten nur, wenn eine Kompensation vorgesehen wird.

Aufgabe 5.5

Auf welchen Wert des Leistungsfaktors muß kompensiert werden, damit eine Änderung der mechanischen Belastung des Motors keinen Einfluß mehr auf die Größe des $\cos \varphi$ hat?

Beispiel 5.4

Der Wechselstrommotor aus dem Beispiel 5.3 soll durch einen parallelgeschalteten Kondensator
1. auf $\cos \varphi = 0{,}9$ und
2. auf $\cos \varphi = 1$

kompensiert werden!
Wie groß sind die erforderlichen Kapazitäten? Das Ergebnis ist zu diskutieren!

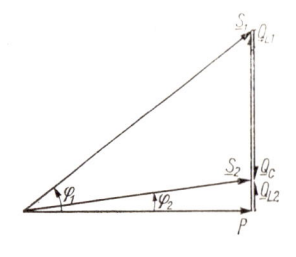

Bild 5.9
Zeigerbild einer Motorkompensation

Lösung

Anhand der Konstruktion des Zeigerbildes (Bild 5.9) ist der notwendige Rechengang leichter zu übersehen:
Die Leistungen $P_{e1} = 5{,}5$ kW und $Q_{L1} = 4{,}4$ kvar können aus dem Beispiel 5.3 übernommen werden. Die Scheinleistung S_1 beträgt dort

$$S_1 = U_N I = 220 \text{ V} \cdot 32 \text{ A} = 7{,}04 \text{ kV} \cdot \text{A}.$$

Wenn auf $\cos\varphi_2 = 0{,}9$ kompensiert werden soll, dann hat die verbleibende induktive Blindleistung Q_{L2} den Wert

$$\cos\varphi_2 = 0{,}9 \Rightarrow \varphi_2 = 25{,}8° \Rightarrow \tan\varphi_2 = 0{,}484,$$

$$Q_{L2} = P_{e1} \tan\varphi_2 = 5{,}5 \text{ kW} \cdot 0{,}484 = 2{,}66 \text{ kvar}.$$

Die erforderliche Blindleistung Q_{C1} des Kompensationskondensators ergibt sich aus der Differenz der beiden induktiven Blindleistungen:

$$|Q_{C1}| = Q_{L1} - Q_{L2} = 4{,}4 \text{ kvar} - 2{,}66 \text{ kvar} = 1{,}74 \text{ kvar}.$$

Aus den beiden bekannten Beziehungen $X_C = -1/\omega C$ und $Q_C = U^2/x_C$ erhält man nach Eliminieren von X_C die Bemessungsgleichung für den erforderlichen Kondensator:

$$C_1 = \frac{|Q_{C1}|}{\omega U_N^2} = \frac{10^6 \cdot 1740 \text{ var}}{314 \text{ s}^{-1} \cdot (220 \text{ V})^2} = 114 \text{ }\mu\text{F}.$$

Wird der Kondensator mit einer Kapazität $C_1 = 114$ µF dem Motor parallelgeschaltet, dann stellt sich ein resultierender Leistungsfaktor $\cos\varphi_2 = 0{,}9$ ein. Soll auf $\cos\varphi = 1$ kompensiert werden, dann gilt

$$|Q_{C2}| = Q_{L1} = 4{,}4 \text{ kvar}.$$

Der Kondensator muß dann eine Kapazität von

$$C_2 = \frac{|Q_{C2}|}{\omega U_N^2} = \frac{10^6 \cdot 4400 \text{ var}}{314 \text{ s}^{-1} \cdot (220 \text{ V})^2} = 290 \text{ }\mu\text{F}$$

haben.
Obwohl sich der Leistungsfaktor nur um $\frac{1}{10}$ verbessert hat, ist mehr als die 2,5fache Kapazität erforderlich. Dieses Verhalten erklärt sich durch die im Bereich von $\varphi = 0°$ sehr flache Kosinuskurve. Eine Verbesserung des Leistungsfaktors über 0,9 ist deshalb unwirtschaftlich. Einen von Lastschwankungen unabhängigen Leistungsfaktor erhält man jedoch nur bei vollständiger Kompensation, also bei $\cos\varphi = 1$.

Beispiel 5.5

Es ist der Einfluß des Leistungsfaktors auf den Leiterquerschnitt einer Wechselstromübertragungsleitung zu untersuchen und zu diskutieren!

Lösung

Die zu übertragende Wirkleistung errechnet sich nach Gl. (5.11):

$$P = UI \cos\varphi.$$

Danach ermittelt sich der Strom im Leiter zu

$$I = \frac{P}{U \cos\varphi}.$$

Für die Verlustleistung P_V der Leitung gilt die Beziehung

$$P_V = I^2 R_{Lei}.$$

Der Leitungswiderstand R_{Lei} einer Gleichstrom- oder Wechselstromleitung (unter Vernachlässigung der induktiven und kapazitiven Einflüsse) beträgt

$$R_{Lei} = \frac{2l}{\varkappa A}.$$

5. Energie und Leistung im Wechselstromkreis

Verknüpft man diese Beziehungen miteinander, erhält man durch Auflösen nach dem Leiterquerschnitt A in Abhängigkeit vom Leistungsfaktor

$$A = \frac{2lP^2}{U^2 \varkappa P_v} \cdot \frac{1}{\cos^2 \varphi}. \tag{5.25}$$

In Gegenüberstellung zur Ermittlung des Leiterquerschnitts bei einer Gleichstromübertragung ändert sich die Gleichung nur durch den zusätzlichen Faktor $1/\cos^2 \varphi$. Das bedeutet jedoch, daß ein schlechter Leistungsfaktor (z. B. 0,7) durch das Quadrat in der Gleichung schon den doppelten Querschnitt erfordert, vergleicht man das Ergebnis mit dem Fall $\cos \varphi = 1$!

Die Ermittlung der Wechselstromleistung kann auf einfachem Wege häufig nur durch Strom- und Spannungsmessungen erfolgen. Allerdings ist dazu vorher ein Zeigerbild zu entwickeln und das zugehörige Formelgefüge herzuleiten. So können z. B. die Wirk- und die Blindleistung einer Reihenschaltung durch das sogenannte *Drei-Spannungsmesser-Verfahren* erfaßt werden (Bild 5.10). Der Widerstand R dient dabei als zusätzliche Meßhilfe. Gemessen werden die Spannungen U_R, U_{Sp} und U sowie der Strom I. Die in der Drossel umgesetzte Wirkleistung ergibt sich aus dem Produkt aus Strom und Wirkkomponente der Spannung ($P = IU_w$). Diese Wirkkomponente der Spannung läßt sich aus den drei gemessenen Spannungen berechnen. Man ermittelt U_w z. B. mit Hilfe des Satzes des Pythagoras (vgl. Übung 5.8):

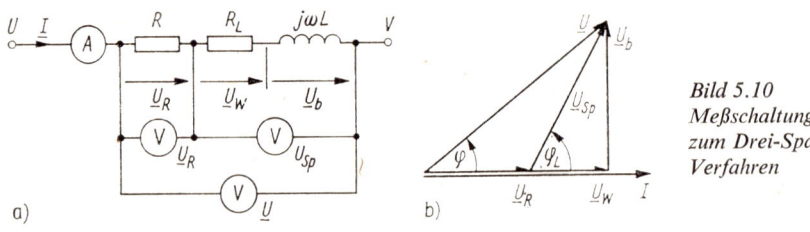

$$U_w = \frac{U^2 - U_{Sp}^2 - U_R^2}{2U_R}. \tag{5.26}$$

Bild 5.10
Meßschaltung und Zeigerbild zum Drei-Spannungsmesser-Verfahren

Die Wirkleistung der Drossel (ohne die im Hilfswiderstand R umgesetzte Leistung) ermittelt sich zu

$$P = I \frac{U^2 - U_R^2 - U_{Sp}^2}{2U_R}. \tag{5.27}$$

Die Blindleistung ergibt sich nach der Beziehung

$$Q = \sqrt{S^2 - P^2} = I\sqrt{U^2 - (U_R + U_w)^2}. \tag{5.28}$$

Die Blindleistung läßt sich auch nach folgender Gleichung berechnen:

$$Q = I\sqrt{U_{Sp}^2 - U_w^2} = I\sqrt{U_{Sp}^2 - \left(\frac{U^2 - U_R^2 - U_{Sp}^2}{2U_R}\right)^2}. \tag{5.29}$$

Die Gl. (5.29) hat den Vorteil, daß sie einer Rechenoperation weniger bedarf.

5.4. Komplexe Darstellung der Leistung

In den vorangegangenen Abschnitten wurden die einzelnen Leistungsgrößen in den Wechselstromkreis eingeführt. Eine komplexe Darstellung der Leistung ist nicht so ohne weiteres möglich, da die Funktion $p = f(t)$ keine reine Sinusgröße ist. Damit kann diese nicht in den Bildbereich transformiert werden. Ausgehend von den Gln. (5.20) und (5.21) und unter Berücksichtigung der Zeigerdarstellung von Wirk-, Blind- und Scheinleistung nach Bild 5.6 ist eine Deutung als Leistungsoperator möglich: $\underline{S} = P + jQ = UI\,e^{j\varphi}$. Mit $\varphi = \varphi_u - \varphi_i$ ergibt sich die *komplexe Leistung* zu

$$\underline{S} = UI\,e^{j(\varphi_u - \varphi_i)} = U\,e^{j\varphi_u}\,I\,e^{-j\varphi_i} = \underline{U}\underline{I}^*.$$

Die komplexe Leistung ist danach das Produkt aus komplexer Spannung und konjugiert komplexem Strom. Der Realteil der komplexen Leistung entspricht der Wirkleistung, der Imaginärteil der Blindleistung, und der Betrag der komplexen Leistung entspricht der Scheinleistung:

$$\underline{S} = UI\cos\varphi + j\,UI\sin\varphi = P + jQ, \tag{5.30}$$

$$|\underline{S}| = UI = S \tag{5.31}$$

Die dazugehörige Zeigerdarstellung zeigt Bild 5.11.

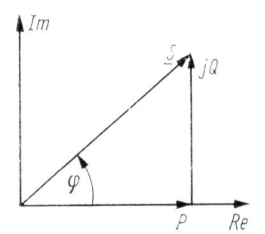

Bild 5.11
Komplexe Leistung im Zeigerbild

Beispiel 5.6

Wie groß ist die Leistungsaufnahme einer Reihenschaltung von R und C, wenn bei einer angelegten Spannung von 220 V und 50 Hz ein Strom von 10 A fließt, der gegenüber der Spannung um 30° voreilt? Es sind Schein-, Wirk- und Blindleistung zu berechnen!

Lösung

Laut Aufgabenstellung ist

$$\underline{U} = U\,e^{j\varphi_u} = 220\text{ V}\,e^{j0°},$$

$$\underline{I} = I\,e^{j\varphi_i} = 10\text{ A}\,e^{j30°}$$

bzw.

$$\underline{I}^* = I\,e^{-j\varphi_i} = 10\text{ A}\,e^{-j30°}.$$

Damit wird laut Gl. (5.25)

$$\underline{S} = \underline{U}\underline{I}^* = U\,e^{j\varphi_u}I\,e^{-j\varphi_i} = UI\,e^{j\varphi}$$

oder

$$\underline{S} = P + jQ = S(\cos\varphi + j\sin\varphi)$$

$$= 2200\,(0{,}866 - j\,0{,}5)\text{ V}\cdot\text{A},$$

$$\underline{S} = (1905 - j\,1100)\text{ V}\cdot\text{A}.$$

Es wird also

$$S = UI = 220\,\text{V} \cdot 10\,\text{A} = 2200\,\text{V} \cdot \text{A},$$
$$P = UI \cos\varphi = 220\,\text{V} \cdot 10\,\text{A} \cdot 0{,}866 = 1905\,\text{W}$$

und

$$Q = UI \sin\varphi = 220\,\text{V} \cdot 10\,\text{A} \cdot 0{,}5 = 1100\,\text{var}.$$

Kontrolle:

$$S = \sqrt{P^2 + Q^2} = \sqrt{(1905^2 + 1100^2)}\,\text{V} \cdot \text{A} \approx 2200\,\text{V} \cdot \text{A}.$$

Aufgabe 5.6

Eine Hummelschaltung zur 90°-Drehung (Bild 5.12) soll für eine Blindleistungsmessung verwendet werden. Sie ist für ein Meßwerk mit $R_m = 15\,\Omega$ und $I_m = I_2 = 20\,\text{mA}$ wie folgt dimensioniert: $R_1 = 72{,}98\,\Omega$; $L_1 = 1{,}032\,\text{H}$; $R_2 = 5\,\Omega$; $L_2 = 60\,\text{mH}$; $R_3 = 50\,\Omega$; die Gesamtspannung beträgt $\underline{U} = 10\,\text{V}\,e^{j0°}$, der Gesamtstrom hat den Wert $\underline{I} = 29\,\text{mA}\,e^{-j74{,}92°}$, als Frequenz gilt 50 Hz.

Es ist der Eigenverbrauch (die Scheinleistung) des Netzwerkes zu ermitteln! Wie groß ist der Anteil der Leistung, der Wärme erzeugt?

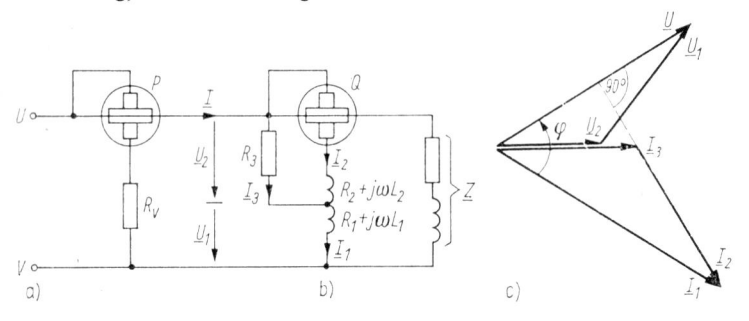

Bild 5.12. Leistungsmeßschaltungen
a) Wirkleistung; b) Blindleistung; c) Zeigerbild zur Hummelschaltung

Zusammenfassung zu 5.

Zur Bildung der Wechselstromleistung ist von den Augenblickswerten von Spannung und Strom auszugehen. Die Augenblicksleistung ist $p = ui$. Der Verlauf der Augenblicks-Leistung p hat gegenüber u und i die doppelte Frequenz. Bei Phasenverschiebung Null zwischen u und i ist p nur positiv, während bei $\varphi \neq 0$ auch negative p-Werte auftreten. Dieser Vorzeichenwechsel ist gleichbedeutend mit einer Richtungsumkehr der Energie. Sie pendelt zwischen Erzeuger und Nutzer.

Von praktischer Bedeutung ist der Mittelwert $\bar{p}$ des Verlaufs von p. Sind Strom und Spannung sinusförmig, ergibt sich die Beziehung $\bar{p} = P = UI \cos\varphi$. P nennt man Wirkleistung; sie ist in andere nichtelektrische Leistungsformen wandelbar. Die bei Phasenverschiebung pendelnde Blindleistung $Q = UI \sin\varphi$ dient zum Auf- und Abbau der elektromagnetischen bzw. elektrischen Felder. Sie ist nicht in andere nichtelektrische Leistungsformen wandelbar. Blindleistung wird dem elektrischen Stromkreis nicht entzogen. Wirk- und Blindleistung addieren sich geometrisch zur Scheinleistung $S = \sqrt{P^2 + Q^2}$. Sie stellt eine reine Rechengröße dar. Multipliziert man die Leistungsgleichungen mit der Zeit, so erhält man analog Wirk-, Blind- und Scheinarbeit.

Das Verhältnis von Wirk- zur Scheinleistung ergibt den Leistungsfaktor $\cos\varphi$. Sein Wert liegt je nach Phasenverschiebung zwischen 0 und 1. Im Interesse einer wirtschaftlichen Ausnutzung der Übertragungsleitungen ist ein Mindestleistungsfaktor von 0,85 gesetzlich vorgeschrieben, der gegebenenfalls durch Kompensation (Parallelschalten von Kondensatoren zu ohmisch-induktiven Nutzern) erreicht wird.

Tafel 5.1. Definitions- und Berechnungsgleichungen der Wechselstromleistung

Augenblickswert der Leistung

$$p = ui = UI\cos\varphi - UI\cos(2\omega t - \varphi) = UI\cos\varphi\,[1 - \cos(2\omega t + \varphi)] + UI\sin\varphi\sin 2\omega t$$

Wirkleistung

allgemein

$$\bar{p} = P = \frac{1}{T}\int_0^T ui\,\mathrm{d}t$$

Reihenschaltung Parallelschaltung

$$P = UI\cos\varphi$$

$$[P] = W$$

$$P = I^2 R = U_w I = U_w^2 G \qquad\qquad P = \frac{U^2}{R} = U^2 G = UI_w = I_w^2 R$$

Blindleistung

$$Q = UI\sin\varphi$$

$$[Q] = \mathrm{var}$$

$$Q = I^2 X = U_b I = U_b^2 B \qquad\qquad Q = \frac{U^2}{X} = U^2 B = UI_b = I_b^2 X$$

Scheinleistung

$$S = UI = \sqrt{P^2 + Q^2}$$

$$[S] = \mathrm{V}\cdot\mathrm{A}$$

$$S = I\sqrt{U_w^2 + U_b^2} = I^2 Z \qquad\qquad S = U\sqrt{I_w^2 + I_b^2} = U^2 Y$$

Komplexe Leistung

$$\underline{S} = \underline{U}\underline{I}^* = UI\,\mathrm{e}^{\mathrm{j}(\varphi_u - \varphi_i)} = UI\,\mathrm{e}^{\mathrm{j}\varphi}$$
$$\underline{S} = UI\cos\varphi + \mathrm{j}UI\sin\varphi$$
$$\underline{S} = P + \mathrm{j}Q$$

Anmerkung: Die Anwendung obiger Gleichungen setzt die *Sinusform* für Spannungen und Ströme voraus! Für oberwellenhaltige Spannungen und Ströme ist eine *Verzerrungsleistung* definiert (vgl. Abschn. 10.).

Übungen zu 5.

Ü 5.1. Eine mit Wasser angefüllte Baugrube von 60 m³ Rauminhalt muß in 2 h geleert sein. Das Wasser ist dabei über eine Höhe von 10 m zu fördern. Das Pumpaggregat hat einen Wirkungsgrad von 20% und der mit ihm gekuppelte Wechselstrommotor einen von 80%. Die zur Verfügung stehende Netzspannung beträgt 220 V bei 50 Hz. Im Betrieb stellt sich ein $\cos\varphi = 0{,}8$ ein.
  1. Welche Leistung muß die Pumpe mindestens haben?
  2. Welche mechanische Leistung muß der Motor entwickeln?
  3. Für welchen Strom muß das Zuführungskabel ausgelegt sein?
  4. Welche Energiekosten entstehen durch die Leerung der Baugrube, wenn die Kilowattstunde mit 0,10 M berechnet wird?

5. Energie und Leistung im Wechselstromkreis

Ü 5.2. Zwei im Nennbetrieb arbeitende Motoren haben zusammen eine Wirkleistung von 2,5 kW und verursachen einen gemeinsamen Leistungsfaktor $\cos\varphi = 0{,}78$ (Einphasennetz, 220 V). Die Einzelleistungsfaktoren der Motoren betragen $\cos\varphi_1 = 0{,}75$ und $\cos\varphi_2 = 0{,}84$.

1. Wie groß sind die Wirkleistungen der einzelnen Maschinen?
2. Wie groß sind die Drehmomente an der Welle bei $n_1 = n_2 = 1450 \text{ min}^{-1}$ und $\eta_1 = \eta_2 = 0{,}75$ (vgl. Abschn. 3.3., Band 1)?
3. Es ist das Zeigerbild der Leistungen zu zeichnen!

Ü 5.3. Es ist ein Einphasenwechselstromgenerator mit folgenden Daten gegeben: $S = 550 \text{ kV} \cdot \text{A}$; $U = 400 \text{ V}; n = 375 \text{ min}^{-1}; \eta = 91\%$. Durch äußere Belastung bedingt, beträgt der $\cos\varphi = 0{,}8$.

1. Wie groß sind die abgegebene Wirk- und Blindleistung?
2. Wie groß ist die aufgenommene mechanische Leistung?
3. Wie groß ist das Drehmoment an der Welle?

Ü 5.4. Ein Netzabschnitt (220 V/50 Hz) ist mit einer Wirkleistung von 30 kW konstant belastet. Der Leistungsfaktor beträgt $\cos\varphi = 0{,}65$.

1. Wie groß sind Blind- und Scheinleistung?
2. Mit Hilfe von Kondensatoren soll der Leistungsfaktor auf 0,9 verbessert werden. Welche Kapazität muß dem Netzabschnitt parallelgeschaltet werden?

Ü 5.5. Ein 48 km langes Kabel hat eine Kapazität von 5 μF. Es soll mit 10 kV bei 50 Hz auf seine Isolationsfestigkeit geprüft werden.

1. Wie groß ist der Blindstrom?
2. Wie groß sind Wirk-, Blind- und Scheinleistung?

Ü 5.6. Parallel zu dem Kabel aus Ü 5.5 soll eine Drossel geschaltet werden, so daß der $\cos\varphi = 1$ wird und der Prüftransformator nur die Wirkleistung der Spule aufbringen muß.

1. Wie groß muß die Induktivität der Spule sein?
2. Für welche Wirkleistung muß der Prüftransformator bemessen sein, wenn die Drossel einen Wirkwiderstand von 12 Ω hat?

Ü 5.7. Ein mittleres Wohnhaus ist über eine 16-mm²-Freileitung an eine 120 m entfernte Transformatorenstation (230 V) angeschlossen. Der Leistungsfaktor beträgt im Mittel $\cos\varphi = 0{,}85$. Wie groß darf die Wirkleistung werden, damit die Spannung im Wohnhaus nicht unter 220 V sinkt?

Ü 5.8. Es ist Gl. (5.26) mit Hilfe des Zeigerbildes (Bild 5.10b) herzuleiten!

Ü 5.9. An einer Reihenschaltung von Spule und Widerstand wurden bei einem Strom von 1 A über der Spule 60 V, über dem Widerstand 70 V und insgesamt 100 V gemessen. Wie groß sind Wirk-, Blind- und Scheinleistung von Spule und Gesamtschaltung?

Ü 5.10. An einer Parallelschaltung von Spule und Widerstand wurden bei 220 V/50 Hz ein Gesamtstrom von 12 A und die Teilströme $I_R = 7$ A und $I_L = 8$ A gemessen.

1. Wie groß sind Wirk-, Blind- und Scheinleistung von Spule und Gesamtschaltung?
2. Wie groß sind der Selbstinduktionskoeffizient L und der Widerstand R_L der Spule und R des Widerstands?

Ü 5.11. Für die Blindleistungsmeßschaltung aus Aufgabe 5.6 sind die Wirkleistungen in den Bauelementen zu bestimmen!

Ü 5.12. Es ist die Funktion $P_V = f(\cos\varphi)$ einer Übertragungsleitung mathematisch herzuleiten und für den Leiterquerschnitt, die übertragene Leistung sowie die Spannung und der Leistungsfaktor als unabhängige Variable zu diskutieren!

Desgleichen ist die Funktion $C_{\text{Komp}} = f(\cos\varphi)$ für die Kompensation eines Netzabschnitts zu untersuchen, wenn auf einen $\cos\varphi = 1$ kompensiert werden soll! Welchen Einfluß haben eine schwankende Frequenz und Spannung?

6. Ortskurven

6.1. Zweck und Bedeutung der Ortskurven

In der Wechselstromtechnik verwendet man Zeigerbilder, um gleichzeitig Betrag und Phasenwinkel sowie Realteil und Imaginärteil von Spannungen, Strömen, Widerständen und Leitwerten anschaulich darzustellen. Ein Zeigerbild erfaßt jedoch nur das Zusammenwirken der betrachteten Größen bei einer Frequenz und bestimmten, konstanten Werten der Schaltelemente. Um das Verhalten von Betrag und Phasenwinkel der interessierenden Größe auch bei Frequenz- oder Lastvariationen oder Änderungen der Werte der vorhandenen Widerstände, Kapazitäten oder Induktivitäten veranschaulichen zu können, ist es notwendig, die Zeigerbilddarstellung zu erweitern. In zahlreichen Anwendungsfällen der Praxis muß ein Ingenieur wissen, um welchen Betrag und in welcher Richtung sich ein oder mehrere Parameter eines Bauelements, z. B. eines Transistors, einer Funktionsgruppe, eines Regelkreises, oder sogar einer ganzen Anlage, z. B. einer automatischen Steuerung für eine Produktionsstrecke bei verschiedenen Betriebszuständen, ändern. Ein Hilfsmittel zur Erfassung der veränderlichen Vorgänge sind grafische Darstellungen, die als Ortskurven bezeichnet werden.

An einem einfachen Beispiel soll die Entstehung einer Ortskurve erläutert werden. Für die Reihenschaltung eines ohmschen Widerstands R mit einer Induktivität L ergibt sich das im Bild 6.1 gezeichnete Zeigerbild. Bei Erhöhung des Widerstandswertes von R_1 auf R_2, R_3, R_4 usw. verschieben sich die Pfeilspitzen der Zeiger entsprechend der Widerstandszunahme nach rechts. Die Verbindung aller möglichen Zeigerendpunkte des Zeigers $\underline{Z}$ ergibt die Widerstandsortskurve der RL-Reihenschaltung mit R als variable Größe. Nach Festlegung eines Maßstabes kann man für jeden Widerstand R sofort den Betrag $|\underline{Z}|$ und den Phasenwinkel φ des Ersatzwiderstands ablesen.

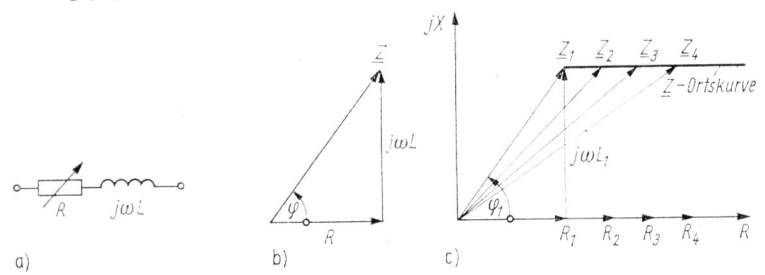

Bild 6.1. Entwicklung einer Ortskurve aus der Zeigerbilddarstellung
a) RL-Reihenschaltung; b) Zeigerbild; c) Widerstandsortskurve für variable R

Die Ortskurve einer veränderlichen komplexen Größe ist demzufolge der geometrische Ort all der Punkte in der Gaußschen Zahlenebene, die diese Größe in Abhängigkeit von einem reellen Parameter einnehmen kann. Die wesentliche Bedeutung der Ortskurven besteht darin, daß sie in übersichtlicher Form die Abhängigkeit einer elektrischen Größe von einer anderen darstellen, wobei der Amplituden- und der Phasengang gleichzeitig erfaßt werden.

6.2. Inversion

Bei der Konstruktion von Ortskurven ist es ebenso wie bei der Berechnung von Schaltungen oft notwendig, von Widerständen auf Leitwerte und umgekehrt überzugehen. Diese Umwandlung entspricht der Kehrwertbildung einer komplexen Größe, die auch als Inversion bezeichnet wird. Nachfolgend sollen daher zunächst die grafische Inversion eines Punktes in der Gaußschen Zahlenebene und anschließend die Inversion von Kurven beschrieben werden.

6.2.1. Inversion eines Punktes

Um von einem Widerstand

$$\underline{Z} = R + jX = |\underline{Z}|\, e^{j\varphi}$$

auf den zugehörigen Leitwert

$$\underline{Y} = \frac{1}{\underline{Z}} = \frac{1}{|\underline{Z}|}\, e^{-j\varphi} = |\underline{Y}|\, e^{-j\varphi} = G + jB$$

zu gelangen, sind, wie die Rechnung zeigt, zwei Schritte notwendig:
1. die Bildung des reziproken Wertes vom Widerstandsbetrag $|\underline{Y}| = 1/|\underline{Z}|$,
2. die Bildung des Winkels $-\varphi$.

Die quantitative Darstellung dieser Zusammenhänge in einem Zeigerbild erfordert die Zuordnung von Längeneinheiten zum Widerstands- und zum Leitwertbetrag. Das nachfolgende Beispiel soll veranschaulichen, daß durch die Inversion eine Verschiebung des Punktes $\underline{Z}$ zum Punkt $\underline{Y}$ in der komplexen Zahlenebene auftritt.

Beispiel 6.1

In einem Zeigerbild sind der Widerstand $\underline{Z} = (30 + j\,40)\,\Omega = 50\,\Omega\, e^{j53{,}1°}$ und der zugehörige Leitwert $\underline{Y}$ darzustellen, wobei für den Widerstand ein Längenmaßstab von $m_Z = 10\,\Omega/\text{cm}$ und für den Leitwert ein Längenmaßstab von $m_Y = 10\,\text{mS/cm}$ gewählt werden!

Lösung

$$\underline{Y} = \frac{1}{50\,\Omega\, e^{j53{,}1°}} = 20\,\text{mS}\, e^{-j53{,}1°} = (12 - j\,16)\,\text{mS}.$$

Bild 6.2 zeigt, daß $\underline{Z}$ und der zugehörige Leitwert $\underline{Y}$ unterschiedliche geometrische Orte in der Gaußschen Zahlenebene einnehmen.

Im Beispiel 6.1 wurde der Zusammenhang zwischen $\underline{Z}$ und $\underline{Y}$ durch *Berechnung* ermittelt. Mit Hilfe einer Konstruktion läßt sich die Inversion auch grafisch durchführen.

Es muß beachtet werden, daß bei den nachfolgenden *grafischen Darstellungen* stets Längen bzw. Strecken betrachtet werden, denen mit Hilfe von Maßstabsfaktoren die elektrischen Größen Widerstand, Leitwert, Spannung, Strom zugeordnet sind.

Es bedeuten

l_Z, l_Y, l_U, l_I

Länge des jeweiligen Zeigers in cm oder allgemein in LE = Längeneinheit,

m_Z, m_Y, m_U, m_I

Maßstabsfaktoren,

$Z = l_Z m_Z; \qquad Y = l_Y m_Y \quad \text{usw.}$

Die zur Inversion erforderlichen beiden Schritte werden durch Spiegelungen realisiert.

1. Bildung des reziproken Wertes vom Widerstandsbetrag durch Spiegelung des Punktes Z an einem Kreis (Inversionskreis)

Bild 6.3 zeigt die dazu erforderliche Konstruktion: In die Gaußsche Zahlenebene werden der komplexe Widerstand Z mit der Länge l_Z und ein Kreis um den Ursprung (Inversionskreis) mit dem Radius r_0 eingezeichnet. Die vom Punkt Z aus an den Inversionskreis gelegten Tangenten ergeben zwei Berührungspunkte T_1 und T_2, deren Verbindungslinie (Polare) die Strecke $\overline{OZ}$ (Zentrale) im Punkt Y^* schneidet.

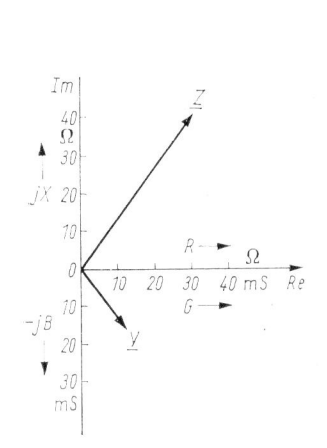

Bild 6.2. Grafische Darstellung von Z und Y

Bild 6.3. Grafische Inversion des Punktes Z

Die Berührungspunkte T_1 und T_2 erhält man, indem die Strecke $\overline{OZ}$ halbiert und ein Kreis über $\overline{OZ}$ als Durchmesser geschlagen wird.

Wendet man den aus der Mathematik bekannten Kathetensatz „In einem rechtwinkligen Dreieck ist das Quadrat über einer Kathete gleich dem Rechteck, das aus der Hypotenuse und dem anliegenden Hypotenusenabschnitt gebildet wird" auf das Dreieck OT_1Z im Bild 6.3 an, dann ergibt sich die Beziehung

$$r_0^2 = \overline{OZ}\,\overline{OY^*} = l_Z l_{Y^*} = l_Z l_Y \tag{6.1}$$

mit

$$\overline{OZ} = l_Z = \frac{|Z|}{m_Z}$$

und

$$\overline{OY^*} = l_{Y^*} = l_Y = \frac{|Y^*|}{m_Y} = \frac{|Y|}{m_Y}.$$

Gl. (6.1) besagt, daß die beschriebene Spiegelung am Inversionskreis der Kehrwertbildung des Betrages vom komplexen Widerstand entspricht. Sie liefert die zu l_Z gehörende Strecke

$$l_Y = \frac{1}{l_Z} r_0^2,$$

wobei r_0 den Zusammenhang zwischen Widerstands- und Leitwertmaßstab beschreibt.

126 6. Ortskurven

Der Zusammenhang zwischen den Maßstäben wird noch deutlicher, wenn Gl. (6.1) wie folgt umgeformt wird:

$$r_0 = \sqrt{l_Z l_Y} = \sqrt{\frac{|Z|}{m_Z} \frac{|Y|}{m_Y}}$$

und wegen $|Z||Y| = 1$

$$r_0 = \frac{1}{\sqrt{m_Z m_Y}}. \tag{6.2}$$

2. Bildung von $-\varphi$ durch Spiegelung an der reellen Achse

Der durch Spiegelung des Punktes Z am Inversionskreis gefundene Punkt Y^* stellt den konjugiert komplexen Wert des zu Z gehörenden Leitwertes dar. Die noch erforderliche Umkehr des Winkelvorzeichens wird mit einer Spiegelung von Y^* an der reellen Achse erreicht.

Bevor die grafische Inversion mit Hilfe von Zahlenbeispielen veranschaulicht wird, sollen noch einige Hinweise zur Maßstabswahl gegeben werden. Zur Durchführung der Inversion ist es zweckmäßig, zwei der jeweils in den Gln. (6.1) bzw. (6.2) enthaltenen drei Größen zu wählen und die dritte daraus zu berechnen. Bei der geometrischen Konstruktion ergeben sich damit unter Beachtung der Maßstäbe direkt die zusammengehörenden Werte für Widerstand und Leitwert. Die Zeigerbilder können dann mit einer Zentimeterteilung oder auch gleich mit einer Widerstands- und einer Leitwertteilung versehen werden. Die Wahl der Maßstäbe muß so erfolgen, daß die Zeichnung übersichtlich und nicht zu klein oder zu groß wird. Dem Leser wird empfohlen, die Maßstäbe etwas größer, als hier angegeben, zu wählen, damit sich die Ablesegenauigkeit erhöht. Aus diesem Grund werden bei den Ortskurvenkonstruktionen in diesem Buch anstelle von Zentimeterwerten nur allgemeine Längeneinheiten angegeben.

Beispiel 6.2

Welchen Leitwert hat die Reihenschaltung eines ohmschen Widerstands von $R = 200\,\Omega$ mit einer Induktivität von $L = 1{,}27$ H bei der Frequenz $f = 50$ Hz?

Widerstandsmaßstab $m_Z = 100\,\Omega$/cm,
Leitwertmaßstab $\quad m_Y = 2$ mS/cm.

Lösung

Da der Leitwert grafisch ermittelt werden soll, berechnet man zunächst den Inversionskreisradius mit Gl. (6.2):

$$r_0 = \frac{1}{\sqrt{m_Z m_Y}} = 2{,}24 \text{ cm}.$$

Die Spiegelung des Punktes $\underline{Z} = R + j\omega L = (200 + j\,400)\,\Omega$ am Inversionskreis liefert den Punkt Y^* (Bild 6.4). Die Spiegelung von Y^* an der reellen Achse ergibt den gesuchten Wert $\underline{Y}$. Mit dem Leitwertmaßstab kann man aus Bild 6.4 ablesen

$$\underline{Y} = (1 - j2) \text{ mS} = 2{,}24 \text{ mS e}^{-j63{,}4°}.$$

Beispiel 6.3

Auf grafischem Wege soll der Widerstand der Parallelschaltung eines Kondensators von $C = 50$ nF mit einem ohmschen Widerstand von $R = 8$ kΩ bei der Frequenz $\omega = 10^3$ s^{-1} ermittelt werden!

Lösung

Da es sich um eine Parallelschaltung handelt, werden die Leitwerte addiert. Der gesuchte Widerstand ergibt sich durch die Inversion des Gesamtleitwertes. Die Einzelleitwerte

$$G = \frac{1}{R} = 125\,\mu\text{S}, \quad j\omega C = j\,50\,\mu\text{S}$$

bestimmen den Leitwertmaßstab, z.B. $m_Y = 50\,\mu S/cm$. Bei der Wahl des Widerstandsmaßstabes muß beachtet werden, daß der Gesamtwiderstand in der Größenordnung von Kiloohm liegen wird; gewählt: $m_Z = 2\,k\Omega/cm$. Der Inversionskreisradius wird damit

$$r_0 = \frac{1}{\sqrt{\dfrac{50\,\mu S}{cm} \dfrac{2\,k\Omega}{cm}}} = 3{,}16\,cm.$$

In die mit beiden Maßstäben versehene Gaußsche Zahlenebene wird der Leitwert $\underline{Y} = G + j\omega C = (125 + j50)\,\mu S$ eingetragen. Wie Bild 6.5 zeigt, liegt der zu invertierende Leitwert jetzt innerhalb des Inversionskreises. Der gesuchte Widerstand $\underline{Z}$ muß daher außerhalb des Kreises erscheinen. Die Polarenkonstruktion erfolgt in umgekehrter Reihenfolge.

Die Verbindungslinie $\overline{0Y}$ wird über $\underline{Y}$ hinaus verlängert. Im Punkt $\underline{Y}$ wird auf dieser Linie nach beiden Seiten das Lot errichtet, jeweils bis zum Schnittpunkt mit dem Inversionskreis. Die beiden Schnittpunkte werden mit dem Nullpunkt verbunden. Die Senkrechten auf diesen Radien in den Punkten T_1, T_2 sind die Tangenten an den Inversionskreis, die die Verlängerung der Verbindungslinie $\overline{0Y}$ im Punkt $\underline{Z}^*$ schneiden. Durch die Spiegelung dieses Punktes an der reellen Achse erhält man den gesuchten Widerstand $\underline{Z}$. Seine Werte sind $\underline{Z} = (6{,}9 - j2{,}8)\,k\Omega = 7{,}5\,k\Omega\,e^{-j22°}$.

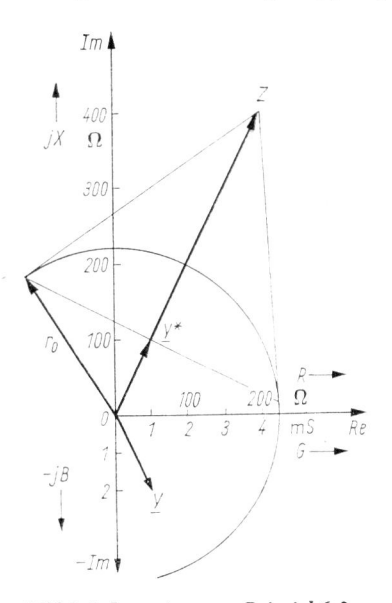

Bild 6.4. Inversion zum Beispiel 6.2 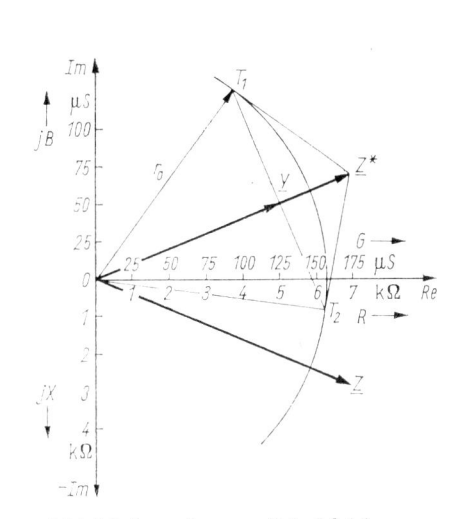   *Bild 6.5. Inversion zum Beispiel 6.3*

Aufgabe 6.1

Welchen Widerstand hat die Schaltung nach Bild 6.6 bei einer Frequenz von $\omega = 10^6\,s^{-1}$? Die Lösung soll grafisch ermittelt werden! Empfehlung für die Maßstabswahl:

$$m_Z = \frac{400\,\Omega}{cm};\quad m_Y = \frac{0{,}4\,mS}{cm}.$$

Bild 6.6
Schaltung zur Aufgabe 6.1

6.2.2. Inversion von Kurven

Der Vorteil der grafischen Inversion tritt erst dann deutlich hervor, wenn ganze Kurven invertiert werden müssen, da der mathematische Weg über die punktweise Berechnung zu einem erheblichen Aufwand führt. Mit Hilfe bestimmter Inversionsgesetze, die jetzt näher beschrieben werden sollen, können auch Kurven durch eine geometrische Konstruktion invertiert werden. Die exakte mathematische Ableitung dieser Gesetze wird hier nicht gezeigt. Es wird auf folgende Literaturstellen hingewiesen: [1] [4].

Die wichtigsten Inversionsgesetze sollen in einfacher und anschaulicher Form erläutert werden. Die Grundlage dazu bildet die im Abschn. 6.2.1. behandelte Inversion eines Punktes.

6.2.2.1. Inversion einer Geraden, die durch den Ursprung geht

Wenn bei einer Reihenschaltung aus einem ohmschen Widerstand und einer Induktivität sowohl R als auch L von Null an gleichmäßig erhöht werden, ergibt sich für den Verlauf des Widerstands Z eine Gerade, die aus dem Ursprung kommt (Bild 6.7). Die Ermittlung des zu Z gehörenden Leitwertes entspricht der Inversion, d.h. der Spiegelung der Widerstandskurve am Inversionskreis und an der reellen Achse. Da dieser Fall in der Praxis relativ selten vorkommt, soll hier das wirksame Inversionsgesetz ohne weitere Beweise formuliert werden.

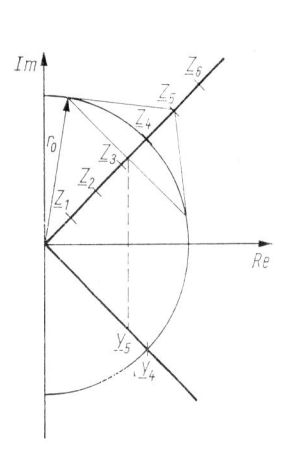

Bild 6.7. Inversion einer Geraden, die durch den Ursprung geht

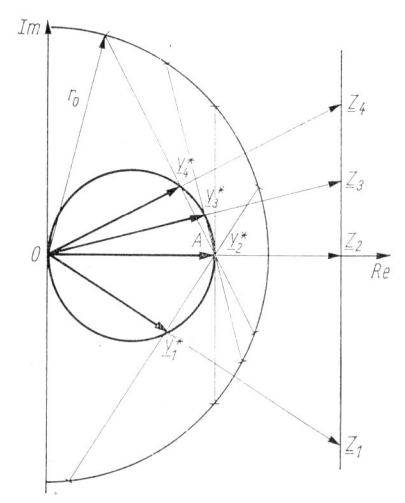

Bild 6.8. Inversion einer Geraden, die nicht durch den Ursprung geht

Die Inversion einer Geraden, die durch den Ursprung geht, ergibt wieder eine Gerade, die durch den Ursprung geht.

Es muß beachtet werden, daß bei der durch die Inversion gefundenen Geraden die Richtung des Parameters umgekehrt verläuft und die Teilung nicht mehr linear ist.

6.2.2.2. Inversion einer Geraden, die nicht durch den Ursprung geht

Die im Bild 6.8 gezeichnete Gerade, die den Widerstandsverlauf einer Schaltung kennzeichnet, soll geometrisch invertiert werden. Für die vier Punkte Z_1 bis Z_4 liefert die

Spiegelung am Inversionskreis die Punkte Y_1^* bis Y_4^*. Bei der Konstruktion (Bild 6.8) stellt man fest, daß alle Polaren den Punkt A schneiden. Diese Gesetzmäßigkeit, auf deren Beweis hier nicht eingegangen wird, führt zu folgender Schlußfolgerung: Da die invertierten Zeiger und die Polaren grundsätzlich senkrecht aufeinander stehen, müssen die invertierten Punkte Y_2^* bis Y_4^* auf dem Thaleskreis über der Strecke $\overline{OA}$ und der Punkt Y_1^* auf dem Thaleskreis unterhalb von $\overline{OA}$ liegen. Dieser Sachverhalt bedeutet schließlich, daß sich durch die Spiegelung der Geraden am Inversionskreis ein Kreis ergibt, der den Nullpunkt berührt und den Durchmesser $\overline{OA}$ besitzt. Um zu den gesuchten Punkten Y_1 bis Y_4 zu kommen, ist noch eine Spiegelung an der reellen Achse erforderlich, die wiederum auf einen Kreis führt. Das somit gefundene Inversionsgesetz lautet:

Die Inversion einer Geraden, die nicht durch den Ursprung geht, ergibt einen Kreis, der durch den Ursprung geht.

Aufgabe 6.2

Die im Bild 6.9 gezeichnete Gerade mit den Punkten Z_1 bis Z_3 soll invertiert werden. Es ist die zugehörige Leitwertkurve zu konstruieren, und die Punkte Y_1 bis Y_3 sind anzugeben!
Empfohlene Maßstäbe: Strecke $\overline{OZ_2} = 3$ cm; $r_0 = 4$ cm.

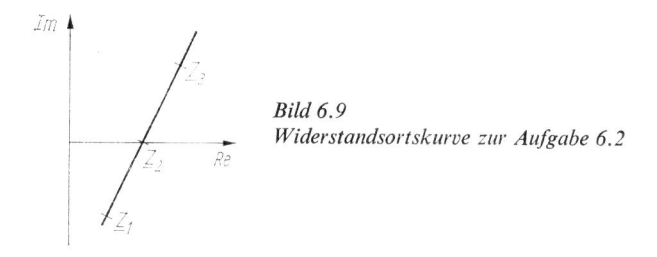

*Bild 6.9
Widerstandsortskurve zur Aufgabe 6.2*

6.2.2.3. Inversion eines Kreises, der durch den Ursprung geht

Da die im Abschn. 6.2.2.2. beschriebene Konstruktion auch in umgekehrter Reihenfolge Gültigkeit besitzt, lautet das Inversionsgesetz:

Ein Kreis, der durch den Ursprung geht, ergibt durch Inversion eine Gerade, die nicht durch den Ursprung geht.

6.2.2.4. Inversion eines Kreises, der nicht durch den Ursprung geht

Das Inversionsgesetz lautet:

Die Inversion eines Kreises, der nicht durch den Ursprung geht, ergibt wieder einen Kreis, der nicht durch den Ursprung geht.

Für die Konstruktion gelten folgende Hinweise: Die Spiegelung des Mittelpunktes M des zu invertierenden Kreises mit Hilfe der Polarenkonstruktion führt nicht auf den Mittelpunkt M^* des gesuchten Kreises. Da bei der Spiegelung am Inversionskreis keine Winkeländerungen auftreten, muß er aber auf der Verbindungslinie $\overline{OM}$ bzw. ihrer Verlängerung liegen. Man spiegelt deshalb die beiden Punkte Z_1 und Z_2 des zu invertierenden Kreises, die auf der verlängerten Verbindungslinie $\overline{OM}$ liegen, am Inversionskreis (Bild 6.10). Der Abstand $\overline{Y_1^* Y_2^*}$ stellt den Durchmesser des invertierten Kreises dar, der damit gezeichnet werden kann.

6.2.2.5. Inversion einer beliebigen Kurve

Für die Inversion einer beliebigen Kurve läßt sich keine allgemeingültige Gesetzmäßigkeit angeben. Derartige Kurven müssen punktweise invertiert werden. Bild 6.11 zeigt ein entsprechendes Beispiel.

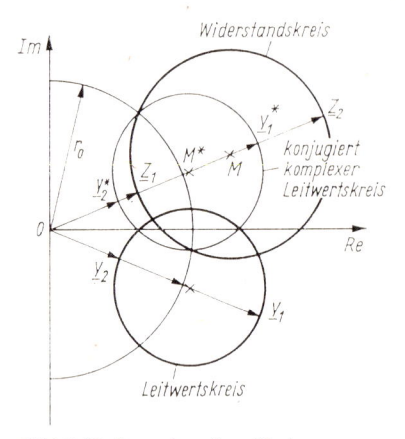

Bild 6.10. Inversion eines Kreises, der nicht durch den Ursprung geht

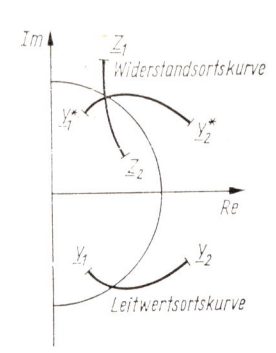

Bild 6.11. Inversion einer beliebigen Kurve

6.3. Widerstands- und Leitwertsortskurven

6.3.1. Ortskurven einfacher *RC*- und *RL*-Reihenschaltungen und *RC*- und *RL*-Parallelschaltungen

Welche Ortskurven durchlaufen der Widerstand $Z = R + 1/(j\omega C)$ und der Leitwert Y der im Bild 6.12 dargestellten Schaltung, wenn R alle Werte von Null bis unendlich annehmen kann? Zeichnet man die Größen R und $1/(\omega C)$ in ein Diagramm, wobei für R verschiedene Werte angenommen werden, dann liegen die Spitzen der einzelnen Widerstandszeiger auf einer Geraden, die im Abstand $1/(\omega C)$ parallel zur reellen Achse verläuft. Diese Gerade stellt die gesuchte Widerstandsortskurve dar. Sie beginnt bei $Z = 1/(j\omega C)$,

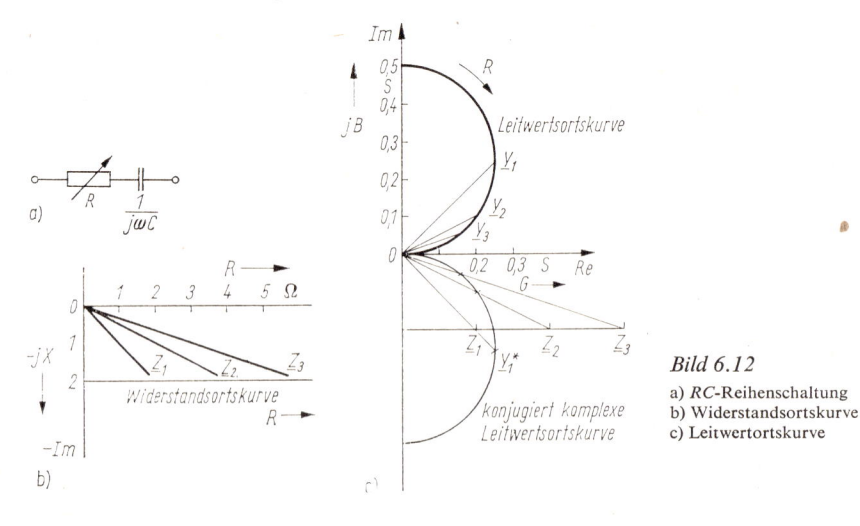

Bild 6.12
a) *RC*-Reihenschaltung
b) Widerstandsortskurve
c) Leitwertortskurve

$R = 0$ auf der imaginären Achse und verläuft mit steigendem R, was im Bild 6.12b durch einen Pfeil angedeutet wird, bis ins unendliche.

Die Ortskurve des Leitwertes $Y = 1/Z = 1/(R + (1/j\omega C))$ wird durch Inversion der Widerstandsortskurve gewonnen. Nach Abschn. 6.2.2.2. muß sich ein Kreis ergeben, der durch den Ursprung geht. Für seine Konstruktion gelten folgende Überlegungen: Der kleinste Leitwert tritt auf beim größten Widerstand: $Z \to \infty$, $Y = 0$. Dieser Punkt liegt im Koordinatenursprung. Der größte Leitwert gehört zum kleinsten Widerstand, d.h. bei $R = 0$: $Z_{min} = 0 + 1/(j\omega C)$, $Y_{max} = 1/Z_{min} = j\omega C$. Dieser Punkt liegt auf der imaginären Achse. Sein Abstand zum Nullpunkt muß den Durchmesser des Leitwertkreises darstellen. Das Zeichnen dieses Kreises stellt nur noch eine Maßstabsfrage dar, die in nachfolgenden Beispielen erläutert wird.

Die Spiegelung der Widerstandsgeraden am Inversionskreis ergibt einen Halbkreis über der negativen imaginären Achse, der den Verlauf des konjugiert komplexen Leitwertes beschreibt. Die gesuchte Leitwertortskurve erhält man durch Spiegelung des Y^*-Halbkreises an der reellen Achse, d.h., der Halbkreis wird nach oben geklappt.

Da bei der Spiegelung am Inversionskreis keine Änderung der Phasenwinkel auftritt,

Tafel 6.1. Ortskurven von RL- bzw. RC-Reihen- und -Parallelschaltungen

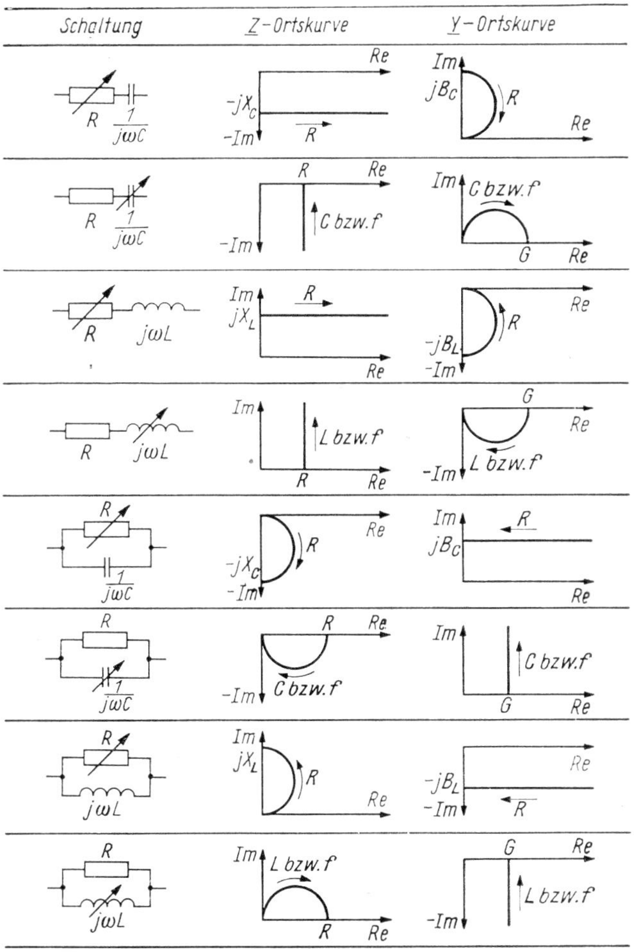

müssen die evtl. zu verlängernden Verbindungslinien der Teilungspunkte auf der Widerstandsortskurve zum Nullpunkt die Y^*-Ortskurve in den zugehörigen Teilungspunkten schneiden. Das Übertragen der Teilungspunkte auf die Y-Ortskurve erfolgt durch Spiegelung an der reellen Achse (Bild 6.12c).

Zu der betrachteten RC-Reihenschaltung ergeben sich weitere Ortskurven, wenn der kapazitive Widerstand verändert wird. Das kann durch Variieren sowohl der Kapazität C als auch der Frequenz f erfolgen. In beiden Fällen erhält man die gleichen Ortskurven; sie unterscheiden sich nur durch die Teilung.

In Tafel 6.1 sind die qualitativen Verläufe der Widerstands- und Leitwertortskurven einfacher Reihen- und Parallelschaltungen zusammengestellt.

Vor der Behandlung weiterer Widerstands- und Leitwertortskurven sollen noch einige allgemeingültige Richtlinien für die Ortskurvenkonstruktionen angegeben werden.

Algorithmus zur Konstruktion von Ortskurven für Schaltungen, die nur ein frequenzabhängiges Schaltelement bei Frequenzänderungen oder nur ein veränderliches Schaltelement bei R-, C- oder L-Änderungen enthalten:

1. *Die Konstruktion der Ortskurve ist mit der Ortskurve des variablen Schaltelements zu beginnen,*

– bei Reihenschaltungen mit der Widerstandsortskurve,
– bei Parallelschaltungen mit der Leitwertortskurve.

Es ergeben sich Geraden

    bei R- oder G-Änderungen auf der reellen Achse,
    bei L-, C- oder f-Änderungen auf der imaginären Achse.

2. *Die nach Punkt 1 gezeichnete*

Widerstandsortskurve ist bei Reihenschaltung mit einem konstanten komplexen Widerstand
– *Leitwertortskurve* ist bei Parallelschaltung mit einem konstanten komplexen Widerstand (Leitwert)

um den Betrag und in Richtung des Phasenwinkels der zugeschalteten Größe zu verschieben.

3. *Die nach Punkt 2 gezeichnete Ortskurve* (verschobene Gerade) *ist zu invertieren*

– bei gesuchtem Kehrwert der dargestellten Größe,
– bei Schaltungserweiterung in Form einer
  • Parallelschaltung eines weiteren konstanten komplexen Widerstands zur vorhandenen Reihenschaltung,
  • Reihenschaltung eines weiteren konstanten komplexen Widerstands zur vorhandenen Parallelschaltung.

Die Inversion führt auf einen Halb- oder Teilkreis,

– der durch den Nullpunkt geht,
– der bei Parallelen zur reellen Achse über der imaginären Achse liegt,
– der bei Parallelen zur imaginären Achse über der reellen Achse liegt,
– der sich stets im entgegengesetzten Quadranten (1. oder 4.) wie die zu invertierende Gerade befindet.

4. *Bei weiteren*

– *Reihenschaltungen wird der Widerstandskreis*
– *Parallelschaltungen wird der Leitwertkreis*

um *Betrag und Phasenwinkel des zugeschalteten konstanten komplexen Widerstands (Leitwertes) verschoben.*

5. Inversion und Verschiebung sind so lange fortzusetzen, bis die gesamte Schaltung erfaßt ist.

Beispiel 6.4

Welche Ortskurve durchläuft der Leitwert der im Bild 6.13 dargestellten RL-Reihenschaltung, wenn die Frequenz alle Werte von Null bis unendlich annehmen kann?

Lösung

Gemäß Punkt 1 des Algorithmus wird zuerst die $\underline{Z}$-Ortskurve des induktiven Widerstands $j\omega L$ gezeichnet. Man erhält eine Gerade auf der positiven imaginären Achse. Durch den in Reihe geschalteten Widerstand R muß nach Punkt 2 die $\underline{Z}$-Ortskurve um den Betrag von R in Richtung der positiven reellen Achse verschoben werden (Bild 6.13b). Da die Leitwertortskurve gesucht wird, ist es erforderlich (Punkt 3), die Widerstandsortskurve zu invertieren. Die Inversion führt auf einen Halbkreis unterhalb der reellen Achse (Bild 6.13c) (vgl. auch Tafel 6.1).

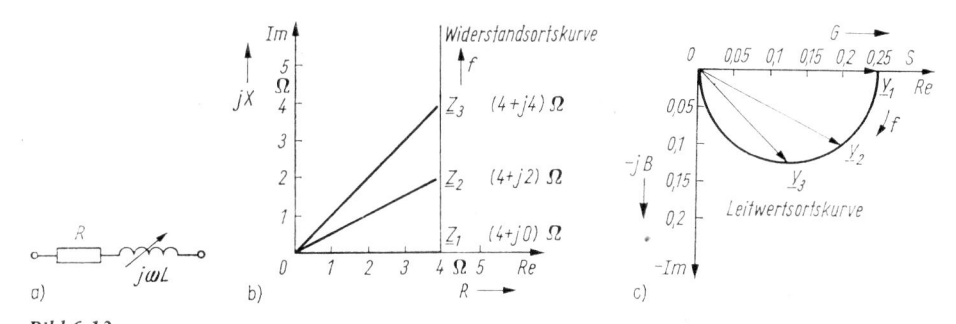

Bild 6.13

a) RL-Reihenschaltung zum Beispiel 6.4; b) Widerstandsortskurve; c) Leitwertortskurve

Hinweise zur maßstabsgerechten Darstellung bei Ortskurvenkonstruktionen:

1. Auf der Grundlage der vorgegebenen Widerstände bzw. Leitwerte einen geeigneten Widerstands- und Leitwertsmaßstab festlegen; dabei

– Wertebereich des variablen Parameters beachten,
– berücksichtigen, daß die gesuchte Ortskurve besonders im interessierenden Bereich eine übersichtliche Darstellung erhält. Als Hilfsmittel dazu dienen
   • Berechnung der Grenzwerte,
   • qualitative Ortskurvenkonstruktionen.

2. Aus den Maßstäben mit den Gln. (6.1) oder (6.2) Inversionskreisradius ermitteln.

3. An die zuerst gezeichnete Ortskurve R-, C-, L- oder f-Teilung anbringen. Die Teilung wird linear bei

– Widerstandsortskurven auf der reellen Achse (R-Teilung),
– Widerstandsortskurven auf der positiven imaginären Achse (f- oder L-Teilung),
– Leitwertortskurven auf der positiven imaginären Achse (f- oder C-Teilung).

4. Maßstabsgerechte Verschiebung der Ortskurven einschließlich der Teilungspunkte um den Betrag und, falls notwendig, in Richtung des Phasenwinkels des zugeschalteten Widerstands.

5. Um bei der Inversion der Ortskurven den konstruktiven Aufwand gering zu halten, sind nur soviel Punkte wie nötig am Inversionskreis zu spiegeln. Ergeben sich als invertierte Kurven Geraden oder Kreise, dann genügen ein bis drei Punkte, um den maßstäblichen Verlauf der gespiegelten Ortskurve zeichnen zu können. Bei Ortskurven, die weder

Geraden noch Kreise darstellen (vgl. Abschn. 6.3.3.), müssen so viele Punkte maßstäblich invertiert werden, daß der gewünschte Ortskurvenverlauf im interessierenden Bereich mit genügender Genauigkeit darstellbar ist. Als Punkte, für die die grafische Inversion durchgeführt wird, wählt man zweckmäßig Grenzwerte, also Punkte, die auf der reellen oder der imaginären Achse liegen, Extremwerte, Wendepunkte usw.

Die Verbindungslinien der Teilungspunkte zum Nullpunkt oder deren Verlängerung schneiden – bei maßstabsgerechter Konstruktion – die durch Spiegelung am Inversionskreis gewonnene konjugiert komplexe Ortskurve in den zugehörigen Teilungspunkten. Mit Hilfe der Winkel, die diese Verbindungslinien zur positiven reellen Achse bilden, kann die noch erforderliche Spiegelung der konjugiert komplexen Ortskurve einschließlich ihrer Teilungspunkte an der reellen Achse vorgenommen werden.

Beispiel 6.5

Welche Widerstandsortskurve besitzt die im Bild 6.14 dargestellte *RC*-Parallelschaltung mit $R = 80\,\text{k}\Omega$; $C = 20\,\text{pF}$ für Frequenzen von $f = 0 \ldots 250\,\text{kHz}$?

Lösung

1. Schritt: Festlegung der Maßstäbe

$$f_{min} = 0, \quad B_{min} = \omega C = 0, \quad X_{max} \to \infty,$$
$$f_{max} = 250\,\text{kHz}, \quad B_{max} = 31{,}4\,\mu\text{S}, \quad X_{min} = 31{,}8\,\text{k}\Omega,$$
$$R = 80\,\text{k}\Omega, \quad G = 1/R = 12{,}5\,\mu\text{S};$$

gewählt:

$$m_Y = 6{,}28\,\frac{\mu\text{S}}{\text{cm}}; \quad m_Z = 20\,\frac{\text{k}\Omega}{\text{cm}}.$$

2. Schritt: Ermittlung des Inversionskreisradius

$$r_0 = \frac{1}{\sqrt{\dfrac{20\,\text{k}\Omega}{\text{cm}} \cdot \dfrac{6{,}28\,\mu\text{S}}{\text{cm}}}} = 2{,}82\,\text{cm}.$$

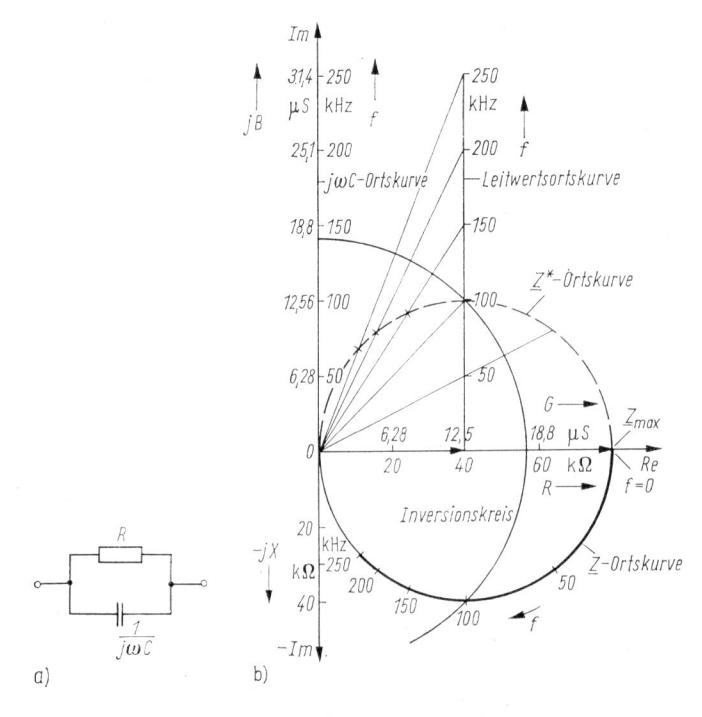

Bild 6.14

a) *RC*-Parallelschaltung zum Beispiel 6.5; b) Leitwerts- und Widerstandsortskurve für Frequenzen $f = 0 \ldots 250\,\text{kHz}$

3. Schritt (Algorithmus, Punkt 1):
jωC-Ortskurve zeichnen, Frequenzteilung anbringen (Bild 6.14); Frequenzteilung linear.
4. Schritt (Algorithmus, Punkt 2):
jωC-Leitwertortskurve um $G = 12{,}5\,\mu$S in Richtung der reellen Achse verschieben; Ergebnis: Leitwertortskurve der Schaltung.
5. Schritt (Algorithmus, Punkt 3):
Inversion der Leitwertortskurve. Da die Spiegelung am Inversionskreis einen Halbkreis über der reellen Achse ergeben muß (vgl. Tafel 6.1), genügt es, zu dem auf der reellen Achse liegenden Leitwert $Y_{min} = G + j0 = 12{,}5\,\mu$S den zugehörigen Widerstand $Z_{max} = 80$ kΩ zu ermitteln. Die Strecke $\overline{0Z_{max}}$ muß den Durchmesser des Z^*-Halbkreises darstellen. Die Frequenzteilungspunkte werden zunächst auf die Z^*-Ortskurve übertragen und dann mit dieser an der reellen Achse gespiegelt. Bild 6.14 zeigt die Z-Ortskurve, die sich als Teilkreis unterhalb der reellen Achse ergibt.

Aufgabe 6.3

Welche Ortskurve durchläuft der Widerstand einer *RL*-Parallelschaltung mit $L = 15$ mH; $f = 5{,}3$ kHz; $R = 200\,\Omega\ldots 1$ kΩ? Empfohlene Maßstäbe:

$$m_Z = 100\,\frac{\Omega}{\text{LE}};\quad m_Y = 1\,\frac{\text{mS}}{\text{LE}}.$$

6.3.2. Ortskurven von *RLC*-Reihen- und Parallelschaltungen

Die in Tafel 6.2 dargestellten *RLC*-Schaltungen lassen sich aus der Kombination der im Abschn. 6.3.1. behandelten *RL*- und *RC*-Glieder zusammensetzen. Bei Änderung der Frequenz treten jetzt zwei variable Schaltelemente auf, deren Widerstandsortskurve bei der *RLC*-Reihenschaltung und deren Leitwertortskurve bei der *RLC*-Parallelschaltung eine Gerade darstellt, die auf der imaginären Achse liegt, von minus unendlich bis plus unendlich verläuft und bei j$\omega L - j1/(\omega C) = 0$, d. h. für $\omega_r = 1/\sqrt{LC}$ durch den Nullpunkt geht. Durch den in Reihe bzw. parallelgeschalteten Widerstand R tritt eine Verschiebung der Geraden in Richtung der positiven reellen Achse um den Betrag R bzw. $1/R$ auf. Die Inversion dieser Geraden muß in beiden Fällen auf einen Kreis führen, der durch den Nullpunkt geht und dessen Mittelpunkt auf der reellen Achse liegt.

Die Ortskurven vermitteln einen anschaulichen Überblick zum Frequenzverhalten der beiden als Schwingkreise bekannten Schaltungen. Aus der Z-Ortskurve des Parallelschwingkreises kann z. B. sofort abgelesen werden, daß der Widerstandsbetrag bei der

Tafel 6.2. Ortskurven von RLC-Reihen- und -Parallelschaltungen

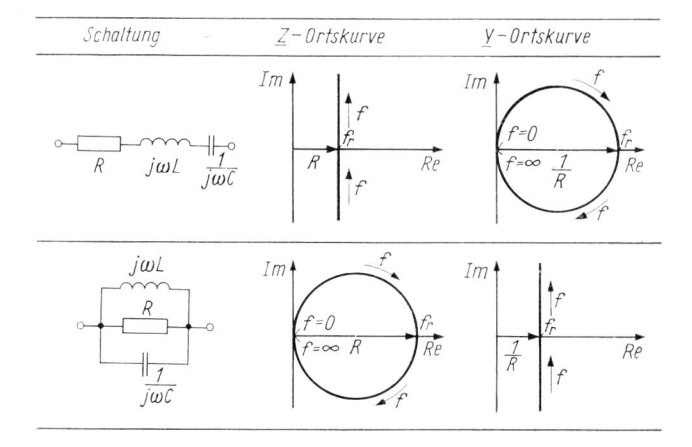

Frequenz f_r seinen Maximalwert $Z_{max} = R$ erreicht. Der Phasenwinkel besitzt unterhalb von f_r ein positives Vorzeichen (induktives Verhalten), wird bei der Resonanzfrequenz Null und weist oberhalb von f_r ein negatives Vorzeichen auf (kapazitives Verhalten).

6.3.3. Ortskurven zusammengesetzter Schaltungen

Für die Widerstands- und Leitwertortskurven einfacher Reihen- und Parallelschaltungen mit einer Variablen ergeben sich stets Geraden oder Kreise. Durch zusätzliche Reihen- oder Parallelschaltung beliebiger, aber konstanter komplexer Widerstände ändert sich die Form der Ortskurven nicht, sondern es erfolgt nur eine Verschiebung der Ortskurven.

Beispiel 6.6

Wie wird die im Bild 6.15 dargestellte Widerstandsortskurve einer RL-Parallelschaltung mit variablem L durch die Reihenschaltung eines konstanten

1. ohmschen Widerstands R_r,
2. induktiven Widerstands $j\omega L_r$,
3. komplexen Widerstands $Z_r = R_r + j\omega L_r$

verschoben? Die Ortskurvenverläufe sind qualitativ darzustellen!

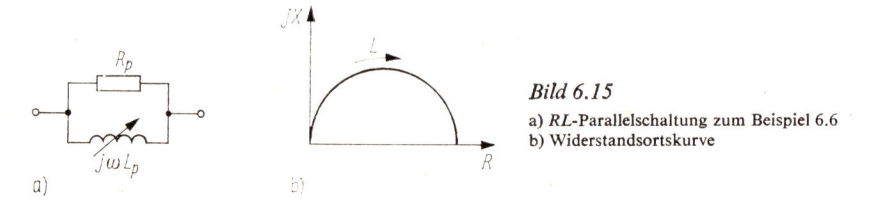

Bild 6.15
a) RL-Parallelschaltung zum Beispiel 6.6
b) Widerstandsortskurve

Lösung

Aus den Bildern 6.16a bis c geht hervor, daß bei der Verschiebung sowohl der Betrag als auch der Phasenwinkel des zugeschalteten Widerstands zu berücksichtigen sind.

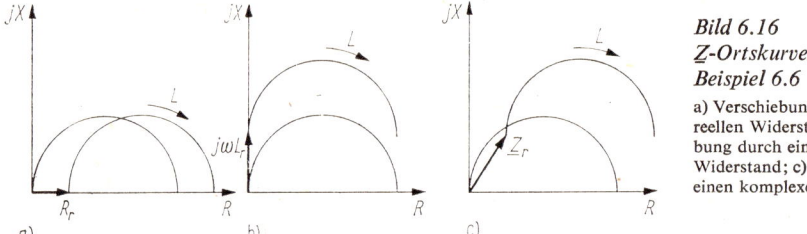

Bild 6.16
Z-Ortskurven zum Beispiel 6.6

a) Verschiebung durch einen reellen Widerstand; b) Verschiebung durch einen imaginären Widerstand; c) Verschiebung durch einen komplexen Widerstand

Enthält eine Schaltung zwei oder mehrere variable Schaltelemente, dann wird sie in so viele Teilschaltungen aufgetrennt, wie veränderliche Schaltelemente vorhanden sind. Für jede der Teilschaltungen mit einem variablen Element ist zunächst die Ortskurve zu ermitteln, die für die Zusammenschaltung an der Trennstelle benötigt wird, d.h. bei Reihenschaltung: Widerstandsortskurve, bei Parallelschaltung: Leitwertortskurve. Die einzelnen Teilortskurven sind anschließend geometrisch zu addieren, was punktweise für jeweils zusammengehörende Teilungspunkte (meist Frequenzteilungen) erfolgen muß.

Beispiel 6.7

Welche Widerstandsortskurve ergibt sich für die im Bild 6.17 dargestellte RLC-Schaltung mit $R = 500\,\Omega$; $L = 5$ mH und $C = 10$ nF, wenn die Frequenz alle Werte von Null bis unendlich durchläuft?
   Bei welchen Frequenzen wird der Widerstand der Schaltung reell, und bei welcher Frequenz erreicht er seinen größten Wert?

6.3. Widerstands- und Leitwertortskurven   137

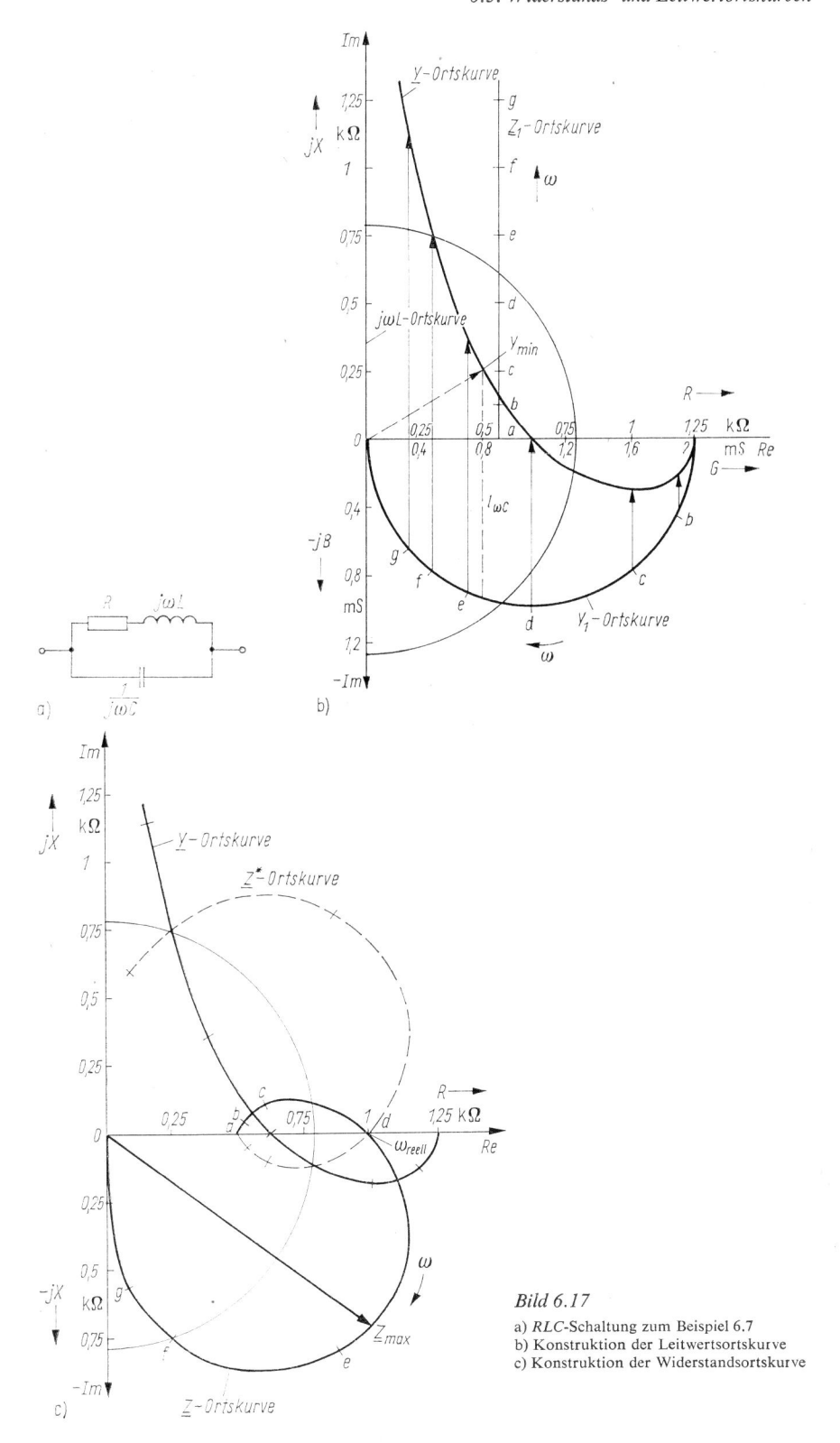

Bild 6.17
a) *RLC*-Schaltung zum Beispiel 6.7
b) Konstruktion der Leitwertsortskurve
c) Konstruktion der Widerstandsortskurve

Lösung

1. Wahl der Maßstäbe und Berechnung von r_0

$$m_Z = 250 \frac{\Omega}{\text{LE}}; \quad m_Y = 0{,}4 \frac{\text{mS}}{\text{LE}}; \quad r_0 = 3{,}16 \text{ LE}.$$

2. Zeichnen der $j\omega L$-Ortskurve und Verschiebung dieser Kurve um $R = 500\,\Omega$, d.h. 2 LE, in Richtung der reellen Achse. Ergebnis: $\underline{Z}_1$-Ortskurve, $\underline{Z}_1 = R + j\omega L$ (Bild 6.17b). Einzeichnen einer Frequenzteilung in die $\underline{Z}_1$-Ortskurve. Die Frequenzteilung verläuft linear; mit $\omega L = 250\,\Omega$ und $L = 5$ mH erhält man $\omega = 50 \cdot 10^3\,\text{s}^{-1}$ je LE. Aus Gründen der Übersichtlichkeit sollen die Frequenzteilungspunkte mit den Buchstaben a bis g gekennzeichnet werden, wobei folgende Zuordnung gilt:

	a	b	c	d	e	f	g
$\omega/10^3\,\text{s}^{-1}$	0	25	50	100	150	200	250
$\omega L/\Omega$	0	125	250	500	750	1000	1250
$l_{\omega L}/\text{LE}$	0	0,5	1	2	3	4	5

3. Inversion der $\underline{Z}_1$-Ortskurve, da noch $j\omega C$ parallelgeschaltet ist. Ergebnis: $\underline{Y}_1$-Ortskurve, $\underline{Y}_1 = 1/R + j\omega L$.
Übertragen der Frequenzteilung auf die $\underline{Y}_1$-Ortskurve.

4. Konstruktion der Leitwertsortskurve der Schaltung durch punktweise geometrische Addition der Beträge von $j\omega C$ zur $\underline{Y}_1$-Ortskurve in den jeweils zusammengehörenden Frequenzpunkten (Bild 6.17b). Ergebnis: $\underline{Y}$-Ortskurve, $\underline{Y} = 1/(R + j\omega L) + j\omega C$.

5. Die gesuchte Widerstandsortskurve der Schaltung ergibt sich durch Inversion der unter Punkt 4 konstruierten Leitwertsortskurve. Da die $\underline{Y}$-Ortskurve weder eine Gerade noch einen Kreis darstellt, muß diese Inversion punktweise erfolgen (Bild 6.17c). Ergebnis: $\underline{Z}$-Ortskurve, $\underline{Z} = \dfrac{1}{\dfrac{1}{R + j\omega L} + j\omega C}$.

Die Widerstandsortskurve schneidet bzw. berührt die reelle Achse in drei Punkten:

1. bei $\omega = 0$; $\underline{Z} = 500\,\Omega$, $\omega L = 0$, $1/(\omega C) \to \infty$,
2. bei $\omega \to \infty$; $\underline{Z} = 0$, $\omega L \to \infty$, $1/(\omega C) = 0$,
3. bei $\omega = \omega_\text{reell}$; $\underline{Z} = 1\,\text{k}\Omega$;

ω_reell entspricht dem Teilungspunkt d, damit gilt

$$f_\text{reell} = \frac{\omega_\text{reell}}{2\pi} \approx 16\,\text{kHz}.$$

$\underline{Z}_\text{max}$ liegt dort, wo die Ortskurve den größten Abstand vom Nullpunkt besitzt. Aus Bild 6.17c wird abgelesen $\underline{Z}_\text{max} \approx 1{,}2\,\text{k}\Omega\, e^{-j35°}$.
Die zugehörige Frequenz ω_max kann wie folgt ermittelt werden:
Bestimmung von $\underline{Y}_\text{min}$ (s. Bild 6.17b),
Ermittlung des Leitwertsbetrages ωC, der von der $\underline{Y}_1$-Ortskurve auf $\underline{Y}_\text{min}$ führt: $l_{\omega C} \approx 3{,}4$ LE.

$$\omega C \approx l_{\omega C} m_Y = 3{,}4\,\text{LE} \cdot 0{,}4\,\frac{\text{mS}}{\text{LE}} = 1{,}36\,\text{mS},$$

$$\omega_\text{max} \approx \frac{1{,}36\,\text{mS}}{C} = \frac{1{,}36\,\text{mS}}{10\,\text{nF}} = 136 \cdot 10^3\,\text{s}^{-1},$$

$$f_\text{max} \approx \frac{136 \cdot 10^3\,\text{s}^{-1}}{2\pi} = 21{,}7\,\text{kHz}.$$

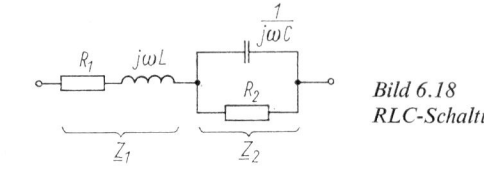

Bild 6.18
RLC-Schaltung zur Aufgabe 6.4

Aufgabe 6.4

Welche Ortskurve durchläuft der Widerstand der Schaltung nach Bild 6.18, wenn folgende Größen verändert werden:

1. $R_1 = (25 \ldots 100)\,\Omega$, 2. $R_2 = 200\,\text{k}\Omega \ldots 1\,\text{M}\Omega$,
3. $L = (0{,}5 \ldots 8)\,\text{mH}$, 4. $C = (50 \ldots 500)\,\text{pF}$,
5. $f = 100\,\text{kHz} \ldots 1\,\text{MHz}$?

Die Ortskurven sind qualitativ zu zeichnen, wobei in den Ortskurven die Grenzwerte der Veränderlichen und die Richtung der Parameter anzugeben sind!

6.4. Widerstands- und Leitwertkreisdiagramm

Bisher wurde zu den vorgegebenen Schaltungen jeweils nur eine Widerstands- oder Leitwertortskurve in Abhängigkeit von der variablen Größe untersucht. Durch Änderung der bisher als konstant angesehenen Größen erhält man Ortskurvenscharen, aus denen sich einfache Diagramme zur Berechnung von Wechselstromschaltungen entwickeln lassen. Da die Kurvenscharen aus Geraden oder Kreisen bestehen, bezeichnet man diese grafischen Darstellungen als *Kreisdiagramme*.

Der Zweck dieser Diagramme besteht darin, Rechenaufwand und damit Zeit zu sparen sowie einen schnellen Überblick über das Verhalten zusammengesetzter Schaltungen zu vermitteln. Die Diagramme ermöglichen u.a. die Umwandlung von Widerständen in Leitwerte, von Reihenschaltungen in Parallelschaltungen und umgekehrt, die Berechnung gemischter Schaltungen, die Lösung von Transformationsaufgaben usw.

6.4.1. Entstehung des Widerstands- und Leitwertkreisdiagramms

Um die Entstehung des Diagramms zu veranschaulichen, sollen für die Schaltungen nach Bild 6.19 folgende Ortskurvenscharen gezeichnet werden:

1. $\underline{Y} = f(\omega L)$ und $\underline{Y} = f(1/(\omega C))$ für L bzw. $C = 0 \ldots \infty$ und $R = 1; 1{,}25; 2{,}5; 5\,\Omega$.
2. $\underline{Y} = f(R)$ für $R = 0 \ldots \infty$ und ωL bzw. $1/(\omega C) = 1; 1{,}25; 2{,}5; 5\,\Omega$.
3. In ein zweites Koordinatensystem sind zu allen Leitwertortskurven der Aufgaben 1 und 2 durch Inversion die zugehörigen Widerstandsortskurven zu konstruieren!

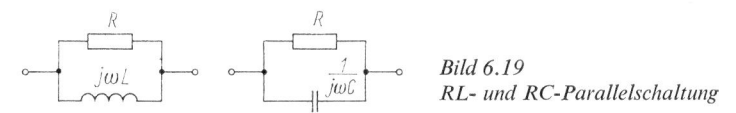

Bild 6.19
RL- und RC-Parallelschaltung

Mit $\underline{Y} = 1/R + 1/(\text{j}\omega L)$ bzw. $\underline{Y} = 1/R + \text{j}\omega C$ ergeben sich für Aufgabe 1 Geraden parallel zur imaginären Achse mit den R-Werten als Parameter. Für Aufgabe 2 erhält man dagegen eine Schar von Ortskurven senkrecht zur imaginären Achse mit ωL unterhalb und $1/(\omega C)$ oberhalb der reellen Achse als Parameter (Bild 6.20a).

Da keine dieser Geraden durch den Nullpunkt verläuft, muß für Aufgabe 3 die Inversion aller Kurven Kreise ergeben, die den Nullpunkt berühren. Die Widerstandskreise für konstante Widerstände R, die den Leitwertgeraden parallel zur imaginären Achse entsprechen, liegen mit ihren Mittelpunkten auf der reellen Achse. Man bezeichnet sie als G-Kreise, da sie jeweils nur für einen konstanten Wirkwiderstand bzw. Wirkleitwert in der Parallelschaltung gelten. Die Mittelpunkte der Widerstandskreise für variable Widerstände R liegen dagegen auf der imaginären Achse des zweiten Koordinatensystems. Sie heißen *B*-Kreise, weil sie jeweils für konstante Blindwiderstände bzw. Blindleitwerte in der Parallelschaltung gelten. Bild 6.20 stellt einen Ausschnitt des Widerstandskreisdiagramms dar. Mit einer großen Anzahl von Parameterwerten läßt sich das Diagramm erweitern und damit für beliebige Zahlenwerte verwenden. Ein entsprechendes Diagramm findet man als Beilage zu diesem Buch.

Nachfolgend werden einige praktische Anwendungen des Kreisdiagramms erläutert.

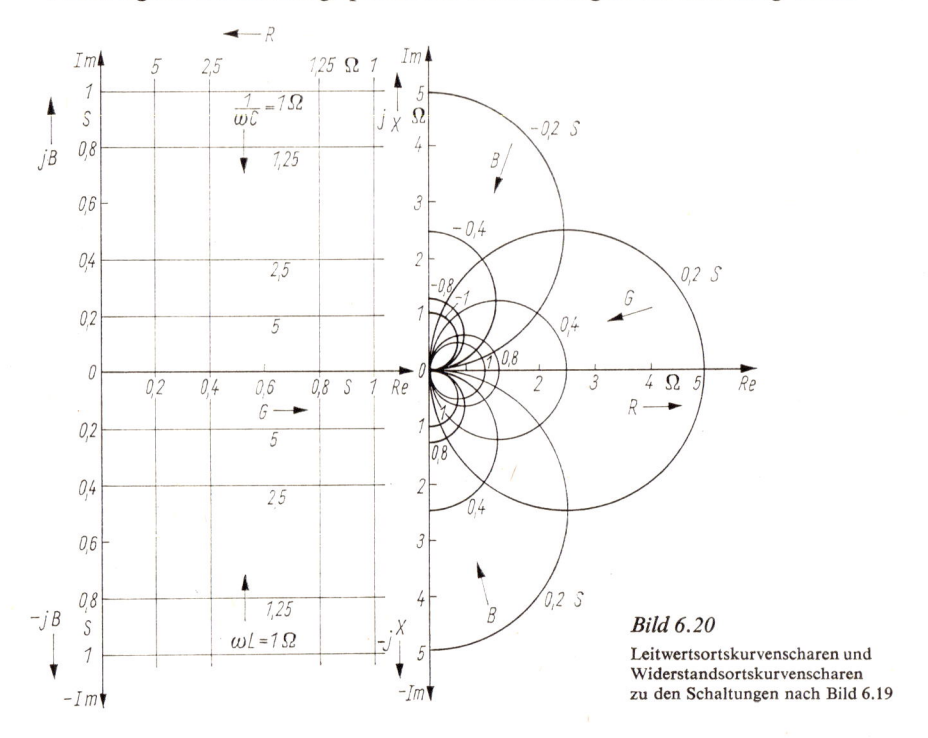

Bild 6.20
Leitwertsortskurvenscharen und Widerstandsortskurvenscharen zu den Schaltungen nach Bild 6.19

6.4.2. Umwandlung von Widerständen in Leitwerte und umgekehrt

Das Ortskurvendiagramm nach Bild 6.20 enthält als Teilungswerte für die Abszissenachse und Ordinatenachse die Komponenten R und X der Widerstände $\underline{Z}$ und als Parameterwerte an den Kreisen die Komponenten G und B der jeweiligen Leitwerte $\underline{Y}$. In den Schnittpunkten der Kreise können daher die zusammengehörenden Werte von $\underline{Z}$ und $\underline{Y}$ direkt abgelesen werden.

Beispiel 6.8

Mit Hilfe des Kreisdiagramms (s. Beilage) sollen von folgenden komplexen Widerständen die zugehörigen Leitwerte ermittelt werden:

$$\underline{Z}_1 = (2 + j1)\,\Omega, \quad \underline{Z}_2 = (2{,}4 - j1{,}25)\,\Omega, \quad \underline{Z}_3 = (0{,}5 + j0{,}25)\,k\Omega.$$

Lösung

Man kann folgende Fälle unterscheiden:

1. Der vorgegebene Widerstand fällt mit dem Schnittpunkt zweier Kreise zusammen. Die gesuchten Werte sind dann direkt ablesbar. Zu den Koordinatenwerten $\underline{Z}_1 = (2 + j1)\,\Omega$ gehören die Parameterwerte $\underline{Y}_1 = (0{,}4 - j0{,}2)\,S$.
2. Der vorgegebene Widerstand fällt nicht mit dem Schnittpunkt zweier Kreise zusammen, wie das für $\underline{Z}_2 = (2{,}4 - j1{,}25)\,\Omega$ zutrifft. Die zugehörigen Parameterwerte sind zu interpolieren oder zu schätzen: $\underline{Y}_2 \approx (0{,}33 + j0{,}17)\,S$.

3. Die Werte des vorgegebenen Widerstands liegen außerhalb des Kreisdiagramms. In diesem Fall transformiert man den Widerstand mit einem Reduktionsfaktor F in eine andere Größenordnung, d.h. auf solchen Wert $\underline{Z}'$, der im Kreisdiagramm enthalten ist. Der zu $\underline{Z}'$ gehörende, aus dem Kreisdiagramm ermittelte Leitwert $\underline{Y}'$ muß anschließend ebenfalls mit F multipliziert werden, um die Rücktransformation in die ursprüngliche Größenordnung zu realisieren.

Für $\underline{Z}_3$ eignet sich als Reduktionsfaktor $F = 10^{-3}$. $\underline{Z}_3 = (0,5 + j0,25)$ kΩ, $\underline{Z}'_3 = \underline{Z}_3 F = (0,5 + j0,25)$ Ω; aus dem Kreisdiagramm abgelesen $\underline{Y}'_3 = (1,6 - j0,8)$ S, $\underline{Y}_3 = \underline{Y}'_3 F = (1,6 - j0,8)$ mS.

Aufgabe 6.5

Aus dem Kreisdiagramm sind die zu den Leitwerten

$$\underline{Y}_1 = (0,5 + j0,2) \text{ S}, \quad \underline{Y}_2 = (0,85 - j0,45) \text{ S}, \quad \underline{Y}_3 = (8 + j4) \text{ μS}$$

gehörenden Widerstände zu ermitteln!

6.4.3. Umwandlung von Reihenschaltungen in Parallelschaltungen

Die Umwandlung einer Reihenschaltung in eine gleichwertige Parallelschaltung entspricht der Umwandlung des Widerstands $\underline{Z}$ in den Leitwert $\underline{Y}$. Gleichwertig heißt dabei, daß bei gleicher Spannung an beiden Schaltungen auch durch jede Schaltung der gleiche Strom fließt.

Für die Umrechnung von Widerstand in Leitwert gilt

$$\underline{Y} = G_p + jB_p = \frac{1}{\underline{Z}} = \frac{1}{R_r + jX_r};$$

$$G_p = \frac{R_r}{R_r^2 + X_r^2}; \quad B_p = \frac{-X_r}{R_r^2 + X_r^2}.$$

Mit $R_p = 1/G_p$ und $X_p = 1/B_p$ (Bild 6.21) erhält man für die Umrechnung einer Reihenschaltung in eine Parallelschaltung

$$R_p = \frac{R_r^2 + X_r^2}{R_r} = \frac{|\underline{Z}|^2}{R_r}; \quad X_p = \frac{R_r^2 + X_r^2}{-X_r} = \frac{|\underline{Z}|^2}{-X_r}.$$

Mit $|\underline{Z}|^2 = R_r^2 + X_r^2$ erhält man

$$|\underline{Z}| = \sqrt{R_r R_p} \quad \text{bzw.} \quad |\underline{Z}| = \sqrt{-X_r X_p}.$$

Die letzten beiden Gleichungen sagen aus, daß der Betrag des Widerstands $\underline{Z}$ dem geometrischen Mittelwert der Wirkwiderstände bzw. der Blindwiderstände der Reihen- und der gleichwertigen Parallelschaltung entspricht. Diese Gesetzmäßigkeit führt auf die im Bild 6.22 dargestellte Konstruktion.

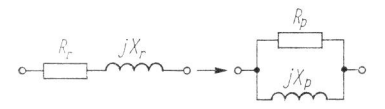

Bild 6.21. RL-Reihen- und -Parallelschaltung

Bild 6.22
Grafische Umwandlung von Reihen- in Parallelwiderstände

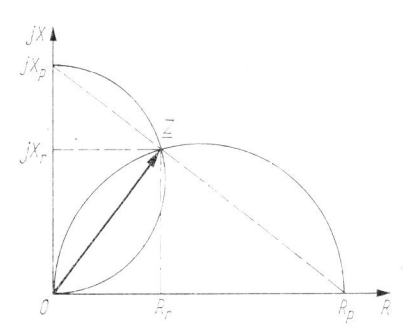

Durch den Punkt Z mit den Koordinaten R_r und X_r in der Gaußschen Zahlenebene legt man einen Kreis, der den Nullpunkt berührt und dessen Mittelpunkt auf der reellen Achse liegt. Dieser Kreis schneidet die reelle Achse bei R_p. Mit Hilfe des Kathetensatzes läßt sich diese Behauptung beweisen. Im rechtwinkligen Dreieck $0ZR_p$ gilt $\overline{0Z}^2 = R_r R_p = |Z|^2$. Für X_p ergibt sich der gleiche Zusammenhang, wenn durch Z und den Nullpunkt ein Kreis mit dem Mittelpunkt auf der imaginären Achse gezeichnet wird. Er schneidet nach $\overline{0Z}^2 = X_r X_p = |Z|^2$ die imaginäre Achse bei X_p. Für negative Blindwiderstände gelten die gleichen Konstruktionen unterhalb der reellen Achse.

Aus Bild 6.22 geht hervor, daß sich für alle Widerstände Z, die auf dem Kreis über oder unter der reellen Achse liegen, bei der Umrechnung einer Reihenschaltung in eine Parallelschaltung der gleiche Wert für R_p ergibt. Weil für diesen Kreis $R_p = 1/G$ konstant ist, bezeichnet man ihn als G-Kreis. Er ist identisch mit einem der G-Kreise des Kreisdiagramms. Ein entsprechender Zusammenhang gilt auch für die Kreise mit dem Mittelpunkt auf der imaginären Achse. Diese Kreise stimmen mit den B-Kreisen des Kreisdiagramms überein.

Beispiel 6.9

Zu dem Widerstand $Z = R_r + jX_r = (1 + j0{,}5)\,\Omega$ einer RL-Reihenschaltung sind die Widerstände R_p und X_p der gleichwertigen Parallelschaltung zu ermitteln!

Lösung

Das Ergebnis wird aus dem Kreisdiagramm abgelesen. Durch den Punkt $Z = (1 + j0{,}5)\,\Omega$ gehen die beiden Kreise mit $G = 0{,}8$ S und $B = -0{,}4$ S als Parameter. Diese Kreise erreichen die reelle bzw. imaginäre Achse bei $R_p = 1{,}25\,\Omega$ bzw. $X_p = 2{,}5\,\Omega$.

Aufgabe 6.6

Welche Werte R_r bzw. X_r gehören zu den Komponenten $R_p = 2{,}5\,\text{k}\Omega$ bzw. $jX_p = -j1{,}5\,\text{k}\Omega$ einer RC Parallelschaltung?

6.4.4. Reihen- und Parallelschaltung von Widerständen

Auf welchen Wert ändert sich der Widerstand Z einer Schaltung, wenn ohmsche oder Blindwiderstände in Reihe bzw. parallelgeschaltet werden? Auch diese Aufgabe läßt sich mit Hilfe des Kreisdiagramms lösen. Im Bild 6.23 wird gezeigt, wie sich der Widerstand Z dabei im Kreisdiagramm verlagert.

1. Reihenschaltung eines ohmschen Widerstands
   Da sich dabei der Blindanteil von Z nicht ändert, wandert der Punkt Z waagerecht nach rechts in Richtung größerer reeller Widerstände.
2. Reihenschaltung eines induktiven Widerstands
   Die reelle Komponente von Z bleibt erhalten. Z wandert senkrecht nach oben.
3. Reihenschaltung eines kapazitiven Widerstands
   Auch hierbei ändert sich nur der Blindanteil von Z. Der Punkt Z wird senkrecht nach unten verschoben.
4. Parallelschaltung eines ohmschen Widerstands
   Der zum Widerstand Z gehörende Leitwert Y ergibt sich aus den Parameterwerten der Kreise durch Z. Da sich durch die Parallelschaltung eines ohmschen Widerstands der reelle Anteil des Leitwertes Y erhöht, der imaginäre Anteil jedoch konstant bleibt, bewegt sich Z auf dem B-Kreis in Richtung größerer Wirkleitwerte.
5. Parallelschaltung eines kapazitiven Widerstands
   Z wandert auf einem G-Kreis in Richtung zunehmender Blindleitwerte, d.h. im Uhrzeigersinn.

6. **Parallelschaltung eines induktiven Widerstands**
Ebenso wie bei Punkt 5 ändert sich der Wirkanteil des Leitwertes nicht. Durch das negative Vorzeichen von $-j1/(\omega L)$ verringert sich jedoch der Blindanteil. $\underline{Z}$ wandert auf einem G-Kreis entgegen dem Uhrzeigersinn.
7. **Reihen- oder Parallelschaltung eines komplexen Widerstands**
Durch fortlaufende Anwendung der beschriebenen Regeln lassen sich beliebig zusammengesetzte Schaltungen grafisch berechnen.

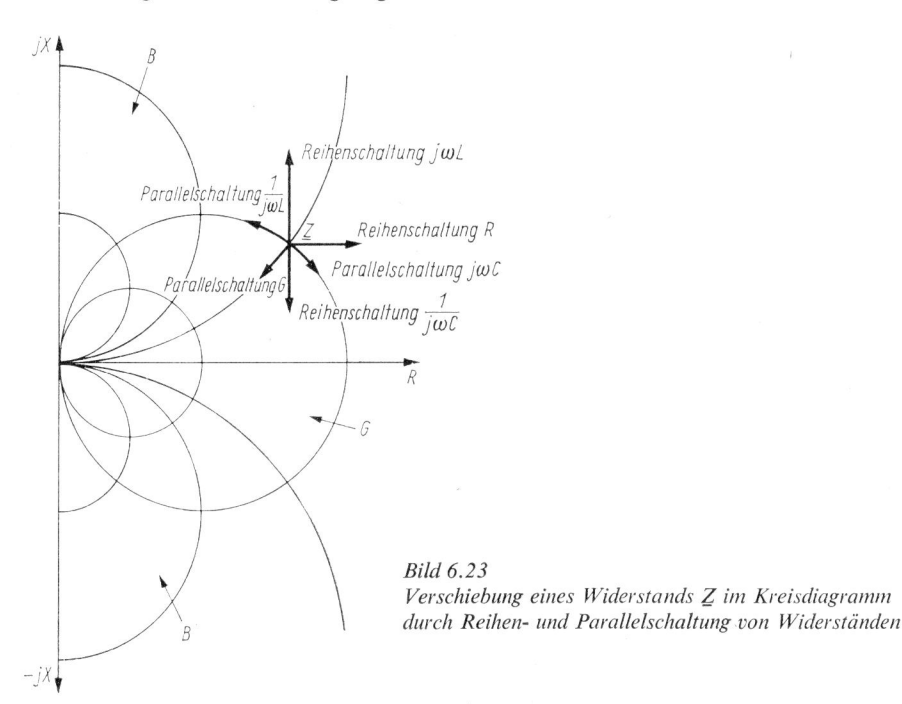

Bild 6.23
Verschiebung eines Widerstands $\underline{Z}$ im Kreisdiagramm durch Reihen- und Parallelschaltung von Widerständen

Beispiel 6.10

Wie groß sind Widerstand $\underline{Z}$ und Leitwert $\underline{Y}$ der im Bild 6.24 dargestellten Schaltung?

$R_1 = 5\,\text{k}\Omega;\qquad \omega L_1 = 10\,\text{k}\Omega;\qquad 1/(\omega C_2) = 10\,\text{k}\Omega;$

$R_2 = 50\,\text{k}\Omega;\qquad R_3 = 5\,\text{k}\Omega;\qquad \omega L_3 = 10\,\text{k}\Omega.$

Die Lösung soll mit Hilfe des Kreisdiagramms gefunden werden!

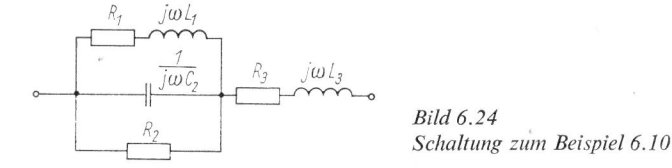

Bild 6.24
Schaltung zum Beispiel 6.10

Lösung

Bild 6.25 zeigt die vorzunehmenden Operationen in einem Ausschnitt des Kreisdiagramms.
1. Schritt: Transformation der vorgegebenen Werte in die für das Kreisdiagramm notwendige Größenordnung. Geeigneter Reduktionsfaktor: $F = 10^{-4}$.
2. Schritt: Aufsuchen von $\underline{Z}'_1 = (0{,}5 + j\,1)\,\Omega$ sowie Ermittlung des zugehörigen Leitwertes $\underline{Y}'_1 = (0{,}4 - j\,0{,}8)\,\text{S}$.

3. Schritt: Parallelschaltung $j(\omega C)' = j1$ S. Verschiebung von $\underline{Z}'_1$ auf dem G-Kreis bis zum Parameter $B = 0,2$ S.
4. Schritt: Parallelschaltung von $G'_2 = 0,2$ S. Verschiebung auf dem B-Kreis bis zum Parameter $G = 0,6$ S.
5. Schritt: Reihenschaltung von $R'_3 = 0,5$ Ω. Verschiebung waagerecht nach rechts.
6. Schritt: Reihenschaltung $j(\omega L_3)'$. Verschiebung senkrecht nach oben um 1 Ω. Ergebnis: $\underline{Z}'_{ers} = (2 + j0,5)$ Ω. Der zugehörige Leitwert wird durch Interpolation oder Schätzen ermittelt: $\underline{Y}'_{ers} \approx (0,47 - j0,12)$ S.

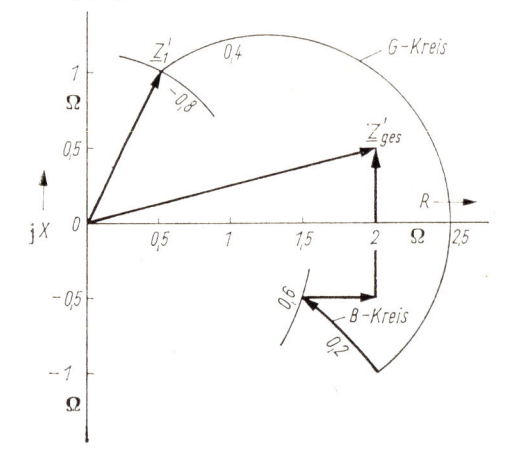

Bild 6.25
Lösungsweg zum Beispiel 6.10

7. Schritt: Rücktransformation
$$\underline{Y}_{ers} = \underline{Y}'_{ers} F = (47 - j12)\,\mu S,$$
$$\underline{Z}_{ers} = \frac{1}{\underline{Y}_{ers}} = \frac{1}{\underline{Y}'_{ers} F} = \frac{\underline{Z}'_{ers}}{F} = (20 + j5)\,k\Omega.$$

6.5. Spannungs- und Stromortskurven

Alle bisher behandelten Ortskurven bezogen sich auf das Verhalten von Widerständen oder Leitwerten in Abhängigkeit von einer oder mehreren variablen Größen. In der Praxis sind jedoch sehr oft auch Änderungen von Betrag und Phasenwinkel einer Spannung oder eines Stromes in einer Schaltung von wesentlicher Bedeutung. Dabei interessiert meist das Verhalten der Spannung oder des Stromes im Hinblick auf eine Bezugsgröße z. B. der Spannung gegenüber dem Strom, einer Teilspannung gegenüber der Gesamtspannung, eines Teilstromes gegenüber der Gesamtspannung, der Ausgangsspannung gegenüber der Eingangsspannung.

Besonders einfache Verhältnisse ergeben sich, wenn in der betrachteten Schaltung der Strom oder die Spannung konstant und reell ist.

1. *$\underline{I}$ konstant und reell*

Nach $\underline{U} = \underline{I}\underline{Z}$,
$$|\underline{U}|\,e^{j\varphi_u} = |\underline{I}|\,e^{j\varphi_i}\,|\underline{Z}|\,e^{j\varphi_z} = |\underline{I}|\,|\underline{Z}|\,e^{j(\varphi_i + \varphi_z)}$$
unterscheiden sich die Beträge von Spannung und Widerstand nur durch den konstanten Faktor $|\underline{I}|$; wegen $\varphi_i = 0 \to \varphi_u = \varphi_z$ sind außerdem die Phasenwinkel von Spannung und Widerstand gleich.

Die Spannungsortskurve besitzt den gleichen Verlauf wie die Widerstandsortskurve und unterscheidet sich von dieser nur durch den Maßstab, wenn der Strom konstant und reell bleibt.

6.5. Spannungs- und Stromortskurven

Den Spannungsmaßstab ermittelt man zweckmäßig aus

$$m_U = |\underline{I}|\, m_Z.$$

Mit den im Abschn. 6.2.1. definierten Maßstabsfaktoren gilt allgemein

$$|\underline{U}| = |\underline{I}|\,|\underline{Z}|,$$

$$l_U m_U = |\underline{I}|\, l_Z m_Z; \qquad m_U = |\underline{I}|\, m_Z \frac{l_Z}{l_U}.$$

2. $\underline{U}$ konstant und reell

Nach $\underline{I} = \underline{U}\,\underline{Y}$,

$$|\underline{I}|\,\mathrm{e}^{\mathrm{j}\varphi_i} = |\underline{U}|\,\mathrm{e}^{\mathrm{j}\varphi_u}\,|\underline{Y}|\,\mathrm{e}^{\mathrm{j}\varphi_y}$$

besitzt die Stromortskurve den gleichen Verlauf wie die Leitwertsortskurve und unterscheidet sich von dieser nur durch den Maßstab, wenn die Spannung konstant und reell bleibt.

Den Strommaßstab ermittelt man zweckmäßig aus

$$m_I = |\underline{U}|\, m_Y.$$

Allgemein gilt

$$\underline{I} = \underline{U}\,\underline{Y},$$

$$l_I m_I = |\underline{U}|\, l_Y m_Y; \qquad m_I = |\underline{U}|\, m_Y \frac{l_Y}{l_I}.$$

Die aufgestellten Regeln verlangen, daß die untersuchte Schaltung stets im Zusammenhang mit dem speisenden Generator betrachtet wird. Ein konstanter Strom fließt nur dann, wenn der Generatorinnenwiderstand R_G hochohmig gegenüber dem Widerstand Z der Schaltung bleibt. Aus Bild 6.26 kann man ablesen

$$\underline{I} = \frac{\underline{U}_G}{R_G + \underline{Z}} \approx \frac{\underline{U}_G}{R_G}$$

für $\underline{U}_G$ konstant und reell sowie $R_G \gg |\underline{Z}|$.

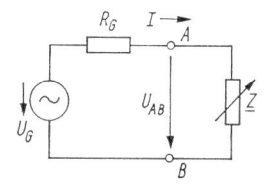

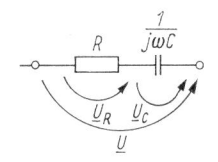

Bild 6.26. Grundstromkreis

Bild 6.27. Schaltung zum Beispiel 6.11

Damit eine konstante Klemmenspannung an der Schaltung liegt, muß der Generatorinnenwiderstand R_G niederohmig gegenüber dem Widerstand Z der Schaltung bleiben. Aus Bild 6.26 geht hervor

$$\underline{U}_{AB} = \underline{U}_G \frac{\underline{Z}}{R_G + \underline{Z}} \approx \underline{U}_G$$

für $\underline{U}_G$ konstant und reell sowie $R_G \ll |\underline{Z}|$.

Ändern sich in Abhängigkeit von der variablen Größe sowohl die Spannung als auch der Strom, dann ergibt sich die Spannungsortskurve aus dem Produkt von Widerstandsortskurve und Stromortskurve.

Nach
$$\underline{U} = \underline{I}\underline{Z}; \quad |\underline{U}| = |\underline{I}||\underline{Z}|$$
und
$$\varphi_u = \varphi_i + \varphi_z$$

sind dabei die Beträge zu multiplizieren und die Phasenwinkel zu addieren. Für die Stromortskurven gilt mit $\underline{I} = \underline{U}\underline{Y}$ ein entsprechender Zusammenhang. Vielfach ist es möglich, diese relativ aufwendige Berechnung und Konstruktion zu umgehen, was in nachfolgenden Beispielen noch demonstriert wird.

Beispiel 6.11

An einer *RC*-Reihenschaltung (Bild 6.27) mit $R = 1\ \text{k}\Omega$ und $C = 10\ \text{nF}$ liegt eine konstante Klemmenspannung $U = 1{,}2\ \text{V}$. Die Ortskurven des Stromes und der Teilspannungen in Abhängigkeit von der Frequenz sind maßstäblich zu zeichnen!

Lösung

1. Wahl der Maßstäbe

Ordnet man der konstanten Klemmenspannung $U = 1{,}2\ \text{V}$ eine Länge von $l_U = 12\ \text{LE}$ zu, dann beträgt der Maßstabsfaktor
$$m_U = \frac{U}{l_U} = \frac{1{,}2\ \text{V}}{12\ \text{LE}} = 0{,}1\ \frac{\text{V}}{\text{LE}}.$$

Zur Festlegung des Strommaßstabes ermittelt man zweckmäßig den größten für I möglichen Wert. Dieser tritt auf bei $f \to \infty$, $1/(\omega C) = 0$ und beträgt $I_{\max} = U/R = 1{,}2\ \text{mA}$. Mit $l_I = 6\ \text{LE}$ erhält man

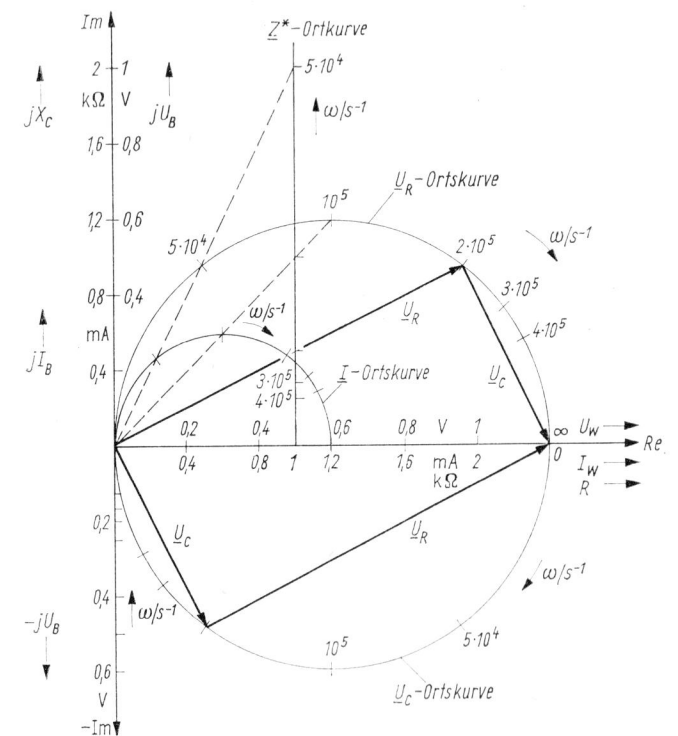

Bild 6.28
Strom- und Spannungsortskurven zum Beispiel 6.11

6.5. Spannungs- und Stromortskurven

als Maßstabsfaktor für den Strom

$$m_I = \frac{I_{max}}{l_I} = \frac{1{,}2\text{ mA}}{6\text{ LE}} = 0{,}2\,\frac{\text{mA}}{\text{LE}}.$$

2. Zeichnen der Stromortskurve (Bild 6.28)
Die Stromortskurve verläuft genauso wie die Leitwertsortskurve der RC-Reihenschaltung, für die sich nach Tafel 6.1 ein Halbkreis oberhalb der reellen Achse ergibt. Der Kreisdurchmesser entspricht dem Strom I_{max} mit der gewählten Strecke $l_I = 6$ LE. Als Bezugsgröße dient die auf der reellen Achse liegende Klemmenspannung U.

3. Zeichnen der Ortskurve der Teilspannung $\underline{U}_R$
Die $\underline{U}_R$-Ortskurve muß wegen $\underline{U}_R = IR$ den gleichen Verlauf wie die Stromortskurve besitzen; sie unterscheidet sich nur durch den Maßstab. Der Kreisdurchmesser entspricht der Teilspannung $\underline{U}_{R\,max}$, für die man bei

$$f \to \infty, \quad 1/(\omega C) = 0, \quad \underline{U}_C = 0, \quad U_{R\,max} = U = 1{,}2\text{ V}$$

erhält.
Da sich bei einer RC-Reihenschaltung die Teilspannungen $\underline{U}_R$ und $\underline{U}_C$ stets rechtwinklig zur Klemmenspannung U zusammensetzen, kann man aus der $\underline{U}_R$-Ortskurve, wie im Bild 6.28 angedeutet, auch $\underline{U}_C$ ablesen.

4. Einzeichnen der Frequenzteilung
Man benutzt dazu zweckmäßig die $\underline{Z}^*$-Ortskurve der RC-Reihenschaltung, die eine Parallele zur positiven imaginären Achse darstellt. Mit $l_R = 5$ LE ergibt sich ein Widerstandsmaßstab von

$$m_Z = \frac{R}{l_R} = \frac{1\text{ k}\Omega}{5\text{ LE}} = 0{,}2\,\frac{\text{k}\Omega}{\text{LE}}.$$

Als Parameterwerte für die Frequenz können z. B. die Frequenzwerte Verwendung finden, bei denen $1/(\omega C)$ Vielfache oder Teile von R bildet.

$|X_C|/\Omega$	$2 \cdot 10^3$	10^3	$0{,}5 \cdot 10^3$	$0{,}33 \cdot 10^3$	$0{,}25 \cdot 10^3$
l_X/LE	10	5	2,5	1,67	1,25
ω/s^{-1}	$5 \cdot 10^4$	10^5	$2 \cdot 10^5$	$3 \cdot 10^5$	$4 \cdot 10^5$

Die Frequenzteilung ist nichtlinear.
Die Verbindungslinien vom Nullpunkt durch die Teilungspunkte der $\underline{Z}^*$-Ortskurve schneiden die I- und die $\underline{U}_R$-Ortskurve in den gesuchten Frequenzpunkten (Bild 6.28).

5. Zeichnen der Ortskurve der Teilspannung $\underline{U}_C$
Nach $\underline{U}_C = \underline{I}\,1/(j\omega C)$ muß die Kondensatorspannung aus dem Produkt zweier veränderlicher Größen berechnet werden. Diese Produktbildung erfordert wegen

$$|\underline{U}_C|\,e^{j\varphi_u} = |\underline{I}|\,e^{j\varphi_i}\,\frac{1}{\omega C}\,e^{-j 90°}$$

die Multiplikation der Beträge $|\underline{U}_C| = |\underline{I}|\,1/(\omega C)$ und die Addition der Phasenwinkel $\varphi_u = \varphi_i - 90°$ und wird für die bereits an der $\underline{I}$-Ortskurve angebrachten Frequenzpunkte durchgeführt. So erhält man z. B. bei $\omega = 10^5\,\text{s}^{-1}$ mit den aus der $\underline{I}$-Ortskurve abgelesenen Werten $l_I \approx 4{,}2$ LE und $\varphi_i = 45°$:

$$|\underline{I}| = l_I m_I = 4{,}2\text{ LE}\,\frac{0{,}2\text{ mA}}{\text{LE}} = 0{,}84\text{ mA},$$

$$|X_C| = 1/(\omega C) = 1/(10^5\,\text{s}^{-1} \cdot 10^{-8}\,\text{F}) = 1\text{ k}\Omega,$$

$$|\underline{U}_C| = |\underline{I}||X_C| = 0{,}84\text{ V};$$

$$l_{UC} = \frac{|\underline{U}_C|}{m_U} = \frac{0{,}84\text{ V}}{0{,}1\text{ V/LE}} = 8{,}4\text{ LE},$$

$$\varphi_u = \varphi_i - 90° = -45°.$$

Wenn man diese Berechnung für genügend viele Frequenzpunkte durchführt und noch die Grenzwerte

$\omega = 0$: $1/(\omega C) \to \infty$, $\underline{I} = 0$, $\underline{U}_C = U$;

$\omega \to \infty$: $1/(\omega C) = 0$, $\underline{I} = U/R$, $\underline{U}_C = 0$

berücksichtigt, kann man die $\underline{U}_C$-Ortskurve konstruieren. Es ergibt sich ein Halbkreis unterhalb der reellen Achse mit $l_U = 12$ LE (U) als Durchmesser, wobei die Frequenzteilung in entgegengesetzter Richtung verläuft wie bei der $\underline{U}_R$-Ortskurve.

Aufgabe 6.7

Für die Schaltung nach Bild 6.29 sollen qualitativ
1. der Verlauf des Stromes bei konstanter Klemmenspannung,
2. die Ortskurve der Klemmenspannung bei konstantem Strom

in Abhängigkeit vom Widerstand R_1 gezeichnet werden!

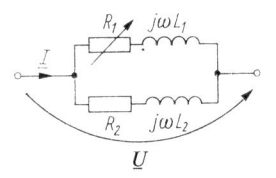

Bild 6.29
Schaltung zur Aufgabe 6.7

Wie im Beispiel 6.11 gezeigt wurde, erfordert die Multiplikation zweier komplexer Größen zur Konstruktion einer Ortskurve u. U. einen erheblichen Aufwand. Ein anderer Lösungsweg besteht darin, die Ortskurve nicht wie bisher direkt aus der Schaltung zu entwickeln, sondern aus der Gleichung für die gesuchte Größe. Dabei ist die zunächst aus der Schaltung ermittelte Gleichung so umzuformen, daß die variable Größe möglichst nur im Zähler oder nur im Nenner der Gleichung steht. Unter Verwendung der bereits dargelegten Gesetzmäßigkeiten wird dann für den Zähler oder den Nenner der Gleichung eine Ortskurve gezeichnet, wobei die Nennerortskurve noch zu invertieren ist, um die Ortskurve der gesuchten Größe zu erhalten.

Im Beispiel 6.11 galt für die Kondensatorspannung $\underline{U}_C = \underline{I} \cdot 1/(\mathrm{j}\omega C)$. Ersetzt man den Strom durch

$$\underline{I} = \frac{\underline{U}}{R + \dfrac{1}{\mathrm{j}\omega C}},$$

dann erhält man

$$\underline{U}_C = \frac{\underline{U}}{R + \dfrac{1}{\mathrm{j}\omega C}} \frac{1}{\mathrm{j}\omega C} = \frac{\underline{U}}{\mathrm{j}\omega CR + 1}.$$

Der Nenner der Gleichung für $\underline{U}_C$ liefert als Ortskurve eine Gerade parallel zur positiven imaginären Achse im Abstand 1, die linear mit ω ansteigt. Die Inversion dieser Geraden führt nach Tafel 6.1 auf einen Halbkreis unter der reellen Achse. Unter Berücksichtigung des konstanten Faktors $\underline{U}$, der nur Einfluß auf den Maßstab ausübt, muß dieser Halbkreis die gesuchte $\underline{U}_C$-Ortskurve darstellen.

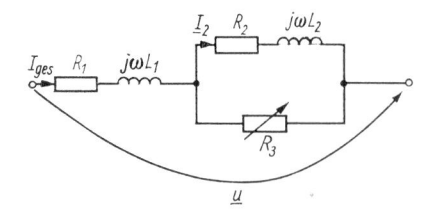

Bild 6.30
90°-Schaltung zum Beispiel 6.12

Beispiel 6.12

Mit der im Abschn. 4. behandelten 90°-Schaltung kann bei geeigneter Dimensionierung zwischen der Klemmenspannung und dem Strom I_2 ein Phasenwinkel von genau $-90°$ erzeugt werden.

In Abhängigkeit vom veränderlichen Widerstand R_3 soll die Ortskurve von I_2 mit $\underline{U}$ als reelle Bezugsgröße für die Schaltung nach Bild 6.30 gezeichnet werden.

$$R_1 = R_2 = R = 5\,\Omega; \quad L_1 = L_2 = L = 48\,\text{mH}; \quad U = 100\,\text{mV}; \quad f = 50\,\text{Hz};$$

$$R_3 = 0 \ldots \infty.$$

Bei welchem Widerstand R_3 beträgt der Phasenwinkel $\varphi_{i2} = -90°$? Wie groß wird dabei I_2?

Lösung

Die Entwicklung der I_2-Ortskurve aus der Schaltung ist zwar physikalisch anschaulich, erfordert aber, daß nach

$$\underline{I}_2 = \underline{U}_2 \underline{Y}_2; \quad \underline{U}_2 = \underline{I}_{\text{ges}} \underline{Z}_{23}; \quad \underline{I}_{\text{ges}} = \underline{U}\underline{Y}; \quad \underline{I}_2 = \underline{Y}_2 \underline{U} \underline{Z}_{23} \underline{Y}$$

die $\underline{Z}_{23}$- und die $\underline{Y}$-Ortskurve der Schaltung multipliziert werden müssen. Diese Multiplikation entfällt, wenn die Ortskurve durch Auswertung der Gleichung für den Strom $\underline{I}_2$ gewonnen wird.

Aus Bild 6.30 erhält man mit der Stromteilerregel

$$\underline{I}_2 = \underline{I}_{\text{ges}} \frac{R_3}{R_3 + R + j\omega L}.$$

Setzt man

$$\underline{I}_{\text{ges}} = \frac{\underline{U}}{R + j\omega L + \dfrac{(R + j\omega L)\,R_3}{R + R_3 + j\omega L}}$$

ein, dann ergibt sich

$$\underline{I}_2 = \frac{\underline{U}R_3}{R^2 + j\omega L R + R R_3 + j\omega L R - \omega^2 L^2 + j\omega L R_3 + R R_3 + j\omega L R_3},$$

$$\underline{I}_2 = \frac{\underline{U}}{2R + \dfrac{R^2 - \omega^2 L^2}{R_3} + j\left(2\omega L + \dfrac{2\omega L R}{R_3}\right)}.$$

Für den Nenner von $\underline{I}_2 = \underline{U}/\underline{Z}_N$ erhält man durch Ausrechnen der konstanten Werte

$$\underline{Z}_N = R_N + jX_N = \left[10 - \frac{200\,\Omega}{R_3} + j\left(30 + \frac{150\,\Omega}{R_3}\right)\right]\Omega,$$

$$\underline{Z}_N = \left[10 + j30 + \frac{1}{R_3}(-200 + j150)\,\Omega\right]\Omega = \underline{Z}_a + \frac{1}{R_3}\underline{Z}_b.$$

Die Ortskurve für $\underline{Z}_N$ beginnt für $R_3 \to \infty$ im Punkt $\underline{Z}_a = (10 + j30)\,\Omega$ der komplexen Ebene. Sie schneidet die imaginäre Achse bei

$$R_N = \left(10 - \frac{200}{R_3}\right)\Omega = 0; \quad R_3 = \frac{200}{10}\,\Omega = 20\,\Omega,$$

$$jX_N = j\left(30 + \frac{150}{20}\right)\Omega = j37{,}5\,\Omega.$$

Mit $R_3 = 10\,\Omega$ erhält man einen weiteren Punkt $\underline{Z}_N = (-10 + j45)\,\Omega$ dieser Ortskurve. Die Verbindung der drei Punkte zeigt, daß die $\underline{Z}_N$-Ortskurve eine Gerade darstellt, die nicht durch den Nullpunkt geht, den Anstieg $\alpha = -\arctan 150/200 = -36{,}87°$ besitzt und für $R_3 = 0$ im unendlichen endet. Auf den allgemeingültigen Beweis dafür, daß die Gleichung für $\underline{Z}_N$ eine Gerade in der komplexen Ebene ergibt, kann im Rahmen dieses Lehrbuchs nicht eingegangen werden.

Die Inversion dieser Geraden liefert nach Abschn. 6.2. einen Kreis durch den Ursprung, der die zugehörige Leitwertortskurve und zugleich die I_2-Ortskurve darstellt.

Für Bild 6.31 wurden gewählt

$$m_Z = \frac{5\,\Omega}{\text{LE}}; \quad m_U = \frac{20\,\text{mV}}{\text{LE}}; \quad m_Y = \frac{5\,\text{mS}}{\text{LE}}; \quad m_I = 0{,}5\,\frac{\text{mA}}{\text{LE}};$$

$$r_0 = \frac{1}{\sqrt{5\,\frac{\Omega}{\text{LE}} \cdot 5\,\frac{\text{mS}}{\text{LE}}}} = 6{,}32\,\text{LE}.$$

Aus Bild 6.31 geht hervor, daß bei $R_3 = 20\,\Omega$ der Strom $\underline{I}_2$ gegenüber der auf der reellen Achse liegenden Klemmenspannung eine Phasenverschiebung von $\varphi_{I_2} = -90°$ besitzt. Der Betrag des Teilstromes erreicht dort den Wert $|\underline{I}_2| = 2{,}67\,\text{mA}$.

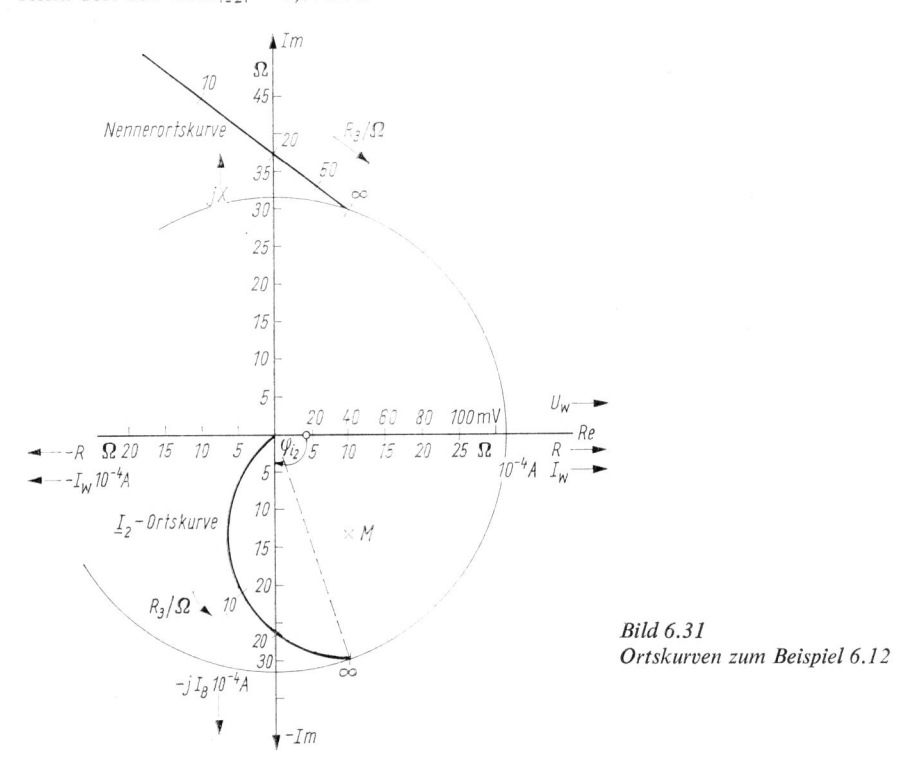

Bild 6.31
Ortskurven zum Beispiel 6.12

Sämtliche bisher gezeichneten Ortskurven besitzen den Nachteil, daß sie maßstäblich nur für die angegebenen Zahlenwerte gelten, wobei das Anbringen der Teilungspunkte teilweise relativ viel Aufwand erfordert. Für gleiche Schaltungen mit anderen Zahlenwerten müßten diese Ortskurven jedesmal neu dimensioniert werden (in bezug auf Maßstab und Skalenteilung). Diese Nachteile lassen sich durch Anwenden der *normierten Darstellung* vermeiden.

Bei der Normierung betrachtet man anstelle von Widerständen $\underline{Z}$, Leitwerten $\underline{Y}$, Spannungen $\underline{U}$, Strömen $\underline{I}$, Frequenzen f usw. Verhältnisse, d.h. das Verhältnis der veränderlichen Größe zu einem festen Bezugswert. Durch diese Maßnahme werden die Ortskurven (Gleichungen, Diagramme) einheitenlos und unabhängig von den spezifischen Zahlenwerten der betrachteten Schaltung. Es sei noch darauf hingewiesen, daß die Normierung keine Besonderheit der Ortskurven darstellt, sondern bei jeder Auswertung von Gleichungen dazu beitragen kann, zu allgemeingültigen Aussagen zu gelangen.

Die nachfolgenden Beispiele sollen den Vorteil der normierten Darstellung demonstrieren.

6.5. Spannungs- und Stromortskurven

Beispiel 6.13

Wie ändert sich die Ausgangsspannung des *RC*-Gliedes nach Bild 6.32 in Abhängigkeit von der Frequenz der Eingangsspannung? Die Ortskurve soll maßstäblich in normierter Darstellung gezeichnet werden!

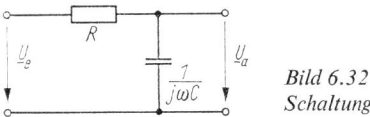

Bild 6.32
Schaltung zum Beispiel 6.13

Lösung

Das *RC*-Glied nach Bild 6.32 kommt in der Praxis sehr häufig vor und wird je nach Dimensionierung und Anwendungsfall als Verzögerungsglied, Integrierglied oder als Tiefpaß bezeichnet.

Der prinzipielle Ortskurvenverlauf ist bereits aus Beispiel 6.11 bekannt. Für die normierte Darstellung sind zunächst die Bezugsgrößen festzulegen. Als Bezugsgröße für die veränderliche Ausgangsspannung eignet sich die als konstant angenommene Eingangsspannung. Als Bezugsgröße für die variable Frequenz verwendet man zweckmäßig die Grenzfrequenz ω_g der Schaltung, d.h. die Frequenz, bei der die Ausgangsspannung auf den $1/\sqrt{2}$-fachen Wert der Eingangsspannung gesunken ist. Die Grenzfrequenz wird ermittelt aus $R = 1/(\omega_g C)$; $\omega_g = 1/(CR)$. Mit diesen Bezugsgrößen erhält man für die normierte Ausgangsspannung

$$\frac{\underline{U}_a}{\underline{U}_e} = \frac{1}{1 + j\omega CR} = \frac{1}{1 + j\dfrac{\omega}{\omega_g}}.$$

Für den Nenner dieser Gleichung ergibt sich als Ortskurve eine Gerade, die im Abstand 1 parallel zur positiven imaginären Achse verläuft und eine lineare Frequenzteilung ω/ω_g besitzt. Die Inversion dieser Nennerortskurve liefert einen Halbkreis unterhalb der reellen Achse (Bild 6.33), der ebenfalls den Durchmesser 1 erhält. Dieser Halbkreis stellt die gesuchte Ortskurve des Spannungsverhältnisses $\underline{U}_a/\underline{U}_e$ dar. Es ist zu beachten, daß im Bild 6.33 dem „Abstand" 1 und dem „Durchmesser" 1 verschiedene Strecken zugeordnet worden sind. Zur Ermittlung der Frequenzteilung dient die konjugiert komplexe Nennerortskurve.

Aufgabe 6.8

Aus der normierten Ortskurve nach Bild 6.33 sollen für ein zugehöriges *RC*-Glied mit $R = 10\,\text{k}\Omega$ und $C = 4{,}7\,\text{nF}$ folgende Werte ermittelt werden:

1. die Frequenz f, bei der $|\underline{U}_a|$ um 10% gegenüber $|\underline{U}_e|$ gesunken ist,
2. die Frequenz, bei der zwischen $\underline{U}_a$ und $\underline{U}_e$ eine Phasenverschiebung von $-60°$ besteht,
3. der Betrag der Eingangsspannung, der bei der nach Punkt 2 ermittelten Frequenz eine Ausgangsspannung von $|\underline{U}_a| = 1\,\text{V}$ liefert!

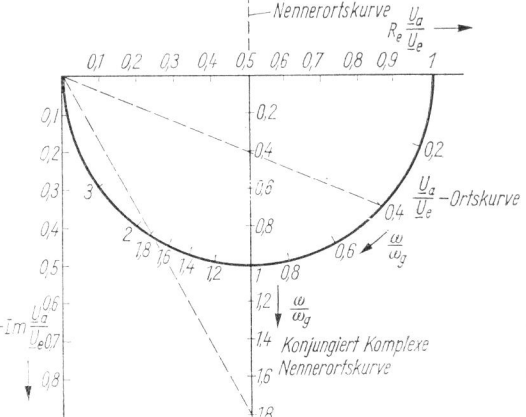

Bild 6.33
Normierte Spannungsortskurve zum Beispiel 6.13

152   6. Ortskurven

Beispiel 6.14

Welche Ortskurve ergibt sich für die Ausgangsspannung der Schaltung nach Bild 6.34, wenn bei konstanter Eingangsspannung die Frequenz alle Werte von Null bis unendlich durchläuft?

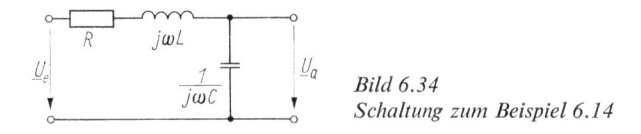

Bild 6.34
Schaltung zum Beispiel 6.14

Lösung

Die Schaltung stellt einen frequenzabhängigen Spannungsteiler dar, der in der Regelungstechnik als PT_2-Glied bezeichnet wird.

Die Ortskurve soll aus der Gleichung für $\underline{U}_a$ entwickelt werden. Die Spannungsteilerregel liefert

$$\underline{U}_a = \frac{\underline{U}_e \dfrac{1}{j\omega C}}{R + j\omega L + \dfrac{1}{j\omega C}} = \frac{\underline{U}_e}{1 - \omega^2 LC + j\omega CR}.$$

Von dieser Beziehung betrachtet man zunächst nur den Nenner. Aus der Gleichung geht hervor, daß die Nennerortskurve, ausgehend vom Punkt 1 auf der reellen Achse, linear mit der Frequenz in Richtung der positiven imaginären Achse und quadratisch mit der Frequenz in Richtung der negativen reellen Achse ansteigen muß. Durch Einsetzen konkreter Zahlenwerte läßt sich die Ortskurve zeichnen. Man erhält als Ergebnis eine nach links geöffnete Parabel mit dem Scheitel beim Punkt 1 auf der reellen Achse. Um eine für die gegebene Schaltung allgemeingültige, d. h. von speziellen Werten der Schaltelemente und von der Größe der angelegten Spannung $\underline{U}_e$ unabhängige Ortskurve zu erhalten, wird normiert. Als Bezugsgrößen

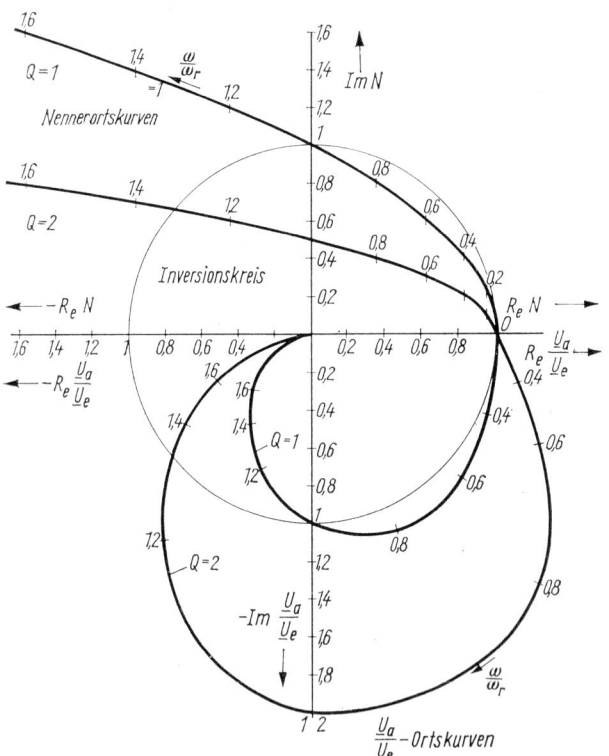

Bild 6.35
Normierte Ortskurven zum Beispiel 6.14

eignen sich die Eingangsspannung und die Resonanzfrequenz $\omega_r = 1/\sqrt{LC}$, vgl. Abschn. 3.13. Man erhält damit

$$\frac{\underline{U}_a}{\underline{U}_e} = \frac{1}{1 - \left(\frac{\omega}{\omega_r}\right)^2 + j\omega CR \frac{\omega}{\omega_r}} = \frac{1}{1 - \left(\frac{\omega}{\omega_r}\right)^2 + j\frac{\omega}{\omega_r}\omega_r CR}.$$

Für den in der Gleichung noch enthaltenen konstanten Ausdruck $k\omega_r CR$ wird der Begriff $1/Q$, vgl. Abschnitt 3.4., eingeführt

Mit $Q = 1/(\omega_r CR)$, Gütefaktor der Schaltung, ergibt sich

$$\frac{\underline{U}_a}{\underline{U}_e} = \frac{1}{1 - \left(\frac{\omega}{\omega_r}\right)^2 + j\frac{1}{Q}\frac{\omega}{\omega_r}}.$$

Durch Einsetzen von Zahlenwerten für ω/ω_r (0,2; 0,4 usw.) sowie für die Güte Q (1; 2 usw.) kann man die Nennerortskurve konstruieren, wobei für jeden Gütewert eine komplexe Parabel entsteht (Bild 6.35). Die Inversion, die punktweise vorgenommen werden muß, führt auf die gesuchte Ortskurve des Spannungsverhältnisses $\underline{U}_a/\underline{U}_e$.

Wenn der Inversionskreisradius mit 1 LE festgelegt wird, erhalten Nennerortskurve und $\underline{U}_a/\underline{U}_e$-Ortskurve den gleichen Maßstab (Bild 6.35).

Da die punktweise geometrische Konstruktion einen beachtlichen Aufwand erfordert, kann es vorteilhafter sein, die gesuchte $\underline{U}_a/\underline{U}_e$-Ortskurve direkt aus der Gleichung zu berechnen.

Aus der Ortskurve kann abgelesen werden, daß die Ausgangsspannung bei der Frequenz Null den gleichen Betrag und Phasenwinkel wie die Eingangsspannung besitzt. Mit zunehmender Frequenz erhöht sich $|\underline{U}_a|$, durchläuft ein Maximum und geht bei sehr hohen Frequenzen gegen Null. Gleichzeitig tritt mit steigender Frequenz eine Phasendrehung zwischen $\underline{U}_a$ und $\underline{U}_e$ auf, die über $-90°$ hinausgeht und sich bei sehr hohen Frequenzen dem Wert $-180°$ nähert.

Der als Gütefaktor bezeichnete Ausdruck kann als Maß für die Überhöhung von $|\underline{U}_a|$ gegenüber $|\underline{U}_e|$ angesehen werden; mit steigender Güte Q erhöht sich der Abstand der $\underline{U}_a/\underline{U}_e$-Ortskurve vom Koordinatenursprung. Das Verhalten dieser Schaltung findet u.a. in der Regelungstechnik praktische Anwendung.

Mit den vorstehenden Ausführungen wurde gezeigt, wie man aus einer Schaltung eine Ortskurve entwickeln kann. Es ist auch möglich, aus einer gemessenen Ortskurve Rückschlüsse auf das Verhalten der zugehörigen, aber nicht bekannten Schaltung zu ziehen.

Zusammenfassung zu 6.

Ortskurven sind Linienzüge, die das Verhalten von Betrag und Phasenwinkel einer komplexen Größe in Abhängigkeit von einer reellen Variablen beschreiben. Bei maßstabsgerechter Darstellung erhalten die Kurven eine Teilung mit den Parameterwerten der veränderlichen Größe. Die Maßstäbe für Widerstand und Leitwert können unabhängig voneinander gewählt werden; dadurch liegt jedoch der Inversionskreisradius fest.

Als Inversion bezeichnet man die Kehrwertbildung einer komplexen Zahl oder Ortskurve. Die grafische Inversion erfordert eine Spiegelung am Inversionskreis und eine Spiegelung an der reellen Achse. Die Inversion von Punkten kann mit der Polarenkonstruktion erfolgen. Für bestimmte Kurven (Geraden oder Kreise) gibt es Inversionsgesetze, mit denen sich die Spiegelung am Inversionskreis vereinfachen läßt.

Widerstands- oder Leitwertortskurven von Schaltungen mit einer Variablen stellen Geraden oder Kreise dar, die durch Zuschaltung weiterer konstanter komplexer Widerstände ohne Änderung ihrer Kurvenform verschoben werden. Widerstands- oder Leitwertortskurven von Schaltungen mit mehreren Variablen müssen in den meisten Fällen punktweise konstruiert werden. Bei Reihenschaltungen mit zwei Variablen sind zwei Widerstandsortskurven und bei Parallelschaltungen mit zwei Variablen zwei Leitwertortskurven geometrisch zu addieren.

Aus Ortskurvenscharen lassen sich Kreisdiagramme entwickeln, die die grafische Berechnung einfacher und zusammengesetzter Schaltungen ermöglichen.

6. Ortskurven

Spannungsortskurven besitzen den gleichen Verlauf wie die Widerstandsortskurven, wenn der Strom konstant bleibt. Stromortskurven verlaufen wie die Leitwertortskurven, wenn die Spannung konstant bleibt. Sind weder Spannung noch Strom konstant, ermittelt man die Ortskurven zweckmäßig durch Auswertung der entsprechenden Gleichungen.

Durch Normierung erhält man für die jeweils betrachtete Schaltung allgemeingültige, einheitenlose Ortskurven.

Übungen zu 6.

Ü 6.1. Welchen Leitwert besitzt die Reihenschaltung einer Kapazität $C = 0,1\ \mu F$ mit einem Widerstand $R = 50\ \Omega$ bei $\omega = 10^5\ s^{-1}$? Die Lösung soll grafisch erfolgen!

Ü 6.2. Welche Ortskurve durchläuft der Widerstand der Schaltung nach Bild 6.36 (z. B. Transistoreingang) in Abhängigkeit von der Frequenz? Der Verlauf ist qualitativ anzugeben!

Ü 6.3. Von einem Parallelresonanzkreis (Bild 6.37) mit $L = 506\ \mu H$; $C = 200\ pF$ und $R = 79,5\ k\Omega$ sind für den Frequenzbereich $f = (480 \ldots 520)\ kHz$ Widerstands- und Leitwertortskurve maßstäblich zu zeichnen!

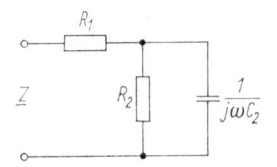

Bild 6.36. Schaltung zur Übung 6.2

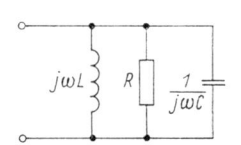

Bild 6.37. Parallelresonanzkreis zur Übung 6.3

Ü 6.4. Welchen Widerstand besitzt die Schaltung nach Bild 6.38 mit $R_1 = 16\ k\Omega$; $R_2 = 28,6\ k\Omega$; $j\omega L = j4,5\ k\Omega$, $-j1/(\omega C) = -j12\ k\Omega$? Die Lösung soll aus dem Kreisdiagramm ermittelt werden!

Ü 6.5. Anhand der Stromortskurve der Schaltung nach Bild 6.39 (stark vereinfachte Transformatorersatzschaltung) soll eine Aussage darüber getroffen werden, wie sich der Phasenwinkel zwischen der reellen und konstanten Klemmenspannung und dem Strom I in Abhängigkeit vom Lastwiderstand $10\ k\Omega \leq R_2 < \infty$ ändert.

$U = 6000\ V$; $\quad R_1 = 100\ k\Omega$; $\quad L = 100\ H$; $\quad f = 50\ Hz$.

Bild 6.38. Schaltung zur Übung 6.4

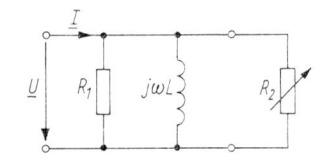

Bild 6.39. Schaltung zur Übung 6.5

Ü 6.6. Für die im Bild 6.40 dargestellte Schaltung, die auch als Wien-Glied bezeichnet wird, soll die Ortskurve der Ausgangsspannung als Funktion der Frequenz in normierter Form gezeichnet werden! Bezugsgrößen: U_e und $\omega_r = 1/(CR)$.
Darzustellender Bereich: $0,2 \leq \omega/\omega_r \leq 5$.

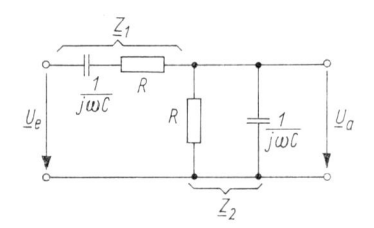

Bild 6.40
RC-Wien-Glied zur Übung 6.6

7. Technische Schaltelemente

7.1. Eigenschaften technischer Schaltelemente

In den bisherigen Abschnitten sind den Betrachtungen stets „ideale" Schaltelemente zugrunde gelegt worden. Das bedeutet, daß z.B. ein ohmscher Widerstand ohne dielektrische und ohne magnetische Eigenschaften betrachtet wurde. Damit wurde allen Schaltelementen nur die jeweilige charakteristische Eigenschaft zugeordnet.

In der Praxis läßt sich diese Betrachtungsweise *nicht* realisieren, da prinzipiell bei jedem realen Schaltelement durch seine technische Realisierung neben seiner „Haupt"eigenschaft noch die jeweils anderen „Neben"eigenschaften auftreten. Je nach der technischen Ausführung und der jeweiligen Anwendung können die Nebenwirkungen teilweise oder ganz vernachlässigt werden. Dort, wo sie zu berücksichtigen sind, faßt man das reale technische Schaltelement als eine Kombination mehrerer idealer Schaltelemente auf, die in einem Ersatzschaltbild dargestellt werden. Dieses Ersatzschaltbild kann mit den aus Band 1 und 2 bekannten Gesetzmäßigkeiten berechnet werden.

7.2. Technisches ohmsches Schaltelement

Ein elektrischer Strom ist mit einem Magnetfeld verknüpft. Außerdem erzeugt die am Schaltelement anliegende Spannung ein elektrisches Feld. Im Bild 7.1 sind die Verhältnisse für ein ohmsches Schaltelement angegeben, das aus einem rohrförmigen Porzellankörper mit einer außen aufgebrachten Kohle- oder Metallschicht besteht. Bei Wechselstrom ruft das magnetische Wechselfeld im Schaltelement induktive Wirkungen hervor, während das elektrische Wechselfeld kapazitive Erscheinungen zur Folge hat. Gegenüber dem idealen ohmschen Schaltelement, das nur den ohmschen Widerstand ohne Nebenwirkungen besitzt, ist das reale Schaltelement demzufolge außer mit dem ohmschen Widerstand noch mit einer Induktivität und einer Kapazität behaftet.

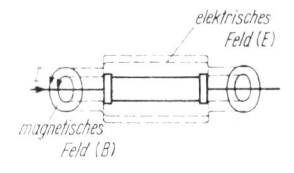

Bild 7.1. Technisches ohmsches Schaltelement

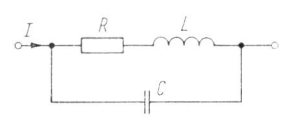

Bild 7.2. Ersatzschaltbild des technischen ohmschen Schaltelements

Außer der Potentialdifferenz, die am ohmschen Widerstand auftritt, ruft die Induktivität zusätzlich eine Spannung hervor. Das bedeutet, daß die gesamte am Schaltelement anliegende Spannung in eine Spannung an der Induktivität L und in eine am ohmschen Widerstand R aufgeteilt wird (vgl. Bild 7.2).

Neben dem Strom durch die Reihenschaltung von L und R tritt im elektrischen Feld noch ein Verschiebungsstrom auf. Der gesamte Strom durch das Schaltelement setzt sich also aus zwei Teilströmen zusammen. Die Kapazität C ist demzufolge der Reihenschaltung L und R parallelzuschalten. Man erhält das im Bild 7.2 angegebene Ersatzschaltbild für das technische ohmsche Schaltelement. Die Größen von L und C sind weitgehend vom Aufbau des Schaltelements abhängig. So sind z. B. in die leitende Schicht auf dem Porzellankörper häufig Wendeln eingeschliffen, um den Wert des ohmschen Widerstands zu vergrößern, oder es ist ein Widerstandsdraht auf einen runden Isolierkörper aufgewickelt.

Das Ersatzschaltbild des Bildes 7.2 stellt eine Näherung dar, da es L und C als konzentrierte Schaltelemente enthält. Tatsächlich verteilt sich die Wirkung der Felder gleichmäßig über die Länge des Schaltelements. Jede Stelle eines vom Strom durchflossenen Schaltelements hat ein elektrisches Potential, das gegenüber dem Bezugspotential verschieden ist. Die im Bild 7.3 angegebene Kettenleiterschaltung ergibt durch die Unterteilung der Widerstandselemente eine bessere Näherung an die wirklichen Verhältnisse. Der tatsächliche Widerstand ist komplex. Der Phasenwinkel zwischen der angelegten Spannung und dem Strom, den man hier *Fehlwinkel* ε nennt, ist nicht ganz Null. Je nachdem, ob die induktive oder die kapazitive Wirkung vorherrscht bzw. welche Wirkung gegen die andere vernachlässigbar ist, hat der komplexe Widerstand einen positiven oder negativen Fehlwinkel $\varepsilon \gtrless 0$:

$$\underline{Z} = Z\,\mathrm{e}^{j\varepsilon}.$$

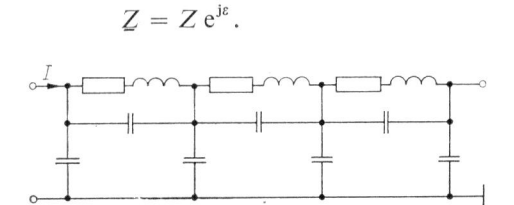

Bild 7.3
Kettenleiterersatzschaltung des technischen ohmschen Schaltelements

Untersucht man den Widerstandsverlauf $\underline{Z} = f(\omega)$, so geben die Ortskurven des Bildes 7.4 Auskunft. Sollte R fast vernachlässigbar gegen die Wirkungen von C und L sein (ein sehr seltener Fall), dann erhält man die fast kreisförmige Kurve a, die einem verlustarmen Schwingkreis gleichkommt. In den meisten Fällen verläuft die Kurve nach Bild 7.4b. Ist R nicht sehr groß, weist $\underline{Z}$ einen positiven Fehlwinkel auf. Das entspricht dem Kurvenstück oberhalb der reellen Achse, wobei man in diesen Fällen die Kapazität des Schaltelements vernachlässigen kann. Das ergibt ein vereinfachtes Ersatzschaltbild, das aus der Reihenschaltung von R und L besteht. Für $\underline{Z}$ gilt in diesem Fall

$$\underline{Z} = R + j\omega L = R\left(1 + j\,\frac{\omega L}{R}\right) \quad \text{und} \quad \tan\varepsilon = \frac{\omega L}{R}.$$

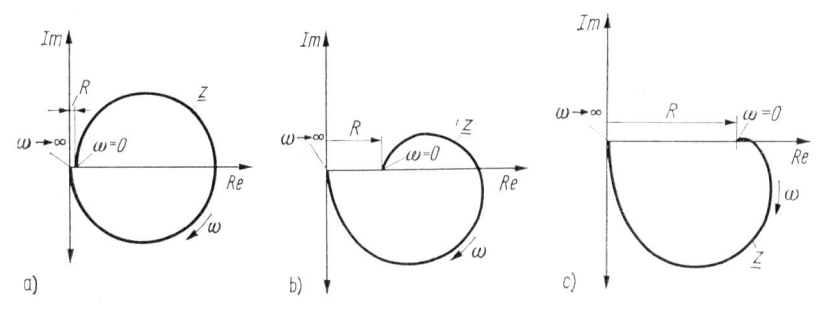

Bild 7.4. Widerstandsortskurven der Schaltung nach Bild 7.2

Ist außerdem noch $\omega L \ll R$, erhält man aus einer Reihenentwicklung

$$\tan \varepsilon = \frac{\omega L}{R} \approx \varepsilon.$$

Das ergibt

$$\underline{Z} \approx R(1 + j\varepsilon). \tag{7.1}$$

Erst bei sehr hohen Frequenzen ($f > 1$ GHz) geht die Ortskurve durch die reelle Achse in den kapazitiven Bereich und verläuft bei relativ großem R nach Bild 7.4c stark gekrümmt fast nur noch im kapazitiven Bereich.

Um die Induktivität eines technischen ohmschen Schaltelements klein zu halten, sind Wendelungen bei Kohle- oder Metallschichtwiderständen weitgehend zu vermeiden. Bei drahtgewickelten Widerständen läßt sich die Magnetfeldwirkung weitgehend durch *bifilare Wicklung* herabsetzen (s. Bild 7.5), da zwei entgegengesetzt gerichtete Magnetfelder entstehen, die sich kompensieren.

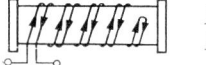

Bild 7.5
Bifilarwicklung

Beispiel 7.1

Wie groß sind der Widerstandsbetrag und der Betrag des Fehlwinkels eines drahtgewickelten ohmschen Schaltelements bei 500 MHz und bei 500 kHz, dessen ohmscher Widerstand 10 Ω groß ist und dessen Induktivität 6 nH beträgt?

Lösung für 500 MHz

$$\omega L = 3{,}14 \cdot 10^9 \, \text{s}^{-1} \cdot 6 \cdot 10^{-9} \, \Omega\text{s} = 18{,}8 \, \Omega.$$

Da $\omega L > R$ ist, kann die Näherung für $\omega L \ll R$ nicht angewendet werden.

$$\underline{Z} = R\left(1 + j\frac{\omega L}{R}\right) = 10 \, \Omega \left(1 + j\frac{18{,}8 \, \Omega}{10 \, \Omega}\right) = 10 \, \Omega \, (1 + j1{,}88);$$

$$Z = 10 \, \Omega \sqrt{1 + 1{,}88^2} = 21{,}3 \, \Omega.$$

Der Betrag ist also mehr als doppelt so hoch wie der ohmsche Widerstand.

$$\tan \varepsilon = \frac{\omega L}{R} = 1{,}88; \qquad \varepsilon = 62°.$$

Lösung für 500 kHz

$$\omega L = 3{,}14 \cdot 10^6 \, \text{s}^{-1} \cdot 6 \cdot 10^{-9} \, \Omega\text{s} = 0{,}0188 \, \Omega.$$

Hier ist $\omega L \ll R$, und man rechnet

$$\underline{Z} = R(1 + j\varepsilon) = R\left(1 + j\frac{\omega L}{R}\right) = 10 \, \Omega \left(1 + j\frac{0{,}0188 \, \Omega}{10 \, \Omega}\right) \approx 10 \, \Omega.$$

Der Imaginärteil in der Klammer ist vernachlässigbar, daher ist

$$\underline{Z} \approx 10 \, \Omega.$$

Für den Fehlwinkel gilt

$$\tan \varepsilon = \frac{\omega L}{R} = 0{,}00188 \approx \varepsilon \approx 0{,}108°.$$

Die im Beispiel 7.1 dargelegten Verhältnisse beziehen sich auf einen kleinen ohmschen Widerstand. Betrachtet man den Fall $R \gg \omega L$, dann gilt die Ortskurve des Bildes 7.4c. Der komplexe Widerstand ist fast nur noch kapazitiv. Jetzt ist die Induktivität in der Ersatzschaltung nach Bild 7.2 vernachlässigbar. Man erhält ein vereinfachtes Ersatzschaltbild, das nur noch aus der Parallelschaltung von ohmschem Widerstand und Kapazität besteht. In diesem Fall gilt für $\underline{Z}$

$$\underline{Z} = \frac{1}{1/R + \mathrm{j}\omega C} = R\,\frac{1}{1 + \mathrm{j}\omega CR} \quad \text{und} \quad \tan\varepsilon = \omega CR.$$

Ist nun noch $\omega C \ll 1/R$, dann kann man setzen: $\tan\varepsilon \approx \varepsilon \approx \omega CR$; das ergibt

$$\underline{Z} \approx R\,(1 - \mathrm{j}\varepsilon). \tag{7.2}$$

Die Kapazität eines ohmschen Schaltelements wird auch von der Wendelung bestimmt. Man sollte möglichst ungewendelte Schichtschaltelemente (sogenannte Schichtwiderstände) verwenden, besonders für hohe Frequenzen.

Aufgabe 7.1

Wie groß sind für 50 MHz und für 500 kHz der Widerstandsbetrag und der Betrag des Fehlwinkels eines ohmschen Schaltelements, das aus einer Kohleschicht auf einem Porzellankörper besteht und einen ohmschen Widerstand von 100 kΩ besitzt? Die Kapazität beträgt 0,2 pF.

Lösungshinweis

Für 50 MHz ist $\omega C > 1/R$, daher gilt die Näherung $\omega C \approx 1/R$ nicht. Für 500 kHz ist dagegen $\omega C \approx 1/R$, und man rechnet mit Gl. (7.2).

Eine weitere Erscheinung, die bei jedem Leiter und somit auch beim ohmschen Schaltelement zusätzliche Verluste mit sich bringt, ist der *Skineffekt*, auch Haut- oder Stromverdrängungseffekt genannt. Das jeden Strom begleitende Magnetfeld ändert sich bei Wechselstrom ständig und erzeugt nach dem Induktionsgesetz Spannungen, die der Stromänderung entgegenwirken. Das geschieht auch im Innern des Leiters. Die Folge ist eine induktive Widerstandserhöhung, die bei Gleichstrom nicht auftritt. Diese induktive Widerstandserhöhung ist über den Leiterquerschnitt nicht gleichmäßig, sondern im Zusammenwirken der Magnetfelder im Innern und außerhalb des Leiters ist sie in Leitermitte größer als im Außenbereich. Damit wird im Außenbereich des Leiters ein höherer Stromwert auftreten als in Leitermitte.

Der Skineffekt nimmt mit der Erhöhung des Leiterquerschnitts und mit steigender Frequenz zu. So tritt die Widerstandserhöhung bei einem Kupferdraht von 1 mm Dicke etwa ab 100 kHz in Erscheinung. Drahtdicken von 0,1 mm zeigen die Verdrängung ab 10 MHz und 0,01-mm-Drähte oberhalb 1000 MHz. Damit ist bereits angedeutet, wie man dieses unerwünschte Phänomen mindern kann: Man verwendet Litzendrähte, die aus mehreren sehr dünnen, voneinander isolierten Einzeldrähten bestehen. Diese sind so gleichmäßig miteinander verdrillt, daß jeder Einzeldraht in gleichen Abständen an gleicher Stelle des Gesamtquerschnitts auftritt. Dadurch kommt eine weitgehend gleichmäßige Stromverteilung im Querschnitt zustande. Die obere Grenze der Verwendung von Litzendrähten liegt bei 1,5 ... 3 MHz. Oberhalb dieser Frequenz macht sich der Skineffekt so stark bemerkbar, daß im Leiter fast nur noch die Außenhaut zur Stromleitung benutzt wird. Man nimmt dann dickeren versilberten Volldraht, dessen Oberfläche teilweise poliert ist, um eine größtmögliche Leitfähigkeit zu erzielen.

Die Berechnung der Widerstandserhöhung definiert man mit einem Faktor $k > 1$, der die Erhöhung angibt:

$$R_\sim = k R_-. \tag{7.3}$$

Hierin sind $R_\sim$ der tatsächliche Widerstand und R_- derjenige bei Gleichstrom. Eine genaue Berechnung von k, die für alle Querschnittsformen gültig ist, gibt es nicht. Der mathematische Aufwand ist erheblich. Für kreisrunde Querschnitte benutzt man zwei Näherungsgleichungen, die eine Hilfsgröße X enthalten. Diese ist zuerst zu berechnen:

$$X = \frac{d}{4}\sqrt{\pi f \varkappa \mu}. \tag{7.4}$$

Die Einheiten der Größen sind so zu wählen, daß X die Einheit 1 erhält, z.B. Drahtdurchmesser d in cm, Frequenz f in Hz, die Leitfähigkeit $\varkappa$ in 1/Ωcm, die Permeabilität μ in Vs/Acm.

Ist X danach <1, berechnet man

$$k = 1 + \frac{1}{3} X^4 - \frac{4}{45} X^8. \tag{7.5}$$

Bei $X > 1$ gilt

$$k = X + \frac{1}{4} + \frac{3}{64X}. \tag{7.6}$$

Aufgabe 7.2

Bei welcher Frequenz ist der Widerstand eines runden Kupferdrahtes von 1 mm Durchmesser infolge des Skineffektes 4mal größer als bei Gleichstrom?

Lösungshinweis

k ist nach Gl. (7.6) zu berechnen, da $X > 1$. Die Frequenz erhält man dann mit Hilfe der Gl. (7.4).

7.3. Technischer Kondensator

Legt man an die Beläge eines Kondensators eine Gleichspannung, so wird der Kondensator geladen. Ist der Ladevorgang beendet, fließt durch das *Dielektrikum* auch weiterhin ein Gleichstrom, der sich mit geeigneten Meßgeräten nachweisen läßt. Der *Isolationswiderstand* des Dielektrikums ist zwar sehr groß, aber nicht unendlich groß. Ein Teil des Gleichstromes entsteht als *Oberflächen-Kriechstrom* zwischen den Anschlußklemmen oder Lötösen des Kondensators.

Beim Anlegen einer Wechselspannung fließt in den Zuleitungen durch das ständige Umladen des Kondensators bekanntlich ein Wechselstrom, der gegen die Wechselspannung um 90° voreilend verschoben ist. Es fließt aber durch den Isolationswiderstand des Dielektrikums und den parallel dazu liegenden Oberflächenwiderstand ein zusätzlicher Wechselstrom, der gegen die Spannung nicht phasenverschoben ist. Hinzu kommt noch eine weitere Erhöhung der Wirkkomponente des Stromes durch das elektrische Umpolen des Dielektrikums (Polarisationsverluste). Man bezeichnet den mit der Spannung gleichphasigen Strom auch als Verluststrom und spricht von *Isolationsverlusten* und *dielektrischen Verlusten* bzw. vom *Verlustwiderstand*, der resultierend alle Verluste in sich vereinigt. Dieser Verlustwiderstand ist ohmscher Natur, da er keine Phasenverschiebung zwischen der Spannung und dem Verluststrom hervorruft. Deshalb sind diese Verluste alle *Wärmeverluste*. Der gesamte Strom durch den Kondensator setzt sich damit aus zwei Teilströmen zusammen. Man erhält für den technischen Kondensator als einfachstes Ersatzschaltbild eine Parallelschaltung aus der Kapazität C und dem Verlustwiderstand R (Bild 7.6a).

Dieses Ersatzschaltbild genügt für sehr viele Anwendungen. Bei sehr hohen Frequenzen hingegen und bei solchen Kondensatoren, deren Beläge als dünne streifenförmige Folien mit einem dazwischenliegenden Papierstreifen als Dielektrikum zu einem sogenannten Wickel zusammengewickelt sind, tritt noch eine weitere Erscheinung auf. Das Magnetfeld des zu den Belägen fließenden Wechselstromes ruft in den Leitungen und Belägen induktive Wirkungen hervor. Diese haben eine Spannung zur Folge, die zur Spannung an der Kapazität des Kondensators hinzukommt. Das Ersatzschaltbild nach Bild 7.6a wäre für die Fälle, bei denen die induktive Wirkung zu berücksichtigen ist, noch durch je eine Induktivität in den Zuleitungen zu ergänzen. Man faßt die beiden Teilinduktivitäten aber zu einer Resultierenden zusammen und schaltet diese gemäß Bild 7.6b in eine der Zuleitungen.

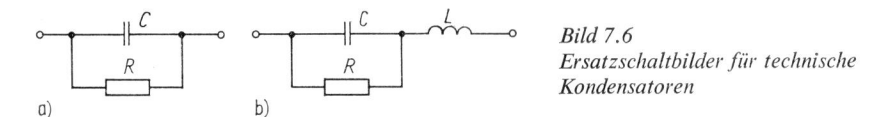

Bild 7.6
Ersatzschaltbilder für technische Kondensatoren

Die Induktivität eines Kondensators läßt sich durch konstruktive Maßnahmen nur insoweit beeinflussen, daß man die Wickel möglichst klein hält, was aber nur begrenzt möglich ist. Bei sehr hohen Frequenzen muß man die Zuleitungen möglichst kurz halten. Trotzdem ist die Induktivität nicht gänzlich zu vermeiden, und es tritt bei einer – meist sehr hohen – Frequenz Resonanz ein. Oberhalb dieser Resonanzfrequenz wirkt der Kondensator wie eine Induktivität.

Da die Induktivität bis zu einigen 100 kHz meistens vernachlässigbar ist, wird allgemein die Ersatzschaltung nach Bild 7.6a den Betrachtungen zugrunde gelegt. Im Leitwertdiagramm bildet der Zeiger des Leitwertes Y der Schaltung mit dem Leitwertzeiger $G = 1/R$ den Phasenwinkel φ_y. Der Ergänzungswinkel zu 90°, also derjenige, den der Y-Zeiger mit dem Zeiger des Blindleitwertes $jB_C = j\omega C$ bildet, ist der *Verlustwinkel* δ_C (s. Bild 7.7). Seinen Tangens bezeichnet man als den Verlustfaktor d:

$$\text{Verlustfaktor} \quad d = \tan \delta_C = \frac{G}{B_C} = \frac{1}{R\omega C}. \tag{7.7}$$

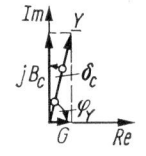

Bild 7.7. Verlustwinkel

Der Verlustfaktor ist von den Eigenschaften des Dielektrikums und der Bauart des Kondensators abhängig. Die Eigenschaften des Dielektrikums wiederum sind – je nach dem verwendeten Werkstoff – mehr oder weniger mit der Temperatur veränderlich. Es gibt Dielektrika, die mit zunehmender Temperatur ihre Dielektrizitätszahl ε_r vergrößern, und solche, die sie verringern. Außerdem ist der Verlustfaktor nach Gl. (7.7) eine Funktion der Frequenz. Da der Verlustwinkel innerhalb des Frequenzbereiches, für den das Ersatzschaltbild (Bild 7.6a) gilt, sehr kleine Werte hat (er ist häufig vernachlässigbar), kann man setzen

$$\tan \delta_C \approx \delta_C.$$

Mit dieser Näherung und durch Umformung der Gl. (7.7) erhält man für den Verlustwiderstand R

$$R = \frac{1}{\tan \delta_c \omega C} = \frac{1}{\delta_c \omega C}.$$

Damit ergibt sich der komplexe Leitwert des technischen Kondensators zu

$$\underline{Y} = \frac{1}{R} + j\omega C \approx \delta_c \omega C + j\omega C = \omega C (\delta_c + j). \tag{7.8}$$

Die dielektrischen Verluste, die – wie eingangs schon angegeben – einen Teil der im Verlustwiderstand R zusammengefaßten Verluste ausmachen, steigen mit der Frequenz an. Das ist gleichbedeutend mit einer Verkleinerung von R. Wenn in Gl. (7.7) bei Vergrößerung von ω der Wert des Widerstands R sinkt, dann ändert sich der Verlustfaktor nur wenig. Untersuchungen haben gezeigt, daß $\tan \delta_c$ bei einer Reihe von Dielektrika in einem Frequenzbereich von etwa 500 Hz ... 5 MHz bei konstanter Temperatur nur eine geringe Änderung aufweist.

Beispiel 7.2

Wie groß ist der komplexe Widerstand nach Betrag und Phasenwinkel eines Kondensators bei 500 Hz und bei 5 MHz? Die Kapazität beträgt 250 pF, und der Verlustfaktor ist für den angegebenen Frequenzbereich praktisch mit $3 \cdot 10^{-2}$ konstant.

Lösung

Nach Gl. (7.8) ist $\underline{Y} = \omega C (\delta_c + j)$. Daraus erhält man

$$\underline{Z} = \frac{1}{\underline{Y}} = \frac{1}{\omega C} \frac{\delta_c - j}{\delta_c^2 + 1};$$

da $\delta_c \ll 1$, kann man δ_c^2 gegen 1 vernachlässigen:

$$\underline{Z} \approx \frac{1}{\omega C} (\delta_c - j).$$

Für 500 Hz ergibt sich

$$\underline{Z} \approx \frac{1}{3{,}14 \cdot 10^3 \, \text{s}^{-1} \cdot 2{,}5 \cdot 10^{-10} \, \text{Ss}} (0{,}03 - j)$$

$$= 12{,}74 \cdot 10^5 \, \Omega \, (0{,}03 - j),$$

$$Z \approx 1{,}274 \cdot 10^6 \, \Omega \sqrt{0{,}03^2 + 1} \approx 1{,}274 \, \text{M}\Omega.$$

Für 5 MHz ergibt sich

$$\underline{Z} \approx \frac{0{,}03 - j}{3{,}14 \cdot 10^7 \, \text{s}^{-1} \cdot 2{,}5 \cdot 10^{-10} \, \text{Ss}} = 127{,}4 \, \Omega \, (0{,}03 - j),$$

$$Z \approx 127{,}4 \, \Omega.$$

Der Phasenwinkel ist in beiden Fällen $\delta_c \approx \tan \delta_c = 0{,}03$; 0,03 rad = 1,72°; $\delta_c \approx 1{,}72°$.

7.4. Technische Spule

7.4.1. Luftspule

Legt man an zwei Luftspulen gleicher Induktivität, deren Wickeldraht jedoch verschiedenen Querschnitt hat, eine Wechselspannung (z. B. 50 Hz), so stellt sich heraus, daß durch diejenige mit dem größeren Drahtwiderstand ein geringerer Strom fließt.

Der komplexe Widerstand ist infolge der Erhöhung des ohmschen Anteils größer geworden. Das entspricht einer Reihenschaltung von R und L. Es ist aber auch eine kapazitive Wirkung vorhanden. Sie macht sich besonders bei höheren Frequenzen bemerkbar. Die Betrachtungen im Abschn. 7.2. mit dem Bild 7.1 führen zur Ersatzschaltung nach Bild 7.2. Der Unterschied ist nur der, daß im Abschn. 7.2. der ohmsche Widerstand R vorherrscht, während hier die Induktivität größer als R ist. Damit ist für die Luftspule die Ortskurve des Bildes 7.4a zugrunde zu legen, die sich der Kreisform nähert.

Die Verringerung der Spulenkapazität kann dadurch erreicht werden, daß man die Wicklung entsprechend Bild 7.8 auf einen Wickelkörper mit möglichst vielen Kammern aufbringt. Die Kapazität einer lagenweise gewickelten Spule bildet sich zwischen den Windungen und den Lagen aus. Bei der *Kammerwicklung* sind alle die in den Kammern auftretenden Kapazitäten in Reihe geschaltet. Die Ersatzkapazität ist dabei kleiner als die kleinste Einzelkapazität einer Kammer. Eine weitere Möglichkeit, die Spulenkapazität klein zu halten, bietet die *Kreuzwicklung*, bei der die einzelnen Windungen in einem Zickzackverlauf über die Breite der Wicklung hin- und hergeführt werden. Dadurch kreuzen sich die einzelnen Lagen (vgl. Bild 7.9). Man kann dann für sehr viele Fälle die Eigenkapazität vernachlässigen und erhält die vereinfachte Ersatzschaltung nach Bild 7.10, in der der ohmsche Widerstand gleich dem Kupferdrahtwiderstand R_{Cu} ist. Man bezeichnet die durch das Wicklungsmaterial auftretende Wirkleistung auch als *Kupferverlust* und den Widerstand selbst als *Kupferverlustwiderstand*. Die Berechnungen hierzu sind im Abschnitt 7.4.3. enthalten, da auch die Spule mit Eisenkern sehr häufig auf ein vereinfachte-Ersatzschaltbild gemäß Bild 7.10 zurückgeführt wird.

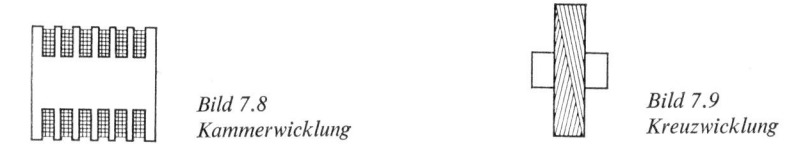

Bild 7.8
Kammerwicklung

Bild 7.9
Kreuzwicklung

7.4.2. Spule mit ferromagnetischem Kern

Der Kern verursacht einen eigenen Wirkverlust. Deshalb ist der Kernverlust im Ersatzschaltbild als ohmscher Parallelwiderstand R_{Fe} zur Induktivität aufzufassen. Das ergibt in erster Näherung bei Außerachtlassung des Drahtwiderstands und der Wicklungskapazität eine Ersatzschaltung gemäß Bild 7.11. Die durch R_{Fe} charakterisierten Kernverluste setzen sich im wesentlichen aus zwei Anteilen zusammen, dem Hystereseverlust und dem Wirbelstromverlust.

Bild 7.10. Vereinfachtes Ersatzschaltbild für die Luftspule

Bild 7.11. Eisenverlustwiderstand

Der *Hystereseverlust* entsteht durch die fortgesetzte Ummagnetisierung des Kernwerkstoffes. Diese geht nach einer Hystereseschleife vor sich (s. Bild 7.7 im Band 1). Die Kurve gibt den Zusammenhang zwischen der Magnetflußdichte B und der magnetischen Feldstärke an. Die Energiedichte (Energie je Volumen) ist

$$\frac{W_m}{V} = w_m = \int_0^{\hat{B}} H \, dB.$$

Bei Wechselstrom wird in jeder Periode die ganze Hystereseschleife durchlaufen. Die Hystereseverlustleistung ist der Frequenz und dem Quadrat der Flußdichte proportional:

$$P_H \sim f\hat{B}^2. \tag{7.9}$$

Um den Hystereseverlust klein zu halten, sind Kernwerkstoffe zu verwenden, die eine möglichst schmale Hystereseschleife aufweisen, deren Fläche nicht groß ist.

Befindet sich ein elektrischer Leiter in einem Magnetfeld, dessen Fluß sich ändert, so entsteht in ihm nach dem Induktionsgesetz eine Spannung. Das trifft auch für den ferromagnetischen Kern zu, dessen Werkstoff leitend ist. Insbesondere tritt das bei Eisenkernen auf. Im räumlich ausgedehnten Kern rufen die induzierten Spannungen sogenannte *Wirbelströme* hervor, die den Kern zusätzlich erwärmen. Je größer diese Wirbelströme sind, um so größer ist der dadurch bedingte *Wirbelstromverlust*. Die Verlustleistung ist nach der Beziehung $P = U^2/R$ dem Quadrat der Spannung proportional. Die Größe der Induktionsspannung wiederum wird nach dem Induktionsgesetz von der Änderungsgeschwindigkeit des Magnetflusses und damit von der Frequenz bestimmt. Somit ist die Wirbelstromverlustleistung P_W dem Quadrat der Frequenz direkt und dem elektrischen Widerstand R des Kernwerkstoffes umgekehrt proportional:

$$P_W \sim \frac{f^2}{R} \hat{B}^2. \tag{7.10}$$

Durch einen möglichst großen Widerstand des Kerns hält man bei Spulen und Transformatoren die Wirbelstromverluste klein. Man erreicht das z.B. durch Legierungszusätze zum Eisen, die die magnetischen Eigenschaften nicht beeinträchtigen. Weiterhin werden Eisenkerne aus elektrisch voneinander isolierten, dünnen Blechen von etwa 0,1 ... 2 mm Dicke zusammengesetzt. Für Hochfrequenz trifft man eine noch größere Unterteilung, indem man die kleinen Teilchen von Eisenpulver in einer Isoliermasse fein verteilt und daraus Hochfrequenzeisenkerne preßt.

Außer den Hysterese- und den Wirbelstromverlusten gibt es noch eine dritte Art von Kernverlusten. Das sind die *Nachwirkungsverluste*. Sie sind wie die Hysteresisverluste der Frequenz proportional und werden meistens diesen hinzugezählt. Sie treten auch nicht als getrennte Erscheinung auf und machen sich z.B. in einem magnetisierten Eisen bemerkbar, das einige Zeit nicht magnetisch beeinflußt wurde. Der magnetische Zustand des Eisens verändert sich durch die Nachwirkungsverluste. Sie sind aber nicht zu verwechseln mit Alterungserscheinungen, die sich erst über sehr lange Zeiträume hinweg auswirken. Unter Einbeziehung der Nachwirkungsverluste in die Hystereseverluste betragen die gesamten im ferromagnetischen Kern auftretenden Verlustleistungen P_{Fe}

$$P_{Fe} = P_H + P_W.$$

Diesen Gesamtverlust gibt der Hersteller des Ferromagnetikums – insbesondere bei Eisenblechen – in einer Verlustziffer V an, die die Leistung P_{Fe} je kg der Masse m des Werkstoffes bei einer Frequenz von 50 Hz ausdrückt:

$$V = \left(\frac{P_{Fe}}{m}\right), \quad f = 50 \text{ Hz}. \tag{7.11}$$

Wie aus den Erläuterungen der einzelnen Verluste hervorgeht, wird ihre Größe natürlich auch von der Größe des magnetischen Flusses bzw. von der Flußdichteamplitude $\hat{B}$ bestimmt. Deshalb gibt es die Verlustziffer $V_{1,0}$ für $\hat{B} = 1$ Vs/m² und die Verlustziffer $V_{1,5}$ für $\hat{B} = 1,5$ Vs/m². Die Verlustziffern sind je nach Blechdicke und Werkstoff von-

164   7. Technische Schaltelemente

einander verschieden und bewegen sich in der Größenordnung zwischen etwa 0,35 und 8,5 W/kg. Ergänzend ist noch zu erwähnen, daß durch die Ummagnetisierung des Kerns eine Änderung der Kurvenform des Stromes gegenüber der Spannungskurve auftritt (s. Abschn. 10.).

Neben den Eisenverlusten treten noch die bei der Luftspule (Abschn. 7.4.1.) bereits besprochenen Kupferverluste durch den Spulendraht auf. Sie sind hier als Reihenwiderstand R_{Cu} im Ersatzschaltbild zu kennzeichnen. Schließlich ist zur Vervollständigung des Ersatzschaltbildes noch die Spulenkapazität anzugeben. Für sie gelten ebenfalls die Betrachtungen des vorigen Abschnitts, so daß sie in sehr vielen Fällen – entsprechend dem Frequenzbereich, für den die Spule jeweils verwendet wird – vernachlässigbar ist. Man benutzt daher für die Spule mit ferromagnetischem Kern die im Bild 7.12 angegebene vereinfachte Ersatzschaltung. Das sich hierfür ergebende Zeigerbild (Bild 7.13) zeigt die Zusammenhänge.

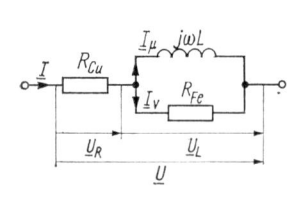

Bild 7.12. Vereinfachtes Ersatzschaltbild der Spule mit ferromagnetischem Kern

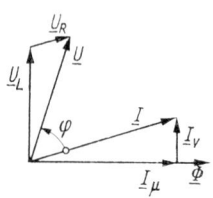

Bild 7.13. Zeigerbild für die Schaltung nach Bild 7.12

Als Bezugsgröße dient der Zeiger des magnetischen Flusses $\underline{\Phi}$ der Spule. Ihm ist der Zeiger des Stromes $\underline{I}_\mu$ (Strom durch die Induktivität, auch *Magnetisierungsstrom* genannt) phasengleich. Der Strom $\underline{I}_v$ durch R_{Fe} ist phasengleich mit der Teilspannung $\underline{U}_L$, die gegen den Fluß $\underline{\Phi}$ um 90° voreilt. Daher hat der Zeiger $\underline{I}_v$ die gleiche Richtung wie $\underline{U}_L$. Aus $\underline{I}_\mu$ und $\underline{I}_v$ ergibt sich durch Addition der Stromzeiger $\underline{I}$. Die Teilspannung $\underline{U}_R$ ist gleichphasig zu $\underline{I}$. Beide Zeiger sind deshalb richtungsgleich. Die Zeiger $\underline{U}_L$ und $\underline{U}_R$ ergeben den Spannungszeiger $\underline{U}$. Der Phasenwinkel φ läßt sich bestimmen aus der Beziehung

$$\cos \varphi = \frac{P}{UI}, \tag{7.12}$$

worin P der Gesamtverlust, also die Summe aus den Kern- und Kupferverlusten ist:

$$P = P_{Cu} + P_{Fe} = I^2 R_{Cu} + P_H + P_W. \tag{7.13}$$

Das Produkt der Beträge von Spannung und Strom in Gl. (7.12) ist die Scheinleistung der Spule.

7.4.3. Verlustfaktor und Spulengüte

Zur Definition des Verlustfaktors einer Spule rechnet man den Parallelwiderstand R_{Fe} im Bild 7.12 für eine bestimmte Frequenz in einen Reihenwiderstand um:

$$R_r = R_{Fe} \frac{1}{1 + \left(\dfrac{R_{Fe}}{\omega L_p}\right)^2}, \quad L_r = L_p \frac{1}{1 + \left(\dfrac{\omega L_p}{R_{Fe}}\right)^2};$$

wenn
$$\frac{R_{Fe}}{\omega L_p} \gg 1,$$
dann gilt
$$L_r \approx L_p = L.$$

R_r faßt man mit R_{Cu} zu einem Reihenwiderstand R_v zusammen, der den gesamten Verlust beinhaltet (Bild 7.14). Man kommt damit auf das gleiche Ersatzschaltbild, wie es entsprechend Bild 7.10 auch für die Luftspule gilt. Man legt den Betrachtungen den Verlustwinkel $\delta_L = (90° - \varphi)$ zugrunde und erhält für den Scheinwiderstand Z

$$Z = R_v + j\omega L = \omega L \left(j + \frac{R_v}{\omega L}\right).$$

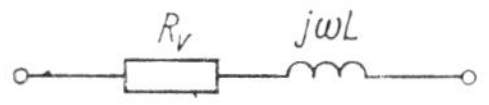

Bild 7.14
Ersatzschaltbild für den Verlustfaktor der Spule

Der Quotient $R_v/\omega L = \tan \delta_L$ ist der *Verlustfaktor* der Spule. Somit gilt

$$Z = \omega L (j + \tan \delta_L). \tag{7.14}$$

Für sehr kleine Winkel δ_L (geringe Verluste) kann man schreiben

$$Z \approx \omega L (j + \delta_L).$$

Anstelle des Verlustfaktors wird zur Kennzeichnung einer Spule auch oft dessen Kehrwert benutzt. Er heißt *Spulengüte Q*:

$$Q = \frac{1}{\tan \delta_L} = \frac{\omega L}{R_v}. \tag{7.15}$$

Bei der Luftspule (Abschn. 7.4.1.) gilt analog für den Verlustfaktor $\tan \delta_L = R_{Cu}/\omega L$ und für die Spulengüte

$$Q = \frac{\omega L}{R_{Cu}}.$$

Beispiel 7.3

Eine Luftspule hat bei einer Frequenz von 800 Hz ($\omega \approx 5000\ s^{-1}$) einen Scheinwiderstand von 1,1 kΩ und verursacht eine Phasenverschiebung von 65,3° zwischen Strom und Spannung. Wie groß sind der Wicklungswiderstand, die Induktivität und die Spulengüte?

Lösung

$$R_{Cu} = Z \cos \varphi_Z = 1,1\ k\Omega \cos 65,3° = 460\ \Omega,$$
$$X_L = Z \sin \varphi_Z = 1,1\ k\Omega \sin 65,3° = 1\ k\Omega,$$
$$L = X_L/\omega = 1\ k\Omega/5000\ s^{-1} = 0,2\ H,$$
$$Q = X_L/R_{Cu} = 1\ k\Omega/460\ \Omega = 2,175.$$

Aufgabe 7.3

Durch eine Spule mit einem Kern aus Eisenblechen fließt ein Strom, dessen Effektivwert 220 mA beträgt. Die an der Spule liegende Spannung hat eine Frequenz von 50 Hz und einen Effektivwert von 65,5 V. Die Verlustziffer $V_{1,0}$ hat einen Wert von 4,3 W/kg. Die Kernmasse beträgt 380 g. Im Kern tritt eine maximale

Flußdichte von 1 Vs/m² auf. Der Widerstand des Wickeldrahtes hat einen Wert von 34,7 Ω. Wie groß ist der von der Spule verursachte Phasenwinkel zwischen Spannung und Strom, und wie groß sind Induktivität und Spulengüte?

Lösungshinweis

Der cos des Phasenwinkels ist gleich dem Quotienten aus dem Gesamtverlust und der Scheinleistung. Die Induktivität erhält man aus dem induktiven Blindwiderstand, der sich aus dem Scheinwiderstandsbetrag und dem sin des Phasenwinkels ergibt. Mit Hilfe der Gl.(7.15) ist Q zu bestimmen.

7.4.4. Selbstinduktivitätskonstante von Spulen mit ferromagnetischem Kern

Wie aus Band 1 bekannt, gibt die Selbstinduktivität – auch Induktivität genannt – Auskunft über die in der Spule entstehende Induktionsspannung. Sie charakterisiert also eine Spuleneigenschaft. Nach Band 1, Abschn. 7., gilt

$$L = N^2 \Lambda.$$

Neben der Windungszahl N spielt der magnetische Leitwert Λ eine ausschlaggebende Rolle. Dieser ist wiederum maßgeblich abhängig von der Permeabilitätszahl μ_r.

$$\Lambda = \mu_0 \mu_r \frac{A}{s}.$$

A ist hierin der vom magnetischen Fluß erfüllte Feldquerschnitt und s die mittlere Feldlinienlänge. Durch Einsetzen in die Gleichung für L erhält man

$$L = N^2 \mu_0 \mu_r \frac{A}{s}. \tag{7.16}$$

Diese Gleichung kann jedoch nur für Spulenformen angewendet werden, deren Magnetfeld praktisch homogen ist (z.B. Kreisringspule). Bei anderen Spulenformen, z.B. mit nicht vernachlässigbarer Streuung, ist die Induktivität kleiner.

Für Spulen mit einem geschlossenen ferromagnetischen Kern, der einen einheitlichen Querschnitt hat und somit nur eine geringe Streuung aufweist, ist Gl.(7.16) auch anwendbar. Man muß dabei aber berücksichtigen, daß sich der Wert μ_r mit der Flußdichte B ändert. Aus dieser Tatsache ergeben sich die nichtlinearen Magnetisierungskurven, die den Zusammenhang zwischen der Flußdichte B und der magnetischen Feldstärke H angeben. Bei magnetischen Wechselfeldern gibt die Hystereseschleife die Verhältnisse wieder.

Damit wird ersichtlich, daß die Induktivität L von der Stärke des Stromes abhängig ist und sich mit ihr ändert. Das wird deutlich, wenn man Gl.(7.16) in eine andere Form bringt. Durch Erweiterung mit der Stromstärke I ergibt sich bei etwas veränderter Schreibweise

$$L = \left(\frac{IN}{s} \mu_0 \mu_r A\right) \frac{N}{I}.$$

Der in Klammern gesetzte Ausdruck ist gleich dem magnetischen Fluß Φ, so daß man schreiben kann

$$L = N \frac{\Phi}{I}. \tag{7.17}$$

Man erkennt hieraus, daß L nur dann konstant ist, wenn sich Φ mit I in gleicher Weise ändert, wenn also eine direkte Proportionalität besteht. Das ist aber nur dann der Fall, wenn μ_r konstant ist. Die Magnetisierungskurve $B = f(H)$ wäre dann eine Gerade ($\Phi \sim B$ und $H \sim I$). Bei Ferritkernen trifft das angenähert nur in einem begrenzten Bereich der Magnetisierungskurve zu. Da die Magnetisierungskurven für ferromagnetische Stoffe oberhalb einer bestimmten Feldstärke H (bzw. oberhalb einer bestimmten Stromstärke I) infolge der kleiner werdenden Permeabilitätszahl μ_r eine starke Krümmung und Abflachung aufweisen, sinkt auch die Induktivität. Dicht am Koordinatenursprung – also bei kleinen Stromstärken – weisen die Kurven häufig einen gewissen zunehmenden Anstieg auf. In diesem Bereich steigt die Induktivität auch etwas an.

Für magnetische Wechselfelder schreibt man Gl. (7.17) zweckmäßig

$$L = N \frac{\Delta \hat{\Phi}}{\Delta I}. \tag{7.17a}$$

Man setzt in Gl. (7.17a) die Änderungsbeträge ein, die sich aus der Differenz derjenigen Werte ergeben, zwischen denen jeweils Φ und I schwanken. Da sich der Fluß von $+\hat{\Phi}$ bis $-\hat{\Phi}$, also um den Betrag $2\hat{\Phi}$ ändert und die Stromstärke um den Betrag $2\hat{I}$, gilt somit

$$L = N \frac{\hat{\Phi}}{\hat{I}}.$$

Gegenüber Gl. (7.17) sind hierin lediglich die Amplituden des Flusses und der Stromstärke enthalten. Daher gilt hinsichtlich der Induktivitätsänderung bei Änderung der Stromstärke das gleiche, wie es zur Gl. (7.17) bereits angegeben wurde. Bild 7.15 zeigt als Beispiel die Funktion $L = f(I)$, wie sie an einer Drosselspule mit einem geschlossenen Kern aus Eisenblechen ohne Luftspalt gemessen wurde. Diese große Veränderlichkeit läßt sich mildern, allerdings auf Kosten des großen L-Anstiegs bei kleineren Stromstärken. Die Magnetisierungskurve eines ferromagnetischen Kreises wird durch einen Luftspalt linearisiert. Da Luft einen wesentlich geringeren und vor allem konstanten magnetischen Leitwert besitzt, überwiegt schon bei relativ kleinen Luftspaltbreiten sein Einfluß gegenüber dem des Ferrits. Die Induktivität wird bei einer sonst gleichen Drosselspule spürbar kleiner, aber sie ist jetzt praktisch konstant (s. Bild 7.15).

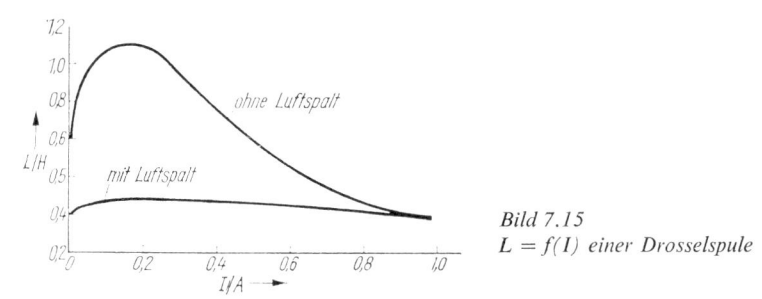

Bild 7.15
$L = f(I)$ einer Drosselspule

Beispiel 7.4

Wie groß ist die Induktivität einer Drosselspule, die einen aus Eisenblechen bestehenden Kern mit einer effektiven Querschnittsfläche von 25 cm² besitzt? Die mittlere Feldlinienweglänge beträgt 80 cm. Der Wickelkörper enthält 750 Drahtwindungen, durch die ein Sinusstrom fließt. Der Effektivwert der Stromstärke beträgt 1,51 A. Für die Feststellung des Zusammenhangs ist die Magnetisierungskurve nach Bild 7.16 zu benutzen. (Es ist hier statthaft, die beiden Schleifenteile der schmalen Hystereseschleife zu einer mittleren Kurve zu vereinigen.)

Lösung

$$\hat{H} = \frac{\hat{I}N}{s} = \frac{1{,}51\,\text{A}\sqrt{2} \cdot 750}{80\,\text{cm}} = 20\,\frac{\text{A}}{\text{cm}}.$$

Aus der Kurve nach Bild 7.16 liest man für die berechnete Feldstärke

$$B_{mm} = 8{,}5 \cdot 10^{-5} \frac{\text{Vs}}{\text{cm}^2}.$$

Somit ist

$$\Phi_{mm} = B_{mm} \cdot A = 8{,}5 \cdot 10^{-5} \frac{\text{Vs}}{\text{cm}^2} \, 25 \text{ cm}^2 = 2{,}125 \cdot 10^{-3} \text{ Vs},$$

$$L = N \frac{\Phi_{mm}}{\hat{I}} = 750 \, \frac{2{,}125 \cdot 10^{-3} \text{ Vs}}{1{,}51 \text{ A} \sqrt{2}} = 1{,}057 \text{ H}.$$

7.4.5. Drosselspule mit Vormagnetisierung

In der Praxis kommt es häufig vor, daß durch eine Spule mit ferromagnetischem Kern nicht nur ein Wechselstrom, sondern gleichzeitig noch ein Gleichstrom fließt. Dem konstanten Magnetfeld, das vom Gleichstrom hervorgerufen wird, überlagert sich ein magnetisches Wechselfeld. Solche *vormagnetisierten* Drosselspulen sind als sogenannte *Glättungsdrosseln* vielfach in Netzteilen von Verstärkern und Rundfunkempfängern zu finden.

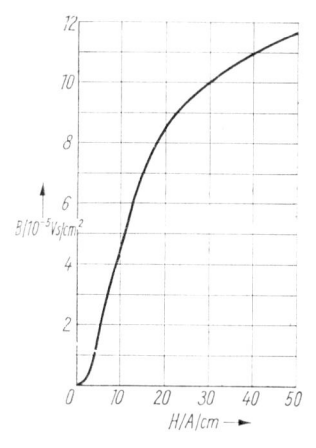

Bild 7.16. *Magnetisierungskurve zum Beispiel 7.4*

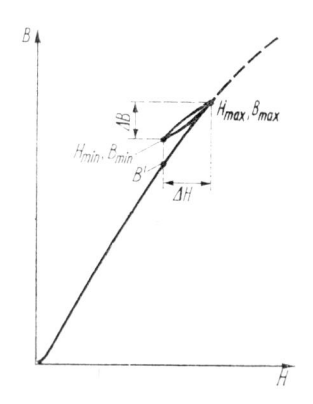

Bild 7.17. *Magnetisierungsverlauf bei Vormagnetisierung*

Das Gleichfeld hat eine bestimmte Flußdichte, die sich durch die Feldstärke entsprechend der Magnetisierungskurve des Kernwerkstoffes ergibt. Kommt nun noch das Wechselfeld hinzu, so verläuft auch dieses nach einer Hystereseschleife. Im Bild 7.17 sind die Verhältnisse so dargestellt, daß vom Einschaltzeitpunkt des Stromes durch die Spule die Flußdichte von Null auf den Maximalwert ansteigt. Dabei wurde vorausgesetzt, daß der überlagerte Wechselstrom gerade seine positive Amplitude erreicht. Vom Flußdichtewert $\hat{B}$ an (Bild 7.17) verläuft dann die Magnetisierung nach der kleinen Hystereseschleife. Auch wenn die Magnetisierung infolge anderer zeitlicher Stromüberlagerungen beim Einschalten einen anderen Verlauf hat, so stellt sich doch immer eine Hystereseschleife ähnlich der im Bild 7.17 gezeichneten ein.

Der überlagerte Wechselstrom bewirkt eine Durchflutungsänderung $\Delta\Theta$ und damit nach dem Durchflutungsgesetz eine Feldstärkeänderung ΔH:

$$\Delta H = \frac{\Delta\Theta}{s}.$$

Entsprechend dem Magnetisierungsverlauf (Bild 7.17) ändert sich die Flußdichte um den Betrag ΔB bzw. der Fluß um $\Delta \Phi$. Die wirksame Induktivität bestimmt man anhand der Gl.(7.17a):

$$L = N \frac{\Delta \Phi}{\Delta I}.$$

Der Quotient B/H ist bei konstantem Magnetfeld gleich der absoluten Permeabilität $\mu = \mu_0 \mu_r$. Bei wechselnder Magnetisierung erhält man den Faktor

$$\mu'_r = \frac{\Delta B}{\mu_0 \Delta H},$$

den man *reversible Permeabilität* nennt. Aus Bild 7.17 erkennt man, daß bei steigender Vormagnetisierung – die Hystereseschleife wandert dann die gestrichelte Kurve hinauf – durch den geringeren Anstieg die Flußdichteänderung ΔB bei gleicher Feldstärkeänderung ΔH kleiner wird. Damit wird μ'_r geringer, aber auch $\Delta \Phi$ und damit die Induktivität L. Auch hier sinkt mit steigender Vormagnetisierung – also mit zunehmendem Gleichstrom – die Induktivität. Bild 7.18 zeigt den Induktivitätsverlauf einer Drosselspule mit ferromagnetischem Kern in Abhängigkeit vom Gleichstrom, wobei der Wechselstromeffektivwert praktisch konstant bleibt. Eine Linearisierung durch einen Luftspalt im Kern ist hier genauso möglich wie bei der Drosselspule ohne Vormagnetisierung (vgl. Abschn. 7.4.4.). Dabei kann es im Bereich höherer Vormagnetisierung vorkommen, daß die Induktivität mit Luftspalt größer ist als diejenige ohne Luftspalt.

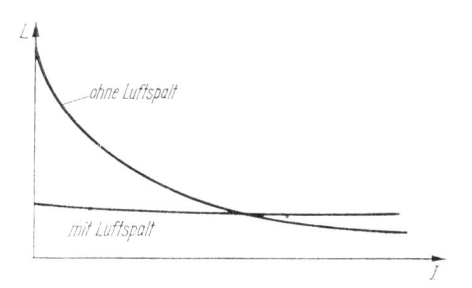

Bild 7.18
$L = f(I-)$ einer Drosselspule mit Vormagnetisierung

Aufgabe 7.4

Durch eine Drosselspule mit einem Blechkern von 4 cm² effektivem Eisenquerschnitt A und einer mittleren Eisenweglänge $s = 7$ cm fließt ein Gleichstrom $I_- = 100$ mA. Diesem ist nach Bild 7.19 ein Wechselstrom überlagert mit einer Amplitude $\hat{I} = 20$ mA. Der Wickelkörper der Drossel enthält 875 Windungen. Wie groß ist die Induktivität L, wenn die Magnetisierungskurve des Bildes 7.16 gilt und die Differenz zwischen B' und B_{min} (Bild 7.17) mit 10 % von B' berücksichtigt wird?

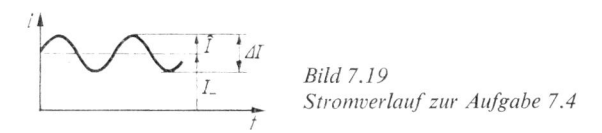

Bild 7.19
Stromverlauf zur Aufgabe 7.4

Lösungshinweis

Die Induktivität ist hier nach Gl.(7.17a) zu bestimmen. Es gilt $\Delta \Phi = \Delta B A$. ΔB erhält man aus Bild 7.17 mit Hilfe von H_{max} und H_{min}, die sich aus $(I_- \pm \hat{I}) N/s$ ergeben. Zu ΔI siehe Bild 7.19!

7.5. Transformator

7.5.1. Funktion als technisches Schaltelement und Ausführungsformen

Transformatoren dienen zur Übertragung elektrischer Energie aus Systemen gegebener Spannung in Systeme gewünschter Spannung bei gleichbleibender Frequenz mittels eines elektromagnetischen Wechselfeldes. Man kann, davon ausgehend, sich den Transformator als eine zwischen einem aktiven und einem passiven Zweipol liegende Anordnung vorstellen, die man auch als *Vierpol* bezeichnet. Wie aus Bild 7.20 hervorgeht, besitzt ein solcher Vierpol zwei Eingangs- und zwei Ausgangsklemmen.

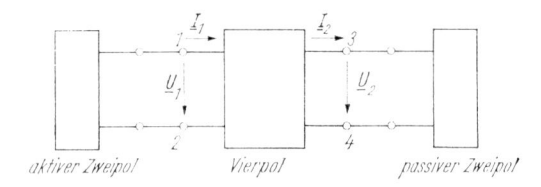

Bild 7.20
Prinzipielle Anordnung eines Vierpols in einem Übertragungssystem

In der Leistungselektrik stellen die Transformatoren, auch *Umspanner* genannt, die Verbindungsglieder zwischen Erzeuger und Nutzer dar und werden hauptsächlich zur Energieübertragung eingesetzt. Durch ihre Aufstellung in den Kraftwerken und die Erzeugung einer hohen Übertragungsspannung wird eine wirtschaftliche Energieübertragung über weite Entfernungen gewährleistet. Es wird ein hoher *Leistungswirkungsgrad* dieser Transformatoren angestrebt, was aufgrund der großen Anzahl und großen Leistung der im Betrieb befindlichen Transformatoren von großer volkswirtschaftlicher Bedeutung ist.

In der Praxis werden standardisierte Baureihen von Drehstrom-Öltransformatoren genutzt. Diese standardisierten Baureihen ergeben einen Rationalisierungseffekt sowohl auf der Hersteller- als auch auf der Anwenderseite und führen zu einheitlichen Übertragungs- bzw. Verteilungsspannungen in der Elektroenergiewirtschaft.

Eine Sonderform des Transformators ist der *Wandler*, der elektrische Spannungen und Ströme in gleichartige Größen umwandelt, wobei bestimmte Forderungen an die Übertragungsgenauigkeit einzuhalten sind.

Größte Anwendung findet der *Meßwandler*, der zum sekundärseitigen Anschluß von Meßgeräten, z.B. Strom- und Spannungsmessern, dient. Dies ermöglicht aufgrund festgelegter einheitlicher sekundärer Nennwerte,

sekundärer Nennstrom   5 A oder 1 A,
sekundäre Nennspannung   100 V,

den Einsatz typisierter Wechselstrommeßgeräte.

Demgegenüber verwendet man in der Informationselektrik *Übertrager*, bei denen die Spannungs- und Widerstandsübersetzung über einen größeren Frequenzbereich im Vordergrund stehen. Daraus resultiert neben der Aufgabe der Stromversorgung auch deren Einsatz für Kopplungs- und Anpassungszwecke.

Trotz der vielseitigen, zweckbestimmten Einsatzmöglichkeiten beruht die Arbeitsweise der erläuterten Ausführungen des Transformators auf den gleichen physikalischen Grundgesetzen, die in den folgenden Abschnitten entwickelt werden sollen.

7.5.2. Wirkprinzipien

7.5.2.1. Leerlaufender Transformator

Für den im Bild 7.20 dargestellten Transformator-Vierpol erhält man die aus Bild 7.21 hervorgehenden Zusammenhänge. Danach besteht der Transformator im Prinzip aus zwei Wicklungen, die meist auf einem geschlossenen Eisenkern angeordnet sind (siehe Bild 7.21a). Die Wicklung, der Leistung zugeführt wird, bezeichnet man als *Primärwicklung* und die Leistung abgebende als *Sekundärwicklung*.

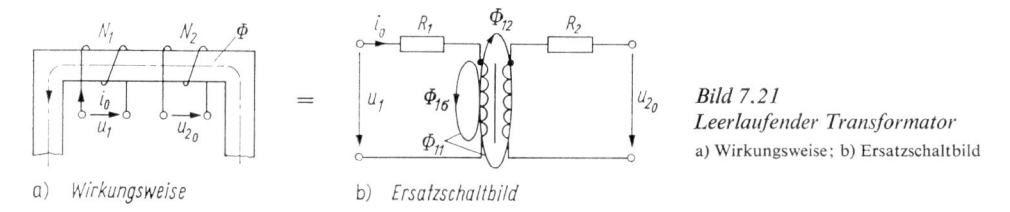

Bild 7.21
Leerlaufender Transformator
a) Wirkungsweise; b) Ersatzschaltbild

Diese galvanisch getrennten Wicklungen sind über einen magnetischen Fluß gekoppelt. Wie aus Bild 7.21b hervorgeht, gilt

$$\Phi_{11} = \Phi_{12} + \Phi_{1\sigma}, \tag{7.18}$$

d.h., ein Flußanteil Φ_{12} durchsetzt beide Spulen, und dazu kommt ein Streufluß $\Phi_{1\sigma}$ der erregenden Spule 1. Das Verhältnis

$$k_1 = \frac{\Phi_{12}}{\Phi_{11}} \tag{7.19}$$

bezeichnet man als primären *Kopplungsfaktor*.

Dabei bedeutet $k = 1$, daß der gesamte Fluß die andere Spule durchsetzt, d.h., beide Spulen umfassen den gleichen Fluß Φ. Ist ein Teil des in einer Spule erzeugten Flusses nicht mit der anderen Spule gekoppelt, tritt – wie oben erläutert – ein Streufluß auf; es ist $k < 1$.

Wenn zur Vereinfachung vorerst angenommen wird, daß die ohmschen Widerstände beider Spulen vernachlässigbar klein sind und beide Spulen mit demselben Fluß verkettet sind, dann gilt für die *Primärspannung*

$$u_1 = N_1 \frac{d\Phi}{dt}. \tag{7.20}$$

Ändert sich der Fluß sinusförmig, d.h.,

$$\Phi = \hat{\Phi} \sin(\omega t),$$

so ergibt sich nach Gl. (7.20) die positive Amplitude der Primärspannung bei der größten positiven Flußänderung $d\Phi/dt$. Das ist beim Nulldurchgang des Flusses vom Negativen ins Positive der Fall. Unter diesen Bedingungen erhält man die komplexen Effektivwerte

$$\underline{U}_1 = j \frac{\omega}{\sqrt{2}} N_1 \hat{\Phi} = j \frac{2\pi}{\sqrt{2}} f N_1 \hat{\Phi}$$

oder als zugeschnittene Größengleichung mit dem Betrag des Effektivwertes

$$\underline{U}_{1/V} = j\, 4{,}44 f_{/Hz} N_1 \hat{\Phi}_{/Vs}. \tag{7.21}$$

In der Sekundärwicklung wird eine Quellenspannung u_2 induziert, die die gleiche Richtung wie u_1 hat. Unter Beachtung obiger Voraussetzungen erhält man die *Sekundärspannung* zu

$$u_2 = N_2 \frac{d\Phi}{dt}. \tag{7.22}$$

Diese Spannung tritt gleichzeitig im *Leerlauf* an den Ausgangsklemmen als Spannung u_{20} auf.

Analog zu den für die Primärspannung angestellten Überlegungen kann man dafür auch schreiben

$$\underline{U}_2 = j\, 4{,}44 f_{/Hz} N_2 \hat{\Phi}_{/Vs}. \tag{7.23}$$

Der sich im Eisenkern ausbildende Fluß wird nach dem Induktionsgesetz bei gegebener Frequenz und Windungszahl eindeutig durch die Spannung bestimmt.

Dividiert man die Gln. (7.21) und (7.23), so erhält man

$$\boxed{\frac{U_1}{U_2} = \frac{N_1}{N_2} = \ddot{u}}, \tag{7.24}$$

d. h., die Spannungen verhalten sich proportional zu den Windungszahlen. Man bezeichnet dieses Verhältnis als das *Übersetzungsverhältnis* des Transformators.

Die primäre und die sekundäre Spannung unterscheiden sich also um das Übersetzungsverhältnis $\ddot{u}$ voneinander. Je nachdem, welcher Wicklung die Leistung zugeführt wird, kann man die Spannung hinauf- oder heruntertransformieren.

Im Leerlauf ($i_2 = 0$) kann der Transformator als eine Spule mit Eisenkern betrachtet werden, und der Leerlaufstrom i_0 entspricht dem im Abschn. 7.4.2. eingeführten Magnetisierungsstrom i_μ, der den magnetischen Fluß Φ im Eisenkern hervorruft.

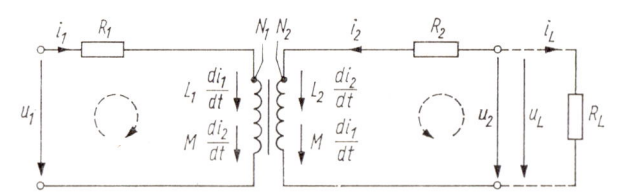

7.5.2.2. Belasteter Transformator

Schließt man an die Klemmen der Sekundärwicklung einen Nutzwiderstand an, so wird der Transformator belastet, und es fließt ein Strom i_2 (Bild 7.22). Dieser Sekundärstrom i_2 bewirkt eine zusätzliche Durchflutung $i_2 N_2$ des magnetischen Kreises. Da das Spannungsgleichgewicht auf der Primärseite erhalten bleiben muß, muß auch unter den jetzt eingetretenen Belastungsverhältnissen der bisher von der Leerlaufdurchflutung $i_0 N_1$ hervorgerufene Fluß Φ seine Größe beibehalten. Daher muß auf der Primärseite ein zusätzlicher Strom I_{1z} aufgenommen werden, der die aufgetretene sekundäre Durchflutung

Bild 7.22
Belasteter Transformator

kompensiert. Man spricht in diesem Zusammenhang von der transformatorischen Rückwirkung der Sekundärseite auf die Primärseite. Ganz allgemein folgt daraus, daß die Leistung, die sekundärseitig entnommen wird, primärseitig zusätzlich aufgenommen werden muß. Da die Klemmenspannung konstant bleibt, kann das nur durch eine Änderung des Stromes erfolgen.

Dieser Zusammenhang wird durch Gl.(7.25) ausgedrückt:

$$\boxed{i_1 N_1 + i_2 N_2 = i_0 N_1}. \tag{7.25}$$

Dabei ist
$$I_1 = I_{1z} + I_0. \tag{7.26}$$

Bei sekundärem Leerlauf ist $i_2 = 0$ und $i_1 = i_0$, d.h., $i_0 N_1 =$ konst. (Bild 7.23).
Beim idealen Transformator ist $i_0 = 0$ (magnetischer Widerstand Null). Dann gilt

$$\boxed{\frac{I_1}{I_2} = \frac{N_2}{N_1} = \frac{1}{ü}}. \tag{7.27}$$

Für den realen Transformator gilt $i_0 \approx i_{1n}/20$, so daß auch hier der Leerlaufstrom gegenüber dem primären Nennstrom vernachlässigt werden kann und damit Gl.(7.27) auch für den realen, d.h. verlustbehafteten Transformator annähernd gilt.

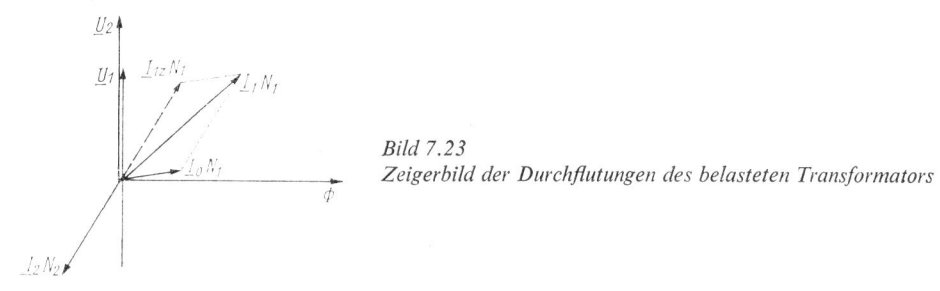

Bild 7.23
Zeigerbild der Durchflutungen des belasteten Transformators

Unter Beachtung der Zählpfeile im Bild 7.22 ergeben sich für die Primär- und Sekundärseite die beiden Maschengleichungen

$$u_1 = i_1 R_1 + L_1 \frac{di_1}{dt} + M \frac{di_2}{dt} \tag{7.28}$$

und

$$u_2 = M \frac{di_1}{dt} + i_2 R_2 + L_2 \frac{di_2}{dt}. \tag{7.29}$$

Bei Berücksichtigung der Streuung ist die Gegeninduktivität M kleiner als das geometrische Mittel aus L_1 und L_2. Es gilt laut Band 1

$$M = k \sqrt{L_1 L_2}. \tag{7.30}$$

Bei sinusförmigem Verlauf der Spannungen und Ströme können die Gln.(7.28) und (7.29) in die komplexe Ebene transformiert werden, und man erhält mit komplexen Effektivwerten

$$\underline{U}_1 = (R_1 + j\omega L_1)\underline{I}_1 + j\omega M \underline{I}_2 \tag{7.31}$$

und

$$\underline{U}_2 = j\omega M \underline{I}_1 + (R_2 + j\omega L_2)\underline{I}_2. \tag{7.32}$$

Diese Gleichungen bleiben auch richtig, wenn man auf der rechten Seite jeweils nachstehende Ergänzungen vornimmt:

$$\underline{U} = (R_1 + j\omega L_1)\underline{I}_1 + j\omega M \underline{I}_2 + j\omega M \underline{I}_1 - j\omega M \underline{I}_1$$

und
$$\underline{U}_2 = j\omega M \underline{I}_1 + (R_2 + j\omega L_2)\underline{I}_2 + j\omega M \underline{I}_2 - j\omega M \underline{I}_2.$$

Faßt man die einzelnen Glieder zusammen, so ergeben sich die Gleichungen in der Form

$$\underline{U}_1 = [R_1 + j\omega(L_1 - M)]\underline{I}_1 + j\omega M(\underline{I}_1 + \underline{I}_2) \tag{7.33}$$

und

$$\underline{U}_2 = j\omega M(\underline{I}_1 + \underline{I}_2) + [R_2 + j\omega(L_2 - M)]\underline{I}_2. \tag{7.34}$$

7.5.3. Ersatzschaltbilder des Transformators

7.5.3.1. Ersatzschaltung in der Leistungselektrik

Mit den Gln. (7.33) und (7.34) ergibt sich für den Transformator das im Bild 7.24 dargestellte T-Ersatzschaltbild.

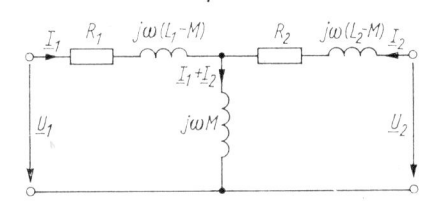

Bild 7.24
T-Ersatzschaltung des Transformators

Aufgabe 7.5

Die Gln. (7.33) und (7.34) sind durch Aufstellen der Maschengleichungen nach Bild 7.24 zu überprüfen.

Der Vorteil dieses Ersatzschaltbildes nach Bild 7.24 liegt darin, daß die magnetische Kopplung durch eine galvanische Verbindung ersetzt worden ist. Der Nachteil dieser Ersatzschaltung ist jedoch, daß sie nur für ein Übersetzungsverhältnis $ü = 1$ physikalisch anschaulich ist. Zur Vermeidung dieses Nachteils rechnet man die sekundären Größen auf die primären um. Betrachtet man den Transformator als Vierpol, so entspricht das der Umwandlung eines unsymmetrischen in einen symmetrischen Vierpol. Bei letzterem sind die Übertragungseigenschaften vorwärts und rückwärts gleich.

Als Reduktionsfaktor wird zweckmäßigerweise das Übersetzungsverhältnis

$$ü = \frac{N_1}{N_2}$$

gewählt. Die damit vorzunehmende Umrechnung der sekundären Strom- und Spannungsgrößen auf die primären Größen hat so zu erfolgen, daß die gefundenen Transformatorgleichungen unverändert bleiben, d.h., in diesen muß sich der Reduktionsfaktor wieder herauskürzen.

Da sich die Ströme umgekehrt proportional zu den Windungszahlen verhalten, ergibt sich die Reduktionsgleichung für den Sekundärstrom

$$\underline{I}'_2 = \frac{1}{ü}\underline{I}_2.$$

Setzt man $\underline{I}'_2$ in Gl. (7.31) ein, so erkennt man, daß auch der Querwiderstand zu

$$j\omega M' = ü\, j\omega M$$

reduziert werden muß, damit die Gleichung unverändert bleibt. Damit wird

$$\underline{U}_1 = (R_1 + j\omega L_1)\underline{I}_1 + j\omega M'\underline{I}'_2.$$

Mit $\underline{I}'_2$ und $j\omega M'$ wird Gl.(7.32) nur erfüllt, wenn man außerdem reduziert

$$\underline{U}'_2 = \ddot{u}\underline{U}_2$$

sowie

$$R'_2 = \ddot{u}^2 R_2 \quad \text{bzw.} \quad j\omega L'_2 = \ddot{u}^2 j\omega L_2.$$

Dann ergibt sich

$$\underline{U}'_2 = j\omega M'\underline{I}_1 + (R'_2 + j\omega L'_2)\underline{I}'_2.$$

Mit der durchgeführten Reduzierung der Sekundärgrößen auf die Primärseite erhält man den Ersatztransformator mit $\ddot{u} = 1$. Für diesen gilt

$$L_1 = L'_2 \quad (\text{wenn } k_1 = k_2 = k)$$

und

$$M' = k\sqrt{L_1 L'_2} = kL_1.$$

Damit folgt

$$L_1 - M' = (1-k)L_1 = L_{\sigma 1}$$

und

$$L'_2 - M' = (1-k)L_1 = L'_{\sigma 2}.$$

Für den Ersatztransformator sind die beiden Längsinduktivitäten erwartungsgemäß gleich, und bei $k = 1$ werden sie gleich Null. Sie kennzeichnen die Streuung und werden deshalb als *Streuinduktivitäten* L_σ bezeichnet. Damit ist der obenerwähnte Nachteil des Ersatzschaltbildes beseitigt und dieses auch unter der Voraussetzung $\ddot{u} \neq 1$ physikalisch anschaulich geworden.

Nachdem diese Überlegungen angestellt wurden, ist es interessant, sich nochmals den Fall eines Transformators mit $\ddot{u} \neq 1$ vor Augen zu führen. Davon ausgehend, daß die beiden Windungszahlen nicht gleich sind, wird auch $L_1 \neq L_2$, und die Ausdrücke

$$L_1 - M \quad \text{bzw.} \quad L_2 - M$$

werden bei $k = 1$ nicht gleich Null. Dann ist beispielsweise

$$L_1 - M = \frac{N_1^2}{R_m} - \frac{N_1 N_2}{R_m} \neq 0,$$

da $N_1^2 \neq N_1 N_2$ ist. Die die Streuung darstellenden Längsinduktivitäten werden also für den streuungslosen Transformator nicht gleich Null, sondern es wird

$$L_1 - M = L_1 - k\sqrt{L_1 L_2} = L_1\left(1 - k\sqrt{\frac{L_1}{L_2}}\right)$$

für $L_2 < L_1/k^2$ negativ.

Nach Einführung der reduzierten Größen kann man die Transformatorgleichung wie folgt schreiben:

$$\underline{U}_1 = (R_1 + j\omega L_{\sigma 1})\underline{I}_1 + j\omega M'(\underline{I}_1 + \underline{I}'_2) \qquad (7.35)$$

und

$$\underline{U}'_2 = j\omega M'(\underline{I}_1 + \underline{I}'_2) + (R'_2 + j\omega L'_{\sigma 2})\underline{I}'_2. \qquad (7.36)$$

Berücksichtigt man noch die auftretenden Eisenverluste, so werden diese durch einen Parallelwiderstand zu M' von der Größe R'_{Fe} dargestellt. Wie aus Bild 7.25 zu ersehen ist, wird dadurch der Querstrom $\underline{I}_1 + \underline{I}'_2 = \underline{I}_0$ in zwei Komponenten aufgeteilt:

$\underline{I}_\mu$ Magnetisierungsstrom (Blindkomponente)

und

$\underline{I}_v$ Eisenverluststrom (Wirkkomponente).

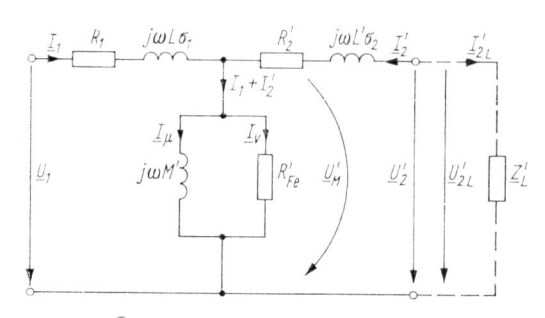

Bild 7.25
Vollständige Ersatzschaltung des Transformators

Unter Benutzung des im Bild 7.25 dargestellten Ersatzschaltbildes kann nunmehr das dazugehörige Zeigerbild entwickelt werden. Dabei geht man am zweckmäßigsten von den Ausgangsgrößen aus. Bei Annahme einer ohmisch-induktiven Belastung ist die Zuordnung der Zeiger $\underline{U}'_{2L} = \underline{U}'_2$ und $\underline{I}'_{2L}$ gegeben. Weiter gilt für die ausgangsseitige Masche

$$\underline{U}'_2 + \underline{I}'_{2L}(R'_2 + j\omega L'_{\sigma 2}) = \underline{U}'_M.$$

Man erhält den Zeiger $\underline{U}'_M$, indem man die Spannungszeiger $\underline{I}'_2 R'_2$ und $\underline{I}'_2 j\omega L'_{\sigma 2}$ zu $\underline{U}'_2$ addiert. Bezogen auf $\underline{U}'_M$ ergibt sich die Lage der Stromzeiger $\underline{I}_\mu$ und $\underline{I}_v$. Nach der Addition der beiden Stromzeiger $\underline{I}_0$ und $\underline{I}'_2$ ergibt sich der Zeiger des Primärstromes $\underline{I}_1$. Damit kann über die Beziehung für die eingangsseitige Masche

$$\underline{U}_1 = \underline{I}_1 R_1 + \underline{I}_1 j\omega L_{\sigma 1} + \underline{U}'_M$$

der Spannungszeiger $\underline{U}_1$ ermittelt werden.

Der Flußzeiger $\underline{\Phi}$ liegt in Phase mit $\underline{I}_\mu$ und ist damit um 90° nacheilend gegenüber $\underline{U}'_M$ (s. Bild 7.26).

Die Einführung der reduzierten Größen bringt im Hinblick auf das Zeigerbild außerdem den Vorteil, daß bei maßstäblicher Darstellung die Zeiger von $\underline{I}_1$ und $\underline{I}'_2$ sowie von $\underline{U}_1$ und $\underline{U}'_2$ etwa gleich lang werden.

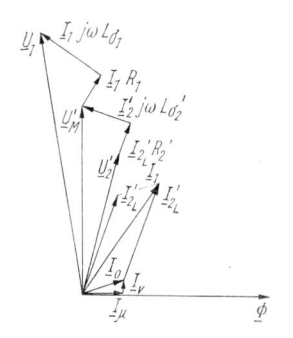

Bild 7.26. Vollständiges Zeigerbild des Transformators

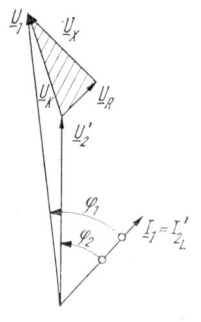

Bild 7.27. Vereinfachtes Zeigerbild des Transformators

Im Bild 7.26 sind die Zeiger für die in den Transformatorwicklungen auftretenden Wirk- und Blindspannungen übertrieben groß eingezeichnet. In Wirklichkeit betragen sie nur wenige Prozent, bezogen auf die Klemmenspannung, und werden mit zunehmender Transformatorleistung relativ immer kleiner.

Die Vernachlässigung des Leerlaufstromes hat bei mittleren und großen Transformatoren der Leistungselektrik einen geringen Fehler zur Folge. Dagegen wird durch diesen Schritt das Zeigerbild des Transformators wesentlich vereinfacht. Wie aus Bild 7.27 zu erkennen ist, fallen die Stromzeiger $\underline{I}_1$ und $\underline{I}'_{2L}$ zusammen. Damit lassen sich auch die Spannungen $\underline{U}_R$ und $\underline{U}_X$ zu jeweils einem Zeiger zusammenfassen.

Für die einzelnen Spannungen wurden folgende Bezeichnungen festgelegt:

Wirkspannung

$$\underline{U}_R = R_1\underline{I}_1 + R'_2\underline{I}'_2 = (R_1 + R'_2)\underline{I}_1 = R_K\underline{I}_1; \tag{7.37}$$

Streuspannung

$$\underline{U}_X = jX_{\sigma 1}\underline{I}_1 + jX'_{\sigma 2}\underline{I}'_2 = jX_{\sigma K}\underline{I}_1; \tag{7.38}$$

Kurzschlußspannung

$$|\underline{U}_K| = \sqrt{R_K^2 + X_{\sigma K}^2}\,|\underline{I}_1| = Z_K\,|\underline{I}_1|. \tag{7.39}$$

Darin bezeichnet man Z_K als den Kurzschlußscheinwiderstand oder als die Kurzschlußimpedanz des Transformators.

Der Betrag der Kurzschlußspannung ergibt sich unter Heranziehung der Wirk- und Streuspannung auch zu

$$U_K = \sqrt{U_R^2 + U_X^2}. \tag{7.40}$$

Das aus diesen drei Spannungen gebildete Dreieck, im Bild 7.27 schraffiert eingetragen, wird als *Kappsches Dreieck* bezeichnet.

Diese vereinfachte Darstellung erweist sich für die Untersuchung des Betriebsverhaltens des Transformators als vorteilhaft. Dabei interessiert in der Praxis vor allem das *Spannungsverhalten* bei den verschiedenen Lastfällen. Die vereinfachten Zeigerbilder der drei charakteristischen Lastfälle zeigt Bild 7.28. Daraus ist ersichtlich, daß die Kurzschlußspannung $\underline{U}_K$ die Differenz der primären und sekundären Klemmenspannungszeiger ist.

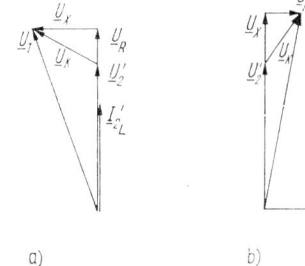

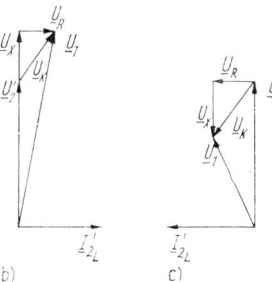

Bild 7.28
Vereinfachte Zeigerbilder des Transformators
a) ohmsche Last, $\cos\varphi_2 = 1$; b) induktive Last, $\cos\varphi_2 = 0$ (ind.); c) kapazitive Last, $\cos\varphi_2 = 0$ (kap.)

Es gilt also

$$\underline{U}_K = \underline{U}_1 - \underline{U}'_2. \tag{7.41}$$

Von noch größerer praktischer Bedeutung ist jedoch die algebraische Spannungsdifferenz

$$\Delta U' = U_1 - U'_2, \tag{7.42}$$

die durch die Messung der beiden Klemmenspannungen bestimmt werden kann. Um diese Zusammenhänge rechnerisch zu erfassen, zeichnet man sich das Kappsche Dreieck vergrößert heraus (Bild 7.29). Dreht man den Zeiger $\underline{U}_1$ in die Richtung von $\underline{U}'_2$, so erkennt man, daß gegenüber der herausprojizierten algebraischen Spannungsdifferenz die meist vernachlässigbare Fehlerspannung U_f auftritt.

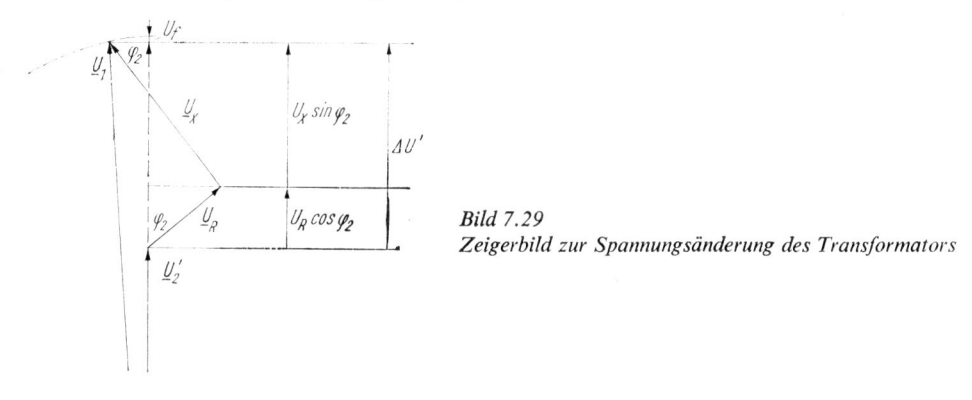

Bild 7.29
Zeigerbild zur Spannungsänderung des Transformators

Nun ist im Leerlauf der Strom gleich Null und damit auch

$\underline{U}_R = 0$ und $\underline{U}_X = 0$.

Dann gilt für die reduzierte sekundäre Leerlaufspannung

$\underline{U}'_{20} = \underline{U}_1$.

in Gl. (7.42) eingesetzt, erhält man

$\Delta U' = U'_{20} - U'_2$.

Hebt man die Reduzierung auf, so wird

$$\boxed{\Delta U = U_{20} - U_2}.\qquad(7.43)$$

Bei Nennspannung und Nennfrequenz auf der Primärseite kann man die sekundäre Leerlaufspannung U_{20} gleich der sekundären Nennspannung U_{2n} setzen. Danach bezeichnet man als *Spannungsänderung* $U\varphi$ eines Transformators den Unterschied zwischen Leerlauf- und Lastspannung, der bei gleicher Primärspannung auf der Sekundärseite bei Nennbetrieb mit einem bestimmten Leistungsfaktor $\cos \varphi_2$ auftritt.

Bei Anwendung der trigonometrischen Beziehungen kann man schreiben

$$U_\varphi = U_R \cos \varphi_2 + U_X \sin \varphi_2.\qquad(7.44)$$

Nach Einführung der prozentualen Spannungen erhält man die *prozentuale Spannungsänderung*

$$u_\varphi = u_R \cos \varphi_2 + u_X \sin \varphi_2.\qquad(7.45)$$

Dabei bezieht sich die Prozentangabe stets – unabhängig davon, mit welcher Spannung der Transformator gespeist wird – auf die sekundäre Leerlaufspannung U_{20}, so daß man auch schreiben kann

$$u_\varphi = \frac{\Delta U}{U_{20}} 100\% = \frac{U_{20} - U_2}{U_{20}} 100\%.\qquad(7.46)$$

Für die praktische Anwendung der Gl. (7.45) zur Ermittlung der prozentualen Spannungsänderung ist die Kenntnis der prozentualen Spannungen u_R und u_X notwendig. Aus den Leistungsschildangaben bzw. Firmenlisten kann man u_K und den prozentualen Wicklungsverlust P_W ermitteln. Da der prozentuale Wicklungsverlust P_W gleich der prozentualen Wirkspannung ist, gilt

$$P_{W/\%} = \frac{P_W}{P_N} 100\% = u_R. \tag{7.47}$$

Nunmehr ergibt sich die prozentuale Streuspannung zu

$$u_X = \sqrt{u_K^2 - u_R^2}. \tag{7.48}$$

Beispiel 7.5

Gegeben ist ein Transformator mit 50 kVA, 10000/400 V, mit $P_W = 2,7\%$ und $u_K = 3,8\%$.
Bei konstanter Oberspannung sind die sekundärseitigen Klemmenspannungen bei folgenden Lastzuständen zu berechnen:

1. 50 kVA und $\cos \varphi = 0,8$ (ind.),
2. 35 kVA und $\cos \varphi = 0,7$ (ind.).

Lösungen zu 1

$$P_W/\% = u_R = 2,7\%,$$

$$u_X = \sqrt{u_K^2 - u_R^2} = \sqrt{3,8^2 - 2,7^2} = 2,67\%,$$

$$u_\varphi = u_R \cos \varphi + u_X \sin \varphi,$$

$$u_\varphi = 2,7 \cdot 0,8 + 2,67 \cdot 0,6 = 3,76\%.$$

Bezogen auf die sekundäre Nennspannung sind das

$$\Delta U = \frac{U_{2n} u_\varphi}{100\%} = \frac{400 \text{ V} \cdot 3,76\%}{100\%} = 15 \text{ V}.$$

Somit ergibt sich die sekundäre Klemmenspannung zu

$$U_2 = U_{20} - \Delta U = (400 - 15) \text{ V} = 385 \text{ V}.$$

Lösungen zu 2

Die prozentualen Spannungen u_R und u_X verhalten sich direkt proportional zur Stromstärke oder bei Nennspannung direkt proportional zur Scheinleistung. Damit ergeben sich die auf die Teillast von 35 kVA reduzierten prozentualen Spannungen

$$u_R' = u_R \frac{S}{S_n} = 2,7\% \frac{35}{50} = 1,89\%$$

und

$$u_X' = u_X \frac{S}{S_n} = 2,67\% \frac{35}{50} = 1,87\%.$$

Damit wird

$$u_\varphi = u_R' \cos \varphi + u_X' \sin \varphi,$$

$$u_\varphi = 1,89 \cdot 0,7 + 1,87 \cdot 0,713 = 2,67\%,$$

$$\Delta U = \frac{400 \text{ V} \cdot 2,67\%}{100} = 10,7 \text{ V}$$

und

$$U_2 = (400 - 10,7) \text{ V} = 389,3 \text{ V}.$$

7.5.3.2. Ersatzschaltung in der Informationselektrik

Die bisher dargestellten Ersatzschaltbilder des Transformators werden den Bedürfnissen der Leistungselektrik gerecht, nicht aber den Belangen der Informationselektrik. Hier hat der Transformator oder Übertrager nicht nur Spannungen einer einzigen Frequenz zu übersetzen, sondern er muß ein ganzes Frequenzband übertragen. Deshalb muß man in der Lage sein, anhand des Ersatzschaltbildes das Verhalten des Übertragers in dem gesamten Frequenzbereich zu überschauen. *So dürfen auch die auftretenden Wicklungskapazitäten nicht mehr vernachlässigt werden.* Das ist aber nicht der einzige Punkt, der Beachtung verdient. *So wird in der Leistungselektrik die Ausgangsspannung (bei konstanter Eingangsspannung) durch Änderung des Windungszahlverhältnisses variiert* (z. B. Abgriffe an den Wicklungen), wobei der Kopplungsfaktor annähernd konstant bleibt. Dagegen wird in der Informationselektrik – gerade umgekehrt – die Ausgangsspannung häufig durch Änderung des Kopplungsfaktors (z. B. Schwenkspulen) bei konstantem Windungszahlverhältnis variiert. Beide Gesichtspunkte sind in das Ersatzschaltbild einzuarbeiten.

Die Variation der Ausgangsspannung durch Änderung des Kopplungsfaktors kann man so betrachten, als ob sich das Windungszahlverhältnis geändert hätte und man statt des ursprünglichen Übersetzungsverhältnisses ein neues, *fiktives Übersetzungsverhältnis*

$$\boxed{\ddot{u}_0 = k\ddot{u} = k\,\frac{N_1}{N_2}} \tag{7.49}$$

einführt. Da die Transformatorgleichungen für jedes Übersetzungsverhältnis gelten, müssen sie auch richtig bleiben, wenn man $\ddot{u}$ durch $\ddot{u}_0$ ersetzt:

$$\underline{U}_1 = [R_1 + j\omega(L_1 - \ddot{u}_0 M)]\,\underline{I}_1 + j\omega\ddot{u}_0 M\left(\underline{I}_1 - \frac{\underline{I}_2}{\ddot{u}_0}\right),$$

$$\ddot{u}_0 \underline{U}_2 = j\omega\ddot{u}_0 M\left(\underline{I}_1 - \frac{\underline{I}_2}{\ddot{u}_0}\right) - [\ddot{u}_0^2 R_2 + j\omega(\ddot{u}_0^2 L_2 - \ddot{u}_0 M)]\,\frac{\underline{I}_2}{\ddot{u}_0}.$$

Beachtet man, daß

$$\ddot{u}_0 = k\ddot{u} = \frac{M}{\sqrt{L_1 L_2}}\sqrt{\frac{L_1}{L_2}} = \frac{M}{L_2},$$

$$\ddot{u}_0 M = \frac{M^2}{L_2} = \frac{k^2 L_1 L_2}{L_2} = k^2 L_1 = (1-\sigma)L_1$$

(der Kopplungsfaktor k ist mit dem Streufaktor σ durch die Gleichung $\sigma = 1 - k^2$ verknüpft),

$$L_1 - \ddot{u}_0 M = L_1 - k^2 L_1 = L_1(1-k^2) = \sigma L_1$$

und

$$\ddot{u}_0^2 L_2 - \ddot{u}_0 M = \ddot{u}_0 \frac{M}{L_2} L_2 - \ddot{u}_0 M = 0$$

ist, so wird

$$\underline{U}_1 = (R_1 + j\omega\sigma L_1)\,\underline{I}_1 + j\omega(1-\sigma)L_1\left(\underline{I}_1 - \frac{\underline{I}_2}{\ddot{u}_0}\right), \tag{7.50}$$

$$\ddot{u}_0 \underline{U}_2 = j\omega(1-\sigma)L_1\left(\underline{I}_1 - \frac{\underline{I}_2}{\ddot{u}_0}\right) - \ddot{u}_0^2 R_2 \frac{\underline{I}_2}{\ddot{u}_0}. \tag{7.51}$$

Das dazugehörige Ersatzschaltbild zeigt Bild 7.30.

7.5. Transformator

Die Diskussion der Gln. (7.50) und (7.51) ergibt, daß ein verlustbehafteter Übertrager mit dem Übersetzungsverhältnis $ü = N_1/N_2$ stets durch einen verlust- und streuungslosen Übertrager mit dem fiktiven Übersetzungsverhältnis $ü_0 = kü$ und einem davorgeschalteten (im Vergleich zu früher abgeänderten) T-Glied ersetzt werden kann.

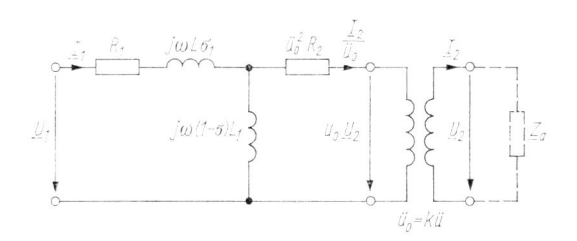

Bild 7.30
Ersatzschaltbild des Übertragers in der Informationselektrik bei Verwendung (fiktiv) übersetzter Sekundärgrößen

Beispiel 7.6

Ein Hochfrequenzübertrager besteht aus den beiden Spulen $L_1 = 0{,}01$ mH (20 Windungen auf Stabeisenkern) und $L_2 = 0{,}2$ mH (90 Windungen), die lose miteinander gekoppelt sind ($k = 0{,}3$). Es ist das Ersatzschaltbild aufzustellen (Bild 7.30) und anhand dessen die Spannungsübersetzung bei Leerlauf zu berechnen.

Die Wicklungswiderstände sind (mit Berücksichtigung des Skineffektes) $R_1 = 0{,}6\,\Omega$, $R_2 = 12\,\Omega$; die Frequenz beträgt $f = 1$ MHz.

Lösung

Der Übertrager mit dem Übersetzungsverhältnis

$$ü = \frac{1}{4{,}5}$$

kann durch einen verlust- und streuungslosen Übertrager mit dem fiktiven Übersetzungsverhältnis

$$ü_0 = kü = 0{,}3 \, \frac{1}{4{,}5} = \frac{1}{15}$$

ersetzt werden, dem ein unsymmetrisches T-Glied nach Bild 7.30 vorgeschaltet ist. Die Werte der einzelnen Schaltelemente sind

$$ü_0^2 R_2 = \frac{1}{225}\,12\,\Omega = 0{,}0533\,\Omega,$$

$$\sigma L_1 = 0{,}91 \cdot 10\,\mu\text{H} = 9{,}1\,\mu\text{H},$$

$$(1 - \sigma) L_1 = 0{,}09 \cdot 10\,\mu\text{H} = 0{,}9\,\mu\text{H}.$$

Damit kann das Ersatzschaltbild gezeichnet werden.

Für die Berechnung der Ausgangsspannung bei Leerlauf ist zu beachten, daß die Spannung $ü_0 U_{20}$ mit der Spannung an der Induktivität $(1 - \sigma) L_1$ übereinstimmt, da $I_2 = 0$ ist. Dann ergibt sich die Spannungsübersetzung bei Vernachlässigung von R_1 zu

$$\frac{ü_0 U_{20}}{U_1} = \frac{j\omega (1 - \sigma) L_1}{R_1 + j\omega \sigma L_1 + j\omega (1 - \sigma) L_1} \approx \frac{j\omega (1 - \sigma) L_1}{j\omega L_1} \approx 1 - \sigma = 0{,}09$$

und

$$\frac{U_{20}}{U_1} = \frac{1 - \sigma}{ü_0} = 0{,}09 \cdot 15 = 1{,}35.$$

Die Ausgangsspannung ist also um den Faktor 1,35 größer als die Eingangsspannung, während sie bei extrem fester Kopplung um den Faktor 4,5 größer wäre.

Nun soll noch untersucht werden, wie man die Wicklungskapazitäten berücksichtigt. Es bilden sich sowohl zwischen den benachbarten Windungen als auch zwischen den Lagen Teilkapazitäten aus, die nach außen hin in Erscheinung treten. Bezeichnet man mit C_1 und C_2 die resultierenden Kapazitäten auf jeder

Seite des Übertragers, so wird der kapazitive Blindwiderstand der Sekundärseite mit $\ddot{u}_0^2$ auf die Primärseite reduziert und erscheint mit dem Wert $\ddot{u}_0^2 \cdot 1/(j\omega C_2)$. Berücksichtigt man schließlich noch die Eisenverluste in bekannter Weise durch einen Widerstand R_{Fe} parallel zu $(1-\sigma)L_1$, so ergibt sich das im Bild 7.31 dargestellte Ersatzschaltbild. Dieses findet in der Informationselektrik vorwiegend Verwendung.

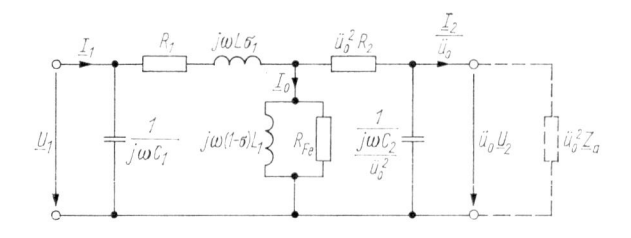

Bild 7.31
Ersatzschaltbild des Übertragers unter Berücksichtigung der Wicklungskapazitäten und Eisenverluste

Beispiel 7.7

Für einen Übertrager sind die dem Ersatzschaltbild nach Bild 7.31 entsprechenden Größen gegeben:

$L_1 = 0{,}02 \text{ mH},\qquad R_2 = 10\ \Omega,$

$R_1 = 1\ \Omega,\qquad N_2 = 80,$

$N_1 = 30,\qquad C_2 = 120 \text{ pF},$

$C_1 = 25 \text{ pF},\qquad U_2 = 2 \text{ V}.$

$f = 1{,}2 \text{ MHz};\quad R_a = 5 \text{ k}\Omega;\quad k = 0{,}35;\quad P_{Fe} = 8 \text{ mW}$

Es sind die primären Größen $\underline{U}_1$ und $\underline{I}_1$ zu berechnen!

Lösung

Mit den gegebenen Größen wird

$$\omega = 2\pi f = 2\pi \cdot 1{,}2 \cdot 10^6 \text{ s}^{-1} = 7{,}53 \cdot 10^6 \text{ s}^{-1},$$

$$\ddot{u}_0 = k\ddot{u} = 0{,}35 \frac{30}{80} = 0{,}131;$$

$$\omega \frac{C_2}{\ddot{u}_0^2} = 7{,}53 \cdot 10^6 \text{ s}^{-1} \frac{120 \cdot 10^{-12} \text{ Ss}}{0{,}131^2} = 5{,}25 \cdot 10^{-2} \text{ S},$$

$$\ddot{u}_0^2 R_a = 0{,}131^2 \cdot 5 \cdot 10^3\ \Omega = 86\ \Omega.$$

Der ausgangsseitige Widerstand wird

$$\underline{Z}^* = \ddot{u}_0^2 R_a // -j\frac{1}{\omega \dfrac{C_2}{\ddot{u}_0^2}} = \frac{86\left(-j\dfrac{10^2}{5{,}25}\right)}{86 - j\dfrac{10^2}{5{,}25}} = 18{,}6\ \Omega\, e^{-j77{,}5°}$$

und damit

$$\frac{\underline{I}_2^*}{\ddot{u}_0} = \frac{\ddot{u}_0 \underline{U}_2}{\underline{Z}'} = \frac{0{,}131 \cdot 2 \text{ V}}{18{,}6\ \Omega\, e^{-j77{,}5°}} = 14{,}1 \cdot 10^{-3}\text{ A}\, e^{j77{,}5°} = (3{,}1 + j13{,}75)\, 10^{-3}\text{ A}.$$

Hierbei wird $\underline{U}_2$ als Bezugsgröße gewählt und in die reelle Achse gelegt.

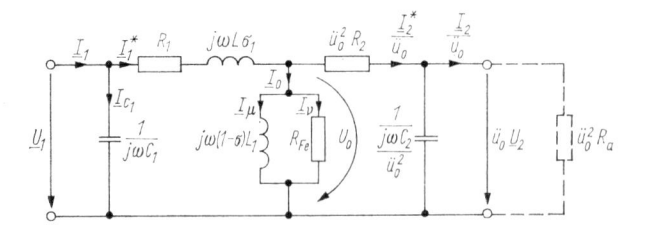

Bild 7.32
Ersatzschaltbild zum Beispiel 7.7

Der berechnete Strom $I_2^*/\ddot{u}_0$ ist im Bild 7.32 eingetragen. Damit ist man jetzt auch in der Lage, mit Hilfe des Maschensatzes für die ausgangsseitige Masche die Spannung U_0 über dem Querzweig zu berechnen. Diese ergibt sich zu

$$U_0 = \ddot{u}_0 U_2 + \frac{I_2^*}{\ddot{u}_0} \ddot{u}_0^2 R_2.$$

Vernachlässigt man die Spannung über $\ddot{u}_0^2 R_2$, so wird

$$U_0 \approx \ddot{u}_0 U_2 = 0{,}131 \cdot 2 \text{ V } e^{j0°} = 0{,}262 \text{ V } e^{j0°}.$$

Für den Strom im Querzweig gilt die Gleichung

$$I_0 = I_v + I_\mu$$

mit

$$I_v = \frac{P_{Fe}}{U_0} = \frac{8 \cdot 10^{-3} \text{ W}}{0{,}262 \text{ V}} = 30{,}5 \text{ mA},$$

$$I_\mu = \frac{U_0}{j\omega(1-\sigma)L_1} = \frac{U_0}{j\omega k^2 L_1} = \frac{-j0{,}262 \text{ V}}{7{,}53 \cdot 10^6 \text{ s}^{-1} \cdot 0{,}35^2 \cdot 2 \cdot 10^{-2} \text{ Vs/A}} = -j14{,}2 \text{ mA}.$$

Der Eisenverluststrom I_v liegt mit U_0 in Phase, während der Magnetisierungsstrom I_μ gegenüber U_0 um 90° nacheilt. Somit kann man schreiben

$$I_0 = I_v - jI_\mu = (30{,}5 - j14{,}2) \, 10^{-3} \text{ A}.$$

Der im eingangsseitigen Längszweig fließende Strom I_1' (s. Bild 7.32) ergibt sich zu

$$I_1^* = I_0 + \frac{I_2^*}{\ddot{u}_0} = (30{,}5 - j14{,}2 + 3{,}1 + j13{,}75) \, 10^{-3} \text{ A} = (33{,}6 - j0{,}45) \, 10^{-3} \text{ A}.$$

Der hierin enthaltene Imaginärteil ist vernachlässigbar, und es wird annähernd

$$I_1^* \approx 33{,}6 \text{ mA } e^{j0°}.$$

Über die Gleichung für die eingangsseitige Masche ergibt sich die Eingangsspannung U_1 wie folgt:

$$U_1 = U_0 + [(R_1 + j\omega L_1) I_1'].$$

Mit

$$\sigma = 1 - k^2 = 1 - 0{,}35^2 = 0{,}8775$$

und

$$(R_1 + j\omega L_1) I_1' = (1 + j7{,}53 \cdot 10^6 \cdot 0{,}8775 \cdot 2 \cdot 10^{-5}) \cdot 33{,}6 \cdot 10^{-3} \text{ A} \approx j4{,}55 \text{ V},$$

wobei der Realteil vernachlässigt wurde, wird schließlich

$$U_1 = (0{,}262 + j4{,}55) \text{ V}.$$

Vernachlässigt man auch hier wiederum den Realteil, so ergibt sich annähernd

$$U_1 \approx 4{,}55 \text{ V } e^{j90°}.$$

Die Eingangsspannung U_1 eilt also gegenüber der Ausgangsspannung U_2 um 90° vor.

Der eingangsseitig zufließende Strom ergibt sich zu

$$I_1 = I_1^* + I_{C1},$$

wobei

$$I_{C1} = U_1 j\omega C_1$$
$$= j4{,}55 \text{ V} \cdot j7{,}53 \cdot 10^{-6} \text{ s}^{-1} \cdot 0{,}25 \cdot 10^{-10} \text{ Ss}$$
$$= -0{,}855 \text{ mA}$$

ist. In obige Gleichung eingesetzt, wird

$$I_1 = (33{,}6 - 0{,}855) \text{ mA} = 32{,}745 \text{ mA}.$$

Der Winkel von I_1 ist gleich Null, d.h., I_1 ist phasengleich mit U_2.

Zusammenfassung zu 7.

Dieser Abschnitt macht zunächst deutlich, daß die in der Praxis verwendeten Schaltelemente nicht nur die Eigenschaft besitzen, die sie ihrer Bezeichnung nach ausschließlich haben sollten. Sie sind nicht ideal und haben noch andere Eigenschaften. Um hierüber einen Überblick zu gewinnen, erklärt man die technischen Schaltelemente anhand von Ersatzschaltbildern, die eine Zusammenschaltung von idealen Schaltelementen darstellen. Die unerwünschten, durch technische Gegebenheiten bedingten, zusätzlichen Eigenschaften sind weitgehend frequenzabhängig, und dadurch *ergeben* sich je nach dem benutzten Frequenzbereich verschiedene Ersatzschaltbilder. Die Auswirkungen auf die übrigen Schaltungen sind zu beachten.

So wird als praktisch sehr wichtiges Schaltelement der Transformator betrachtet, der trotz seiner variablen Einsatzmöglichkeiten als Umspanner in der Leistungselektrik, als Meßwandler in der Meßtechnik und als Übertrager in der Informationselektrik hinsichtlich seiner Arbeitsweise jeweils auf dieselben physikalischen Grundgesetze zurückgeführt werden kann. Um die komplexe Schreibweise für die Transformatorgleichungen anwenden zu können, ist ein sinusförmiger Verlauf der Ströme und Spannungen vorauszusetzen. Wie im nachfolgenden Abschnitt zu erkennen ist, kann der Transformator auch als Vierpol aufgefaßt und die erhaltenen Ergebnisse mit den dort erkannten Gesetzmäßigkeiten identifiziert werden.

Nach Einführung der auf die Primärseite reduzierten Sekundärgrößen ergibt sich das T-Ersatzschaltbild des Transformators, das die Eisenverluste durch einen Parallelwiderstand im Querzweig berücksichtigt. Für die Besonderheiten der Informationselektrik wird dieses Ersatzschaltbild entsprechend modifiziert, und dabei werden auch die Wicklungskapazitäten mit in die Betrachtung einbezogen.

Das Zeigerbild für den belasteten Transformator läßt sich für die Belange der Leistungselektrik durch Vernachlässigung des Leerlaufstromes wesentlich vereinfachen, was vor allem für die Untersuchung des Betriebsverhaltens des Transformators wichtig ist.

Übungen zu 7.

Ü 7.1. Ein ohmsches Schaltelement besitzt folgende Werte:
ohmscher Widerstand 50 Ω; Kapazität 0,6 pF; Induktivität 1,9 nH.
Bei welcher Frequenz heben sich die Wirkungen von Kapazität und Induktivität auf, und bei welcher Frequenz ruft der Widerstand einen Fehlwinkel von +0,0014 rad hervor?

Ü 7.2. Welchen Fehlwinkel ruft die Parallelschaltung zweier Kondensatoren hervor, die bei einer bestimmten Frequenz folgende Werte besitzen: $C_1 = 300$ nF; $\tan \delta_{C1} = 2,5 \cdot 10^{-2}$; $C_2 = 1$ μF; $\tan \delta_{C2} = 3,5 \cdot 10^{-2}$.

Ü 7.3. Ein Kondensator besitzt entsprechend dem Ersatzschaltbild 7.6b die Werte 100 nF; 3 nH; 100 MΩ. Es ist diejenige Frequenz zu berechnen, ab der der Kondensator nur noch wie eine Induktivität wirkt!

Ü 7.4. Eine Luftspule mit einer Induktivität von 0,5 H hat einen ohmschen Widerstand von 60 Ω und eine Eigenkapazität von 42 pF.
Welche Verlustwinkel ergeben sich für die Frequenzen 50 Hz und 35 kHz? (Man rechne möglichst genau, besonders bei 35 kHz!)

Ü 7.5. Gegeben ist ein Parallelresonanzkreis aus einer Spule und einem Kondensator mit folgenden Daten: Induktivität $L = 2,55$ mH; Spulengüte $Q = 80$; Kapazität $C = 1$ nF; Verlustfaktor des Kondensators $d = 0,5 \cdot 10^{-3}$.
Wie groß ist der Scheinwiderstand der Parallelschaltung im Resonanzfall?

Ü 7.6. An einer Eisendrossel mit einem Blechkern wurden eine Wirkleistung von 28 W und eine Blindleistung von 36 var bei einer Frequenz $f = 50$ Hz gemessen. Der ohmsche Widerstand der Wicklung ist 80 Ω groß. Das Blech des Drosselkerns hat eine Verlustziffer $V_{1,0} = 3,85$ W/kg, und die Eisenmasse des Kerns beträgt 4,68 kg. Der Kern wird beim Betrieb bis zu einer Flußdichte von 1 Vs/m² magnetisiert.

Wie groß ist die Induktivität?

Ü 7.7. Aus den Leistungsschildangaben eines Transformators

20 kVA, 6000/231 V,
$u_K = 4\%$ und $u_R = 2{,}82\%$

ist dessen sekundäre Klemmenspannung bei Vollast und $\cos \varphi = 0{,}8$ (ind.) zu berechnen!

Ü 7.8. Es ist qualitativ das vollständige Zeigerbild für einen mit R_a belasteten Transformator zu konstruieren!
Dabei ist von dem reduzierten Ersatzschaltbild (Bild 7.25) auszugehen und die Lösung mit Hilfe der Knotenpunkt- und Maschensätze nachzuprüfen.

Ü 7.9. An einen praktisch streuungslosen Übertrager wird eine Primärspannung von 90 V, 100 Hz gelegt. Die Leerlaufstromstärke beträgt 120 mA bei einer Wirkleistungsaufnahme von 4,75 W. Der ohmsche Widerstand der Primärwicklung beträgt 80 Ω.
Wie groß sind die Eisenverluste, und wie groß ist der Betrag der sekundären Leerlaufspannung bei einem Übersetzungsverhältnis $ü = 1:6$?

Ü 7.10. Bei einem Lautsprecherübertrager sind R_2, C_2 und die Eisenverluste vernachlässigbar, während C_1 nicht bekannt ist. Der sekundär angeschlossene Widerstand R_a ist praktisch reell und beträgt 5 Ω. Weiterhin sind gegeben:

$L_1 = 0{,}06$ H; $\sigma = 10\%$; $R_1 = 100$ Ω; $ü = 40:1$; $f = 8$ kHz.

Wie groß muß der Betrag der Primärspannung sein, wenn R_a eine Leistung von 800 mW aufnimmt?

8. Einführung in die Vierpoltheorie

8.1. Vierpolgleichungen

Ein Vierpol ist ein elektrisches Netzwerk mit 4 Klemmen, einem Eingangsklemmenpaar $1-1'$ und einem Ausgangsklemmenpaar $2-2'$. Mit diesen Bezeichnungen ist die Übertragungsrichtung vom Eingang zum Ausgang festgelegt (Bild 8.1).

Die Zweipoltheorie gestattet es, den Zusammenhang zwischen Spannung, Strom und den elektrischen Eigenschaften einer zwischen zwei Klemmen befindlichen Anordnung von Schaltelementen zu ermitteln.

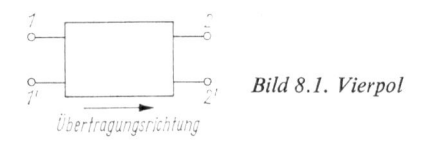

Bild 8.1. Vierpol

Mittels der Vierpoltheorie läßt sich der Zusammenhang zwischen Eingangsgrößen (Eingangsspannung, Eingangsstrom) und den Ausgangsgrößen (Ausgangsspannung, Ausgangsstrom) in Abhängigkeit einer zwischen zwei Klemmenpaaren befindlichen Anordnung von Schaltelementen bestimmen.

Die Vierpoltheorie liefert die allen Arten dieser Vierpole gemeinsamen Gesetze.

Die Vierpoltheorie ist noch verhältnismäßig jung; sie beruht auf wissenschaftlichen Arbeiten von *Breissig* (1920), *Wallot* (1924) und *Feldtkeller* (1925). Auf die Vieltortheorie, die eine Verallgemeinerung der Vierpoltheorie darstellt, kann in diesem Lehrbuch nicht eingegangen werden.

Aktive Vierpole sind gekennzeichnet durch das Vorhandensein von Quellenspannungen bzw. von Verstärkereigenschaften. Zu den aktiven Vierpolen gehören z.B. alle Arten von Verstärkern, aktive Filter usw.

Passive Vierpole enthalten ausschließlich passive Bauelemente. Fernsprechleitungen, Übertrager, Dämpfungsglieder usw. sind spezielle passive Vierpole.

Lineare Vierpole enthalten nur spannungs- bzw. stromunabhängige Widerstände, während *nichtlineare Vierpole* auch spannungs- bzw. stromabhängige Widerstände aufweisen.

Im Rahmen dieses Abschnitts sollen nur passive, lineare Vierpole betrachtet werden.

Die den Zusammenhang zwischen Eingangs- und Ausgangsgrößen in Abhängigkeit vom Aufbau des Vierpols beschreibenden Gleichungen nennt man Vierpolgleichungen. Sie werden in der Regel für sinusförmige Spannungen und Ströme im eingeschwungenen Zustand angegeben.

8.1.1. Vierpolgleichungen in Widerstandsform

Zur Herleitung der Vierpolgleichungen soll die im Bild 8.2 dargestellte T-Schaltung dienen. Sie besteht aus den komplexen Widerständen Z_1, Z_2 und Z_3.

Unter dem Gesichtspunkt der Energieübertragung vom Eingang des Vierpols zum am

8.1. Vierpolgleichungen

Ausgang des Vierpols angeschlossenen Verbraucher wurden die Ströme in der angegebenen Richtung festgelegt (Verbraucher-Zählpfeilsystem).

Mit Hilfe der Maschenstromanalyse erhält man für die Maschen I und II die folgenden Gleichungen:

$$0 = -\underline{U}_1 + (\underline{Z}_1 + \underline{Z}_2)\underline{I}_\mathrm{I} - \underline{Z}_2\underline{I}_\mathrm{II},$$

$$0 = \underline{U}_2 - \underline{Z}_2\underline{I}_\mathrm{I} + (\underline{Z}_2 + \underline{Z}_3)\underline{I}_\mathrm{II}.$$

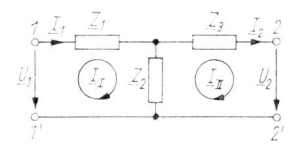

Bild 8.2. T-Schaltung

Nach Umstellung und unter Beachtung, daß $\underline{I}_\mathrm{I} = \underline{I}_1$ und $\underline{I}_\mathrm{II} = \underline{I}_2$ ist, ergeben sich die Gleichungen

$$\underline{U}_1 = (\underline{Z}_1 + \underline{Z}_2)\underline{I}_1 - \underline{Z}_2\underline{I}_2,$$

$$\underline{U}_2 = \underline{Z}_2\underline{I}_1 - (\underline{Z}_2 + \underline{Z}_3)\underline{I}_2.$$

Es ist zu erkennen:

- Die Spannungen sind Funktionen der Stromstärke, wenn die Aufbauwiderstände als konstant bzw. als Parameter aufgefaßt werden.
- Die Koeffizienten sind Widerstände, die die Eigenschaften des Vierpols charakterisieren.

Hat der Vierpol einen anderen Aufbau, z.B. wie im Bild 8.3, so ändert dies nichts am prinzipiellen Aufbau der Gleichungen; lediglich die den Vierpol beschreibenden Koeffizienten (Parameter) haben ein anderes „Aussehen".

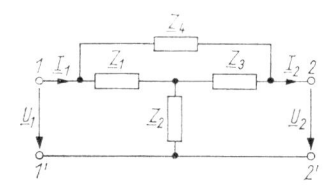

Bild 8.3
Vierpol als Brücken-T-Schaltung

Deshalb verallgemeinert man die Schreibweise der Gleichungen, in dem die Koeffizienten mit $\underline{Z}_{11}$, $\underline{Z}_{12}$, $\underline{Z}_{21}$ und $\underline{Z}_{22}$ bezeichnet werden:

$$\underline{U}_1 = \underline{Z}_{11}\underline{I}_1 + \underline{Z}_{12}\underline{I}_2 \tag{8.1}$$

$$\underline{U}_2 = \underline{Z}_{21}\underline{I}_1 + \underline{Z}_{22}\underline{I}_2. \tag{8.2}$$

Die Koeffizienten $\underline{Z}_{11} \ldots \underline{Z}_{22}$ haben die Einheit eines Widerstands. Man nennt diese Gleichungsform die *Widerstandsform*. Die Gleichungen werden z.B. verwendet, wenn bei bekannten Koeffizienten $\underline{Z}_{11} \ldots \underline{Z}_{22}$ und Strömen $\underline{I}_1$ und $\underline{I}_2$ die Spannungen $\underline{U}_1$ und $\underline{U}_2$ berechnet werden sollen.

Oft ist es erforderlich, bei bekannten Spannungen die Ströme zu berechnen. Dies ist mit einer anderen Gleichungsform leicht möglich.

188   8. Einführung in die Vierpoltheorie

8.1.2. Vierpolgleichungen in Leitwertform

Löst man die Gln. (8.1) und (8.2) nach $\underline{I}_1$ und $\underline{I}_2$ auf, so ergeben sich die folgenden Ausdrücke:

$$\underline{I}_1 = \frac{\underline{U}_1 Z_{22} - \underline{U}_2 Z_{12}}{Z_{11} Z_{22} - Z_{12} Z_{21}},$$

$$\underline{I}_2 = \frac{\underline{U}_2 Z_{11} - \underline{U}_1 Z_{21}}{Z_{11} Z_{22} - Z_{12} Z_{21}}.$$

Setzt man für $Z_{11} Z_{22} - Z_{12} Z_{21} = \det Z$ (Determinante von Z) und ordnet entsprechend, so ergibt sich

$$\underline{I}_1 = \frac{Z_{22}}{\det Z} \underline{U}_1 + \frac{-Z_{12}}{\det Z} \underline{U}_2,$$

$$\underline{I}_2 = \frac{-Z_{21}}{\det Z} \underline{U}_1 + \frac{Z_{11}}{\det Z} \underline{U}_2.$$

Es ist zu erkennen:

- Die Ströme sind Funktionen der Spannungen, wenn die Aufbauwiderstände als konstant bzw. als Parameter aufgefaßt werden.
- Die Koeffizienten sind Leitwerte, die die Eigenschaften des Vierpols ebenfalls eindeutig kennzeichnen.

$$Y_{11} = \frac{Z_{22}}{\det Z}; \quad Y_{12} = \frac{-Z_{12}}{\det Z}; \quad Y_{21} = \frac{-Z_{21}}{\det Z};$$

$$Y_{22} = \frac{Z_{11}}{\det Z}.$$

Damit erhält man die Vierpolgleichungen in *Leitwertform*:

$$\boxed{\begin{aligned} \underline{I}_1 &= Y_{11} \underline{U}_1 + Y_{12} \underline{U}_2 \\ \underline{I}_2 &= Y_{21} \underline{U}_1 + Y_{22} \underline{U}_2 \end{aligned}}$$ (8.3)
                                                                                                                          (8.4)

8.1.3. Vierpolgleichungen in Kettenform

Außer der Widerstands- und Leitwertform gibt es noch andere Möglichkeiten, zwei der insgesamt vier Signalgrößen ($\underline{U}_1$, $\underline{U}_2$, $\underline{I}_1$, $\underline{I}_2$) in Abhängigkeit der zwei anderen zu berechnen.

Mit den Gln. (8.1) und (8.2) lassen sich die Eingangsgrößen $\underline{U}_1$ und $\underline{I}_1$ als Funktion der Ausgangsgrößen $\underline{U}_2$ und $\underline{I}_2$ angeben.

$$\underline{U}_1 = Z_{11} \underline{I}_1 + Z_{12} \underline{I}_2,$$

$$\underline{U}_2 = Z_{21} \underline{I}_1 + Z_{22} \underline{I}_2.$$

Löst man die zweite Gleichung nach $\underline{I}_1$ auf und setzt den Wert in die erste ein, erhält man

$$\underline{I}_1 = \frac{\underline{U}_2}{\underline{Z}_{21}} - \frac{\underline{Z}_{22}\underline{I}_2}{\underline{Z}_{21}},$$

$$\underline{U}_1 = \underline{Z}_{11}\left(\frac{\underline{U}_2}{\underline{Z}_{21}} - \frac{\underline{Z}_{22}\underline{I}_2}{\underline{Z}_{21}}\right) + \underline{Z}_{12}\underline{I}_2,$$

$$\underline{U}_1 = \frac{\underline{Z}_{11}}{\underline{Z}_{21}}\underline{U}_2 - \frac{\underline{Z}_{11}\underline{Z}_{22} - \underline{Z}_{12}\underline{Z}_{21}}{\underline{Z}_{21}}\underline{I}_2,$$

also das Gleichungspaar

$$\underline{U}_1 = \frac{\underline{Z}_{11}}{\underline{Z}_{21}}\underline{U}_2 - \frac{\det \underline{Z}}{\underline{Z}_{21}}\underline{I}_2,$$

$$\underline{I}_1 = \frac{1}{\underline{Z}_{21}}\underline{U}_2 - \frac{\underline{Z}_{22}}{\underline{Z}_{21}}\underline{I}_2.$$

Für die Brüche kann man die Bezeichnungen $\underline{A}_{11} \ldots \underline{A}_{22}$ einführen. Man erhält damit die „*Kettenform*" der Vierpolgleichungen:

$$\boxed{\begin{aligned}\underline{U}_1 &= \underline{A}_{11}\underline{U}_2 + \underline{A}_{12}\underline{I}_2 \\ \underline{I}_1 &= \underline{A}_{21}\underline{U}_2 + \underline{A}_{22}\underline{I}_2\end{aligned}}$$

(8.5)

(8.6)

Es ist zu erkennen:

- Die Eingangsgrößen sind Funktionen der Ausgangsgrößen.
- Die Koeffizienten $\underline{A}_{11} \ldots \underline{A}_{22}$ haben verschiedene physikalische Bedeutung; sie beschreiben die Eigenschaften des Vierpols eindeutig.

Zwischen den Widerstands-, Leitwert- und A-Parametern bestehen gesetzmäßige Zusammenhänge.

8.1.4. Vierpolgleichungen in Hybridform

Hybridform bedeutet soviel wie gemischte Form. In diesem Fall werden Eingangsspannung $\underline{U}_1$ und Ausgangsstrom $\underline{I}_2$ als Funktion von Eingangsstrom $\underline{I}_1$ und Ausgangsspannung $\underline{U}_2$ dargestellt. Man erhält die Gleichungen aus der Widerstandsform. Löst man die Vierpolgleichungen in Widerstandsform nach $\underline{U}_1$ und $\underline{I}_2$ auf, dann erhält man folgendes Gleichungssystem:

$$\underline{U}_1 = \frac{\underline{Z}_{11}\underline{Z}_{12} - \underline{Z}_{12}\underline{Z}_{21}}{\underline{Z}_{22}}\underline{I}_1 + \frac{\underline{Z}_{12}}{\underline{Z}_{22}}\underline{U}_2,$$

$$\underline{I}_2 = -\frac{\underline{Z}_{21}}{\underline{Z}_{22}}\underline{I}_1 + \frac{1}{\underline{Z}_{22}}\underline{U}_2.$$

Setzt man für die entstandenen Brüche die Buchstaben $\underline{H}_{11} \ldots \underline{H}_{22}$, erhält man die Vierpolgleichungen in „*Hybridform*":

$$\boxed{\begin{aligned}\underline{U}_1 &= \underline{H}_{11}\underline{I}_1 + \underline{H}_{12}\underline{U}_2 \\ \underline{I}_2 &= \underline{H}_{21}\underline{I}_1 + \underline{H}_{22}\underline{U}_2\end{aligned}}$$

(8.7)

(8.8)

8.2. Vierpolgleichungen in Matrizenschreibweise

Die Gln. (8.1) bis (8.8) lassen sich vorteilhaft in der Matrizenschreibweise angeben.

$$\begin{pmatrix} \underline{U}_1 \\ \underline{U}_2 \end{pmatrix} = \begin{pmatrix} \underline{Z}_{11} & \underline{Z}_{12} \\ \underline{Z}_{21} & \underline{Z}_{22} \end{pmatrix} \begin{pmatrix} \underline{I}_1 \\ \underline{I}_2 \end{pmatrix}, \tag{8.9}$$

$$\begin{pmatrix} \underline{I}_1 \\ \underline{I}_2 \end{pmatrix} = \begin{pmatrix} \underline{Y}_{11} & \underline{Y}_{12} \\ \underline{Y}_{21} & \underline{Y}_{22} \end{pmatrix} \begin{pmatrix} \underline{U}_1 \\ \underline{U}_2 \end{pmatrix}, \tag{8.10}$$

$$\begin{pmatrix} \underline{U}_1 \\ \underline{I}_1 \end{pmatrix} = \begin{pmatrix} \underline{A}_{11} & \underline{A}_{12} \\ \underline{A}_{21} & \underline{A}_{22} \end{pmatrix} \begin{pmatrix} \underline{U}_2 \\ \underline{I}_2 \end{pmatrix}, \tag{8.11}$$

$$\begin{pmatrix} \underline{U}_1 \\ \underline{I}_2 \end{pmatrix} = \begin{pmatrix} \underline{H}_{11} & \underline{H}_{12} \\ \underline{H}_{21} & \underline{H}_{22} \end{pmatrix} \begin{pmatrix} \underline{I}_1 \\ \underline{U}_2 \end{pmatrix}. \tag{8.12}$$

Die Matrizenschreibweise bringt, wie noch zu erkennen sein wird, erhebliche Vorteile, da die den Vierpol charakterisierenden Größen jeweils in einer Matrix zusammengefaßt sind.

Man nennt deshalb

$$(\underline{Z}) = \begin{pmatrix} \underline{Z}_{11} & \underline{Z}_{12} \\ \underline{Z}_{21} & \underline{Z}_{22} \end{pmatrix} \quad \text{die Widerstandsmatrix,} \tag{8.13}$$

$$(\underline{Y}) = \begin{pmatrix} \underline{Y}_{11} & \underline{Y}_{12} \\ \underline{Y}_{21} & \underline{Y}_{22} \end{pmatrix} \quad \text{die Leitwertmatrix,} \tag{8.14}$$

$$(\underline{A}) = \begin{pmatrix} \underline{A}_{11} & \underline{A}_{12} \\ \underline{A}_{21} & \underline{A}_{22} \end{pmatrix} \quad \text{die Kettenmatrix und} \tag{8.15}$$

$$(\underline{H}) = \begin{pmatrix} \underline{H}_{11} & \underline{H}_{12} \\ \underline{H}_{21} & \underline{H}_{22} \end{pmatrix} \quad \text{die Hybridmatrix} \tag{8.16}$$

des Vierpols.

Die Elemente der $\underline{Z}$-, $\underline{Y}$-, $\underline{A}$- und $\underline{H}$-Matrix stehen untereinander in Beziehung. Einige solcher Beziehungen wurden bereits in den Abschnitten 8.1.2. bis 8.1.4. abgeleitet.

Den Zusammenhang zwischen den Elementen der verschiedenen Matrizen gibt Tafel 8.1 an.

Beispiel 8.1

Ein Vierpol besitze die Widerstandsmatrix

$$(\underline{Z}) = \begin{pmatrix} 300\,\Omega & -100\,\Omega \\ 100\,\Omega & -200\,\Omega \end{pmatrix}.$$

a) Wie groß sind $\underline{U}_1$ und $\underline{U}_2$, wenn $\underline{I}_1 = 0{,}5$ mA und $\underline{I}_2 = 0{,}1$ mA betragen?
b) Wie groß sind $\underline{I}_1$ und $\underline{I}_2$, wenn $\underline{U}_1 = 4$ V und $\underline{U}_2 = 1$ V betragen?
c) An die Ausgangsklemmen des Vierpols wurde ein Verbraucherwiderstand von $\underline{Z}_A = 2000\,\Omega$ angeschlossen. Die Ausgangsspannung beträgt $\underline{U}_2 = 1$ V.
   Wie groß sind Eingangsspannung $\underline{U}_1$ und Eingangsstrom $\underline{I}_1$?

Lösung

a) Zur Berechnung von $\underline{U}_1$ und $\underline{U}_2$ dienen die Vierpolgleichungen in Widerstandsform. Die Widerstandsparameter $\underline{Z}_{11} \ldots \underline{Z}_{22}$ sind der gegebenen Widerstandsmatrix zu entnehmen.

$$\underline{U}_1 = \underline{Z}_{11}\underline{I}_1 + \underline{Z}_{12}\underline{I}_2,$$
$$\underline{U}_2 = \underline{Z}_{21}\underline{I}_1 + \underline{Z}_{22}\underline{I}_2,$$

8.2. Vierpolgleichungen in Matrizenschreibweise   191

$$\underline{U}_1 = 300\,\Omega \cdot 0{,}5\,\text{mA} + (-100\,\Omega) \cdot 0{,}1\,\text{mA},$$

$$\underline{U}_2 = 100\,\Omega \cdot 0{,}5\,\text{mA} + (-200\,\Omega) \cdot 0{,}1\,\text{mA},$$

$$\underline{U}_1 = 150\,\text{mV} - 10\,\text{mV} = 140\,\text{mV},$$

$$\underline{U}_2 = 50\,\text{mV} - 20\,\text{mV} = 30\,\text{mV}.$$

b) Die Ströme $\underline{I}_1$ und $\underline{I}_2$ erhält man mit Hilfe der Vierpolgleichungen in Leitwertform.

$$\underline{I}_1 = \underline{Y}_{11}\underline{U}_1 + \underline{Y}_{12}\underline{U}_2,$$

$$\underline{I}_2 = \underline{Y}_{21}\underline{U}_1 + \underline{Y}_{22}\underline{U}_2.$$

Die Leitwertparameter $\underline{Y}_{11} \ldots \underline{Y}_{22}$ lassen sich mit den Elementen der Widerstandsmatrix aus Tafel 8.1 ablesen.

$$\underline{Y}_{11} = \frac{\underline{Z}_{22}}{\det \underline{Z}} = \frac{-200\,\Omega}{300\,\Omega\,(-200\,\Omega) - 100\,\Omega\,(-100\,\Omega)} = \frac{-200\,\Omega}{-5 \cdot 10^4\,\Omega^2} = 4\,\text{mS},$$

$$\underline{Y}_{12} = -\frac{\underline{Z}_{12}}{\det \underline{Z}} = \frac{-(-100\,\Omega)}{-5 \cdot 10^4\,\Omega^2} = -2\,\text{mS},$$

$$\underline{Y}_{21} = -\frac{\underline{Z}_{21}}{\det \underline{Z}} = \frac{-100\,\Omega}{-5 \cdot 10^4\,\Omega^2} = 2\,\text{mS},$$

$$\underline{Y}_{22} = \frac{\underline{Z}_{11}}{\det \underline{Z}} = \frac{300\,\Omega}{-5 \cdot 10^4\,\Omega^2} = -6\,\text{mS};$$

$$\underline{I}_1 = 4\,\text{mS} \cdot 4\,\text{V} + (-2\,\text{mS}) \cdot 1\,\text{V},$$

$$\underline{I}_2 = 2\,\text{mS} \cdot 4\,\text{V} + (-6\,\text{mS}) \cdot 1\,\text{V},$$

$$\underline{I}_1 = 16\,\text{mA} - 2\,\text{mA} = 14\,\text{mA},$$

$$\underline{I}_2 = 8\,\text{mA} - 6\,\text{mA} = 2\,\text{mA}.$$

Tafel 8.1. *Beziehungen zwischen den Vierpolparametern*

Form	$\underline{A}$		$\underline{Z}$		$\underline{Y}$		$\underline{H}$	
$\underline{A}$	$\underline{A}_{11}$	$\underline{A}_{12}$	$\dfrac{\underline{Z}_{11}}{\underline{Z}_{21}}$	$\dfrac{\det \underline{Z}}{\underline{Z}_{21}}$	$-\dfrac{\underline{Y}_{22}}{\underline{Y}_{21}}$	$-\dfrac{1}{\underline{Y}_{21}}$	$-\dfrac{\det \underline{H}}{\underline{H}_{21}}$	$-\dfrac{\underline{H}_{11}}{\underline{H}_{21}}$
	$\underline{A}_{21}$	$\underline{A}_{22}$	$\dfrac{1}{\underline{Z}_{21}}$	$\dfrac{\underline{Z}_{22}}{\underline{Z}_{21}}$	$-\dfrac{\det \underline{Y}}{\underline{Y}_{21}}$	$-\dfrac{\underline{Y}_{11}}{\underline{Y}_{21}}$	$-\dfrac{\underline{H}_{22}}{\underline{H}_{21}}$	$-\dfrac{1}{\underline{H}_{21}}$
$\underline{Z}$	$\dfrac{\underline{A}_{11}}{\underline{A}_{21}}$	$\dfrac{\det \underline{A}}{\underline{A}_{21}}$	$\underline{Z}_{11}$	$\underline{Z}_{12}$	$\dfrac{\underline{Y}_{22}}{\det \underline{Y}}$	$-\dfrac{\underline{Y}_{12}}{\det \underline{Y}}$	$\dfrac{\det \underline{H}}{\underline{H}_{22}}$	$\dfrac{\underline{H}_{12}}{\underline{H}_{22}}$
	$\dfrac{1}{\underline{A}_{21}}$	$\dfrac{\underline{A}_{22}}{\underline{A}_{21}}$	$\underline{Z}_{21}$	$\underline{Z}_{22}$	$-\dfrac{\underline{Y}_{21}}{\det \underline{Y}}$	$\dfrac{\underline{Y}_{11}}{\det \underline{Y}}$	$-\dfrac{\underline{H}_{21}}{\underline{H}_{22}}$	$\dfrac{1}{\underline{H}_{22}}$
$\underline{Y}$	$\dfrac{\underline{A}_{22}}{\underline{A}_{12}}$	$-\dfrac{\det \underline{A}}{\underline{A}_{12}}$	$\dfrac{\underline{Z}_{22}}{\det \underline{Z}}$	$-\dfrac{\underline{Z}_{12}}{\det \underline{Z}}$	$\underline{Y}_{11}$	$\underline{Y}_{12}$	$\dfrac{1}{\underline{H}_{11}}$	$-\dfrac{\underline{H}_{12}}{\underline{H}_{11}}$
	$-\dfrac{1}{\underline{A}_{12}}$	$\dfrac{\underline{A}_{11}}{\underline{A}_{12}}$	$-\dfrac{\underline{Z}_{21}}{\det \underline{Z}}$	$\dfrac{\underline{Z}_{11}}{\det \underline{Z}}$	$\underline{Y}_{21}$	$\underline{Y}_{22}$	$\dfrac{\underline{H}_{21}}{\underline{H}_{11}}$	$\dfrac{\det \underline{H}}{\underline{H}_{11}}$
$\underline{H}$	$\dfrac{\underline{A}_{12}}{\underline{A}_{22}}$	$\dfrac{\det \underline{A}}{\underline{A}_{22}}$	$\dfrac{\det \underline{Z}}{\underline{Z}_{22}}$	$\dfrac{\underline{Z}_{12}}{\underline{Z}_{22}}$	$\dfrac{1}{\underline{Y}_{11}}$	$-\dfrac{\underline{Y}_{12}}{\underline{Y}_{11}}$	$\underline{H}_{11}$	$\underline{H}_{12}$
	$\dfrac{1}{\underline{A}_{22}}$	$-\dfrac{\underline{A}_{21}}{\underline{A}_{22}}$	$-\dfrac{\underline{Z}_{21}}{\underline{Z}_{22}}$	$\dfrac{1}{\underline{Z}_{22}}$	$\dfrac{\underline{Y}_{21}}{\underline{Y}_{11}}$	$\dfrac{\det \underline{Y}}{\underline{Y}_{11}}$	$\underline{H}_{21}$	$\underline{H}_{22}$

c) Die Eingangsgrößen $\underline{U}_1$ und $\underline{I}_1$ lassen sich unter Verwendung der Vierpolgleichungen in Kettenform bestimmen.

$$\underline{U}_1 = \underline{A}_{11}\underline{U}_2 + \underline{A}_{12}\underline{I}_2,$$

$$\underline{I}_1 = \underline{A}_{21}\underline{U}_2 + \underline{A}_{22}\underline{I}_2.$$

$\underline{I}_2$ ergibt sich aus $\underline{I}_2 = (\underline{U}_2/\underline{Z}_A) = 1\text{ V}/2000\ \Omega = 0,5\text{ mA}$.
Die Kettenparameter $\underline{A}_{11} \ldots \underline{A}_{22}$ sind aus Tafel 8.1 zu entnehmen.

$$\underline{A}_{11} = \frac{\underline{Z}_{11}}{\underline{Z}_{21}} = \frac{300\ \Omega}{100\ \Omega} = 3,$$

$$\underline{A}_{12} = -\frac{\det \underline{Z}}{\underline{Z}_{21}} = -\frac{-5 \cdot 10^4\ \Omega^2}{100\ \Omega} = 500\ \Omega,$$

$$\underline{A}_{21} = \frac{1}{\underline{Z}_{21}} = \frac{1}{100\ \Omega} = 10\text{ mS},$$

$$\underline{A}_{22} = -\frac{\underline{Z}_{22}}{\underline{Z}_{21}} = -\frac{-200\ \Omega}{100\ \Omega} = 2;$$

$$\underline{U}_1 = 3 \cdot 1\text{ V} + 500\ \Omega \cdot 0,5\text{ mA},$$

$$\underline{I}_1 = 10\text{ mS} \cdot 1\text{ V} + 2 \cdot 0,5\text{ mA},$$

$$\underline{U}_1 = 3\text{ V} + 0,25\text{ V} = 3,25\text{ V},$$

$$\underline{I}_1 = 10\text{ mA} + 1\text{ mA} = 11\text{ mA}.$$

8.3. Umgekehrt betriebener Vierpol

Benutzt man für die Beschreibung des Verhaltens eines Vierpols z. B. die Kettenform der Vierpolgleichungen, so gilt für die Richtung *1–1'* nach *2–2'* nach Bild 8.4 das Gleichungssystem

$$\underline{U}_1 = \underline{A}_{11}\underline{U}_2 + \underline{A}_{12}\underline{I}_2,$$

$$\underline{I}_1 = \underline{A}_{21}\underline{U}_2 + \underline{A}_{22}\underline{I}_2.$$

Betreibt man den Vierpol in umgekehrter Richtung, so gilt nach Bild 8.5

$$\underline{U}_1 = \underline{U}_1^*,$$

$$\underline{I}_1 = -\underline{I}_1^*,$$

$$\underline{U}_2 = \underline{U}_2^*,$$

$$\underline{I}_2 = -\underline{I}_2^*.$$

Hierbei sind $\underline{U}_2^*$ und $\underline{I}_2^*$ jetzt Eingangsgrößen und $\underline{U}_1^*$ und $\underline{I}_1^*$ Ausgangsgrößen.

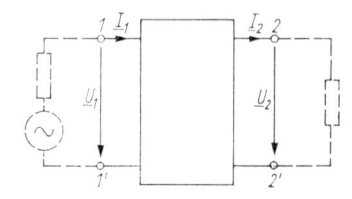

Bild 8.4. Normal betriebener Vierpol 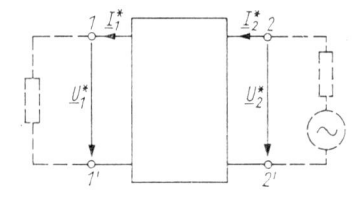   *Bild 8.5. Umgekehrt betriebener Vierpol*

Setzt man diese Größen in obige Vierpolgleichungen unter Beachtung der Vorzeichen ein, erhält man

$$\underline{U}_1^* = \underline{A}_{11}\underline{U}_2^* - \underline{A}_{12}\underline{I}_2^*,$$

$$-\underline{I}_1^* = \underline{A}_{21}\underline{U}_2^* - \underline{A}_{22}\underline{I}_2^*.$$

Löst man dieses Gleichungssystem nach den Eingangsgrößen $\underline{U}_2^*$ und $\underline{I}_2^*$ auf, ergibt sich

$$\underline{U}_2^* = \frac{\underline{A}_{22}}{\det \underline{A}} \underline{U}_1^* + \frac{\underline{A}_{12}}{\det \underline{A}} \underline{I}_1^*,$$

$$\underline{I}_2^* = \frac{\underline{A}_{21}}{\det \underline{A}} \underline{U}_1^* + \frac{\underline{A}_{11}}{\det \underline{A}} \underline{I}_1^*$$

oder in Matrizenschreibweise

$$\begin{pmatrix} \underline{U}_2^* \\ \underline{I}_2^* \end{pmatrix} = \frac{1}{\det \underline{A}} \begin{pmatrix} \underline{A}_{22} & \underline{A}_{12} \\ \underline{A}_{21} & \underline{A}_{11} \end{pmatrix} \begin{pmatrix} \underline{U}_1^* \\ \underline{I}_1^* \end{pmatrix}.$$

Hierbei ist

$$\frac{1}{\det \underline{A}} \begin{pmatrix} \underline{A}_{22} & \underline{A}_{12} \\ \underline{A}_{21} & \underline{A}_{11} \end{pmatrix} = \begin{pmatrix} \underline{A}_{11}^* & \underline{A}_{12}^* \\ \underline{A}_{21}^* & \underline{A}_{22}^* \end{pmatrix} = (\underline{A}^*)$$

die Matrix des umgekehrt betriebenen Vierpols. Über die Umrechnungstabelle lassen sich selbstverständlich die $\underline{Z}$-, $\underline{Y}$- und $\underline{H}$-Matrizen des umgekehrt betriebenen Vierpols ermitteln. Nachfolgend sind die Matrizen des umgekehrt betriebenen Vierpols zusammengestellt (s. Tafel 8.2).

Tafel 8.2. Matrizen des umgekehrt betriebenen Vierpols

$(\underline{Z}^*) = \begin{pmatrix} \underline{Z}_{11}^* & \underline{Z}_{12}^* \\ \underline{Z}_{21}^* & \underline{Z}_{22}^* \end{pmatrix} = \begin{pmatrix} -\underline{Z}_{22} & -\underline{Z}_{21} \\ -\underline{Z}_{12} & -\underline{Z}_{11} \end{pmatrix}$ mit $\det \underline{Z}^* = \det \underline{Z}$

$(\underline{Y}^*) = \begin{pmatrix} \underline{Y}_{11}^* & \underline{Y}_{12}^* \\ \underline{Y}_{21}^* & \underline{Y}_{22}^* \end{pmatrix} = \begin{pmatrix} -\underline{Y}_{22} & -\underline{Y}_{21} \\ -\underline{Y}_{12} & -\underline{Y}_{11} \end{pmatrix}$ mit $\det \underline{Y}^* = \det \underline{Y}$

$(\underline{A}^*) = \begin{pmatrix} \underline{A}_{11}^* & \underline{A}_{12}^* \\ \underline{A}_{21}^* & \underline{A}_{22}^* \end{pmatrix} = \frac{1}{\det \underline{A}} \begin{pmatrix} \underline{A}_{22} & \underline{A}_{12} \\ \underline{A}_{21} & \underline{A}_{11} \end{pmatrix}$ mit $\det \underline{A}^* = \frac{1}{\det \underline{A}}$

$(\underline{H}^*) = \begin{pmatrix} \underline{H}_{11}^* & \underline{H}_{12}^* \\ \underline{H}_{21}^* & \underline{H}_{22}^* \end{pmatrix} = \frac{1}{\det \underline{H}} \begin{pmatrix} -\underline{H}_{11} & -\underline{H}_{21} \\ -\underline{H}_{12} & -\underline{H}_{22} \end{pmatrix}$ mit $\det \underline{H}^* = \frac{1}{\det \underline{H}}$

Beispiel 8.2

Ein Vierpol sei gegeben durch die $\underline{A}$-Matrix

$$(\underline{A}) = \begin{pmatrix} 1{,}5 & 110\,\Omega \\ 25\,\text{mS} & 2{,}5 \end{pmatrix}.$$

Die Ausgangsgrößen betragen $\underline{U}_2 = 20$ V und $\underline{I}_2 = 0{,}5$ A.
a) Wie groß sind $\underline{U}_1$ und $\underline{I}_1$?
b) Wie groß müssen $\underline{U}_1$ und I_1 sein, wenn bei gleichen Ausgangsgrößen der Vierpol umgekehrt eingeschaltet werden soll?

Lösung

a) $$\underline{U}_1 = \underline{A}_{11}\underline{U}_2 + \underline{A}_{12}\underline{I}_2,$$
$$\underline{I}_1 = \underline{A}_{21}\underline{U}_2 + \underline{A}_{22}\underline{I}_2,$$
$$\underline{U}_1 = 1{,}5 \cdot 20\,\text{V} + 110\,\Omega \cdot 0{,}5\,\text{A} = 30\,\text{V} + 55\,\text{V} = 85\,\text{V},$$
$$\underline{I}_1 = 25\,\text{mS} \cdot 20\,\text{V} + 2{,}5 \cdot 0{,}5\,\text{A} = 0{,}5\,\text{A} + 1{,}25\,\text{A} = 1{,}75\,\text{A}.$$

b) Der umgekehrt betriebene Vierpol besitzt die Matrix

$$(\underline{A}^*) = \frac{1}{\det \underline{A}} \begin{pmatrix} \underline{A}_{22} & \underline{A}_{12} \\ \underline{A}_{21} & \underline{A}_{11} \end{pmatrix},$$

$$\det \underline{A} = \underline{A}_{11}\underline{A}_{12} - \underline{A}_{12}\underline{A}_{21} = 1{,}5 \cdot 2{,}5 - 110\,\Omega \cdot 25\,\text{mS},$$

$$\det \underline{A} = 3{,}75 - 2{,}75 = 1,$$

$$(\underline{A}^*) = \begin{pmatrix} 2{,}5 & 110\,\Omega \\ 25\,\text{mS} & 1{,}5 \end{pmatrix}.$$

Durch einen Vergleich mit der $\underline{A}$-Matrix des normal betriebenen Vierpols erkennt man, daß der umgekehrt eingeschaltete Vierpol andere Eigenschaften besitzt.
Man kann diese neuen Eigenschaften einem Ersatzvierpol zuordnen mit der Matrix

$$(\underline{A}') = \begin{pmatrix} 2{,}5 & 110\,\Omega \\ 25\,\text{mS} & 1{,}5 \end{pmatrix}.$$

Zur Bestimmung der Größen $\underline{U}_1$ und $\underline{I}_1$ gilt jetzt wieder

$$\begin{pmatrix} \underline{U}_1 \\ \underline{I}_1 \end{pmatrix} = (\underline{A}') \begin{pmatrix} \underline{U}_2 \\ \underline{I}_2 \end{pmatrix}$$

oder

$$\underline{U}_1 = 2{,}5 \cdot 20\,\text{V} + 110\,\Omega \cdot 0{,}5\,\text{A} = 50\,\text{V} + 55\,\text{V} = 105\,\text{V},$$
$$\underline{I}_1 = 25\,\text{mS} \cdot 20\,\text{V} + 1{,}5 \cdot 0{,}5\,\text{A} = 0{,}5\,\text{A} + 0{,}75\,\text{A} = 1{,}25\,\text{A}.$$

8.4. Umgepolter Vierpol

Mitunter interessiert das Verhalten eines Vierpols, dessen Eingangs- oder Ausgangsklemmen umgepolt werden (Bild 8.6). Dieses Verhalten muß in seiner Matrix zum Ausdruck kommen. Hierbei ändern die Ausgangsgrößen ihr Vorzeichen gegenüber dem Verhalten eines normalen Vierpols.

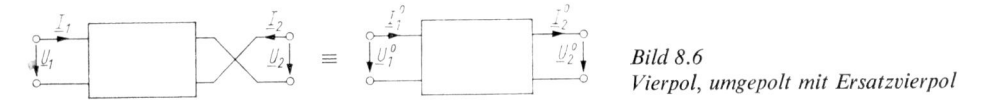

Bild 8.6
Vierpol, umgepolt mit Ersatzvierpol

Der Normal-Vierpol wird beschrieben durch

$$\underline{U}_1 = \underline{Z}_{11}\underline{I}_1 + \underline{Z}_{12}\underline{I}_2,$$
$$\underline{U}_2 = \underline{Z}_{21}\underline{I}_1 + \underline{Z}_{22}\underline{I}_2.$$

Wie man erkennt, gilt

$$\underline{U}_1 = \underline{U}_1^0, \qquad \underline{I}_1 = \underline{I}_1^0,$$
$$\underline{U}_2 = -\underline{U}_2^0, \qquad \underline{I}_2 = -\underline{I}_2^0.$$

8.4. Umgepolter Vierpol

Damit erhält man

$$\underline{U}_1^0 = \underline{Z}_{11}\underline{I}_1^0 - \underline{Z}_{12}\underline{I}_2^0,$$
$$-\underline{U}_2^0 = \underline{Z}_{21}\underline{I}_1^0 - \underline{Z}_{22}\underline{I}_2^0$$

oder

$$\underline{U}_1^0 = \underline{Z}_{11}\underline{I}_1^0 + (-\underline{Z}_{12})\underline{I}_2^0,$$
$$\underline{U}_2^0 = (-\underline{Z}_{21})\underline{I}_1^0 + \underline{Z}_{22}\underline{I}_2^0.$$

In Matrizenschreibweise ergibt sich

$$\begin{pmatrix}\underline{U}_1^0\\ \underline{U}_2^0\end{pmatrix} = \begin{pmatrix}\underline{Z}_{11} & -\underline{Z}_{12}\\ -\underline{Z}_{21} & \underline{Z}_{22}\end{pmatrix}\begin{pmatrix}\underline{I}_1^0\\ \underline{I}_2^0\end{pmatrix},$$

wobei

$$\begin{pmatrix}\underline{Z}_{11} & -\underline{Z}_{12}\\ -\underline{Z}_{21} & \underline{Z}_{22}\end{pmatrix} = \begin{pmatrix}\underline{Z}_{11}^0 & \underline{Z}_{12}^0\\ \underline{Z}_{21}^0 & \underline{Z}_{22}^0\end{pmatrix} = (\underline{Z}^0)$$

die Matrix des umgepolten Vierpols ist.

Über die Umrechnungstabelle erhält man wieder die anderen Matrizen des umgepolten Vierpols, die nachfolgend angegeben werden sollen (Tafel 8.3).

Tafel 8.3. Matrizen des umgepolten Vierpols

$$(\underline{Z}^0) = \begin{pmatrix}\underline{Z}_{11}^0 & \underline{Z}_{12}^0\\ \underline{Z}_{21}^0 & \underline{Z}_{22}^0\end{pmatrix} = \begin{pmatrix}\underline{Z}_{11} & -\underline{Z}_{12}\\ -\underline{Z}_{21} & \underline{Z}_{22}\end{pmatrix} \quad \det \underline{Z}^0 = \det \underline{Z}$$

$$(\underline{Y}^0) = \begin{pmatrix}\underline{Y}_{11}^0 & \underline{Y}_{12}^0\\ \underline{Y}_{21}^0 & \underline{Y}_{22}^0\end{pmatrix} = \begin{pmatrix}\underline{Y}_{11} & -\underline{Y}_{12}\\ -\underline{Y}_{21} & \underline{Y}_{22}\end{pmatrix} \quad \det \underline{Y}^0 = \det \underline{Y}$$

$$(\underline{A}^0) = \begin{pmatrix}\underline{A}_{11}^0 & \underline{A}_{12}^0\\ \underline{A}_{21}^0 & \underline{A}_{22}^0\end{pmatrix} = \begin{pmatrix}-\underline{A}_{11} & -\underline{A}_{12}\\ -\underline{A}_{21} & -\underline{A}_{22}\end{pmatrix} \quad \det \underline{A}^0 = \det \underline{A}$$

$$(\underline{H}^0) = \begin{pmatrix}\underline{H}_{11}^0 & \underline{H}_{12}^0\\ \underline{H}_{21}^0 & \underline{H}_{22}^0\end{pmatrix} = \begin{pmatrix}\underline{H}_{11} & -\underline{H}_{12}\\ -\underline{H}_{21} & \underline{H}_{22}\end{pmatrix} \quad \det \underline{H}^0 = \det \underline{H}$$

Beispiel 8.3

Die Ausgangsgrößen eines Vierpols mit der $\underline{A}$-Matrix

$$(\underline{A}) = \begin{pmatrix}\mathrm{j} & -(Z+\mathrm{j}Z)\\ \dfrac{\mathrm{j}}{Z} & 1\end{pmatrix} \quad (Z = 1\,\mathrm{k}\Omega)$$

betragen $\underline{U}_2 = 2\,\mathrm{V}$ und $\underline{I}_2 = 1\,\mathrm{mA}$.

a) Wie groß sind $\underline{U}_1$ und $\underline{I}_1$ des normalen Vierpols?
b) Wie groß sind $\underline{U}_1$ und $\underline{I}_1$ des umgepolten Vierpols?

Lösung

a) Nach den Gln.(8.5) und (8.6) gilt

$$\underline{U}_1 = \underline{A}_{11}\underline{U}_2 + \underline{A}_{12}\underline{I}_2,$$
$$\underline{I}_1 = \underline{A}_{21}\underline{U}_2 + \underline{A}_{22}\underline{I}_2,$$
$$\underline{U}_1 = \mathrm{j}\cdot 2\,\mathrm{V} + [-(1+\mathrm{j}1)\,\mathrm{k}\Omega]\cdot 1\,\mathrm{mA},$$
$$\underline{I}_1 = \frac{\mathrm{j}}{1\,\mathrm{k}\Omega}\cdot 2\,\mathrm{V} + 1\cdot 1\,\mathrm{mA},$$

$$\underline{U}_1 = \mathrm{j}2\,\mathrm{V} + [-(1+\mathrm{j}1)\,\mathrm{k}\Omega]\cdot 1\,\mathrm{mA} = \mathrm{j}2\,\mathrm{V} - 1\,\mathrm{V} - \mathrm{j}/\mathrm{V},$$

$$\underline{I}_1 = \frac{\mathrm{j}}{1\,\mathrm{k}\Omega}\cdot 2\,\mathrm{V} + 1\cdot 1\,\mathrm{mA} = \mathrm{j}2\,\mathrm{mA} + 1\,\mathrm{mA},$$

$$\underline{U}_1 = -1\,\mathrm{V} + \mathrm{j}1\,\mathrm{V} = \sqrt{2}\,\mathrm{e}^{\mathrm{j}135°}\,\mathrm{V},$$

$$\underline{I}_1 = 1\,\mathrm{mA} + \mathrm{j}2\,\mathrm{mA} = \sqrt{5}\,\mathrm{e}^{\mathrm{j}63{,}4°}\,\mathrm{mA}.$$

b) Die Matrix des umgepolten Vierpols lautet nach Tafel 8.3

$$(\underline{A}^0) = \begin{pmatrix} -\underline{A}_{11} & -\underline{A}_{12} \\ -\underline{A}_{21} & -\underline{A}_{22} \end{pmatrix} = \begin{pmatrix} -\mathrm{j} & (Z+\mathrm{j}Z) \\ \frac{1}{\mathrm{j}Z} & -1 \end{pmatrix}.$$

Damit ergibt sich

$$\underline{U}_1^0 = -\mathrm{j}\cdot 2\,\mathrm{V} + (1+\mathrm{j}1)\,\mathrm{k}\Omega \cdot 1\,\mathrm{mA},$$

$$\underline{I}_1^0 = \frac{1}{\mathrm{j}1\,\mathrm{k}\Omega}\,2\,\mathrm{V} + (-1)\,1\,\mathrm{mA},$$

$$\underline{U}_1^0 = -\mathrm{j}2\,\mathrm{V} + 1\,\mathrm{V} + \mathrm{j}1\,\mathrm{V} = (1-\mathrm{j})\,\mathrm{V},$$

$$\underline{I}_1^0 = -\mathrm{j}2\,\mathrm{mA} - 1\,\mathrm{mA} = (-1-\mathrm{j}2)\,\mathrm{mA},$$

$$\underline{U}_1^0 = \sqrt{2}\,\mathrm{e}^{-\mathrm{j}45°}\,\mathrm{V},$$

$$\underline{I}_1^0 = \sqrt{5}\,\mathrm{e}^{\mathrm{j}243{,}4°}\,\mathrm{mA}.$$

Es ist zu erkennen, daß – wie erwartet – durch die Umpolung eine Phasendrehung um 180° erfolgt ist.

8.5. Zusammenschalten von Vierpolen

Durch Zusammenschaltung von zwei oder mehreren einfachen Vierpolen lassen sich komplizierte Vierpole mit bestimmten Eigenschaften zusammenfügen. Andererseits kann man komplizierte Vierpole in einfache Vierpole zerlegen und so das Gesamtverhalten analysieren.

8.5.1. Reihenschaltung von Vierpolen

Werden Vierpole in der Weise zusammengeschaltet, daß jeweils die Eingänge bzw. die Ausgänge der Einzelvierpole in Reihe geschaltet sind, so nennt man dies eine *Reihenschaltung von Vierpolen* (Bild 8.7).

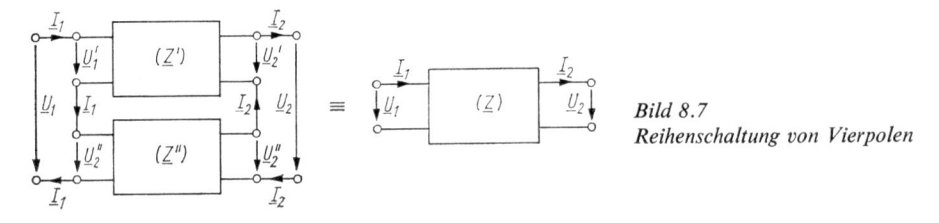

Bild 8.7
Reihenschaltung von Vierpolen

Für den Vierpol mit der Matrix $(\underline{Z}')$ gilt

$$\begin{pmatrix} \underline{U}_1' \\ \underline{U}_2' \end{pmatrix} = \begin{pmatrix} \underline{Z}_{11}' & \underline{Z}_{12}' \\ \underline{Z}_{21}' & \underline{Z}_{22}' \end{pmatrix} \begin{pmatrix} \underline{I}_1 \\ \underline{I}_2 \end{pmatrix},$$

für den Vierpol mit der Matrix $(\underline{Z}'')$ gilt

$$\begin{pmatrix} \underline{U}_1'' \\ \underline{U}_2'' \end{pmatrix} = \begin{pmatrix} \underline{Z}_{11}'' & \underline{Z}_{12}'' \\ \underline{Z}_{21}'' & \underline{Z}_{22}'' \end{pmatrix} \begin{pmatrix} \underline{I}_1 \\ \underline{I}_2 \end{pmatrix}$$

und schließlich für den Ersatzvierpol

$$\begin{pmatrix} \underline{U}_1 \\ \underline{U}_2 \end{pmatrix} = \begin{pmatrix} \underline{Z}_{11} & \underline{Z}_{12} \\ \underline{Z}_{21} & \underline{Z}_{22} \end{pmatrix} \begin{pmatrix} \underline{I}_1 \\ \underline{I}_2 \end{pmatrix}.$$

Aus Bild 8.7 läßt sich ablesen

$$\underline{U}_1 = \underline{U}_1' + \underline{U}_1'',$$
$$\underline{U}_2 = \underline{U}_2' + \underline{U}_2''.$$

Addiert man die Vierpolgleichungen der Einzelvierpole, erhält man

$$\begin{pmatrix} \underline{U}_1' \\ \underline{U}_2' \end{pmatrix} + \begin{pmatrix} \underline{U}_1'' \\ \underline{U}_2'' \end{pmatrix} = \left[\begin{pmatrix} \underline{Z}_{11}' & \underline{Z}_{12}' \\ \underline{Z}_{21}' & \underline{Z}_{22}' \end{pmatrix} + \begin{pmatrix} \underline{Z}_{11}'' & \underline{Z}_{12}'' \\ \underline{Z}_{21}'' & \underline{Z}_{22}'' \end{pmatrix} \right] \begin{pmatrix} \underline{I}_1 \\ \underline{I}_2 \end{pmatrix}$$

oder, da

$$\begin{pmatrix} \underline{U}_1' \\ \underline{U}_2' \end{pmatrix} + \begin{pmatrix} \underline{U}_1'' \\ \underline{U}_2'' \end{pmatrix} = \begin{pmatrix} \underline{U}_1' + \underline{U}_1'' \\ \underline{U}_2' + \underline{U}_2'' \end{pmatrix} = \begin{pmatrix} \underline{U}_1 \\ \underline{U}_2 \end{pmatrix}$$

ist,

$$\begin{pmatrix} \underline{U}_1 \\ \underline{U}_2 \end{pmatrix} = \left[\begin{pmatrix} \underline{Z}_{11}' & \underline{Z}_{12}' \\ \underline{Z}_{21}' & \underline{Z}_{22}' \end{pmatrix} + \begin{pmatrix} \underline{Z}_{11}'' & \underline{Z}_{12}'' \\ \underline{Z}_{21}'' & \underline{Z}_{22}'' \end{pmatrix} \right] \begin{pmatrix} \underline{I}_1 \\ \underline{I}_2 \end{pmatrix}.$$

Wenn der Ersatzvierpol gleiche Eigenschaften wie die Reihenschaltung haben soll, muß dessen Widerstandsmatrix

$$\begin{pmatrix} \underline{Z}_{11} & \underline{Z}_{12} \\ \underline{Z}_{21} & \underline{Z}_{22} \end{pmatrix} = \begin{pmatrix} \underline{Z}_{11}' & \underline{Z}_{12}' \\ \underline{Z}_{21}' & \underline{Z}_{22}' \end{pmatrix} + \begin{pmatrix} \underline{Z}_{11}'' & \underline{Z}_{12}'' \\ \underline{Z}_{21}'' & \underline{Z}_{22}'' \end{pmatrix} = \begin{pmatrix} \underline{Z}_{11}' + \underline{Z}_{11}'' & \underline{Z}_{12}' + \underline{Z}_{12}'' \\ \underline{Z}_{21}' + \underline{Z}_{21}'' & \underline{Z}_{22}' + \underline{Z}_{22}'' \end{pmatrix}$$

sein oder, kürzer ausgedrückt,

$$\boxed{(\underline{Z}) = (\underline{Z}') + (\underline{Z}'')}. \tag{8.17}$$

Bei der Reihenschaltung von Vierpolen ist die Widerstandsmatrix des Ersatzvierpols gleich der Summe der Widerstandsmatrizen der Einzelvierpole.

Beispiel 8.4

Wie lautet die Matrix eines Vierpols, der durch Reihenschaltung zweier Vierpole mit den Matrizen

$$(\underline{Z}') = \begin{pmatrix} 200\,\Omega & -100\,\Omega \\ 100\,\Omega & -300\,\Omega \end{pmatrix}$$

und

$$(\underline{Z}'') = \begin{pmatrix} 500\,\Omega & -200\,\Omega \\ 200\,\Omega & -400\,\Omega \end{pmatrix}$$

entstanden ist?

198   8. Einführung in die Vierpoltheorie

Lösung

Entsprechend Gl.(8.17) sind die Widerstandsmatrizen zu addieren:

$(\underline{Z}) = (\underline{Z}') + (\underline{Z}'')$,

$(\underline{Z}) = \begin{pmatrix} 200\,\Omega & -100\,\Omega \\ 100\,\Omega & -300\,\Omega \end{pmatrix} + \begin{pmatrix} 500\,\Omega & -200\,\Omega \\ 200\,\Omega & -400\,\Omega \end{pmatrix}$,

$(\underline{Z}) = \begin{pmatrix} 700\,\Omega & -300\,\Omega \\ 300\,\Omega & -700\,\Omega \end{pmatrix}$.

Wären die Einzelvierpole nicht durch ihre Widerstandsmatrizen gegeben gewesen, sondern durch ihre $\underline{Y}$-, $\underline{A}$- oder $\underline{H}$-Matrizen, dann hätten diese zunächst entsprechend Tafel 8.1 in die Widerstandsmatrizen umgerechnet werden müssen.

8.5.2. Parallelschaltung von Vierpolen

Schaltet man Vierpole so zusammen, daß jeweils die Eingänge bzw. die Ausgänge der Einzelvierpole parallelgeschaltet sind, so nennt man dies eine *Parallelschaltung von Vierpolen* (Bild 8.8).

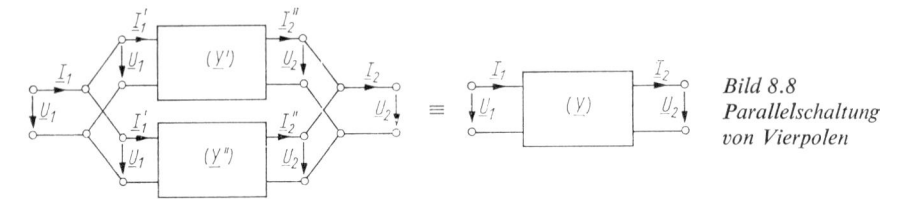

Bild 8.8
Parallelschaltung von Vierpolen

Eingangsstrom und Ausgangsstrom des Ersatzvierpols setzen sich jeweils aus der Summe der Eingangs- bzw. Ausgangsströme der Einzelvierpole zusammen.

Für den Vierpol mit der Matrix $(\underline{Y}')$ gilt

$$\begin{pmatrix} \underline{I}_1' \\ \underline{I}_2' \end{pmatrix} = \begin{pmatrix} Y_{11}' & Y_{12}' \\ Y_{21}' & Y_{22}' \end{pmatrix} \begin{pmatrix} \underline{U}_1 \\ \underline{U}_2 \end{pmatrix},$$

für den Vierpol mit der Matrix $(\underline{Y}'')$

$$\begin{pmatrix} \underline{I}_1'' \\ \underline{I}_2'' \end{pmatrix} = \begin{pmatrix} Y_{11}'' & Y_{12}'' \\ Y_{21}'' & Y_{22}'' \end{pmatrix} \begin{pmatrix} \underline{U}_1 \\ \underline{U}_2 \end{pmatrix},$$

für den Ersatzvierpol

$$\begin{pmatrix} \underline{I}_1 \\ \underline{I}_2 \end{pmatrix} = \begin{pmatrix} Y_{11} & Y_{12} \\ Y_{21} & Y_{22} \end{pmatrix} \begin{pmatrix} \underline{U}_1 \\ \underline{U}_2 \end{pmatrix}.$$

Analoge Überlegungen wie im Abschn. 8.5.1. führen zu

$$\begin{pmatrix} Y_{11} & Y_{12} \\ Y_{21} & Y_{22} \end{pmatrix} = \begin{pmatrix} Y_{11}' + Y_{11}'' & Y_{12}' + Y_{12}'' \\ Y_{21}' + Y_{21}'' & Y_{22}' + Y_{22}'' \end{pmatrix}.$$

oder kürzer

$$\boxed{(\underline{Y}) = (\underline{Y}') + (\underline{Y}'')}. \tag{8.18}$$

Bei der Parallelschaltung von Vierpolen ist die Leitwertmatrix des Ersatzvierpols gleich der Summe der Leitwertmatrizen der Einzelvierpole.

8.5.3. Kettenschaltung von Vierpolen

Von einer Kettenschaltung spricht man, wenn die Ausgangsklemmen eines Vierpols mit den Eingangsklemmen eines anderen Vierpols zusammengeschaltet werden. Die einzelnen Vierpole sind wie die Glieder einer Kette aneinandergereiht (Bild 8.9).

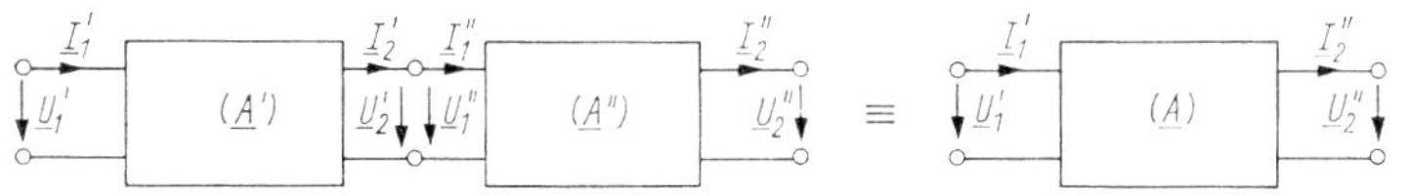

Bild 8.9. Kettenschaltung von Vierpolen

Die Vierpolgleichung in Kettenform für den ersten Vierpol lautet

$$\begin{pmatrix} \underline{U}'_1 \\ \underline{I}'_1 \end{pmatrix} = (\underline{A}') \begin{pmatrix} \underline{U}'_2 \\ \underline{I}'_2 \end{pmatrix},$$

für den zweiten Vierpol

$$\begin{pmatrix} \underline{U}''_1 \\ \underline{I}''_1 \end{pmatrix} = (\underline{A}'') \begin{pmatrix} \underline{U}''_2 \\ \underline{I}''_2 \end{pmatrix}.$$

Nach Bild 8.9 ergibt sich

$$\underline{U}'_2 = \underline{U}''_1,$$
$$\underline{I}'_2 = \underline{I}''_1.$$

Damit kann man die Gleichung für den zweiten Vierpol schreiben

$$\begin{pmatrix} \underline{U}'_2 \\ \underline{I}'_2 \end{pmatrix} = (\underline{A}'') \begin{pmatrix} \underline{U}''_2 \\ \underline{I}''_2 \end{pmatrix}.$$

Diesen Ausdruck setzt man in die erste Gleichung ein und erhält

$$\begin{pmatrix} \underline{U}'_1 \\ \underline{I}'_1 \end{pmatrix} = (\underline{A}')(\underline{A}'') \begin{pmatrix} \underline{U}''_2 \\ \underline{I}''_2 \end{pmatrix}.$$

Dies stellt eine Beziehung zwischen Eingangs- und Ausgangsgrößen der Vierpolkette dar. Die Vierpolgleichung für den Ersatzvierpol lautet

$$\begin{pmatrix} \underline{U}'_1 \\ \underline{I}'_1 \end{pmatrix} = (\underline{A}) \begin{pmatrix} \underline{U}''_2 \\ \underline{I}''_2 \end{pmatrix}.$$

Beide Gleichungen stimmen nur dann überein, wenn

$$\boxed{(\underline{A}) = (\underline{A}')(\underline{A}'')} \tag{8.19}$$

oder in ausführlicher Schreibweise

$$(\underline{A}) = \begin{pmatrix} \underline{A}'_{11} & \underline{A}'_{12} \\ \underline{A}'_{21} & \underline{A}'_{22} \end{pmatrix} \begin{pmatrix} \underline{A}''_{11} & \underline{A}''_{12} \\ \underline{A}''_{21} & \underline{A}''_{22} \end{pmatrix}$$

$$= \begin{pmatrix} \underline{A}'_{11}\underline{A}''_{11} + \underline{A}'_{12}\underline{A}''_{21} & \underline{A}'_{11}\underline{A}''_{12} + \underline{A}'_{12}\underline{A}''_{22} \\ \underline{A}'_{21}\underline{A}''_{11} + \underline{A}'_{22}\underline{A}''_{21} & \underline{A}'_{21}\underline{A}''_{12} + \underline{A}'_{22}\underline{A}''_{22} \end{pmatrix},$$

wobei die Gesetze der Matrizenmultiplikation angewandt werden. (Auf die Reihenfolge der Matrizen ist zu achten!) Das Ergebnis lautet:

Bei der Kettenschaltung von Vierpolen ist die Kettenmatrix des Ersatzvierpols gleich dem Produkt der Kettenmatrizen der Einzelvierpole.

Beispiel 8.5

Zwei Vierpole mit den $\underline{A}$-Matrizen

$$(\underline{A}') = \begin{pmatrix} 2 & 100\,\Omega \\ 0{,}1\,\text{S} & 3 \end{pmatrix}$$

und

$$(\underline{A}'') = \begin{pmatrix} 1 & 50\,\Omega \\ 0{,}05\,\text{S} & 2 \end{pmatrix}$$

sind in Kette geschaltet.
Wie lautet die $\underline{A}$-Matrix der Kettenschaltung?

Lösung

$$(\underline{A}) = (\underline{A}')(\underline{A}'')$$

$$= \begin{pmatrix} 2 & 100\,\Omega \\ 0{,}1\,\text{S} & 3 \end{pmatrix} \begin{pmatrix} 1 & 50\,\Omega \\ 0{,}05\,\text{S} & 2 \end{pmatrix}$$

$$= \begin{pmatrix} 2 + 100\,\Omega \cdot 0{,}05\,\text{S} & 2 \cdot 50\,\Omega + 100\,\Omega \cdot 2 \\ 0{,}1\,\text{S} \cdot 1 + 3 \cdot 0{,}05\,\text{S} & 0{,}1\,\text{S} \cdot 50\,\Omega + 3 \cdot 2 \end{pmatrix},$$

$$(\underline{A}) = \begin{pmatrix} 7 & 300\,\Omega \\ 0{,}25\,\text{S} & 11 \end{pmatrix}.$$

Beispiel 8.6

Zwei Vierpole mit den Matrizen

$$(\underline{Z}') = \begin{pmatrix} R & -jR \\ +jR & -jR \end{pmatrix} \quad \text{und} \quad (\underline{Y}'') = \begin{pmatrix} \dfrac{1}{R} & -\dfrac{1}{R} \\ \dfrac{1}{R} & -\dfrac{1}{R} \end{pmatrix}$$

sollen „in Kette" geschaltet werden.
Wie lautet die $\underline{A}$-Matrix?

Lösung

Da die $\underline{A}$-Matrizen beider Vierpole benötigt werden, sind diese zunächst über die Tafel 8.1 zu ermitteln. Das Ergebnis lautet

$$(\underline{A}') = \begin{pmatrix} -j & R - jR \\ \dfrac{1}{jR} & 1 \end{pmatrix}; \quad (\underline{A}'') = \begin{pmatrix} 1 & R \\ 0 & 1 \end{pmatrix}.$$

Die Multiplikation ergibt

$$(\underline{A}) = (\underline{A}')(\underline{A}'') = \begin{pmatrix} -j & R - jR \\ \dfrac{1}{jR} & 1 \end{pmatrix} \begin{pmatrix} 1 & R \\ 0 & 1 \end{pmatrix},$$

$$(\underline{A}) = \begin{pmatrix} -j & R - j2R \\ \dfrac{1}{jR} & 1 - j \end{pmatrix}.$$

8.5.4. Reihen-Parallel-Schaltung von Vierpolen

Bei der Reihen-Parallel-Schaltung werden die Eingänge der Vierpole in Reihe und die Ausgänge der Vierpole parallelgeschaltet (Bild 8.10).

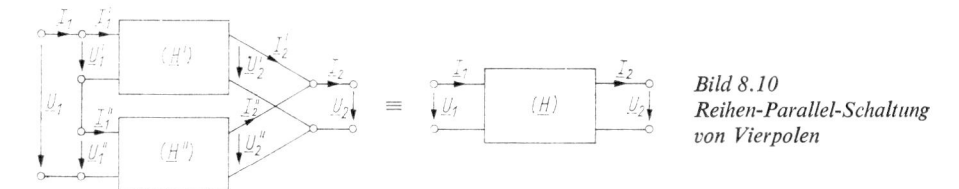

Bild 8.10
Reihen-Parallel-Schaltung von Vierpolen

Für den Vierpol $\underline{H}'$ gilt

$$\begin{pmatrix} \underline{U}'_1 \\ \underline{I}'_2 \end{pmatrix} = (\underline{H}') \begin{pmatrix} \underline{I}'_1 \\ \underline{U}'_2 \end{pmatrix} = (\underline{H}') \begin{pmatrix} \underline{I}_1 \\ \underline{U}_2 \end{pmatrix} \quad \begin{array}{l} \underline{I}'_1 = \underline{I}_1, \\ \underline{U}'_2 = \underline{U}_2. \end{array}$$

Für den Vierpol $\underline{H}''$ gilt

$$\begin{pmatrix} \underline{U}''_1 \\ \underline{I}''_2 \end{pmatrix} = (\underline{H}'') \begin{pmatrix} \underline{I}''_1 \\ \underline{U}''_2 \end{pmatrix} = (\underline{H}'') \begin{pmatrix} \underline{I}_1 \\ \underline{U}_2 \end{pmatrix} \quad \begin{array}{l} \underline{I}''_1 = \underline{I}_1, \\ \underline{U}''_2 = \underline{U}_2. \end{array}$$

Die Addition der beiden Gleichungen ergibt

$$\begin{pmatrix} \underline{U}'_1 + \underline{U}''_1 \\ \underline{I}'_2 + \underline{I}''_2 \end{pmatrix} = [(\underline{H}') + (\underline{H}'')] \begin{pmatrix} \underline{I}_1 \\ \underline{U}_2 \end{pmatrix}.$$

Mit

$$\underline{U}'_1 + \underline{U}''_1 = \underline{U}_1$$

und

$$\underline{I}'_2 + \underline{I}''_2 = \underline{I}_2$$

erhält man

$$\begin{pmatrix} \underline{U}_1 \\ \underline{I}_2 \end{pmatrix} = [(\underline{H}') + (\underline{H}'')] \begin{pmatrix} \underline{I}_1 \\ \underline{U}_2 \end{pmatrix}.$$

Die Ersatzschaltung besitzt also die $\underline{H}$-Matrix

$$\boxed{(\underline{H}) = (\underline{H}') + (\underline{H}'')} \tag{8.20}$$

oder

$$(\underline{H}) = \begin{pmatrix} \underline{H}'_{11} + \underline{H}''_{11} & \underline{H}'_{12} + \underline{H}''_{12} \\ \underline{H}'_{21} + \underline{H}''_{21} & \underline{H}'_{22} + \underline{H}''_{22} \end{pmatrix}.$$

Bei der Reihen-Parallel-Schaltung von Vierpolen ist die Hybridmatrix des Ersatzvierpols gleich der Summe der Hybridmatrizen der Einzelvierpole.

8.6. Bedeutung der Elemente der Vierpolmatrizen

Die den Vierpol beschreibenden Matrizenelemente sind entweder Widerstandsgrößen, Leitwertgrößen, oder sie sind ohne Einheiten. Ihre physikalische Bedeutung soll in diesem Abschnitt untersucht werden.

202   8. Einführung in die Vierpoltheorie

Die Elemente der Widerstandsmatrix $Z_{11} \ldots Z_{22}$ stellen die Koeffizienten der Vierpolgleichungen in Widerstandsform dar (Gln. (8.1) und (8.2)):

$$\underline{U}_1 = Z_{11}\underline{I}_1 + Z_{12}\underline{I}_2,$$
$$\underline{U}_2 = Z_{21}\underline{I}_1 + Z_{22}\underline{I}_2.$$

Ihre Deutung wird einfach, wenn zunächst der Vierpol im sekundärseitigen Leerlauf ($\underline{I}_2 = 0$) beschrieben wird.

Für den Leerlauffall gilt dann

$$\underline{U}_1 = Z_{11}\underline{I}_1$$

und

$$\underline{U}_2 = Z_{21}\underline{I}_1.$$

Aus der ersten Gleichung erhält man

$$\left.\frac{\underline{U}_1}{\underline{I}_1}\right|_{\underline{I}_2=0} = Z_{11} = Z_{1L}; \tag{8.21}$$

Z_{1L} ist der *Leerlauf-Eingangswiderstand*.

Die Bedeutung von Z_{21} ergibt sich aus der zweiten Gleichung:

$$\left.\frac{\underline{U}_2}{\underline{I}_1}\right|_{\underline{I}_2=0} = Z_{21} = Z_{1M}. \tag{8.22}$$

Z_{1M} ist eine Widerstandsgröße, die das Verhältnis einer Ausgangsgröße zu einer Eingangsgröße ausdrückt, so etwa, wie Sekundärspannung $\underline{U}_2$ und Primärstrom $\underline{I}_1$ beim Übertrager durch die gegenseitige Induktivität M miteinander in Verbindung stehen (deshalb der Buchstabe M!). Die Bindung beim Übertrager besorgt der Eisenkern.

Z_{1M} wird deshalb als *Leerlauf-Eingangskernwiderstand* bezeichnet.

Um die Bedeutung der Elemente Z_{12} und Z_{22} zu erkennen, wird der Vierpol in umgekehrter Betriebsrichtung betrieben (s. Abschn. 8.3.!). Es gilt

$$\underline{U}_2^* = -Z_{22}\underline{I}_2^* - Z_{21}\underline{I}_1^*$$

und

$$\underline{U}_1^* = -Z_{12}\underline{I}_2^* - Z_{11}\underline{I}_1^*.$$

Für primärseitigen Leerlauf ($\underline{I}_1^* = 0$) erhält man

$$\underline{U}_2^* = -Z_{22}\underline{I}_2^*$$

und

$$\underline{U}_1^* = -Z_{12}\underline{I}_2^*.$$

Damit wird

$$\left.\frac{\underline{U}_2^*}{\underline{I}_2^*}\right|_{\underline{I}_1^*=0} = -Z_{22} = Z_{2L}; \tag{8.23}$$

Z_{2L} ist der *Leerlauf-Ausgangswiderstand*.

Die zweite Gleichung ergibt

$$\frac{\underline{U}_1^*}{\underline{I}_2^*} = -Z_{12} = Z_{2M}; \tag{8.24}$$

Z_{2M} wird als *Leerlauf-Ausgangskernwiderstand* bezeichnet.

8.6. Bedeutung der Elemente der Vierpolmatrizen

Mit den gefundenen Bezeichnungen erhält man die Widerstandsmatrix mit den Elementen

$$(Z) = \begin{pmatrix} Z_{1L} & -Z_{2M} \\ Z_{1M} & -Z_{2L} \end{pmatrix}. \tag{8.25}$$

Die Bedeutung der Elemente der Leitwertmatrix läßt sich aus den Vierpolgleichungen in Leitwertform, Gln. (8.3) und (8.4), ableiten:

$$\underline{I}_1 = \underline{Y}_{11}\underline{U}_1 + \underline{Y}_{12}\underline{U}_2,$$

$$\underline{I}_2 = \underline{Y}_{21}\underline{U}_1 + \underline{Y}_{22}\underline{U}_2.$$

Werden die Ausgangsklemmen des Vierpols kurzgeschlossen, dann wird $\underline{U}_2 = 0$ und

$$\left.\frac{\underline{I}_1}{\underline{U}_1}\right|_{U_2=0} = \underline{Y}_{11} = \underline{Y}_{1K}; \tag{8.26}$$

$\underline{Y}_{1K}$ ist der *Kurzschluß-Eingangsleitwert*.

Den Kehrwert nennt man den *Kurzschluß-Eingangswiderstand*

$$\frac{1}{\underline{Y}_{1K}} = \underline{Z}_{1K}. \tag{8.27}$$

Die Bedeutung von $\underline{Y}_{21}$ erhält man aus der zweiten Gleichung bei Kurzschlußbedingung:

$$\left.\frac{\underline{I}_2}{\underline{U}_1}\right|_{U_2=0} = \underline{Y}_{21} = \underline{Y}_{1M}; \tag{8.28}$$

$\underline{Y}_{1M}$ ist der *Kurzschluß-Eingangskernleitwert*.

Es ist zu beachten, daß $\underline{Y}_{1M}$ nicht der Kehrwert von $\underline{Z}_{1M}$ ist, da $\underline{Y}_{1M}$ unter Kurzschlußbedingung und $\underline{Z}_{1M}$ unter Leerlaufbedingung ermittelt wurden.

Zur Bestimmung der Bedeutung von $\underline{Y}_{12}$ und $\underline{Y}_{22}$ soll wieder der umgekehrt betriebene Vierpol betrachtet werden. Sein Verhalten wird beschrieben durch die Gleichungen

$$\underline{I}_2^* = -\underline{Y}_{22}\underline{U}_2^* - \underline{Y}_{21}\underline{U}_1^*$$

und

$$\underline{I}_1^* = -\underline{Y}_{12}\underline{U}_2^* - \underline{Y}_{11}\underline{U}_1^*.$$

Für primären Kurzschluß gilt

$$\underline{U}_1^* = 0,$$

$$\underline{I}_2^* = -\underline{Y}_{22}\underline{U}_2^*,$$

$$\underline{I}_1^* = -\underline{Y}_{12}\underline{U}_2^*,$$

$$\left.\frac{\underline{I}_2^*}{\underline{U}_2^*}\right|_{U_1^*=0} = -\underline{Y}_{22} = \underline{Y}_{2K}; \tag{8.29}$$

$\underline{Y}_{2K}$ ist der *Kurzschluß-Ausgangsleitwert*.

$$\left.\frac{\underline{I}_1^*}{\underline{U}_2^*}\right|_{U_1^*=0} = -\underline{Y}_{12} = \underline{Y}_{2M}; \tag{8.30}$$

$\underline{Y}_{2M}$ nennt man den *Kurzschluß-Ausgangskernleitwert*.

Damit kann die Leitwertmatrix wie folgt geschrieben werden:

$$(Y) = \begin{pmatrix} Y_{1K} & -Y_{2M} \\ Y_{1M} & -Y_{2K} \end{pmatrix}. \tag{8.31}$$

Aus den Vierpolgleichungen in Kettenform läßt sich die Bedeutung der Elemente der Kettenmatrix ableiten:

$$\underline{U}_1 = \underline{A}_{11}\underline{U}_2 + \underline{A}_{12}\underline{I}_2,$$

$$\underline{I}_2 = \underline{A}_{21}\underline{U}_2 + \underline{A}_{22}\underline{I}_2.$$

Für den leerlaufenden Vierpol ergibt sich

$$\underline{I}_2 = 0,$$

$$\underline{U}_1 = \underline{A}_{11}\underline{U}_2,$$

$$\underline{I}_1 = \underline{A}_{21}\underline{U}_2,$$

$$\left.\frac{\underline{U}_1}{\underline{U}_2}\right|_{\underline{I}_2=0} = \underline{A}_{11} = \underline{T}_{UL}^{-1}; \tag{8.32}$$

$\underline{T}_{UL}^{-1}$ ist der *reziproke Leerlauf-Spannungsübertragungsfaktor*.

$$\left.\frac{\underline{I}_1}{\underline{U}_2}\right|_{\underline{I}_2=0} = \underline{A}_{21} = \underline{Z}_{1M}^{-1}; \tag{8.33}$$

$\underline{Z}_{1M}^{-1}$ ist der *reziproke Leerlauf-Eingangskernwiderstand*.

Für den kurzgeschlossenen Vierpol ergibt sich

$$\underline{U}_2 = 0,$$

$$\underline{U}_1 = \underline{A}_{12}\underline{I}_2,$$

$$\underline{I}_1 = \underline{A}_{22}\underline{I}_2,$$

$$\left.\frac{\underline{U}_1}{\underline{I}_2}\right|_{\underline{U}_2=0} = \underline{A}_{12} = \underline{Y}_{1M}^{-1}; \tag{8.34}$$

$\underline{Y}_{1M}^{-1}$ ist der *reziproke Kurzschluß-Eingangskernleitwert*.

$$\left.\frac{\underline{I}_1}{\underline{I}_2}\right|_{\underline{U}_2=0} = \underline{A}_{22} = \underline{T}_{IK}^{-1}; \tag{8.35}$$

$\underline{T}_{IK}^{-1}$ stellt den *reziproken Kurzschluß-Stromübertragungsfaktor* dar.

Die $\underline{A}$-Matrix läßt sich damit schreiben

$$(\underline{A}) = \begin{pmatrix} \underline{T}_{UL}^{-1} & \underline{Y}_{1M}^{-1} \\ \underline{Z}_{1M}^{-1} & \underline{T}_{IK}^{-1} \end{pmatrix}. \tag{8.36}$$

Die Vierpolgleichungen in Hybridform

$$\underline{U}_1 = \underline{H}_{11}\underline{I}_1 + \underline{H}_{12}\underline{U}_2,$$

$$\underline{I}_2 = \underline{H}_{21}\underline{I}_1 + \underline{H}_{22}\underline{U}_2$$

nehmen für den Kurzschlußfall ($\underline{U}_2 = 0$) folgende Form an:

$$\underline{U}_1 = \underline{H}_{11}\underline{I}_1,$$

$$\underline{I}_2 = \underline{H}_{21}\underline{I}_1.$$

Daraus ergibt sich

$$\left.\frac{\underline{U}_1}{\underline{I}_1}\right|_{U_2=0} = \underline{H}_{11} = \underline{Z}_{1K}; \quad (8.37)$$

$\underline{Z}_{1K}$ ist der *Kurzschluß-Eingangswiderstand*.

$$\left.\frac{\underline{I}_2}{\underline{I}_1}\right|_{U_2=0} = \underline{H}_{21} = \underline{T}_{IK}; \quad (8.38)$$

$\underline{T}_{IK}$ ist der *Kurzschluß-Stromübertragungsfaktor*.

Wenn man die Umkehrung der Stromrichtungen beachtet, gilt für den umgekehrt betriebenen Vierpol

$$\underline{U}_1^* = -\underline{H}_{11}\underline{I}_1^* + \underline{H}_{12}\underline{U}_2^*,$$

$$-\underline{I}_2^* = -\underline{H}_{21}\underline{I}_1^* + \underline{H}_{22}\underline{U}_2^*.$$

Für den Leerlauf auf der Primärseite ($\underline{I}_1^* = 0$) ergibt sich

$$\underline{U}_1^* = \underline{H}_{12}\underline{U}_2^*,$$

$$-\underline{I}_2^* = \underline{H}_{22}\underline{U}_2^*.$$

Man erhält

$$\left.\frac{\underline{U}_1^*}{\underline{U}_2^*}\right|_{I_1^*=0} = \underline{H}_{12} = \underline{T}_{U^*}^{-1}; \quad (8.39)$$

$\underline{T}_{U^*}^{-1}$ nennt man die *Spannungsrückwirkung*.

$$\left.-\frac{\underline{I}_2^*}{\underline{U}_2^*}\right|_{I_1^*=0} = \underline{H}_{22} = -\underline{Z}_{2L}^{-1}; \quad (8.40)$$

$-\underline{Z}_{2L}^{-1}$ ist der *negative Leerlauf-Ausgangsleitwert*.

Die $\underline{H}$-Matrix läßt sich mit diesen Größen schreiben

$$(\underline{H}) = \begin{pmatrix} \underline{Z}_{1K} & \underline{T}_{U^*}^{-1} \\ \underline{T}_{IK} & -\underline{Z}_{2L}^{-1} \end{pmatrix}. \quad (8.41)$$

8.7. Matrizen von Grundvierpolen

Im folgenden Abschnitt werden die Matrizen einfacher Vierpole angegeben. Komplizierte Netzwerke können durch entsprechende Zusammenschaltung dieser einfachen Vierpole dargestellt werden. Deren Matrizen erhält man dann entsprechend den Regeln des Abschnitts 8.5. Die H-Matrizen werden vorwiegend bei aktiven Vierpolen benötigt. Sie sind deshalb in den folgenden Abschnitten nicht angegeben.

206   8. Einführung in die Vierpoltheorie

8.7.1. Längswiderstand

Für die Schaltung nach Bild 8.11 gelten die sofort ablesbaren Gleichungen

$$\underline{U}_1 = \underline{U}_2 + \underline{Z}_1 \underline{I}_2,$$

$$\underline{I}_1 = \underline{I}_2.$$

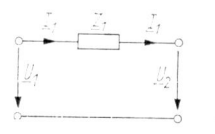

Bild 8.11
Längswiderstand

Die beiden Gleichungen lassen sich in der Form

$$\underline{U}_1 = 1 \cdot \underline{U}_2 + \underline{Z}_1 \underline{I}_2,$$

$$\underline{I}_1 = 0 \cdot \underline{U}_2 + 1 \underline{I}_2$$

schreiben, aus der sich die Matrizenform ableiten läßt. Die Koeffizienten 1, $\underline{Z}_1$, 0 und 1 stehen anstelle der Matrizenelemente $\underline{A}_{11} \ldots \underline{A}_{22}$:

$$(\underline{A}) = \begin{pmatrix} 1 & \underline{Z}_1 \\ 0 & 1 \end{pmatrix} \quad \text{mit} \quad \det \underline{A} = 1.$$

Über Tafel 8.1 erhält man die Elemente der Leitwertmatrix. Wegen $\underline{A}_{21} = 0$ ergäbe sich für die Elemente der Widerstandsmatrix stets der Wert ∞, d.h., die Widerstandsmatrix existiert nicht.

$$(\underline{Z}) \quad \text{existiert nicht}$$

$$(\underline{Y}) = \begin{pmatrix} \underline{Y}_1 & -\underline{Y}_1 \\ \underline{Y}_1 & -\underline{Y}_1 \end{pmatrix} \quad (8.42)$$

$$(\underline{A}) = \begin{pmatrix} 1 & \underline{Z}_1 \\ 0 & 1 \end{pmatrix} \quad (8.43)$$

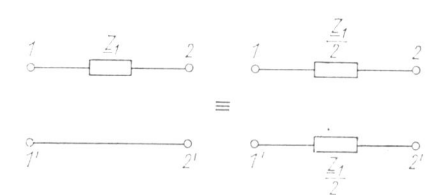

Bild 8.12. Längswiderstand

8.7.2. Querwiderstand

Aus Bild 8.13 läßt sich ablesen

$$\underline{U}_1 = \underline{U}_2,$$

$$\underline{I}_1 = \frac{1}{\underline{Z}_2} \underline{U}_2 + \underline{I}_2.$$

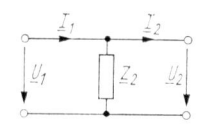

Bild 8.13. Querwiderstand

Die Gleichungen lassen sich auch schreiben

$$\underline{U}_1 = 1 \cdot \underline{U}_2 + 0 \cdot \underline{I}_2,$$

$$\underline{I}_1 = \underline{Y}_2 \underline{U}_2 + 1 \underline{I}_2.$$

Damit lautet die $\underline{A}$-Matrix

$$(\underline{A}) = \begin{pmatrix} 1 & 0 \\ Y_2 & 1 \end{pmatrix} \quad \text{mit} \quad \det \underline{A} = 1.$$

Über Tafel 8.1 läßt sich die Z-Matrix bestimmen. Wegen $\underline{A}_{12} = 0$ existiert die Leitwertmatrix nicht.

Bild 8.14. Querwiderstand

$$\boxed{\begin{aligned} (Z) &= \begin{pmatrix} Z_2 & -Z_2 \\ Z_2 & -Z_2 \end{pmatrix} \\ (Y) &\quad \text{existiert nicht} \\ (A) &= \begin{pmatrix} 1 & 0 \\ Y_2 & 1 \end{pmatrix} \end{aligned}} \quad (8.44)$$
$$(8.45)$$

8.7.3. Kreuzverbindung

Eine Kreuzverbindung erhält man, wenn beim Vierpol der „Längswiderstand" $Z_1 = 0$ gesetzt und eine Umpolung vorgenommen wird (Bild 8.15).

$$(\underline{A}) = \begin{pmatrix} 1 & Z_1 \\ 0 & 1 \end{pmatrix} = \begin{pmatrix} 1 & 0 \\ 0 & 1 \end{pmatrix}.$$

Die Umpolung erfolgt entsprechend Tafel 8.3:

$$(\underline{A}) = \begin{pmatrix} -1 & 0 \\ 0 & -1 \end{pmatrix}.$$

Wegen $\underline{A}_{12} = 0$ und $\underline{A}_{21} = 0$ existieren die Z- und die Y-Matrix nicht.

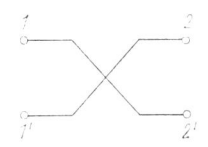

Bild 8.15. Kreuzverbindung

$$\boxed{\begin{aligned} (Z) &\quad \text{existiert nicht} \\ (Y) &\quad \text{existiert nicht} \\ (\underline{A}) &= \begin{pmatrix} -1 & 0 \\ 0 & -1 \end{pmatrix} \end{aligned}} \quad (8.46)$$

8.7.4. T-Halbglied

Das T-Halbglied erhält man durch Kettenschaltung von Längswiderstand und Querwiderstand (Multiplikation der entsprechenden $\underline{A}$-Matrizen) (Bild 8.16).

Bild 8.16. T-Halbglied

$$\boxed{\begin{aligned} (Z) &= \begin{pmatrix} Z_1 + Z_2 & -Z_2 \\ Z_2 & -Z_2 \end{pmatrix} \\ (Y) &= \begin{pmatrix} Y_1 & -Y_1 \\ Y_1 & -(Y_1 + Y_2) \end{pmatrix} \\ (\underline{A}) &= \begin{pmatrix} 1 + Z_1 Y_2 & Z_1 \\ Y_2 & 1 \end{pmatrix} \end{aligned}} \quad (8.47)$$
$$(8.48)$$
$$(8.49)$$

8.7.5. π-Halbglied

Die Kettenschaltung von Querwiderstand und Längswiderstand ergibt das π-Halbglied (Bild 8.17).

Bild 8.17. π-Halbglied

$$(\underline{Z}) = \begin{pmatrix} Z_2 & -Z_2 \\ Z_2 & -(Z_1 + Z_2) \end{pmatrix} \quad (8.50)$$

$$(\underline{Y}) = \begin{pmatrix} Y_1 + Y_2 & -Y_1 \\ Y_1 & -Y_1 \end{pmatrix} \quad (8.51)$$

$$(\underline{A}) = \begin{pmatrix} 1 & Z_1 \\ Y_2 & 1 + Z_1 Y_2 \end{pmatrix} \quad (8.52)$$

8.7.6. Entartete Vierpole

Entartete Vierpole benötigt man vorwiegend bei der Synthese oder bei der Analyse von komplizierten Schaltungen. Sie entstehen, wenn man beim T- bzw. π-Halbglied den Längswiderstand gegen ∞ gehen läßt (Bilder 8.18 bis 8.20).

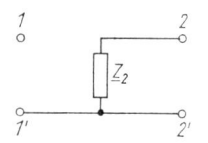

Bild 8.18. Entarteter Vierpol

$$(\underline{Z}) = \begin{pmatrix} \infty & -Z_2 \\ Z_2 & -Z_2 \end{pmatrix} \quad (8.53)$$

$$(\underline{Y}) = \begin{pmatrix} 0 & 0 \\ 0 & -Y_2 \end{pmatrix} \quad (8.54)$$

$$(\underline{A}) = \begin{pmatrix} \infty & \infty \\ Y_2 & 1 \end{pmatrix} \quad (8.55)$$

Bild 8.19. Entarteter Vierpol

$$(\underline{Z}) = \begin{pmatrix} Z_2 & -Z_2 \\ Z_2 & -\infty \end{pmatrix} \quad (8.56)$$

$$(\underline{Y}) = \begin{pmatrix} Y_2 & 0 \\ 0 & 0 \end{pmatrix} \quad (8.57)$$

$$(\underline{A}) = \begin{pmatrix} 1 & \infty \\ Y_2 & \infty \end{pmatrix} \quad (8.58)$$

Bild 8.20. Entarteter Vierpol

$$(\underline{Z}) = \begin{pmatrix} Z_1 & 0 \\ 0 & -Z_2 \end{pmatrix} \quad (8.59)$$

$$(\underline{Y}) = \begin{pmatrix} Y_1 & 0 \\ 0 & -Y_2 \end{pmatrix} \quad (8.60)$$

$(\underline{A})$ existiert nicht

8.7.7. Symmetrische *T*-Schaltung

Die *T*-Schaltung erhält man durch Kettenschaltung von Halbglied und Längswiderstand (Bild 8.21).

Bild 8.21. Symmetrische *T*-Schaltung

$$(Z) = \begin{pmatrix} Z_1 + Z_2 & -Z_2 \\ Z_2 & -(Z_1 + Z_2) \end{pmatrix} \qquad (8.61)$$

$$(Y) = \frac{Y_1}{Z_1 + 2Z_2} \begin{pmatrix} Z_1 + Z_2 & -Z_2 \\ Z_2 & -(Z_1 + Z_2) \end{pmatrix}. \qquad (8.62)$$

$$(\underline{A}) = \begin{pmatrix} Z_1 Y_2 + 1 & Z_1(Z_1 Y_2 + 2) \\ Y_2 & 1 + Z_1 Y_2 \end{pmatrix} \qquad (8.63)$$

8.7.8. Unsymmetrische *T*-Schaltung (Bild 8.22)

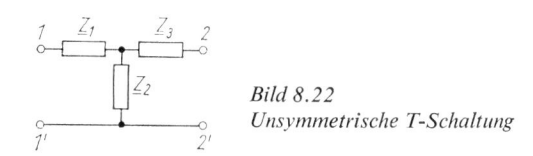

Bild 8.22
Unsymmetrische *T*-Schaltung

$$(Z) = \begin{pmatrix} Z_1 + Z_2 & -Z_2 \\ Z_2 & -(Z_2 + Z_3) \end{pmatrix} \qquad (8.64)$$

$$(Y) = \frac{1}{Y_1 + Y_2 + Y_3} \begin{pmatrix} Y_1(Y_2 + Y_3) & -Y_1 Y_3 \\ Y_1 Y_3 & -Y_3(Y_1 + Y_2) \end{pmatrix}. \qquad (8.65)$$

$$(\underline{A}) = \begin{pmatrix} Z_1 Y_2 + 1 & Z_1 + Z_3 + Z_1 Y_2 Z_3 \\ Y_2 & Z_3 Y_2 + 1 \end{pmatrix} \qquad (8.66)$$

8.7.9. Symmetrische π-Schaltung

Die π-Schaltung ergibt sich aus der Kettenschaltung von Halbglied und Querwiderstand (Bild 8.23).

Bild 8.23. Symmetrische π-Schaltung

$$(Z) = \frac{Z_1}{Y_1 + 2Y_2} \begin{pmatrix} Y_1 + Y_2 & -Y_2 \\ Y_2 & -(Y_1 + Y_2) \end{pmatrix} \qquad (8.67)$$

$$(Y) = \begin{pmatrix} Y_1 + Y_2 & -Y_2 \\ Y_2 & -(Y_1 + Y_2) \end{pmatrix}. \qquad (8.68)$$

$$(\underline{A}) = \begin{pmatrix} Y_1 Z_2 + 1 & Z_2 \\ Y_1(Y_1 Z_2 + 2) & (Y_1 Z_2 + 1) \end{pmatrix} \qquad (8.69)$$

8.7.10. Unsymmetrische π-Schaltung (Bild 8.24)

Bild 8.24
Unsymmetrische π-Schaltung

$$(\underline{Z}) = \frac{1}{\underline{Z}_1 + \underline{Z}_2 + \underline{Z}_3} \begin{pmatrix} \underline{Z}_1(\underline{Z}_2 + \underline{Z}_3) & -\underline{Z}_1\underline{Z}_3 \\ \underline{Z}_1\underline{Z}_3 & -\underline{Z}_3(\underline{Z}_1 + \underline{Z}_2) \end{pmatrix} \qquad (8.70)$$

$$(\underline{Y}) = \begin{pmatrix} \underline{Y}_1 + \underline{Y}_2 & -\underline{Y}_2 \\ \underline{Y}_2 & -(\underline{Y}_2 + \underline{Y}_3) \end{pmatrix} \qquad (8.71)$$

$$(\underline{A}) = \begin{pmatrix} 1 + \underline{Z}_2\underline{Y}_3 & \underline{Z}_2 \\ \underline{Y}_1 + \underline{Y}_3 + \underline{Y}_1\underline{Z}_2\underline{Y}_3 & 1 + \underline{Y}_1\underline{Z}_2 \end{pmatrix} \qquad (8.72)$$

8.7.11. X-Schaltung

Die X-Schaltung entsteht durch Parallelschaltung von Längswiderstand und Längswiderstand mit Umpolung (Bild 8.25).

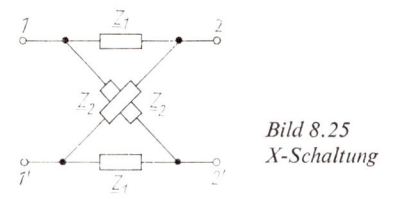

Bild 8.25
X-Schaltung

$$(\underline{Z}) = \begin{pmatrix} \dfrac{\underline{Z}_1 + \underline{Z}_2}{2} & -\dfrac{\underline{Z}_2 - \underline{Z}_1}{2} \\ \dfrac{\underline{Z}_2 - \underline{Z}_1}{2} & -\dfrac{\underline{Z}_1 + \underline{Z}_2}{2} \end{pmatrix} \qquad (8.73)$$

$$(\underline{Y}) = \begin{pmatrix} \dfrac{\underline{Y}_1 + \underline{Y}_2}{2} & -\dfrac{\underline{Y}_1 - \underline{Y}_2}{2} \\ \dfrac{\underline{Y}_1 - \underline{Y}_2}{2} & -\dfrac{\underline{Y}_1 + \underline{Y}_2}{2} \end{pmatrix} \qquad (8.74)$$

$$(\underline{A}) = \begin{pmatrix} \dfrac{\underline{Z}_1 + \underline{Z}_2}{\underline{Z}_2 - \underline{Z}_1} & \dfrac{2\underline{Z}_1\underline{Z}_2}{\underline{Z}_2 - \underline{Z}_1} \\ \dfrac{2}{\underline{Z}_2 - \underline{Z}_1} & \dfrac{\underline{Z}_1 + \underline{Z}_2}{\underline{Z}_2 - \underline{Z}_1} \end{pmatrix} \qquad (8.75)$$

8.7.12. Brücken-*T*-Schaltung

Man erhält die Brücken-*T*-Schaltung durch Parallelschaltung von *T*-Schaltung und Längswiderstand (Addition der Leitwertmatrizen) – s. Bild 8.26. Unter der Bedingung, daß der Querwiderstand die Größe Z_1^2/Z_2 besitzt, stellt diese Schaltung bei Abschluß mit Z_1 eine abgeglichene Brückenschaltung dar. (Deshalb wird diese Schaltung nicht als „überbrückte *T*-Schaltung", sondern als Brücken-*T*-Schaltung bezeichnet.)

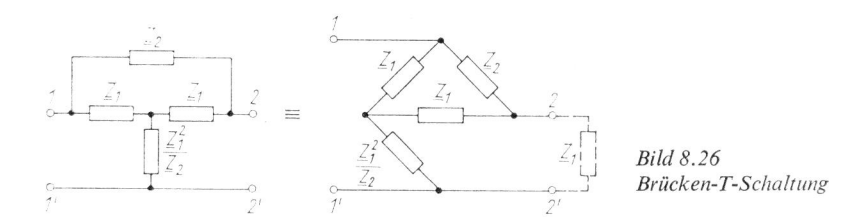

Bild 8.26
Brücken-*T*-Schaltung

$$(\underline{Z}) = \frac{Z_1}{Z_2(Z_2 + 2Z_1)} \begin{pmatrix} Z_2^2 + 2Z_1Z_2 + 2Z_1^2 & -2Z_1(Z_1 + Z_2) \\ 2(Z_1 + Z_2)Z_1 & -(Z_2^2 + 2Z_1Z_2 + 2Z_1^2) \end{pmatrix} \quad (8.76)$$

$$(\underline{Y}) = \frac{1}{1 + 2Z_1Y_2} \begin{pmatrix} Y_1 + 2Y_2(1 + Z_1Y_2) & -2Y_2(1 + Z_1Y_2) \\ 2Y_2(1 + Z_1Y_2) & -[Y_1 + 2Y_2(1 + Z_1Y_2)] \end{pmatrix} \quad (8.77)$$

$$(\underline{A}) = \begin{pmatrix} \dfrac{Z_2^2 + 2Z_1Z_2 + 2Z_1^2}{2Z_1(Z_1 + Z_2)} & \dfrac{Z_2(2Z_1 + Z_2)}{2(Z_1 + Z_2)} \\ \dfrac{Z_2(2Z_1 + Z_2)}{2Z_1^2(Z_1 + Z_2)} & \dfrac{Z_2^2 + 2Z_1Z_2 + 2Z_1^2}{2Z_1(Z_1 + Z_2)} \end{pmatrix} \quad (8.78)$$

8.7.13. Übertrager

Die bekannten Übertragungsgleichungen für gegensinnige Kopplung

$$\underline{U}_1 = (R_1 + j\omega L_1)\underline{I}_1 - j\omega k \sqrt{L_1 L_2}\,\underline{I}_2$$

und

$$\underline{U}_2 = j\omega k \sqrt{L_1 L_2}\,\underline{I}_1 - (R_2 + j\omega L_2)\underline{I}_2$$

stellen nichts anderes als die Vierpolgleichungen in Widerstandsform dar. Die Elemente der *Z*-Matrix lassen sich daraus leicht ablesen:

$$(\underline{Z}) = \begin{pmatrix} R_1 + j\omega L_1 & -j\omega k \sqrt{L_1 L_2} \\ j\omega k \sqrt{L_1 L_2} & -(R_2 + j\omega L_2) \end{pmatrix}.$$

Für vierpoltheoretische Überlegungen genügt es meistens, den Übertrager unter Vernachlässigung der Verluste und ohne Berücksichtigung der Streuung zu betrachten

212   8. Einführung in die Vierpoltheorie

(Bild 8.27) ($R_1 = R_2 = 0$, $k = 1$). Damit erhält man die folgenden Matrizen:

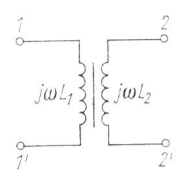

Bild 8.27. Übertrager ohne Verluste und ohne Streuung

$$(Z) = \begin{pmatrix} j\omega L_1 & -j\omega \sqrt{L_1 L_2} \\ j\omega \sqrt{L_1 L_2} & -j\omega L_2 \end{pmatrix} \tag{8.79}$$

(Y) existiert nicht

$$(A) = \begin{pmatrix} \sqrt{\dfrac{L_1}{L_2}} & 0 \\ \dfrac{1}{j\omega \sqrt{L_1 L_2}} & \sqrt{\dfrac{L_2}{L_1}} \end{pmatrix} \tag{8.80}$$

bzw.

$$(A) = \begin{pmatrix} \dfrac{N_1}{N_2} & 0 \\ \dfrac{1}{j\omega \sqrt{L_1 L_2}} & \dfrac{N_2}{N_1} \end{pmatrix} \tag{8.81}$$

Läßt man die Induktivitäten L_1 und L_2 gegen ∞ gehen, so erhält man den sogenannten „idealen Übertrager". Er ist für Netzwerkumwandlungen äußerst zweckmäßig (Bild 8.28).

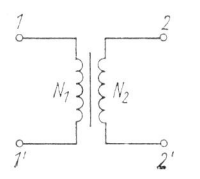

Bild 8.28. Idealer Übertrager

(Z) existiert nicht

(Y) existiert nicht

$$(A) = \begin{pmatrix} \dfrac{N_1}{N_2} & 0 \\ 0 & \dfrac{N_2}{N_1} \end{pmatrix} \tag{8.82}$$

bzw.

$$(A) = \begin{pmatrix} ü & 0 \\ 0 & ü^{-1} \end{pmatrix} \tag{8.83}$$

Ist die Ausgangsspannung gleichphasig einer angelegten Primärspannung, so hat der ideale Übertrager das Übersetzungsverhältnis $ü > 0$. Ist die Ausgangsspannung gegenphasig einer angelegten Primärspannung, so hat der ideale Übertrager das Übersetzungsverhältnis $ü < 0$. Dies kann durch Umpolung der Sekundärwicklung oder durch Änderung des Kopplungssinnes erfolgen (Bild 8.29).

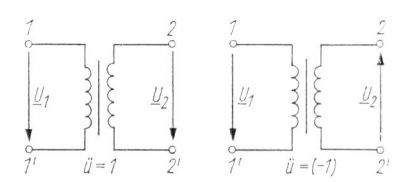

Bild 8.29
Idealer Übertrager mit $ü > 0$ und $ü < 0$

8.8. Anwendungsbeispiele

Beispiel 8.7

Für die gegebene X-Schaltung (Bild 8.30) sind zu bestimmen

a) der Leerlauf-Eingangswiderstand,
b) der Kurzschluß-Eingangswiderstand,
c) die Ausgangsspannung $\underline{U}_2$, wenn der Vierpol leerläuft und am Eingang die Spannung $\underline{U}_1 = 10$ V beträgt.

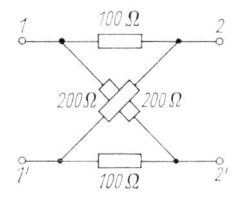

Bild 8.30
Schaltung zum Beispiel 8.7

Lösung

a) Der Leerlauf-Eingangswiderstand entspricht dem Element $\underline{Z}_{11}$ der Widerstandsmatrix der X-Schaltung (Gl. (8.73)).

$$\underline{Z}_{1L} = \underline{Z}_{11} = \frac{\underline{Z}_1 + \underline{Z}_2}{2},$$

$$\underline{Z}_{1L} = \frac{100\ \Omega + 200\ \Omega}{2} = 150\ \Omega.$$

b) Der Kurzschluß-Eingangswiderstand ist der Kehrwert des Kurzschlußleitwertes primär. Aus der Leitwertmatrix (Gl. (8.74)) liest man ab

$$\underline{Y}_{1K} = \underline{Y}_{11} = \frac{\underline{Y}_1 + \underline{Y}_2}{2},$$

$$\underline{Z}_{1K} = \frac{1}{\underline{Y}_{1K}} = \frac{2}{\underline{Y}_1 + \underline{Y}_2} = \frac{2}{\frac{1}{100}\ \text{S} + \frac{1}{200}\ \text{S}} = \frac{400}{3}\ \Omega,$$

$$\underline{Z}_{1K} = 133{,}\overline{3}\ \Omega.$$

c) Der reziproke Leerlauf-Spannungsübertragungsfaktor wird durch das Element $\underline{A}_{11}$ dargestellt.

$$T_{UL}^{-1} = \left.\frac{\underline{U}_1}{\underline{U}_2}\right|_{\text{Leerl.}} = \underline{A}_{11} = \frac{\underline{Z}_1 + \underline{Z}_2}{\underline{Z}_2 - \underline{Z}_1},$$

$$T_{UL} = \left.\frac{\underline{U}_2}{\underline{U}_1}\right|_{\text{Leerl.}} = \frac{\underline{Z}_2 - \underline{Z}_1}{\underline{Z}_1 + \underline{Z}_2} = \frac{200\ \Omega - 100\ \Omega}{100\ \Omega + 200\ \Omega} = \frac{1}{3},$$

$$\underline{U}_2 = \underline{U}_1 T_{UL} = 10\ \text{V} \cdot \tfrac{1}{3} = 3{,}33\ \text{V}.$$

Beispiel 8.8

Wie groß ist für den angegebenen Vierpol (Bild 8.31) der Leerlauf-Spannungsübertragungsfaktor?

Lösung

Die Schaltung ist als Kettenschaltung zweier T-Halbglieder aufzufassen ($\underline{Z}_1 = R$, $\underline{Y}_2 = j\omega C = pC$).

$$(\underline{A}) = \begin{pmatrix} 1 + RpC & R \\ pC & 1 \end{pmatrix} \begin{pmatrix} 1 + RpC & R \\ pC & 1 \end{pmatrix} = \begin{pmatrix} (1 + RpC)^2 + RpC & R + R^2 pC + R \\ pC + Rp^2C^2 + pC & RpC + 1 \end{pmatrix}.$$

$$T_{UL}^{-1} = \underline{A}_{11} = (1 + RpC)^2 + RpC = 1 + 3pRC + p^2 R^2 C^2.$$

Der Leerlauf-Spannungsübertragungsfaktor ergibt sich damit zu

$$T_{UL} = \frac{1}{1 - \omega^2 R^2 C^2 + j\omega\, 3RC}.$$

Beispiel 8.9

Einem **Vierpol** mit der Kettenmatrix

$$(\underline{A}') = \begin{pmatrix} \underline{A}'_{11} & \underline{A}'_{12} \\ \underline{A}'_{21} & \underline{A}'_{22} \end{pmatrix}$$

wird ein idealer Übertrager mit dem Übersetzungsverhältnis $1:(-1)$ in Kette geschaltet (Bild 8.32). Welche Matrix besitzt der Gesamtvierpol?

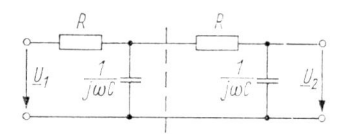

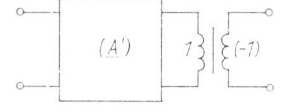

Bild 8.31. Schaltung zum Beispiel 8.8

Bild 8.32. Schaltung zum Beispiel 8.9

Lösung

Mit der Matrix $(\underline{A}')$ ist die $\underline{A}$-Matrix des idealen Übertragers $\underline{A}''$ zu multiplizieren:

$$(\underline{A}) = (\underline{A}') \cdot (\underline{A}''),$$

$$(\underline{A}) = \begin{pmatrix} \underline{A}'_{11} & \underline{A}'_{12} \\ \underline{A}'_{21} & \underline{A}'_{22} \end{pmatrix} \begin{pmatrix} -1 & 0 \\ 0 & -1 \end{pmatrix},$$

$$(\underline{A}) = \begin{pmatrix} -\underline{A}'_{11} & -\underline{A}'_{12} \\ -\underline{A}'_{21} & -\underline{A}'_{22} \end{pmatrix}.$$

Der Gesamtvierpol ist gleich dem ersten Vierpol, dessen Ausgangsklemmen umgepolt wurden (s. Abschnitt 8.4.).

Beispiel 8.10

Wie lautet die Widerstandsmatrix des im Bild 8.33 angegebenen Vierpols? (Der Übertrager ist als idealer Übertrager anzusehen!)

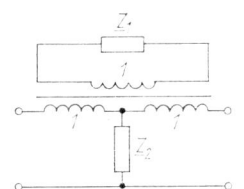

Bild 8.33
Schaltung zum Beispiel 8.10

Lösung

Gleiches elektrisches Verhalten liegt vor, wenn die induktive Ankopplung von $\underline{Z}_1$ durch eine galvanische ersetzt wird (idealer Übertrager 1:1) (Bild 8.34).

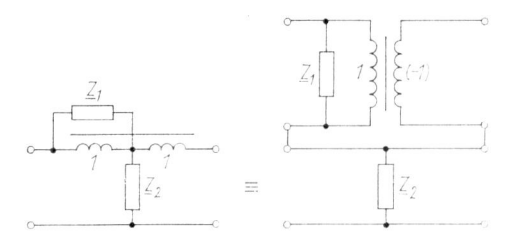

Bild 8.34
Umzeichnung der Schaltung nach Bild 8.33

Da bei der zweiten Umzeichnung eine Wicklung um 180° gedreht wurde, muß das durch die Änderung des Übersetzungsverhältnisses von 1:1 auf 1:(−1) kompensiert werden, um gleiches Verhalten zu gewährleisten. Die so erhaltene Schaltung stellt eine Reihenschaltung von zwei Vierpolen dar (Bild 8.35).
Die Widerstandsmatrix der Gesamtschaltung erhält man durch Addition von $(\underline{Z}')$ und $(\underline{Z}'')$:

$$(\underline{Z}) = (\underline{Z}') + (\underline{Z}'') = \begin{pmatrix} \underline{Z}_1 & \underline{Z}_1 \\ -\underline{Z}_1 & -\underline{Z}_1 \end{pmatrix} + \begin{pmatrix} \underline{Z}_2 & -\underline{Z}_2 \\ \underline{Z}_2 & -\underline{Z}_2 \end{pmatrix},$$

$$(\underline{Z}) = \begin{pmatrix} \underline{Z}_2 + \underline{Z}_1 & -(\underline{Z}_2 - \underline{Z}_1) \\ \underline{Z}_2 - \underline{Z}_1 & -(\underline{Z}_2 + \underline{Z}_1) \end{pmatrix}.$$

$(\underline{Z}') = \begin{pmatrix} \underline{Z}_1 & \underline{Z}_1 \\ -\underline{Z}_1 & -\underline{Z}_1 \end{pmatrix}$

$(\underline{Z}'') = \begin{pmatrix} \underline{Z}_2 & -\underline{Z}_2 \\ \underline{Z}_2 & -\underline{Z}_2 \end{pmatrix}$ Bild 8.35
Reihenschaltung

Zusammenfassung zu 8.

Ein Vierpol ist ein elektrisches Netzwerk mit einem Eingangsklemmenpaar und einem Ausgangsklemmenpaar.

Die Vierpoltheorie liefert die allen Arten dieser Vierpole gemeinsamen Gesetze und gestattet es, auf einfache Art den Zusammenhang zwischen Eingangsgrößen und Ausgangsgrößen in Abhängigkeit der zwischen Eingangs- und Ausgangsklemmen befindlichen Anordnung von Schaltelementen zu bestimmen.

Die Eigenschaften eines Vierpols sind durch

die Widerstandsparameter $\underline{Z}_{11} \ldots \underline{Z}_{22}$ oder durch
die Leitwertparameter $\underline{Y}_{11} \ldots \underline{Y}_{22}$ oder durch
die Kettenparameter $\underline{A}_{11} \ldots \underline{A}_{22}$ oder durch
die Hybridparameter $\underline{H}_{11} \ldots \underline{H}_{22}$,

die sich jeweils zu einer Matrix zusammenfassen lassen, eindeutig bestimmt.

Zwischen der Widerstands-, der Leitwert-, der Ketten- und der Hybridmatrix eines Vierpols bestehen gesetzmäßige Zusammenhänge. Durch Zusammenschaltung von zwei oder mehreren einfachen Vierpolen läßt sich ein Ersatzvierpol zusammenfügen, dessen Eigenschaften wieder durch eine Matrix darstellbar sind. Komplizierte Vierpole lassen sich in einfache Vierpole zerlegen, deren Eigenschaften überschaubar sind und Rückschlüsse auf das Gesamtverhalten gestatten.

Bei der *Reihenschaltung von Vierpolen* ist die Widerstandsmatrix des Ersatzvierpols gleich der *Summe der Widerstandsmatrizen* der Einzelvierpole.

Bei der *Parallelschaltung von Vierpolen* ist die Leitwertmatrix des Ersatzvierpols gleich der *Summe der Leitwertmatrizen* der Einzelvierpole.

Bei der *Reihen-Parallel-Schaltung von Vierpolen* ist die Hybridmatrix des Ersatzvierpols gleich der *Summe der Hybridmatrizen* der Einzelvierpole.

Bei der *Kettenschaltung von Vierpolen* ergibt sich die Kettenmatrix des Ersatzvierpols aus dem *Produkt der Kettenmatrizen* der Einzelvierpole, wobei die Reihenfolge der Faktoren mit der Reihenfolge der in Kette geschalteten Einzelvierpole übereinstimmen muß.

Die Zusammenschaltungsregeln sind nicht nur auf zwei Vierpole beschränkt, sondern gelten für endlich viele Vierpole.

Die Eigenschaften der Vierpole müssen stets durch die für die entsprechende Regel erforderlichen Matrizen ausgedrückt werden. Erforderlichenfalls sind mit Hilfe der Tafel 8.1 die notwendigen Umrechnungen vorzunehmen.

Die den Vierpol beschreibenden Matrizenelemente lassen sich folgendermaßen deuten:

$Z_{11} = Z_{1L}$ Leerlauf-Eingangswiderstand,
$Z_{12} = -Z_{2M}$ negativer Leerlauf-Ausgangskernwiderstand,
$Z_{21} = Z_{1M}$ Leerlauf-Eingangskernwiderstand,
$Z_{22} = -Z_{2L}$ negativer Leerlauf-Ausgangswiderstand,
$Y_{11} = Y_{1K}$ Kurzschluß-Eingangsleitwert,
$Y_{12} = -Y_{2M}$ negativer Kurzschluß-Ausgangskernleitwert,
$Y_{21} = Y_{1M}$ Kurzschluß-Eingangskernleitwert,
$Y_{22} = -Y_{2K}$ negativer Kurzschluß-Ausgangsleitwert,
$\underline{A}_{11} = T_{UL}^{-1}$ reziproker Leerlauf-Spannungsübertragungsfaktor,
$\underline{A}_{12} = Y_{1M}^{-1}$ reziproker Kurzschluß-Eingangskernleitwert,
$\underline{A}_{21} = Z_{1M}^{-1}$ reziproker Leerlauf-Eingangskernwiderstand,
$\underline{A}_{22} = T_{IK}^{-1}$ reziproker Kurzschluß-Stromübertragungsfaktor,
$\underline{H}_{11} = Z_{1K}$ Kurzschluß-Eingangswiderstand,
$\underline{H}_{12} = T_{U*}^{-1}$ Spannungsrückwirkung,
$\underline{H}_{21} = T_{IK}$ Kurzschluß-Stromübertragungsfaktor,
$\underline{H}_{22} = -Z_{2L}^{-1}$ negativer reziproker Leerlauf-Ausgangswiderstand.

Wird eine dieser Größen eines Vierpolnetzwerkes gesucht, so kann nach Aufstellung der entsprechenden Vierpolmatrix die gesuchte Größe aus der Matrix abgelesen werden.

Übungen zu 8.

Ü 8.1. Ein Vierpol besitzt die A-Matrix

$$(\underline{A}) = \begin{pmatrix} j3 & 1 \text{ k}\Omega \\ 1 \text{ mS} & -j1{,}5 \end{pmatrix}.$$

Am Ausgang ist ein Widerstand $\underline{Z}_a = 1e^{-j90°}$ kΩ angeschaltet. Die Ausgangsspannung betrage $\underline{U}_2 = 1$ V.
a) Wie groß sind $|\underline{U}_1|$ und $|\underline{I}_1|$?
b) Wie groß ist der Eingangswiderstand des Vierpols an den Klemmen 1–1'?

Ü 8.2. Ein Vierpol besitzt die im Bild 8.36 angegebene Schaltung.
a) Wie lautet die Widerstandsmatrix des Vierpols?
b) Wie groß ist der Leerlauf-Eingangswiderstand?
c) Wie groß ist der Kurzschluß-Eingangswiderstand?
d) Wie groß ist die Spannung am Ausgang des leerlaufenden Vierpols, wenn die Eingangsspannung $\underline{U}_1 = 3$ V beträgt?

Ü 8.3. Von der Spannungsteilerschaltung nach Bild 8.37 ist zu berechnen

a) $\left|\dfrac{\underline{U}_2}{\underline{U}_1}(j\omega)\right|$!

b) Es ist der Verlauf von $|(\underline{U}_2/\underline{U}_1)(j\omega)|$ zu skizzieren!

$\underline{Z}_1 = 50\ \Omega$
$\underline{Z}_2 = 100\ \Omega$
$\underline{Z}_3 = 50\ \Omega$
$\underline{Z}_4 = 200\ \Omega$
$\underline{Z}_5 = 100\ \Omega$
$\underline{Z}_6 = 200\ \Omega$

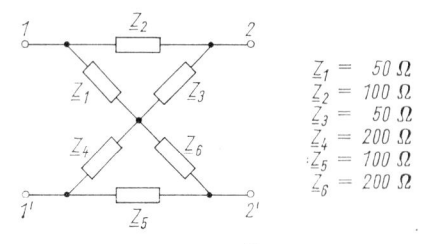

Bild 8.36. Schaltung zur Übung 8.2

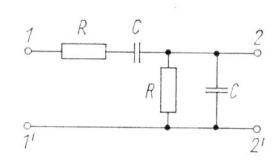

Bild 8.37. Schaltung zur Übung 8.3

9. Dreiphasensystem

9.1. Symmetrisches Dreiphasensystem

9.1.1. Entstehung des Dreiphasensystems

Gegenüber dem bisher betrachteten Einphasensystem versteht man unter einem symmetrischen Dreiphasensystem eine Anordnung, bei der drei um einen gleichbleibenden Winkel gegeneinander phasenverschobene Spannungen gleicher Frequenz wirksam werden. Ein solches Spannungssystem wird in einem Dreiphasen- oder auch Drehstromgenerator erzeugt. Die schematische Darstellung eines zweipoligen Dreiphasengenerators zeigt Bild 9.1.

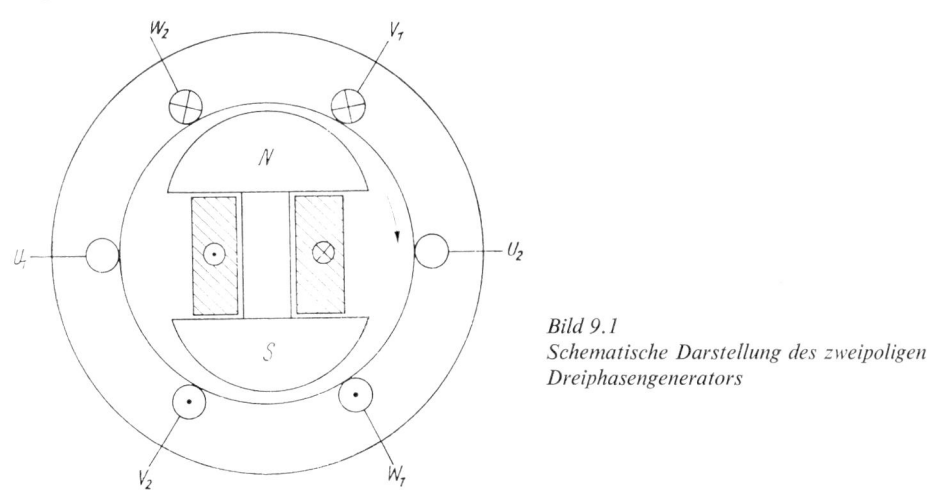

Bild 9.1
Schematische Darstellung des zweipoligen Dreiphasengenerators

In den Ständernuten sind drei um je 120° räumlich versetzte Wicklungen angeordnet. Rotiert der Läufer, werden in diesen Wicklungen Spannungen induziert, die um 120° gegeneinander verschoben sind.

Aufgrund der geschaffenen konstruktiven Voraussetzungen sind die induzierten Spannungen sinusförmig. Für diese Spannungen gilt

$$u_1 = \hat{U} \sin(\omega t),$$
$$u_2 = \hat{U} \sin(\omega t - 120°), \qquad (9.1)$$
$$u_3 = \hat{U} \sin(\omega t - 240°) = \hat{U} \sin(\omega t + 120°).$$

In Bild 9.2 sind Zeigerbild und Liniendiagramm der drei im Gleichungssystem (9.1) angegebenen Spannungen dargestellt. Für die Summe dieser drei Spannungen gilt zu jedem Zeitpunkt t

$$\sum u = u_1 + u_2 + u_3 \qquad (9.2)$$

oder, mit den aus Gl. (9.1) eingesetzten Werten,

$$\sum u = \hat{U}\,[\sin(\omega t) + \sin(\omega t - 120°) + \sin(\omega t - 240°)]. \tag{9.3}$$

Unter Berücksichtigung der Funktionen zusammengesetzter Winkel und der Quadrantenregel erhält man nach Auswertung der Gl. (9.3)

$$\boxed{\sum u = 0}. \tag{9.4}$$

Wie auch aus Bild 9.2b zu erkennen ist, ist die Summe der Augenblickswerte der Spannungen eines symmetrischen Systems in jedem Augenblick gleich Null.

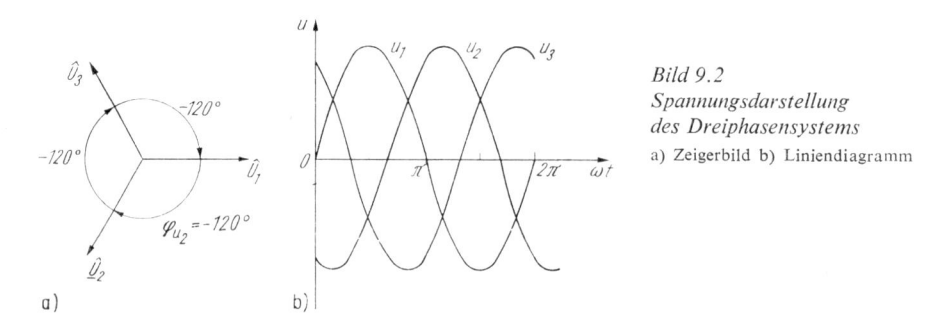

Bild 9.2
Spannungsdarstellung des Dreiphasensystems
a) Zeigerbild b) Liniendiagramm

Verallgemeinert man die bei der Untersuchung des Dreiphasensystems gewonnenen Erkenntnisse, so ergeben sich für ein beliebiges m-Phasensystem folgende *Symmetriebedingungen*:

Die einzelnen Größen müssen bei gleicher Kurvenform gleiche Amplitude und gleiche Frequenz aufweisen und um den gleichbleibenden Winkel $2\pi/m$ gegeneinander verschoben sein.

Sind diese Bedingungen nicht erfüllt, dann handelt es sich um ein unsymmetrisches Mehrphasensystem.

9.1.2. Verkettetes Dreiphasensystem

9.1.2.1. Sternschaltung

Man könnte jeden Wicklungsstrang über zwei Leiter mit einem Nutzer verbinden und bekäme damit drei selbständige Stromkreise mit insgesamt sechs Leitern. Damit erhält man die im Bild 9.3 dargestellte unverkettete oder offene Dreiphasenschaltung.

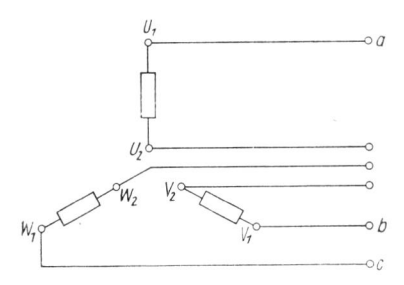

Bild 9.3. Unverkettetes Dreiphasensystem 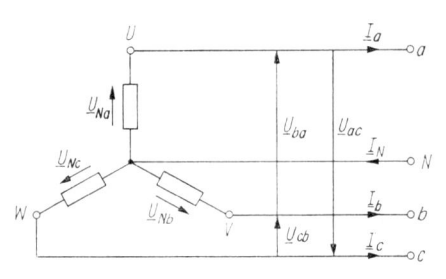   *Bild 9.4. Sternschaltung*

9.1. Symmetrisches Dreiphasensystem

Diese Schaltung kann man jedoch wesentlich vereinfachen, wenn man die drei Rückleiter zu einem einzigen Leiter zusammenfaßt, den man als *Neutralleiter N* bezeichnet. Wie aus Bild 9.4 zu sehen ist, wird dieser mit dem Verkettungspunkt N der drei Strangenden verbunden, den man als Sternpunkt bezeichnet. Zwischen dem jeweiligen Leiter a, b oder c[1]) und dem Sternpunkt N wirken die Leiter-Sternpunkt-Spannungen, die auch kurz als *Stern-* oder *Strangspannungen* $\underline{U}_{Na}$, $\underline{U}_{Nb}$ bzw. $\underline{U}_{Nc}$ oder allgemein $\underline{U}_{Str}$ bezeichnet werden.

Dagegen bezeichnet man die Spannungen zwischen den Leitern als *Dreieck-* oder *Leiterspannungen* $\underline{U}_{ac}$, $\underline{U}_{cb}$ bzw. $\underline{U}_{ba}$, sie werden allgemein mit $\underline{U}_L$ bezeichnet. Dementsprechend werden die in den Leitern fließenden Ströme als Leiterströme $\underline{I}_L$ und die in einem Wicklungsstrang oder Nutzwiderstand fließenden Ströme als *Strangströme* $\underline{I}_{Str}$ bezeichnet.

Die angeführten und auch aus Bild 9.4 hervorgehenden Spannungsgrößen weisen im Index zwei Kennbuchstaben auf. Deren Reihenfolge kennzeichnet den angenommenen Zählsinn des betreffenden Zeigers. So bedeutet z. B. $\underline{U}_{aN}$, daß es sich um den vom Leiter a zum Sternpunkt N gerichteten Zeiger handelt. Schreibt man dagegen $\underline{U}_{Na}$, so ist dieser Zeiger gegenüber $\underline{U}_{aN}$ um 180° gedreht, also entgegengerichtet, und es gilt $\underline{U}_{aN} = -\underline{U}_{Na}$.

Damit ist die Möglichkeit gegeben, unter Beachtung der Reihenfolge der Indizes die Richtung der Strangspannungen gegenüber Bild 9.4 umzukehren.

Wie aus Bild 9.4 zu erkennen ist, stimmt bei der Sternschaltung der Strangstrom mit dem Leiterstrom überein, und es gilt

$$\boxed{\underline{I}_L = \underline{I}_{Str}}.$$

Ist die Belastung symmetrisch, d. h., sie stimmt in allen Strängen nach Betrag und Phase überein, so ist nach Gl. (9.4) die Summe der Strangspannungen gleich Null.

Die Strangströme bilden dann ebenfalls ein symmetrisches System, und ihre Summe ist, da $\underline{I}_L = \underline{I}_{Str}$,

$$\underline{I}_a + \underline{I}_b + \underline{I}_c = 0. \tag{9.5}$$

Liegt dagegen eine unsymmetrische Belastung vor, so ergibt sich bei Anwendung des 1. Kirchhoffschen Satzes auf den Sternpunkt

$$\underline{I}_a + \underline{I}_b + \underline{I}_c = \underline{I}_N, \tag{9.6}$$

d. h., im Neutralleiter fließt ein Ausgleichsstrom.

Betrachtet man jetzt die Spannungen, so ergibt sich bei Sternschaltung, wie aus Bild 9.5 zu erkennen ist, die Leiterspannung aus der Differenz der beiden anliegenden Sternspannungen. So gilt beispielsweise für die Spannungen zwischen den Leitern b und a im Bildbereich nach Bild 9.5

$$\underline{U}_{Na} - \underline{U}_{ba} - \underline{U}_{Nb} = 0$$

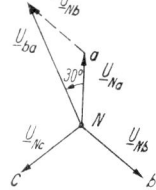

Bild 9.5
Zeigerbild der Spannungen bei Sternschaltung

[1]) Laut TGL 16091 kann für a, b, c die Bezeichnung *L1*, *L2*, *L3* verwendet werden. In älterer Literatur bzw. ausgeführten Anlagen der Energiewirtschaft sind noch die früher gültigen Bezeichnungen *R*, *S*, *T* vorzufinden.

und damit

$$\underline{U}_{ba} = \underline{U}_{Na} - \underline{U}_{Nb}, \tag{9.7}$$

wobei $\underline{U}_{Na} = \underline{U}_{Nb}$ ist.

Wie aus Bild 9.5 weiter hervorgeht, eilt die Leiterspannung $\underline{U}_{ba}$ gegenüber der Strangspannung $\underline{U}_{Na}$ um 30° vor. Damit ergibt sich

$$\underline{U}_{ba} = 2\underline{U}_{Na} \cos 30°. \tag{9.8}$$

Mit $\cos 30° = \sqrt{3}/2$ erhält man schließlich

$$\underline{U}_{ba} = \underline{U}_{Na} \sqrt{3}. \tag{9.9}$$

Da dieses Ergebnis in analoger Weise auch für die beiden anderen Leiterspannungen gilt, kann man für die Beträge der Leiter- und Strangspannungen allgemein schreiben

$$\boxed{U_L = U_{Str} \sqrt{3}}. \tag{9.10}$$

Durch den bei der Sternschaltung mitgeführten Neutralleiter ergibt sich nutzerseitig die Möglichkeit, zwei verschieden große Spannungen abzunehmen. In den Starkstromverteilungsnetzen handelt es sich dabei normalerweise um die Spannungen 380/220 V ($380 \approx \sqrt{3} \cdot 220$). Dabei schaltet man z.B. die Haushaltanschlüsse (220 V) zwischen je einen Leiter und den Neutralleiter, während Motorantriebe und andere Großabnehmer dreiphasig an alle drei Leiter (a, b, c) angeschlossen werden.

9.1.2.2. Dreieckschaltung

Schaltet man die drei Wicklungsstränge hintereinander, indem man jeweils das Ende des einen Stranges mit dem Anfang des nächsten verbindet, so erhält man die im Bild 9.6 dargestellte Dreieckschaltung. Es kommt dabei zu keinem Kurzschluß, wie man im ersten Augenblick denken könnte, da laut Gl. (9.4) die Summe der drei Strangspannungen Null ist.

Wie aus Bild 9.6 weiter hervorgeht, ist im Fall der Dreieckschaltung die Spannung zwischen den Leitern gleich der Strangspannung. Somit gilt allgemein

$$\boxed{U_L = U_{Str}}.$$

Bei Anwendung des 1. Kirchhoffschen Satzes auf die einzelnen Knotenpunkte erhält man das Gleichungssystem

$$\begin{aligned} \underline{I}_a &= \underline{I}_W - \underline{I}_U, \\ \underline{I}_b &= \underline{I}_U - \underline{I}_V, \\ \underline{I}_c &= \underline{I}_V - \underline{I}_W. \end{aligned} \tag{9.11}$$

Durch Addition erhält man

$$I_a + I_b + I_c = 0. \tag{9.12}$$

Was also bei der Sternschaltung für die Leiter- und Strangspannungen gilt, trifft bei der Dreieckschaltung nach Bild 9.7 für die Leiter- und Strangströme zu. Deshalb erhält man für die Beträge der Leiterströme bei Dreieckschaltung analog zu den Spannungen bei Sternschaltung die allgemeine Beziehung

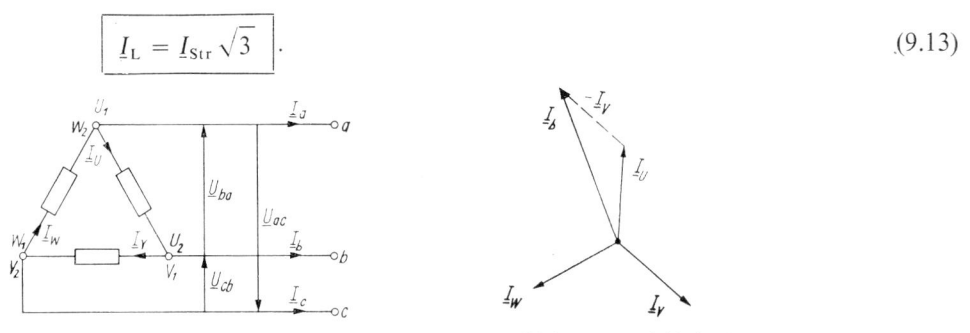

$$\boxed{\underline{I}_L = \underline{I}_{Str} \sqrt{3}}. \tag{9.13}$$

Bild 9.6. Dreieckschaltung

Bild 9.7. Zeigerbild der Ströme bei Dreieckschaltung

Bei der Darstellung des Stromzeigerbildes im Bild 9.7 wurde eine symmetrische Belastung angenommen. Damit gilt auch die durch Gl. (9.13) zum Ausdruck kommende Beziehung zwischen dem Leiter- und dem Strangstrom nur dann, wenn die drei Strangströme den gleichen Betrag und auch die gleiche Phasenverschiebung gegen die jeweilige Strangspannung haben. Die sich bei unsymmetrischer Belastung ergebenden Verhältnisse werden im Abschn. 9.5. untersucht.

9.2. Anwendungen

9.2.1. Entstehung magnetischer Felder in elektrischen Maschinen

Ausgehend vom Bild 9.1 kann man sich vorstellen, daß sich das von der stromdurchflossenen Erregerspule erzeugte magnetische Feld durch den inneren und den äußeren Eisenkern schließt. Bei geringer Luftspaltbreite kann man annehmen, daß die Feldlinien den Luftspalt radial durchsetzen.

Überträgt man diese Überlegungen und grundsätzlichen Gesetzmäßigkeiten auf Bild 9.8, so erkennt man, daß bei symmetrischem Aufbau der Maschine das magnetische Feld unter der Spulenmitte Null ist (neutrale Zone). In der spulenfreien Zone dagegen ist das Feld am stärksten, da alle hier verlaufenden Feldlinien die Spulenseite voll umfassen.

Im Bild 9.8a ist diese als Feld- oder Spulenachse bezeichnete Richtung unter dem Winkel γ eingetragen. Man kann ein solches sinusförmig verteiltes magnetisches Feld durch einen in die Feldachse gelegten Zeiger $\underline{B}$ darstellen, dessen Größe der Amplitude des Feldes entspricht.

Während bisher angenommen wurde, daß man die Erregerspule mit einem unveränderten Strom speist, soll jetzt die Speisung mit einem Wechselstrom erfolgen.

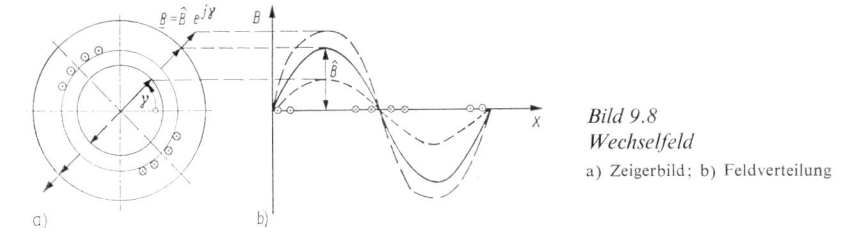

Bild 9.8
Wechselfeld
a) Zeigerbild; b) Feldverteilung

In diesem Fall ändert sich mit dem Strom lediglich die Stärke des Feldes, wie in den Bildern 9.8a und b dargestellt ist. Ist also z.B. der Strom auf die Hälfte zurückgegangen, dann ist auch die Felddichte an allen Stellen in gleichem Maße zurückgegangen. Geht der Strom durch Null, dann ebenso das magnetische Feld.

Ein solches Feld, das seine Stärke periodisch ändert, aber seine Form und Lage zur erzeugenden Spule beibehält, wird als *Wechselfeld* bezeichnet.

Wie aus Bild 9.8 hervorgeht, ergibt sich der Augenblickswert des Feldes an einer beliebigen Stelle x durch Projektion des Feldzeigers auf diese Achse, und es gilt

$$B = \hat{B}\, e^{jy} \cos \omega t. \qquad (9.14)$$

Im Gegensatz hierzu steht der Begriff des Drehfeldes, wie es z.B. in einer Anordnung nach Bild 9.1 erzeugt wird. Das im rotierenden Polrad durch die auf diesem untergebrachte Gleichstromerregerwicklung erzeugte magnetische Feld läuft gegenüber der im Ständer untergebrachten Ankerwicklung um, ändert also seine Lage zum Anker, aber nicht seine Stärke. Bei entsprechender konstruktiver Gestaltung der Polschuhe ergibt sich die im Bild 9.9b dargestellte sinusförmige Feldkurve.

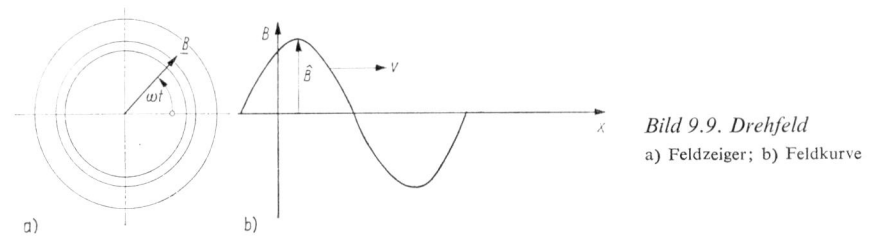

Bild 9.9. Drehfeld
a) Feldzeiger; b) Feldkurve

Das von der Gleichstromwicklung ausgehende magnetische Feld läuft also gegenüber der Ständerwicklung um. Es ändert also gegenüber dem Ständer seine Lage, aber nicht seine Amplitude. Man spricht in diesem Fall von einem *Drehfeld*.

Aus Bild 9.9a geht hervor, daß man auch das Drehfeld durch einen Zeiger $\underline{B}$ beschreiben kann, der mit der Winkelfrequenz ω umläuft und die Größe und augenblickliche Lage der Amplitude des Drehfeldes angibt.

Aus den bisherigen Ausführungen folgt, daß man – wie aus Bild 9.10 zu erkennen ist – ein Wechselfeld als die Überlagerung zweier entgegengesetzt umlaufender Drehfelder deuten kann. Wenn dabei die Amplitude der beiden Drehfelder mit dem halben Wert der Wechselfeldamplitude angesetzt wird, erhält man

$$\hat{B} \cos \omega t = \tfrac{1}{2}\hat{B}\, e^{j\omega t} + \tfrac{1}{2}\hat{B}\, e^{-j\omega t}.$$

Abschließend ist zu erklären, was für ein Feld entsteht, wenn die beiden entgegengesetzt umlaufenden Drehfelder verschiedene Stärken aufweisen.

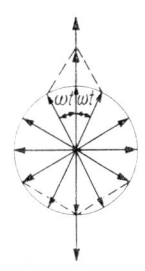

Bild 9.10. Zusammenhang zwischen Drehfeld und Wechselfeld

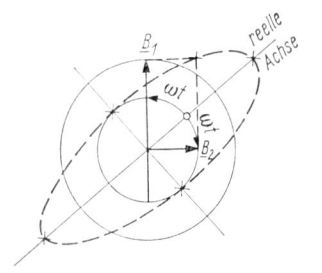

Bild 9.11. Elliptisches Drehfeld

Wie aus Bild 9.11 folgt, durchläuft hierbei die Spitze des resultierenden Feldzeigers eine Ellipse, und man erhält somit ein *elliptisches* Drehfeld, das als Zwischenform zwischen dem Wechselfeld und dem oben kennengelernten Kreisdrehfeld zu betrachten ist.

9.2.2. Drehfeldmaschinen

Ein umlaufendes magnetisches Feld kann aber auch in einer ruhenden Anordnung erzeugt werden. Zu diesem Zweck ordnet man im Ständer der elektrischen Maschine drei um 120° räumlich versetzte Wicklungsstränge an und speist diese mit drei zeitlich um 120° versetzten Strömen. Legt man der Betrachtung eine zweipolige Maschine zugrunde, so entsprechen bei ihr die elektrischen Winkel den räumlichen. Anfang und Ende eines Wicklungsstranges liegen sich dann jeweils gegenüber.

Betrachtet man in der Darstellung des Bildes 9.12 zuerst den Zeitpunkt t_1, in dem der Strom in dem an den Strang U angeschlossenen Leiter a sein positives Maximum hat, dann soll der Strom bei U_1 hinein und bei U_2 herausfließen. Im Gegensatz hierzu fließen zu diesem Zeitpunkt die Ströme in den Strängen V und W an den Strangenden zu. Wie aus dem Bild 9.12 zu erkennen ist, ergeben sich im Endeffekt drei nebeneinanderliegende Strangseiten mit gleicher Stromrichtung. Die Achse des resultierenden magnetischen Feldes hat demzufolge die in der Ständerbohrung angegebene Richtung. Im Zeitpunkt t_2 hat der Strom im Leiter b ein positives Maximum, und es ergibt sich nach analoger Überlegung die eingezeichnete Stromrichtung in den einzelnen Strangseiten. Die Achse des

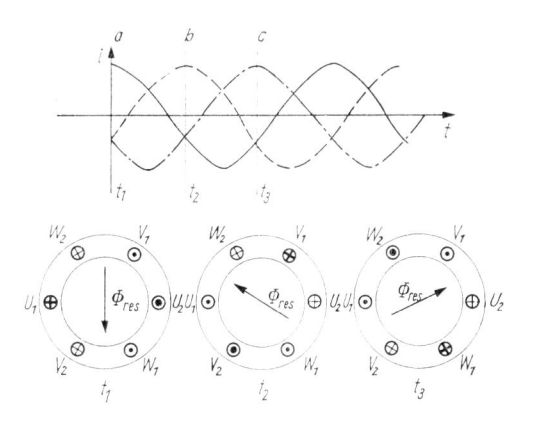

Bild 9.12
Entstehung eines Drehfeldes in einer ruhenden Anordnung
(Ständerbohrung einer Asynchronmaschine)

resultierenden magnetischen Feldes hat sich in dieser Zeit um 120° im Uhrzeigersinn gedreht. Im Zeitpunkt t_3 ergibt sich gegenüber t_2 eine um weitere 120° im Uhrzeigersinn gedrehte Achse des resultierenden magnetischen Feldes.

Ausgehend von der ruhenden Wicklungsanordnung im Ständer ist also in der Ständerbohrung ein mit gleichbleibender Geschwindigkeit und konstanter Amplitude umlaufendes magnetisches Feld, ein *Drehfeld*, entstanden. Voraussetzung hierfür war die Speisung der Ständerwicklung mit einem Dreiphasenwechselstrom, der aus diesem Grund auch als *Drehstrom* bezeichnet wird.

Bei der betrachteten zweipoligen Anordnung macht das Magnetfeld während einer Periode eine Umdrehung. Handelt es sich dagegen um eine vierpolige Anordnung, so macht das Feld nur eine halbe Umdrehung, während bei einer achtpoligen Anordnung nur eine Viertelumdrehung zustande kommt. Bezeichnet man mit p die Anzahl der Polpaare, so dreht sich das Magnetfeld während einer Periode nur um den $1/p$-ten Teil des

Vollwinkels. Damit dreht es sich in der Sekunde f/p-mal, und man erhält die Anzahl der Umdrehungen je Minute aus der Beziehung

$$n = \frac{f}{p} \quad \text{oder} \quad \boxed{n/\text{min}^{-1} = \frac{60 f_{/\text{Hz}}}{p}}. \tag{9.15}$$

Man bezeichnet das als die Drehfeld- oder *synchrone Drehzahl*. Bei einer Frequenz von 50 Hz unseres Starkstromnetzes ergibt sich in Abhängigkeit von der Polzahl (2 Pole = 1 Polpaar) die in Tafel 9.1 zusammengestellte synchrone Drehzahlreihe.

Tafel 9.1. Synchrone Drehzahlreihe

Polzahl	2	4	6	8	12	16	20
Drehzahl	3000	1500	1000	750	500	375	300

Die Anwendung der mit dem Drehfeld zusammenhängenden Gesetzmäßigkeiten erfolgt in Verbindung mit der Wirkungsweise der Synchron- und Asynchronmaschinen.

Beim *Synchrongenerator* wird, wie im Abschn. 9.2.1. bereits erläutert, durch den die Erregerwicklung tragenden Läufer und das davon ausgehende Drehfeld in der Ständerwicklung eine dreiphasige Spannung erzeugt. Diese Ausführung stellt den Prototyp der in unseren Kraftwerken installierten Energieerzeuger dar, der von einer Wasser-, Gas- oder Dampfturbine angetrieben wird und so mechanische in elektrische Energie umformt. Die Einheitsleistungen für Dreiphasen-Turbogeneratoren sind in Tafel 9.2 zusammengestellt.

Tafel 9.2. Einheitsleistungen für Dreiphasen-Turbogeneratoren

Schein-leistung MVA	Wirk-leistung MW	$\cos \varphi$	Maschinen-spannung kV	Herstellungsland
589	500	0,85	20	UdSSR
247	210	0,85	15,75	UdSSR
125	100	0,8	10,5	DDR
62,5	50	0,8	10,5	DDR
31,25	25	0,8	6,3 oder 10,5	DDR

Über die Dreiphasen-Übertragungs- und -Verteilungsnetze erfolgt dann in den jeweiligen Spannungsebenen der Transport der im Kraftwerk erzeugten elektrischen Energie bis zu den Nutzern.

Eine bedeutende Rolle auf der Nutzerseite hat der für elektromotorische Antriebe zum Einsatz kommende *Asynchronmotor*. Durch das in der Ständerbohrung dieser Maschine entstehende Drehfeld kommt es zur Spannungsinduktion im Läufer und zum Stromfluß in der in sich geschlossenen Läuferwicklung. Zwischen diesem Strom und dem magnetischen Feld bildet sich ein Drehmoment aus, das den Läufer in der Umlaufrichtung des Drehfeldes mitzunehmen sucht. Bei synchronem Lauf würde keine Spannung im Läufer induziert werden, damit auch kein Läuferstrom mehr fließen, und das Drehmoment wäre Null. Man erkennt, daß die Läuferdrehzahl hier immer kleiner als die synchrone Drehfeldzahl sein muß, und spricht daher vom Asynchronmotor. Die Läuferfrequenz f_2 ist also, bedingt durch die Relativgeschwindigkeit zwischen Läufer und Drehfeld, kleiner als die Ständerfrequenz f_1. Man kann somit schreiben

$$\frac{f_2}{f_1} = \frac{n_1 - n_2}{n_1}$$

und bezeichnet hierin

$$s = \frac{n_1 - n_2}{n_1} = \frac{n_s}{n_1} \tag{9.16}$$

als den *Schlupf* des Asynchronmotors mit n_s als Schlupfdrehzahl.

Beispiel 9.1

Es ist der Schlupf (in %) eines vierpoligen Asynchronmotors bei Nennbetrieb zu berechnen, wenn dessen Nenndrehzahl mit 1460 min^{-1} angegeben wird!

Lösung

Aus Tafel 9.1 ergibt sich die synchrone Drehzahl für den vierpoligen Motor zu $n_1 = 1500$ min^{-1}. Damit wird

$$s/\% = \frac{1500 - 1460}{1500} \cdot 100 = \frac{40}{1500} \cdot 100 = 2{,}67.$$

Abschließend soll noch auf zwei für die Praxis wichtige Zusammenhänge hingewiesen werden.

Aus der obigen Betrachtung der Wirkungsweise des Asynchronmotors folgt, daß dessen Drehrichtung nur umgekehrt werden kann, wenn man den Drehsinn des Drehfeldes ändert. Das erreicht man praktisch durch Vertauschen zweier beliebiger Anschlüsse zwischen dem speisenden Netz und der Ständerwicklung der Maschine. Ein kleiner Asynchronmotor kann dabei auch als Drehfeldrichtungsanzeiger dienen.

Schwierigkeiten beim Betrieb von Drehstrom-Asynchronmotoren mit Kurzschlußläufer treten durch deren hohen Einschaltstromstoß auf. Dieser wird im wesentlichen dadurch bestimmt, daß das Drehfeld nach dem Einschalten mit der vollen Drehzahl über den noch stillstehenden Läufer hinwegläuft, eine hohe Spannung induziert wird und es zu einem hohen Stromfluß kommt. Nicht der Motor ist in erster Linie durch diesen hohen Einschaltstromstoß gefährdet, vielmehr können die Spannungssenkungen im vorgeschalteten Netz unzulässige Größenordnungen annehmen. Es ist deshalb mit den zuständigen

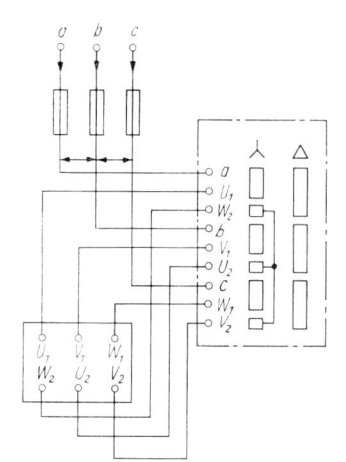

Bild 9.13
Anschlußschema eines Stern-Dreieck-Schalters

Mitarbeitern des Energieversorgungsbetriebes zu klären, ob ein direktes Einschalten in Abhängigkeit vom jeweiligen Netz möglich ist oder ob Maßnahmen zur Herabsetzung des Einschaltstromes erforderlich sind. Bei Motoren kleiner und mittlerer Leistung wird hierfür vorwiegend die Stern-Dreieck-Schaltung angewandt. Das Anschlußschema eines solchen Stern-Dreieck-Schalters zeigt Bild 9.13. Dabei wird die Ständerwicklung des Motors, die isolationsmäßig für die Leiter- oder Dreieckspannung ausgelegt ist, zunächst in Sternschaltung an das Netz geschaltet. Damit liegt vorerst jeder Wicklungsstrang an der Spannung $U_L/\sqrt{3}$, und in gleichem Maße verringert sich auch der Strangstrom. Da nun, wie aus den vorangegangenen Betrachtungen hervorgeht, bei der Dreieckschaltung der Strangstrom noch $\sqrt{3}$mal kleiner als der Leiterstrom ist, gilt insgesamt

$$I_{L\lambda} = \frac{I_{L\Delta}}{3},$$

d.h., der Einschaltstromstoß wird durch die Stern-Dreieck-Umschaltung auf ein Dritte herabgesetzt.

Das Anzugsmoment geht dabei auf ein Drittel des Wertes gegenüber der Dreieckschaltung zurück. Der Motor kann deshalb mit der vollen Last im allgemeinen nicht hochlaufen. Andererseits darf die Dreieckschaltung erst dann geschaltet werden, nachdem die Maschine hochgelaufen ist, da sonst die angestrebte Verringerung des Einschaltstromes nicht zustande käme. Das in Sternschaltung erzeugte Drehmoment muß also ausreichen, die Maschine etwa bis zur Nenndrehzahl zu beschleunigen.

9.3. Leistung im Dreiphasensystem

Die gesamte Leistung im Dreiphasen- oder Drehstromsystem ergibt sich aus der Summe der Leistungen in den drei Strängen. Wenn man symmetrische Belastung voraussetzt, dann ergibt sich die Gesamtleistung im Dreiphasensystem aus der Beziehung

$$P = 3 U_{Str} I_{Str} \cos \varphi. \tag{9.17}$$

Setzt man in Gl. (9.17) anstelle des Strangstromes und der Strangspannung die entsprechenden Leitergrößen ein, so ergibt sich bei *Sternschaltung* mit $I_{Str} = I_L$ und $U_{Str} = U_L/\sqrt{3}$

$$P = 3 \frac{U_L}{\sqrt{3}} I_L \cos \varphi$$

bzw.

$$\boxed{P = \sqrt{3}\, U_L I_L \cos \varphi}\, ; \tag{9.18a}$$

Dreieckschaltung mit $U_{Str} = U_L$ und $I_{Str} = I_L/\sqrt{3}$

$$P = 3 U_L \frac{I_L}{\sqrt{3}} \cos \varphi$$

bzw.

$$\boxed{P = \sqrt{3}\, U_L I_L \cos \varphi}\, . \tag{9.18b}$$

In verschiedenen Literaturstellen wird Gl.(9.18) in der Form $P = \sqrt{3}\, UI \cos \varphi$ dargestellt, d.h., die Indizes werden weggelassen. Es ist dies eine weitere Darstellungsform, die aber in diesem Buch nicht angewandt wird.

Bei symmetrischer Belastung ergibt sich also die Leistung im Dreiphasensystem aus Gl. (9.18), unabhängig davon, ob Stern- oder Dreieckschaltung vorliegt. Dabei *bezieht* sich der Winkel φ auf die Stranggrößen, und der Faktor $\sqrt{3}$ wird als *Verkettungsfaktor* bezeichnet.

Beispiel 9.2

Ein Drehstrommotor mit einer Nennleistung von 20 kW ist durch Umschalten seiner drei Wicklungsstränge für 220 V bei Dreieckschaltung und für 220 V $\sqrt{3} \approx 380$ V bei Sternschaltung verwendbar.

Wie groß ist in beiden Betriebsfällen bei Nennbelastung die Stromstärke in der Zuleitung, wenn der Leistungsfaktor $\cos \varphi = 0{,}75$ und der Wirkungsgrad $\eta = 0{,}8$ ist?

Lösung

Die Leistungsaufnahme des Motors ist in beiden Fällen

$$P = \frac{P_n}{\eta} = \frac{20 \text{ kW}}{0{,}8} = 25 \text{ kW}.$$

Bei Dreieckschaltung ist mit $U_L = 220$ V

$$I_L = \frac{P}{\sqrt{3}\, U_L \cos \varphi} = \frac{25\,000 \text{ W}}{\sqrt{3} \cdot 220 \text{ V} \cdot 0{,}75} = 87{,}5 \text{ A}.$$

Bei Sternschaltung wird mit $U_L = 380$ V

$$I_L = \frac{P}{\sqrt{3}\, U_L \cos \varphi} = \frac{25\,000 \text{ W}}{\sqrt{3} \cdot 380 \text{ V} \cdot 0{,}75} = 50{,}7 \text{ A}.$$

9.4. Unsymmetrisches Dreiphasensystem

9.4.1. Einführung eines komplexen Operators

Aus den im Abschn. 9.1.1. kennengelernten Symmetriebedingungen eines Dreiphasensystems folgt, daß die einzelnen Spannungen um den Winkel $2\pi/3 = 120°$ gegeneinander verschoben sind.

Mit Hilfe eines komplexen Operators wird die Drehung um 120° mathematisch ausgedrückt, ohne daß sich dabei der Betrag der betreffenden Größe ändert. Dieser Drehoperator für symmetrische m-Phasensysteme ergibt sich nach TGL 22112 Bl. 2 Seite 12 (Ausgabe Oktober 1977) zu

$$\underline{a} = e^{j2\pi/m}. \tag{9.19}$$

Davon können konkret für das Dreiphasensystem folgende Schreibweisen abgeleitet werden:

$$\underline{a} = e^{j120°} = \cos 120° + j \sin 120° = -\frac{1}{2} + j\frac{\sqrt{3}}{2}, \tag{9.20}$$

$$\underline{a}^2 = e^{j240°} = -\frac{1}{2} - j\frac{\sqrt{3}}{2}, \tag{9.21}$$

$$\underline{a}^3 = e^{j360°} = 1. \tag{9.22}$$

Für die spätere Anwendung sollen noch einige Kombinationen dieses Drehoperators bereitgestellt werden. So wird

$$1 + \underline{a} + \underline{a}^2 = 0,$$

$$\underline{a} + \underline{a}^2 = -1,$$

$$\underline{a} - \underline{a}^2 = j\sqrt{3}.$$

Aufgabe 9.1

Durch Einsetzen der Gln. (9.20) und (9.21) sind die vorstehend angegebenen Beziehungen nachzuprüfen!

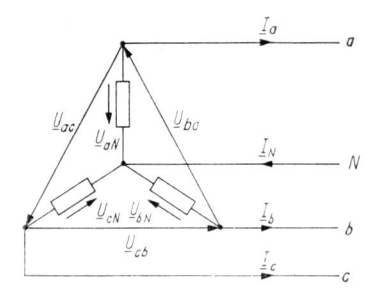

Bild 9.14
Strom- und Spannungsverhältnisse des symmetrischen Dreiphasensystems

Damit lassen sich nunmehr die Spannungs- und Stromverhältnisse eines symmetrischen Dreiphasensystems, unter Zugrundelegung des Bildes 9.14, wie folgt beschreiben:

$$\underline{U}_{aN} = \underline{a}\underline{U}_{bN} = \underline{a}^2 \underline{U}_{cN}, \tag{9.23}$$

$$\underline{U}_{ba} = \underline{a}\underline{U}_{cb} = \underline{a}^2 \underline{U}_{ac} \tag{9.24}$$

und

$$\underline{I}_N = \underline{I}(1 + \underline{a} + \underline{a}^2) = 0. \tag{9.25}$$

9.4.2. Unsymmetrie 1. Ordnung

Liegt eine unsymmetrische Belastung der drei Stränge vor, so unterscheidet man – je nachdem, wie die Betriebsverhältnisse liegen – eine Unsymmetrie in bezug auf die Spannungen bzw. auf die Ströme. Großen Einfluß auf die Symmetrieverhältnisse des Systems hat dabei die Tatsache, ob ein Sternpunktleiter mitgeführt wird oder nicht. Im Fall des Vorhandenseins eines Sternpunktleiters führt dieser bei unsymmetrischer Belastung einen Ausgleichsstrom, und die Strangspannungen bleiben symmetrisch; wird der Sternpunktleiter hingegen nicht mitgeführt oder unterbrochen, so kommt es zu einer Sternpunktverlagerung und zu einer Unsymmetrie in bezug auf die Spannungen.

In den folgenden Betrachtungen soll untersucht werden, nach welchen Gesichtspunkten man den Grad der Unsymmetrie festlegt. Zu diesem Zweck geht man von zwei symme-

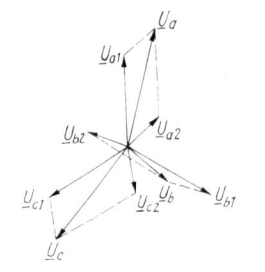

Bild 9.15
Zusammensetzung eines unsymmetrischen Systems 1. Ordnung

trischen Drehstromsystemen mit entgegengesetzter Umlaufrichtung aus, wie sie im Bild 9.15 dargestellt sind.

Summiert man die jeweils zu einem Strang gehörigen Größen, so ergibt sich ein unsymmetrisches System mit den resultierenden Zeigern $\underline{U}_a$, $\underline{U}_b$ und $\underline{U}_c$. Da sowohl

$$\underline{U}_{a1} + \underline{U}_{b1} + \underline{U}_{c1} = 0$$

als auch

$$\underline{U}_{a2} + \underline{U}_{b2} + \underline{U}_{c2} = 0$$

ist, muß auch

$$\boxed{\underline{U}_a + \underline{U}_b + \underline{U}_c = 0} \tag{9.26}$$

sein.

Eine solche Unsymmetrie, die dadurch gekennzeichnet ist, daß die Summe der betrachteten Größen gleich Null ist, bezeichnet man als *Unsymmetrie 1.Ordnung*.

Wie man daraus ersieht, ist jedes unsymmetrische System 1.Ordnung aus zwei symmetrischen Systemen mit entgegengesetzter Umlaufrichtung zusammengesetzt. Man bezeichnet das eine System, das die gleiche Umlaufrichtung wie das unsymmetrische hat, als *Mitsystem*. Es ist das im normalen Betrieb auftretende System. Das entgegengesetzt umlaufende System bezeichnet man als *Gegensystem*. Es hat eine gegenüber dem Mitsystem entgegengesetzte Phasenfolge und rotiert relativ zum Mitsystem mit doppelter Winkelgeschwindigkeit. Durch das Gegensystem wird die jeweilige Unsymmetrie hervorgerufen. Wie schon oben eingeführt, bezeichnet man in Anlehnung an die internationalen Empfehlungen bei den weiteren Betrachtungen das Mitsystem mit dem Index 1 und das Gegensystem mit dem Index 2.

Setzt man die Beträge der Strangspannungen beider Systeme ins Verhältnis, analog kann auch mit den Strömen verfahren werden, so erhält man den *Unsymmetriegrad ε*. Mit den auf den Leiter *a* bezogenen Zeigerkomponenten $\underline{U}_{a1}$ und $\underline{U}_{a2}$ wird

$$\boxed{\varepsilon = \frac{\underline{U}_{a2}}{\underline{U}_{a1}}}. \tag{9.27}$$

Da die Stranggrößen des Mitsystems die größeren Beträge aufweisen, gilt immer $\varepsilon < 1$.

Um den Unsymmetriegrad zu bestimmen, muß man das unsymmetrische System in seine symmetrischen Komponenten zerlegen. Man benutzt zu diesem Zweck ein grafisches Verfahren, das normalerweise genau genug ist, um die Zeiger des Mit- und des Gegensystems zu ermitteln. Sind die Zeiger $\underline{U}_a$, $\underline{U}_b$, $\underline{U}_c$ des unsymmetrischen Systems

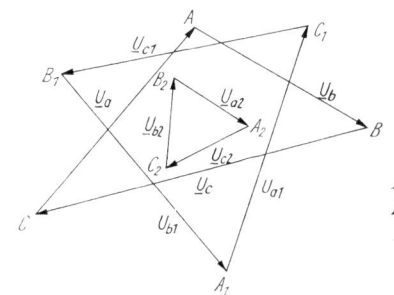

Bild 9.16
Zerlegung eines unsymmetrischen Systems 1.Ordnung nach der 30°-Methode

1. Ordnung bekannt, so werden diese durch Parallelverschiebung zu einem ungleichseitigen Dreieck mit den Eckpunkten ABC nach Bild 9.16 zusammengesetzt. Nach der Definition der Unsymmetrie 1. Ordnung muß das immer möglich sein.

Nun werden an die Eckpunkte des Dreiecks ABC nach außen und nach innen Strahlen unter einem Winkel von 30° gezeichnet. Die Schnittpunkte $A_1 B_1 C_1$ der nach außen angetragenen Strahlen ergeben ein gleichseitiges Dreieck, dessen Seiten identisch mit den Zeigern des Mitsystems sind. Analog ergeben die nach innen gezeichneten Strahlen über $A_2 B_2 C_2$ die Zeiger des Gegensystems. Beide Systeme können durch Parallelverschiebung wieder zu dem entsprechenden Dreieck zusammengesetzt werden.

Aufgabe 9.2

Es ist zu überprüfen, daß in Übereinstimmung mit Bild 9.15 die geometrische Addition der zusammengehörigen symmetrischen Komponenten jeweils den Zeiger des unsymmetrischen Systems ergibt, z.B. $\underline{U}_{a1} + \underline{U}_{a2} = \underline{U}_a$!

9.4.3. Unsymmetrie 2. Ordnung

Nicht in jedem Fall ist die Bedingung

$$\underline{I}_a + \underline{I}_b + \underline{I}_c = 0$$

bzw.

$$\underline{U}_{aN} + \underline{U}_{bN} + \underline{U}_{cN} = 0$$

erfüllt.

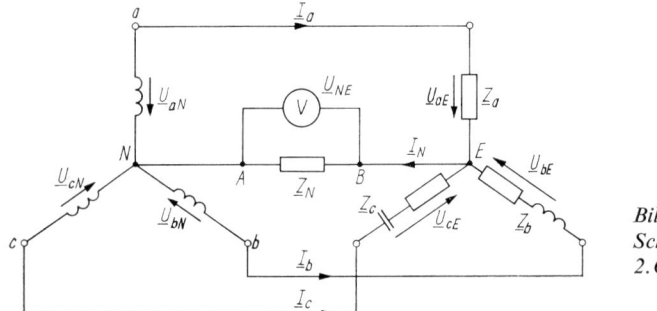

Bild 9.17
Schaltung zur Unsymmetrie 2. Ordnung

Die im Bild 9.17 dargestellte Schaltung läßt auf der Nutzerseite eine unsymmetrische Belastung der einzelnen Stränge erkennen. Im herausgeführten Sternpunktleiter fließt in diesem Fall ein Ausgleichsstrom, und es gilt

$$\underline{I}_a + \underline{I}_b + \underline{I}_c = \underline{I}_N. \tag{9.28}$$

Denkt man sich den Sternpunktleiter an den Klemmen AB unterbrochen, so ergibt sich zwangsläufig für die Ströme eine Unsymmetrie 1. Ordnung. Gleichzeitig kommt es im System zu einer Sternpunktverlagerung, wobei der Betrag der Verlagerungsspannung $\underline{U}_{NE}$, der zwischen dem Sternpunkt N und dem Erdpunkt E auftritt, mit dem an den Klemmen A und B angeschlossenen Spannungsmesser gemessen werden kann.

Man spricht von einer *Unsymmetrie 2. Ordnung*, wenn die Summe der betrachteten Größen nicht gleich Null ist. Die sich ergebende Spannungssituation ist im Bild 9.18 dargestellt. Während die Leiterspannungen $\underline{U}_{ba}$, $\underline{U}_{ac}$ und $\underline{U}_{cb}$ symmetrisch bleiben, tritt zwischen N und E die Verlagerungsspannung $\underline{U}_{NE} = \underline{U}_0$ auf. Damit ergibt sich folgendes Gleichungssystem:

$$\underline{U}_{Ea} = \underline{U}_{Na} - \underline{U}_0,$$
$$\underline{U}_{Eb} = \underline{U}_{Nb} - \underline{U}_0, \qquad (9.29)$$
$$\underline{U}_{Ec} = \underline{U}_{Nc} - \underline{U}_0$$

bzw.
$$\underline{U}_{Ea} + \underline{U}_{Eb} + \underline{U}_{Ec} = -3\underline{U}_0. \qquad (9.30)$$

Die Unsymmetrie 2. Ordnung ist durch das Auftreten eines *Nullsystems* gekennzeichnet. Dieses besteht aus drei gleichgroßen und phasengleichen Zeigern

$$\underline{U}_0 = \underline{U}_{NE} = -\underline{U}_{EN}. \qquad (9.31)$$

Aus Bild 9.19 geht die Wirkung des Nullsystems hervor. Es tritt eine Verschiebung um $\underline{U}_0 = \underline{U}_{NE}$ auf, und da die Dreieckspannungen mit ihren Eckpunkten a, b, c bestehenbleiben, kommt es zwischen E und diesen drei Eckpunkten zur Ausbildung des unsymmetrischen Systems mit den aus Bild 9.18 hervorgehenden und durch die Beziehungen des Gleichungssystems (9.29) bestimmten Nutzerstrangspannungen $\underline{U}_{Ea}$, $\underline{U}_{Eb}$ und $\underline{U}_{Ec}$.

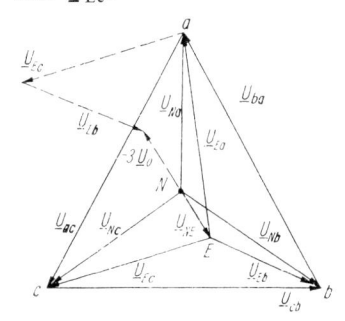

Bild 9.18. Zeigerbild der Spannungen zur Unsymmetrie 2. Ordnung

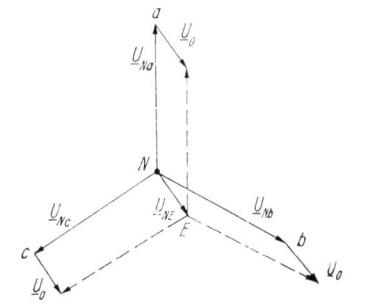

Bild 9.19. Verlagerung des symmetrischen Systems durch Auftreten eines Nullsystems

Somit gilt allgemein für ein unsymmetrisches System 2. Ordnung folgendes Gleichungssystem:

$$\underline{U}_a = \underline{U}_{a0} + \underline{U}_{a1} + \underline{U}_{a2},$$
$$\underline{U}_b = \underline{U}_{b0} + \underline{U}_{b1} + \underline{U}_{b2}, \qquad (9.32)$$
$$\underline{U}_c = \underline{U}_{c0} + \underline{U}_{c1} + \underline{U}_{c2}.$$

Zur Ermittlung von je einem Zeiger der drei symmetrischen Systeme, in die das unsymmetrische System 2. Ordnung zerlegbar ist, geht man wie folgt vor: Unter Heranziehung des im Abschn. 9.4.1. eingeführten komplexen Operators kann man schreiben

$$\underline{U}_a = \underline{U}_{a0} + \underline{U}_{a1} + \underline{U}_{a2},$$
$$\underline{U}_b = \underline{U}_{a0} + \underline{a}^2\underline{U}_{a1} + \underline{a}\underline{U}_{a2}, \qquad (9.33)$$
$$\underline{U}_c = \underline{U}_{a0} + \underline{a}\underline{U}_{a1} + \underline{a}^2\underline{U}_{a2}.$$

Addiert man zunächst diese drei Gleichungen, so folgt

$$\underline{U}_a + \underline{U}_b + \underline{U}_c = 3\underline{U}_{a0} + (1 + \underline{a} + \underline{a}^2)(\underline{U}_{a1} + \underline{U}_{a2}).$$

232   9. Dreiphasensystem

Da $1 + \underline{a} + \underline{a}^2 = 0$ ist, wird schließlich

$$\underline{U}_{a0} = \tfrac{1}{3}(\underline{U}_a + \underline{U}_b + \underline{U}_c). \tag{9.34}$$

Multipliziert man nunmehr im Gleichungssystem (9.33) die zweite Gleichung mit $\underline{a}$ und die dritte mit $\underline{a}^2$ und addiert die drei Gleichungen, so wird

$$\underline{U}_a + \underline{a}\underline{U}_b + \underline{a}^2\underline{U}_c = \underline{U}_{a0}(1 + \underline{a} + \underline{a}^2) + 3\underline{U}_{a1} + \underline{U}_{a2}(1 + \underline{a}^2 + \underline{a}^4).$$

Da hierin die beiden Klammerausdrücke gleich Null sind, erhält man

$$\underline{U}_{a1} = \tfrac{1}{3}(\underline{U}_a + \underline{a}\underline{U}_b + \underline{a}^2\underline{U}_c). \tag{9.35}$$

Abschließend multipliziert man im Gleichungssystem (9.33) die zweite Gleichung mit $\underline{a}^2$ und die dritte mit $\underline{a}$ und erhält über die Addition der drei Gleichungen

$$\underline{U}_{a2} = \tfrac{1}{3}(\underline{U}_a + \underline{a}^2\underline{U}_b + \underline{a}\underline{U}_c). \tag{9.36}$$

Mit den drei Gleichungen (9.34), (9.35) und (9.36) ist also die Möglichkeit gegeben, aus den drei Zeigergrößen $\underline{U}_a$, $\underline{U}_b$, $\underline{U}_c$ des unsymmetrischen Systems 2. Ordnung die drei symmetrischen Komponenten $\underline{U}_{a0}$, $\underline{U}_{a1}$ und $\underline{U}_{a2}$ zu ermitteln. Man spricht deshalb auch von den Symmetrierungsgleichungen.

Gleichzeitig können diese drei Gleichungen auch als Anleitung für die grafische Zerlegung eines unsymmetrischen Systems 2. Ordnung in seine symmetrischen Komponenten dienen. Nach Bild 9.20 gibt man die drei Zeiger $\underline{U}_a$, $\underline{U}_b$, $\underline{U}_c$ vor und ermittelt nach Gl. (9.34) zuerst die Nullkomponente, die sich als ein Drittel der Zeigersumme ergibt. Weiter wird nach Gl. (9.35) die Komponente des Mitsystems und nach Gl. (9.36) die Komponente des Gegensystems ermittelt.

Bild 9.20
Zerlegung eines unsymmetrischen Systems 2. Ordnung

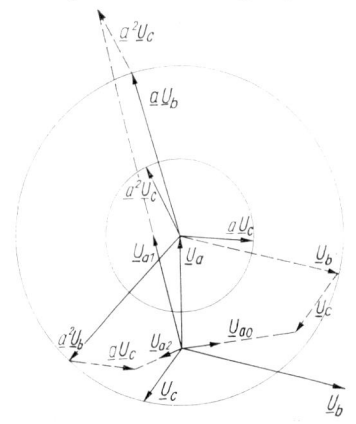

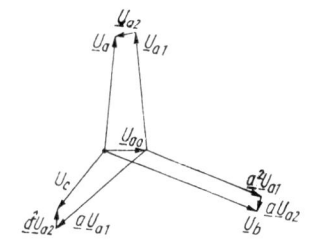

Bild 9.21. Zusammensetzung eines unsymmetrischen Systems 2. Ordnung

Die Zusammensetzung des unsymmetrischen Systems 2. Ordnung aus den eben ermittelten symmetrischen Komponenten zeigt Bild 9.21. Als Anleitung hierfür kann das Gleichungssystem (9.32) betrachtet werden.

Das Verhältnis des Betrages der Nullkomponente zum Betrag der Mitkomponente bezeichnet man als *Grad der Mittelpunktverschiebung* (ε_0). Danach gilt

$$\varepsilon_0 = \frac{\underline{U}_{a0}}{\underline{U}_{a1}}. \tag{9.37}$$

9.5. Berechnung unsymmetrischer Dreiphasensysteme

Wie aus den vorangegangenen Betrachtungen hervorgeht, tritt bei unsymmetrischer Belastung und Unterbrechung des Sternpunktleiters für die Spannung eine Unsymmetrie 2. Ordnung auf. Es gibt nun eine Möglichkeit, die zwischen dem Generatorsternpunkt N und dem Erdpunkt E bzw. dem Nutzersternpunkt auftretende Verlagerungsspannung $\underline{U}_{NE}$ zu berechnen. Zu diesem Zweck wird das Gleichungssystem (9.29) wie folgt umgestellt:

$$\underline{U}_0 = \underline{U}_{Na} - \underline{U}_{Ea},$$

$$\underline{U}_0 = \underline{U}_{Nb} - \underline{U}_{Eb},$$

$$\underline{U}_0 = \underline{U}_{Nc} - \underline{U}_{Ec}.$$

Dividiert man diese Gleichungen durch die zugehörigen Widerstände, dann wird

$$\frac{\underline{U}_0}{\underline{Z}_a} = \frac{\underline{U}_{Na}}{\underline{Z}_a} - \frac{\underline{U}_{Ea}}{\underline{Z}_a},$$

$$\frac{\underline{U}_0}{\underline{Z}_b} = \frac{\underline{U}_{Nb}}{\underline{Z}_b} - \frac{\underline{U}_{Eb}}{\underline{Z}_b},$$

$$\frac{\underline{U}_0}{\underline{Z}_c} = \frac{\underline{U}_{Nc}}{\underline{Z}_c} - \frac{\underline{U}_{Ec}}{\underline{Z}_c}.$$

In diesen drei Gleichungen sind die Ströme

$$\underline{I}_a = \frac{\underline{U}_{Ea}}{\underline{Z}_a}, \qquad \underline{I}_b = \frac{\underline{U}_{Eb}}{\underline{Z}_b}, \qquad \underline{I}_c = \frac{\underline{U}_{Ec}}{\underline{Z}_c}, \qquad \underline{I}_N = \frac{\underline{U}_{NE}}{\underline{Z}_N}.$$

Über die Beziehung für die Ströme

$$\underline{I}_a + \underline{I}_b + \underline{I}_c = \underline{I}_N$$

folgt aus obigen Gleichungen und mit den Leitwerten

$$(\underline{U}_{Na} - \underline{U}_0)\underline{Y}_a + (\underline{U}_{Nb} - \underline{U}_0)\underline{Y}_b + (\underline{U}_{Nc} - \underline{U}_0)\underline{Y}_c = \underline{U}_{NE}\underline{Y}_N.$$

Daraus wird schließlich

$$\boxed{\underline{U}_0 = \underline{U}_{NE} = \frac{\underline{U}_{Na}\underline{Y}_a + \underline{U}_{Nb}\underline{Y}_b + \underline{U}_{Nc}\underline{Y}_c}{\underline{Y}_N + \underline{Y}_a + \underline{Y}_b + \underline{Y}_c} = \frac{\underline{I}_{N*}}{\sum \underline{Y}}} \qquad (9.38)$$

mit $\underline{I}_{N*}$ bei $\underline{Z}_N = 0$.

Nunmehr können die unsymmetrischen Spannungen nach Gl. (9.29) berechnet werden. Es ergibt sich dann mit $\underline{Y}_N = 0$, also im Fall der Unterbrechung des Sternpunktleiters, nach Einsetzen von Gl. (9.38)

$$\underline{U}_{Ea} = \underline{U}_{Na} - \frac{\underline{U}_{Na}\underline{Y}_a + \underline{U}_{Nb}\underline{Y}_b + \underline{U}_{Nc}\underline{Y}_c}{\underline{Y}_a + \underline{Y}_b + \underline{Y}_c}$$

und

$$\underline{U}_{Ea} = \frac{\underline{U}_{Na}\underline{Y}_b + \underline{U}_{Na}\underline{Y}_c - \underline{U}_{Nb}\underline{Y}_b - \underline{U}_{Nc}\underline{Y}_c}{\sum \underline{Y}}$$

oder

$$\underline{U}_{Ea} = \frac{(\underline{U}_{Na} - \underline{U}_{Nc})\,\underline{Y}_c + (\underline{U}_{Na} - \underline{U}_{Nb})\,\underline{Y}_b}{\sum \underline{Y}}.$$

Wie schon im Abschn. 9.1.2. in Gl. (9.7) geschehen, kann man die Spannungen zwischen den Leitern auch durch die Differenz der dazwischenliegenden Strangspannungen ausdrücken.

Damit kann man für die zuletzt erhaltene obige Gleichung auch insgesamt schreiben und für die Stränge b und c verallgemeinern

$$\boxed{\begin{aligned}\underline{U}_{Ea} &= \frac{\underline{U}_{ca}\underline{Y}_c + \underline{U}_{ba}\underline{Y}_b}{\sum \underline{Y}} \\ \underline{U}_{Eb} &= \frac{\underline{U}_{ab}\underline{Y}_a + \underline{U}_{cb}\underline{Y}_c}{\sum \underline{Y}} \\ \underline{U}_{Ec} &= \frac{\underline{U}_{ac}\underline{Y}_a + \underline{U}_{bc}\underline{Y}_b}{\sum \underline{Y}}\end{aligned}} \qquad (9.39)$$

Aus Gl. (9.39) in Verbindung mit den Bildern 9.17 und 9.18 erkennt man, daß sich die jeweilige unsymmetrische Stern- bzw. Strangspannung über die Summe der Produkte der beiden einhüllenden Dreieckspannungen mit den daran anschließenden Strangleitwerten, dividiert durch die Summe der Strangleitwerte, berechnen läßt.

Beispiel 9.3

An ein symmetrisches Drehstromsystem mit Sternpunktleiter und einer Dreieckspannung von 380 V sind folgende in Stern geschaltete Widerstände angeschlossen:

$$\underline{Z}_a = 25\,\Omega; \qquad \underline{Z}_b = (30 + j\,15)\,\Omega; \qquad \underline{Z}_c = (25 - j\,30)\,\Omega.$$

Zu berechnen sind:

1. Leiterströme $\underline{I}_a$, $\underline{I}_b$ und $\underline{I}_c$,
2. Sternpunktleiterstrom $\underline{I}_N$.
3. Es ist ein maßstäbliches Zeigerbild zu zeichnen!

Bei Unterbrechung des Sternpunktleiters sind ferner zu berechnen

4. Sternpunkt-Erdpunkt-Spannung $\underline{U}_{NE}$,
5. unsymmetrische Sternspannungen $\underline{U}_{Ea}$, $\underline{U}_{Eb}$, und $\underline{U}_{Ec}$,
6. Leiterströme $\underline{I}_a$, $\underline{I}_b$ und $\underline{I}_c$.
7. Es ist ein maßstäbliches Spannungszeigerbild zu zeichnen!

Lösung zu 1.

Die symmetrischen Sternspannungen des Systems betragen 220 V. Legt man den Spannungszeiger $\underline{U}_{Na}$ als Bezugsgröße in die positive reelle Achse der Gaußschen Zahlenebene, dann gilt für die drei Sternspannungen

$$\underline{U}_{Na} = 220\,\text{V}\,e^{j0°},$$

$$\underline{U}_{Nb} = 220\,\text{V}\,e^{-j120°}$$

$$\underline{U}_{Nc} = 220\,\text{V}\,e^{j120°}.$$

Damit ergeben sich die Leiterströme

$$\underline{I}_a = \frac{\underline{U}_{Na}}{\underline{Z}_a} = \frac{220\ V\ e^{j0°}}{25\ \Omega} = 8,8\ A,$$

$$\underline{I}_b = \frac{\underline{U}_{Nb}}{\underline{Z}_b} = \frac{220\ V\ e^{-j120°}}{33,5\ \Omega\ e^{j26,5°}} = 6,57\ A\ e^{-j146,5°},$$

$$\underline{I}_c = \frac{\underline{U}_{Nc}}{\underline{Z}_c} = \frac{220\ V\ e^{j120°}}{39\ \Omega\ e^{-j50,3°}} = 5,64\ A\ e^{j170,3°}.$$

Lösung zu 2.

Über die trigonometrische Form erfolgt nun die Umrechnung in die Normalform. Es wird

$$\underline{I}_b = 6,57\ A\ [\cos(-146,5°) + j\sin(-146,5°)]$$
$$= (-5,47 - j3,62)\ A,$$

$$\underline{I}_c = 5,64\ A\ (\cos 170,3° + j\sin 170,3°)$$
$$= (-5,55 + j\,0,95)\ A.$$

Nunmehr ergibt sich der Strom im Sternpunktleiter zu

$$\underline{I}_N = \underline{I}_a + \underline{I}_b + \underline{I}_c,$$
$$\underline{I}_N = 8,8\ A + (-5,47 - j3,62)\ A + (-5,55 + j0,95)\ A,$$
$$\underline{I}_N = (-2,22 - j2,67)\ A = 3,47\ A\ e^{-j129,7°}.$$

Lösung zu 3.

Spannungsmaßstab: $m_U = 40\ V/cm$,

Strommaßstab: $\quad m_I = 2\ A/cm$.

Es ist üblich, bei derartigen Zeigerbildern die reelle Achse senkrecht aufzutragen – s. Bild 9.22.

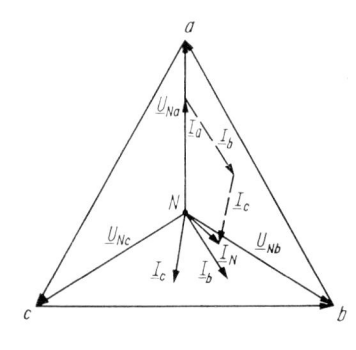

Bild 9.22
Maßstäbliches Zeigerbild zum Beispiel 9.3

Lösung zu 4.

Bei Unterbrechung des Sternpunktleiters kommt es zu einer Unsymmetrie 2. Ordnung bezüglich der Spannungen, während die Ströme zwangsläufig unsymmetrisch 1. Ordnung werden. Auf die damit verbundenen Gefahren für den praktischen Betrieb wird im nachfolgenden Abschnitt hingewiesen.

Die Verlagerungsspannung errechnet sich nach Gl. (9.38) wie folgt:

$$\underline{U}_{NE} = \frac{(-2,22 - j2,67)\ A}{\dfrac{1}{25\ \Omega} + \dfrac{1}{(30 + j15)\ \Omega} + \dfrac{1}{(25 - j30)\ \Omega}},$$

$$\underline{U}_{NE} = (-29 - j29,5)\ V.$$

Lösung zu 5.

Zur Berechnung der unsymmetrischen Sternspannungen bringt man die symmetrischen Sternspannungen zuerst in die Normalform. Es wird

$$\underline{U}_{Na} = 220 \text{ V},$$
$$\underline{U}_{Nb} = 220 \text{ V } [\cos(-120°) + j \sin(-120°) = (-110 - j\,190{,}5) \text{ V},$$
$$\underline{U}_{Nc} = 220 \text{ V } (\cos 120° + j \sin 120°) = (-110 + j\,190{,}5) \text{ V}.$$

Damit ergibt sich

$$\underline{U}_{Ea} = \underline{U}_{Na} - \underline{U}_{NE} = 220 \text{ V} - (-29 - j29{,}5) \text{ V} = (249 + j29{,}5) \text{ V} = 250 \text{ V } e^{j7°},$$
$$\underline{U}_{Eb} = \underline{U}_{Nb} - \underline{U}_{NE} = (-110 - j190{,}5) \text{ V} - (-29 - j29{,}5) \text{ V}$$
$$= (-81 - j161) \text{ V} = 179 \text{ V } e^{-j116{,}9°},$$
$$\underline{U}_{Ec} = \underline{U}_{Nc} - \underline{U}_{NE} = (-110 + j190{,}5) \text{ V} - (-29 - j29{,}5) \text{ V}$$
$$= (-81 + j220) \text{ V} = 234 \text{ V } e^{j110{,}1°}.$$

Lösung zu 6.

Die Leiterströme ergeben sich nunmehr zu

$$\underline{I}_a = \frac{\underline{U}_{Ea}}{\underline{Z}_a} = \frac{250 \text{ V } e^{j7°}}{25 \text{ }\Omega} = 10 \text{ A } e^{j7°},$$
$$\underline{I}_b = \frac{\underline{U}_{Eb}}{\underline{Z}_b} = \frac{179 \text{ V } e^{-j116{,}9°}}{33{,}5 \text{ }\Omega \text{ } e^{j26{,}5°}} = 5{,}34 \text{ A } e^{-j143{,}4°},$$
$$\underline{I}_c = \frac{\underline{U}_{Ec}}{\underline{Z}_c} = \frac{234 \text{ V } e^{j110{,}1°}}{39 \text{ }\Omega \text{ } e^{-j50{,}3°}} = 6 \text{ A } e^{j160{,}4°}.$$

Kontrolle:

$$\underline{I}_a + \underline{I}_b + \underline{I}_c = 0.$$

Lösung zu 7.

Spannungsmaßstab: $m_U = 40 \text{ V/cm}$.

Schlägt man mit den Beträgen der oben berechneten Sternspannungen von den Eckpunkten a, b, c des symmetrischen Spannungsdreiecks mit dem Zirkel Kreisbogen, so schneiden sich diese, wie aus Bild 9.23 hervorgeht, im Erdpunkt E. Notfalls genügt eine einzige, allerdings richtig berechnete unsymmetrische Sternspannung, um die übrigen Sternspannungen und die Verlagerungsspannung danach grafisch zu ermitteln.

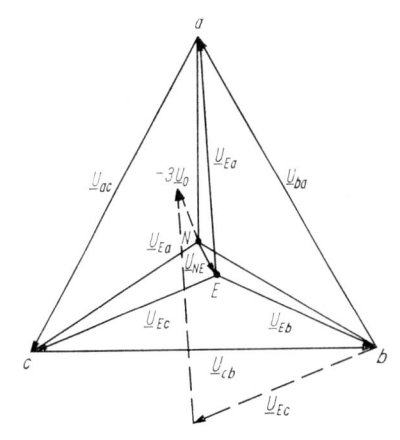

Bild 9.23
Maßstäbliches Spannungszeigerbild zum Beispiel 9.3

Ist von vornherein kein Sternpunktleiter vorhanden und damit auch der infolge unsymmetrischer Belastung in diesem fließende Strom I_N nicht bekannt, so können die unsymmetrischen Sternspannungen auch sofort nach Gl. (9.39) berechnet werden. Es wird dann

$$\underline{U}_{Ea} = \frac{\underline{U}_{ca}\underline{Y}_c + \underline{U}_{ba}\underline{Y}_b}{\underline{Y}_a + \underline{Y}_b + \underline{Y}_c}.$$

Wählt man als Bezugsspannung $\underline{U}_{ca} = U$, so wird

$$\underline{U}_{Ea} = \frac{U\underline{Y}_c - \underline{U}_{ab}\underline{Y}_b}{\Sigma \underline{Y}} = U\frac{\underline{Y}_c - a^2\underline{Y}_b}{\Sigma \underline{Y}}.$$

Für die Leitwerte, in den einzelnen Strängen erhält man

$$\underline{Y}_a = \frac{1}{25\,\Omega} = 0{,}04\,\text{S},$$

$$\underline{Y}_b = \frac{1}{(30 + \text{j}15)\,\Omega} = \left(\frac{30}{1125} + \text{j}\frac{15}{1125}\right)\,\text{S} = (0{,}027 - \text{j}0{,}013)\,\text{S},$$

$$\underline{Y}_c = \frac{1}{(25 - \text{j}30)\,\Omega} = \left(\frac{25}{1525} + \text{j}\frac{30}{1525}\right)\,\text{S} = (0{,}016 + \text{j}0{,}0197)\,\text{S},$$

$$\Sigma \underline{Y} = (0{,}083 + \text{j}0{,}0067)\,\text{S}.$$

Damit ergibt sich eingesetzt

$$\underline{U}_{Ea} = 380\,\text{V}\,\frac{(0{,}016 + \text{j}0{,}0197) - (-0{,}5 - \text{j}0{,}866)(0{,}027 - \text{j}0{,}013)}{0{,}083 + \text{j}0{,}0067},$$

$$\underline{U}_{Ea} = 380\,\text{V}\,\frac{0{,}041 + \text{j}0{,}036}{0{,}083 + \text{j}0{,}0067} = \frac{20{,}8\,\text{e}^{\text{j}41{,}6°}}{0{,}0834\,\text{e}^{\text{j}4{,}6°}}\,\text{V} = 250\,\text{V}\,\text{e}^{\text{j}37°}.$$

Dieses Ergebnis stimmt mit dem auf anderem Wege gefundenen überein. Die Winkeldifferenz von 30° erklärt sich dadurch, daß man dort auf die Sternspannung $\underline{U}_{Na}$ und jetzt auf die Dreieckspannung $\underline{U}_{ca}$ bezogen hat. Beide Bezugsspannungen sind aber um 30° gegeneinander verschoben.
Die Ansätze für die Berechnung der beiden anderen unsymmetrischen Sternspannungen lauten

$$\underline{U}_{Eb} = \frac{\underline{U}_{ab}\underline{Y}_a + \underline{U}_{cb}\underline{Y}_c}{\Sigma \underline{Y}} = U\frac{a^2\underline{Y}_a - a\underline{Y}_c}{\Sigma \underline{Y}}$$

und

$$\underline{U}_{Ec} = \frac{\underline{U}_{ac}\underline{Y}_a + \underline{U}_{bc}\underline{Y}_b}{\Sigma \underline{Y}} = U\frac{a\underline{Y}_b - \underline{Y}_a}{\Sigma \underline{Y}}.$$

9.6. Auswirkungen auftretender Unsymmetrien im praktischen Betrieb

Im Abschn. 9.2.2. wurde gezeigt, daß ein symmetrischer Dreiphasenstrom mit einer dreiphasigen Ankerwicklung ein Kreisdrehfeld erzeugt. In vielen Fällen ist jedoch das Drehstromnetz infolge ungleicher Belastung nicht symmetrisch. Beim Anschluß an ein solches unsymmetrisches Netz kann z. B. in einer Asynchronmaschine kein Kreisdrehfeld mehr erzeugt werden, sondern nur ein elliptisches Drehfeld. Dieses konnte durch zwei entgegengesetzt umlaufende Drehfelder verschiedener Stärke dargestellt werden, die, wie erläutert wurde, identisch mit dem Mit- und Gegensystem sind. Im allgemeinen sollen die Komponenten des Gegensystems, also des gegenläufigen Drehfeldes, möglichst klein sein, da dieses zusätzliche Verluste und bremsende Drehmomente in der Maschine bewirkt.

Aus dieser Sicht wird gefordert, daß die Komponente des Gegensystems kleiner als 5% im Vergleich zu der des Mitsystems ist, d. h., der Unsymmetriegrad ε nach Gl. (9.27) soll kleiner als 5% sein.

Für die Belastbarkeit des Transformatorsternpunktes gilt laut TGL 190-167 Bl.3, daß bei Stern–Stern-Schaltung ohne Ausgleichswicklung

a) bei Manteltransformatoren, Fünfschenkeltransformatoren und aus drei Einphasentransformatoren gebildeten Drehstromsätzen eine Belastung des Sternpunktes zu vermeiden ist.
b) bei Kerntransformatoren mit drei Schenkeln bei hohen Ansprüchen an die Spannungssymmetrie (Lichtversorgung) der Sternpunkt bis zu 10% des Nennstromes belastet werden kann. Sind Sternpunktverschiebungen zwischen 5 und 10% zugelassen, z.B. beim Anschluß einer Erdschlußspule, so darf der Sternpunkt mit 30% des Nennstromes belastet werden.

Beim Vorhandensein einer Ausgleichswicklung darf bei

Stern–Stern-Schaltung,
Stern–Dreieck-Schaltung,
Dreieck–Stern-Schaltung oder
Stern–Zickzack-Schaltung

der Sternpunkt mit dem Nennstrom belastet werden.

Bedeutende Unsymmetrien treten in Verbindung mit ein- und zweipoligen Fehlern auf. Die sich infolgedessen in den elektrischen Netzen ergebenden Situationen hängen wesentlich von der Sternpunktbehandlung ab. Diesbezüglich wird laut TGL 20445Bl.1 zwischen

starrer Sternpunkterdung,
Resonanz-Sternpunkterdung (Erdschluß-Löschspule) und
niederohmiger Sternpunkterdung

unterschieden.

Es liegt eine wirksame Sternpunkterdung vor, wenn der *Erdfehlerfaktor*

$$c_f = \frac{U_{LE}}{U_b/\sqrt{3}}, \qquad (9.40)$$

U_{LE} Leiter–Erde-Spannung während des Fehlers,
U_b Leiter–Erde-Spannung im fehlerfreien Zustand,

an keiner Stelle des Netzes den Wert 1,4 überschreitet.

Tritt beispielsweise im Leiter *a* ein sogenannter satter Erdschluß auf, so geht $Y_a \to \infty$, der Erdpunkt wandert zum Punkt *a* des im Bild 9.24 dargestellten Spannungszeigerbildes.

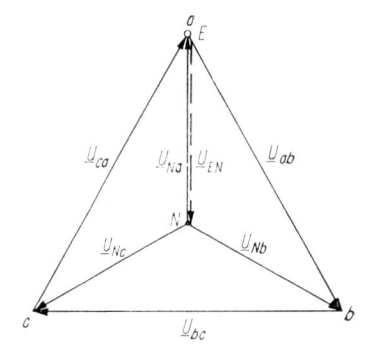

Bild 9.24
Spannungszeigerbild bei Erdschluß des Leiters a

Es wird

$$\underline{U}_{EN} = -\underline{U}_{Na}.$$

In einem 110-kV-Netz entspricht dies einer Verlagerungsspannung von 63,5 kV.

Auch im Normalbetrieb tritt aufgrund der unterschiedlichen Leiter–Erde-Kapazitäten bereits eine Verlagerungsspannung von ≈ 3 kV auf. Daraus ergeben sich große Gefahren für den Menschen beim Betrieb dieser elektrischen Anlagen. Um dem zu begegnen, sind im Zuge des Sternpunktleiters eingebaute Anlagen stets als spannungsführend zu betrachten. In diesem Zusammenhang ist auch der hin und wieder noch gebrauchte Begriff „Nullpunkt" irreführend und bewußt zu unterlassen.

Darüber hinaus tritt eine unzulässige Spannungsbeanspruchung elektrotechnischer Betriebsmittel und Anlagen auf. Deren Isolierung ist so gewählt, daß sie einer in TGL 20445 Bl. 2 angegebenen oberen Betriebsspannung standhält. Als Bezugsisolation gilt hierbei die Leiter–Erde-Isolation, wenn nicht ausdrücklich anderes vermerkt ist.

Zusammenfassung zu 9.

Das Dreiphasensystem kann als das wichtigste Mehrphasensystem bezeichnet werden. Seine Erzeugung erfolgt in einem Dreiphasengenerator, der drei gleiche Wicklungsstränge enthält, die gegeneinander um $2\pi/3 = 120°$ versetzt sind. Umgekehrt entsteht in der Ständerbohrung eines Motors ein Drehfeld, wenn man dessen um 120° räumlich versetzt angeordnete Wicklung mit einem dreiphasigen Wechselstrom speist. Man spricht in diesem Zusammenhang auch von einem Drehfeldmotor, der mit Drehstrom aus einem Drehstromsystem gespeist wird.

Charakteristisch für ein symmetrisches Dreiphasensystem ist die Tatsache, daß die Summe der Augenblickswerte der Spannungen in jedem Augenblick gleich Null ist. Daraus ergeben sich die Möglichkeiten der Verkettung des dreiphasigen Systems in der Stern- oder Dreieckschaltung. Die Berechnung der Drehstromleistung bei symmetrischer Belastung erfolgt unabhängig von der Schaltung nach der Beziehung

$$P = \sqrt{3}\,\underline{U}_L\underline{I}_L \cos \varphi.$$

Durch ungleiche Belastung der einzelnen Stränge eines Drehstromsystems kann eine Unsymmetrie 1. oder 2. Ordnung entstehen.

Ein solches unsymmetrisches System kann durch Zerlegung in symmetrische Komponenten berechnet werden. Die drei kenngelernten Komponentensysteme sind im Bild 9.25 nochmals dargestellt.

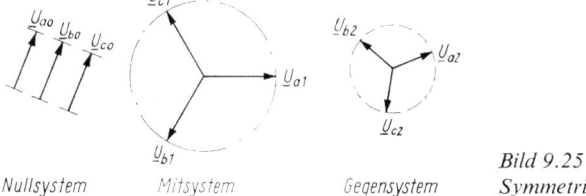

Bild 9.25
Symmetrische Komponenten

Nullsystem   Mitsystem   Gegensystem

Übungen zu 9.

Ü 9.1. Wie lauten die Symmetriebedingungen eines Dreiphasensystems?
Ü 9.2. Unter welchen Voraussetzungen entsteht in einer ruhenden Anordnung ein Drehfeld?
Ü 9.3. Welche Beziehungen bestehen zwischen den Strömen und Spannungen bei Stern- bzw. Dreieckschaltung?

9. Dreiphasensystem

Ü 9.4. Aus welcher Beziehung ergibt sich der Sternpunktleiterstrom, und wie groß ist er bei symmetrischer Belastung?

Ü 9.5. In einem elektrischen Heizofen sollen stündlich $84 \cdot 10^6$ J Wärme erzeugt werden. Dazu werden an das Dreiphasennetz mit einer Leiterspannung von 220 V drei Heizkörper angeschlossen.
1. Wie groß ist die Stromstärke in den Leitern?
2. Wie groß müssen die Widerstände bei Stern- und bei Dreieckschaltung sein?

Ü 9.6. Nach Bild 9.26 ist bei $U = 220$ V und $|R| = (jX_L) = (jX_C) = 10\,\Omega$ der Strom I_N zu berechnen. Wie ändert er sich, wenn in a die Induktivität und in b der ohmsche Widerstand geschaltet ist?

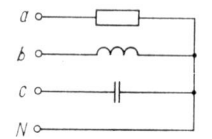

Bild 9.26
Schaltbild zur Übung 9.6

Ü 9.7. Ein Industriebetrieb, der 20 kW für Licht und 165 kW für Kraft bei einem Leistungsfaktor von $\cos \varphi = 0{,}707$ auf der Kraftseite benötigt, soll an ein 15-kV-Netz angeschlossen werden.
1. Wie groß ist die Nennleistung des benötigten Transformators?
   (genormte Baureihe: 160, 250 und 400 kVA)
2. Welche Leiterstromstärken treten unter- und oberspannungsseitig auf bei 220/380 V im Nutzernetz und einem Wirkungsgrad des Transformators von 97%?
3. In welchem Verhältnis stehen Wirk- und Blindleistung, wenn nur die 165-kW-Motorleistung betrachtet wird?

Ü 9.8. Zwischen welchen Unsymmetrien unterscheidet man, und bei welchen Betriebsfällen treten diese auf?

Ü 9.9. Wie ist der Unsymmetriegrad definiert, und wie kann man ihn bestimmen?

Ü 9.10. Welche Folgen kann die Unterbrechung des Sternpunktleiters bei einer ungleich belasteten Sternschaltung haben?

Ü 9.11. Zwischen den Klemmen eines Drehstromsystems werden folgende Spannungen gemessen:

$$|\underline{U}_{ab}| = 420\,\text{V}; \quad |\underline{U}_{bc}| = 340\,\text{V}; \quad |\underline{U}_{ca}| = 380\,\text{V}.$$

Das System ist in seine symmetrischen Komponenten zu zerlegen und der Unsymmetriegrad zu berechnen!

Ü 9.12. In einem Drehstromsystem, 220/380 V, ergeben sich durch unsymmetrische Belastung folgende Nutzerstrangspannungen, bezogen auf $\underline{U}_{ca}$:

$$\underline{U}_{Ea} = 380\,\text{V}\,e^{j0°},$$
$$\underline{U}_{Eb} = 380\,\text{V}\,e^{-j60°},$$
$$\underline{U}_{Ec} = 0\,\text{V}.$$

1. Wie groß ist die komplexe Sternpunkt-Erdpunkt-Spannung?
2. Über die grafisch ermittelten symmetrischen Komponenten ist der Grad der Mittelpunktverschiebung zu bestimmen!

Ü 9.13. In einem Drehstromsystem, 220/380 V, 50 Hz, liegt folgende Belastung der einzelnen Stränge vor:

a: $C = 24\,\mu\text{F}$,

b: $R = 120\,\Omega$,

c: $L = 0{,}8\,\text{H}$.

1. Wie groß sind bei mitgeführtem Sternpunktleiter die Ströme in den Leitern?
2. Nach maßstäblicher Darstellung des Stromzeigerbildes ist grafisch der Strom im Sternpunktleiter zu ermitteln!

10. Stromkreise mit nichtsinusförmigen Spannungen und Strömen

10.1. Einleitung

Zu den nichtsinusförmigen Spannungen und Strömen gehören alle Spannungen und Ströme, die nicht dem Sinus- oder Kosinus-Zeitgesetz gehorchen. Dazu gehören Gleichspannungen und -ströme, Impulse und Pulse jeder Art sowie beliebig verzerrte Größen. Sie treten auf

- in Stromkreisen mit Schaltelementen mit linearer Kennlinie bei nichtsinusförmiger Erregung,
- in Stromkreisen mit Schaltelementen mit nichtlinearer Kennlinie bei beliebiger Erregung und
- bei der Überlagerung sinusförmiger Größen unterschiedlicher Frequenzen.

In diesem Abschnitt wird das Schwergewicht auf die Analyse von Stromkreisen mit nichtsinusförmigen periodischen Größen gelegt. Das Verhalten von Gleichstromkreisen, die Widerstände mit nichtlinearer Kennlinie enthalten, wurde bereits in den Abschnitten 2.1. und 2.5.6. des Bandes 1 behandelt. Eine umfassende Analyse von Stromkreisen mit nichtsinusförmigen nichtperiodischen Wechselgrößen würde den vorgegebenen Rahmen überschreiten und wird deshalb im Abschn. 10.3. nur angedeutet.

10.2. Bedeutung und Entstehung nichtsinusförmiger Spannungen und Ströme

Im Abschn. 1.3. wurde auf die Vorzüge sinusförmiger Spannungen, besonders bei der Energieübertragung, hingewiesen. Dabei darf aber nicht übersehen werden, daß sehr viele Vorgänge im Bereich der Elektrotechnik nur mit nichtsinusförmigen Größen realisierbar sind. Beispielsweise enthalten reine Sinusschwingungen keine neuen Informationen und sind somit für die Informationsübertragung, einem wichtigen und umfangreichen Gebiet der Elektrotechnik, ungeeignet. Erst durch Modulation der Sinusschwingung kann ein hoher Informationsgehalt erzielt werden; das Signal ist dann aber nicht mehr sinusförmig. Eine Sinusschwingung kann dadurch moduliert werden, daß sie an einem Bauelement mit nichtlinearer Kennlinie, beispielsweise einem Transistor, mit einer anderen Sinusschwingung überlagert wird. Bei der Pulscodemodulation werden gar keine Sinusschwingungen, sondern nach einem bestimmten Schema, dem Code, zusammengefügte Rechteckpulse verwendet. In der Leistungselektronik benutzt man zur Ansteuerung von Thyristoren unterschiedliche Pulsformen, und als Ablenkspannung bei Fernsehbild- und Oszillografenröhren werden sägezahnförmige Spannungen benötigt. Rechteckpulse haben große Bedeutung als Takt- bzw. Synchronisationssignale erlangt und sind in elektronischen Rechenanlagen bzw. bei Fernsehübertragungen unerläßlich.

Für die genannten und auch für andere Anwendungen werden nichtsinusförmige Schwingungen in eigens dafür konstruierten Schaltungen erzeugt. Im Bild 10.1a ist eine astabile Kippschaltung mit Transistoren dargestellt. Sie arbeitet als Impulsgenerator und liefert am Ausgang X Rechteckimpulse, die in negierter Form am Ausgang $\bar{X}$ abgegriffen werden können. Die Wirkungsweise der astabilen Kippstufe beruht darauf, daß die Transistoren $T1$ und $T2$ abwechselnd leitend oder gesperrt sind. Beim leitenden Transistor liegt am Kollektor nur die sehr geringe Kollektorrestspannung an, während im gesperrten Zustand nahezu die gesamte Betriebsspannung U_B auftritt. Das „Umkippen" von dem einen in den anderen Zustand geschieht folgendermaßen: Wenn beispielsweise der Transistor $T1$ gerade in den leitenden Zustand übergegangen ist, wird der negative Spannungssprung am Kollektor von $T1$ über den Kondensator $C2$ auf die Basis des Transistors $T2$ übertragen und $T2$ dadurch gesperrt. Gleichzeitig beginnt ein Umladevorgang des Kondensators $C2$, der vor allem über den Widerstand $R2$ erfolgt. Sobald die Basis von $T2$ ein geringfügiges, genügend großes positives Potential bekommt, wird $T2$ wieder leitend. Nun bewirkt der negative Spannungssprung am Kollektor von $T2$, der über $C1$ auf die Basis von $T1$ gelangt, daß $T1$ gesperrt wird. Nach dem Umladen von $C1$ über $R1$ bekommt die Basis von $T1$ wieder positives Potential, und $T1$ geht in den leitenden Zustand zurück. Dieser Vorgang wiederholt sich periodisch.

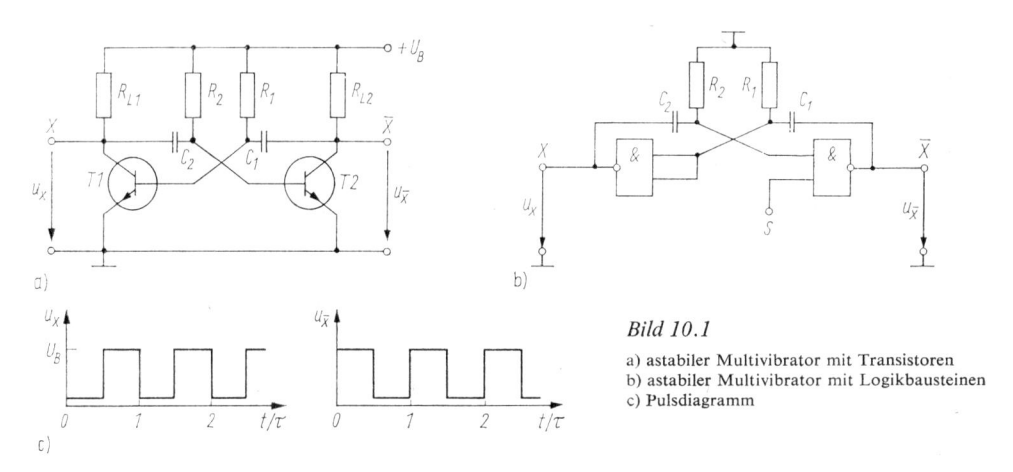

Bild 10.1
a) astabiler Multivibrator mit Transistoren
b) astabiler Multivibrator mit Logikbausteinen
c) Pulsdiagramm

Bild 10.1b zeigt einen mit integrierten Logikbausteinen realisierten Impulsgenerator. Er wirkt ähnlich wie die im Bild 10.1a dargestellte Schaltung mit diskreten Bauelementen. Durch eine positive bzw. negative Spannung am Anschluß S kann die Pulserzeugung unterbrochen werden.

Bei der Modulation, in Pulsgeneratoren usw., werden nichtsinusförmige Signale gewollt erzeugt. Sie entstehen aber auch unerwünscht überall dort, wo Bauelemente mit nichtlinearer Kennlinie auftreten. Bauelemente mit nichtlinearer Kennlinie sind alle Spulen und Transformatoren mit ferromagnetischen Kernen, Elektronen- und Ionenröhren sowie alle Halbleiterbauelemente. Folglich besitzen alle üblichen Verstärkerschaltungen Bauelemente mit nichtlinearer Kennlinie und rufen unerwünschte Verzerrungen (s. Abschn. 10.5.) hervor. Das gilt auch für alle Gleichrichterschaltungen. Diese erzeugen außer dem mehr oder weniger pulsierenden Gleichstrom auf der Gleichstromseite auch im Wechselstromkreis Verzerrungen, die sich besonders bei sehr großen Gleichrichterleistungen ungünstig auf die Leistungsbilanz (s. Abschn. 10.6.) der Energienetze auswirken können.

Weitere Beispiele zur Entstehung nichtsinusförmiger Größen an Bauelementen mit nichtlinearer Kennlinie enthalten die Abschnitte 10.3.2. und 10.8.

10.3. Mathematische Behandlung von Stromkreisen mit nichtsinusförmigen Spannungen und Strömen

10.3.1. Berechnung mit der Fourier-Reihe

Im Bild 10.2a sind drei Sinusschwingungen mit den Frequenzen f, $2f$ und $4f$ dargestellt. Ihre Summe ergibt die im Bild 10.2b abgebildete nichtsinusförmige Schwingung. Da alle Teilschwingungen im Rhythmus der Periodendauer $T = 1/f$ mindestens einmal periodisch wiederkehren, ist auch die Gesamtschwingung periodisch und besitzt die Periodendauer T. Diese Feststellung kann für den Fall verallgemeinert werden, daß die Einzelschwingungen sogenannte harmonische Schwingungen sind, d.h. Schwingungen mit den Frequenzen νf mit $\nu = 1, 2, 3, \ldots, n$. Da auch die Umkehrung gilt, läßt sich folgende Aussage treffen:

Jede nichtsinusförmige periodische Schwingung kann in ihrem gesamten Bereich mit guter Näherung durch eine Fourier-Reihe dargestellt werden, deren Glieder harmonische Sinus- oder Kosinusschwingungen sind (Harmonische oder Fourier-Analyse). Die Fourier-Reihe enthält zusätzlich ein konstantes Glied, wenn die darzustellende Schwingung keine reine Wechselgröße ist.

Eine Spannungsquelle, die eine periodische nichtsinusförmige Spannung erzeugt, kann folglich durch die Reihenschaltung einer Gleichspannungsquelle und einer Anzahl von Sinusgeneratoren ersetzt werden (s. Bild 10.3). Das bringt bei der Berechnung linearer

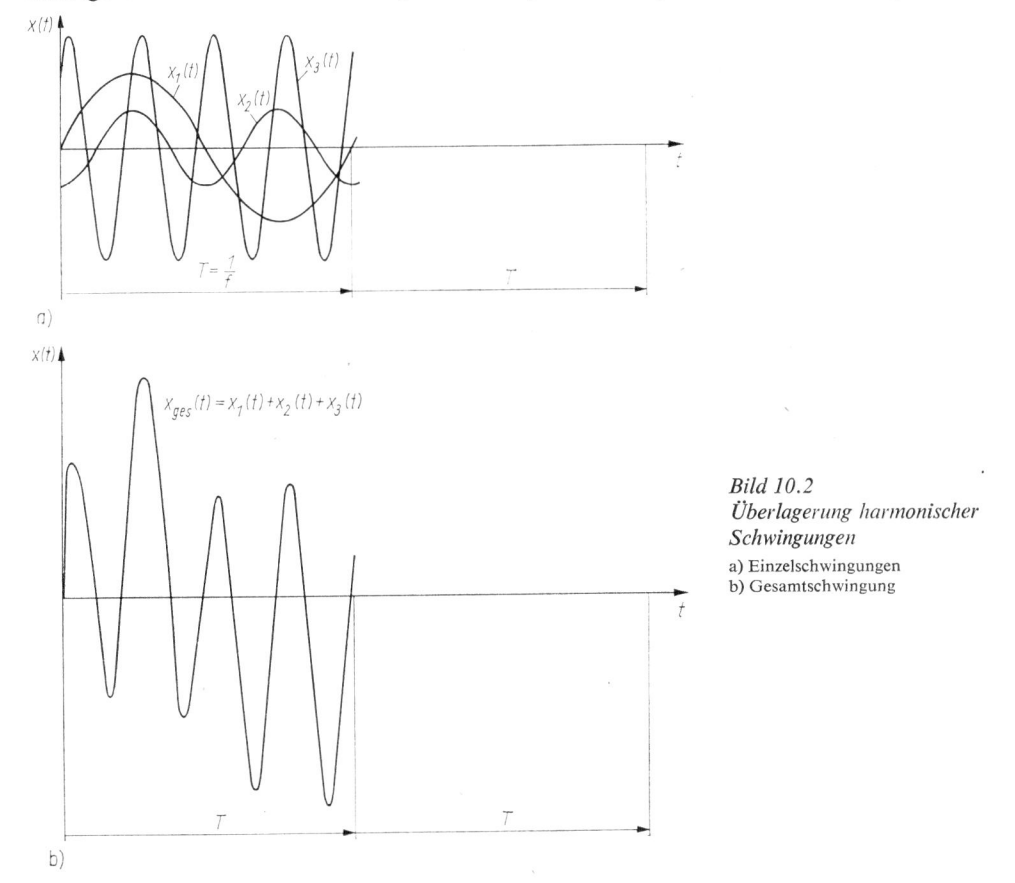

Bild 10.2
Überlagerung harmonischer Schwingungen
a) Einzelschwingungen
b) Gesamtschwingung

Stromkreise große Vorteile, da somit unter Anwendung des Überlagerungssatzes weiterhin alle für Sinusschwingungen gültigen Lösungsverfahren, einschließlich der Symbolischen Methode, Anwendung finden können. Tafel 10.1 zeigt das Rechenschema zur Berechnung linearer elektrischer Stromkreise mit Hilfe der Fourier-Analyse. Die allgemeine Form der Fourier-Reihe lautet

$$f(t) = \sum_{\nu=0}^{\infty} [a_\nu \cos(\nu\omega_1 t) + b_\nu \sin(\nu\omega_1 t)] = \sum_{\nu=0}^{\infty} c_\nu \sin(\nu\omega_1 t + \varphi_\nu), \quad (10.1)$$

$$f(t) = c_0 + c_1 \sin(\omega_1 t + \varphi_1) + c_2 \sin(2\omega_1 t + \varphi_2)$$
$$+ \ldots + c_n \sin(n\omega_1 t + \varphi_n) + \ldots$$

$$c_\nu = \sqrt{a_\nu^2 + b_\nu^2}; \quad \varphi_\nu = \arctan\frac{a_\nu}{b_\nu}; \quad c_0 = a_0;$$

$$a_0 = \frac{1}{T} \int_t^{t+T} f(t) \, dt,$$

$$a_\nu = \frac{2}{T} \int_t^{t+T} f(t) \cos(\nu\omega_1 t) \, dt,$$

$$b_\nu = \frac{2}{T} \int_t^{t+T} f(t) \sin(\nu\omega_1 t) \, dt.$$

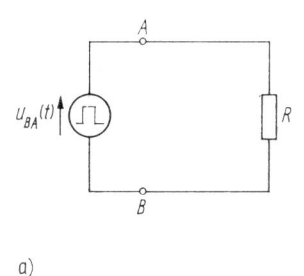

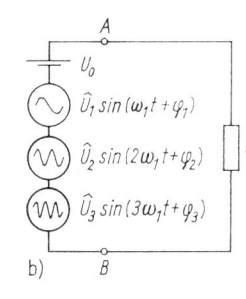

Bild 10.3
a) Stromkreis mit nichtsinusförmiger Erregung; b) Darstellung der Quellenspannung $u_{AB}(t)$ durch eine Gleichspannung und eine Anzahl harmonischer Wechselspannungen

Tafel 10.1. Rechenschema zur Anwendung der Fourier-Analyse

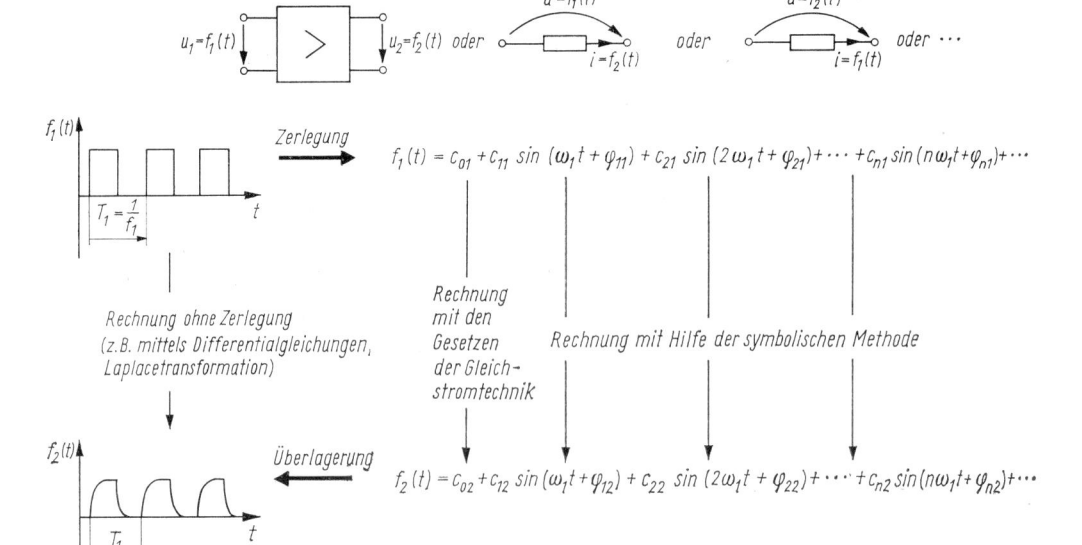

In Tafel 10.2 sind einige nichtsinusförmige Schwingungen durch ihre Fourier-Reihe dargestellt. Die Überlagerung des konstanten Gliedes und der einzelnen sinusförmigen Teilschwingungen ergibt die Gesamtschwingung. Die Reihe kann unendlich viele Glieder enthalten. Werden nicht alle Teilschwingungen berücksichtigt, so wird die Ausgangsfunktion nur entsprechend angenähert.

Eine beliebige periodische Spannung kann somit durch folgenden Ausdruck dargestellt werden:

$$u(t) = U_0 + \hat{U}_1 \sin(\omega_1 t + \varphi_{u1}) + \hat{U}_2 \sin(2\omega_1 t + \varphi_{u2})$$
$$+ \ldots + \hat{U}_n \sin(n\omega_1 t + \varphi_{un}) + \ldots$$

Für den Strom gilt analog

$$i(t) = I_0 + \hat{I}_1 \sin(\omega_1 t + \varphi_{i1}) + \hat{I}_2 \sin(2\omega_1 t + \varphi_{i2})$$
$$+ \ldots + \hat{I}_n \sin(n\omega_1 t + \varphi_{in}) + \ldots$$

Die Bezeichnung U_0 bzw. I_0 für Gleichgrößen ist nach TGL 22112 nicht vorgesehen. Sie wird hier ausnahmsweise zur besseren Unterscheidung zwischen Gleich- und Sinusgrößen verwendet.

Es sei noch darauf hingewiesen, daß sich bei bestimmten Symmetriebedingungen Vereinfachungen ergeben:

1. Die Kurve umschließt beiderseits der Abszissenachse innerhalb einer Periode gleiche Flächen:
   $a_0 = 0$; s. Tafel 10.2, Nr. 1, 2, 4.
2. $f(t)$ ist eine gerade Funktion: $b_\nu = 0$.
   Eine gerade Funktion liegt spiegelbildlich zur Ordinatenachse. Es gilt
   $f(t) = f(-t)$; s. Tafel 10.2, Nr. 2, 3, 6.
3. $f(t)$ ist eine ungerade Funktion: $a_0 = 0$ und $a_\nu = 0$.
   Die Kurve verläuft zentralsymmetrisch zum Nullpunkt. Es gilt
   $f(t) = -f(-t)$; s. Tafel 10.2, Nr. 1 und 4.

Oft kommt es vor, daß man die Koeffizienten a_ν und b_ν grafisch bestimmen muß, weil sich die Funktion $f(t)$ nicht exakt mathematisch darstellen läßt. Das ist dann der Fall, wenn die Kurve punktweise ermittelt oder vom Oszillografen abgelesen wird.

Das Verfahren zur grafischen Bestimmung der Fourier-Koeffizienten wird nicht erläutert. Es ist z.B. in [4] ausführlich erklärt.

Beispiel 10.1

An den Eingang eines *RC*-Gliedes wird eine Sägezahnspannung gelegt (s. Bild 10.4).

$R = 2 \text{ k}\Omega$; $C = 7,5 \cdot 10^{-8}$ F; $\omega_1 = 10^4 \text{ s}^{-1}$; $U_{mme} = 47,1$ V.

Wie groß ist die Ausgangsspannung $u_a(t)$?

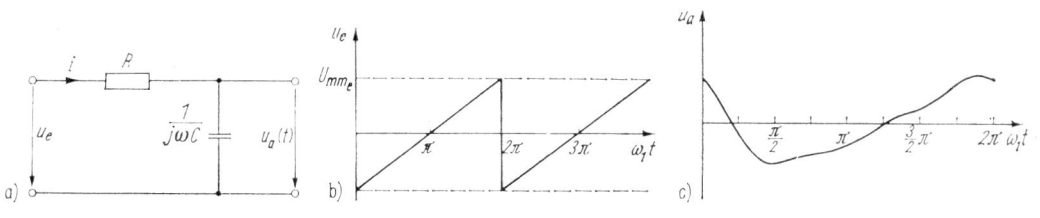

Bild 10.4. Zum Beispiel 10.1
a) *RC*-Glied; b) sägezahnförmige Eingangsspannung; c) verformte Ausgangsspannung

Tafel 10.2. Darstellung nichtsinusförmiger Größen

Nr.	Zeitfunktionen	Fourier-Reihe
1	Rechteckkurve	$f(t) = \dfrac{4A}{\pi}\left[\sin(\omega_1 t) + \dfrac{1}{3}\sin(3\omega_1 t) + \dfrac{1}{5}\sin(5\omega_1 t) + \dots\right]$
2	Dreieckkurve	$f(t) = \dfrac{8A}{\pi^2}\left[\cos(\omega_1 t) + \dfrac{1}{9}\cos(3\omega_1 t) + \dfrac{1}{25}\cos(5\omega_1 t) + \dots\right]$
3	Parabelbögen	$f(t) = \dfrac{A}{3} + \dfrac{4A}{\pi^2}\left[\cos(\omega_1 t) + \dfrac{1}{4}\cos(2\omega_1 t) + \dfrac{1}{9}\cos(3\omega_1 t) + \dots\right]$
4	Sägezahnkurve	$f(t) = -\dfrac{2A}{\pi}\left[\sin(\omega_1 t) + \dfrac{1}{2}\sin(2\omega_1 t) + \dfrac{1}{3}\sin(3\omega_1 t) + \dots\right]$
5	Sinushalbwellen	$f(t) = \dfrac{A}{\pi}\left[1 + \dfrac{\pi}{2}\sin(\omega_1 t) - \dfrac{2}{3}\cos(2\omega_1 t) - \dfrac{2}{15}\cos(4\omega_1 t) - \dots\right]$
6	Sinushalbwellen	$f(t) = \dfrac{2A}{\pi}\left[1 - \dfrac{2}{3}\cos(2\omega_1 t) - \dfrac{2}{15}\cos(4\omega_1 t) - \dfrac{2}{35}\cos(6\omega_1 t) - \dots\right]$
7	Rechteckimpuls	Spektralfunktion $F(\omega) = AT\,\dfrac{\sin\pi\dfrac{f}{f'}}{\pi\dfrac{f}{f'}};\quad f' = \dfrac{1}{T} = \text{konst.}$

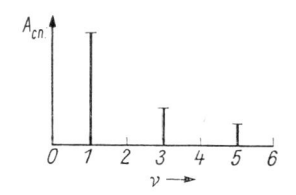

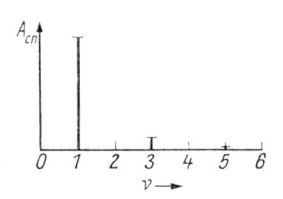

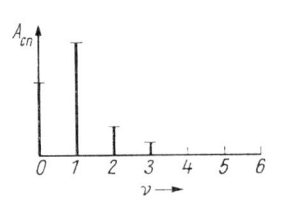

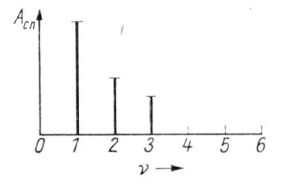

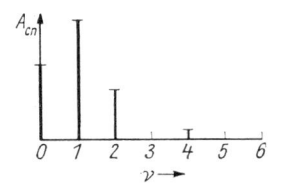

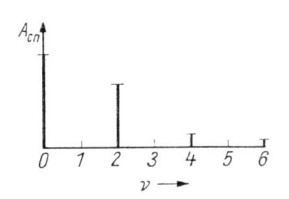

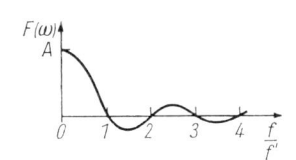

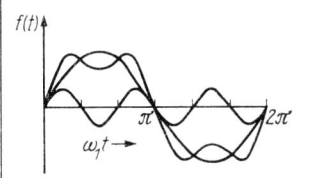

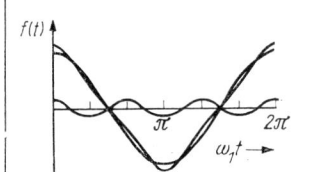

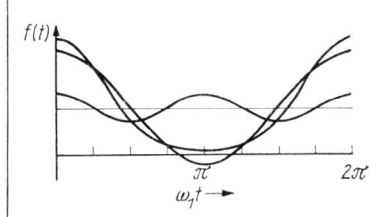

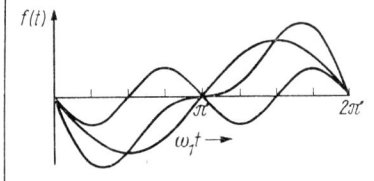

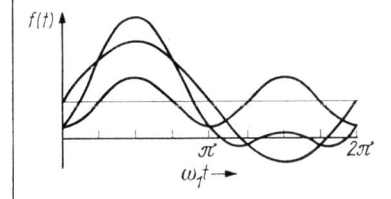

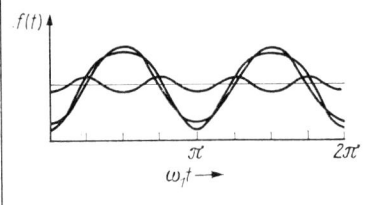

Amplitudenspektrum	Annäherung durch die ersten Glieder der Reihe

Lösung

R und C sind lineare Schaltelemente. Somit entstehen keine neuen Frequenzen, und die Ausgangsspannung muß die gleichen Frequenzen wie die Eingangsspannung aufweisen. Man zerlegt zuerst u_e nach Tafel 10.2 in eine Fourier-Reihe:

$$u_e = -\frac{2U_{mme}}{\pi}\left[\sin(\omega_1 t) + \frac{1}{2}\sin(2\omega_1 t) + \frac{1}{3}\sin(3\omega_1 t) + \ldots\right],$$

$$u_e = -30\,\text{V}\sin(\omega_1 t) - 15\,\text{V}\sin(2\omega_1 t) - 10\,\text{V}\sin(3\omega_1 t) - \ldots$$

Nach dem Prinzip des Überlagerungssatzes werden nacheinander die harmonischen Anteile der Ausgangsspannung ermittelt und danach zur Gesamtspannung zusammengesetzt. Die Rechnung wird mit der Symbolischen Methode durchgeführt:

$$\frac{\hat{U}_{av}}{\hat{U}_{ev}} = \frac{\frac{1}{j\nu\omega_1 C}}{R + \frac{1}{j\nu\omega_1 C}} = \frac{1}{1 + j\nu\omega_1 CR},$$

$$\omega_1 \nu CR = \nu \cdot 10^4\,\text{s}^{-1} \cdot 7{,}5 \cdot 10^{-8}\,\text{AsV}^{-1} \cdot 2 \cdot 10^3\,\text{VA}^{-1} = 1{,}5\nu;$$

$$\nu = 1, 2, 3, \ldots$$

Unter Berücksichtigung der ersten drei Glieder der Reihe setzt sich die Ausgangsspannung aus folgenden Anteilen zusammen:

1. Harmonische

$$\hat{U}_{a1} = \hat{U}_{e1}\frac{1}{1 + j\cdot 1{,}5} = -30\,\text{V}\frac{1}{\sqrt{3{,}25}\,e^{j56{,}3°}} = -16{,}6\,\text{V}\,e^{-j56{,}3°},$$

2. Harmonische

$$\hat{U}_{a2} = \hat{U}_{e2}\frac{1}{1 + j\cdot 3} = -15\,\text{V}\frac{1}{\sqrt{10}\,e^{j71{,}6°}} = -4{,}74\,\text{V}\,e^{-j71{,}6°},$$

3. Harmonische

$$\hat{U}_{a3} = \hat{U}_{e3}\frac{1}{1 + j\cdot 4{,}5} = -10\,\text{V}\frac{1}{\sqrt{21{,}2}\,e^{j77{,}5°}} = -2{,}17\,\text{V}\,e^{-j77{,}5°}.$$

Die komplexen Spannungen werden rücktransformiert und wieder durch Sinusfunktionen ausgedrückt. Das Ergebnis lautet

$$u_a = u_{a1} + u_{a2} + u_{a3} + \ldots,$$

$$u_a = -16{,}6\,\text{V}\sin(\omega_1 t - 56{,}3°) - 4{,}74\,\text{V}\sin(2\omega_1 t - 71{,}6°) - 2{,}17\,\text{V}\sin(3\omega_1 t - 77{,}5°) - \ldots$$

10.3.2. Berechnung mit der Taylor-Reihe

Wird ein nichtlinearer Stromkreis mit einer sinusförmigen Eingangsgröße $f_e(t)$ erregt, so kann die Ausgangsgröße $f_a(t)$ anhand der U,I-Kennlinie bestimmt werden. Dieses Verfahren führt – im Ergebnis ähnlich wie die Fourier-Analyse – auf eine Summe von Einzelgrößen, bestehend aus einer Gleichkomponente und harmonischen Schwingungen.

Jede stetige Funktion, beispielsweise die nichtlineare Strom-Spannungs-Kennlinie eines elektrischen Bauelements, kann in einem Punkt oder einem Intervall durch eine Taylor-Reihe angenähert werden. Unter Beachtung der im Bild 10.5 verwendeten Bezeichnungen lautet die Taylor-Reihe in allgemeiner Form

$$f(a + h_1) = f(a) + f'(a)\frac{h_1}{1!} + f''(a)\frac{h_1^2}{2!} + f'''(a)\frac{h_1^3}{3!} + \ldots \tag{10.2}$$

10.3. Mathematische Behandlung von Stromkreisen

Dabei sind $f'(a), f''(a)$ usw. die Ableitungen der Funktion $f(x)$ an der Stelle $x = a$. Durch diese Reihe wird die Funktion $f(x)$ im Punkt $x = a + h_1$ dargestellt. In der Elektrotechnik kann a eine Gleichspannung sein, durch die der Arbeitspunkt A auf der Kennlinie eingestellt wird. Eine positive konstante Spannung h_1 würde bewirken, daß sich der Arbeitspunkt vom Punkt A zum Punkt A' verschiebt. Wenn aber der konstanten Größe a eine Wechselgröße überlagert wird, dann stellt h_1 eine Zeitfunktion $h_1(t)$, beispielsweise die Kosinusfunktion $h_1(t) = h_1 \cos \omega_1 t$, dar, und die Kennlinie wird um den Arbeitspunkt herum zwischen den Punkten *1* und *2* ausgesteuert. Die Taylor-Reihe zur Annäherung der Funktion $f(x)$ in diesem Intervall lautet allgemein

$$f[a + h_1(t)] = f(a) + f'(a)\frac{h_1(t)}{1!} + f''(a)\frac{h_1^2(t)}{2!} + f'''(a)\frac{h_1^3(t)}{3!} + \ldots$$

bzw. mit $h_1(t) = h_1 \cos(\omega_1 t)$

$$f[a + h_1(t)] = f(a) + f'(a)\frac{h_1 \cos(\omega_1 t)}{1!} + f''(a)\frac{h_1^2 \cos^2 \omega_1 t}{2!}$$

$$+ f'''(a)\frac{h_1^3 \cos^3 \omega_1 t}{3!} + \ldots \qquad (10.3)$$

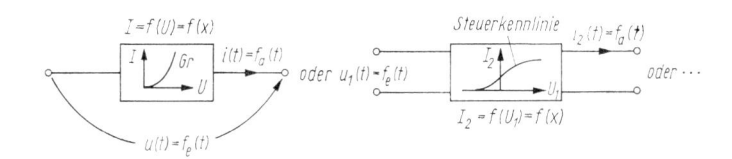

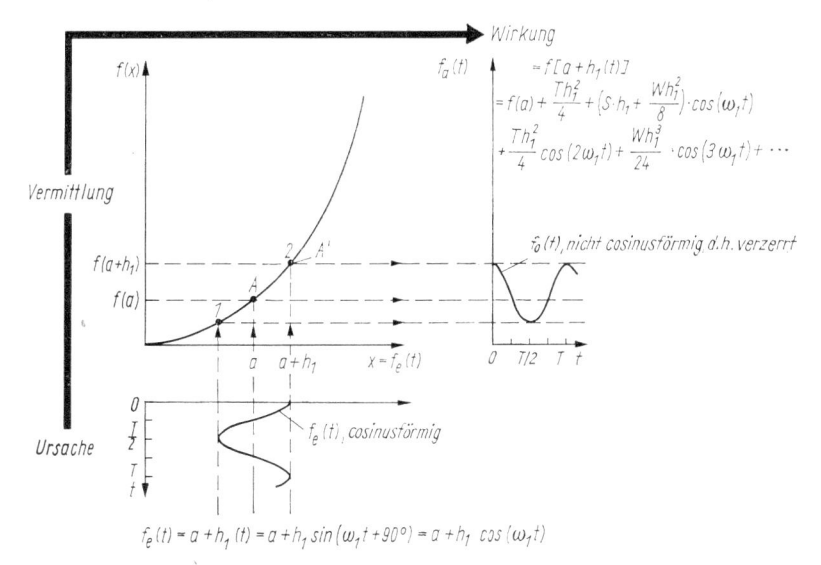

Bild 10.5. Zur Berechnung mit der Taylor-Reihe

Setzt man für

$$\cos^2 \omega_1 t = \tfrac{1}{2} + \tfrac{1}{2} \cos(2\omega_1 t),$$

$$\cos^3 \omega_1 t = \tfrac{3}{4} \cos(\omega_1 t) + \tfrac{1}{4} \cos(3\omega_1 t), \ldots,$$

250   10. Stromkreise mit nichtsinusförmigen Spannungen und Strömen

und wird ferner berücksichtigt, daß

$f'(a) = S$ Steilheit der Kennlinie im Punkt A,
$f''(a) = T$ Krümmung der Kennlinie im Punkt A,
$f'''(a) = W$ Krümmungsänderung der Kennlinie im Punkt A,

dann lautet Gl. (10.3)

$$f[a + h_1(t)] = f(a) + Sh_1 \cos(\omega_1 t) + Th_1^2 \cdot \tfrac{1}{2}[\tfrac{1}{2} + \tfrac{1}{2}\cos(2\omega_1 t)]$$
$$+ Wh_1^3 \cdot \tfrac{1}{6}[\tfrac{3}{4}\cos(\omega_1 t) + \tfrac{1}{4}\cos(3\omega_1 t)] + \ldots$$

oder nach Frequenzen geordnet

$$f[a + h_1(t)] = f(a) + T\frac{h_1^2}{4} + \left(Sh_1 + W\frac{h_1^3}{8}\right)\cos(\omega_1 t)$$
$$+ T\frac{h_1^2}{4}\cos(2\omega_1 t) + W\frac{h_1^3}{24}\cos(3\omega_1 t) + \ldots \qquad (10.4)$$

Die Eingangsfunktion $f_e(t) = a + h_1(t)$ stellt stets die Ursache und die Ausgangsfunktion $f_a(t) = f[f_e(t)] = f[a + h_1(t)]$ die Wirkung dar. Die Ausgangsfunktion enthält den konstanten Anteil

$$X_0 = f(a) + T\frac{h_1^2}{4}$$

sowie die Wechselgrößen

$$x_1(t) = \left(Sh_1 + W\frac{h_1^3}{8}\right)\cos(\omega_1 t) \quad \text{1. Harmonische,}$$

$$x_2(t) = T\frac{h_1^2}{4}\cos(2\omega_1 t) \quad \text{2. Harmonische,} \qquad (10.5)$$

$$x_3(t) = W\frac{h_1^3}{24}\cos(3\omega_1 t) \quad \text{3. Harmonische.}$$

Wird die Reihe fortgesetzt, so erhält man auch die höheren Harmonischen. Verallgemeinert man die Ergebnisse, so gilt:

An Bauelementen mit nichtlinearer Kennlinie treten stets neue Frequenzen auf, die ganze Vielfache der Ausgangsfrequenz ω_1 sind.

Ist die Kennlinie eine Gerade, dann sind die höheren Ableitungen T, W usw. Null, und es entstehen keine neuen Frequenzen.

Außer den neuen Frequenzen ruft eine nichtlineare Kennlinie in der Regel auch eine Gleichrichterwirkung hervor. Dem konstanten Wert $f(a)$ ist noch ein sogenannter Richtwert überlagert, der sich bei Berücksichtigung der ersten vier Glieder der Reihe zu

$$X_R = T\frac{h_1^2}{4}$$

berechnet.

Wenn die Funktion $f(x)$ nicht bekannt ist, können die Amplituden der einzelnen Harmonischen mit Hilfe eines grafischen Verfahrens ermittelt werden.

Beispiel 10.2

Eine elektrische Schaltung soll mit einer kosinusförmigen Wechselspannung $u_e(t) = 1{,}2$ V $\cos(\omega_1 t)$ ausgesteuert werden. Es wird zur Vereinfachung angenommen, daß die nichtlineare Strom-Spannungs-Kennlinie der Schaltung der Funktion $I = 10$ (mA/V^3) U^3 gehorcht.

Wie groß ist der Strom, der durch die Schaltung fließt, wenn der Arbeitspunkt a) durch $U_A = 0$ und b) durch $U_A = 1{,}5$ V festgelegt wird?

Lösung

Die Berechnung erfolgt mit den Gln. (10.4) bzw. (10.5). Für die Größe a in den Berechnungsgleichungen ist die Spannung U_A einzusetzen, und $f(a)$ stellt den Strom im Arbeitspunkt, $I_A = 10$ (mA/V^3) U_A^3, dar. Die U,I-Kennlinie wird in beiden Richtungen um den Arbeitspunkt maximal mit der Spannungsamplitude $h_1 = \hat{U}_e = 1{,}2$ V ausgesteuert.

Zur Berechnung des Richtstromes und der Harmonischen werden zuerst die Steilheit S, die Krümmung T und die Krümmungsänderung W im Arbeitspunkt berechnet:

$$S = \frac{dI}{dU} = 30 \frac{\text{mA}}{\text{V}^3} U_A^2; \quad T = \frac{d^2I}{dU^2} = 60 \frac{\text{mA}}{\text{V}^3} U_A;$$

$$W = \frac{d^3I}{dU^3} = 60 \frac{\text{mA}}{\text{V}^3}.$$

a) Für $U_A = 0$ erhält man:

Strom im Arbeitspunkt

$$I_A = 10 \frac{\text{mA}}{\text{V}^3} U_A^3 = 0,$$

$$S = 30 \frac{\text{mA}}{\text{V}^3} (0 \text{ V})^2 = 0; \quad T = 60 \frac{\text{mA}}{\text{V}^3} (0 \text{ V}) = 0; \quad W = 60 \frac{\text{mA}}{\text{V}^3};$$

1. Harmonische

$$i_1(t) = \left(Sh_1 + W \frac{h_1^3}{8}\right) \cos(\omega_1 t) = \left[0 + 60 \frac{\text{mA}}{\text{V}^3} \frac{(1{,}2 \text{ V})^3}{8}\right] \cos(\omega_1 t),$$

$$i_1(t) = 12{,}96 \text{ mA} \cos(\omega_1 t);$$

3. Harmonische

$$i_3(t) = W \frac{h_1^3}{24} \cos(3\omega_1 t) = 60 \frac{\text{mA}}{\text{V}^3} \frac{(1{,}2 \text{ V})^3}{24} \cos(3\omega_1 t) = 4{,}32 \text{ mA} \cos(3\omega_1 t).$$

Da S und T im gegebenen Arbeitspunkt Null sind, gibt es keinen Richtstrom, und die 2. Harmonische fehlt ebenfalls. Es fließt der Strom

$$i_a(t) = 12{,}96 \text{ mA} \cos(\omega_1 t) + 4{,}32 \text{ mA} \cos(3\omega_1 t).$$

b) Für $U_A = 1{,}5$ V ergibt sich folgendes:

Strom im Arbeitspunkt

$$I_A = 10 \frac{\text{mA}}{\text{V}^3} (1{,}5 \text{ V})^3 = 33{,}7 \text{ mA},$$

$$S = 30 \frac{\text{mA}}{\text{V}^3} (1{,}5 \text{ V})^2 = 67{,}5 \frac{\text{mA}}{\text{V}}; \quad T = 60 \frac{\text{mA}}{\text{V}^3} 1{,}5 \text{ V} = 90 \frac{\text{mA}}{\text{V}^2};$$

$$W = 60 \frac{\text{mA}}{\text{V}^3};$$

Richtstrom

$$I_R = T \frac{h_1^2}{4} = 90 \frac{\text{mA}}{\text{V}^2} \frac{(1{,}2 \text{ V})^2}{4} = 32{,}4 \text{ mA};$$

1. Harmonische

$$i_1(t) = \left[67{,}5 \frac{\text{mA}}{\text{V}} 1{,}2 \text{ V} + 60 \frac{\text{mA}}{\text{V}^3} \frac{(1{,}2 \text{ V})^3}{8}\right] \cos(\omega_1 t) = (81 \text{ mA} + 13 \text{ mA}) \cos(\omega_1 t),$$

$$i_1(t) = 94 \text{ mA} \cos(\omega_1 t);$$

2. Harmonische
$$i_2(t) = T\frac{h_1^2}{4}\cos(2\omega_1 t) = 32{,}4 \text{ mA} \cos(2\omega_1 t);$$

3. Harmonische
$$i_3(t) = 60\,\frac{\text{mA}}{\text{V}^3}\,\frac{(1{,}2\text{ V})^3}{24}\cos(3\omega_1 t),$$

$$i_3(t) = 4{,}3 \text{ mA} \cos(3\omega_1 t).$$

Es fließt der Strom

$$i_a(t) = 66{,}1 \text{ mA} + 94 \text{ mA} \cos(\omega_1 t) + 32{,}4 \text{ mA} \cos(2\omega_1 t) + 4{,}3 \text{ mA} \cos(3\omega_1 t).$$

Für das Beispiel wurde angenommen, daß die relativ einfache Funktion $I = 10\,(\text{mA}/\text{V}^3)\,U^3$ für die gesamte Kennlinie Gültigkeit besitzt. Die Kennlinien realer Schaltungen lassen sich meistens nur für bestimmte Intervalle durch unkomplizierte Funktionen darstellen. Zur Entwicklung in eine Taylor-Reihe genügt es aber auch, wenn die Funktion im Aussteuerungsbereich der Kennlinie Gültigkeit besitzt.

10.3.3. Weitere Berechnungsverfahren

Ein wichtiges Verfahren zur Berechnung nichtsinusförmiger Spannungen und Ströme ist die Laplace-Transformation. Während die Anwendbarkeit der Fourier-Analyse auf die Berechnung des eingeschwungenen Zustandes periodischer Spannungen und Ströme beschränkt ist, eignet sich die Laplace-Transformation besonders zur Berechnung von Einzelimpulsen und Schaltvorgängen. Sie wird im Abschn. 11. ausführlich behandelt.

Im Abschn. 10.3.1. wurde gezeigt, daß sich nichtsinusförmige, aber periodische Spannungen und Ströme stets durch eine Summe harmonischer Schwingungen darstellen lassen. Derartige Funktionen besitzen ein sogenanntes diskretes Frequenzspektrum mit den Frequenzen $\nu\omega_1$ mit $\nu = 0, 1, 2, 3, \ldots, n, \ldots$ und $\omega_1 = \text{konst}$. Die Analyse nichtperiodischer Schwingungen, z. B. von Einzelimpulsen, führt dagegen auf ein kontinuierliches Frequenzspektrum, das prinzipiell alle Frequenzen von Null bis unendlich enthält.

Das Laplace-Integral ist eine Frequenz- bzw. Spektralfunktion zur Darstellung von Frequenzspektren mit Hilfe einer Funktionaltransformation (s. Abschn. 11.). Häufig verwendet man zur Frequenzdarstellung auch das Fourier-Integral. Es kann mit der Fourier-Reihe verglichen werden. An die Stelle des Summenzeichens bei der Fourier-Reihe tritt beim Fourier-Integral das Integralzeichen, und die diskreten Frequenzen $\nu\omega_1$ ($\nu = 0, 1, 2, 3, \ldots, n, \ldots;\ \omega_1 = \text{konst.}$) werden durch die zwischen 0 und ∞ variable Frequenz ω ersetzt.

Die Kenntnis des Amplitudenspektrums (Amplitude als Funktion der Frequenz, siehe Abschn. 10.4.) von Spannungen und Strömen ist für die Dimensionierung von Schaltungen von außerordentlicher Bedeutung. Ein Signal wird in einem Übertragungsnetzwerk um so weniger verformt, je gleichmäßiger seine einzelnen Frequenzkomponenten übertragen werden. Für den rechteckförmigen Einzelimpuls ist das Amplitudenspektrum in Tafel 10.2 dargestellt. Daraus ist zu erkennen, daß die Schwingungen mit den größten Amplituden im Frequenzbereich $0 \leq f \leq 1/T$ liegen. Für eine einigermaßen verzerrungsarme Übertragung sind folglich für einen Impuls mit 1 ms Dauer ein Frequenzband von mindestens 0 … 1 kHz, für kürzere Impulse entsprechend breitere Frequenzbänder von 0 … f' erforderlich.

Im Rahmen dieses Buches ist es nicht möglich, alle Verfahren zur Berechnung nichtsinusförmiger Spannungen und Ströme zu beschreiben. Der über das hier Dargestellte hinaus interessierte Leser wird daher auf die spezielle Fachliteratur verwiesen.

10.4. Darstellung nichtsinusförmiger Spannungen und Ströme

Es bestehen folgende Möglichkeiten der Darstellung nichtsinusförmiger Spannungen und Ströme:
1. Liniendiagramm,
2. gleichungsmäßige Darstellung,
3. Zeigerbild,
4. Spektraldiagramm.

Das Liniendiagramm (s. z.B. Tafel 10.2, 1. Spalte) liefert ein anschauliches Bild der Gesamtfunktion. Es hat aber den Nachteil, daß nicht ohne weiteres der Anteil der einzelnen Harmonischen an der Gesamtschwingung abgelesen werden kann.

Die mathematische Schreibweise wurde ausführlich im Abschn. 10.3. behandelt.

Eine Symbolisierung durch rotierende Zeiger ist nur bedingt möglich. Da lediglich reine Sinusgrößen durch Zeiger dargestellt werden können, müßte jede Harmonische durch einen anderen Zeiger wiedergegeben werden. Wegen der unterschiedlichen Frequenzen der einzelnen Harmonischen hätte jeder Zeiger eine andere Umlaufgeschwindigkeit. Solche Zeigerbilder werden deshalb leicht unübersichtlich, so daß sie nur selten zur Darstellung nichtsinusförmiger Größen herangezogen werden.

Der ruhende Zeiger kann auf gar keinen Fall eingeführt werden, da bei dieser Darstellung gleiche Frequenz für alle Zeiger vorausgesetzt wird (s. Abschn. 4.1.). Man kann also feststellen, daß dem bei sinusförmigen Größen gleicher Frequenz so vorteilhaften Zeigerbild hier keine besondere Bedeutung zukommt.

Eine einfache und übersichtliche Darstellung ermöglicht das Spektraldiagramm (siehe Tafel 10.2, 3. Spalte). Man trägt Amplitude (Amplitudenspektrum) bzw. Phasenwinkel (Phasenspektrum) als Funktion der Frequenz oder Winkelfrequenz auf. Das Spektraldiagramm gibt eine gute Übersicht über den Anteil der einzelnen Harmonischen an der Gesamtschwingung.

Beispiel 10.3

Für die Spannung $u = 2\,\text{V} \sin(\omega_1 t) + 0{,}5\,\text{V} \sin(2\omega_1 t + 30°) + 0{,}1\,\text{V} \cos(4\omega_1 t)$ sollen das Amplituden- und das Phasenspektrum gezeichnet werden!

Lösung

Die Amplituden der einzelnen Harmonischen (2 V; 0,5 V; 0,1 V), die für das Amplitudenspektrum notwendig sind, können direkt aus der vorgegebenen Zeitfunktion abgelesen werden.

Die Phasenwinkel sind nicht unmittelbar vergleichbar. Man muß erst einen gemeinsamen Bezugspunkt schaffen, indem alle Teilspannungen durch Sinus- oder durch Kosinusfunktionen dargestellt werden:

$$u = 2\,\text{V} \sin(\omega_1 t) + 0{,}5\,\text{V} \sin(2\omega_1 t + 30°) + 0{,}1\,\text{V} \sin(4\omega_1 t + 90°).$$

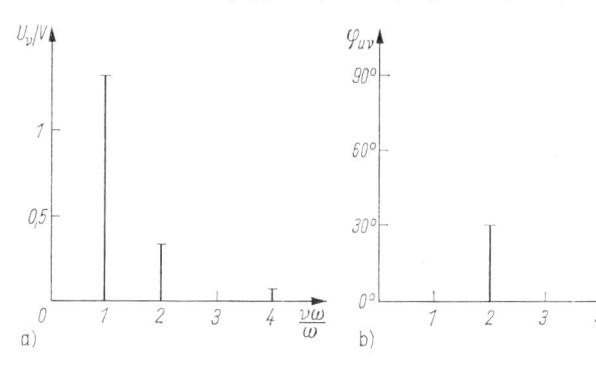

Bild 10.6
Spektraldiagramme zur Lösung von Beispiel 10.3
a) Amplitudenspektrum
b) Phasenspektrum

Mit den Nullphasenwinkeln (0; 30°; 90°) kann man das Phasenspektrum zeichnen (s. Bild 10.6). In den meisten Fällen genügt die Kenntnis des Amplitudenspektrums; denn von den Amplituden der einzelnen Harmonischen ist es abhängig, wie viele Oberwellen bei der Schaltungsberechnung berücksichtigt werden müssen.

10.5. Kenngrößen nichtsinusförmiger Spannungen und Ströme

10.5.1. Effektivwert

Der Effektivwert ist der quadratische Mittelwert einer periodischen Größe. Die Mittelwertbildung kann durch Integration erfolgen (s. Abschn. 1.6.2.3.):

$$X = \sqrt{\frac{1}{T} \int_{t}^{t+T} x(t)^2 \, dt}. \tag{10.6}$$

Ist

$$x(t) = X_0 + \hat{X}_1 \sin(\omega t + \varphi_{x1}) + \hat{X}_2 \sin(2\omega t + \varphi_{x2}) + \ldots,$$

dann lautet Gl. (10.6) nach Lösung des Integrals

$$X = \sqrt{X_0^2 + \frac{\hat{X}_1^2}{2} + \frac{\hat{X}_2^2}{2} + \ldots} \tag{10.7}$$

Setzt man in Gl. (10.7) für $\hat{X}/\sqrt{2} = X$, so folgt

$$X = \sqrt{X_0^2 + X_1^2 + X_2^2 + \ldots} = \sqrt{\sum_{\nu=0}^{n} X_\nu^2}. \tag{10.8}$$

Der Effektivwert ist von den Nullphasenwinkeln der einzelnen Harmonischen und deren Frequenz unabhängig.

Beispiel 10.4

Der Effektivwert der Spannungen u_1, u_2 und u_3 soll bestimmt werden:

$$u_1 = 200 \text{ V} \sin(\omega_1 t) + 80 \text{ V} \sin(2\omega_1 t),$$
$$u_2 = 200 \text{ V} \sin(\omega_1 t) + 80 \text{ V} \cos(2\omega_1 t),$$
$$u_3 = 200 \text{ V} \sin(\omega_1 t) + 80 \text{ V} \sin(3\omega_1 t).$$

Lösung

Der Effektivwert der Gesamtschwingung ist nur von den Amplitudenwerten der Teilspannungen, nicht aber von deren Phasenlage oder Frequenz abhängig. Alle drei Spannungen haben daher den gleichen Effektivwert.

$$U = \sqrt{\left(\frac{200 \text{ V}}{\sqrt{2}}\right)^2 + \left(\frac{80 \text{ V}}{\sqrt{2}}\right)^2} = 152 \text{ V}.$$

10.5.2. Verzerrung

Im Abschn. 10.3.1. wurde gezeigt, daß sich alle periodischen nichtsinusförmigen Größen auf harmonische Sinusschwingungen zurückführen lassen. Man kann somit die Sinusschwingung als Grundform jeder periodischen Schwingung ansehen und unter der Bezeichnung „verzerrte Größen" alle periodischen nichtsinusförmigen Größen zusammenfassen.

Anzahl und Größe der Oberwellen sind ein Maß für die Verzerrungen. Nachfolgend werden die wichtigsten Definitionen angeführt:

Klirrfaktor oder *Klirrgrad k*

$$k = \frac{\text{Effektivwert aller Oberschwingungen}}{\text{Effektivwert aller Harmonischen}},$$

Spannungsklirrfaktor k_u

$$k = \sqrt{\frac{U_2^2 + U_3^2 + U_4^2 + \ldots}{U_1^2 + U_2^2 + U_3^2 + U_4^2 + \ldots}}, \qquad (10.9\,\text{a})$$

Stromklirrfaktor k_i

$$k_i = \sqrt{\frac{I_2^2 + I_3^2 + I_4^2 + \ldots}{I_1^2 + I_2^2 + I_3^2 + I_4^2 + \ldots}}. \qquad (10.9\,\text{b})$$

Anstelle der Effektivwerte kann man auch die Amplituden einsetzen. Da alle Harmonischen Sinusgrößen sind, ist

$$U_\nu^2 = \left(\frac{\hat{U}_\nu}{\sqrt{2}}\right)^2 = \frac{\hat{U}_\nu^2}{2}.$$

Der Faktor „2" tritt in Gl.(10.9) im Zähler und im Nenner auf und kann daher gekürzt werden. Der Klirrfaktor ist unabhängig von Gleichspannungs- oder Gleichstromanteilen. Bei reiner Sinusspannung ist $k = 0$. Bei Musikübertragungen (z. B. Rundfunkempfänger) ist ein Klirrfaktor von 10% gerade noch erträglich, während für höhere Ansprüche $k \leq 2\%$ sein muß. Ein Maß für die Abweichung von der Sinusform sind auch der Formfaktor k_f und der Scheitelfaktor k_s. Beide wurden bereits im Abschn. 1.6.2.4. eingeführt. Bei Sinusgrößen ist $k_f = 1,11$ und $k_s = \sqrt{2}$, während bei nichtsinusförmigen Spannungen und Strömen im allgemeinen andere Werte auftreten. Der Formfaktor ist u.a. auch bei der Eichung elektrischer Meßinstrumente von Bedeutung.

Beispiel 10.5

Wie groß ist der Klirrfaktor des Stromes

$$i = 176\,\text{mA} + 152\,\text{mA}\sin(\omega_1 t) + 12\,\text{mA}\sin(3\omega_1 t - 34°) + 4\,\text{mA}\sin(5\omega_1 t - 56°)?$$

Lösung

Zur Bestimmung des Klirrfaktors hat nur der Wechselstromanteil

$$i' = 152\,\text{mA}\sin(\omega_1 t) + 12\,\text{mA}\sin(3\omega_1 t - 34°) + 4\,\text{mA}\sin(5\omega_1 t - 56°)$$

Bedeutung.

$$k_i = \sqrt{\frac{12^2 + 4^2}{152^2 + 12^2 + 4^2}} = 0{,}0829 = 8{,}29\%.$$

Im Gegensatz zu der Verzerrung, die als Abweichung von der Sinusform definiert worden ist, kann man die Verzerrung auch als Abweichung von einer nichtsinusförmigen Ursprungsform auffassen. Ein Impuls gilt als verzerrt, wenn er am Ausgang der Schaltung eine unerwünschte Abweichung von seiner Form am Eingang der Schaltung aufweist.

Eine besondere Bedeutung für die Praxis haben Rechteckimpulse. Bedingt durch die Einwirkung von Blindschaltelementen und Bauelementen mit nichtlinearer Kennlinie sind sie in idealer Form, d.h. mit unendlich steilen Flanken, nicht realisierbar. Die ansteigende und die abfallende Flanke sind stets von endlicher Dauer. Diese Abweichung von der idealen Rechteckform wird durch die Anstiegs- und Abfallzeit (s. Bild 10.7) charakterisiert. Die Anstiegs- und die Abfallzeit sind folglich nach der oben gegebenen Definition als Kenngrößen für die Verzerrung eines idealen Rechteckimpulses anzusehen.

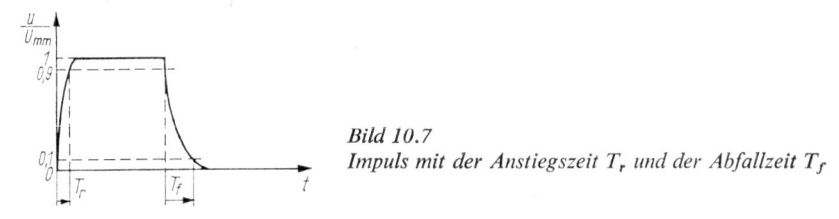

Bild 10.7
Impuls mit der Anstiegszeit T_r und der Abfallzeit T_f

Nach TGL 22112 ist

„– die *Anstiegszeit* eines Impulses die Zeit, die zwischen Erreichen von 10% und 90% des Höchstwertes an der ansteigenden Flanke vergeht.

$$T_r = t_{0,9} - t_{0,1}. \tag{10.10}$$

– die *Abfallzeit* eines Impulses die Zeit, die zwischen Erreichen von 90% und 10% des Höchstwertes an der abfallenden Flanke vergeht.

$$T_f = t_{0,1} - t_{0,9}.\text{"} \tag{10.11}$$

10.6. Leistung nichtsinusförmiger Spannungen und Ströme

Die *Scheinleistung* ist das Produkt der Effektivwerte von Spannung und Strom:

$$S = UI. \tag{10.12}$$

Für periodische Schwingungen kann man die Gesamtspannung und den Gesamtstrom nach Gl. (10.8) durch ihre Harmonischen ausdrücken:

$$S = \sqrt{\sum_{\nu=0}^{n} U_\nu^2 \sum_{\nu=0}^{n} I_\nu^2}. \tag{10.13}$$

Die im Abschn. 5.2.1. gegebene Definition der *Wirkleistung* gilt auch für nichtsinusförmige Größen. Die Wirkleistung ist der lineare Mittelwert des Augenblickswertes der Leistung $p(t) = u(t)\,i(t)$.

$$P = \frac{1}{T} \int_t^{t+T} u(t)\,i(t)\,\mathrm{d}t \tag{10.14}$$

Wirkleistung tritt immer nur an reellen Widerständen auf. Folglich läßt sich in Gl. (10.14) für $u(t) = i(t)\,R$ bzw. für $i(t) = (u(t)/R)$ setzen. Unter Beachtung der Gl. (10.6) ergibt sich auch für nichtsinusförmige Spannungen und Ströme

$$P = \frac{U^2}{R} = I^2 R. \tag{10.15}$$

10.6. Leistung nichtsinusförmiger Spannungen und Ströme

Setzt man in Gl. (10.14) für

$$u(t) = U_0 + \hat{U}_1 \sin(\omega_1 t + \varphi_{u1}) + \hat{U}_2 \sin(2\omega_1 t + \varphi_{u2}) + \ldots,$$

$$i(t) = I_0 + \hat{I}_1 \sin(\omega_1 t + \varphi_{i1}) + \hat{I}_2 \sin(2\omega_1 t + \varphi_{i2}) + \ldots,$$

so erhält man nach Lösung des Integrals

$$P = U_0 I_0 + \frac{\hat{U}_1 \hat{I}_1}{2} \cos(\varphi_{u1} - \varphi_{i1}) + \frac{\hat{U}_2 \hat{I}_2}{2} \cos(\varphi_{u2} - \varphi_{i2}) + \ldots$$

oder

$$P = U_0 I_0 + U_1 I_1 \cos \varphi_1 + U_2 I_2 \cos \varphi_2 + \ldots$$

$$= U_0 I_0 + \sum_{\nu=1}^{n} U_\nu I_\nu \cos \varphi_\nu. \tag{10.16}$$

Dabei ist $\varphi_\nu = \varphi_{u\nu} - \varphi_{i\nu}$ für $\nu = 1, 2, 3, \ldots, n$ der Phasenverschiebungswinkel zwischen Spannung und Strom der einzelnen Harmonischen.

Die Wirkleistung nichtsinusförmiger Spannungen und Ströme setzt sich aus der Summe der Wirkleistungen des Gleichstromes und der einzelnen Harmonischen zusammen. Ströme und Spannungen von verschiedenen Harmonischen rufen keine Wirkleistung hervor.

Der *Leistungsfaktor* λ ist auch für nichtsinusförmige Schwingungen als Quotient von Wirk- und Scheinleistung definiert:

$$\lambda = \frac{P}{S}. \tag{10.17}$$

Formal läßt sich die Scheinleistung nichtsinusförmiger Spannungen und Ströme in Einzelkomponenten zerlegen. Außer der Wirk- und Blindleistung wird eine sogenannte Verzerrungsleistung definiert. Durch Umformung folgt aus Gl. (10.13)

$$S = \sqrt{\sum_{\nu=0}^{n} U_\nu^2 I_\nu^2 + \sum_{\substack{k,l=0 \\ k \neq l}}^{n} U_k^2 I_l^2}.$$

Durch Multiplikation des ersten Summanden unter der Wurzel mit $(\cos^2 \varphi_\nu + \sin^2 \varphi_\nu) = 1$ erhält man

$$S = \sqrt{\sum_{\nu=0}^{n} U_\nu^2 I_\nu^2 \cos^2 \varphi_\nu + \sum_{\nu=0}^{n} U_\nu^2 I_\nu^2 \sin^2 \varphi_\nu + \sum_{\substack{k,l=0 \\ k \neq l}}^{n} U_k^2 I_l^2}.$$

Nun wird der erste Summand unter der Wurzel wie folgt ersetzt:

$$\sum_{\nu=0}^{n} U_\nu^2 I_\nu^2 \cos^2 \varphi_\nu = \left[\sum_{\nu=0}^{n} U_\nu I_\nu \cos \varphi_\nu \right]^2 - \sum_{\substack{k,l=0 \\ k \neq l}}^{n} 2 U_k I_k U_l I_l \cos \varphi_k \cos \varphi_l.$$

Die Gleichung für die Scheinleistung lautet dann

$$S = \sqrt{\left[\sum_{\nu=0}^{n} U_\nu I_\nu \cos \varphi_\nu \right]^2 + \sum_{\nu=0}^{n} U_\nu^2 I_\nu^2 \sin^2 \varphi_\nu + \sum_{\substack{k,l=0 \\ k \neq l}}^{n} U_k^2 I_l^2}$$

$$\overline{- \sum_{\substack{k,l=0 \\ k \neq l}}^{n} 2 U_k I_k U_l I_l \cos \varphi_k \cos \varphi_l}.$$

258   *10. Stromkreise mit nichtsinusförmigen Spannungen und Strömen*

Mit der Definition

$$S = \sqrt{P^2 + Q^2 + S_V^2} \qquad (10.18)$$

ergeben sich folgende Einzelkomponenten der Leistung:

$$P = \sum_{\nu=0}^{n} U_\nu I_\nu \cos \varphi_\nu, \qquad (10.19)$$

$$Q = \sqrt{\sum_{\nu=0}^{n} U_\nu^2 I_\nu^2 \sin^2 \varphi_\nu}, \qquad (10.20)$$

$$S_V = \sqrt{\sum_{\substack{k,l=0 \\ k \neq l}}^{n} (U_k^2 I_l^2 - 2 U_k I_k U_l I_l \cos \varphi_k \cos \varphi_l)}. \qquad (10.21)$$

Die so definierten Größen können durch Zeiger im räumlichen Koordinatensystem dargestellt werden (s. Bild 10.8). Zwischen den Zeigern für P, Q und S_V ergeben sich Winkel von 90°.

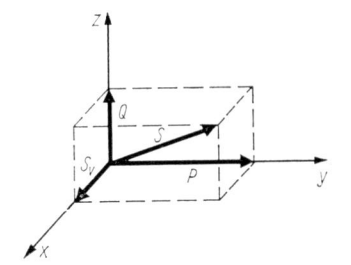

Bild 10.8
Darstellung der Leistung durch Zeiger im räumlichen, rechtwinkligen Koordinatensystem

Die Verzerrungsleistung S_V tritt nur bei mehrwelligen Spannungen bzw. Strömen auf; sie ist physikalisch gesehen eine Blindleistung. Mit den Gln. (10.20) und (10.21) unterscheidet man lediglich zwischen der durch Blindschaltelemente L oder C hervorgerufenen Blindleistung Q und der durch Oberwellen bedingten Blindleistung, genannt Verzerrungsleistung S_V.

Beispiel 10.6

Am Eingang der im Bild 10.9 dargestellten Gleichrichterschaltung liegt die Spannung $u(t) = 6 \text{ V} \sin(\omega_1 t)$. Der Lastwiderstand R hat einen Widerstand von 400 Ω. Der Gleichrichter wird als ideal angenommen; sein Durchlaßwiderstand ist damit Null und der Sperrwiderstand unendlich.

Zu ermitteln sind die Spannungen $u_R(t)$, U_R, der Strom I, die Leistung am Widerstand R und die aufgenommene Gesamtleistung!

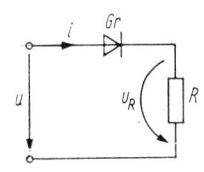

Bild 10.9
Gleichrichterschaltung zum Beispiel 10.6

Lösung

Es tritt eine Einpulsgleichrichtung ein. Spannung und Strom am Widerstand R verlaufen deshalb als Sinushalbwellen. Die Darstellung durch eine Fourier-Reihe ist in Tafel 10.2, Nr. 5, angegeben. Mit $A = 6 \text{ V}$ folgt

$$u_R(t) = \frac{6 \text{ V}}{\pi} + 3 \text{ V} \sin(\omega_1 t) - \frac{4 \text{ V}}{\pi} \cos(2\omega_1 t) - \frac{4 \text{ V}}{5\pi} \cos(4\omega_1 t) + \ldots,$$

$$u_R(t) = 1{,}91 \text{ V} + 3 \text{ V} \sin(\omega_1 t) - 1{,}27 \text{ V} \cos(2\omega_1 t) - 0{,}25 \text{ V} \cos(4\omega_1 t) + \ldots$$

Den Effektivwert erhält man mit Hilfe von Gl.(10.7):

$$U_R \approx \sqrt{1{,}91^2\,\text{V}^2 + \frac{3^2}{2}\,\text{V}^2 + \frac{1{,}27^2}{2}\,\text{V}^2 + \frac{0{,}25^2}{2}\,\text{V}^2} \approx 3\,\text{V}.$$

Der Strom berechnet sich zu

$$i(t) = \frac{u_R(t)}{R} = 4{,}78\,\text{mA} + 7{,}5\,\text{mA}\sin(\omega_1 t) - 3{,}2\,\text{mA}\cos(2\omega_1 t) - 0{,}63\,\text{mA}\cos(4\omega_1 t),$$

$$I = \sqrt{(4{,}78\,\text{mA})^2 + \left(\frac{7{,}5}{\sqrt{2}}\,\text{mA}\right)^2 + \left(\frac{3{,}2}{\sqrt{2}}\,\text{mA}\right)^2 + \left(\frac{0{,}63}{\sqrt{2}}\,\text{mA}\right)^2} = 7{,}5\,\text{mA}.$$

Da an ohmschen Widerständen nur Wirkleistung auftritt, erhält man die Leistung an R nach Gl.(10.15):

$$P_R = \frac{U_R^2}{R} = \frac{(3\,\text{V})^2}{400\,\Omega} = 22{,}5\,\text{mW}.$$

Das gleiche Ergebnis liefert Gl.(10.19): Da die Spannung $u(t)$ eine reine Sinusspannung ist, wird die Wirkleistung nur durch die Grundschwingungen von Spannung und Strom hervorgerufen. Folglich muß man in Gl.(10.19) $\nu = 1$ setzen und erhält $P_R = U_1 I_1 \cos\varphi_1$. Da keine Blindschaltelemente vorhanden sind, ist $\varphi_1 = 0$. Somit wird schließlich

$$P_R = \frac{6\,\text{V}}{\sqrt{2}}\,\frac{7{,}5\,\text{mA}}{\sqrt{2}} = 22{,}5\,\text{mW}.$$

Die Gesamtleistung S_{ges} setzt sich aus der Wirkleistung P_R und der durch das nichtlineare Bauelement Diode verursachten Verzerrungsleistung S_V zusammen.

Die Verzerrungsleistung wird mit Gl.(10.21) bestimmt. Da lediglich die Grundschwingung vorhanden ist, kann man $U_k = U_1$ setzen; U_l ist nicht vorhanden. Für den Strom ergeben sich unter der Bedingung $l \neq k$ die Anteile $I_0, I_2, I_4, \ldots$ Unter dieser Bedingung lautet Gl.(10.21)

$$S_V \approx \sqrt{U_1^2 (I_0^2 + I_2^2 + I_4^2 + \ldots)},$$

$$S_V \approx \sqrt{\left(\frac{6\,\text{V}}{\sqrt{2}}\right)^2 \left[(4{,}78\,\text{mA})^2 + \left(\frac{3{,}2}{\sqrt{2}}\,\text{mA}\right)^2 + \left(\frac{0{,}63}{\sqrt{2}}\,\text{mA}\right)^2\right]} = 22{,}5\,\text{mVA}.$$

Da die Schaltung keine Blindschaltelemente enthält, ist in Gl.(10.20) $\varphi_v = 0$, $\sin\varphi_v = 0$, und es tritt kein Blindleistungsanteil Q auf.

Am einfachsten läßt sich die Gesamtleistung mit Gl.(10.18) bestimmen:

$$S_{\text{ges}} = \sqrt{P_R^2 + S_V^2} = 31{,}8\,\text{mVA}.$$

Mit Gl.(10.13) erhält man die Scheinleistung S_{ges} aus den bekannten Werten für Spannung und Strom. Von der Spannung existiert nur die Grundschwingung, $\sum\limits_{\nu=1}^{n} U_\nu^2 = U_1^2$. Der Strom setzt sich aus den Harmonischen $\sum\limits_{\nu=1}^{n} I_\nu^2 = I_0^2 + I_1^2 + I_2^2 + I_4^2 + \ldots$ zusammen. Gl.(10.13) lautet somit

$$S_{\text{ges}} \approx \sqrt{U_1^2 (I_0^2 + I_1^2 + I_2^2 + I_4^2)} = \sqrt{U_1^2 I^2},$$

und man erhält die Scheinleistung

$$S_{\text{ges}} \approx \sqrt{\left(\frac{6\,\text{V}}{\sqrt{2}}\right)^2 (7{,}5\,\text{mA})^2} = 31{,}8\,\text{mVA}.$$

10.7. Verhalten linearer Schaltelemente bei nichtsinusförmiger Erregung

Schaltelemente mit linearer Kennlinie sind ohmsche Widerstände, Spulen ohne Eisenkern und Kondensatoren. Ihr Widerstand ist nicht strom- oder spannungsabhängig. Ist er jedoch frequenzabhängig, so treten sogenannte lineare Verzerrungen auf.

10. Stromkreise mit nichtsinusförmigen Spannungen und Strömen

Lineare Verzerrungen werden durch Spulen oder Kondensatoren hervorgerufen. Maßgebend für ihre Entstehung ist die bekannte Tatsache, daß der Blindwiderstand ωL der Spule mit wachsender Frequenz zunimmt und der Betrag des Blindwiderstands $1/(\omega C)$ des Kondensators kleiner wird.

Demnach ist bei einer Spule mit nichtsinusförmiger Erregung der Anteil der Oberwellen an der Gesamtschwingung beim Strom geringer als bei der Spannung. Das Verhalten des Kondensators ist genau umgekehrt.

Wird z. B. die Spannung als konstant vor gegeben, so ist der Strom verzerrt. Er hat nicht den gleichen Gehalt an Oberwellen wie die Spannung und dadurch auch einen anderen Klirrfaktor sowie einen anderen Verlauf (siehe Liniendiagramm) (s. Beispiele 10.7 und 10.8).

Die Klirrfaktoren verhalten sich an den einzelnen Schaltelementen wie folgt:

ohmscher Widerstand $\quad k_u = k_i$,
Spule ohne Eisenkern $\quad k_u > k_i$,
Kondensator $\quad k_u < k_i$.

Beispiel 10.7

Eine Stromquelle liefert den konstanten Strom $i = \hat{I}_1 \sin \omega_1 t + \hat{I}_2 \sin(2\omega_1 t)$. $\hat{I}_1 = 2$ mA, $\hat{I}_2 = 0{,}2$ mA, $\omega_1 = 10^4 \, \text{s}^{-1}$. Dieser Strom fließt durch folgende Schaltelemente:

1. ohmscher Widerstand $\quad R = 1 \, \text{k}\Omega$,
2. Spule ohne Eisenkern $\quad L = 100 \, \text{mH}$,
3. Kondensator $\quad C = 0{,}1 \, \mu\text{F}$.

Wie groß sind die Strom- und Spannungsklirrfaktoren in allen drei Fällen?

Lösung

Da ein konstanter Strom eingespeist wird, ist der Stromklirrfaktor in allen drei Fällen gleich groß:

$$k_i = \sqrt{\frac{\hat{I}_2^2}{\hat{I}_1^2 + \hat{I}_2^2}} = 0{,}0993 \approx 0{,}1 = 10\%.$$

Die Spannungsklirrfaktoren werden für die drei Belastungsarten getrennt berechnet. Um k_u zu bestimmen, sind zuerst die Amplituden der harmonischen Teilspannungen zu ermitteln. Man berechnet $\hat{U}_1$ und $\hat{U}_2$ nach dem Prinzip des Überlagerungssatzes.

1. Ohmscher Widerstand: $R = 1 \, \text{k}\Omega$, $\omega_1 = 10^4 \, \text{s}^{-1}$.

   1. Harmonische $\hat{U}_1 = \hat{I}_1 R = 2 \, \text{mA} \cdot 1 \, \text{k}\Omega = 2 \, \text{V}$,
   2. Harmonische $\hat{U}_2 = \hat{I}_2 R = 0{,}2 \, \text{mA} \cdot 1 \, \text{k}\Omega = 0{,}2 \, \text{V}$.

$$k_u = \sqrt{\frac{0{,}2^2}{2^2 + 0{,}2^2}} = 0{,}0993 \approx 0{,}1 = 10\%, \qquad k_u = k_i.$$

2. Spule ohne Eisenkern: $L = 100 \, \text{mH}$, $\omega_1 = 10^4 \, \text{s}^{-1}$.

   1. Harmonische $\hat{U}_1 = \hat{I}_1 \omega_1 L = 2 \, \text{mA} \cdot 1 \, \text{k}\Omega = 2 \, \text{V}$,
   2. Harmonische $\hat{U}_2 = \hat{I}_2 \cdot 2\omega_1 L = 0{,}2 \, \text{mA} \cdot 2 \, \text{k}\Omega = 0{,}4 \, \text{V}$.

$$k_u = \sqrt{\frac{0{,}4^2}{2^2 + 0{,}4^2}} = 0{,}196 = 19{,}6\%, \qquad k_u > k_i.$$

3. Kondensator: $C = 0{,}1 \, \mu\text{F}$, $\omega_1 = 10^4 \, \text{s}^{-1}$.

   1. Harmonische $\hat{U}_1 = \hat{I}_1 (1/\omega_1 C) = 2 \, \text{mA} \cdot 1 \, \text{k}\Omega = 2 \, \text{V}$,
   2. Harmonische $\hat{U}_2 = \hat{I}_2 (1/2\omega_1 C) = 0{,}2 \, \text{mA} \cdot 0{,}5 \, \text{k}\Omega = 0{,}1 \, \text{V}$.

$$k_u = \sqrt{\frac{0{,}1^2}{2^2 + 0{,}1^2}} = 0{,}05 = 5\%, \qquad k_u < k_i.$$

10.7. Verhalten linearer Schaltelemente bei nichtsinusförmiger Erregung

Beispiel 10.8

Die Spannung $u = 3\text{ V} \sin(\omega_1 t) + 1\text{ V} \sin(3\omega_1 t)$ wird nacheinander an einen ohmschen Widerstand, an eine eisenlose Spule und an einen Kondensator gelegt. Alle drei Bauelemente sollen bei der Grundfrequenz ω_1 den Widerstand 1 Ω haben. Es sind die Ströme $i_R(t)$, $i_L(t)$, $i_C(t)$ zu berechnen und im Liniendiagramm darzustellen!

Lösung

Die rechnerische Lösung erfolgt ähnlich wie bei Beispiel 10.7.

1. Ohmscher Widerstand:

$$i_R(t) = 3\text{ A} \sin(\omega_1 t) + 1\text{ A} \sin(3\omega_1 t).$$

2. Spule ohne Eisenkern:

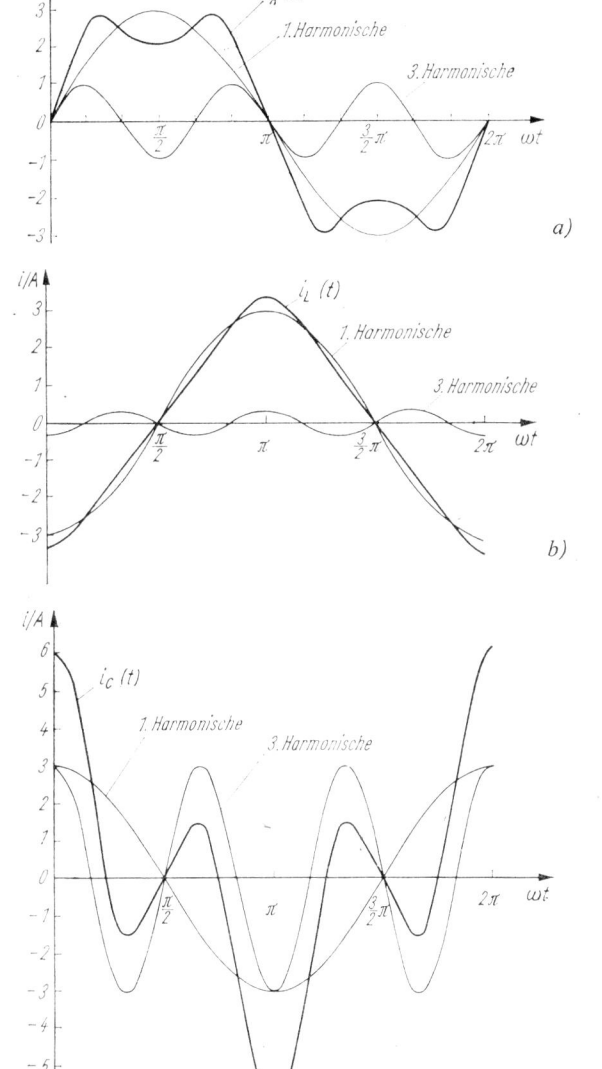

$$i_L(t) = 3\text{ A} \sin(\omega_1 t - 90°) + 0{,}33\text{ A} \sin(3\omega_1 t - 90°).$$

Bild 10.10
Liniendiagramme der Ströme bei Erregung durch mehrwellige Spannung
a) ohmscher Widerstand; b) Spule ohne Eisenkern; c) Kondensator

3. Kondensator:

$$i_C(t) = 3 \text{ A} \sin(\omega_1 t + 90°) + 3 \text{ A} \sin(3\omega_1 t + 90°).$$

Der Strom durch die Spule ist am wenigsten verzerrt. Das kann aus der mathematischen, besser aber noch aus der grafischen Darstellung im Liniendiagramm entnommen werden (s. Bild 10.10). Durch sinnvolles Zusammenschalten von R, L und C erhält man sogenannte Siebschaltungen, mit denen unerwünschte Frequenzen oder Frequenzbereiche unterdrückt werden können.

Beispiel 10.9

Durch Gleichrichtung entsteht prinzipiell eine Mischspannung, d.h. eine Gleichspannung, der harmonische Wechselspannungen überlagert sind. Bei Zweipulsgleichrichtung treten die Harmonischen mit den Frequenzen $v\omega$, $v = 2, 4, 6, \ldots$, (s. Tafel 10.2, Nr. 6) auf. Mit Hilfe von Siebschaltungen kann die pulsierende Gleichspannung geglättet werden. d.h., die Harmonischen werden gegenüber der Gleichspannung unterdrückt.

Für die Siebschaltung im Bild 10.11 soll das Verhältnis von Ausgangs- zu Eingangsspannung U_a/U_e berechnet und grafisch dargestellt werden!

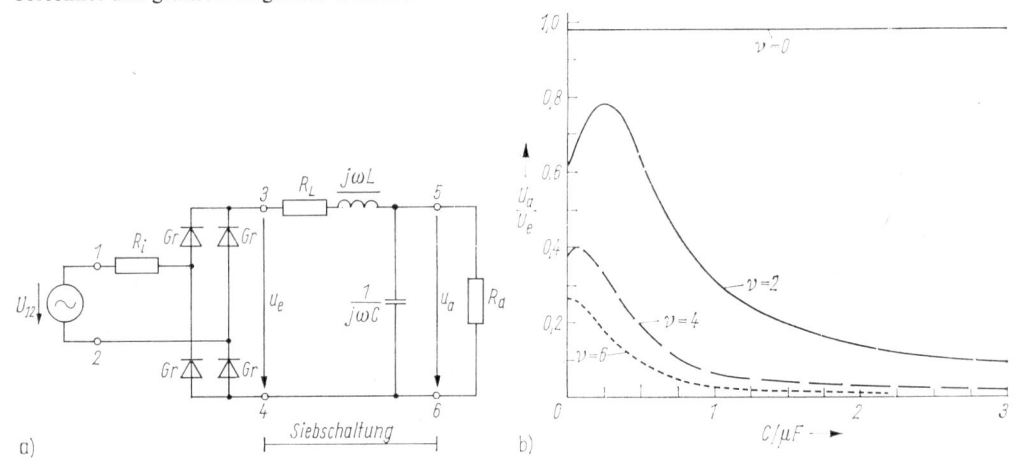

Bild 10.11. Zum Beispiel 10.9
a) Schaltbild; b) Diagramm für $R_L = 0{,}1$ kΩ, $R_a = 5$ kΩ, $L = 10$ H, $f = 50$ Hz

Lösung

Da die Siebschaltung nur lineare Schaltelemente enthält (die Nichtlinearität des Eisenkerns kann vernachlässigt werden, wenn die Aussteuerung im annähernd geradlinigen Kennlinienbereich erfolgt), gilt der Überlagerungssatz. Die Spannungsverhältnisse für die Gleichspannungs- und Wechselspannungsanteile werden getrennt berechnet:

$$\frac{U_{a0}}{U_{e0}} = \frac{R_a}{R_a + R_L} = \frac{5 \text{ k}\Omega}{5 \text{ k}\Omega + 0{,}1 \text{ k}\Omega} = 0{,}98, \tag{10.22}$$

$$\frac{U_{av}}{U_{ev}} = \left| \frac{\dfrac{R_a}{1 + j\omega' C R_a}}{R_L + j\omega' L + \dfrac{R_a}{1 + j\omega' C R_a}} \right|$$

$$= \frac{1}{\left| 1 + \dfrac{R_L}{R_a} - \omega'^2 LC + j\left(\dfrac{\omega' L}{R_a} + \omega' C R_L\right) \right|}$$

$$= \frac{1}{\sqrt{\left(1 + \dfrac{R_L}{R_a} - \omega'^2 LC\right)^2 + \omega'^2 \left(\dfrac{L}{R_a} + C R_L\right)^2}}, \tag{10.23}$$

$$\omega' = v\omega, \quad v = 2, 4, 6.$$

Die aus den Gln. (10.22) und (10.23) resultierenden Ergebnisse sind im Bild 10.11 b grafisch dargestellt. Die Gleichspannung U_{a0} am Ausgang der Schaltung ist nur um 2% kleiner als die Eingangsspannung U_{e0}. Dagegen werden die Harmonischen schon ohne Kondensator, lediglich durch die Siebwirkung der Spule, um 38; 63 bzw. 74% abgeschwächt. Zu beachten ist, daß sich die Ausgangsspannung bei kleinen Kapazitäten zunächst gegenüber dem Fall $C = 0$ erhöht. Diese Erscheinung wird durch die Reihenresonanz der LC-Schaltung hervorgerufen. Erst für $C > 1\,\mu\text{F}$ kommt die Siebwirkung der LC-Schaltung richtig zur Geltung. Die höheren Harmonischen werden grundsätzlich wesentlich stärker unterdrückt, so daß solche Siebschaltungen in der Regel für die niedrigste Harmonische zu dimensionieren sind.

10.8. Verhalten nichtlinearer Schaltelemente bei sinusförmiger Erregung

In den Abschnitten 10.2. und 10.3.2. wurde bereits festgestellt, daß an Bauelementen mit nichtlinearer Kennlinie bei sinusförmiger Erregung Oberschwingungen entstehen. Das heißt, eine sinusförmige Eingangsgröße wird stets in eine nichtsinusförmige, also verzerrte Ausgangsgröße umgewandelt. Im Gegensatz zu den durch Blindschaltelemente hervorgerufenen linearen Verzerrungen (s. Abschn. 10.7.) werden die durch nichtlineare Kennlinien verursachten Verzerrungen als *nichtlineare Verzerrungen* bezeichnet.

Die Berechnung der entstehenden nichtsinusförmigen Spannungen und Ströme kann mittels Entwicklung in eine Taylor-Reihe erfolgen. Häufig wird dieser Weg aber dadurch erschwert, daß es nicht gelingt, die nichtlineare Kennlinie durch eine einigermaßen einfache Funktion darzustellen. Deshalb kommt der grafischen Ermittlung der Spannungen und Ströme eine große Bedeutung zu. Dabei werden die Augenblickswerte der gesuchten Größen mit Hilfe der Kennlinie des Schaltelements Punkt für Punkt aus den dazugehörigen Augenblickswerten der gegebenen Zeitfunktionen konstruiert. Das grafische Lösungsverfahren wird anhand der folgenden Beispiele erläutert.

Beispiel 10.10
Für die im Bild 10.12 dargestellte Schaltung ist bei vorgegebener Spannung $u(t)$ der Strom $i(t)$ grafisch zu bestimmen!

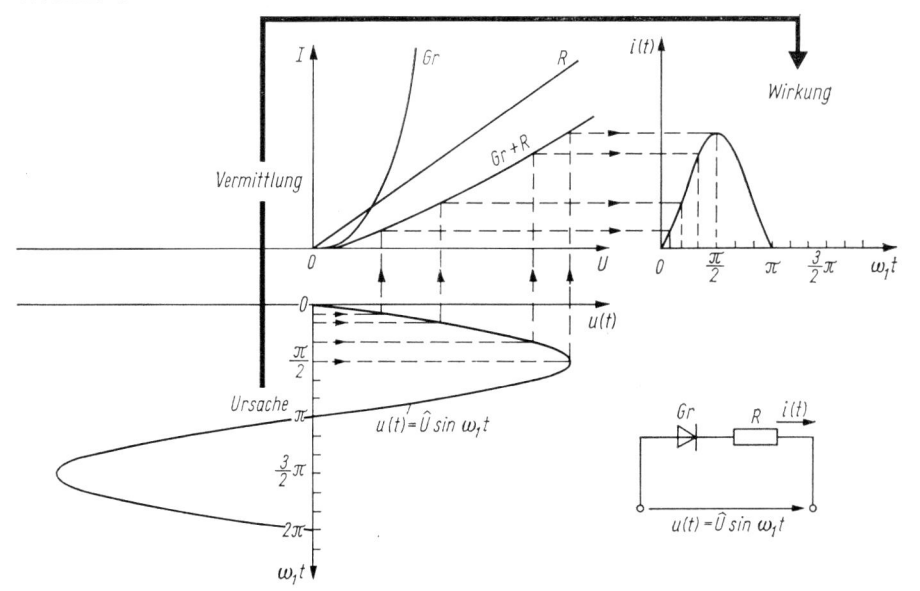

Bild 10.12. Punktweise Ermittlung des Stromes $i(t)$ in einem nichtlinearen Stromkreis bei sinusförmiger Erregerspannung $u(t)$

264 10. Stromkreise mit nichtsinusförmigen Spannungen und Strömen

Lösung

Die Punkt-für-Punkt-Ermittlung der Augenblickswerte des Stromes aus den dazugehörigen Augenblickswerten der Spannung erfolgt anhand der Strom-Spannungs-Kennlinie $(Gr + R)$ für die Reihenschaltung von Diode und Widerstand. Sie ist für $0 \leq \omega t \leq \pi/2$ im Bild 10.12 dargestellt. Bedingt durch die Strom-Spannungs-Charakteristik der Diode ruft nur die positive Halbschwingung der Spannung einen nennenswerten Strom hervor. Es tritt eine Gleichrichtung auf. Wegen der Krümmung der Kennlinie sind die Stromhalbschwingungen nichtsinusförmig. Ihre Abweichung von der Sinusform ist allerdings gering, da durch den gegenüber dem Durchlaßwiderstand der Diode großen Widerstand R eine starke Linearisierung der wirksamen U,I-Kennlinie $(Gr + R)$ der Schaltung zustande kommt.

Beispiel 10.11

Für die im Bild 10.13 dargestellte Spule ist bei vorgegebener Spannung $u(t)$ der Strom $i(t)$ grafisch zu bestimmen!

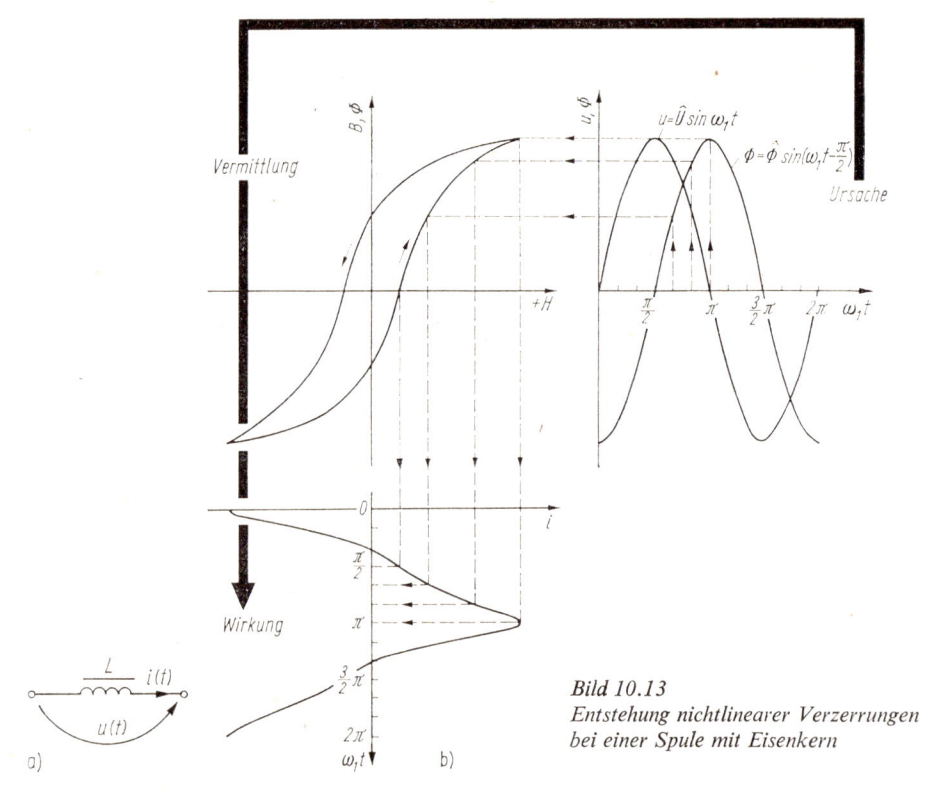

Bild 10.13
Entstehung nichtlinearer Verzerrungen bei einer Spule mit Eisenkern

Lösung

Bei der Spule mit Eisenkern werden die nichtlinearen Verzerrungen durch die Krümmung der Hysteresekurve hervorgerufen.

Bild 7.12 zeigt das vereinfachte Ersatzschaltbild einer Spule mit Eisenkern für mittlere und tiefe Frequenzen. Der Wicklungswiderstand R_{Cu} ist meistens klein gegenüber $R_{Fe} \parallel j\omega_1 L$ und wird deshalb bei den folgenden Betrachtungen vernachlässigt. Unter dieser Voraussetzung ist die Selbstinduktionsspannung der Spule gleich der Klemmenspannung: $u_L = u$. Liegt an den Klemmen der Spule eine sinusförmige Spannung, dann ist nach dem Induktionsgesetz $(u_L = N (d\Phi/dt))$ der magnetische Fluß ebenfalls sinusförmig, jedoch gegenüber u_L um $\pi/2$ phasenverschoben (s. Bild 10.13). Da $\Phi \sim B$ und die magnetische Feldstärke H dem Strom i proportional ist, kann mit Hilfe der Hysteresekurve nach Bild 10.13 der zeitliche Verlauf des Stromes Punkt für Punkt ermittelt werden. Dabei ist der unterschiedliche Kennlinienverlauf bei Zunahme bzw. Abnahme des Magnetflusses zu beachten. Bedingt dadurch, daß die B,H-Kennlinie nicht durch den Koordinatenursprung verläuft, tritt zwischen Φ und i eine Phasenverschiebung auf. Im Beispiel eilt der Strom i dem Magnetfluß Φ um $\pi/6$ voraus. Folglich sind auch Spannung und

Strom nicht um $\pi/2$, sondern um $(\pi/2) - (\pi/6)$ gegeneinander phasenverschoben. Dies ist ein Ausdruck dafür, daß trotz Vernachlässigung der Kupferverluste die Spule nicht nur Blindleistung, sondern auch eine durch die Eisenverluste verursachte Wirkleistung hervorruft.

Bei Transformatoren mit Eisenkern treten ähnliche Verzerrungen auf wie bei Spulen mit Eisenkern. Bei Verwendung eines Eisenkerns mit Luftspalt wird die Magnetisierungskurve linearisiert, und es treten weniger starke Verzerrungen auf. Diese Tatsache ist auch ein Grund dafür, daß bei Ausgangstransformatoren von Verstärkern häufig Eisenkerne mit Luftspalt verwendet werden.

Beispiel 10.12

Für die im Bild 10.14 dargestellte Schaltung sollen bei vorgegebener Spannung $u_1(t)$ der Strom $i(t)$ und die Spannung $u_2(t)$ grafisch ermittelt werden!

Lösung

Die Schaltung wirkt als unbelasteter Spannungsteiler. Da u_1 keinen Gleichspannungsanteil besitzt, werden die Kennlinien gleichmäßig nach beiden Seiten um den Koordinatenursprung herum ausgesteuert. Die Eingangsspannung u_1 liegt an der Reihenschaltung $Z + R$ der beiden Z-Dioden mit dem Widerstand R und steuert die Kennlinie $I = f(U_1)$ zwischen den Punkten 1 und 2 aus. Durch Punkt-für-Punkt-Konstruktion erhält man aus den Augenblickswerten von u_1 die dazugehörigen Augenblickswerte von i. Der Widerstand R und die Z-Dioden werden von dem gleichen Strom i durchflossen. Somit ergeben sich aus den Augenblickswerten von i und der Z-Dioden-Kennlinie $I = f(U_2)$ die entsprechenden Augenblickswerte von u_2. Es entsteht eine trapezförmige, periodische nichtsinusförmige Ausgangsspannung u_2.

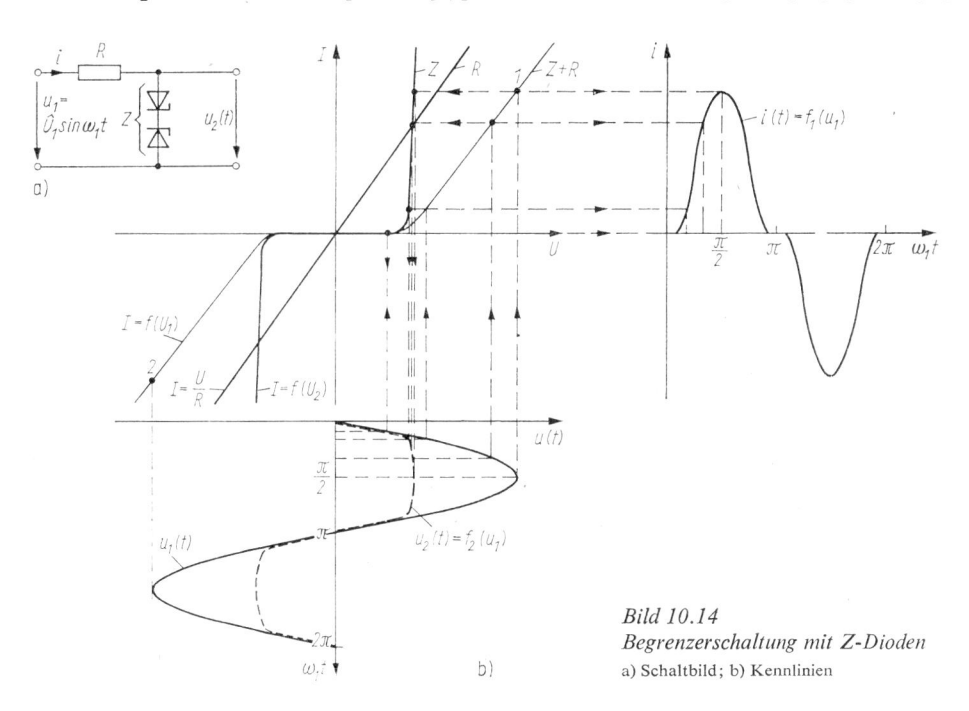

Bild 10.14
Begrenzerschaltung mit Z-Dioden
a) Schaltbild; b) Kennlinien

Zusammenfassung zu 10.

Nichtsinusförmige Spannungen und Ströme können in Generatoren erzeugt werden. Sie entstehen aber auch durch Verzerrung von sinusförmigen Spannungen und Strömen an Schaltelementen mit nichtlinearer Kennlinie. Hierbei handelt es sich um sogenannte nichtlineare Verzerrungen. Im Gegensatz dazu stehen die im Abschn. 10.7. erläuterten linearen Verzerrungen, die durch Blindschaltelemente hervorgerufen werden.

10. Stromkreise mit nichtsinusförmigen Spannungen und Strömen

Zur Berechnung können nichtsinusförmige, aber periodische Schwingungen mit Hilfe der Fourier-Analyse in einen Gleichanteil und eine Summe harmonischer Sinusschwingungen zerlegt werden. Das ermöglicht bei linearen Stromkreisen unter Anwendung des Überlagerungssatzes das Rechnen mit Hilfe der Symbolischen Methode. Bei nichtperiodischen Spannungen und Strömen ist die Berechnung beispielsweise mit der Laplace-Transformation oder dem Fourier-Integral möglich, während bei sinusförmiger Erregung und nichtlinearen Stromkreisen die Entwicklung in eine Taylor-Reihe vorgenommen werden kann.

Die mathematischen Berechnungsverfahren sind sehr rechenaufwendig. Deshalb spielen grafische Lösungsverfahren, beispielsweise die Punkt-für-Punkt-Ermittlung anhand einer bekannten Kennlinie, eine bedeutende Rolle.

Der Effektivwert periodischer nichtsinusförmiger Größen läßt sich aus der Summe der Effektivwertquadrate des Gleichanteils und der einzelnen Harmonischen ermitteln. Die Scheinleistung nichtlinearer Stromkreise enthält außer der bekannten Wirk- und Blindleistung noch die sogenannte Verzerrungsleistung.

Übungen zu 10.

Ü 10.1. Am Eingang des im Bild 10.15 dargestellten RC-Gliedes liegt die Spannung

$$u_e = 1{,}91 \text{ V} \sin(\omega_1 t) + 0{,}95 \text{ V} \sin(2\omega_1 t) + 0{,}64 \text{ V} \sin(3\omega_1 t)$$

mit der Grundfrequenz $f = 1$ kHz.
a) Welche Scheinleistung nimmt die Schaltung auf?
b) Wie groß ist die Leistung an R?

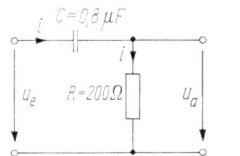

Bild 10.15
Schaltbild zur Übung 10.1

Ü 10.2. Wie groß ist der Effektivwert der im Bild 10.16 dargestellten sägezahnförmigen Spannung?

Ü 10.3. Die im Bild 10.17 dargestellte Vierpolschaltung, beispielsweise eine transistorisierte Verstärkerstufe, habe eine Steuerkennlinie, die der Funktion $I_a = f(U_e) = 1{,}2 \text{ (mA/V}^{3/2})(U_e + 5 \text{ V})^{3/2}$ gehorcht. Am Eingang dieser Vierpolschaltung liegt die Spannung $u_e(t) = -2{,}5 \text{ V} + 2 \text{ V}\cos(\omega_1 t)$.
a) Es soll die Steuerkennlinie $I_a = f(U_e)$ grafisch dargestellt werden!
b) Es soll der Ausgangsstrom $i_a(t)$ berechnet und sowohl durch ein Liniendiagramm als auch durch ein Spektraldiagramm dargestellt werden!
c) Wie groß ist der Klirrfaktor des Ausgangsstromes?

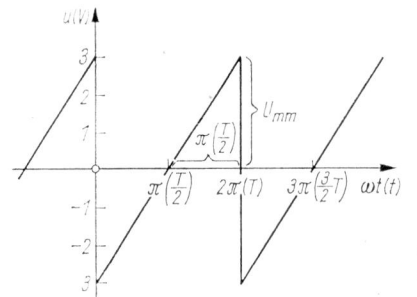

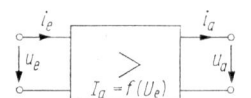

Bild 10.17. Schaltbild zur Übung 10.3

Bild 10.16
Sägezahnförmige Spannung

11. Schaltvorgänge bei Gleich- und Wechselstrom

Alle bisher in den Grundlagen der Elektrotechnik behandelten Erscheinungen und Gesetzmäßigkeiten bezogen sich auf den stationären Zustand der Gleichstromtechnik oder den stationären Zustand (eingeschwungenen Zustand) der Wechselstromtechnik. Bei allen Betrachtungen wurde angenommen, daß die elektrischen Stromkreise geschlossen waren. In der Gleichstromtechnik hatte eine zeitlich konstante Quellenspannung U einen zeitlich konstanten Strom I zur Folge. Ebenso waren die Strom- und Spannungsänderungen der Wechselstromtechnik periodische Funktionen, die sich in ununterbrochener stetiger Folge abspielten.

Jeder Stromkreis wird aber einmal ein- bzw. ausgeschaltet, oder es wirken auf den Eingang eines Netzwerkes definierte elektrische Signale. Oft erfolgt ein sprunghaftes Ein- und Ausschalten sehr häufig und bedingt eine erzwungene Änderung des stationären Zustandes, oder das Eingangssignal wird durch die Struktur des Netzwerkes verformt.

Unter einem Schaltsprung sei der Sprung einer elektrischen Spannung (oder eines Stromes) von einem Wert u_1 (oder i_1) auf einen Wert u_2 (oder i_2) verstanden.

Bei den folgenden Betrachtungen soll untersucht werden, welchen zeitlichen Verlauf ein Übergangsvorgang von einem stationären Zustand in einen anderen stationären Zustand einnimmt und wie sich Spannung und Strom als Funktion der Zeit bei einem bestimmten Einschalt- oder Ausschaltsprung verhalten. Dieser Verlauf der dem Netzwerk aufgeprägten Größen in Abhängigkeit von der Zeit wird mit Sprungantwort bezeichnet.

Werden die Zeitfunktionen, z. B. Eingangsspannung $u_e(t)$ und Ausgangsspannung $u_a(t)$, aufeinander bezogen, so spricht man von der Übergangsfunktion, d. h., der physikalische Sachverhalt ist mathematisiert worden.

Der Einfachheit halber soll für die Bestimmung der Übergangsfunktionen ein sprunghaftes Ein- oder Ausschalten einer Gleichspannung (Einheitssprung) bzw. einer sinusförmigen Wechselspannung angenommen werden (Bild 11.1). Dabei werden Schaltelemente mit linearer Kennlinie vorausgesetzt.

Für den Zeitpunkt des Ein- oder Ausschaltens wird willkürlich die Zeit $t = 0$ fest-

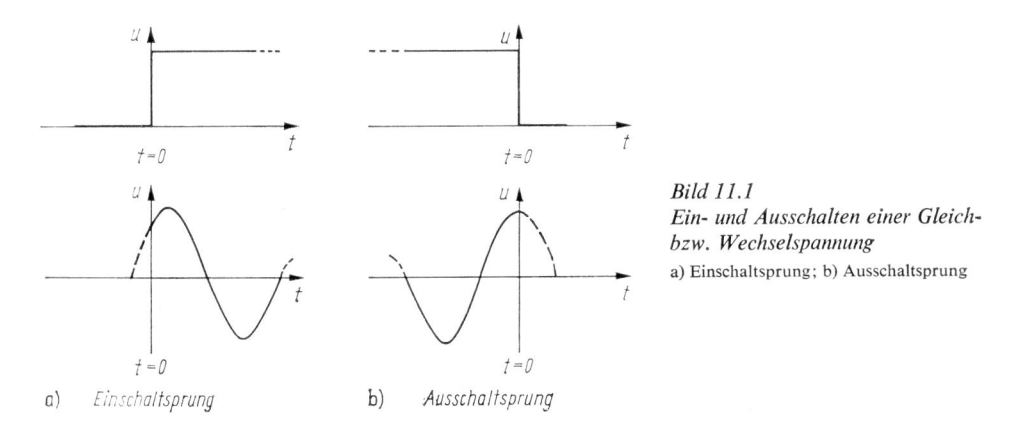

Bild 11.1
Ein- und Ausschalten einer Gleich- bzw. Wechselspannung
a) Einschaltsprung; b) Ausschaltsprung

gelegt, d.h., alle Zeiten vor der erzwungenen Änderung sind negativ, wie es Bild 11.1 zeigt.

Zunächst soll die Wirkung eines Schaltvorganges an den Schaltelementen R, C und L dargestellt werden, wobei vorausgesetzt wird, daß die Wirkung der Ursache direkt proportional ist.

11.1. Strom- und Spannungsverhalten der Schaltelemente R, C und L bei Schaltsprüngen

Wird einem Schaltelement ein Schaltsprung (Einschalt- bzw. Ausschaltsprung) aufgeprägt, so kann die Frage nach dem Strom–Spannungs-Verhalten mit Hilfe der Strom-Spannungs-Beziehung des Schaltelements beantwortet werden.

11.1.1. Ohmscher Widerstand R

Legt man an einen ohmschen Widerstand eine Spannung $u(t)$, so fließt entsprechend der Beziehung $i = u/R$ sofort ein Strom, dessen Energie im Leiter Wärme erzeugt. Aus der Wechselstromtechnik ist bekannt, daß bei ohmschen Widerständen keine Phasenverschiebung zwischen Strom und Spannung eintritt. Es wird Energie in Form von Wärme abgegeben, aber keine elektrische Energie in Form von elektrischer oder magnetischer Feldenergie gespeichert. Die abgegebene Energie kann nicht wieder zurückgewonnen werden. Wird der Stromkreis ausgeschaltet, sinkt der Strom sofort auf den Wert Null. Die Beziehung $i = u/R$ sagt aus, daß i und u einander proportional sind, d.h., ein Spannungssprung Δu erzwingt einen Stromsprung Δi (Bild 11.2a).

Bei einem ohmschen Widerstand können sich Strom und Spannung sprunghaft ändern. Es tritt ein Leistungssprung $\Delta p = \Delta u \, \Delta i$ auf.

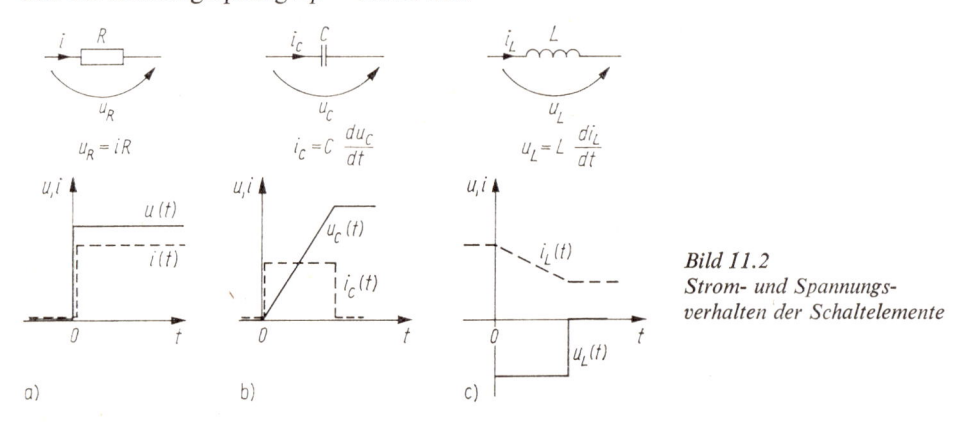

Bild 11.2
Strom- und Spannungsverhalten der Schaltelemente

11.1.2. Kapazität C

Legt man an eine Kapazität die Spannung $u(t)$, so fließt entsprechend der Beziehung $i_C = C \, du_C/dt$ sofort ein Strom. Die Größe des Stromes ist proportional der Kapazität C und der Änderungsgeschwindigkeit der Spannung du_C/dt. Wäre die Änderungsgeschwindigkeit $du_C/dt \to \infty$, so würde das einen unendlich großen Strom zur Folge haben. Das ist physikalisch nicht möglich, da hierzu eine unendlich große Leistung nötig wäre. Demzufolge kann sich die Spannung nicht sprunghaft ändern, sondern kann nur allmählich ansteigen oder beim Ausschalten allmählich abfallen. Der Strom aber ändert sich sprunghaft und nimmt sofort einen bestimmten Wert an (Bild 11.2b).

Bei einer Kapazität kann sich die Spannung nicht sprunghaft ändern, aber der Strom.

Die Größe des Stromes wird durch den Widerstand R des gesamten Stromkreises bestimmt. Es ist bekannt, daß eine Kapazität elektrische Energie $W_{el} = CU_C^2/2$ speichern kann. Diese elektrische Energie kann beim Ausschalten wieder zurückgewonnen werden. Sie kann sich, wie alle Energien, ebenfalls nicht sprunghaft ändern, d.h., die Leistung

$$p = \frac{dW_{el}}{dt} = \frac{d}{dt}\left(C\,\frac{U_C^2}{2}\right) < \infty$$

muß endlich bleiben.

11.1.3. Induktivität L

Legt man an eine Induktivität die Spannung $u(t)$, so entsteht sofort entsprechend der Beziehung $u_L = L\,(di_L/dt)$ eine Spannung, die durch die gegenwirkende induzierte Spannung hervorgerufen wird. Die Größe der Spannung u_L ist der Induktivität L und der Änderungsgeschwindigkeit des Stromes di_L/dt direkt proportional. Wäre die Änderungsgeschwindigkeit des Stromes $di_L/dt \to \infty$, so müßte eine unendlich große Spannung angelegt werden. Das ist physikalisch nicht möglich. Der Strom kann sich nicht sprunghaft ändern. Er kann nur allmählich ansteigen oder beim Ausschalten allmählich abfallen. Die Spannung über der Induktivität L nimmt aber sofort den Wert der angelegten Spannung an (Bild 11.2c).

Bei einer Induktivität kann sich der Strom nicht sprunghaft ändern, aber die Spannung.

Die Induktivität ist ein Schaltelement, das elektrische Energie in Form von magnetischer Feldenergie speichern kann. Diese magnetische Energie $W_m = LI_L^2/2$ kann sich ebensowenig sprunghaft ändern, sondern nur allmählich ansteigen oder abfallen. Sie wird beim Abschalten der Spule wieder zurückgewonnen. Demzufolge ist die Leistung

$$p = \frac{dW_m}{dt} = \frac{d}{dt}\left(\frac{LI_L^2}{2}\right) < \infty.$$

Aus dem Verhalten der einzelnen Schaltelemente kann geschlossen werden, daß sich bei einem Spannungssprung bei einer Reihenschaltung von R, C und L keine elektrische Größe sprunghaft ändern kann, weil die Kapazität C die sprunghafte Änderung der Spannung und die Induktivität L die sprunghafte Änderung des Stromes verhindern, d.h., die Änderung der Gesamtspannung im Einschaltmoment muß von L „aufgenommen" werden, da z.B. u_C und i und damit $iR = u$ nur allmählich ansteigen können.

Zusammenfassend kann festgestellt werden:
Treten gleichzeitig mehrere Einzelursachen auf, so ergibt sich die Gesamtwirkung aus der Summe der Einzelwirkungen, die den jeweiligen Einzelursachen proportional sind.

11.2. Lösungsverfahren zur Ermittlung der Sprungantwort bzw. Übergangsfunktion bei Netzwerken mit Gleich- und Wechselspannung

Wie aus Abschn. 11.1. hervorgeht, können beim Ein- oder Ausschalten eines Netzwerkes mit den Schaltelementen C und L Strom und Spannung nicht an jeder Stelle diesem Schaltsprung folgen. Es treten beim Übergang von einem stationären Zustand in einen anderen stationären Zustand durch das Netzwerk bestimmte *Ausgleichsvorgänge* auf, die mit Annäherung an den neuen stationären Zustand allmählich abklingen. Die mathematische Funktion dieser Ausgleichsvorgänge für den Zeitpunkt $t \geqq 0$ erhält man durch Lösung der für $t > 0$ gültigen Netzwerkgleichungen für die entsprechenden Größen. In den meisten Fällen führen die Gleichungsansätze (Band 1, Gln.(2.4) und (2.5))

$$\sum i_{zu} - \sum i_{ab} = 0 \quad \text{und} \quad \sum_{v=1}^{n} u_v = 0$$

Knotenpunktsatz Maschensatz
(Kirchhoffsche Gleichungen)

sowie die bereits bekannten Strom–Spannungs-Beziehungen

$$i = \frac{u}{R}, \quad i = C \frac{du}{dt}, \quad u = L \frac{di}{dt}$$

zum Ziel. Dabei enthalten die Kirchhoffschen Gleichungen die unbekannten Zeitfunktionen der Spannungen $u(t)$ und der Ströme $i(t)$. Der jeweils gültige Zusammenhang zwischen dem Zeitverlauf der als Eingangsgröße (Sprunggröße) in Frage kommenden Ursache und dem Zeitverlauf der als Ausgangsgröße (Sprungantwort) in Frage kommenden Wirkung kann bei linearen Netzwerken durch lineare Differentialgleichungen (Dgl.) mit konstanten Koeffizienten beschrieben werden. Dabei ist die vollständige Lösung der Dgl. die Sprungantwort.

Allgemein lautet für die zeitabhängige Variable $f(t)$ die lineare inhomogene Dgl.

$$A_n \frac{d^n}{dt^n} f(t) + A_{n-1} \frac{d^{n-1}}{dt^{n-1}} f(t) + \ldots + A_0 f(t) = g(t). \tag{11.1}$$

Dabei entsprechen die Koeffizienten A_n den Parametern der Schaltelemente des Netzwerkes. Auf der rechten Seite der Gleichung (Störungsglied) ist $g(t)$ die dem Netzwerk bei einem Schaltsprung aufgeprägte Gleich- oder Wechselspannung. Ist diese Größe Null, z.B. beim Ausschalten eines Netzwerkes, so liegt eine lineare homogene Dgl. vor. Die Ordnung n der Dgl. wird durch die Anzahl der im Netzwerk vorhandenen voneinander unabhängigen Energiespeicher C bzw. L bestimmt. Dabei kann jeder unabhängige Energiespeicher im Schaltaugenblick $t = 0$ einen bestimmten Anfangszustand haben. Diese Anfangsbedingungen müssen bekannt sein, um für die Lösung der Dgl. die Integrationskonstanten bestimmen zu können.

Zunächst sollen die wichtigsten Gleichungstypen und deren allgemeine Lösung in kurzer Form dargestellt und jeweils auf ein praktisches Beispiel angewendet werden.

11.2.1. Lösung homogener linearer Differentialgleichungen

Wie bereits erwähnt, erhält man eine homogene Dgl. für Netzwerke, bei denen eine aufgeprägte Größe nicht vorhanden ist, d.h., das Störungsglied ist Null. Bei diesem Fall des Ausschaltens bzw. Kurzschließens eines Netzwerkes (Ausschaltsprung) tritt ein Ausgleichsvorgang auf, der durch ein Abklingen der in den elektrischen bzw. magnetischen Feldern gespeicherten Energie gekennzeichnet ist. Die Form des Abklingens wird durch die Ordnung n der Dgl. bzw. durch die vorhandenen unabhängigen Energiespeicher bestimmt.

a) Die allgemeine homogene lineare Dgl. 1.Ordnung lautet (vgl. Gl.(11.1)) für $n = 1$

$$A_1 \frac{d}{dt} f(t) + A_0 f(t) = 0. \tag{11.2}$$

Diesen Gleichungstyp erhält man bei sprunghaftem Ausschalten bzw. Kurzschließen eines Netzwerkes mit nur *einem* Energiespeicher C oder L.

Die Lösung der Dgl. erfolgt durch Trennung der Variablen

$$\frac{df}{f} = -\frac{A_0}{A_1} dt.$$

Wird für $A_1/A_0 = \tau$ (Abklingzeit) eingeführt, so ergibt die Integration

$$\int \frac{df}{f} = -\frac{1}{\tau} dt,$$

$$\ln f = -\frac{t}{\tau} + \ln k,$$

$$f(t) = k\, e^{-t/\tau}, \tag{11.3}$$

wobei k eine Integrationskonstante ist, die aus den Anfangsbedingungen bestimmt werden muß.

Beispiel 11.1

Ein Kondensator mit der Kapazität C ist aufgeladen und hat die Spannung U_C. Er wird für $t \geq 0$ über einen ohmschen Widerstand R entladen. Zu bestimmen ist der Verlauf der Zeitfunktion $u_2(t)$!

Lösung

Bild 11.3 zeigt die Schaltung für $t \geq 0$ in Vierpoldarstellung, wobei die Eingangsspannung $u_1 = 0$ ist und die Ausgangsspannung u_2 sein soll.

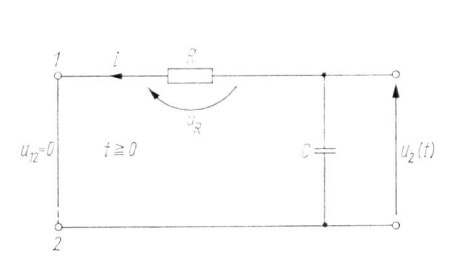

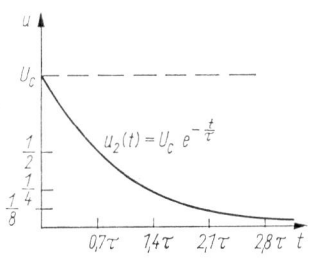

Bild 11.3. Schaltung zum Beispiel 11.1   *Bild 11.4. Sprungantwort nach Bild 11.3*

Nach dem Maschensatz ist $u_R + u_C = 0$. Durch Einsetzen von $u_R = iR$, $i = C(du/dt)$ und $u_C = u_2$ erhält man die homogene Dgl. des Ausgleichsvorganges

$$u_2 + CR \frac{du_2}{dt} = 0 \quad \text{(vgl. Gl.(11.2))},$$

$$CR \frac{du_2}{dt} + u_2 = 0.$$

Die Lösung der Dgl. erfolgt durch Trennung der Variablen

$$CR \frac{du_2}{dt} = -u_2,$$

$$\frac{du_2}{dt} = -\frac{1}{CR} u_2,$$

$$\int \frac{du_2}{u_2} = -\frac{1}{CR} \int dt.$$

Für CR führt man die Bezeichnung τ ein; sie wird Abklingzeit genannt; ihre Einheit ist die Zeit. Als praktische Einheit wird die Sekunde gewählt. Nach Integration erhält man

$$u_2 = k\, e^{-t/\tau} \quad \text{(vgl. Gl.(11.3))}.$$

Die Integrationskonstante k wird aus den Anfangsbedingungen bestimmt. Zur Zeit $t = 0$ hat der Kondensator die Spannung $u_C(0) = U_C = k$. Für den zeitlichen Verlauf der Ausgangsspannung erhält man die Sprungantwort

$$u_2(t) = U_C\, e^{-t/\tau}.$$

Die Spannung im Kondensator nimmt nach einer e-Funktion ab, wie es im Bild 11.4 dargestellt ist.

b) Die allgemeine homogene lineare Dgl. 2. Ordnung lautet (vgl. Gl.(11.1)) für $n = 2$

$$A_2 \frac{d^2}{dt^2} f(t) + A_1 \frac{d}{dt} f(t) + A_0 f(t) = 0. \tag{11.4}$$

Diesen Gleichungstyp erhält man bei sprunghaftem Ausschalten bzw. Kurzschließen eines Netzwerkes mit zwei verschiedenen Energiespeichern C und L oder zwei gleichen Energiespeichern in unabhängigen Zweigen (keine einfache Reihen- oder Parallelschaltung).

Die Lösung der Dgl. erfolgt durch die Ansatzmethode. Wird Gl.(11.4) durch A_2 dividiert, so erhält man

$$\frac{d^2}{dt^2} f(t) + \frac{A_1}{A_2} \frac{d}{dt} f(t) + \frac{A_0}{A_2} f(t) = 0.$$

Die Lösung der Dgl. erfolgt durch den Ansatz (vgl. Gl.(11.3))

$$f(t) = k\, e^{-t/\tau} \quad \text{oder} \quad f(t) = k\, e^{\lambda t},$$

wenn für $-(1/\tau) = \lambda$ eingesetzt wird. Dabei ist k eine Konstante und λ ein Wert, der noch bestimmt werden muß. Die 1. und 2. Ableitung von $f(t)$ ist

$$\frac{df}{dt} = \lambda k\, e^{\lambda t} \quad \text{und} \quad \frac{d^2 f}{dt^2} = \lambda^2 k\, e^{\lambda t}.$$

Wird dieser Lösungsansatz in die Ausgangsgleichung eingesetzt, so erhält man

$$\lambda^2 k\, e^{\lambda t} + \frac{A_1}{A_2} \lambda k\, e^{\lambda t} + \frac{A_0}{A_2} k\, e^{\lambda t} = 0.$$

Werden k und $e^{\lambda t}$ ausgeklammert, so ergibt das die charakteristische Gleichung

$$k \left(\lambda^2 + \frac{A_1}{A_2} \lambda + \frac{A_0}{A_2} \right) e^{\lambda t} = 0.$$

Soll der Lösungsansatz die Dgl. erfüllen, so muß der Klammerausdruck Null sein:

$$\lambda^2 + \frac{A_1}{A_2}\lambda + \frac{A_0}{A_2} = 0.$$

Das ergibt eine quadratische Gleichung, deren zwei Wurzeln λ_1 und λ_2 zu je einer partikulären Lösung der Dgl. gehören.

$$\lambda_{1,2} = -\frac{A_1}{2A_2} \pm \sqrt{\left(\frac{A_1}{2A_2}\right)^2 - \frac{A_0}{A_2}} = -\frac{1}{\tau_{1,2}}. \tag{11.5}$$

Die allgemeine Lösung der Dgl. 2. Ordnung lautet

$$f(t) = k_1 e^{\lambda_1 t} + k_2 e^{\lambda_2 t}. \tag{11.6}$$

Dabei sind k_1 und k_2 Integrationskonstanten, die aus den Anfangsbedingungen bestimmt werden müssen. Die Form der Sprungantwort wird vor allem durch die Exponenten λ_1 und λ_2 bzw. τ_1 und τ_2 bestimmt; sie ergeben verschiedene Integrale der Dgl., wie im folgenden Beispiel 11.2 gezeigt wird.

Beispiel 11.2

Bei der Reihenschaltung von R, C und L ist der Kondensator aufgeladen und hat die Spannung U_C. Zum Zeitpunkt $t = 0$ wird der Stromkreis ausgeschaltet und kurzgeschlossen. Zu bestimmen ist der Verlauf der Zeitfunktion $u_2(t)$!

Lösung

Bild 11.5 zeigt die Schaltung für den Zeitpunkt $t = 0$ in Vierpoldarstellung, wobei die Eingangsspannung $u_1 = 0$ ist und die Ausgangsspannung u_2 sein soll. Nach dem Maschensatz ist dann

$$u_C + u_R + u_L = 0,$$

wobei

$$u_R = iR, \quad u_L = L\frac{di}{dt} \quad \text{und} \quad i = C\frac{du_C}{dt}$$

ist.

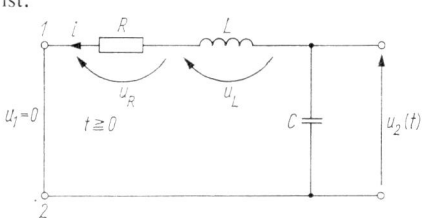

Bild 11.5
Schaltung zum Beispiel 11.2

Werden diese Beziehungen in die Maschengleichung eingesetzt und die gesamte Gleichung durch CL dividiert, so erhält man die typische Dgl. 2. Ordnung mit konstanten Koeffizienten, wobei für $u_C = u_2$ eingesetzt wurde.

$$\frac{d^2 u_2}{dt^2} + \frac{R}{L}\frac{du_2}{dt} + \frac{1}{CL}u_2 = 0.$$

Entsprechend Gl. (11.5) gilt für

$$\lambda_{1,2} = -\frac{R}{2L} \pm \sqrt{\frac{R^2}{4L^2} - \frac{1}{CL}} = -\frac{1}{\tau_{1,2}}.$$

Eine Diskussion des Radikanden der Wurzel ($R^2/4L^2 - 1/CL$) zeigt, daß er in Abhängigkeit von den Schaltelementen positiv oder negativ sein kann.

Fall 1

Ist $R^2/4L^2 > 1/CL$, dann sind die Wurzeln λ_1 und λ_2 reell und immer negativ. Die Sprungantwort für $u_2(t)$ ist (vgl. Gl. (11.6)) die Summe zweier e-Funktionen, wobei die eine, wenn $|\lambda_1| < |\lambda_2|$ ist, langsamer abklingt als die andere (Bild 11.6).

$$u_2(t) = k_1\, e^{-t/\tau_1} + k_2\, e^{-t/\tau_2} \quad (\text{vgl. Gl.(11.6)}).$$

Man nennt diesen Ausgleichsvorgang *aperiodisch*.

Die Bestimmung der Konstanten kann wie folgt vorgenommen werden: Zur Zeit $t = 0$ ist $u_2(0) = u_C$ und damit $u_C = k_1 + k_2$ (Gl.(11.6)). Es ist aber auch $i(0) = 0 = -C\, du_C/dt$, weil sich durch das Vorhandensein der Induktivität L der Strom nicht sprunghaft ändern kann. Deshalb ist die zweite Bedingung (1. Ableitung von u_C) ebenfalls Null.

$$u_C = \frac{du_C}{dt} = \lambda_1 k_1 + \lambda_2 k_2 = 0.$$

Aus diesen Anfangsbedingungen erhält man für die Integrationskonstanten k_1 und k_2 folgende Beziehungen:

$k_1 = u_C - k_2$; wird eingesetzt in die Gleichung $\lambda_1 k_1 + \lambda_2 k_2 = 0$.

$\lambda_1 (u_C - k_2) + \lambda_2 k_2 = 0,$
$\lambda_1 u_C - \lambda_1 k_2 + \lambda_2 k_2 = 0,$
$k_2 (\lambda_2 - \lambda_1) = -\lambda_1 u_C,$
$k_2 = -u_C \dfrac{\lambda_1}{\lambda_2 - \lambda_1}.$

$k_2 = u_C - k_1$; wird eingesetzt in die Gleichung $\lambda_1 k_1 + \lambda_2 k_2 = 0$.

$\lambda_1 k_1 + \lambda_2 (u_C - k_1) = 0,$
$\lambda_1 k_1 + \lambda_2 u_C - \lambda_2 k_1 = 0,$
$k_1 (\lambda_1 - \lambda_2) = -\lambda_2 u_C,$
$k_1 = u_C \dfrac{\lambda_2}{\lambda_2 - \lambda_1}.$

Durch Einsetzen der Integrationskonstanten in Gl. (11.6) erhält man

$$u_2(t) = u_C \frac{\lambda_2}{\lambda_2 - \lambda_1}\, e^{\lambda_1 t} - u_C \frac{\lambda_1}{\lambda_2 - \lambda_1}\, e^{\lambda_2 t},$$

$$u_2(t) = \frac{u_C}{\lambda_2 - \lambda_1} [\lambda_2\, e^{-t/\tau_1} - \lambda_1\, e^{-t/\tau_2}].$$

Fall 2

Ist $R^2/4L^2 < 1/CL$, dann gibt es zwei konjugiert komplexe Wurzeln, und λ_1 und λ_2 sind komplexe Zahlen.

Es ist dann

$$\lambda_{1,2} = -\frac{R}{2L} \pm \sqrt{\left(\frac{R}{2L}\right)^2 - \frac{1}{CL}} = -\frac{R}{2L} \pm \sqrt{-\left[\frac{1}{CL} - \left(\frac{R}{2L}\right)^2\right]},$$

$$\lambda_{1,2} = -\frac{R}{2L} \pm j \sqrt{\frac{1}{CL} - \frac{R^2}{4L^2}}.$$

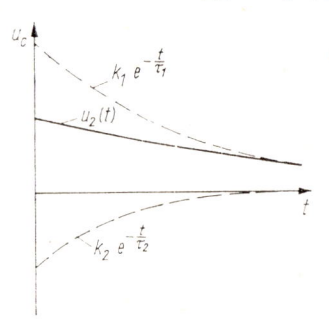

Bild 11.6. Aperiodischer Ausgleichsvorgang bei $R^2/4L^2 > 1/CL$ nach Bild 11.5

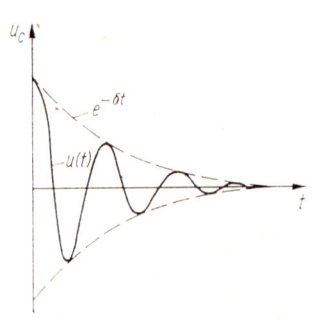

Bild 11.7. Periodischer Ausgleichsvorgang bei $R^2/4L^2 < 1/CL$ nach Bild 11.5

Setzt man für $R/2L = \delta$ (Abklingkoeffizient $\delta = 1/\tau$) und für $1/CL = \omega_0^2$ (ω_0 Winkelfrequenz der ungedämpften Schwingung) ein, so erhält man für $\lambda_{1,2}$

$$\lambda_{1,2} = -\delta \pm j\omega_0 \sqrt{1 - \left(\frac{\delta}{\omega_0}\right)^2} = -\delta \pm j\omega,$$

wenn $\omega = \sqrt{\omega_0^2 - \delta^2}$ die Winkelfrequenz der gedämpften Schwingung ist. Es liegt der „*periodische Fall*" vor. Führt man jetzt für $\lambda_1 = -\delta + j\omega$ und für $\lambda_2 = -\delta - j\omega$ in Gl.(11.6) ein, so kann geschrieben werden

$$u_2(t) = k_1 e^{(-\delta + j\omega)t} + k_2 e^{(-\delta - j\omega)t},$$

$$u_2(t) = e^{-\delta t} [k_1 e^{j\omega t} + k_2 e^{-j\omega t}],$$

$$u_2(t) = e^{-\delta t} \{k_1 [\cos \omega t + j \sin \omega t] + k_2 [\cos \omega t - j \sin \omega t]\},$$

$$u_2(t) = e^{-\delta t} \left[\underbrace{(k_1 + k_2)}_{k_3} \cos \omega t + j \underbrace{\frac{k_1 - k_2}{k_4}}_{} \sin \omega t \right],$$

$$u_2(t) = e^{-\delta t} [k_3 \cos \omega t + k_4 \sin \omega t]. \tag{11.7}$$

Der zeitliche Verlauf der Spannung $u_2(t)$ ist eine *periodische Schwingung* mit der Winkelfrequenz ω, die nach einer e-Funktion abklingt (Bild 11.7).

Die Bestimmung der Integrationskonstanten k_3 und k_4 erfolgt mit Hilfe der Anfangsbedingungen. Für

$t = 0$ ist $u_2(0) = U_C$ und $i(0) = 0$.

Der Strom kann sich aufgrund der Induktivität L nicht sprunghaft ändern. Mit $i = C \, du_C/dt$ wird also die zweite Bedingung $(du_C/dt)_{t=0} = 0$. Damit ergibt sich durch analoge Rechnung wie im Fall 1 für

$$u_2(t) = U_C e^{-\delta t} \sqrt{1 + \left(\frac{\delta}{\omega}\right)^2} \sin\left(\omega t + \arctan \frac{\omega}{\delta}\right).$$

Fall 3

Ist $R^2/4L^2 = 1/CL$, dann liegt ein Sonderfall der reellen Lösung vor, und $\lambda_1 = \lambda_2$, wobei beide Werte negativ sind. Es liegt der *aperiodische Grenzfall* vor. Die Sprungantwort ist dann für die Spannung $u_2(t)$

$$u_2(t) = (k_1 t + k_2) e^{-t/\tau} \tag{11.8}$$

und klingt nach einer Kombination der Form $t\, e^{-t/\tau}$ in kürzester Zeit ab.

Werden nun aus den bereits bekannten Anfangsbedingungen die Integrationskonstanten bestimmt, so erhält man

$$u_2(t) = U_C \left(\frac{t}{\tau} + 1\right) e^{-t/\tau}.$$

11.2.2. Lösung inhomogener linearer Differentialgleichungen

Eine inhomogene Dgl. erhält man für aktive Netzwerke. Sie ermöglicht die mathematische Beschreibung von Übergangsvorgängen und die Bestimmung der Übergangsfunktion einer elektrischen Größe, wenn z.B. eine Quellenspannung (Gleich- oder Wechselspannung) sprunghaft eingeschaltet wird. Dabei werden Schaltelemente mit linearer Kennlinie vorausgesetzt, und bei den Betrachtungen wird vom Überlagerungsgesetz (Superpositionsprinzip), das auch von anderen linearen physikalischen Vorgängen bekannt ist, ausgegangen.

Wird ein Netzwerk sprunghaft an eine Spannung gelegt, so läuft im ersten Augenblick ein Übergangsvorgang ab, denn die elektrischen Größen müssen von einem stationären Zustand in einen anderen stationären Zustand überführt werden. Der zeitliche Verlauf der elektrischen Größen im Moment des Einschaltens $u(t)$ bzw. $i(t)$ soll allgemein mit $h(t)$ bezeichnet werden.

Ist der Übergangsvorgang beendet, so nehmen alle elektrischen Größen des Netzwerkes einen konstanten Wert an, der durch die Schaltelemente des gesamten Netzwerkes bestimmt wird. Dieser stationäre Zustand, den alle elektrischen Größen nach Beendigung des Übergangsvorganges erreichen, soll mit $h_{st}(t)$ bezeichnet werden.

Wie bereits im Abschn. 11.2.1. gezeigt wurde, erhält man beim Ausschalten eines Netzwerkes einen Ausgleichsvorgang, in dem alle elektrischen Größen nach kurzer Zeit praktisch den Wert Null erreichen. Für diesen flüchtigen Vorgang soll die allgemeine Bezeichnung $h_f(t)$ eingeführt werden.

Nach dem Überlagerungssatz kann man die Gesamtwirkung in einem linearen Netzwerk als Summe der Teilwirkungen, hervorgerufen von den Teilursachen, auffassen, wie die grafische Darstellung des Einschaltvorganges im Bild 11.8 zeigt.

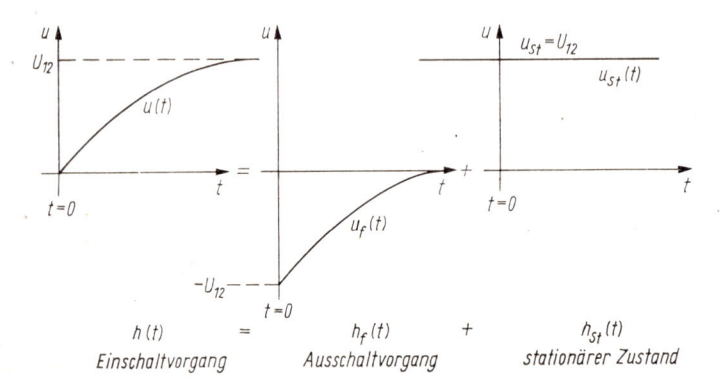

$h(t)$	=	$h_f(t)$	+	$h_{st}(t)$
Einschaltvorgang		Ausschaltvorgang		stationärer Zustand

Bild 11.8
Grafische Deutung eines Einschaltvorganges

Die physikalische Deutung des Einschaltvorganges führt zu folgenden mathematischen Verfahren:

Die Funktion des Übergangsvorganges $h(t)$ ist Summe aus einer veränderlichen Größe $h_f(t)$ und einer stationären Größe $h_{st}(t)$.

$$h(t) = h_f(t) + h_{st}(t) \qquad (11.9)$$

Lösung der inhomogenen Dgl.	=	allgemeine Lösung der homogenen Dgl.	+	partikuläre Lösung der inhomogenen Dgl.
(Wirkung des Einschaltsprunges)		(Wirkung des Ausschaltsprunges)		(Wirkung des stationären Zustandes).

Zur Berechnung eines Übergangsvorganges ist die Lösung einer inhomogenen Dgl. erforderlich. Auf rein mathematischem Wege kann die Lösung der inhomogenen Dgl. durch „Variation der Konstanten" bestimmt werden. Dabei versucht man, die Integration der inhomogenen Dgl. auf eine Integration der homogenen Dgl. zurückzuführen.

Ist der stationäre Zustand $h_{st}(t)$ angebbar, so ist nur die Lösung der homogenen Dgl., der flüchtige Vorgang $h_f(t)$, zu bestimmen. Der stationäre Zustand $h_{st}(t)$ wird mit Hilfe der bekannten Gesetze der Gleichstrom- bzw. Wechselstromtechnik ermittelt.

Mit diesen Aussagen und Gl.(11.9) ergibt sich folgender *Algorithmus für die Berechnung von Übergangsvorgängen in aktiven linearen Netzwerken:*

1. Aufstellen der inhomogenen Dgl. für die gesuchte Größe $h(t)$;

2. Lösen der homogenen Dgl. und Berechnen des flüchtigen Gliedes $h_f(t)$;

3. Aufsuchen einer partikulären Lösung der vollständigen Dgl., Bestimmen des stationären Zustandes $h_{st}(t)$;

4. Überlagerung $h(t) = h_f(t) + h_{st}(t)$;

5. Bestimmen der Integrationskonstanten aus den Anfangsbedingungen für $t = 0$.

Beispiel 11.3

Entsprechend der Schaltung im Bild 11.9 wird eine Quellenspannung U_{12} zur Zeit $t = 0$ an eine Reihenschaltung von R und C geschaltet. Es sollen die Zeitfunktionen für $u_C(t)$ und $i(t)$ bestimmt und die Übergangsfunktion grafisch dargestellt werden!

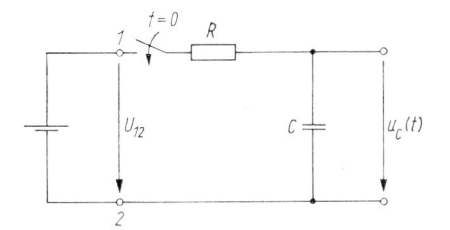

Bild 11.9
Schaltung zum Beispiel 11.3

Lösung

1. Aufstellen der inhomogenen Dgl. für die Spannung $u_C(t)$: Für $t \geq 0$ ist nach dem Maschensatz

$$u_C + u_R - U_{12} = 0.$$

Durch Einsetzen von $u_R = iR$ und $i = C\,(du_C/dt)$ erhält man

$$CR\frac{du_C}{dt} + u_C = U_{12} \quad \text{(vgl. Gl.(11.1))}.$$

2. Lösen der homogenen Dgl. und Berechnen des flüchtigen Gliedes $u_{Cf}(t)$:

$$CR\frac{du_{Cf}}{dt} + u_{Cf} = 0.$$

Die Lösung nach Gl.(11.3) ergibt

$$u_{Cf} = k\,e^{-t/\tau} \quad \text{mit} \quad \tau = CR.$$

3. Aufsuchen der partikulären Lösung der vollständigen Dgl., Bestimmen des stationären Zustandes $h_{st}(t)$ nach beliebig langer Zeit:

$$u_{Cst} = U_{12}.$$

4. Die Überlagerung $h(t) = h_f(t) + h_{st}(t)$ ergibt

$$u_C(t) = u_{Cf}(t) + u_{Cst}(t),$$

$$u_C(t) = k\,e^{-t/\tau} + U_{12}.$$

5. Bestimmen der Integrationskonstanten k aus den Anfangsbedingungen:
Zur Zeit $t = 0$ ist

$$u_C(0) = k + U_{12} = 0.$$

Daraus ergibt sich für $k = -U_{12}$.
Eingesetzt in das Ergebnis nach Punkt 4 erhält man die Sprungantwort der Spannung

$$u_C(t) = U_{12}(1 - e^{-t/\tau}). \tag{11.10}$$

Die Spannung am Kondensator ist vor dem Schaltsprung Null und steigt nach der Funktion $(1 - e^{-t/\tau})$ an. Sie strebt nach einer längeren Zeit gegen den Wert U_{12}.

Die Sprungantwort des Stromes $i(t)$ erhält man aus der Beziehung

$$i = C\frac{du_C}{dt} = C\frac{d[U_{12}(1 - e^{-t/\tau})]}{dt},$$

$$i = \frac{CU_{12}}{\tau}e^{-t/\tau}.$$

Mit $\tau = CR$ erhält man

$$i(t) = \frac{U_{12}}{R}e^{-t/\tau}. \tag{11.11}$$

Der Strom ist vor dem Schaltsprung Null und springt im Schaltmoment $t = 0$ auf $i(0) = U_{12}/R$, also auf den Wert, der ohne Kondensator ständig existieren würde.

Aus dem Übergangsverhalten des Kondensators ist zu erkennen, daß sich C im Augenblick des Einschaltens wie ein Kurzschluß und im stationären Zustand wie offene Klemmen verhält. Die Übergangsfunktionen (Bild 11.10) erhält man durch Umformen der Gln. (11.10) und (11.11).

$$\frac{u_C(t)}{U_{12}} = 1 - e^{-t/\tau} \quad \text{und} \quad \frac{i(t)}{i(0)} = e^{-t/\tau}.$$

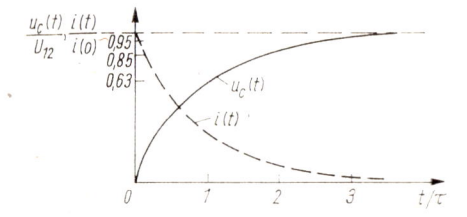

Bild 11.10
Übergangsfunktion des Einschaltvorganges bei einer RC-Schaltung nach Bild 11.9

11.2.3. Lösung gewöhnlicher Dgln. mittels Laplace-Transformation

Wie bereits in den vorangegangenen Abschnitten dargestellt wurde, ist zur Berechnung von Ausgleichs- bzw. Übergangsvorgängen in linearen Netzwerken die Lösung von homogenen bzw. inhomogenen linearen Differentialgleichungen 1. und 2. Ordnung mit konstanten Koeffizienten der allgemeinen Form

$$A_2\frac{d^2}{dt^2}f(t) + A_1\frac{d}{dt}f(t) + A_0 f(t) = g(t) \quad (\text{vgl. Gl.}(11.1))$$

erforderlich, die bei komplizierten Netzwerken mit umfangreichen Rechenoperationen verbunden ist.

Eine rationellere Methode ist die Anwendung der *Laplace-Transformation* zur Lösung solcher linearen Differentialgleichungen. Dieses mathematische Verfahren hat in sehr starkem Maße vor allem auf den Gebieten der Elektrotechnik und der Regelungstechnik Anwendung gefunden.

Die Laplace-Transformation stellt für die Berechnung von Übergangs- und Ausgleichsvorgängen in linearen Netzwerken ein ausgezeichnetes Hilfsmittel dar und ermöglicht ein Übergehen von den Zeitfunktionen $f(t)$ (Originalbereich) zu den Bildfunktionen $F(p)$ (Bildbereich). Damit ist es möglich, die Berechnungen im Bildbereich – dabei gehen gewöhnlich Dgln. in algebraische Gleichungen über – durchzuführen und durch Rücktransformation das Ergebnis im Originalbereich zu erhalten. Die Vorzüge der Anwendung der Laplace-Transformation liegen auch darin, daß einmal die Anfangsbedingungen, die bei praktischen Vorgängen leicht aufgestellt werden können, sofort berücksichtigt werden, ohne erst eine allgemeine Lösung angeben zu müssen. Zum anderen ist es bei inhomogenen Dgln. nicht erforderlich, erst die homogene und dann die inhomogene Dgl. zu lösen, sondern die inhomogene Dgl. kann sofort, allerdings über die Bildfunktion, gelöst werden.

Das Verfahren umfaßt folgende Hauptschritte:

1. Aufstellen der Dgl. und der Anfangsbedingungen aus der vorliegenden Aufgabe;

2. Transformation mittels des Laplace-Integrals aus dem Originalbereich in den Bildbereich (Hintransformation);

3. Lösung der Aufgabe im Bildbereich;

4. Rücktransformation in den Originalbereich durch Aufsuchen der entsprechenden Zeitfunktionen unter Verwendung der Tafel 11.1.

Tafel 11.1. Tabellen zur Laplace-Transformation

Nr.	Originalbereich $\mathscr{L}^{-1}\{F(p)\} = f(t)$	Bildbereich $\mathscr{L}\{f(t)\} = F(p)$	Nr.	Originalbereich $\mathscr{L}^{-1}\{F(p)\} = f(t)$	Bildbereich $\mathscr{L}\{f(t)\} = F(p)$
1	1	$\dfrac{1}{p}$	11	$t\,e^{\pm at}$	$\dfrac{1}{(p \mp a)^2}$
2	t	$\dfrac{1}{p^2}$	12	$e^{-at} - e^{bt}$	$\dfrac{a-b}{(p+a)(p+b)}$
3	$\dfrac{1}{\sqrt{\pi t}}$	$\dfrac{1}{\sqrt{p}}$	13	$\dfrac{e^{at} - e^{bt}}{a-b}$	$\dfrac{1}{(p-a)(p-b)}$
4	$e^{\mp at}$	$\dfrac{1}{p \pm a}$	14	$\dfrac{e^{-(b/2)t}}{\sqrt{a-\dfrac{b^2}{4}}} \sin\sqrt{a-\dfrac{b^2}{4}}$	$\dfrac{1}{p^2 + pb + a}$
5	$1 - e^{-t/a}$	$\dfrac{a}{p(p+a)}$	15	$\sin at$	$\dfrac{a}{p^2 + a^2}$
6	$\dfrac{1}{a} e^{-t/a}$	$\dfrac{1}{ap+1}$	16	$\cos at$	$\dfrac{p}{p^2 + a^2}$
7	$\dfrac{1}{a}(e^{at} - 1)$	$\dfrac{1}{p(p-a)}$	17	$e^{-bt} \sin at$	$\dfrac{a}{(p+b)^2 + a^2}$
8	$\dfrac{1}{a^2}(e^{at} - at - 1)$	$\dfrac{1}{p^2(p-a)}$	18	$e^{-bt} \cos at$	$\dfrac{p+b}{(p+b)^2 + a^2}$
9	$\dfrac{1}{a^2}[1 + (at-1)e^{at}]$	$\dfrac{1}{p(p-a)^2}$	19	$\sinh at$	$\dfrac{a}{p^2 - a^2}$
10	$a e^{-at} + t - a$	$\dfrac{1}{p^2(ap+1)}$	20	$\cosh at$	$\dfrac{p}{p^2 - a^2}$

Grundlage des Transformationsverfahrens ist das einseitige unendliche Laplace-Integral

$$\int_0^\infty f(t)\,e^{-pt}\,dt = F(p).$$

Darin ist $p = \delta + j\omega$ eine komplexe Variable. Die Anwendung des Integrals soll nur für solche Funktionen $f(t)$ erfolgen, die nicht stärker als eine Exponentialfunktion wachsen.

Die Zuordnung oder Transformation zwischen $f(t)$ und $F(p)$ wird mit Laplace-Transformation bezeichnet, und es soll dafür das Symbol

$$\mathscr{L}\{f(t)\} = F(p) \tag{11.12}$$

eingeführt werden.

Die Rücktransformation oder inverse Transformation kann mit dem Umkehrintegral zum Laplace-Integral

$$f(t) = \frac{1}{2\pi j\omega} \int_{\delta-j\omega}^{\delta+j\omega} F(p)\,e^{pt}\,dp$$

erfolgen. Für die Rücktransformation wird das Symbol

$$\mathscr{L}^{-1}\{F(p)\} = f(t) \tag{11.13}$$

verwendet. Dabei ist die umgekehrte Zuordnung nur dann eindeutig, wenn an die Funktion $f(t)$ noch die Bedingung der Stetigkeit gestellt wird. Für praktische Rechnungen sind in Tafel 11.1 wichtige Laplace-Transformationen zusammengestellt, nach denen sehr schnell für bestimmte Bildfunktionen $F(p)$ die entsprechenden Zeitfunktionen $f(t)$ aufgesucht werden können.

Rechenregeln zur Laplace-Transformation

1. Multiplikation mit einem konstanten Faktor:

   Ein konstanter Faktor im Originalbereich tritt auch als konstanter Faktor im Bildbereich auf.

$$\mathscr{L}\{a f(t)\} = a\mathscr{L}\{f(t)\}. \tag{11.14}$$

2. Additionssatz:

   Die Laplace-Transformation einer Summe von Funktionen im Originalbereich ergibt die Summe der Laplace-transformierten Einzelfunktionen im Bildbereich.

$$\mathscr{L}\{f_1(t) + f_2(t) + \ldots\} = \mathscr{L}\{f_1(t)\} + \mathscr{L}\{f_2(t)\} + \ldots \tag{11.15}$$

3. Differentiationssatz im Originalbereich:

   Einer Differentiation im Originalbereich entspricht eine Multiplikation mit p im Bildbereich.

$$\mathscr{L}\{f'(t)\} = p\mathscr{L}\{f(t)\} - f(0) \tag{11.16}$$

und für

$$\mathscr{L}\{f''(t)\} = p^2\mathscr{L}\{f(t)\} - [p f(0) + f'(0)]. \tag{11.17}$$

Die genannten Rechenregeln gelten sinngemäß auch für die Rücktransformation.

11.2. Lösungsverfahren zur Ermittlung der Sprungantwort

Zur allgemeinen Lösung einer inhomogenen Dgl. (vgl. Gl.(11.1)) multipliziert man alle Glieder mit e^{-pt} und integriert zwischen den Grenzen 0 und ∞ und erhält somit die Laplace-Integrale

$$A_2 \mathscr{L}\{f''(t)\} + A_1 \mathscr{L}\{f'(t)\} + A_0 \mathscr{L}\{f(t)\} = \mathscr{L}\{g(t)\}. \tag{11.18}$$

Werden die Ergebnisse für $\mathscr{L}\{f'(t)\}$ (Gl.(11.16)) und $\mathscr{L}\{f''(t)\}$ (Gl.(11.17)) in die Ausgangsgleichung (11.18) eingesetzt, so erhält man

$$A_2 p^2 \mathscr{L}\{f(t)\} - A_2 p f(0) - A_2 f'(0) + A_1 p \mathscr{L}\{f(t)\}$$

$$- A_1 f(0) + A_0 \mathscr{L}\{f(t)\} = \mathscr{L}\{g(t)\}.$$

Setzt man nun für $\mathscr{L}\{f(t)\} = F(p)$, so ergibt das die allgemeine Lösung für die Transformation in den Bildbereich, und es ist

$$\mathscr{L}\{f(t)\} = F(p) = \frac{\mathscr{L}\{g(t)\}}{A_2 p^2 + A_1 p + A_0} + \frac{A_1 f(0) + A_2 f'(0) + p A_2 f(0)}{A_2 p^2 + A_1 p + A_0}. \tag{11.19}$$

Bei einem Einschaltvorgang ohne Anfangsenergie der Schaltelemente verkürzt sich die Gleichung auf

$$F(p) = \frac{\mathscr{L}\{g(t)\}}{A_2 p^2 + A_1 p + A_0} \tag{11.19a}$$

und beim Ausschaltvorgang auf

$$F(p) = \frac{A_1 f(0) + A_2 f'(0) + p A_2 f(0)}{A_2 p^2 + A_1 p + A_0}, \tag{11.19b}$$

weil im ersten Fall der zweite Summand Null und im zweiten Fall der erste Summand Null ist.

Das Rechnen im Bildbereich erfolgt mit dem Ziel, die gesuchte Größe zu eliminieren und die Bildfunktion in eine für die Rücktransformation geeignete Form zu bringen. Wichtige Hilfsmittel dazu sind die Partialbruchzerlegung und die Reihenentwicklung.

Für das algebraische Ergebnis der Bildfunktion wird zum Zweck der Rücktransformation in Tafel 11.1 die entsprechende Zeitfunktion aufgesucht, wie es im folgenden Beispiel 11.4 gezeigt werden soll.

Beispiel 11.4

An die im Bild 11.11 gegebene Schaltung eines RC-Gliedes wird eine zeitproportionale Quellenspannung $u_{12} = \alpha t$ (z.B. Ablenkspannung eines Oszilloskops) zur Zeit $t \geqq 0$ gelegt. Es soll die Zeitfunktion $u_2(t)$ ermittelt werden, wenn zur Zeit $t = 0$ die Spannung am Kondensator Null ist!

Lösung

Aufstellen der Dgl. und der Anfangsbedingungen:

1. Nach dem Maschensatz ist $u_R + u_2 - u_{12} = 0$.

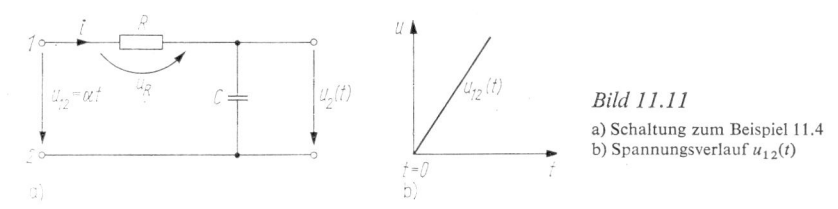

Bild 11.11
a) Schaltung zum Beispiel 11.4
b) Spannungsverlauf $u_{12}(t)$

Wird nun für $u_{12} = \alpha t$, $u_R = iR$ und für $i = C(du_2/dt)$ eingesetzt, so erhält man die vollständige Dgl.

$$RC\frac{du_2}{dt} + u_2 = \alpha t.$$

Die Anfangsbedingungen sind:
Für $t = 0$ ist $u_C(0) = u_2(0) = 0$.

2. Transformation in den Bildbereich (nach Gl.(11.19a)):

$$\mathscr{L}\{f(t)\} = F(p) = \frac{\dfrac{\alpha}{p^2}}{RCp + 1};$$

dabei sind $\mathscr{L}\{\alpha t\} = \alpha \mathscr{L}\{t\} = \alpha/p^2$, $A_0 = 1$, $A_1 = RC$ und $A_2 = 0$.

3. Für die Lösung im Bildbereich erhält man, wenn für $RC = \tau$ und für $\alpha \mathscr{L}\{t\} = \alpha/p^2$ gesetzt wird, nach Umformung die algebraische Gleichung

$$F(p) = \alpha \frac{1}{p^2(\tau p + 1)}.$$

4. Die Rücktransformation in den Originalbereich ergibt unter Verwendung von Tafel 11.1, Nr. 10, folgende Zeitfunktion für $u_2(t)$:

$$\mathscr{L}^{-1}\{F(p)\} = \alpha \mathscr{L}^{-1}\left\{\frac{1}{p^2(\tau p + 1)}\right\} = \alpha(\tau e^{-t/\tau} + t - \tau),$$

$$u_2(t) = \alpha(t - \tau) + \alpha\tau e^{-t/\tau}.$$

Im Bild 11.12 ist der Verlauf von $u_2(t)$ bei zeitlinear ansteigender Quellenspannung $u_{12}(t)$ dargestellt.

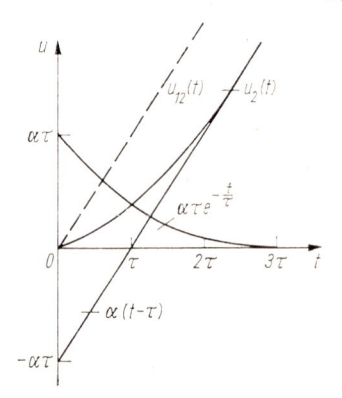

Bild 11.12
Verlauf der Ausgangsspannung $u_2(t)$ bei zeitlinearer Quellenspannung nach Bild 11.11

Wie im Bild 11.12 zu erkennen ist, sind beide Glieder der Gleichung zur Zeit $t = 0$ entgegengesetzt gleich; das erste Glied steigt linear an, das zweite sinkt exponentiell ab und ist nach $t = 3\tau$ praktisch Null. Die Spannung $u_2(t)$ ist für $t > 3\tau$ um τ gegenüber der Quellenspannung $u_{12}(t)$ zeitverschoben.

11.2.4. Grafische Ermittlung der Abklingzeit τ (Zeitkonstante)

Wie bereits in den vorangegangenen Beispielen gezeigt wurde, verläuft der Übergangsvorgang bei Stromkreisen mit C oder L nach einer Exponentialfunktion. Dabei wird der zeitliche Verlauf der Übergangsfunktion durch die Abklingzeit τ bestimmt.

Physikalisch bedeutet das: Die Abklingzeit τ ist die Zeit, nach der eine exponentiell abklingende Größe ihren Grenzwert erreichen würde, wenn sie ihre anfängliche Änderungsgeschwindigkeit – Steigung in einem beliebigen Punkt der Funktion – beibehalten würde (nach TGL 22112).

Allgemein gilt für Kreise mit C (Band 1, Abschn. 6.6.2.)

$$\tau_C = CR \qquad (11.20)$$

und für Kreise mit L (Band 1, Abschn. 7.5.4.)

$$\tau_L = \frac{L}{R}. \qquad (11.21)$$

Hierbei ist R der mit L oder C in Reihe geschaltete Ersatzwiderstand.

Nicht immer ist die Induktivität L oder die Kapazität C eines realen Schaltelements bzw. Netzwerkes exakt angebbar, so daß die Ermittlung der Abklingzeit τ aus der Übergangsfunktion erforderlich ist.

Für die Spannungsanstiegskurve $u_C(t)$ des Beispiels 11.3 soll der Tangentenanstieg $\tan \alpha$ bestimmt werden. Wie das Bild 11.10 zeigt, steigt die Spannung am Kondensator nach der Funktion $(1 - e^{-t/\tau})$ an und erreicht nach $t = t_H \approx 0{,}7\tau$ die Hälfte ihres Endwertes. Bereits nach $t = 3\tau$ hat sie praktisch ihren Endwert bis auf 5% Abweichung erreicht.

Den Tangentenanstieg für die Spannungsanstiegskurve in einem beliebigen Punkt erhält man durch Differenzieren der Sprungantwort

$$u_C(t) = U_{12}(1 - e^{-t/\tau}),$$

$$\frac{du_C}{dt} = \frac{U_{12}}{\tau} e^{-t/\tau} = \frac{U_{12} - u_C(t)}{\tau}.$$

Das ergibt für

$$t = 0: \quad \tan \alpha_0 = \frac{m_t}{m_U} \frac{U_{12}}{\tau} \qquad (11.22)$$

den Anstieg der Tangente im Koordinatenursprung mit $U = m_U l_U$ bzw. $t = m_t l_t$. Für weitere Punkte erhält man die Werte für $u_C(t)$ durch

$$t = \tau: \quad \tan \alpha_1 = \frac{m_t}{m_U} \frac{U_{12}}{e\tau}; \qquad u_{C1} = U_{12}\left(1 - \frac{1}{e}\right) = 0{,}632 U_{12},$$
$$\qquad (11.23)$$

$$t = 2\tau: \quad \tan \alpha_2 = \frac{m_t}{m_U} \frac{U_{12}}{e^2 \tau}; \qquad u_{C2} = U_{12}\left(1 - \frac{1}{e^2}\right) = 0{,}86 U_{12},$$
$$\qquad (11.24)$$

$$t = 3\tau: \quad \tan \alpha_3 = \frac{m_t}{m_U} \frac{U_{12}}{e^3 \tau}; \qquad u_{C3} = U_{12}\left(1 - \frac{1}{e^3}\right) = 0{,}95 U_{12}.$$
$$\qquad (11.25)$$

Daraus ergibt sich die Konstruktion der Tangente der jeweiligen Punkte an die Spannungsanstiegskurve.

Trägt man, wie es im Bild 11.13 dargestellt ist, auf der Zeitachse t von 0 bis A den Wert τ an und zieht mit τ eine Parallele zur Ordinatenachse sowie mit dem Wert U_{12} eine Parallele zur Zeitachse, so schneiden sich diese im Punkt B (Schnittpunkt mit der Asymptote). Die Verbindungslinie $\overline{0B}$ ist die Tangente im Nullpunkt der Spannungsanstiegskurve, denn es gilt

$$\tan \alpha_0 = \frac{\overline{AB}}{\overline{0A}} = \frac{m_t}{m_U} \frac{U_{12}}{\tau} \quad \text{(vgl. Gl. (11.22))}.$$

Wird außerdem mit $0{,}632 U_{12}$ eine Parallele zur Zeitachse gelegt, so ist deren Schnittpunkt mit $\overline{AB}$ der Punkt der Spannungsanstiegskurve, durch den sie zur Zeit $t = \tau$ gehen muß, wie Gl. (11.23) aussagt.

Wie im Bild 11.13 zu erkennen ist, ist die Subtangente die Länge der Projektion der Tangente auf der Zeitachse, die von einem beliebigen Punkt der e-Funktion bis zu ihrem Schnittpunkt mit der Asymptote reicht. Die Subtangente einer e-Funktion ist konstant.

Es ergeben sich, wenn die Übergangsfunktion experimentell durch die Aufnahme eines Oszillogramms oder punktweise aufgezeichnet wird, einfache Verfahren zur Bestimmung der Abklingzeit τ.

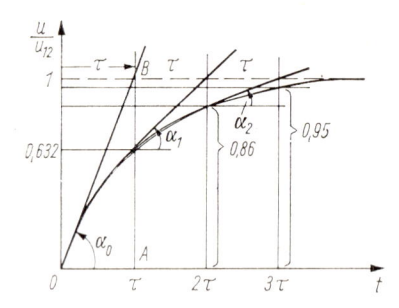

Bild 11.13
Tangentenkonstruktion an der Spannungsanstiegskurve

a) Grafoanalytisches Verfahren

Wenn die Übergangsfunktion aufgezeichnet ist, wird die Zeit t ermittelt, in der die elektrische Größe von 0 auf 0,632 ihres Endwertes gestiegen ist. Man erhält sofort den Wert τ. Dieses Verfahren ist nur anwendbar, wenn ein Netzwerk mit nur einem Energiespeicher (C oder L) vorliegt. Ist das Netzwerk unbekannt, so ist eine Überprüfung bei $t = 2\tau$ und $t = 3\tau$ (s. Gln. (11.24) und (11.25)) erforderlich.

b) Grafisches Verfahren

Dieses Verfahren soll ebenfalls mit Hilfe der Übergangsfunktion des Einschaltvorganges im Beispiel 11.3 erläutert werden. Es war

$$\frac{u_C(t)}{U_{12}} = 1 - e^{-t/\tau}$$

oder

$$1 - \frac{u_C(t)}{U_{12}} = e^{-t/\tau}.$$

Wird diese Gleichung logarithmiert, so erhält man:

$$\lg \left| 1 - \frac{u_C(t)}{U_{12}} \right| = -\frac{t}{\tau} \lg e,$$

wobei

$$\frac{u_C(t)}{U_{12}} < 1$$

ist. Setzt man für den Klammerausdruck Y, so ist für

$$t = t_1: \quad \lg Y_1 = -\frac{t_1}{\tau} \lg e$$

und für

$$t = t_2: \quad \lg Y_2 = -\frac{t_2}{\tau} \lg e.$$

Durch Subtraktion beider Gleichungen erhält man

$$\lg Y_1 - \lg Y_2 = -\left(\frac{t_1}{\tau} - \frac{t_2}{\tau}\right) \lg e,$$

$$\lg \frac{Y_1}{Y_2} = \frac{t_2 - t_1}{\tau} \lg e.$$

Wenn $t_2 - t_1 = \tau$ ist, so ist $\lg(Y_1/Y_2) = \lg e$ und damit $Y_2 = Y_1/e$, d.h., fällt $(1 - (u_C(t)/U_{12})$ von einem beliebigen Augenblick t_1 auf den e-ten Teil ab, so vergeht die Zeit

$$t_2 - t_1 = \tau.$$

Trägt man auf einfach logarithmisch geteiltem Papier verschiedene Werte für $Y = |1 - (u_C(t)/U_{12})|$ auf der Ordinatenachse und die dazugehörigen Werte für t auf der Zeitachse auf (Bild 11.14), so erhält man Punkte, die, miteinander verbunden, eine fallende Gerade geben.

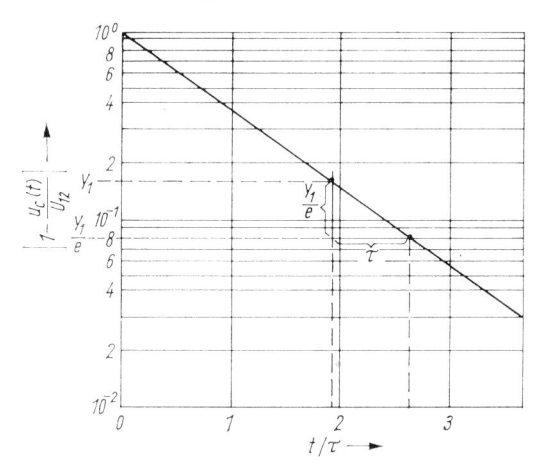

Bild 11.14
Zur grafischen Ermittlung der Abklingzeit τ

Es kann die Abklingzeit τ unmittelbar abgelesen werden, wenn zu einem bestimmten Wert von Y_1 der dazugehörige Wert Y_2 ermittelt wird.

11.3. Berechnung typischer Schaltvorgänge

In diesem Abschnitt soll das Schaltverhalten einfacher Schaltungen – gegliedert nach der Anzahl der im Stromkreis vorhandenen Energiespeicher – beim Ein- und Ausschalten einer Gleich- bzw. Wechselspannung berechnet werden. Ziel dieses Abschnitts ist es vor allem, aus der Kenntnis der allgemeinen Lösung der stationären Zustände und des Strom–Spannungs-Verhaltens der Schaltelemente zu zeigen, wie auf rationelle Weise die Sprungantwort einer elektrischen Größe ermittelt werden kann. Dabei soll die Berechnung nach dem im Abschn. 11.2. dargestellten mathematischen Verfahren erfolgen. Im Vordergrund wird besonders die Anwendung der Laplace-Transformation stehen.

11.3.1. Netzwerke mit einem Energiespeicher (*C* oder *L*)

11.3.1.1. Ein- und Ausschalten einer Gleichspannung an einem *RC*-Glied

Beispiel 11.5

Am Eingang eines *RC*-Gliedes liegt eine Rechteckimpulsspannung $u_e(t)$. Wie Bild 11.15 zeigt, ist

$$u_e(t) = 0 \quad \text{für} \quad t_1 < t < t_2,$$
$$u_e(t) = U_{12} \quad \text{für} \quad 0 < t < t_1.$$

Wenn $u_e(t) = 0$ ist, soll der Stromkreis nicht unterbrochen sein, sondern es findet eine Entladung des Kondensators statt. Der zeitliche Verlauf der Ausgangsspannung $u_a(t)$ ist zu bestimmen, wenn im stationären (eingeschwungenen) Zustand die Bedingung $u_a(t_2) = u_a(0)$ erfüllt ist!

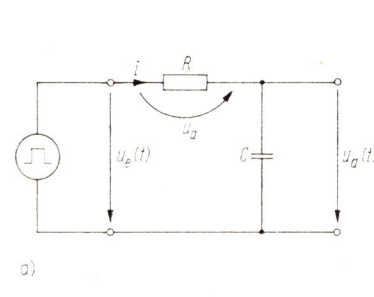

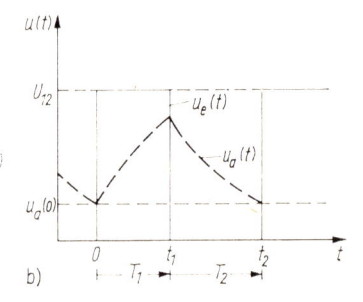

Bild 11.15. Schaltung zum Beispiel 11.5
a) Schaltbild; b) Spannungsverläufe

Lösung

1. Aufstellen der Dgl. und der Anfangsbedingungen:
Nach dem Maschensatz ist $iR + u_a(t) = u_e(t)$. Wird für $i = C (du_a(t)/dt)$ eingesetzt, so ergibt das

$$CR \frac{du_a(t)}{dt} + u_a(t) = u_e(t).$$

Entsprechend der Aufgabenstellung hat der Kondensator zur Zeit $t = 0$ die Spannung $u_a(0) = u_a(t_2)$.

2. Transformation in den Bildbereich (nach Gl. (11.19)) ergibt

$$\mathscr{L}\{u_a(t)\} = u_a(p) = \frac{\mathscr{L}\{u_e(t)\}}{CRp + 1} + \frac{CRu_a(0)}{CRp + 1},$$

wenn $A_2 = 0$, $A_1 = CR$ und $A_0 = 1$ ist.
Durch Umformen der Gleichung und Einsetzen von $\tau = 1/CR$ erhält man

$$u_a(p) = \mathscr{L}\{u_e(t)\} \frac{\tau}{(p + \tau)} + u_a(0) \frac{1}{p + \tau}.$$

Das ist die allgemeine Lösung für $\mathscr{L}\{u_a(t)\}$, noch unabhängig vom zeitlichen Verlauf von $\mathscr{L}\{u_e(t)\}$ und von der Anfangsbedingung $u_a(0)$.
Im Zeitabschnitt $0 < t < t_1$ ist $\mathscr{L}\{u_e(t)\} = U_{12}\mathscr{L}\{1\} = U_{12}/p$. Wird dieses Ergebnis in die allgemeine Lösung eingesetzt, so erhält man für

$$u_a(p) = U_{12} \frac{\tau}{p(p + \tau)} + u_a(0) \frac{1}{p + \tau}.$$

3. Die Rücktransformation in den Originalbereich ergibt nach Tafel 11.1, Nr. 5 und 4,

$$u_a(t) = \mathscr{L}^{-1}\{(u_a(p)\} = U_{12} [1 - e^{-t/\tau}] + u_a(0) e^{-t/\tau}.$$

Damit gilt für die Ausgangsspannung zum Zeitpunkt $t = t_1$

$$u_a(t_1) = U_{12} - [U_{12} - u_a(0)] e^{-t_1/\tau}.$$

Im Zeitabschnitt $t_1 < t < t_2$ ist $\mathscr{L}\{u_e(t)\} = 0$, und die Kondensatorspannung hat den Wert $u_a(t_1)$.

11.3. Berechnung typischer Schaltvorgänge

Da in diesem Zeitabschnitt die Betrachtung auch vom Zeitpunkt 0 an durchgeführt werden soll, wird eine neue Zeitvariable t^* eingeführt. In die allgemeine Lösung von $u_a(p)$ eingesetzt, ergibt das, wenn die Kondensatorspannung bei $t^* = 0$ $u_a(t_1)$ ist,

$$u_a(p) = 0 + u_a(t_1) \frac{1}{p + \tau}.$$

Durch Rücktransformation erhält man

$$u_a(t^*) = \mathscr{L}^{-1}\{u_a(p)\} = u_a(t_1)\, e^{-t^*/\tau}.$$

Wird das Ergebnis für $u_a(t_1)$ in diese Gleichung eingesetzt, so gilt

$$u_a(t^*) = [U_{12} - (U_{12} - u_a(0))\, e^{-t_1/\tau}]\, e^{-t^*/\tau},$$

und für $t^* = t_2 - t_1$ gesetzt, ergibt die Kondensatorspannung zum Zeitpunkt t_2

$$u_a(t_2) = [U_{12} - (U_{12} - u_a(0))\, e^{-t_1/\tau}]\, e^{-(t_2-t_1)/\tau}.$$

Als Anfangsbedingung im stationären Zustand galt

$$u_a(t_2) = u_a(0).$$

Mit den Gleichungen für $u_a(t_1)$ und $u_a(t_2)$ für $t = 0$ folgt

$$U_{12} - (U_{12} - u_a(0)) = [U_{12} - (U_{12} - u_a(0))\, e^{-t_1/\tau}]\, e^{-(t_2-t_1)/\tau},$$

$$U_{12} - u_a(0) = U_{12} \frac{1 - e^{-(t_2-t_1)/\tau}}{1 - e^{-(t_2/\tau)}}.$$

Wird mit $e^{t_2/\tau}$ erweitert, so ergibt das

$$U_{12} - u_a(0) = U_{12} \frac{e^{t_2/\tau} - e^{t_1/\tau}}{e^{t_2/\tau} - 1}$$

und für

$$u_a(0) = U_{12} \frac{e^{t_1/\tau} - 1}{e^{t_2/\tau} - 1}.$$

Durch Einsetzen von $u_a(0)$ in die Gleichungen für $u_a(t)$ und $u_a(t^*)$ erhält man die endgültige Lösung für die Sprungantwort der Ausgangsspannung in den einzelnen Zeitabschnitten. Für $0 < t < t_1$ ist somit

$$u_a(t) = U_{12} - U_{12} \frac{e^{+t_2/\tau} - e^{+t_1/\tau}}{e^{+t_2/\tau} - 1} e^{-t/\tau},$$

$$u_a(t) = U_{12} \left[1 - \frac{e^{t_2/\tau} - e^{t_1/\tau}}{e^{t_2/\tau} - 1} e^{-t/\tau} \right].$$

Für $t_1 < t < t_2$, $(t^* = t_2 - t_1)$ gilt

$$u_a(t^*) = \left[U_{12} - U_{12} \frac{e^{t_2/\tau} - e^{t_1/\tau}}{e^{t_2/\tau} - 1} e^{-t_1/\tau} \right] e^{-t^*/\tau},$$

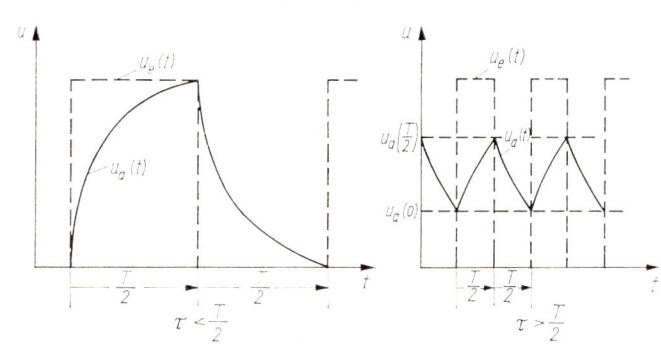

$$u_a(t^*) = U_{12} \frac{e^{t_1/\tau} - e^{(t_2-t_1)/\tau}}{e^{t_2/\tau} - 1} e^{t^*/\tau}.$$

Bild 11.16
Verformung eines Rechteckimpulses durch ein RC-Glied

288   *11. Schaltvorgänge bei Gleich- und Wechselstrom*

Im Bild 11.16 ist der zeitliche Verlauf der Ausgangsspannung $u_a(t)$ für $\tau < T/2$ und $\tau > T/2$ dargestellt. Es ist zu erkennen, daß der Rechteckimpuls der Eingangsspannung $u_e(t)$ durch das *RC*-Glied stark verformt wird. Der Höchstwert und die Form der Ausgangsspannung hängen wesentlich von der Dauer des Impulses $T/2$ und der Abklingzeit τ ab.

11.3.1.2. Einschalten einer sinusförmigen Wechselspannung an einem *RC*-Glied

Anstelle des Rechteckimpulses soll an das *RC*-Glied im Bild 11.15 eine sinusförmige Wechselspannung

$$u_e(t) = \hat{U}_{12} \sin(\omega t + \varphi_u)$$

gelegt werden, wobei φ_u der Nullphasenwinkel ist, d.h. der Phasenwinkel zu Beginn der Zeitzählung $t = 0$.

Es sind die Zeitfunktionen für $u_a(t)$ und $i(t)$ zu bestimmen! Die Lösung dieser Aufgabe soll nach dem Lösungsalgorithmus des Abschnitts 11.2.2. erfolgen:

1. Aufstellen der Dgl.:

    In die bereits bekannte Dgl. des Beispiels 11.5 ist jetzt die Eingangsspannung $u_e(t) = \hat{U}_{12} \sin(\omega t + \varphi_u)$ einzusetzen. Es ist

    $$CR \frac{du_a(t)}{dt} + u_a(t) = \hat{U}_{12} \sin(\omega t + \varphi_u) \quad \text{die inhomogene Dgl.}$$

    und

    $$CR \frac{du_a(t)}{dt} + u_a(t) = 0 \quad \text{die homogene Dgl.}$$

2. Lösen der homogenen Dgl. und Berechnen des flüchtigen Gliedes: Die Lösung der homogenen Dgl. ist bereits bekannt (Gl.(11.3)), und es kann geschrieben werden

    $$u_{af} = k\, e^{-t/\tau},$$

    wobei $\tau = CR$ ist.

3. Aufsuchen einer partikulären Lösung der vollständigen Dgl., Bestimmen des stationären Zustandes:

    Ausgehend von der Schaltung im Bild 11.15 kann nach der Spannungsteilerregel in komplexer Form geschrieben werden

    $$\hat{U}_{a\,st} = \hat{U}_{12} \frac{\frac{1}{j\omega C}}{R + \frac{1}{j\omega C}} = \frac{\hat{U}_{12}}{\sqrt{1 + (\omega CR)^2}}\, e^{j(\varphi_u - \varphi)};$$

    dabei ist $\varphi = \arctan \omega CR$ der Winkel der Phasenverschiebung zwischen $u_e(t)$ und $u_{a\,st}(t)$. Wird für $CR = \tau$ gesetzt, so erhält man nach Rücktransformation den stationären Zustand für $u_a(t)$:

    $$u_{a\,st}(t) = \frac{\hat{U}_{12}}{\sqrt{1 + (\omega\tau)^2}} \sin(\omega t + \varphi_u - \varphi).$$

4. Überlagerung der Ergebnisse von Punkt 2 und 3 ergibt (Gl. (11.9))

$$h(t) = h_f(t) + h_{st}(t),$$

$$u_a(t) = k\,e^{-t/\tau} + \frac{\hat{U}_{12}}{\sqrt{1 + (\omega\tau)^2}} \sin(\omega t + \varphi_u - \varphi).$$

5. Berechnung der Integrationskonstanten k:
   Es gilt bei $t = 0$

$$u_a(0) = k + \frac{\hat{U}_{12}}{\sqrt{1 + (\omega\tau)^2}} \sin(\varphi_u - \varphi)$$

und nach k aufgelöst

$$k = -\frac{\hat{U}_{12}}{\sqrt{1 + (\omega\tau)^2}} \sin(\varphi_u - \varphi).$$

Damit wird

$$u_a(t) = \frac{\hat{U}_{12}}{\sqrt{1 + (\omega\tau)^2}} [\sin(\omega t + \varphi_u - \varphi) - \sin(\varphi_u - \varphi)\,e^{-t/\tau}]. \quad (11.26)$$

Durch Differenzieren der Zeitfunktion $u_a(t)$ erhält man die Zeitfunktion des Stromes $i(t)$:

$$i(t) = C\frac{du_a}{dt} = \frac{\omega C \hat{U}_{12}}{\sqrt{1 + (\omega\tau)^2}} \left[\cos(\omega t + \varphi_u - \varphi) + \frac{1}{\omega\tau} \sin(\varphi_u - \varphi)\,e^{-t/\tau} \right].$$
(11.27)

Die Ausgangsspannung $u_a(t)$ (Gl. (11.26)) setzt sich aus einer sin-Funktion als stationärem Zustand und einer e-Funktion als flüchtigem Vorgang zusammen, der zur Zeit $t = 0$ einen negativen Wert und nur kurze Zeit Einfluß auf den Übergangsvorgang hat. Dieser flüchtige Vorgang enthält keinen mit der Zeit periodisch schwankenden Teil, sondern nur von φ_u und φ sowie von der angelegten Spannung $\hat{U}_{12}$ und von den Widerständen des Kreises abhängige konstante Größen.

Zur Zeit $t = 0$ ist das flüchtige Glied der Ausgangsspannung genauso groß wie das stationäre Glied der Ausgangsspannung und hat das entgegengesetzte Vorzeichen, so daß die Summe der beiden Glieder Null wird.

$$u_a(0) = \frac{\hat{U}_{12}}{\sqrt{1 + (\omega\tau)^2}} [\sin(\varphi_u - \varphi) - \sin(\varphi_u - \varphi)] = 0.$$

Das war zu erwarten, denn die Spannung am Kondensator kann sich nicht sprunghaft ändern. Der Strom dagegen nimmt sofort einen Wert an. Er ist für $t = 0$

$$i(0) = \frac{\hat{U}_{12}\omega C}{\sqrt{1 + (\omega\tau)^2}} \left[\cos(\varphi_u - \varphi) + \frac{1}{\omega\tau}\sin(\varphi_u - \varphi) \right].$$

Während das stationäre Glied (Bild 11.17) der Ausgangsspannung seine Richtung mit der Frequenz f wechselt, bleibt die Richtung des flüchtigen Gliedes unverändert. Daraus ergibt sich, wenn die Abklingzeit τ sehr groß ist, daß sich beide Glieder über mehrere

Perioden überlagern und die Gesamtspannung $u_a(t)$ höhere Werte annehmen kann, die nahezu doppelt so hoch liegen können wie die stationäre Ausgangsspannung $u_a(t)$. Wenn $R \gg 1/\omega C$ ist, dann wird $\tan \varphi = \omega CR \gg 1$, d.h., der Winkel der Phasenverschiebung $\varphi \to \pi/2$.

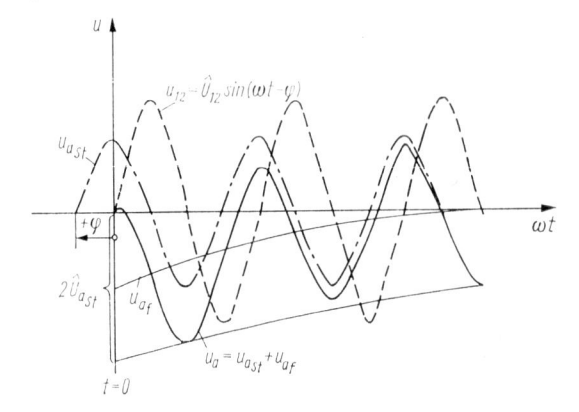

Bild 11.17
Verlauf der Ausgangsspannung $u_a(t)$ beim Einschalten einer sinusförmigen Wechselspannung

Wie aus Gl.(11.26) zu erkennen ist, wird die Höhe der Ausgangsspannung $u_a(t)$ auch noch vom Augenblick des Einschaltens, d.h. vom Nullphasenwinkel φ_u bestimmt. Wird z.B. $\varphi_u - \varphi = -(\pi/2)$, dann ist $\varphi_u \approx 0$, d.h., der Augenblick des Einschaltens liegt im Spannungsnulldurchgang von $u_e(t)$. So wird für $\omega t \approx \pi$

$$u_a(\omega t \approx \pi) = \frac{\hat{U}_{12}}{\sqrt{1 + (\omega \tau)^2}} [1 + e^{-\pi/\omega \tau}] \approx \frac{\hat{U}_{12}}{\sqrt{1 + (\omega \tau)^2}} \cdot 2,$$

da $\omega \tau = \omega CR \gg 1$ und damit $(\pi/\omega \tau) \approx 0$ wird.

Dieser Übergangsvorgang läuft mit großer Intensität ab und kann durch Spannungsüberhöhungen Schäden an den Bauelementen hervorrufen.

Ist dagegen $\varphi_u = \pi/2$ und damit $\varphi_u - \varphi \approx 0$, d.h., der Augenblick des Einschaltens erfolgt, wenn die Eingangsspannung $u_e(t)$ ihre Amplitude hat, wird

$$u_a\left(\omega t \approx \frac{\pi}{2}\right) = \frac{\hat{U}_{12}}{\sqrt{1 + (\omega \tau)^2}} \cdot 1.$$

Aufgabe 11.1

Der Kontaktsatz eines polarisierten Relais, das mit Wechselstrom von $f = 50$ Hz gesteuert wird, soll als Umschalter verwendet werden (Bild 11.18). Der Kondensator hat eine Kapazität von $C = 0,1$ μF. Die Widerstände sollen einen Wert von $R_e = 50$ kΩ und $R_a = 20$ kΩ haben.

a) Es sind die Bedingungen für den Einschalt- und Ausschaltvorgang zu untersuchen und die Übergangsfunktionen $u_C(t)/U_{12}$ und $i_C(t)/i_{C0}$ zu ermitteln!
b) Die Übergangsfunktionen sind in normierter Form grafisch darzustellen!

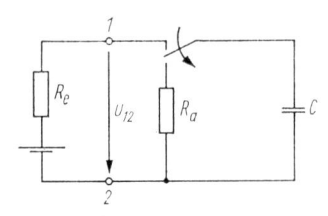

Bild 11.18. Schaltung zur Aufgabe 11.1

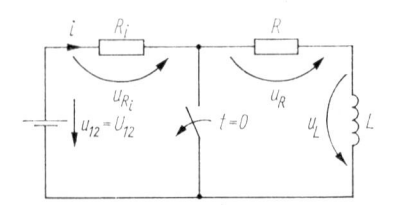

Bild 11.19. Schaltung zum Beispiel 11.6

11.3.1.3. Ein- und Ausschalten einer Gleichspannung an einem RL-Glied

Im folgenden Beispiel soll das Schaltverhalten eines Stromkreises mit einer Induktivität bei Gleichstrom untersucht werden.

Beispiel 11.6

Die Wicklung einer Spule hat einen ohmschen Widerstand R und eine Induktivität L. Nach der Schaltung im Bild 11.19 wird sie durch Öffnen des Schalters an eine Quellenspannung U_{12} mit einem Innenwiderstand R_i gelegt und durch Schließen des Schalters ausgeschaltet und gleichzeitig kurzgeschlossen. Die Lösung soll durch Anwendung der Laplace-Transformation erfolgen.

Lösung

Einschalten einer Gleichspannung

Man benutzt den Lösungsalgorithmus des Abschnitts 11.2.3. und berechnet die Sprungantwort für den Einschaltvorgang.

1. Aufstellen der Differentialgleichung und der Anfangsbedingungen:
   Nach dem Maschensatz ist $U_{12} = i(R_i + R) + u_L$. Wird für $u_L = L \, (di/dt)$ eingesetzt, so ergibt das die inhomogene Dgl. des Einschaltvorganges.

$$L \frac{di(t)}{dt} + (R_i + R) i(t) = U_{12}.$$

   Zur Zeit $t = 0$ ist $i(0) = 0$, da sich der Strom nicht sprunghaft ändern kann.
2. Transformation in den Bildbereich (nach Gl. (11.19a)):

$$\mathscr{L}\{f(t)\} = F(p) = \frac{\frac{U_{12}}{p}}{Lp + (R_i + R)};$$

   dabei sind $\mathscr{L}\{U_{12}\} = U_{12} \mathscr{L}\{1\} = U_{12}(1/p)$, $A_1 = L$ und $A_0 = R_i + R$.
3. Für die Lösung im Bildbereich erhält man, wenn für $L/(R_i + R) = \tau_e$ gesetzt wird, nach Umformung die algebraische Gleichung

$$F(p) = \frac{U_{12}}{L} \tau_e \frac{\frac{1}{\tau_e}}{p\left(p + \frac{1}{\tau_e}\right)} = \frac{U_{12}}{(R_i + R)} \frac{\frac{1}{\tau_e}}{p\left(p + \frac{1}{\tau_e}\right)}.$$

4. Die Rücktransformation in den Originalbereich ergibt unter Verwendung von Tafel 11.1, Nr. 5, die Sprungantwort $i(t)$:

$$i(t) = \mathscr{L}^{-1}\{F(p)\} = \frac{U_{12}}{R_i + R} (1 - e^{-t/\tau_e}). \tag{11.28}$$

Der Einschaltstrom bei einer Spule steigt nach einer e-Funktion an. Die Sprungantwort der Spannung $u_L(t)$ wird aus der Beziehung $u_L = L \, (di/dt)$ ermittelt.

$$u_L(t) = L \frac{di}{dt} = L \frac{U_{12}}{R_i + R} \frac{R_i + R}{L} e^{-t/\tau_e},$$

$$u_L(t) = U_{12} \, e^{-t/\tau_e}. \tag{11.29}$$

Die Spannung u_L fällt nach einer e-Funktion ab.

Ausschalten einer Gleichspannung

1. Für den Fall des Abschaltens durch Kurzschließen ist entsprechend der Schaltung im Bild 11.19 die homogene Differentialgleichung

$$L \frac{di}{dt} + Ri = 0.$$

   Zur Zeit $t = 0$ ist $i(0) = U_{12}/(R_i + R)$, d.h., der Strom hat im Augenblick des Ausschaltens seinen Höchstwert.

292 11. Schaltvorgänge bei Gleich- und Wechselstrom

2. Nach Gl.(11.19b) erhält man im Bildbereich

$$\mathscr{L}\{f(t)\} = F(p) = \frac{L \dfrac{U_{12}}{R_i + R}}{Lp + R};$$

dabei sind $A_1 = L$ und $A_0 = R$.

3. Die algebraische Lösung im Bildbereich ergibt, wenn für $R/L = 1/\tau_a$ gesetzt wird,

$$F(p) = \frac{U_{12}}{R_i + R} \frac{1}{p + \dfrac{1}{\tau_a}}.$$

4. Nach Tafel 11.1, Nr. 4, erhält man durch Rücktransformation in den Originalbereich

$$\mathscr{L}^{-1}\{F(p)\} = i(t) = \frac{U_{12}}{R_i + R} e^{-t/\tau_a}. \tag{11.30}$$

Die Sprungantwort für $u_L(t)$ wird durch Einsetzen des Stromes in die Beziehung $u_L = L\,(\mathrm{d}i/\mathrm{d}t)$ ermittelt.

$$u_L(t) = L \frac{\mathrm{d}\left(\dfrac{U_{12}}{R_i + R} e^{-t/\tau_a}\right)}{\mathrm{d}t} = -\frac{LU_{12}R}{(R_i + R)L} e^{-t/\tau_a},$$

$$u_L(t) = -U_{12} \frac{R}{R_i + R} e^{-t/\tau_a}. \tag{11.31}$$

Diskussion des Ergebnisses

Im Moment des Kurzschließens der Spule entsteht sofort eine Spannung u_L, die der Änderung des Stromes entgegenwirkt und den Strom in derselben Richtung mit der Größe $U_{12}/(R_i + R)$ weiterfließen lassen möchte. Deshalb erhält die Spannung u_L ein negatives Vorzeichen. Zur Zeit $t = 0$ springt sie auf den Wert $-U_{12}R/(R_i + R)$ und klingt nach einer e-Funktion ab. Für die grafische Darstellung werden die Anfangs- und Endwerte der entsprechenden Sprungantwort berechnet und in einer Tabelle zusammengefaßt (Tafel 11.2).

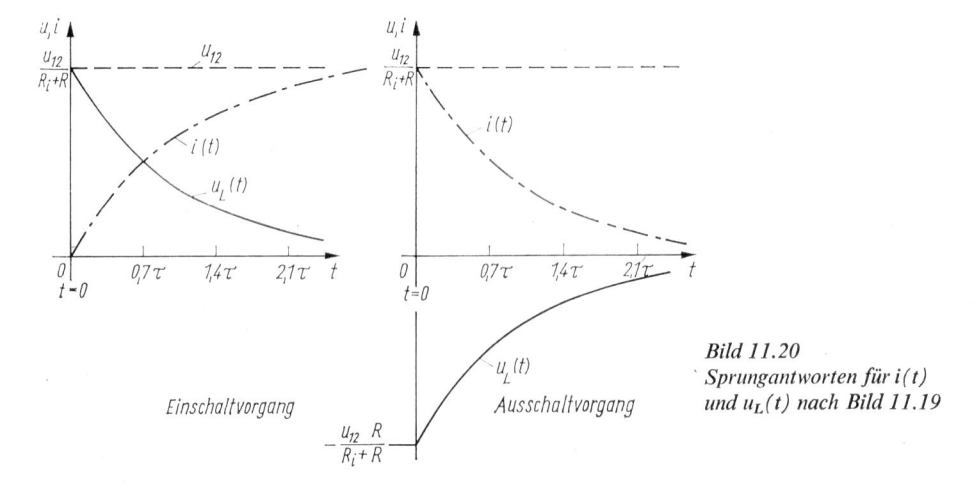

Bild 11.20
Sprungantworten für $i(t)$ und $u_L(t)$ nach Bild 11.19

Tafel 11.2. Anfangs- und Endwerte bei Reihenschaltung von R und L

	Einschaltvorgang		Ausschaltvorgang	
	$i(t)$	$u_L(t)$	$i(t)$	$u_L(t)$
$t = 0$	0	U_{12}	$\dfrac{U_{12}}{R_i + R}$	$-\dfrac{U_{12}R}{R_i + R}$
$t \to \infty$	$\dfrac{U_{12}}{R_i + R}$	0	0	0

Aus dem Übergangsverhalten der Induktivität ist zu erkennen, daß sich L im Augenblick des Einschaltens wie offene Klemmen und im stationären Zustand wie ein Kurzschluß verhält.

Im Bild 11.20 sind die Sprungantworten $i(t)$ und $u_L(t)$ qualitativ dargestellt.

11.3.1.4. Einschalten einer sinusförmigen Wechselspannung an einem *RL*-Glied

Anstelle der konstanten Quellenspannung U_{12} soll nun in der Schaltung nach Bild 11.19 ein Sinusgenerator $u_{12}(t) = \hat{U}_{12} \sin(\omega t + \varphi_u)$ eingeführt werden.

Die Lösung dieser Aufgabe soll nach dem Lösungsalgorithmus des Abschnitts 11.2.2. erfolgen:

1. Aufstellen der Dgl. und der Anfangsbedingungen:

In der Dgl. des Beispiels 11.6 beim Einschalten einer Gleichspannung ist lediglich anstelle von U_{12} die zeitlich abhängige Spannung $u_{12}(t) = \hat{U}_{12} \sin(\omega t + \varphi_u)$ einzusetzen. Man erhält für $i(t)$

$$L \frac{di(t)}{dt} + (R_i + R) i(t) = \hat{U}_{12} \sin(\omega t + \varphi_u)$$

die inhomogene Dgl. Da eine Dgl. 1. Ordnung vorliegt, wird nur eine Anfangsbedingung benötigt. Für $t = 0$ ist $i(0) = 0$. Zur Vereinfachung soll für die Schaltphase φ_u zunächst $\varphi_u = 0$ angenommen werden.

2. Transformation in den Bildbereich (nach Gl. (11.19a)):

$$\mathcal{L}\{f(t)\} = F(p) = \frac{\hat{U}_{12} \dfrac{a}{p^2 + a^2}}{Lp + (R_i + R)} = \frac{\hat{U}_{12} \dfrac{a}{p^2 + a^2}}{L\left(p + \dfrac{R_i + R}{L}\right)},$$

wobei

$$\mathcal{L}\{\hat{U}_{12} \sin(\omega t)\} = \hat{U}_{12} \{\sin(\omega t)\} = \hat{U}_{12} \frac{a}{p^2 + a^2}$$

(nach Tafel 11.1, Nr. 15), $A_1 = L$ und $A_0 = (R_i + R)$ ist.

3. Für die Lösung der algebraischen Gleichung im Bildbereich erhält man durch Umformen

$$F(p) = \frac{\hat{U}_{12}}{L} \frac{a}{\left(p + \dfrac{R_i + R}{L}\right)(p^2 + a^2)} = \frac{\hat{U}_{12} a}{L} \frac{1}{\left(p + \dfrac{R_i + R}{L}\right)(p^2 + a^2)}.$$

Durch Partialbruchzerlegung erhält man

$$\frac{1}{\left(p + \dfrac{R_i + R}{L}\right)(p^2 + a^2)} = \frac{1}{a^2 + \left(\dfrac{R_i + R}{L}\right)^2}\left[\frac{1}{p + \dfrac{R_i + R}{L}} - \frac{p}{p^2 + a^2} + \frac{R_i + R}{aL}\frac{a}{p^2 + a^2}\right].$$

4. Die Rücktransformation in den Originalbereich ergibt unter Verwendung von Tafel 11.1, Nr. 4, 16 und 15, und wenn für $a = \omega$ gesetzt wird,

$$\mathcal{L}^{-1}\{F(p)\} = i(t) = \frac{\hat{U}_{12}\omega}{L\left[\omega^2 + \left(\dfrac{R_i + R}{\omega L}\right)^2\right]}\left[\mathrm{e}^{-\frac{R_i + R}{L}t} - \cos\omega t + \frac{R_i + R}{\omega L}\sin\omega t\right].$$

Wird nun in dieser Gleichung

$$\frac{\sqrt{(R_i + R)^2 + (\omega L)^2}}{\omega L}$$

ausgeklammert, so ergibt das

$$i_L(t) = \frac{\hat{U}_{12}}{\sqrt{(R_i + R)^2 + (\omega L)^2}}\left[\frac{\omega L}{\sqrt{(R_i + R)^2 + (\omega L)^2}}\mathrm{e}^{-\frac{(R_i + R)}{L}t}\right.$$
$$-\frac{\omega L}{\sqrt{(R_i + R)^2 + (\omega L)^2}}\cos\omega t$$
$$\left.+\frac{R_i + R}{\sqrt{(R_i + R)^2 + (\omega L)^2}}\cdot\sin\omega t\right].$$

Zur Vereinfachung dieser Gleichung wird der Phasenverschiebungswinkel φ eingeführt. Es ist

$$-\frac{\omega L}{\sqrt{(R_i + R)^2 + (\omega L)^2}} = -\sin\varphi$$

und

$$\frac{R_i + R}{\sqrt{(R_i + R)^2 + (\omega L)^2}} = \cos\varphi.$$

Schreibt man für

$$\frac{(R_i + R)}{L} = \frac{1}{\tau}$$

und für

$$\sqrt{(R_i + R)^2 + \left[\frac{(R_i + R)\,\omega L}{(R_i + R)}\right]^2} = (R_i + R)\sqrt{1 + (\omega\tau)^2}$$

und führt die Schaltphase φ_u noch ein, so erhält man die endgültige Lösung für die Sprungantwort des Stromes.

$$i_L(t) = \frac{\hat{U}_{12}}{(R_i + R)\sqrt{1 + (\omega\tau)^2}} \left[\sin(\omega t + \varphi_u - \varphi) - \sin(\varphi_u - \varphi)\,e^{-t/\tau}\right]. \tag{11.32}$$

Durch Differenzieren erhält man die Sprungantwort der Spannung $u_L(t)$.

$$u_L(t) = \hat{U}_{12} \sin\varphi \left[\cos(\omega t + \varphi_u - \varphi) + \frac{1}{\omega\tau}\sin(\varphi_u - \varphi)\,e^{-t/\tau}\right]. \tag{11.33}$$

Der Strom $i(t)$ (Gl. (11.32)) setzt sich aus einer sin-Funktion als stationärem Zustand und einer e-Funktion als flüchtigem Vorgang zusammen, der zur Zeit $t = 0$ einen negativen Wert und nur kurze Zeit Einfluß auf den Übergangsvorgang hat. Dieser flüchtige Vorgang enthält keinen mit der Zeit periodisch schwankenden Teil, sondern nur von φ_u und φ sowie von der angelegten Spannung $\hat{U}_{12}$ und von den Widerständen des Kreises abhängige konstante Größen.

Da sich der Strom i bei einer Induktivität nicht sprunghaft ändern kann, muß zur Zeit $t = 0$ auch $i_L(0) = 0$ sein.

$$i_L(0) = \frac{\hat{U}_{12}}{(R_i + R)\sqrt{1 + (\omega\tau)^2}} \left[\sin(\varphi_u - \varphi) - \sin(\varphi_u - \varphi)\right] = 0.$$

Die Spannung u_L dagegen nimmt sofort einen Wert an. Er ist für $t = 0$

$$u_L(0) = \hat{U}_{12} \sin\varphi \left[\cos(\varphi_u - \varphi) + \frac{1}{\omega\tau}\sin(\varphi_u - \varphi)\right].$$

Während das stationäre Glied des Stromes (Gl. (11.32)) seine Richtung mit der Frequenz f wechselt, bleibt die Richtung des flüchtigen Gliedes unverändert. Daraus ergibt sich, wenn die Abklingzeit τ sehr groß ist, daß sich beide Glieder des Stromes über mehrere Perioden überlagern und der Gesamtstrom $i(t)$ höhere Werte annehmen kann, die nahezu doppelt so groß sein können wie die Amplitude des stationären Stromes $i(t) \approx 2i_{Lst}(t)$. Wenn $\omega L \gg (R_i + R)$ ist, dann wird $\tan\varphi = \omega L/(R_i + R) \gg 1$, d.h., der Winkel der Phasenverschiebung $\varphi \to \pi/2$.

Wie aus Gl. (11.32) zu erkennen ist, wird die Größe des Gesamtstromes $i(t)$ auch noch vom Augenblick des Einschaltens, d.h. vom Nullphasenwinkel φ_u bestimmt. Wird z.B. $\varphi_u - \varphi = -(\pi/2)$, dann ist $\varphi_u \approx 0$, d.h., der Augenblick des Einschaltens liegt im Spannungsnulldurchgang von $u_{12}(t)$. So wird für $\omega t \approx \pi$

$$i(\omega t \approx \pi) = \frac{\hat{U}_{12}}{(R_i + R)\sqrt{1 + (\omega\tau)^2}} \left[1 + e^{-\pi/\omega\tau}\right]$$

$$\approx \frac{\hat{U}_{12}}{(R_i + R)\sqrt{1 + (\omega\tau)^2}} \cdot 2,$$

da $\omega\tau = (\omega L/(R_i + R)) \gg 1$ und damit $(\pi/\omega\tau) \approx 0$ wird.

Dieser Übergang läuft mit großer Intensität ab und kann bei Spulen mit Eisenkern ein Vielfaches (bis 80fach) des stationären Stromes betragen.

Ist dagegen $\varphi_u = \pi/2$ und damit $\varphi_u - \varphi \approx 0$, d.h., der Augenblick des Einschaltens erfolgt, wenn die Spannung $u_{12}(t)$ ihre Amplitude hat, so ist in diesem Fall der Strom am geringsten.

$$i\left(\omega t \approx \frac{\pi}{2}\right) = \frac{\hat{U}_{12}}{(R_i + R)\sqrt{1 + (\omega \tau)^2}} \cdot 1.$$

Aufgabe 11.2

In der Schaltung nach Bild 11.21 soll zu einer Induktivität L ein Widerstand R_2 parallelgeschaltet werden, damit beim Öffnen des Schalters die Ausschaltspannung $u_L = 100$ V nicht überschritten wird. Gegeben sind $U_{12} = 10$ V und $R_1 = 1$ kΩ.

a) Wie groß muß R_2 sein?
b) Wie groß ist die Ausschaltspannung u_L, wenn $R_2 = 50$ kΩ ist?

11.3.2. Netzwerke mit zwei Energiespeichern (C und L)

11.3.2.1. Einschalten einer Gleichspannung

In diesem Abschnitt soll der Einschaltvorgang bei Gleichspannung an einem Schwingkreis (R, C und L in Reihe geschaltet) berechnet werden. Der Ausschaltvorgang wurde ja bereits im Abschn. 11.2.1. grundsätzlich dargestellt und im Beispiel 11.2 berechnet.

Beispiel 11.7

Die Schaltung im Bild 11.22 ist für den Zeitpunkt $t \geqq 0$ dargestellt, und es liegt eine Reihenschaltung von R, L und C vor. Für $t < 0$ soll der Schalter geschlossen sein, und der Löschkondensator C wird überbrückt, so daß $u_C(0) = 0$ ist. Die Spannungsquelle mit der Quellenspannung U_{12} treibt durch die Spule mit R und L einen Strom $i(0) = U_{12}/R$. Wird zum Zeitpunkt $t = 0$ der Schalter geöffnet, so wird der Löschkondensator in den Stromkreis einbezogen. Für das sprunghafte Einschalten der Quellenspannung U_{12} durch Öffnen des Schalters soll die Sprungantwort $u_C(t)$ durch Anwendung der Laplace-Transformation ermittelt werden, wenn $R^2/4L^2 < 1/CL$ ist (periodisches Verhalten).

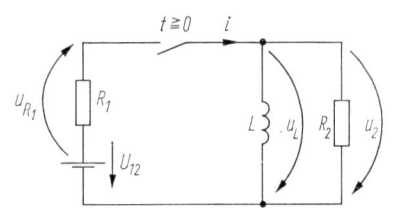

Bild 11.21. Schaltung zur Aufgabe 11.2 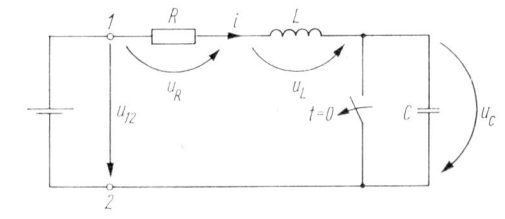   *Bild 11.22.* Schaltung zum Beispiel 11.7

Lösung

1. Aufstellen der Differentialgleichung und der Anfangsbedingungen:
   Nach dem Maschensatz ist $u_R + u_L + u_C - U_{12} = 0$. Werden die Beziehungen $u_R = iR$, $u_L = L(\mathrm{d}i/\mathrm{d}t)$ und $i = C(\mathrm{d}u_C/\mathrm{d}t)$ im Maschensatz eingesetzt, so erhält man die inhomogene Differentialgleichung des Einschaltvorganges.

$$u_L + u_R + u_C = U_{12},$$

$$LC\frac{\mathrm{d}u_C^2}{\mathrm{d}t^2} + CR\frac{\mathrm{d}u_C}{\mathrm{d}t} + u_C = U_{12}.$$

Da eine Differentialgleichung 2.Ordnung vorliegt, werden zwei Anfangsbedingungen benötigt. Zur Zeit $t = 0$ ist $i(0) = U_{12}/R$ und $u_C(0) = 0$. Die zweite Anfangsbedingung erhält man aus der Beziehung $i(0) = i_C(0) = C(\mathrm{d}u_C/\mathrm{d}t)_{t=0}$. Es ist somit $(\mathrm{d}u_C/\mathrm{d}t)_{t=0} = U_{12}/RC$.

2. Transformation in den Bildbereich (nach Gl.(11.19)):

$$\mathscr{L}\{u_C(t)\} = F(p) = \frac{\dfrac{U_{12}}{p}}{LCp^2 + CRp + 1} + \frac{\dfrac{LCU_{12}}{RC}}{LCp^2 + CRp + 1};$$

zusammengefaßt ergibt das

$$F(p) = \left(\frac{U_{12}}{p} + L\frac{U_{12}}{R}\right) \frac{1}{\left(R + pL + \dfrac{1}{pC}\right) pC}.$$

Durch zielgerichtetes Umformen erhält man für

$$F(p) = \frac{U_{12}}{LC}\frac{1}{p\,[(p+b)^2 + a^2]} + \frac{U_{12}}{CR}\frac{1}{(p+b)^2 + a^2},$$

wobei

$$b = \frac{R}{2L} \quad \text{und} \quad a^2 = \frac{1}{LC} - \left(\frac{R}{2L}\right)^2 \quad \text{ist.}$$

3. Für die Lösung im Bildbereich erhält man durch Anwenden der Partialbruchzerlegung für das erste Glied der Gleichung

$$\frac{1}{p\,[(p+b)^2 + a^2]} = \frac{1}{b^2 + a^2}\left[\frac{1}{p} - \frac{p+b}{(p+b)^2 + a^2} - \frac{b}{(p+b)^2 + a^2}\right]$$

und mit der Beziehung $b^2 + a^2 = 1/LC$ die allgemeine algebraische Lösung

$$F(p) = U_{12}\left[\frac{1}{p} - \frac{p+b}{(p+b)^2 + a^2} - \frac{b}{(p+b)^2 + a^2}\right] + \frac{U_{12}}{CR}\frac{1}{(p+b)^2 + a^2}.$$

Für den Fall $R^2/4L^2 < 1/CL$ ist $(1/LC) - (R/2L)^2 = a^2$. Durch Umformen erhält man

$$F(p) = U_{12}\left[\frac{1}{p} - \frac{p+b}{(p+b)^2 + a^2} - \left(\frac{b}{a} - \frac{1}{aRC}\right)\frac{a}{(p+b)^2 + a^2}\right].$$

4. Die Rücktransformation in den Originalbereich ergibt unter Verwendung von Tafel 11.1, Nr. 1, 18 und 17, die Zeitfunktion

$$\mathscr{L}^{-1}\{F(p)\} = f(t) = U_{12}\left[1 - e^{-bt}\cos at - \left(\frac{b}{a} - \frac{1}{aRC}\right)e^{-bt}\sin at\right].$$

Durch Zusammenfassen der Kreisfunktion erhält man

$$\frac{1}{a}\left(b - \frac{1}{RC}\right)\sin at + \cos at = A\sin(at + \varphi) = A\sin at\cos\varphi + A\cos at\sin\varphi.$$

Der Koeffizientenvergleich ergibt unter Einbeziehung der zuvor eingeführten Substitution für a und b

$$A\cos\varphi = \frac{1}{a}\left(b - \frac{1}{CR}\right),$$

$$A\sin\varphi = 1,$$

$$A^2 = 1 + \frac{1}{a^2}\left(b - \frac{1}{RC}\right)^2,$$

$$A = \frac{1}{aRC},$$

$$\tan\varphi = \frac{a}{b - \dfrac{1}{RC}}.$$

Wird für $b = R/2L = \delta$, $a = \omega$ (die Winkelfrequenz der gedämpften Schwingung) eingeführt, so erhält man die Sprungantwort der Spannung $u_C(t)$:

$$u_C(t) = U_{12}\left[1 - \frac{1}{\omega RC} e^{-\delta t} \sin(\omega t + \varphi)\right]$$

$$= U_{12}\left[1 - \frac{e^{-\delta t}}{\sin \varphi} \sin(\omega t + \varphi)\right].$$

Im Bild 11.23 ist der zeitliche Verlauf der Spannung $u_C(t)$ qualitativ dargestellt.

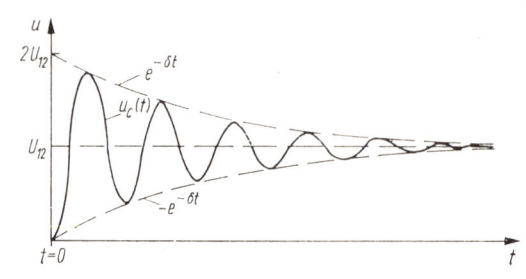

Bild 11.23
Einschaltvorgang zum Beispiel 11.7
für $R < 2\sqrt{L/C}$

11.3.2.2. Einschalten einer sinusförmigen Wechselspannung

Beim Einschalten einer sinusförmigen Wechselspannung $u_{12}(t) = \hat{U}_{12} \sin(\omega_a t + \varphi_u)$ an eine Reihenschaltung von R, C und L können unterschiedliche Erscheinungen auftreten. Dabei kommt es auch hier auf die Schaltphase φ_u im Einschaltmoment an. Einen größeren Einfluß auf den Übergangsvorgang hat aber in diesem Fall die Frequenz der angelegten Spannung.

Bei den nun folgenden Betrachtungen soll eine kleine Dämpfung des Schwingkreises angenommen werden. Die Winkelfrequenz der angelegten Spannung wird mit ω_a, die Winkelfrequenz des Schwingkreises mit ω und die Resonanzwinkelfrequenz mit ω_r bezeichnet.

Nach den bekannten Lösungsmethoden (Abschn. 11.2.) erhält man für die Sprungantwort der Spannung $u_C(t)$

$$u_C(t) = -\frac{\hat{U}_{12}}{\omega_a C \sqrt{R^2 + \left(\omega_a L - \frac{1}{\omega_a C}\right)^2}} \left\{\cos(\omega_a t + \varphi_u - \varphi)\right.$$

$$\left. + \cos(\varphi_u - \varphi) e^{-\delta t} \left[\left(\frac{\omega_a}{\omega} \tan(\varphi_u - \varphi) - \frac{R}{2\omega L}\right) \sin \omega t\right.\right.$$

$$\left.\left. - \cos \omega t\right]\right\}.$$

Durch Einsetzen der Grenzbedingungen soll die Richtigkeit der Sprungantwort $u_C(t)$ geprüft werden.

Zur Zeit $t = 0$ ist $\sin \omega t = 0$, $\cos \omega t = 1$, $e^{-\delta t} = 1$ und somit

$$u_C(0) = \frac{-\hat{U}_{12}}{\omega_a C \sqrt{R^2 + \left(\omega_a L - \frac{1}{\omega_a C}\right)^2}} \left\{\cos(\varphi_u - \varphi)\right.$$

$$\left. + \cos(\varphi_u - \varphi) \cdot 1 \cdot \left[\left(\frac{\omega_a}{\omega} \tan(\varphi_u - \varphi) - \frac{R}{2\omega L}\right) \cdot 0 - 1\right]\right\} = 0.$$

Das ist richtig, denn die Spannung am Kondensator kann sich nicht sprunghaft ändern. Zur Zeit $t \to \infty$ ist $\mathrm{e}^{-\delta t} = 0$. Man erhält für den stationären Zustand

$$u_{C\,\mathrm{st}}(\infty) = \frac{-\hat{U}_{12}}{\omega_\mathrm{a} C \sqrt{R^2 + \left(\omega_\mathrm{a} L - \dfrac{1}{\omega_\mathrm{a} C}\right)^2}} \cos(\omega_\mathrm{a} t + \varphi_u - \varphi).$$

Die Sprungantwort $u_C(t)$ läßt erkennen, daß die Kondensatorspannung die Überlagerung eines stationären Zustandes mit einem flüchtigen Vorgang darstellt. Der flüchtige Vorgang klingt nach einer e-Funktion mit $\mathrm{e}^{-\delta t} = \mathrm{e}^{-t/(2\tau_L)}$ ab. Während der stationäre Zustand nach einer Kosinusschwingung mit der Winkelfrequenz ω_a verläuft, besteht das flüchtige Glied aus einer Schwingung mit der Winkelfrequenz ω. Diese Winkelfrequenz ω wird durch die Schaltelemente R, C und L bestimmt. Die frei wählbaren Parameter für die Diskussion sind demnach ω_a und die Schaltphase φ_u. Die Schaltphase φ_u übt hier einen ähnlichen Einfluß aus, wie es in den vorhergehenden Beispielen gezeigt wurde. Der Einfluß von ω_a kommt besonders im Verhältnis ω_a/ω zum Ausdruck.

Weicht die aufgeprägte Winkelfrequenz ω_a nur wenig von der Winkelfrequenz des Schwingkreises ω ab ($\omega_\mathrm{a} \approx \omega$), so überlagern sich zwei Schwingungen, die annähernd die gleiche Frequenz haben und Schwebungen im Rhythmus der Differenzfrequenz $\Delta\omega = (\omega_\mathrm{a} - \omega)$ erzeugen. Wie im Bild 11.24a zu sehen ist, hat die Amplitudenhüllkurve die Winkelfrequenz $\Delta\omega$. Ist die aufgeprägte Winkelfrequenz ω_a wesentlich kleiner als die Winkelfrequenz des Schwingkreises ω ($\omega_\mathrm{a} \ll \omega$), so wird die Spannung mit der größeren Frequenz ω überlagert, wie es im Bild 11.24 b dargestellt ist.

Aufgabe 11.3

Ein Kondensator mit der Kapazität C hat die Spannung U_C und wird zum Zeitpunkt $t \geqq 0$ über eine Spule L mit einem ohmschen Widerstand R entladen.
a) Für den Ausschaltvorgang soll durch Anwendung der Laplace-Transformation die Sprungantwort des Stromes $i(t)$ bestimmt werden, wenn $R < \sqrt{L/C}$ ist, also eine gedämpfte Schwingung vorliegt!
b) Der zeitliche Verlauf des Stromes $i(t)$ ist qualitativ grafisch darzustellen.

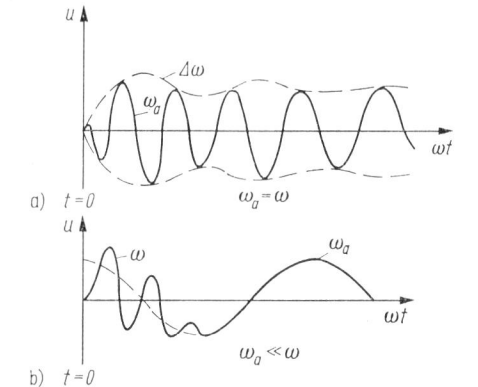

Bild 11.24
Einschaltvorgang einer sinusförmigen Wechselspannung an ein Netzwerk mit R, C und L
a) $\omega_\mathrm{a} \approx \omega$; b) $\omega_\mathrm{a} \ll \omega$

Zusammenfassung zu 11.

Beim Einschalten einer Gleichspannung (Einheitssprung) bei einem Netzwerk mit R und C kann sich die Spannung u_C am Kondensator nicht sprunghaft ändern, aber der Strom i_C springt sofort auf einen Wert, der durch den ohmschen Widerstand des Netzwerkes bestimmt wird. Das Übergangsverhalten des Kondensators läßt erkennen, daß sich C im

Augenblick des Einschaltens wie ein Kurzschluß und im stationären Zustand wie eine offene Klemme verhält. Die Übergangsfunktionen für Spannung und Strom sind

$$\frac{u_C(t)}{U_{12}} = 1 - e^{-t/\tau}; \qquad \frac{i_C(t)}{i_{C0}} = e^{-t/\tau}.$$

Beim Einschalten einer Gleichspannung bei einem Netzwerk mit R und L kann sich der Strom i_L nicht sprunghaft ändern, aber die Spannung u_L über der Induktivität nimmt sofort den Wert der angelegten Spannung an. Das Übergangsverhalten der Induktivität läßt erkennen, daß sich L im Augenblick des Einschaltens wie offene Klemmen und im stationären Zustand wie ein Kurzschluß verhält. Die Übergangsfunktionen für Spannung und Strom sind

$$\frac{u_L(t)}{U_{12}} = e^{-t/\tau}; \qquad \frac{i_L(t)}{i_{L\infty}} = 1 - e^{-t/\tau}.$$

Beim Ausschalten bzw. Kurzschließen eines Netzwerkes mit R und C oder R und L klingen alle elektrischen Größen nach einer e-Funktion ab und erreichen nach der Zeit $t = 5\tau$ praktisch den Wert Null.

Die Abklingzeit τ kann aus den Schaltelementen des Netzwerkes $\tau_C = CR$ oder $\tau_L = L/R$ berechnet oder experimentell ermittelt werden.

Beim Einschalten einer Gleichspannung bei Netzwerken mit zwei Energiespeichern C und L verläuft der Übergangsvorgang, wenn $R > 2\sqrt{L/C}$ aperiodisch und wenn $R < 2\sqrt{L/C}$, nach einer periodischen Schwingung. Ist $R = 2\sqrt{L/C}$, so liegt der aperiodische Grenzfall vor.

Beim Einschalten einer sinusförmigen Wechselspannung bei einem Netzwerk mit R und C oder R und L kann, wenn die Abklingzeit τ des Netzwerkes sehr groß ist und der Winkel der Phasenverschiebung $\varphi \to \pi/2$ geht, der Übergangsvorgang mit großer Intensität ablaufen. Wird im Augenblick des Spannungsnulldurchganges ($\varphi_u \approx 0$) eingeschaltet, so kann es bei RC-Netzwerken zu Spannungsüberhöhungen und bei RL-Netzwerken zu Stromüberhöhungen kommen.

Beim Ausschalten einer sinusförmigen Wechselspannung kommt es darauf an, in welchem Augenblick ausgeschaltet wird. Die Spannung am Kondensator und der Strom durch die Spule können höchstens den Wert des eingeschwungenen Zustandes annehmen und klingen nach einer e-Funktion ab.

Beim Einschalten einer sinusförmigen Wechselspannung an ein Netzwerk mit R, C und L gibt es mehrere Möglichkeiten des Übergangsvorganges. Es kommt ebenfalls auf den Augenblickswert der Spannung im Einschaltmoment an. Von größerem Einfluß ist das Verhältnis der Winkelfrequenz ω_a der angelegten Spannung zur Winkelfrequenz ω des Stromkreises. Weicht die aufgeprägte Frequenz nur wenig von der Eigenfrequenz ab, so erhält man Schwebungen im Rhythmus der Differenzfrequenz. In der Leistungselektrik interessiert der Fall $\omega_a \ll \omega$, d.h., die aufgeprägte Frequenz ist sehr klein gegenüber der Eigenfrequenz des Stromkreises. Beide Frequenzen überlagern sich, und es kann beim Einschalten zu Stromüberhöhungen kommen.

Übungen zu 11.

Ü 11.1. Mit einer Glimmlampe ($U_Z = 200$ V; $U_L = 120$ V) soll bei einer Quellenspannung $U_{12} = 250$ V ein Kippgenerator (Bild 11.25) mit $C = 2\,\mu$F und $R = 10$ kΩ gebaut werden. Der Innenwiderstand R_i der Glimmlampe ist $R_i \ll R$. Zu berechnen ist die Frequenz des Kippgenerators!

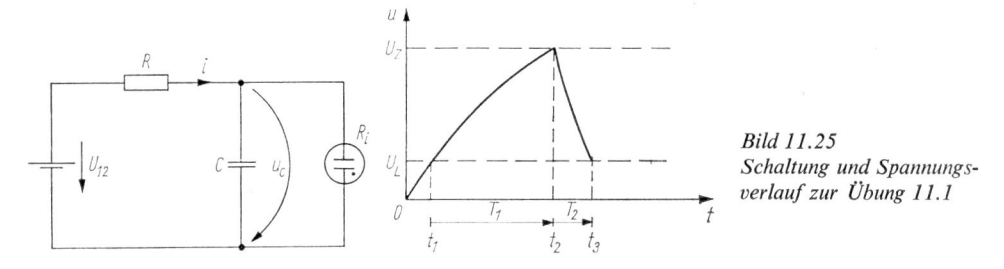

Bild 11.25
Schaltung und Spannungsverlauf zur Übung 11.1

Ü 11.2. Das Bild 11.26 zeigt das Prinzip eines Tyrill-Reglers. Dabei wird das Verhältnis zweier Abklingzeiten zur Einstellung des Erregerstromes genutzt. Die Schließungs- und Öffnungszeiten des Schalters sollen $t_s = t_ö = 4$ ms sein. Gegeben sind die Werte $U_{12} = 100$ V; $R = 10$ Ω; $R_L = 50$ Ω; $L = 300$ mH.

a) Zu berechnen sind der Strom I_{max} bei geschlossenem Schalter und I_{min} bei geöffnetem Schalter für die Zeit $t \to \infty$!
b) Zu berechnen sind der Strom i_s und $i_ö$ für die ersten zwei Intervalle!
c) Der zeitliche Verlauf des Stromes ist grafisch darzustellen!

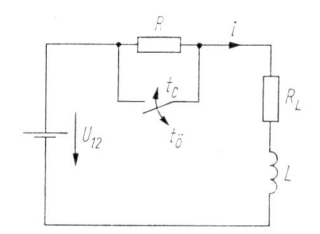

Bild 11.26
Schaltung zur Übung 11.2

12. Lösungen zu den Aufgaben und Übungen

12.1. Lösungen zu den Aufgaben

A 1.1. Siehe Tafel A 1.1.

Tafel A 1.1
Schaltelemente-Stromverlauf bei Dreieckwechselspannung

Schaltelement	Strom/Spannungs-beziehung	Stromverlauf
R	$i = \dfrac{u}{R}$	
C	$i = C\,\dfrac{du}{dt}$	
L	$u = L\,\dfrac{di}{dt}$	

A 1.2. $I = 1{,}811\ \text{A}$; $\varphi_{i2} = 14{,}55°$.

A 1.3. $I = 127\ \text{mA}$; $\beta = 20{,}55°$.

A 2.1. $U_{\max} = U \cdot \sqrt{2} \cdot 1{,}8 = 560\ \text{V}$; $X_C = -19{,}9\ \text{k}\Omega$; $C = 0{,}16\ \mu\text{F}$.

A 2.2. $L = 87\ \text{mH}$.

A 2.3. $L = 48\ \text{mH}$.

A 3.1. $R = 10\ \text{k}\Omega$; $C = 500\ \text{pF}$.

A 3.2. $X_L/R = 1$; $Z = R\sqrt{2}$.

A 3.3.

f/Hz:	345	388	$f_r =$ 398	408	458,
$\lvert X_C \rvert/\Omega$:	925	822	800	780	695,
X_L/Ω:	693	780	800	822	912,
Z/Ω:	233	58	40	58	80,
I/mA:	51,5	207	300	207	54,
U_R/V:	2,06	8,28	12	8,28	2,01,
$\lvert U_C \rvert$/V:	47,6	170	240	161,5	36,4,
U_L/V:	35,8	161,5	240	170	48,2.

A 3.4. $Z = 6{,}72\ \text{k}\Omega$; $C = 26{,}65\ \text{nF}$.

A 3.5. $R_2 = 1500\ \Omega$.

A 3.6.

f/Hz:	91	94	97	$f_r = 100$	103	106	109,
B_C/mS:	26,75	28,15	29,1	30	30,85	31,5	32,6,
$\|B_L\|$/mS:	33,05	32,2	31,2	30	29,2	28,4	27,6,
Y/mS:	6,38	4,17	2,33	1	1,93	3,25	5,1,
Z/Ω:	157	240	429	1000	518	308	196,
I/mA:	25,5	16,7	9,4	4	7,72	13	20,4,
I_C/mA:	107	112,5	116	120	123	126	109,
$\|I_L\|$/mA:	132,5	128,5	124,5	120	116,5	117	110,5.
I_R/mA:	4	4	4	4	4	4	4

A 5.1. Wendet man auf Gl.(5.2) die goniometrische Beziehung Gl.(5.3) an, so erhält man als Zwischenschritt

$$p = (\hat{U}\hat{I}/2) [\cos(\omega t - \omega t - \varphi_i) - \cos(\omega t + \omega t + \varphi_i)].$$

Die Umwandlung des Faktors $\hat{U}\hat{I}/2 = UI$ (vgl. Punkt 6) und die Auflösung der Klammern ergeben dann die gesuchte Gl.(5.4):

$$p = UI \cos \varphi - UI \cos(2\omega t - \varphi).$$

A 5.2. Die Anwendung der goniometrischen Beziehung Gl.(5.5) auf Gl.(5.4) für den Augenblickswert der Leistung liefert als Zwischenschritt

$$p = UI \cos \varphi - UI [\cos(2\omega t) \cos \varphi + \sin(2\omega t) \sin \varphi].$$

Das Ausmultiplizieren, zweckmäßige Zusammenfassen und Ordnen der einzelnen Terme führt auf die gesuchte Beziehung:

$$p = UI \cos \varphi [1 - \cos(2\omega t)] - UI \sin \varphi \sin(2\omega t).$$

A 5.3. Um die Übertragungs- und Anschlußleitungen zu entlasten, sind die Kondensatoren für die Kompensation unmittelbar am ohmisch-induktiven Nutzer anzubringen, wie es z. B. bei Motoren und der Vorschaltdrossel bei Leuchtstofflampen geschieht (Einzelkompensation).

A 5.4. Von Überkompensation spricht man, wenn durch zuviel zugeschaltete Kondensatoren das Netz kapazitiv belastet wird. Der überkompensierte Teil der Blindenergie pendelt nicht mehr – wie durch die Kompensation allgemein gewollt – zwischen ohmisch-induktivem Nutzer und Kondensator, sondern zwischen Kondensator und über die gesamte Übertragungsleitung zum Erzeuger. Der Sinn der Kompensation – Entlastung der Übertragungsleitung – geht verloren.

A 5.5. Bei $\cos \varphi = 1$ wird $\varphi = 0$, und das Leistungsdreieck (vgl. Bild 5.9) wird im Grenzfall zur Geraden in der Bezugsebene. Da nur noch die Wirkkomponente existiert, kann ihre Größe keinen Einfluß auf den Phasenwinkel haben.

A 5.6. Der Eigenverbrauch ist als Scheinleistung definiert. Demzufolge ergibt sich

$$|S| = UI = S = 10 \text{ V} \cdot 29 \text{ mA} = 290 \text{ mV} \cdot \text{A}.$$

Die sich in Wärme umwandelnde Leistung beträgt

$$P = UI \cos \varphi = 10 \text{ V} \cdot 29 \text{ mA} \cos 74{,}92° = 75{,}45 \text{ mW}.$$

A 6.1. 1. Berechnung des Inversionskreisradius

$$r_0 = \frac{1}{\sqrt{\dfrac{400 \, \Omega}{\text{cm}} \dfrac{0{,}4 \, \text{mS}}{\text{cm}}}} = 2{,}5 \text{ cm}.$$

2. Einzeichnen von $\underline{Z}_1 = R_1 + 1/(j\omega C) = (1{,}2 - j0{,}8) \text{ k}\Omega$ in die komplexe Zahlenebene (Bild A 6.1).
3. Spiegelung von $\underline{Z}_1$ am Inversionskreis; Ergebnis: $\underline{Y}_1^*$.
4. Spiegelung von $\underline{Y}_1^*$ an der reellen Achse; Ergebnis: $\underline{Y}_1$.
5. Addition von $-j1/(\omega L) = -j1{,}6$ mS; Ergebnis: $\underline{Y}$.
6. Inversion von $\underline{Y}$;
   Ergebnis: $\underline{Z} = (320 + j670) \, \Omega \approx 740 \, \Omega \, e^{j64°}$.

A 6.2. 1. Da der kürzeste Abstand: Nullpunkt – $\underline{Z}$-Gerade, d. h. der kleinste Widerstandsbetrag den größten Leitwert, den Durchmesser des Kreises ergeben muß, wird auf der $\underline{Z}$-Geraden das Lot durch den Ursprung errichtet (Bild A 6.2).
2. Spiegelung des Punktes $\underline{Z}$, durch den das Lot geht, am Inversionskreis; Ergebnis: $\underline{Y}^*$.

304   12. Lösungen zu den Aufgaben und Übungen

3. Zeichnen des konjugiert komplexen Leitwertkreises, der durch $\underline{Y}^*$ und den Nullpunkt gehen muß und dessen Mittelpunkt auf der Strecke $\overline{0\underline{Y}^*}$ liegt.
4. Übertragen der Punkte $\underline{Z}_1$ bis $\underline{Z}_3$ auf den $\underline{Y}^*$-Kreis mit Hilfe der Verbindungslinien zum Nullpunkt.
5. Spiegelung des $\underline{Y}^*$-Kreises an der reellen Achse. Der Kreisbogen von $\underline{Y}_1$ bis $\underline{Y}_3$ stellt die gesuchte Leitwertortskurve dar.

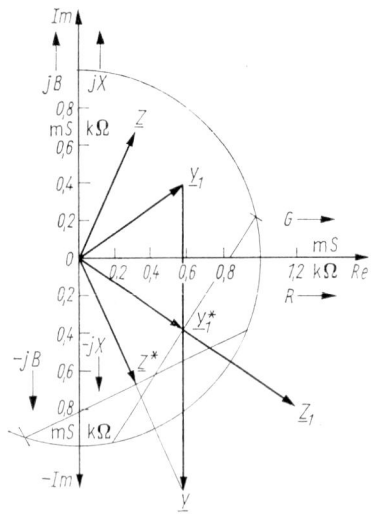

Bild A 6.1. Grafische Ermittlung von $\underline{Z}$ zur Aufgabe 6.1

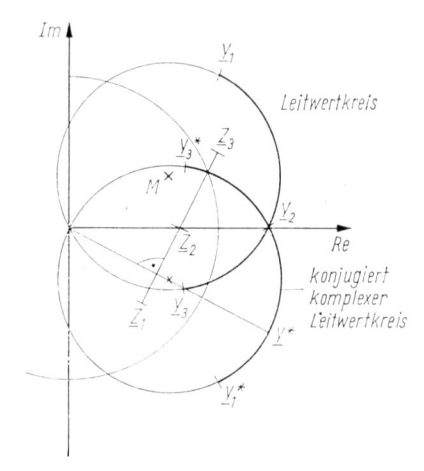

Bild A 6.2. Inversion einer Widerstandsgeraden zur Aufgabe 6.2

A 6.3. 1. Zeichnen der Leitwertortskurve als Parallele zur reellen Achse im Abstand $1/(\omega L) = 2$ mS (Bild A 6.3).
2. Die Inversion ergibt einen Halbkreis über der positiven imaginären Achse (s. Tafel 6.1) mit dem Durchmesser $\omega L = 500\ \Omega$.
3. Nach Einzeichnen der berechneten Grenzwerte für $R = 200\ \Omega \ldots 1$ kΩ in die $\underline{Y}$-Ortskurve und Übertragen in die $\underline{Z}$-Ortskurve ist der gesuchte Ortskurvenabschnitt ermittelt.

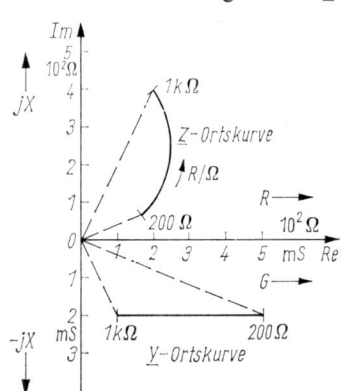

Bild A 6.3
Ortskurven einer RL-Parallelschaltung zur Aufgabe 6.3

A 6.4. 1. Zu allen Punkten der $\underline{Z}_1$-Ortskurve der RL-Reihenschaltung muß der konstante Widerstand $\underline{Z}_2$ der RC-Parallelschaltung addiert werden. Die gesamte $\underline{Z}_1$-Ortskurve wird deshalb um $\underline{Z}_2$ verschoben (Bild A 6.4a).
2. $\underline{Y}_2$-Ortskurve zeichnen, invertieren und die erhaltene $\underline{Z}_2$-Ortskurve um $\underline{Z}_1$ verschieben (Bild A 6.4b).
3. $\underline{Z}_1$-Ortskurve zeichnen und um $\underline{Z}_2$ verschieben (Bild A 6.4c).

4. Durch Inversion der $\underline{Y}_2$-Ortskurve erhält man den Halbkreisausschnitt der $\underline{Z}_2$-Ortskurve, der, um $\underline{Z}_1$ verschoben, die gesuchte $\underline{Z}$-Ortskurve darstellt (Bild A 6.4 d).
5. Mit der Frequenz ändern sich sowohl $\underline{Z}_1$ als auch $\underline{Z}_2$. $\underline{Y}_2$-Ortskurve zeichnen, invertieren und die invertierte Kurve um R_1 nach rechts verschieben. Zu allen Punkten des erhaltenen Halbkreisausschnitts muß noch $j\omega L$ addiert werden, d.h., es erfolgt eine Verschiebung senkrecht nach oben. Die Verschiebung muß jedoch punktweise erfolgen, da sich $j\omega L$ mit der Frequenz ändert (Bild A 6.4e).

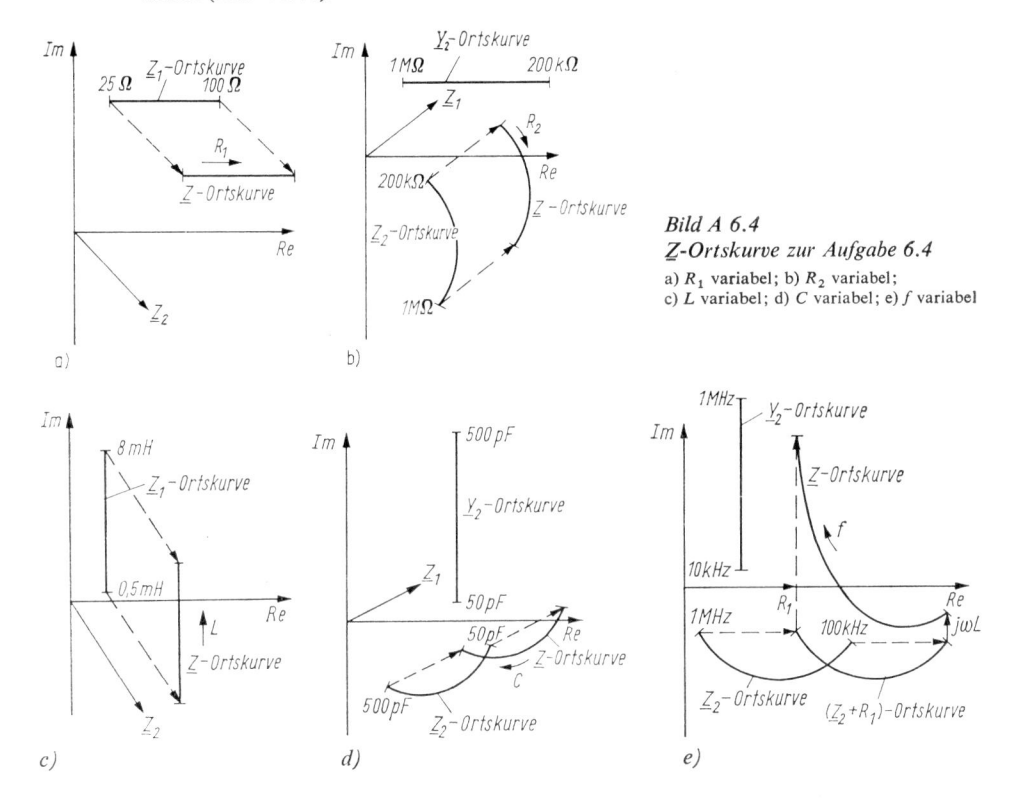

Bild A 6.4
$\underline{Z}$-Ortskurve zur Aufgabe 6.4
a) R_1 variabel; b) R_2 variabel;
c) L variabel; d) C variabel; e) f variabel

A 6.5. Der Schnittpunkt der zu den vorgegebenen G- und B-Werten gehörenden Kreise liefert den gesuchten Widerstand $\underline{Z}$, dessen Komponenten auf der Abszisse bzw. Ordinate des Kreisdiagramms abgelesen werden können:

$$\underline{Z}_1 = (1{,}7 - j0{,}7)\,\Omega; \quad \underline{Z}_2 = (0{,}92 + j0{,}49)\,\Omega.$$

Der Leitwert $\underline{Y}_3 = (8 + j4)\,\mu\text{S}$ wird mit $F = 10^5$ in

$$\underline{Y}'_3 = \underline{Y}_3 F = (0{,}8 + j0{,}4)\,\text{S}$$

umgewandelt. Das Kreisdiagramm liefert dafür $\underline{Z}'_3 = (1 - j0{,}5)\,\Omega$.
Rücktransformation: $\underline{Z}_3 = \underline{Z}'_3 F = (0{,}1 - j0{,}05)\,\text{M}\Omega$.

A 6.6. 1. Transformation von R_p und X_p mit $F = 10^{-3}$ in $R'_p = R_p F = 2{,}5\,\Omega$ und

$$jX'_p = jX_p F = -j1{,}5\,\Omega.$$

2. Durch diese Punkte gehen der G-Kreis mit $G = 0{,}4$ S und der B-Kreis mit $B \approx 0{,}67$ S. Der Schnittpunkt beider Kreise liefert die Komponenten $R'_r \approx 0{,}65\,\Omega$ und $jX'_r \approx -j1{,}1\,\Omega$.
3. Rücktransformation:

$$R_r = R'_r/F \approx 0{,}65\,\text{k}\Omega, \quad jX_r = jX'_r/F \approx -j1{,}1\,\text{k}\Omega.$$

A 6.7. 1. R_1-Ortskurve zeichnen und um $j\omega L_1$ verschieben (Bild A 6.7).
2. Inversion der $\underline{Z}_1$-Ortskurve durchführen; Ergebnis: $\underline{Y}_1$-Ortskurve.

3. Verschiebung der $\underline{Y}_1$-Ortskurve um $\underline{Y}_2 = 1/R_2 - \mathrm{j}1/(\omega L_2)$; Ergebnis: $\underline{Y}$- bzw. $\underline{I}$-Ortskurve (bei $\underline{U}$ = konst. $\mathrm{e}^{\mathrm{j}0°}$).

4. Inversion der $\underline{I}$-Ortskurve; Ergebnis: $\underline{Z}$- bzw. $\underline{U}$-Ortskurve (bei $\underline{I}$ = konst. $\mathrm{e}^{\mathrm{j}0°}$).

A 6.8. 1. Für $|\underline{U}_\mathrm{a}|/|\underline{U}_\mathrm{e}| = 0{,}9$ liefert die Ortskurve nach Bild 6.33 den Wert $\omega/\omega_\mathrm{g} \approx 0{,}48$, der zweckmäßig aus der konjugiert komplexen Nennerortskurve abgelesen wird, da die $\underline{U}_\mathrm{a}/\underline{U}_\mathrm{e}$-Ortskurve eine nichtlineare Teilung besitzt.

$$f \approx 0{,}48 f_\mathrm{g} = \frac{0{,}48}{2\pi C R} = 1{,}63 \text{ kHz}.$$

2. Der Winkel $\varphi = -60°$ führt ebenfalls nicht auf einen in der $\underline{U}_\mathrm{a}/\underline{U}_\mathrm{e}$-Ortskurve markierten Frequenzpunkt. Die konjugiert komplexe Nennerortskurve ermöglicht die Ablesung des Wertes $\omega/\omega_\mathrm{g} \approx 1{,}73$; $f \approx 1{,}73 f_\mathrm{g} = 5{,}86$ kHz.

3. Bei $\varphi = -60°$ erreicht $\underline{U}_\mathrm{a}/\underline{U}_\mathrm{e}$ den Betrag 0,5, d.h., die Eingangsspannung muß $|\underline{U}_\mathrm{e}| = 2$ V betragen, wenn $|\underline{U}_\mathrm{a}| = 1$ V gefordert wird.

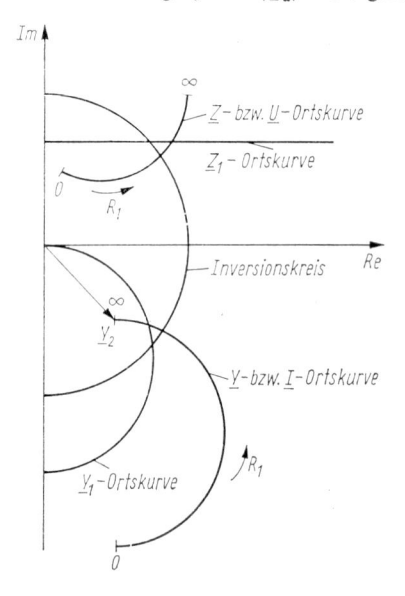

Bild A 6.7
Strom- und Spannungsortskurve zur Aufgabe 6.7

A 7.1. 50 MHz: $Z = 15{,}75$ kΩ, $\varepsilon = 81{,}8°$;
500 kHz: $Z = 100$ kΩ, $\varepsilon = 3{,}6°$.

A 7.2. $f \approx 1$ MHz.

A 7.3. $\varphi = 76{,}7°$; $L = 0{,}922$ H; $Q = 4{,}23$ ($R_\mathrm{V} = 68{,}4$ Ω).

A 7.4. $L = 1{,}79$ H.

A 7.5. Siehe Gln. (7.33) und (7.34).

A 9.1. Siehe Textteil.

A 9.2. Siehe Bild 9.16.

A 11.1. a) Übergangsfunktionen

Einschaltvorgang:

$$\frac{u_C}{U_{12}} = 1 - \mathrm{e}^{-t/\tau_\mathrm{e}}, \quad \frac{i_C}{U_{12}/R_\mathrm{e}} = \mathrm{e}^{-t/\tau_\mathrm{e}}, \quad \tau_\mathrm{e} = C R_\mathrm{e}.$$

Ausschaltvorgang (i_C wird negativ, da er entgegengesetzte Richtung hat):

$$\frac{u_C}{u_{C0}} = \mathrm{e}^{-t/\tau_\mathrm{a}}, \quad \frac{i_C}{i_{C0}} = -\mathrm{e}^{-t/\tau_\mathrm{a}}, \quad \tau_\mathrm{a} = C R_\mathrm{a}.$$

Die Schwingungsdauer eines Wechselstromes ist $T = 1/f$. Bei $f = 50$ Hz ist die Kontaktzeit (Umschaltdauer soll vernachlässigt werden)

$T/2 = 1/2f = 1$ s$/100 = 10$ ms.

Die Einschaltabklingzeit ist

$$\tau_e = CR_e = 0{,}1 \cdot 10^{-6} \frac{\text{As}}{\text{V}} \cdot 5 \cdot 10^4 \frac{\text{V}}{\text{A}} = 5 \text{ ms}.$$

Das ergibt eine Halbwertzeit von $t_H = 3{,}5$ ms. Nach einer Zeit von $t = 3\tau_e$ wäre praktisch der Endzustand erreicht. Da aber $3\tau_e = 15$ ms ist und die Kontaktzeit nur $T/2 = 10$ ms beträgt, kann der Kondensator nicht voll aufgeladen werden.
Die Ausschaltabklingzeit ist dagegen

$$\tau_a = CR_a = 0{,}1 \cdot 10^{-6} \frac{\text{As}}{\text{V}} \cdot 2 \cdot 10^4 \frac{\text{V}}{\text{A}} = 2 \text{ ms}.$$

Das ergibt eine Halbwertzeit von $t_H = 1{,}4$ ms. Nach der Zeit $t = 3\tau_a = 6$ ms wäre der Kondensator praktisch entladen. Dieser Zustand wird auch erreicht, da $T/2 > 3\tau_a$ ist. Zur Zeit $t = 0$ des Einschaltens ist $u_C(0) = 0$ und $i_C(0) = U_{12}/R_e$. Nach der Zeit $t = T/2$ ist der Einschaltvorgang beendet, und die Spannung ist

$$u_C(T/2) = U_{12}\left(1 - e^{-\frac{T/2}{\tau_e}}\right) = U_{12}\left(1 - e^{-\frac{10}{5}}\right) = 0{,}865\, U_{12}.$$

Der Einschaltstrom i_C hat zur Zeit $t = T/2$ den Wert

$$i_C(T/2) = \frac{U_{12}}{R_e} e^{-\frac{T/2}{\tau_e}} = 0{,}135 \frac{U_{12}}{R_e},$$

d. h., der Endzustand ist noch nicht erreicht, und der Kondensator wird nicht voll aufgeladen. Der Ausschaltvorgang beginnt zur Zeit $t = T/2$, wobei die Spannung am Kondensator der Anfangswert $u_C(T/2) = 0{,}865\, U_{12}$ hat und der Strom auf den Wert $i_C(T/2) = -0{,}865\, U_{12}/R_a$ springt. Zur Zeit $t = T$ haben Strom und Spannung den Wert Null erreicht.

b) Die Übergangsfunktionen (Einschaltvorgang):

$$\frac{u_C}{U_{12}} = 1 - e^{-t/\tau_e}, \quad \frac{i_C}{i_{C0}} = e^{-t/\tau_e}, \quad \text{wobei} \quad i_{C0} = \frac{U_{12}}{R_e} \quad \text{ist}.$$

Die Übergangsfunktionen (Ausschaltvorgang):

$$\frac{u_C}{U_{12}} = 0{,}865\, e^{-t/\tau_a}, \quad \frac{i_C}{i_{C0}} = -0{,}865 \cdot \frac{R_e}{R_a} e^{-t/\tau_a} = -2{,}4\, e^{-t/\tau_a}.$$

Die Übergangsfunktionen sind im Bild A 11.1 dargestellt.

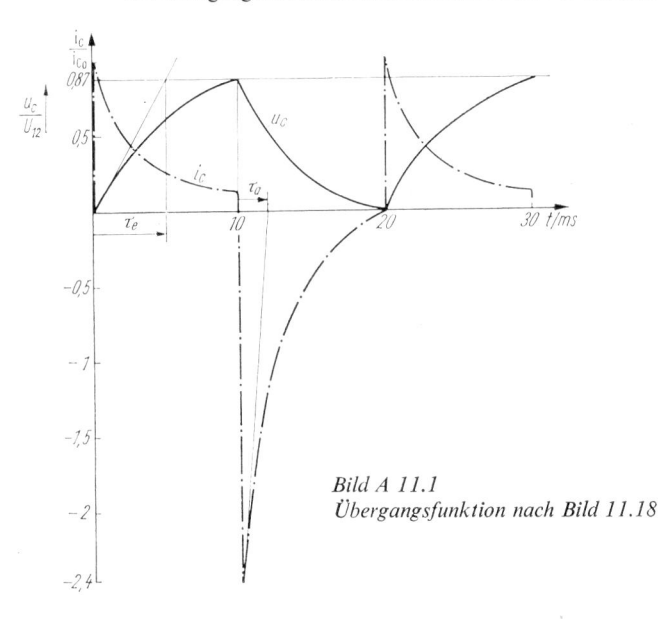

Bild A 11.1
Übergangsfunktion nach Bild 11.18

Tafel A 11.1a Wertetabelle zum Einschaltvorgang zur Aufgabe 11.1

t/ms	$-\dfrac{t}{CR_e}$	e^{-t/CR_e}	$1-e^{-t/CR_e}$
0	0	1	0
1	−0,2	0,818	0,182
2	−0,4	0,670	0,330
4	−0,8	0,449	0,551
6	−1,2	0,301	0,699
8	−1,6	0,201	0,799
10	−2,0	0,135	0,865

Tafel A 11.1b Wertetabelle zum Ausschaltvorgang zur Aufgabe 11.1

t/ms	$-\dfrac{t}{CR_a}$	$0{,}865 \cdot e^{-t/CR_a}$	$-2{,}4\, e^{-t/CR_a}$
0	0	0,865	−2,4
1	−0,5	0,524	−1,26
2	−1	0,318	−0,76
4	−2	0,117	−0,28
6	−3	0,043	−0,10
8	−4	0,015	−0,04
10	−5	0,005	−0,01

A 11.2. a) Zur Zeit $t=0$ vor dem Öffnen des Schalters würde ohne Parallelwiderstand R_2 durch die Induktivität der Strom $i_{L0} = U_{12}/R_1 = 10\,\text{V}/1000\,\Omega = 0{,}01\,\text{A}$ fließen. Beim Öffnen des Schalters ($t \geq 0$) wird $u_L = L\, di/dt$ so groß, daß der Strom von 0,01 A erhalten bleibt, da der Strom sich nicht sprunghaft ändern kann. Es ist für $t \geq 0$ $u_L = u_{R_2} = i_{L0} R_2$.

$$R_2 = \frac{u_L}{i_{L0}} = \frac{100\,\text{V}}{0{,}01\,\text{A}} = 10000\,\Omega = 10\,\text{k}\Omega.$$

b) $u_{L0} = i_{L0} R_2 = 0{,}01\,\text{A} \cdot 50 \cdot 10^3 \cdot \dfrac{\text{V}}{\text{A}} = 500\,\text{V}.$

A 11.3. a) $L\dfrac{d^2 i(t)}{dt^2} + R\dfrac{di(t)}{dt} + \dfrac{1}{C} i(t) = 0$ (Differentialgleichung),

$$i(0) = 0; \quad i'(0) = \frac{U_C(0)}{L} \quad \text{(Anfangsbedingungen),}$$

$$F(p) = \frac{U_C(0)}{p^2 L + pR + \dfrac{1}{C}} \quad \text{(nach Gl.(11.19b)),}$$

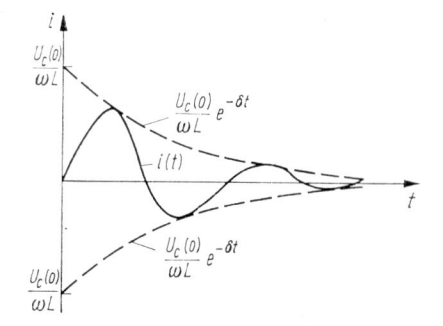

*Bild A 11.3
Zeitlicher Verlauf des Stromes $i(t)$ nach Aufgabe 11.3*

nach Umformen im Bildbereich ist

$$F(p) = \frac{U_C(0)}{L} \frac{1}{p^2 + p\frac{R}{L} + \frac{1}{CL}} = \frac{U_C(0)}{L} \frac{1}{p^2 + p2\delta + \omega_0^2}.$$

Durch Rücktransformation nach Tafel 11.1, Nr. 14, erhält man

$$\mathscr{L}^{-1}\{F(p)\} = i(t) = \frac{U_C(0)}{L} \frac{e^{-\delta t}}{\sqrt{\omega_0^2 - \delta^2}} \sin\sqrt{\omega_0^2 - \delta^2}\, t,$$

$$i(t) = \frac{U_C(0)}{L\omega} e^{-\delta t} \sin \omega t.$$

b) Der zeitliche Verlauf von $i(t)$ ist im Bild A 11.3 dargestellt.

12.2. Lösungen zu den Übungen

Ü 1.1. $f = 520$ Hz; $\hat{U} = 65{,}5$ V; $\varphi = 54°$.

Ü 1.2. $u = 306{,}3$ V; $i = 4{,}6$ A.

Ü 1.3. $\omega = 31{,}4 \cdot 10^3$ s^{-1}; $f = 5$ kHz.

Ü 1.4. $f = 329$ Hz.

Ü 1.5. $t = 0{,}315$ µs; $\hat{U} = 0{,}6$ V; $|\bar{x}| = 0{,}38$ V; $U = 0{,}424$ V.

Ü 1.6. $U_3 = 35$ V; $\varphi_0 = 26°$.

Ü 3.1. $|U_C| = 16$ V.

Ü 3.2. $R = 50\,\Omega$.

Ü 3.3. $R = 17{,}3\,\Omega$; $L = 62{,}7$ mH.

Ü 3.4. $L = 172$ mH.

Ü 3.5. $R = 6{,}9$ kΩ.

Ü 3.6. Wenn I unverändert ist, dann bleibt der Betrag des Phasenwinkels gleich. Er ist jedoch mit dem Kondensator C_1 negativ und wird mit dem Kondensator C_2 positiv.

$$\tan \varphi_1 = \frac{X_L + X_{C1}}{R}; \quad \tan \varphi_2 = \frac{X_L + X_{C2}}{R} \quad -\tan \varphi_1 = +\tan \varphi_2,$$

$$\tan \varphi = \frac{-(X_L + X_{C1})}{R} = \frac{X_L + X_{C2}}{R},$$

$-(X_L + X_{C1}) = X_L + X_{C2}; \quad X_{C2} = -2X_L - X_{C1};$

mit $X_L = \omega L$ und $X_C = -(1/\omega C)$ wird $C_2 = 0{,}4$ µF.

Ü 3.7. $I_C = \sqrt{I^2 - I_R^2}$; $I_R = \frac{U}{R}$; $B_C = \frac{I_C}{U} = \omega C$; $f = 16\frac{2}{3}$ Hz.

Ü 3.8. Da der Widerstand einen negativen Temperaturkoeffizienten hat, verringert er seinen Wert um 35%.

$$R_1 = \frac{60\text{ V}}{1{,}666\text{ mA}} = 360\,\Omega;$$

$$R_2 = (360 - 360 \cdot 0{,}35)\,\Omega = 234\,\Omega,$$

$\varphi_1 = 39{,}85°$; $U_2 = 48{,}8$ V; $\varphi_2 = 52°$.

Ü 3.9. $B = B_C + B_L = -81{,}15$ mS; $\varphi = -39{,}05°$.

310   12. Lösungen zu den Aufgaben und Übungen

Ü 3.10. Im Resonanzfall heben sich die Blindwiderstände in ihrer Wirkung auf. Die Leistungsaufnahme bewirkt nur der ohmsche Widerstand R.

$$R = \frac{P}{I^2} = 200 \text{ k}\Omega; \quad U = IR = 10 \text{ V},$$

$$f_r = \frac{1}{2\pi} \sqrt{\frac{1}{LC}} = 0,5 \text{ MHz},$$

$$f = 0,5 \text{ MHz} + 0,5 \text{ MHz} \cdot 0,25 = 0,625 \text{ MHz},$$

$I_C = 19,65 \text{ mA}; \quad I_L = 12,48 \text{ mA}; \quad I_R = 50 \text{ μA}; \quad I = 7,17 \text{ mA}.$

Ü 3.11. $C = 24 \text{ μF}; \quad I_{\text{Netz}} = 1 \text{ A}.$

Ü 3.12. $Q = 5,52.$

Ü 4.1. Rechnerische Lösung:

$$\underline{A} = 5 e^{j60°} = 5 (\cos 60 + j \sin 60) = 2,5 + j4,32,$$

$$\underline{B} = 8 e^{j30°} = 8 (\cos 30 + j \sin 30) = 6,9 + j4,$$

$$\underline{A} + \underline{B} = (2,5 + 6,9) + j(4,32 + 4) = 9,4 + j8,32$$

$$= \sqrt{9,4^2 + 8,32^2} \, e^{j \arctan 8,32/9,4} = 12,68 \, e^{j41,7°}$$

Grafische Lösung: s. Bild Ü 4.1.

Ü 4.2. $4 + j7 = 8 e^{j60°},$

$8 e^{j60°} \cdot 0,5 e^{-j60°} = 4 e^{j0°} = 4 + j0.$

Ü 4.3. $0,5 + j\sqrt{2} = 1,5 e^{j70,5°};$ Betrag 1,5;   Winkel 70,5°,

$2 - j2 = 2,82 e^{-j45°};$ Betrag 2,82;   Winkel −45°,

$-3 - j1,5 = 3,35 e^{j206,6°};$ Betrag 3,35;   Winkel 206,6°,

$-4 + j3 = 5 e^{j143,1°};$ Betrag 5;   Winkel 143,1°.

Grafische Kontrolle: s. Bild Ü 4.3.

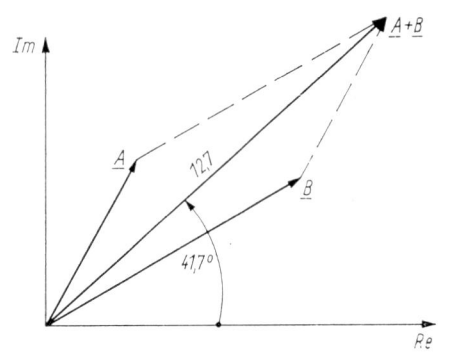

Bild Ü 4.1. Grafische Lösung zur Übung 4.1

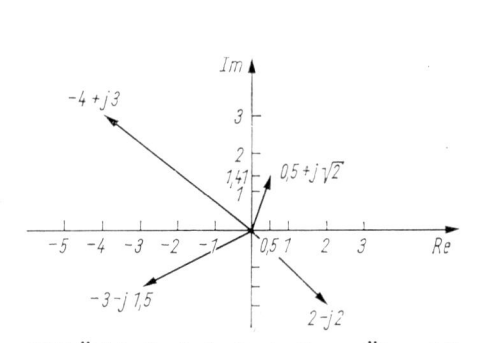

Bild Ü 4.3. Grafische Kontrolle zur Übung 4.3

Ü 4.4. $\dfrac{2 + j4}{1 - j2} = \dfrac{(2 + j4)(1 + j2)}{(1 - j2)(1 + j2)} = -1,2 + j1,6,$

$\dfrac{1 - j3}{-4 + j2} = \dfrac{(1 - j3)(-4 - j2)}{(-4 + j2)(-4 - j2)} = -0,5 + j0,5.$

Ü 4.5. $i_1 = i_2 + i_L; \quad i_1 = \dfrac{L \dfrac{di_L}{dt}}{R_2} + i_L,$

$$u = i_1 R_1 + L \dfrac{di_L}{dt} = \left[\dfrac{L \dfrac{di_L}{dt}}{R_2} + i_L\right] R_1 + L \dfrac{di_L}{dt}.$$

Nach Hintransformation in die komplexe Ebene

$$\underline{U} = \frac{j\omega L \underline{I}_L}{R_2} R_1 + \underline{I}_L R_1 + j\omega L \underline{I}_L$$

oder

$$\underline{U} = \underline{I}_L \left[R_1 + j \left(\frac{\omega L R_1}{R_2} + \omega L \right) \right].$$

In Vorbereitung der Rücktransformation

$$\underline{i}_L = \frac{\hat{U} e^{j(\omega t + \varphi_u)}}{\sqrt{\left(\frac{\omega L R_1}{R_2} + \omega L\right)^2 + R_1^2} \, e^{j \arctan \frac{\omega L R_1/R_2 + \omega L}{R_1}}}$$

und

$$i_L = \frac{\hat{U}}{\sqrt{\left(\frac{\omega L R_1}{R_2} + \omega L\right)^2 + R_1^2}} \cos(\omega t + \varphi_u - \varphi_z);$$

darin ist $\varphi_u - \varphi_z = \varphi_i$.

Ü 4.6. Mit komplexen Effektivwerten wird

$$\underline{I} = \frac{\underline{U}}{\underline{Z}} = \frac{U e^{j\varphi_u}}{R_1 + \dfrac{R_2 \dfrac{1}{j\omega C}}{R_2 + \dfrac{1}{j\omega C}} + j\omega L}.$$

Nach Anwendung der Stromteilerregel erhält man

$$\underline{I}_{R2} = \frac{U e^{j\varphi_u}}{R_1 + R_2 - R_2 \omega^2 LC + j(R_1 R_2 \omega C + \omega L)},$$

wobei

$$Z = \sqrt{(R_1 + R_2 - R_2 \omega^2 LC)^2 + (R_1 R_2 \omega C + \omega L)^2}$$

und

$$\varphi_z = \arctan \frac{R_1 R_2 \omega C + \omega L}{R_1 + R_2 - R_2 \omega^2 LC}$$

ist.

Zur Rücktransformation schreibt man

$$i_{R2} = \frac{\hat{U} e^{j(\omega t + \varphi_u - \varphi_z)}}{Z}.$$

Mit $\varphi_u - \varphi_z = \varphi_i$ und $\hat{U}/Z = \hat{I}$

wird schließlich

$$i_{R2} = \hat{I} \cos(\omega t + \varphi_i).$$

Zur Bestimmung der Winkelfrequenz setzt man an

$$\underline{Z} = R_1 + j\omega L + \frac{R_2}{1 + j\omega C R_2}$$

oder

$$\underline{Z} = \frac{(j\omega C R_1 R_2 - \omega^2 LC R_2 + R_1 + j\omega L + R_2)(1 - j\omega C R_2)}{1 + \omega^2 C^2 R_2^2}.$$

Um die gestellte Forderung zu erfüllen, muß der Imaginärteil des Zählers gleich Null gesetzt werden. Dann wird

$$\omega = \sqrt{\frac{1}{LC} - \frac{1}{C^2 R_2^2}}.$$

Das Zeigerbild ist im Bild Ü 4.6 wiedergegeben. Man beginnt mit dessen Konstruktion bei der inneren gemeinsamen Größe. Das ist in diesem Fall die den beiden parallelen Zweigen gemeinsame Spannung $\underline{U}_p$, die man als Bezugsgröße in die reelle Achse legt.

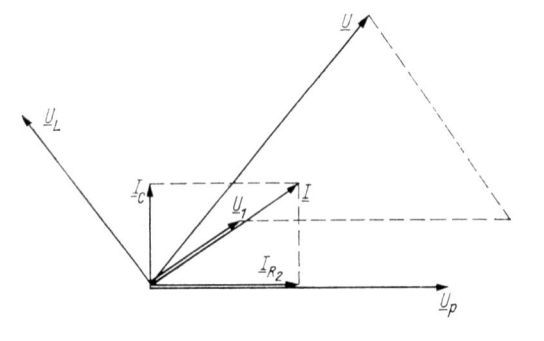

Bild Ü 4.6
Zeigerbild zur Übung 4.6

Ü 4.7. $X_C = -\dfrac{1}{\omega C}$; $|C| = \dfrac{1}{\omega X_C} = \dfrac{1}{314\,\mathrm{s}^{-1}\,50\,\Omega} = 63{,}7\,\mu\mathrm{F}$,

$X_L = \omega L$; $L_1 = \dfrac{X_{L1}}{\omega} = \dfrac{100\,\Omega}{314\,\mathrm{s}^{-1}} = 0{,}318\,\mathrm{H}$,

$L_2 = \dfrac{X_{L2}}{\omega} = \dfrac{50\,\Omega}{314\,\mathrm{s}^{-1}} = 0{,}159\,\mathrm{H}$.

Ü 4.8. $\underline{Z} = 77{,}7\,\Omega\,\mathrm{e}^{-\mathrm{j}75,1°}$; $\underline{I} = \dfrac{\underline{U}}{\underline{Z}} = \dfrac{220\,\mathrm{V}}{77{,}7\,\Omega\,\mathrm{e}^{-\mathrm{j}75,1°}} = 2{,}84\,\mathrm{A}\,\mathrm{e}^{\mathrm{j}75,1°}$.

Ü 4.9. $\underline{Z} = R + \mathrm{j}\omega L - \mathrm{j}\dfrac{1}{\omega C} = (100 + \mathrm{j}314 - \mathrm{j}160)\,\Omega$,

$\underline{Z} = (100 + \mathrm{j}154)\,\Omega = 182\,\Omega\,\mathrm{e}^{\mathrm{j}57°}$,

$\underline{U}_R = \underline{I}R = 1\,\mathrm{A}\cdot 100\,\Omega = 100\,\mathrm{V}$,

$\underline{U}_L = \underline{I}\mathrm{j}\omega L = 1\,\mathrm{A}\cdot\mathrm{j}314\,\Omega = \mathrm{j}314\,\mathrm{V}$,

$\underline{U}_C = \underline{I}\left(-\mathrm{j}\dfrac{1}{\omega C}\right) = 1\,\mathrm{A}\,(-\mathrm{j}160)\,\Omega = -\mathrm{j}160\,\mathrm{V}$,

$\underline{U} = \underline{I}\underline{Z} = 1\,\mathrm{A}\cdot 182\,\Omega\,\mathrm{e}^{\mathrm{j}57°} = 182\,\mathrm{V}\,\mathrm{e}^{\mathrm{j}57°}$.

Zeigerbilder s. Bild Ü 4.9.

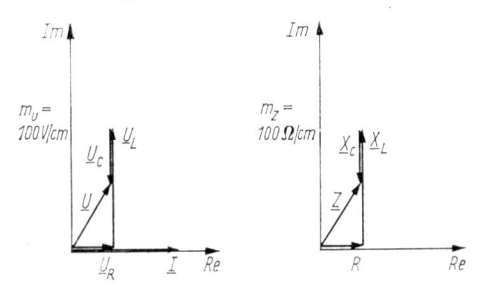

Bild Ü 4.9
Zeigerbilder zur Übung 4.9

Ü 4.10. $\underline{Z} = 627\,\Omega\,\mathrm{e}^{\mathrm{j}21,8°}$,

$\underline{I} = \dfrac{\underline{U}}{\underline{Z}} = \dfrac{220\,\mathrm{V}}{627\,\Omega\,\mathrm{e}^{\mathrm{j}21,8°}} = 0{,}352\,\mathrm{A}\,\mathrm{e}^{-\mathrm{j}21,8°}$,

$\underline{I}_1 = 0{,}0682\,\mathrm{A}\,\mathrm{e}^{\mathrm{j}81,1°}$,

$\underline{I}_2 = 0{,}373\,\mathrm{A}\,\mathrm{e}^{-\mathrm{j}32,2°}$.

Zeigerbild s. Bild Ü 4.10.

Ü 4.11. $\underline{Z} = 1{,}44 \text{ k}\Omega \text{ e}^{\text{j}32{,}5°}$,

$$\underline{I} = \frac{\underline{U}}{\underline{Z}} = \frac{6 \text{ V}}{1{,}44 \text{ k}\Omega \text{ e}^{\text{j}32{,}5°}} = 4{,}13 \text{ mA e}^{-\text{j}32{,}5°},$$

$\underline{U}_1 = 0{,}826 \text{ V e}^{-\text{j}122{,}5°}$,

$\underline{U}_2 = 6{,}5 \text{ V e}^{\text{j}6{,}3°}$.

Zeigerbild s. Bild Ü 4.11.

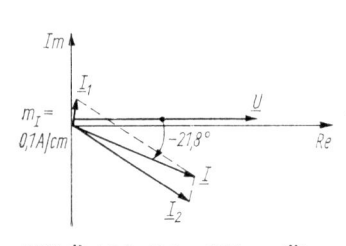

Bild Ü 4.10. Zeigerbild zur Übung 4.10 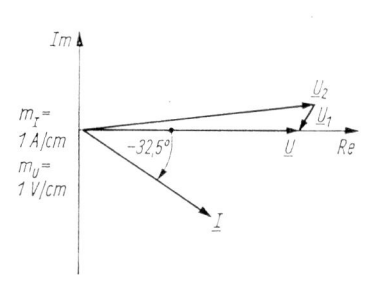   Bild Ü 4.11. Zeigerbild zur Übung 4.11

Ü 4.12. $\underline{Z} = (4 + \text{j}6{,}9)\ \Omega + \text{j}X_C$,

$$\tan 51° = \frac{6{,}9 + X_C}{4} = 1{,}235; \quad C = 255\ \mu\text{F}.$$

Ü 4.13. $\underline{Z}_1 = R_1 + \text{j}\omega L = (100 + \text{j}100)\ \Omega = 141\ \Omega\ \text{e}^{\text{j}45°}$,

$$\underline{Z}_2 = R_2 - \text{j}\frac{1}{\omega C} = (100 - \text{j}1000)\ \Omega = 1005\ \Omega\ \text{e}^{-\text{j}84{,}3°},$$

$$\underline{Z}_\text{p} = \frac{\underline{Z}_1 \underline{Z}_2}{\underline{Z}_1 + \underline{Z}_2} = 154{,}2\ \Omega\ \text{e}^{\text{j}38{,}2°} = (120 + \text{j}97)\ \Omega,$$

$$\underline{Z} = \underline{Z}_\text{p} + R_3 = (220 + \text{j}97)\ \Omega = 240\ \Omega\ \text{e}^{\text{j}23{,}8°},$$

$$\underline{I} = \frac{\underline{U}}{\underline{Z}} = \frac{200\ \text{V}}{240\ \Omega\ \text{e}^{\text{j}23{,}8°}} = 0{,}835\ \text{A e}^{-\text{j}23{,}8°},$$

$\underline{U}_{R3} = \underline{I}R_3 = 0{,}835\ \text{A e}^{-\text{j}23{,}8°} \cdot 100\ \Omega = 83{,}5\ \text{V e}^{-\text{j}23{,}8°} = (76{,}2 - \text{j}33{,}4)\ \text{V}$,

$\underline{U}_\text{p} = \underline{I}\underline{Z}_\text{p} = \underline{U} - \underline{U}_{R3} = (200 - 76{,}2 - \text{j}33{,}4)\ \text{V} = (123{,}8 - \text{j}33{,}4)\ \text{V} = 128\ \text{V e}^{-\text{j}15{,}1°}$,

$$\underline{I}_{R1} = \frac{\underline{U}_\text{p}}{\underline{Z}_1} = \frac{128\ \text{V e}^{-\text{j}15{,}1°}}{141\ \Omega\ \text{e}^{\text{j}45°}} = 0{,}91\ \text{A e}^{-\text{j}60{,}1°},$$

$$\underline{I}_{R2} = \frac{\underline{U}_\text{p}}{\underline{Z}_2} = \frac{128\ \text{V e}^{-\text{j}15{,}1°}}{1050\ \Omega\ \text{e}^{-\text{j}84{,}3°}} = 0{,}122\ \text{A e}^{\text{j}69{,}2°}.$$

Die Schaltung kann durch Hinzuschalten eines kapazitiven Widerstands $X_C = -97\ \Omega$ reell gemacht werden.

Ü 4.14. $R_\text{t} = \dfrac{R_2}{1 + R_2^2 (\omega C_2)^2}$;

$$C_\text{r} = \frac{C_1\,[1 + (\omega R_2 C_2)^2]}{1 + \omega^2 R_2^2 C_2 C_1 + (\omega R_2 C_2)^2}.$$

Ü 4.15. Über die im Bild Ü 4.15 dargestellte Spannungsquellenersatzschaltung des aktiven Zweipols folgt

$$\underline{I}_{R2} = \frac{\underline{U}_1}{\underline{Z}_{\text{i ers}} + \underline{Z}_\text{a}}.$$

Mit

$$\underline{Z}_{i\,\text{ers}} = \frac{R_1\,j\omega L}{R_1 + j\omega L}$$

und

$$\underline{U}_1 = -\underline{U}\,\frac{j\omega L}{R_1 + j\omega L}$$

wird somit

$$\underline{I}_{R2} = -\frac{\underline{U}\,j\omega L}{(R_1 + j\omega L)\left(\dfrac{R_1\,j\omega L}{R_1 + j\omega L} + R_2\right)}.$$

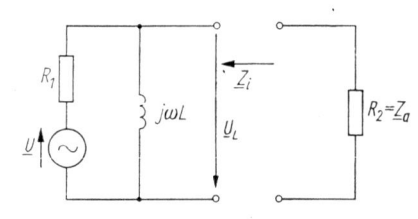

Bild Ü 4.15
Ersatzschaltung zur Übung 4.15

Ü 4.16. $\underline{Z}_{i\,\text{ers}} = \dfrac{2}{3}j\omega L_2;\quad \underline{U}_1 = -\dfrac{\underline{U}}{3};$

$$\underline{I}_R = \frac{\underline{U}_1}{\underline{Z}_{i\,\text{ers}} + R} = \frac{-\underline{U}}{2j\omega L_2 + 3R}.$$

Ü 5.1. 1. $P_P = \dfrac{mg\,\Delta h}{t} = \dfrac{60000\text{ kg}\cdot 9{,}81\text{ m}\cdot 10\text{ m}}{7200\text{ s s}^2}\cdot\dfrac{\text{N}\cdot\text{s}^2}{\text{kg}\cdot\text{m}},$

$P_P = 817{,}5\text{ W}.$

2. $P_{\text{mech}} = \dfrac{P_P}{\eta_P} = \dfrac{817{,}5\text{ W}}{0{,}2} = 4087{,}5\text{ W}.$

3. $P_{\text{el}} = \dfrac{P_{\text{mech}}}{\eta_{\text{Mot}}} = \dfrac{4087{,}5\text{ W}}{0{,}8} = 5109{,}4\text{ W},$

$P_{\text{el}} = UI\cos\varphi \rightsquigarrow I = \dfrac{P_{\text{el}}}{U\cos\varphi} = \dfrac{5109{,}4\text{ W}}{220\text{ V}\cdot 0{,}8},$

$I = 29\text{ A}.$

4. $W_{\text{el}} = P_{\text{el}}\cdot t = 5109{,}4\text{ W}\cdot 2\text{ h} = 10{,}2\text{ kW}\cdot\text{h}.$

Kosten $= W_{\text{el}}\cdot$ Preis/kW$\cdot$h

$= 10{,}2\text{ kW}\cdot\text{h}\cdot 10\text{ Pf} = 1{,}02\text{ M}.$

Ü 5.2. 1. Aus den Gleichungen $P = P_1 + P_2$; $Q = Q_1 + Q_2$; $Q = P\tan\varphi$; $P_1 = Q_1/\tan\varphi_1$; $P_2 = Q_2/\tan\varphi_2$ ergibt sich nach Eliminierung der unbekannten Größen für P_1 die Beziehung

$$P_1 = \frac{\tan\varphi - \tan\varphi_2}{\tan\varphi_1 - \tan\varphi_2}\,P = \frac{0{,}802 - 0{,}646}{0{,}882 - 0{,}646}\cdot 2{,}5\text{ kW},$$

$P_1 = 1{,}656\text{ kW};$

$P_2 = P - P_1 = 2{,}5\text{ kW} - 1{,}656\text{ kW} = 0{,}844\text{ kW}.$

2. $M_1 = \dfrac{P_1\eta_1}{\omega_1} = \dfrac{1656\text{ W}\cdot 0{,}75}{2\pi\,1450\text{ min}^{-1}}\,\dfrac{60\text{ s}}{\text{min}} = 8{,}18\text{ N}\cdot\text{m},$

$M_2 = \dfrac{P_2\eta_2}{\omega_2} = \dfrac{844\text{ W}\cdot 0{,}75}{2\pi\,1450\text{ min}^{-1}}\,\dfrac{60\text{ s}}{\text{min}} = 4{,}17\text{ N}\cdot\text{m}.$

3. Das Zeigerbild der Leistungen ist im Bild Ü 5.2 dargestellt.

Ü 5.3. 1. $P = S \cos\varphi = 550 \, \text{kV} \cdot \text{A} \cdot 0{,}8 = 440 \, \text{kW}$,

$Q = S \sin\varphi = 550 \, \text{kV} \cdot \text{A} \cdot 0{,}5\bar{9} = 330 \, \text{kvar}$.

2. $P_{\text{mech}} = \dfrac{P}{\eta} = \dfrac{440 \, \text{kW}}{0{,}91} = 483{,}5 \, \text{kW}$.

3. $M = \dfrac{P_{\text{mech}}}{\omega} = \dfrac{483\,500 \, \text{W}}{2\pi \, 375 \, \text{min}^{-1}} \cdot \dfrac{60 \, \text{s}}{\text{min}} = 12{,}24 \, \text{kN} \cdot \text{m}$.

Ü 5.4. 1. $Q_{0,65} = P \cdot \tan\varphi = 30 \, \text{kW} \cdot 1{,}169 = 35{,}07 \, \text{kvar}$,

$S = \dfrac{P}{\cos\varphi} = \dfrac{30 \, \text{kW}}{0{,}65} = 46{,}15 \, \text{kV} \cdot \text{A}$.

2. $Q_{0,9} = P \cdot \tan\varphi = 30 \, \text{kW} \cdot 0{,}484 = 14{,}53 \, \text{kvar}$,

$Q_C = Q_{0,65} - Q_{0,9} = 35{,}07 \, \text{kvar} - 14{,}53 \, \text{kvar}$
$= 20{,}54 \, \text{kvar}$,

$C = \dfrac{|Q_C|}{U^2 \omega} = \dfrac{20\,544 \, \text{var}}{(220 \, \text{V})^2 \cdot 314 \, \text{s}^{-1}} = 1352 \, \mu\text{F}$.

Die Verhältnisse der Kompensation zeigt das Zeigerbild Bild Ü 5.4.

Bild Ü 5.2
Zeigerbild der Leistungen

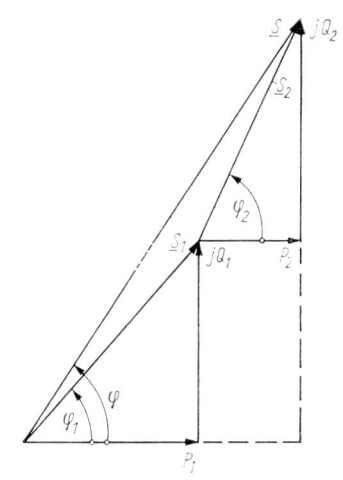

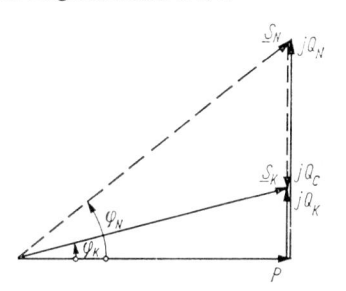

Bild Ü 5.4. Zeigerbild der Kompensationsverhältnisse

Ü 5.5. 1. $|I_b| = U \omega C = 10 \, \text{kV} \cdot 314 \, \text{s}^{-1} \cdot 5 \, \mu\text{F} = 15{,}7 \, \text{A}$.

2. $P = 0; \; Q = U I_b = 10 \, \text{kV} \cdot 15{,}7 \, \text{A} = 157 \, \text{kvar}$,

$S = Q = 157 \, \text{kV} \cdot \text{A}$.

Für diese Scheinleistung müßte der Transformator ausgelegt werden, wenn keine Kompensationsmaßnahmen getroffen werden.

Ü 5.6. 1. Die Kompensation der Parallelschaltung ist erreicht, wenn der Betrag der Blindkomponenten der Ströme von Kabel und Drossel gleich groß ist. Aus $I = U/Z$, also

$$I = \dfrac{U}{\sqrt{R^2 + (\omega L)^2}} = \sqrt{I_b^2 + I_w^2} \quad \text{mit} \quad I_w = U \dfrac{R}{Z} \dfrac{1}{Z},$$

findet man nach dem Quadrieren der Gleichungen für I sowie Einsetzen von I_w und dem Ordnen die quadratische Gleichung

$(\omega L)^2 I_b - U \omega L + R^2 I_b = 0$,

$L_{1,2} = \dfrac{U}{2 \omega I_b} \pm \sqrt{\dfrac{U^2}{4 \omega^2 I_b^2} - \dfrac{R^2}{\omega^2}}$.

Von den beiden Lösungen ist nur $L = 2{,}01 \, \text{H}$ sinnvoll!

2. $I_w = \dfrac{UR}{Z^2} = \dfrac{10\text{ kV} \cdot 12\,\Omega}{(12\,\Omega)^2 + (314\text{ s}^{-1} \cdot 2{,}01\text{ H})^2} = 0{,}3\text{ A},$

$P = UI_w = 10\text{ kV} \cdot 0{,}3\text{ A} = 3\text{ kW}.$

Die Scheinleistung ist gleich der Wirkleistung, und der Transformator ist jetzt nur noch für 3 kV · A anstelle von 157 kV · A auszulegen!

Ü 5.7. Da hier der Spannungsunterschied und nicht die Verlustleistung angegeben ist, vereinfacht sich Gl.(5.25). Man erhält mit $P = UI\cos\varphi$ und $I = \Delta U/R_{\text{Lei}}$ schließlich

$$P = \dfrac{UA\,\Delta U\varkappa}{2l}\cos\varphi = \dfrac{220\text{ V} \cdot 16\text{ mm}^2 \cdot 10\text{ V} \cdot 56\text{ m}}{2 \cdot 120\text{ m mm}^2\,\Omega} \cdot 0{,}85,$$

$P = 6{,}98\text{ kW}.$

Ü 5.8. Gegeben sind U, U_L und U_R. Anhand des Zeigerbildes Bild 5.12 folgt

$$U_b^2 = U^2 - (U_R + U_w)^2 = U_L^2 - U_w^2.$$

Löst man diesen Ausdruck nach U_w auf, erhält man Gl.(5.26).

Ü 5.9. Setzt man die Meßwerte der Aufgabenstellung in die Gln.(5.26) bis (5.29) ein, dann erhält man für die Leistungen der Spule

$P_{\text{Sp}} = 10{,}71\text{ W};\quad Q_{\text{Sp}} = 59{,}04\text{ var};\quad S_{\text{Sp}} = 60\text{ V} \cdot \text{A}.$

Die Leistungen der Gesamtschaltungen betragen

$P_{\text{ges}} = 80{,}71\text{ W};\quad Q_{\text{Sp}} = Q_{\text{ges}} = 59{,}04\text{ var}\quad\text{und}\quad S_{\text{ges}} = 100\text{ V}\cdot\text{A}.$

Ü 5.10. Die Aufgabe wird analog der Übung 5.9 gelöst. An die Stelle der Spannungen treten nunmehr die Ströme. Man erhält für

$P_{\text{Sp}} = 487{,}14\text{ W};\quad Q_{\text{Sp}} = 1691{,}24\text{ var};\quad S_{\text{Sp}} = 1760\text{ V}\cdot\text{A}.$

Die Leistungen der Gesamtschaltungen betragen

$P_{\text{ges}} = 2027{,}14\text{ W};\quad Q_{\text{ges}} = Q_{\text{Sp}} = 1691{,}24\text{ var}\quad\text{und}\quad S_{\text{ges}} = 2640\text{ V}\cdot\text{A};$

$L = 84{,}2\text{ mH};\quad R_L = 7{,}61\,\Omega;\quad R = 31{,}43\,\Omega.$

Ü 5.11. Den Wirkleistungsanteil des Meßwerkwiderstands R_m findet man zu

$P_m = I_m^2 R_m = (20\text{ mA})^2\, 15\,\Omega = 6\text{ mW}.$

Die Wirkleistung der Spule 2 beträgt

$P_2 = I_m^2 R_2 = (20\text{ mA})^2\, 5\,\Omega = 2\text{ mW}.$

Die Ermittlung von P_3 in R_3 erfolgt zweckmäßig über die Bestimmung von U_2:

$X_2 = \omega L_2 = 314\text{ s}^{-1}\, 60\text{ mH} = 18{,}85\,\Omega,$

$Z_2 = \sqrt{(R_2 + R_m)^2 + X^2}$

$ = \sqrt{(5 + 25)^2\,\Omega^2 + 18{,}85^2\,\Omega^2} = 27{,}48\,\Omega,$

$U_2 = I_2 Z_2 = 20\text{ mA}\, 27{,}48\,\Omega = 0{,}55\text{ V},$

$P_3 = \dfrac{U_2^2}{R_3} = \dfrac{(0{,}55\text{ V})^2}{50\,\Omega} = 6{,}05\text{ mW}.$

Die Wirkleistung der Spule 1 kann mit Hilfe des komplex angegebenen Gesamtstromes bestimmt werden:

$P_1 = I_1^2 R_1 = (29\text{ mA})^2\, 72{,}98\,\Omega = 61{,}38\text{ mW}.$

12.2. Lösungen zu den Übungen   317

Die gesamte Wirkleistung beträgt damit

$$P = P_m + P_2 + P_3 + P_1 = 75{,}43 \text{ mW}.$$

Das stimmt mit dem Ergebnis $P = 75{,}45$ mW aus Aufgabe 5.6 hinreichend genau überein (Kontrollrechnung)!

Ü 5.12. Durch Umstellen der Gl. (5.25) erhält man die Beziehung

$$P_V = \frac{2lP^2}{U^2 \varkappa A \cos^2 \varphi}.$$

Man erkennt, daß die Verlustleistung mit steigendem Querschnitt linear fällt, mit steigender Spannung und steigendem Leistungsfaktor quadratisch sinkt. Eine Erhöhung der Spannung bzw. Verbesserung des Leistungsfaktors ist deshalb ökonomischer als eine Vergrößerung des Leiterquerschnitts!

Ausgehend von Gl. (5.25) unter Verwendung der Beziehungen $Q = P \tan \varphi$ und $C = |Q|/\omega U^2$ erhält man

$$C_{\text{Komp}} = \frac{1}{\omega U} \sqrt{\frac{(1 - \cos^2 \varphi) P_V}{R_{\text{Lei}}}}.$$

Wie man sieht, beeinflußt nicht nur die Größe des Leistungsfaktors, sondern auch Spannung und Frequenz (reziprok) die Größe des Kompensationskondensators.

Ü 6.1. $m_Z = 100 \dfrac{\Omega}{\text{cm}}$; $m_Y = 4 \dfrac{\text{mS}}{\text{cm}}$; $r_0 = 1{,}58$ cm; $\underline{Z} = (50 - \text{j}100) \, \Omega$.

Bild Ü 6.1 zeigt die Inversion des Punktes $\underline{Z}$, die auf den Leitwert $\underline{Y} = (4 + \text{j}8)$ mS führt.

Ü 6.2. Die um $1/R_2$ verschobene Leitwertortskurve der Kapazität ergibt durch Inversion einen Halbkreis unter der reellen Achse, der durch R_1 in Richtung der reellen Achse verschoben wird (Bild Ü 6.2).

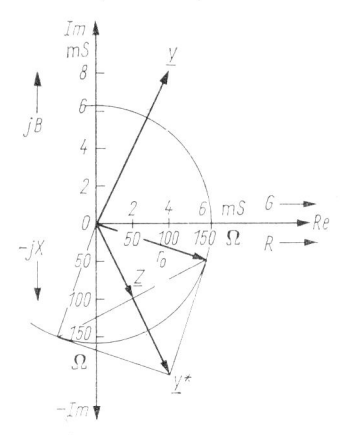

Bild Ü 6.1. Grafische Ermittlung eines Leitwertes zur Übung 6.1

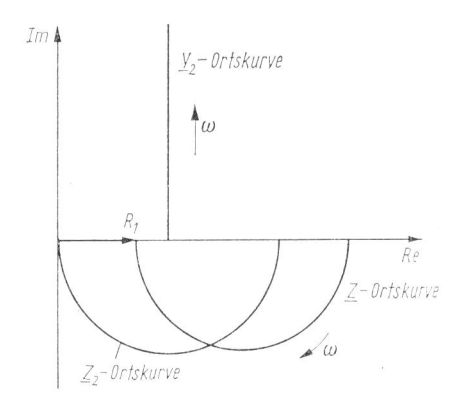

Bild Ü 6.2. Widerstandsortskurve zur Übung 6.2

Ü 6.3. Der prinzipielle Ortskurvenverlauf geht aus Tafel 6.1 hervor. Festlegung der Maßstäbe: $1/R = 12{,}58$ μS $\triangleq$ Abstand der Leitwertgeraden von der imaginären Achse; $m_Y = 10$ μS/LE. $R = 79{,}5$ kΩ $\triangleq$ Durchmesser des Widerstandskreises; $m_Z = 10$ kΩ/LE. Zur Ermittlung der Frequenzteilungspunkte wird für die Frequenzgrenzen und einige ausgewählte Frequenzen der Blindleitwert $\omega C - 1/(\omega L)$ berechnet. Eintragung der ermittelten Werte in die Leitwertgerade und Übertragung der Teilungspunkte nach Spiegelung an der reellen Achse auf die Widerstandsortskurve (Bild Ü 6.3). Aus Bild Ü 6.3 kann man ablesen, daß $|Z|$ bei $f = f_r = 500$ kHz einen Maximalwert durchläuft, während der Phasenwinkel bei f_r Null wird.

Ü 6.4. Reduktionsfaktor $F = 10^{-4}$.

Der Widerstand $\underline{Z}'_1 = R'_1 - \text{j}1/(\omega C)' = (1{,}6 - \text{j}1{,}2) \, \Omega$ bildet den Schnittpunkt des G-Kreises ($G = 0{,}4$) mit dem B-Kreis ($B = 0{,}3$).

Die Addition des Leitwertes $1/R_2' = 0{,}35$ S erfordert die Verschiebung auf dem B-Kreis bis zum Parameter $G = 0{,}75$ S.
Die Reihenschaltung von $j\omega L' = j0{,}45\ \Omega$ führt auf den gesuchten Widerstand $\underline{Z}' = 1{,}15\ \Omega$; $\underline{Z} = 11{,}5$ kΩ.

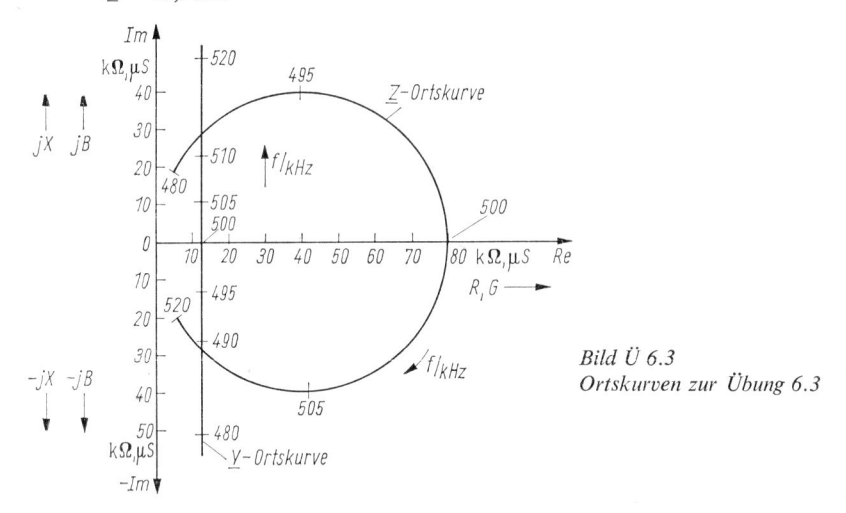

Bild Ü 6.3
Ortskurven zur Übung 6.3

6.5. Wegen $1/R_1 = 10$ µS und $1/R_{2\,\text{min}} = 100$ µS wurde gewählt $m_Y = 10$ µS/LE.
Die um $1/R_1 - j1/(\omega L)$ verschobene Leitwertortskurve stellt zugleich die Stromortskurve dar, wenn gilt

$$m_I = 60\ \frac{\text{mA}}{\text{LE}}.$$

Aus Bild Ü 6.5 geht hervor, daß der Phasenwinkel zwischen dem Strom und der auf der reellen Achse liegenden Klemmenspannung zwischen $\varphi_1 \approx +16°$ bei $R_2 = 10$ kΩ und $\varphi_2 \approx +72{,}5°$ bei $R_2 \to \infty$ schwanken kann. Dieses Ergebnis veranschaulicht, daß bei Transformatoren mit großer Induktivität im Leerlauf ($R_2 = \infty$) ein niedriger, d. h. schlechter $\cos\varphi$ auftritt.

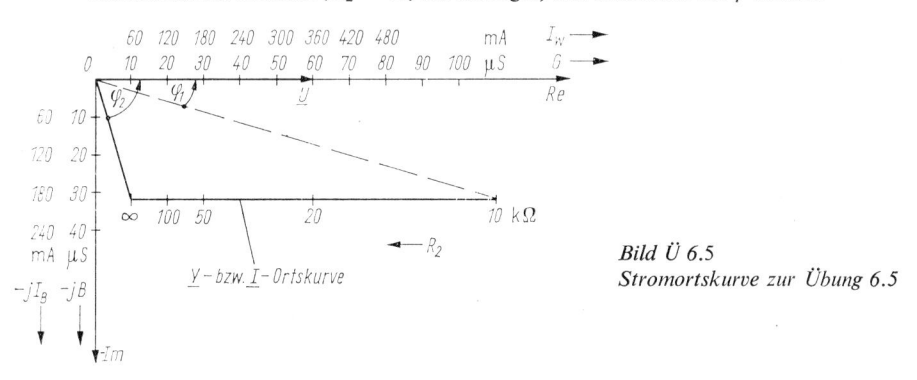

Bild Ü 6.5
Stromortskurve zur Übung 6.5

Ü 6.6. Es ist zweckmäßig, die Ortskurve aus der Gleichung zu entwickeln. Die Spannungsteilerregel liefert für Bild 6.40

$$\frac{\underline{U}_a}{\underline{U}_e} = \frac{\underline{Z}_2}{\underline{Z}_1 + \underline{Z}_2} = \frac{1}{(\underline{Z}_1/\underline{Z}_2) + 1} = \frac{1}{\left(R + \dfrac{1}{j\omega C}\right)\left(\dfrac{1}{R} + j\omega C\right) + 1},$$

$$\frac{\underline{U}_a}{\underline{U}_e} = \frac{1}{3 + j\left(\omega CR - \dfrac{1}{\omega CR}\right)}$$

und mit $\omega_r = 1/CR$

$$\frac{\underline{U}_a}{\underline{U}_e} = \frac{1}{3 + j\left(\dfrac{\omega}{\omega_r} - \dfrac{\omega_r}{\omega}\right)}.$$

Die Nennerortskurve verläuft im Abstand 3 parallel zur imaginären Achse. Die $\underline{U}_a/\underline{U}_e$-Ortskurve muß deshalb einen Kreis durch den Ursprung darstellen. Da der Kreisdurchmesser dem Wert $\frac{1}{3}$ entspricht, wählt man für Nennerortskurve und $\underline{U}_a/\underline{U}_e$-Ortskurve unterschiedliche Maßstäbe (Bild Ü 6.6).

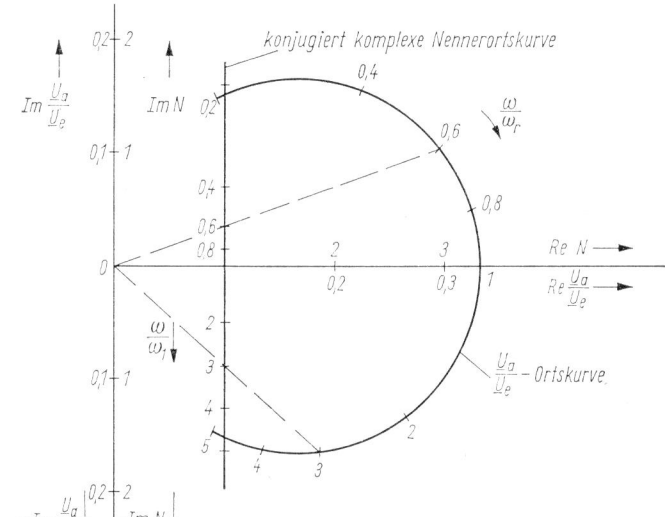

Bild Ü 6.6
Normierte Spannungsortskurve zur Übung 6.6

Für ausgewählte Werte von ω/ω_r wird $(\omega/\omega_r - \omega_r/\omega)$ berechnet. Trägt man diese Werte in die als konjugiert komplexe Nennerortskurve betrachtete Gerade ein, dann kann beim Übertragen der Frequenzteilungspunkte auf die $\underline{U}_a/\underline{U}_e$-Ortskurve die Spiegelung an der reellen Achse entfallen. Aus diesem Grund verläuft die Frequenzteilung auf der Geraden nach unten.
Aus Bild L 6.10 geht hervor, daß die normierte Spannungsortskurve des RC-Gliedes den gleichen Verlauf wie die Widerstandsortskurve der RLC-Parallelschaltung nach Bild L 6.8 besitzt. Die Ausgangsspannung des Wien-Gliedes durchläuft bei $\omega/\omega_r = 1$, d. h., $f = f_r$, einen Maximalwert, während gleichzeitig der Phasenwinkel Null wird. Aus einem Vergleich der Frequenzteilungspunkte auf beiden Ortskurven in bezug auf den Punkt bei $f = f_r$ kann man herauslesen, daß der Betrag der dargestellten Größe beim RC-Glied ein wesentlich flacheres Maximum besitzt als beim Parallelresonanzkreis.

Ü 7.1. $f_1 = 2{,}15$ GHz; $f_2 = 5{,}87$ MHz.
Ü 7.2. $\delta_C = 3{,}27 \cdot 10^{-2}$.
Ü 7.3. $f = 9{,}2$ MHz.
Ü 7.4. $\delta_1 = 21°$ induktiv; $\delta_2 \approx 2°$ kapazitiv.
Die Werte hängen sehr von der Rechengenauigkeit ab. Es können evtl. größere Abweichungen auftreten.
Ü 7.5. $Z_0 = 123$ kΩ.
Ü 7.6. $L = 1{,}14$ H.
Ü 7.7. $u_x = \sqrt{u_K^2 - u_R^2} = \sqrt{4^2 - 2{,}82^2}\,\% = 2{,}82\%,$

$u_\varphi = u_R \cos\varphi + u_X \sin\varphi$

$\quad = (2{,}82 \cdot 0{,}8 + 2{,}82 \cdot 0{,}6)\,\% = 3{,}96\%,$

$\Delta U = \dfrac{231 \cdot 3{,}96}{100}\,\mathrm{V} = 9{,}2\,\mathrm{V},$

$U_2 = U_{20} - \Delta U = (231 - 9{,}2)\,\mathrm{V} = 221{,}8\,\mathrm{V}.$

Ü 7.8. Zuerst werden die Zeiger $\underline{U}'_2$ und $\underline{I}'_2$ vorgegeben, die aufgrund der ohmschen Last in Phase sind. Für die ausgangsseitige Masche gilt

$$\underline{U}'_M = (R'_2 + j\omega L'_{\sigma 2}) \underline{I}'_2 + \underline{U}'_2.$$

In Phase mit dem so erhaltenen Zeiger $\underline{U}'_M$ ist der Eisenverluststrom $\underline{I}_v$ und 90° nacheilend der Magnetisierungsstrom $\underline{I}_\mu$ und damit der Fluß $\underline{\Phi}$.
Damit ergibt sich $\underline{I}_1 = \underline{I}_0 + \underline{I}'_2$ und die Eingangsspannung

$$\underline{U}_1 = \underline{I}_1 (R_1 + j\omega L_{\sigma 1}) + \underline{U}'_M \quad \text{(s. Bild Ü 7.8)}.$$

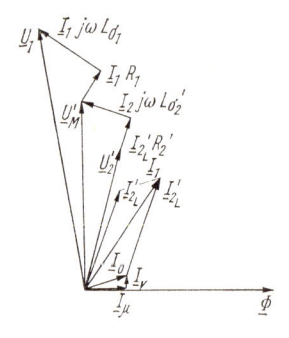

Bild Ü 7.8
Zeigerbild zur Übung 7.8

Ü 7.9. $P_{Fe} = P - I_0^2 R_a = 3{,}595$ W;

$$\cos \varphi_0 = \frac{P}{U_1 I_0} = 0{,}44 \cong \varphi = 65°.$$

Die Primärspannung $\underline{U}_1$ ist Bezugsgröße, somit eilt $\underline{I}_{10}$ um 65° nach.

$\ddot{u} \underline{U}_{20} = \underline{U}_1 - \underline{I}_{10} R_1 = (85{,}95 + j8{,}7)$ V;

$U_{20} = 516$ V (s. Bild Ü 7.9).

Ü 7.10. $\ddot{u}_0 \underline{U}_2 = \ddot{u}_0 \sqrt{P_a R_a} = 76$ V (Bezugsgröße),

$$\underline{I}_1^* = \underline{I}_0 + \frac{\underline{I}_2}{\ddot{u}_0} = \frac{\ddot{u}_0 \underline{U}_2}{j\omega (1 - \sigma) L_1} + \frac{\ddot{u}_0 \underline{U}_2}{\ddot{u}_0^2 R_a} = (10{,}55 - j28{,}2) \text{ mA};$$

$\underline{U}_1 - \ddot{u}_0 \underline{U}_2 = \underline{I}_1 (R_1 + j\omega \sigma L_1);$

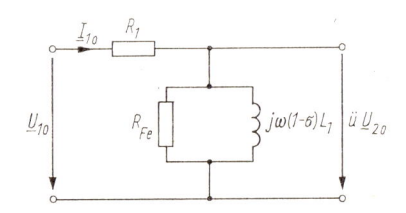

$U_1 = 85{,}515$ V (s. Bild Ü 7.10).

Bild Ü 7.9. Ersatzschaltbild zur Lösung der Übung 7.9

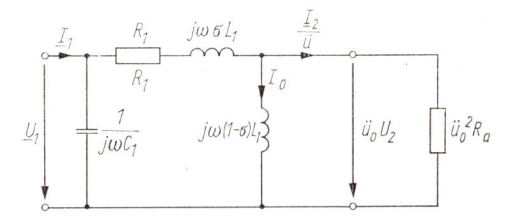

Bild Ü 7.10. Ersatzschaltbild zur Lösung der Übung 7.10

Ü 8.1. a) $\underline{U}_1 = \underline{A}_{11} \underline{U}_2 + \underline{A}_{12} \underline{I}_2 \qquad \underline{I}_2 = \frac{\underline{U}_2}{\underline{Z}_a} = j10^{-3}$ A,
$\quad \underline{I}_1 = \underline{A}_{21} \underline{U}_2 + \underline{A}_{22} \underline{I}_2$

$\underline{U}_1 = j3 \cdot 1 \text{ V} + 10^3 \text{ } \Omega \cdot j10^{-3}$ A $= j4$ V,

$\underline{I}_1 = 10^{-3}$ S $\cdot 1$ V $\cdot (-j1{,}5) \cdot j10^{-3}$ A $= 2{,}5$ mA,

$|\underline{U}_1| = 4$ V,

$|\underline{I}_1| = 2{,}5$ mA.

b) $\underline{Z}_1 = \dfrac{\underline{U}_1}{\underline{I}_1} = \dfrac{\text{j}4 \text{ V}}{2,5 \text{ mA}} = 1,6 \, \text{e}^{\text{j}90°} \text{ k}\Omega$.

Ü 8.2. a) Der Vierpol ist als Reihenschaltung von zwei symmetrischen Schaltungen aufzufassen; s. Bild Ü 8.2.

$$(\underline{Z}') = \begin{pmatrix} 37,5 \, \Omega & -12,5 \, \Omega \\ 12,5 \, \Omega & -37,5 \, \Omega \end{pmatrix},$$

$$(\underline{Z}'') = \begin{pmatrix} 120 \, \Omega & -80 \, \Omega \\ 80 \, \Omega & -120 \, \Omega \end{pmatrix},$$

$$(\underline{Z}) = (\underline{Z}') + (\underline{Z}'') = \begin{pmatrix} 157,5 \, \Omega & -92,5 \, \Omega \\ 92,5 \, \Omega & -157,5 \, \Omega \end{pmatrix}.$$

b) $\underline{Z}_{1L} = \underline{Z}_{11} = 157,5 \, \Omega$.

c) $\underline{Z}_{1K} = \dfrac{1}{\underline{Y}_{1K}} = \dfrac{1}{\underline{Y}_{11}}$ mit $\underline{Y}_{11} = \dfrac{\underline{Z}_{22}}{\det \underline{Z}}$ (lt. Tafel 8.1),

$\underline{Z}_{1K} = 103,17 \, \Omega$.

d) $\left. \dfrac{\underline{U}_2}{\underline{U}_1} \right|_{\text{Leerl.}} = \underline{T}_{UL} = \dfrac{1}{\underline{A}_{11}}$;

lt. Tafel 8.1 gilt $\underline{A}_{11} = (\underline{Z}_{11}/\underline{Z}_{21}) = (157,5 \, \Omega/92,5 \, \Omega) = 1,7 \quad \underline{T}_{UL} = 1/1,7$.

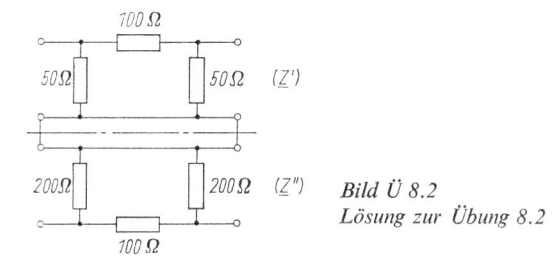

Bild Ü 8.2
Lösung zur Übung 8.2

Ü 8.3. a) Das Element $\underline{A}_{11}$ liefert das Spannungsverhältnis $\underline{U}_1/\underline{U}_2$.

$$\underline{A}_{11} = \dfrac{\underline{U}_1}{\underline{U}_2} = 1 + \underline{Z}_1 \underline{Y}_2 = 1 + \left(R + \dfrac{1}{pC}\right) \dfrac{R + \dfrac{1}{pC}}{R \cdot \dfrac{1}{pC}},$$

$$\dfrac{\underline{U}_2}{\underline{U}_1} = \dfrac{1}{\underline{A}_{11}} = \dfrac{pRC}{p^2 R^2 C^2 + p \, 3RC + 1}.$$

Mit $p = \text{j}\omega$ ergibt sich für den Betrag

$$\left| \dfrac{\underline{U}_2}{\underline{U}_1} \right| = \dfrac{\omega RC}{\sqrt{(1 - \omega^2 R^2 C^2)^2 + \omega^2 9 R^2 C^2}}.$$

b) Setzt man für $\omega RC = \Omega$ ($\Omega = \omega/\omega_0$ normierte Frequenz!), so ist

$$\left| \dfrac{\underline{U}_2}{\underline{U}_1} \right| = \dfrac{\Omega}{\sqrt{(1 - \Omega^2)^2 + 9\Omega^2}}.$$

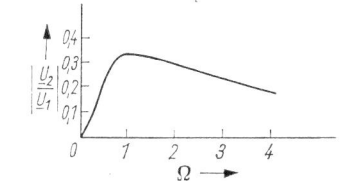

Bild Ü 8.3
Lösung zur Übung 8.3

Ü 9.1. Die Symmetriebedingungen eines Dreiphasensystems lauten:
Die einzelnen Stranggrößen müssen bei gleicher Kurvenform gleiche Amplituden und gleiche Frequenz aufweisen und um den gleichbleibenden Winkel $2\pi/3 = 120°$ gegeneinander verschoben sein.

Ü 9.2. Es müssen drei räumlich um 120° versetzt angeordnete Wicklungsstränge vorhanden sein, die mit drei zeitlich um 120° verschobenen Strömen gespeist werden müssen.

Ü 9.3. Sternschaltung: $I_L = I_{Str}$; $\quad U_L = \sqrt{3}\, U_{Str}$;
Dreieckschaltung: $I_L = \sqrt{3}\, I_{Str}$; $\quad U_L = U_{Str}$.

Ü 9.4. Der Sternpunktleiterstrom ergibt sich aus der Beziehung $\underline{I}_N = \underline{I}_a + \underline{I}_b + \underline{I}_c$.
Bei symmetrischer Belastung ist $I_N = 0$.

Ü 9.5. 1. Die Leiterstromstärke ergibt sich bei 1 J = 1 Ws zu

$$I_L = \frac{Q}{\sqrt{3}\, U_L\, t} = \frac{84 \cdot 10^6 \text{ Ws}}{\sqrt{3}\; 220 \text{ V}\; 3600 \text{ s}} = 61 \text{ A}.$$

2. Sternschaltung: $R = \dfrac{U_{Str}}{I_L} = \dfrac{127 \text{ V}}{61 \text{ A}} = 2{,}08\ \Omega$,

Dreieckschaltung: $R = \dfrac{U_L}{I_{Str}} = \dfrac{220 \text{ V}}{35{,}3 \text{ A}} = 6{,}24\ \Omega$.

Ü 9.6. 1. Variante: $\underline{I}_N = 17 \text{ A}\, e^{j180°}$,

2. Variante: $\underline{I}_N = 60 \text{ A}\, e^{j240°}$.

Ü 9.7. 1. $Q_M = \dfrac{P_M}{\tan \varphi} = \dfrac{165 \text{ kW}}{1} = 165 \text{ kvar}; \quad P_L = 20 \text{ kVA};$

$S = \sqrt{P^2 + Q^2} = \sqrt{185^2 + 165^2} \text{ kVA} = 248 \text{ kVA};$

gewählt wird ein 250-kVA-Transformator.

2. $I_{US} = \dfrac{S}{U\sqrt{3}} = \dfrac{250 \cdot 10^3 \text{ VA}}{380 \text{ V}\, \sqrt{3}} = 380 \text{ A};$

$I_{OS} = \dfrac{S}{U\sqrt{3}\,\eta} = \dfrac{250 \cdot 10^3 \text{ VA}}{15 \cdot 10^3 \text{ V}\, \sqrt{3}\, 0{,}97} = 10 \text{ A}.$

3. Wenn $\cos \varphi = 0{,}707$, ist $\tan \varphi = Q/P = 1$, d.h., Blind- und Wirkleistung stehen im Verhältnis 1:1.

Ü 9.8. Man unterscheidet zwischen einer Unsymmetrie 1. und 2. Ordnung.
Bei einer Unsymmetrie 1. Ordnung ist die Summe der drei Sternspannungen bzw. -ströme immer gleich Null. Eine solche Unsymmetrie kann bei Unterbrechung des Sternpunktleiters in bezug auf die Ströme auftreten.
Bei der Unsymmetrie 2. Ordnung fließt entweder im Sternpunktleiter ein Ausgleichsstrom, oder / und es tritt eine Verlagerungsspannung auf, wenn der Sternpunktleiter fehlt bzw. zwischen den Sternpunkten der Widerstand $\underline{Z}_N$ liegt.
Man muß also immer noch zwischen den Unsymmetrien bezüglich der Ströme bzw. Spannungen unterscheiden.

Ü 9.9. Der Unsymmetriegrad ist als das Verhältnis der Betragskomponente des Gegensystems zu der des Mitsystems definiert.
Er wird dadurch bestimmt, daß man das unsymmetrische System, z. B. nach der im Abschn. 9.4.2. kennengelernten 30°-Methode, in seine symmetrischen Komponenten zerlegt.

Ü 9.10. In dem Strang mit der kleineren Belastung ergibt sich eine Überspannung.

Ü 9.11. Über die Beziehungen

$\underline{U}_{a1} = \tfrac{1}{3}(\underline{U}_{ca} + \underline{a}\,\underline{U}_{ab} + \underline{a}^2\,\underline{U}_{bc})$

und

$\underline{U}_{a2} = \tfrac{1}{3}(\underline{U}_{ca} + \underline{a}^2\,\underline{U}_{ab} + \underline{a}\,\underline{U}_{bc})$

ergibt sich nach der im Bild Ü 9.11 durchgeführten grafischen Ermittlung der symmetrischen Komponenten der Betrag der Mitkomponente $U_{a1} = 375$ V und der Betrag der Gegenkomponente $U_{a2} = 45$ V. Damit wird der Unsymmetriegrad $\varepsilon = 12\%$.

Ü 9.12. 1. $\underline{U}_{NE} = 220\,\text{V}\,e^{j60°}$ (bezogen auf $\underline{U}_{Na}$).

2. Über die grafische Ermittlung nach Bild Ü 9.12 ergibt sich der Grad der Mittelpunktverschiebung

$$\varepsilon_0 = \frac{\underline{U}_{a0}}{\underline{U}_{a1}} = 100\,\%.$$

Das entspricht in der Praxis einem Erdkurzschluß des Stranges c.

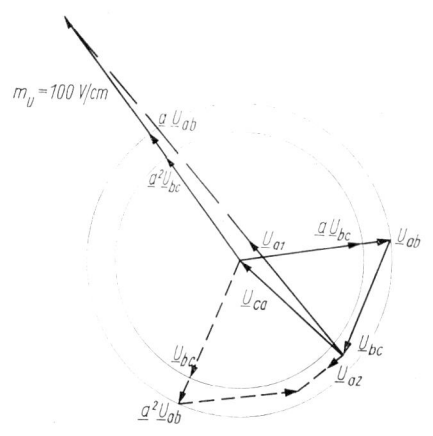

Bild Ü 9.11
Ermittlung der symmetrischen Komponenten zur Übung 9.11

Ü 9.13. 1. $\underline{I}_a = \underline{U}_{Na}\,j\omega C = 220\,\text{V} \cdot j0{,}0075\,\text{S} = j1{,}65\,\text{A},$

$\underline{I}_b = \dfrac{\underline{U}_{Nb}}{R} = \dfrac{220\,\text{V}}{120\,\Omega} \cdot e^{-j120°} = 1{,}835\,\text{A}\,e^{-j120°},$

$\underline{I}_c = \dfrac{\underline{U}_{Nc}}{j\omega L} = \dfrac{220\,\text{V}}{j252\,\Omega} \cdot e^{j120°} = -j0{,}874\,\text{A}\,e^{j120°}.$

2. Nach der im Bild Ü 9.13 erfolgten grafischen Ermittlung ergibt sich $\underline{I}_N = 0{,}55\,\text{A}\,e^{j105°}$ (bezogen auf $\underline{U}_{Na}$).

$m_U = 50\,\text{V/cm}\quad m_I = 0{,}5\,\text{A/cm}$

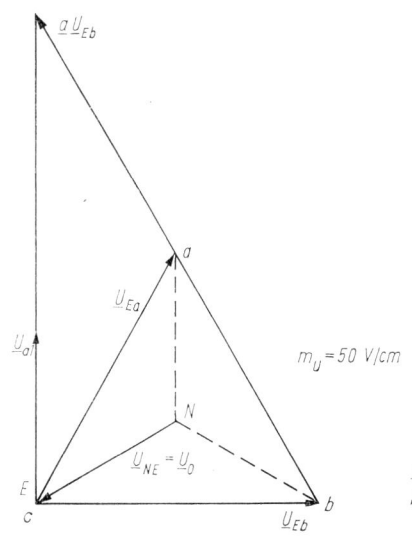

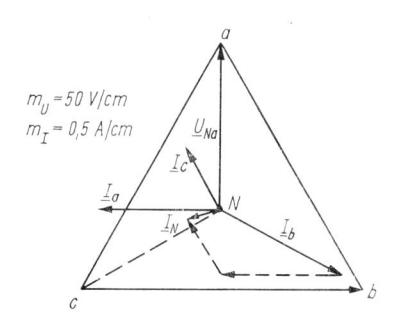

Bild Ü 9.13
Grafische Ermittlung des Sternpunktleiterstromes zur Übung 9.13

Bild Ü 9.12
Spannungszeigerbild zur Übung 9.12

Ü 10.1. Die gesuchten Leistungen werden mit den Gln. (10.12) und (10.15) berechnet. Dazu ist die Ermittlung der Effektivwerte von u_e, u_a und i nach Gl. (10.7) Voraussetzung. Die Harmonischen der Ausgangsspannung u_a werden einzeln mit dem Überlagerungssatz berechnet. Man erhält

$$u_a = 1{,}35 \text{ V} \sin(\omega_1 t + 45°) + 0{,}85 \text{ V} \sin(2\omega_1 t + 26{,}5°) + 0{,}60 \text{ V} \sin(3\omega_1 t + 18{,}3°);$$

$$U_a = 1{,}21 \text{ V}; \quad U_e = 1{,}57 \text{ V}; \quad I = \frac{U_a}{R} = 6{,}05 \text{ mA}.$$

a) $S = U_e I = 9{,}5 \text{ mVA}$.

b) $P = U_a I = I^2 \cdot R = 7{,}3 \text{ mW}$.

Ü 10.2. Nach Gl. (10.6) ist

$$U = \sqrt{\frac{1}{T}\int_0^T u(t)^2 \, dt} = \sqrt{\frac{1}{2\pi}\int_0^{2\pi} u(\omega t)^2 \, d\omega t}.$$

Mit
$$u(t) = \frac{U_{mm}}{T/2} t - U_{mm}$$
bzw.
$$u(\omega t) = \frac{U_{mm}}{\pi}\omega t - U_{mm}$$

ergibt sich

$$U = \frac{U_{mm}}{\sqrt{3}} = \frac{3 \text{ V}}{\sqrt{3}} \approx 1{,}73 \text{ V}.$$

Man kann $u(t)$ auch nach Tafel 10.2, Nr. 4, in eine Fourier-Reihe zerlegen und U nach Gl. (10.7) berechnen. Dabei müssen jedoch genügend viele Glieder der Reihe berücksichtigt werden. Da gerade bei der Sägezahnkurve die Reihe nur sehr langsam fällt, führen die in Tafel 10.2 angegebenen drei Glieder nur zu einer sehr groben Näherungslösung.

Ü 10.3. a) siehe Bild Ü 10.3a.

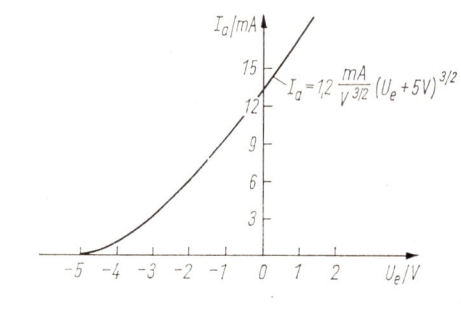

Bild Ü 10.3a
Lösung zur Übung 10.3a

b) Durch Einsetzen in Gl. (10.4) erhält man

$$i_a = f(-2{,}5 \text{ V}) + T\frac{(2 \text{ V})^2}{4} + \left[S \cdot 2 \text{ V} + W\frac{(2 \text{ V})^3}{8}\right] \cos(\omega_1 t)$$
$$+ T\frac{(2 \text{ V})^2}{4}\cos(2\omega_1 t) + W\frac{(2 \text{ V})^3}{24}\cos(3\omega_1 t) + \ldots$$

Mit $f(-2{,}5 \text{ V}) = 4{,}74 \text{ mA}$, $S = 2{,}85 \text{ (mA/V)}$, $T = 0{,}57 \text{ (mA/V}^2)$ und $W = -0{,}11 \text{ (mA/V}^3)$ ergibt sich

$$i_a = 5{,}31 \text{ mA} + 5{,}59 \text{ mA} \cos(\omega_1 t) + 0{,}57 \text{ mA} \cos(2\omega_1 t) - 0{,}04 \text{ mA} \cos(3\omega_1 t) + \ldots$$

Dabei ist $f(-2{,}5 \text{ V}) = 4{,}74 \text{ mA}$ der Strom im Arbeitspunkt und $T((2 \text{ V})^2/4) = 0{,}57 \text{ mA}$ der sogenannte Richtstrom.

Bei der Darstellung im Liniendiagramm (s. Bild Ü 10.3b) wurde die 3. Harmonische wegen ihres geringen Wertes vernachlässigt.

c) Der Klirrfaktor wird mit Hilfe von Gl. (10.9b) berechnet:

$$k_i = \sqrt{\frac{(0.57 \text{ mA})^2 + (0.04 \text{ mA})^2}{(5.59 \text{ mA})^2 + (0.57 \text{ mA})^2 + (0.04 \text{ mA})^2}} = 0.102 = 10.2\,\%.$$

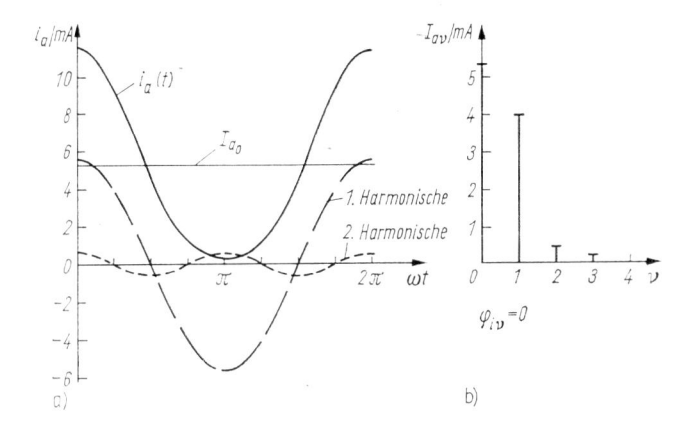

Bild Ü 10.3b
Lösungen zur Übung 10.3b
a) Liniendiagramm
b) Amplitudenspektrum

Ü 11.1. Aufladen über R:

$$u_C(t) = U_{12}\,(1 - e^{-(t/RC)}).$$

Für $t = t_1$ ist $U_L = U_{12}\,(1 - e^{-(t_1/RC)})$ und daraus

$$t_1 = RC \ln \frac{U_{12}}{U_{12} - U_L};$$

für $t = t_2$ ist $U_Z = U_{12}\,(1 - e^{-(t_2/RC)})$ und daraus

$$t_2 = RC \ln \frac{U_{12}}{U_{12} - U_Z};$$

$$T_1 = t_2 - t_1 = RC \ln \frac{U_{12} - U_L}{U_{12} - U_Z}.$$

Entladen über R_i:

$$u_C(t) = U_{12}\,e^{-(t/R_iC)},$$

Für $t = t_2$ ist $U_Z = U_{12}\,e^{-(t_2/R_iC)}$ und daraus

$$t_2 = R_iC \ln \frac{U_{12}}{U_Z};$$

für $t = t_3$ ist $U_L = U_{12}\,e^{-(t_3/R_iC)}$ und daraus

$$t_3 = R_iC \ln \frac{U_{12}}{U_L};$$

$$T_2 = t_3 - t_2 = R_iC \ln \frac{U_Z}{U_L}.$$

Schwingungsdauer der Kippschwingung:

$$T = T_1 + T_2 = RC \ln \frac{U_{12} - U_L}{U_{12} - U_Z} + R_iC \ln \frac{U_Z}{U_L}.$$

Da $R \gg R_i$ sein soll und somit $T_1 \gg T_2$, kann annähernd geschrieben werden

$$f_{\text{Kipp}} \approx \frac{1}{T_1} = \frac{1}{RC \ln \dfrac{U_{12} - U_L}{U_{12} - U_Z}} = \frac{1}{10 \cdot 10^3 \, \dfrac{V}{A} \cdot 0{,}2 \cdot 10^{-6} \, \dfrac{As}{V} \cdot \ln \dfrac{130}{50}} = 52{,}6 \, \frac{1}{s}.$$

Ü 11.2. a) Für $t \to \infty$: $I_{\max} = \dfrac{U_{12}}{R_L} = 2 \, \text{A}$;

$$I_{\min} = \frac{U_{12}}{R_L + R} = 1{,}66 \, \text{A}.$$

b) Für $t = t_s$: $i_s(t) = I_{\max} + (I_{\min} - I_{\max}) e^{-(t_s/\tau_s)} = 1{,}82 \, \text{A}$ mit $\tau_s = \dfrac{L}{R_L} = 6 \, \text{s}$;

für $t = t_ö$: $i_ö(t) = I_{\min} + (i_s - I_{\min}) e^{-(t_ö/\tau_ö)} = 1{,}73 \, \text{A}$ mit $\tau_ö = \dfrac{L}{R_L + R} = 5 \, \text{s}$.

c) Siehe Bild Ü 11.2.

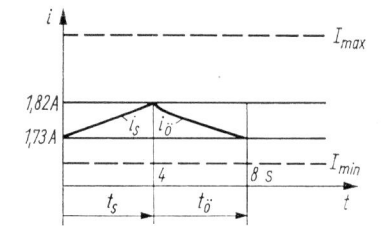

Bild Ü 11.2
Stromverlauf zur Übung 11.2

Symbolverzeichnis

X	Effektivwert	S	Scheinleistung
$\hat{X}$	Amplitude		Steilheit
$\underline{X}$	komplexe Größe; Zeiger, ruhender	S_V	Verzerrungsleistung
		T	Periodendauer
X^0	Größe bei Umpolung		Schwingungsdauer
$\mathscr{L}, \mathscr{L}^{-1}$	Laplace-Transformation	$\underline{T}$	Übertragungsfaktor
x	Augenblickswert	$\underline{T}_{U^*}^{-1}$	Spannungsrückwirkung
$\bar{x}$	arithmetischer Mittelwert, Gleichwert	U	Spannung
		$\underline{U}_1^*$	Ausgangsspannung bei Einspeisung an 2-2'
$|\bar{x}|$	Gleichrichtwert		
$\underline{x}$	Zeiger, umlaufender	$\underline{U}_2^*$	Eingangsspannung bei Einspeisung an 2-2'

Formelzeichen

		V	Verlustziffer
			Volumen
A	Netzwerkparameter	$V_{1,0}$	Verlustziffer für $B = 1{,}0\ \dfrac{\mathrm{Vs}}{\mathrm{m}^2}$
	Querschnitt		
$(\underline{A})$	Kettenmatrix		
B	Bandbreite	$V_{1,5}$	Verlustziffer für $B = 1{,}5\ \dfrac{\mathrm{Vs}}{\mathrm{m}^2}$
	Blindleitwert		
	Flußdichte, magnetische	W	Energie, Arbeit
C	Kapazität		Krümmungsänderung
F	Reduktionsfaktor	Y	Scheinleitwert
$F(p)$	Bildfunktion (Bildbereich)	$\underline{Y}$	Leitwertoperator
G	Leitwert, ohmscher	$(\underline{Y})$	Leitwertmatrix
H	Feldstärke, magnetische	X	Blindwiderstand
$(\underline{H})$	Hybridmatrix		Hilfsgröße Skineffekt
I	Strom, Stromstärke	Z	Scheinwiderstand
$\underline{I}_1^*$	Ausgangsstrom bei Einspeisung an 2-2'	$\underline{Z}$	Widerstandsoperator
		$(\underline{Z})$	Widerstandsmatrix
$\underline{I}_2^*$	Eingangsstrom bei Einspeisung an 2-2'	$\underline{a}$	komplexer Operator
		$\cos\varphi$	Leistungsfaktor
		c_f	Erdfehlerfaktor
K	Krümmung	d	Verlustfaktor
L	Induktivität	det	Determinante
N	Windungszahl	e	Basis des natürlichen Logarithmus
P	Leistung, Wirkleistung		
Q	Blindleistung	f	Frequenz
	Gütefaktor	$f(t)$	Zeitfunktion (Originalbereich)
	Kreisgüte	$g(t)$	Zeitfunktion (Originalbereich)
	Spulengüte	h_f	flüchtiger Vorgang
R	Widerstand, ohmscher	h_st	stationärer Vorgang

Symbolverzeichnis

$h(t)$	zeitlicher Verlauf eines Übergangsvorganges (allg.)	H	Hysterese-
i	Strom, Stromstärke	I	Strom-
k	Klirrfaktor, Klirrgrad	L	induktiv
	Konstante	L	Lastgröße
	Kopplungsfaktor		Leerlauf-
	Vergrößerungsfaktor	M	Kern-
k_f	Formfaktor	S	Sternpunkt
k_s	Scheitelfaktor	U	Spannung-
k_w	Welligkeit	W	Wirbelstrom-
l	Zeigerlänge	a	Ausgangs-
m	Maßstabsfaktor	b	Blind-
	Phasenzahl	e	Eingangs-
n	Drehzahl	el	elektrisch
p	Leistung, Wirkleistung	f	Fehler-
	Polpaarzahl	i	Strom-
r_0	Inversionskreisradius	L	Leitergröße
s	Feldlinienlänge	m	magnetisch
	Schlupf	mech	mechanisch
t	Zeit	n	Nenn-
t_H	Halbwertzeit	p	Parallel-
u	Spannung	r	Reihe-
$\ddot{u}$	Übersetzungsverhältnis		Resonanz
w	Energiedichte	s	Schlupf
Θ	Durchflutung	Str	Strang
Φ	Flußstärke, magnetische	u	Spannung-
Λ	Leitwert, magnetischer	w	Wirk-
α	Winkel	0	Leerlaufgröße
δ	Abklingkoeffizient		Gleichgröße (Sonderfall)
δ_C	Verlustwinkel		Null
ε	Fehlwinkel		Nullsystem
ε	Unsymmetriegrad	1	Eingangs-
ε_0	Grad der Mittelpunktverschiebung		1. Harmonische
			Mitsystem
			Primärgröße
ε_r	Dielektrizitätszahl	2	Ausgangs-
μ_0	Feldkonstante, magnetische Induktionskonstante		Gegensystem
			Sekundärgröße
μ_r	Permeabilitätszahl	11	
μ'_r	reversible Permeabilität	12	Matrixelemente
τ	Abklingzeit	21	
ω	Winkelfrequenz	22	
φ	Phasenwinkel	σ	Streugröße
		μ	Magnetisierungsgröße
Indizes		ν	Eisenverlust
C	kapazitiv		Harmonische
Cu	Kupfer	φ	Spannungsrückwirkung
E	Erdpunkt, Nutzersternpunkt		
Fe	Eisen		
G	Generator-(innen)-		

Verzeichnis der verwendeten Standards

TGL	Titel
0-1304	Allgemeine Formelzeichen
16008	Schaltzeichen, Widerstände
16010/01	Schaltzeichen, Spulen
22112	Elektrotechnik – Elektronik Größen – Formelzeichen – Einheiten
31548	Einheiten physikalischer Größen

Literaturverzeichnis

[1] *Lunze, K.:* Theorie der Wechselstromschaltungen. Berlin: VEB Verlag Technik 1983 und Heidelberg: Dr. Alfred Hüthig Verlag.
[2] *Lunze, K.:* Berechnung elektrischer Stromkreise. Berlin: VEB Verlag Technik 1981 und Heidelberg: Dr. Alfred Hüthig Verlag.
[3] *Koettnitz/Pundt:* Berechnung elektrischer Energieversorgungsnetze. Bd. I: Mathematische Grundlagen und Netzparameter. Leipzig: VEB Deutscher Verlag für Grundstoffindustrie 1968.
[4] *Greuel, O.:* Mathematische Ergänzungen und Aufgaben für Elektrotechniker. 3. Aufl., Leipzig: VEB Fachbuchverlag 1967.

Sachwörterverzeichnis

Abklingkoeffizient 275
Abklingzeit 282
Amplitude 19
Amplitudenspektrum 247, 252
Amplitudenzeiger 30
Anfangsphasenwinkel 18
Augenblickswert 18f.
Ausgangsklemmenpaar 186
Ausgangsspannung 186
Ausgangsstrom 186
Ausgleichsvorgang 270
   aperiodischer 274

Bandbreite 61
   relative 62
Bezugspotential 156
Bildbereich 71
Blindarbeit 107
Blindleistung 105, 257
Blindleitwert 75
   induktiver 40
   kapazitiver 38
Blindwiderstand
   induktiver 40
   kapazitiver 38
Brücken-T-Schaltung 211

Determinante 188
Dielektrikum 159
Drehfeld 223
   elliptisches 222
Drehfeldmaschine 223
Drehzahl
   synchrone 224
Dreieckschaltung 220
Dreiphasensystem 217
   symmetrisches 217
   unsymmetrisches 227
Dreispannungsmesserverfahren 118
Dualität 59

Effektivwert 23, 254
Eingangsklemmenpaar 186
Eingangsspannung 186
Eingangsstrom 186
Einheitszeiger 68
Einzelkompensation 115
Eisenverlust 164
Ersatzschaltbild 155
Exponentialform 66

Fehlwinkel 156
Ferritkern 167
Ferromagnetikum 163
Formfaktor 25
Fourier-Integral 252
Fourier-Reihe 243
Frequenz 17, 19

Gaußsche Zahlenebene 65
Gegensystem 229
Glättungsdrossel 168
Gleichgröße 13
   pulsierende 13
Gleichrichtwert 22
Gleichwert 22
Größe
   gleichbleibende 13
   periodische 13
   sinusförmige 14
Gruppenkompensation 115
Güte 61
Gütefaktor 61

Hintransformation 70
Hochfrequenzeisenkern 163
Hummelschaltung 120
Hybridmatrix 190
Hystereseschleife 162
Hystereseverlust 162

Inversion 124
Inversionsgesetz 128
Inversionskreis 125
Isolationsverlust 159
Isolationswiderstand 159

Joulesches Gesetz 102

Kammerwicklung 162
Kernverluste 162
Kettenleiterschaltung 156
Kettenmatrix 190
Kettenschaltung 199, 215
Klirrfaktor 255
Klirrgrad 255
Kompensation 114
Kosinussatz 31
Kreisdiagramm 139
Kreuzverbindung 207
Kreuzwicklung 162

Kupferverlust 162
Kupferverlustwiderstand 162
Kurzschluß
  -Ausgangskernleitwert 203, 216
  -Ausgangsleitwert 203, 216
  -Eingangskernleitwert 203f., 216
  -Eingangskernwiderstand 204, 216
  -Eingangsleitwert 203, 216
  -Eingangswiderstand 205, 216
  -Stromübertragungsfaktor 204f., 216

Längswiderstand 206
Laplace-Transformation 252, 278
Leerlauf
  -Ausgangskernwiderstand 202, 216
  -Ausgangsleitwert 205
  -Ausgangswiderstand 202, 216
  -Eingangskernwiderstand 202, 216
  -Eingangswiderstand 202, 216
  -Spannungsübertragungsfaktor 204, 216
Leistung
  Augenblickswert 102
  Dreiphasensystem 226
  Komplexe Darstellung 119
  Mittelwerte 106
Leistungsfaktor 112, 257
Leitwert
  magnetischer 166
Leitwertdreieck 52
Leitwertmatrix 190
Leitwertoperator 74
Liniendiagramm 18, 253

Magnetisierungsstrom 164
Mindestleistungsfaktor 14
Mischgröße 13
Mitsystem 229
Mittelpunktverschiebung
  Grad der 232
Mittelwert
  arithmetischer 22
  linearer 22
  quadratischer 23

Nachwirkungsverlust 163
Netzwerkberechnung
  Wechselstrom 91
Normalform 65
Normierung 61
Nullphasenwinkel 18
Nullsystem 231

Oberflächenkriechstrom 159
Operator
  komplexer 227
Originalbereich 71
Ortskurve 123

π-Halbglied 208
π-Schaltung 209f.

Parallelschaltung von Vierpolen 198, 215
Periode 19
Periodendauer 19
Permeabilität
  reversible 169
Phasendrehbrücke 90
Phasenlage 20
Phasenspektrum 253
Phasenverschiebung 20
Potential
  elektrisches 156
Potentialdifferenz 155
Pulserzeugung 242

Querschaltung 206

Reihen-Parallelschaltung von Vierpolen 201
Reihenschaltung von Vierpolen 196f., 215
Resonanzfrequenz 50, 57
Rücktransformation 71

Schaltelement
  induktives 39
  kapazitives 36
  reales 155
Schaltsprung 267
Scheinleistung 109, 256, 258
Scheinleitwert 45, 75
Scheinwiderstand 44
Scheitelfaktor 25
Scheitelwert 19
Schwingung
  harmonische 18
  periodische 275
Sinusgröße 14
Skineffekt 158
Spannungsdreieck 44
Spannungsortskurve 144
Spannungsrückwirkung 205, 216
Spannungsteiler
  komplexer 86
Spannungszeiger 30
Spektraldiagramm 253
Sprungantwort 267
Spulengüte 165
Spulenkapazität 162
Sternschaltung 218
Stromortskurve 144
Stromteiler
  komplexer 87
Symbolische Methode 65, 244, 248

Taylorreihe 248
T-Halbglied 207
Transformator
  als technisches Schaltelement 170
  belasteter 172
  Ersatzschaltbild 174
  Kappsches Dreieck 177
  Kopplungsfaktor 171

Transformator
  leerlaufender 171
  Primärspannung 171
  Sekundärspannung 172
  Streuinduktivität 175
  Übersetzungsverhältnis 172
  Verluste 176
Trigonometrische Form 66
T-Schaltung 209

Übergangsfunktion 267
Übergangsvorgang 267
Überlagerungssatz 244, 24
Übertrager 180, 211
  idealer 186
Übertragungsrichtung 186
Unsymmetriegrad 229

Verkettungsfaktor 227
Verlust
  dielektrischer 159
Verlustfaktor 62
  induktiv 164
  kapazitiv 160
Verluststrom 159
Verlustwiderstand 159
Verlustwinkel
  induktiv 165
  kapazitiv 160
Verlustziffer 163
Verschiebungsstrom 156
Verzerrung
  lineare 259
  nichtlineare 263
Verzerrungsleistung 257
Vierpol 186
  aktiver 186
  entarteter 208
  linearer 186
  nichtlinearer 186
  umgekehrt betriebener 192
  umgepolter 194
Vierpolgleichungen 186
  Hybridform 189
  Kettenform 188f.
  Leitwertform 188
  Matrizenschreibweise 190
  Widerstandsform 186
Vierpolmatrizen 201
Vierpoltheorie 186

Vorgang
  flüchtiger 276
Vormagnetisierung 268

Wärmeverlust 159
Wechselfeld 221
Wechselgröße 14
  allgemeine 13
  dreiecksförmige 14
  sinusförmige 14
  trapezförmige 14
Wechselstrombrücke
  allgemeine 88
Wechselstromleistung 103
Welligkeit 25
Wendelung 157
Wicklung
  bifilare 157
Widerstand
  komplexer 72
Widerstandsmatrix 190
Widerstandsoperator 72
Winkelfrequenz 16, 19, 275
Wirbelstrom 163
Wirbelstromverlust 162
Wirkarbeit 106
Wirkleistung 105, 256
Wirkleitwert 36, 75
Wirkverlust 162
Wirkwiderstand 36

X-Schaltung 210

Zahl
  Addition 67
  Division 69
  komplexe 67
  Multiplikation 67
  Subtraktion 67
Zahl
  konjugiert komplex 69
Zeiger
  Betrag 65
  rotierender 30
  ruhender 31, 65
  umlaufender 33, 66
Zeigerbild 30, 67, 253
Zeigerdreieck 43
Zeigerpolygon 32
Zeigerwinkel 66
Zweipoltheorie
  komplex 97